U0411410

上海地铁1号线陕西路车站逆作施工楼板支撑

建成后的恒积大厦全景

建成后的明天广场

建成后的兴业银行大厦全景

建成后的上海城市规划展示馆

上海轨道交通7号线零陵路车站逆作土方开挖

上海轨道交通7号线零陵路车站逆作法取土口

上海长峰商城逆作施工全景

上海长峰商城逆作开挖至坑底

建成后的上海长峰商城全貌

上海由由国际广场场地原貌

上海由由国际广场逆作阶段施工全景

上海由由国际广场N2区顺逆同时施工实景

上海由由国际广场N2裙房结构封顶后全貌

上海由由国际广场工程封顶全貌

上海廖创兴金融中心
大厦逆作开挖至坑底

建成后的上海廖创兴
金融中心大厦全景

上海世博500kV输变电站地下结构图

上海世博500kV输变电站地下连续墙施工全景

上海世博500kV输变电站逆作施工全景

上海世博500kV输变电站地下逆作施工的实景

建成后的500kV输变电站地上是一片绿地

上海外滩源33号逆作法地下结构施工

上海外滩源33号逆作法抓斗挖土

建成后的上海外滩源33号效果图

建成后的上海站北广场，其下的车库采用逆作法施工

上海站北广场车库地下一层楼板施工实景

上海站北广场车库逆作顶板的模板支撑

上海月星环球商业中心逆作法施工全景

上海月星环球商业中心效果图

逆作法设计施工与实例

主　编　王允恭
副主编　王卫东　应惠清
顾　问　刘建航　叶可明

中国建筑工业出版社

图书在版编目(CIP)数据

逆作法设计施工与实例/王允恭主编. —北京：中国建筑工业出版社，2011.12

ISBN 978-7-112-13712-1

Ⅰ.①逆… Ⅱ.①王… Ⅲ.①逆作法-建筑设计②逆作法-基础施工 Ⅳ.①TU753

中国版本图书馆CIP数据核字(2011)第213357号

本书共有4章，分别是概述、逆作法的设计、逆作法施工技术、逆作法施工工程实例分析。本书立足于实际案例，总结了多年来在逆作法设计和施工中的经验和成果，就工程中几种常见的围护形式、典型节点构造、施工技术要点、关键技术措施等作了较为全面的介绍。本书精选了12个工程实例并附有大量工程照片和插图，以便读者能更为直观地了解逆作法的具体实施过程。

本书可供从事建筑工程设计、施工的技术和管理人员参考使用。

* * *

责任编辑：郦锁林 万 李

责任设计：董建平

责任校对：张 颖 刘 钰

逆作法设计施工与实例

主 编 王允恭

副主编 王卫东 应惠清

顾 问 刘建航 叶可明

*

中国建筑工业出版社出版、发行（北京西郊百万庄）

各地新华书店、建筑书店经销

北京科地亚盟排版公司制版

北京中科印刷有限公司印刷

*

开本：850×1168毫米 1/16 印张：19½ 插页：4 字数：578千字

2011年12月第一版 2012年10月第二次印刷

定价：**68.00**元

ISBN 978-7-112-13712-1

(21489)

版权所有 翻印必究

如有印装质量问题，可寄本社退换

（邮政编码 100037）

《逆作法设计施工与实例》

编 委 名 单

顾　问： 刘建航 院士

叶可明 院士

主　编： 王允恭

副主编： 王卫东　应惠清

编　委（以姓氏笔画为序）：

王卫东　王允恭　王伦甫

龙莉波　叶卫东　朱灵平

刘正勇　李定江　吴　献

邸国恩　应惠清　宋青君

汪思满　陆　峰　赵　琪

席金虎　顾浩声　翁其平

高维强　章晓鹏　蒋曙杰

《逆作法设计施工与实例》

编 写 分 工

1 概述	赵 琪
2 逆作法的设计	王卫东、翁其平
3 逆作法施工技术	章晓鹏、陆 峰、汪思满、吴 献
4 逆作法施工工程实例分析	
4.1 上海地铁1号线陕西路车站	王伦甫
4.2 上海恒积大厦工程	李定江
4.3 上海明天广场工程	陆 峰
4.4 上海兴业银行大厦工程	席金虎
4.5 上海城市规划展示馆通道工程	席金虎
4.6 上海轨道交通7号线零陵路车站工程	章晓鹏
4.7 上海长峰商城工程	朱灵平
4.8 上海由由国际广场工程	赵 琪
4.9 上海廖创兴金融中心大厦工程	陆 峰
4.10 上海世博500kV输变电工程	吴 献
4.11 上海外滩源33公共绿地及地下空间利用工程	吴 献
4.12 铁路上海站北广场综合交通枢纽工程	陆 峰

序　一

近20年来上海城市建设高速发展，地下空间的开发进展迅速，城市面貌发生了日新月异的变化，至今已建成总长425km，280座车站的上海地铁网络和上千幢高百米以上的高层建筑及其相关的地下建筑设施。在大量城市基础设施建设中，涌现了很多技术复杂的基坑工程项目，突破性地发展了基坑逆作法工程技术。20世纪90年代中期，上海市第二建筑有限公司实践并总结了上海地铁1号线设在商业中心区淮海路上三座地铁车站基坑逆作法的施工技术，研究开发了逆作法信息化施工技术、柱墙沉降控制技术、逆作法挖土技术及逆作柱梁板与柱墙连接技术，揭示了逆作法在基坑施工中显著提高经济效益和社会效益的优越性，使人们认识到逆作法不仅可以缓解施工期社会交通组织问题、环境保护问题，还可以节省造价、缩短工期，这为逆作法技术的发展奠定了技术基础并赢得了社会信誉。经过20年来建设人员的攻关创新，逆作法不但推广到地铁车站工程而且广泛应用于高层建筑的深基础工程及超深地下构筑物工程中，从中克服了难度高、风险大的重重难关，取得了突破性的技术进步。

本书介绍了基坑逆作法设计和施工所取得的重要成果，其主要表现在：(1) 关于基坑逆作法中，支护结构与主体结构相结合的理念和方法，通过严谨周密的设计和施工，妥善地解决了在施工阶段和永久使用阶段的受力和使用要求，安全便捷地处理大量土方的挖运问题，大量节省了水平支撑安装和拆除的代价，可靠地解决了基坑变形引发的环境保护问题，显著减少了工期和工程造价。(2) 关于两墙合一的设计和施工方法，将地下连续墙作为挡土止水的基坑围护体的同时，还作为地下室的结构外墙，大大节省了地下室结构外墙的工程量，基坑越深，其经济性越明显。对于地下连续墙与各连接构件的连接及防水设计和施工的关键细节做了详细交代，可保证工程的经济性和实用可靠性。(3) 关于控制基坑变形和提高施工效率的挖土技术。根据基坑和水平结构形式、合理选定出土口和土方开挖方式，使大量土方开挖均能按照考虑时空效应的“分层、分块、平衡对称、限时支撑”的原则进行施工，高水平地控制了基坑变形并提高施工效率。(4) 关于“一柱一桩”的施工技术，以精细严密的“一柱一桩”的调垂定位技术，达到了中间立柱高精度的定位要求，使一般逆作法中竖向支承系统构造简单施工便捷，在开挖施工结束后可全部作为永久结构使用。(5) 关于处理地下连续墙槽段之间的接头及墙体与主体结构构件接头的技术，在大量实践中形成一套安全高效的连接节点处理法。成为上海基坑逆作法施工中的关键技术的经典之作。(6) 关于实时监测，调整优化设计，信息化施工监控，可以使深大难险的复杂基坑防止风险事故于萌芽状态，在控制墙柱差异沉降和基坑变形的工程实例中均有精彩说明。

作者根据大量基坑逆作法的设计和施工经验，选择了有代表性的工程进行了系统性总结，用可信的数据和关键内容的重点叙述，反映了逆作法设计和施工的重要技术成果，充分表现出逆作法施工工艺符合环境保护和绿色施工的技术要求，可以节省大量建筑材料、减少能源消耗，确保施工及环境安全。书中介绍的内容丰富、经验可贵，希望通过本书的出版有助于该项技术的推广，并广泛吸取意见，以求逆作法工程技术进一步改进、完善、提高。

中国工程院院士

刘建航

序　二

随着国家经济飞速发展，各地城市建设规模不断扩大。城市土地紧缺，建筑工程与交通工程除了伸向高空，近期更向深层地下发展，如大型停车库、地下商场、地下交通枢纽、地铁车站、地下变电站等。地下工程深度、层数日益增加，深层地下工程施工遇到的是巨大的水、土压力，带来地下基坑施工成本、工期与安全许多难题，近年来基坑支护技术长足发展，这些难题正在克服中，相对比较这些技术体系，我认为逆作法工艺技术从理论到实践都是最好的。

逆作法工艺基本原理是利用工程地下室结构本身作地下施工支扶体，从地面向下逐一施工，如果立柱桩有足够支承力，上部结构可同时施工。这一工艺在20世纪后期西方发达国家有工程应用，而在我国，上海市第二建筑公司是最早开发并规模化工程应用的。从20世纪90年代起分别在建筑工程、交通工程等数十个大型深基坑应用，技术与工艺不断有创新，为此得到上海市科技进步一等奖，评审通过国家级工法，成为建设部此项新技术推广依托单位。上海市第二建筑公司大量工程实践证明二层以上地下室的基坑已经具有经济性，至于其施工安全，加速工期，四节一环保的绿色施工等优点则是工艺本身与生俱来、不言自明的，因此逆作法工艺技术有重大技术经济效益与社会效益，是应该大力推广的地下工程施工新技术。

本书主要是上海市第二建筑公司20多年来一系列重大工程逆作法施工典型案例汇编，以科研成果与工程实践经验为基础，提供设计与施工的系列介绍。应该感谢作者们，他们的辛勤劳动，一定会大大推动深基础逆作法工艺技术进一步发展，此书一定会成为业内人士的重要参考书。

中国工程院院士

序 三

随着国民经济的快速发展和城市建设规模的不断扩大，地下空间综合利用问题显得越发重要，以至于成为制约城市建设快速发展的关键问题之一，既要面对建设要求的技术挑战，也要面对土地制约的需求压力，还要面对城市公共服务保障功能不能受到过大干扰的限制，特别是要适应地下停车场、商场、交通枢纽、地铁、交通干线、变电站、公共管沟等工程建设蓬勃发展的要求。其中，逆作法设计施工技术尤为突出，科技创新令人耳目一新，为地下空间建设乃至城市建设发挥了重要作用。

一、向地下要空间已然成为城市化建设破解发展空间瓶颈难题的重要手段。一是逆作法设计施工技术适应了城市建设发展的需求。地下空间开发规模越来越大、开挖深度越来越深，一般城市的新建项目均要求设置多层地下室，有些既有建筑，包括历史保护建筑，由于功能的需要，也要求增设多层地下室或地下车库，以上各类工程实践非常丰富。由此，城市地下空间的科学、合理、综合开发利用，不仅大大提升了城市土地的综合利用价值，完善了城市建筑的使用功能，提高了城市基础设施的承载能力，而且适应了城市建设可持续发展的要求，成为“四节一环保”（节能、节地、节水、节材、环境保护）发展不可或缺的重要内涵。其中，逆作法设计施工技术在城市地下空间发展中起到了重要作用，值得为此专书一笔。二是逆作法设计施工技术大大提高了地下空间建设的工效。地下空间开发利用的历史很长，虽是传统工程技术，但随着时代发展，使用功能的拓展，特别是技术、设备能力提高，目前已从开发利用地下一、二层发展到五、六层，最深的达到30多米。逆作法设计施工技术的实践表明，该技术运用于工程实践，极大地促进了地下空间开发利用的建设工效。三是逆作法设计施工技术极大地促进了地下空间开发的科技进步。超大规模，超大深度地下空间开发，既有环境保护的要求，也有设计施工技术创新的要求，综合性、经济性、复杂性特点极为突出。逆作法工艺虽源于20世纪70年代，但发扬光大当属在当今的中国城市建设实践。局限于原有设计理论、工程设备和工艺技术水平，该工艺在我国20世纪80年代的起步阶段还是异常困难的。从20世纪90年代开始，随着上海城市建设的发展，针对中心繁华地区大范围改造，施工过程如何保护周边建筑和管线，如何缩短施工周期，成为逆作法设计施工迫切需要解决的课题。尤其是上海的地铁工程建设，多数途经繁华街区，相互影响和交织，复杂性更为突显，改进施工工艺，面临重要艰难选择。参照国内外工程实例，经反复科学论证，并报经市政府批准，作者及所在单位对上海市淮海中路的三个地铁车站，大胆采用逆作法设计施工技术，试点示范，取得成功，获取了宝贵的经验，进而推广至整个上海。高层建筑地下空间的应用，也同样取得明显成效。逆作法设计施工技术的大量应用实践，极大地促进了地下空间开发的科技进步。四是逆作法设计施工技术充分和巧妙地利用了地下空间。采用逆作法设计施工技术可利用部分或全部地下室结构梁、板作为内支撑，不仅节约了大量临时内支撑的费用，而且梁、板体系刚度更大，更有利于控制深基坑侧向位移，进而保证周边环境安全；地上与地下结构可同步施工，进而缩短施工周期；可利用裙房地下室逆作顶板作为施工场地，以期尽可能减少地下室范围以外的施工占地，减少明开挖及拆除内支撑时产生大量的扬尘和材料损耗，从而使工地更加文明，环境更加友好。五是逆作法设计施工技术有力地促进了市场模式转变。逆作法设计施工技术的实践与发展，促进了企业向设计施工总承包先进市场模式的转变。该市场模式有利于又好又快建设，使项目总承包企业有动因去优化设计、缩短工期、节省投资；有利于建筑业企业核心能力的提升和做强做大，逆作法设计施工往往由一个单位统筹承担，责任和压力系于一家，促进该单位把逆作法设计施工技术作为核心能力不断做强做优；有利于公共投资项目监管方式创新、有效杜绝腐败。

二、本书作者总结了他们20多年在上海从事逆作法设计施工技术的经验，可谓是理论与实践结合的精华。书中所介绍的12项逆作法设计施工的重大工程实例，类型广泛，经验丰富，从地铁一号线陕西南路站首创上海大型工程逆作法设计施工开始，到全面推广到各种超大规模、超大深度、复杂环境的深基坑逆作法设计施工的实践。一是工程实例翔实。针对不同工程新问题、新要求，本书展示了作者对逆作法设计施工技术的不断探索。针对周边环境保护等级的提高，如紧贴历史保护建筑、地铁、轻轨、过江隧道、重要的市政基础设施和地下管线等，唯有采用逆作法设计施工技术才真正体现经济合理。实践表明，合理的逆作法设计施工，完全可以达到预期的变形控制和环境保护要求。二是工程经验指导性和系统性强。书中详尽记录了从20世纪90年代至今上海12项大型且具有代表性的逆作法工程实例，针对不同工程特点，采取独特的设计施工组织、节点处理、优化措施，诸如两墙合一逆作法、临时围护结构逆作法、柔性接头、刚性接头、一柱一桩、一柱多桩、钻孔灌注桩逆作立柱、钢管桩结合H型钢逆作立柱、裙楼顺作与地下室逆作同时施工、与保留建筑净距仅300mm的地下连续墙施工、专用取土架的研制等，指导性和系统性很强。三是逆作法设计施工技术“四节一环保”示范作用大。逆作法与常规基坑施工相比，采用“以桩代柱”、“以梁板代撑”、“以围护墙代结构墙”，既确保了工程的安全及顺利实施，又节省了大量的临时围护结构，减少了降水工程量，节省大量人工与材料。由于采用逆作法设计施工技术，基坑暴露时间大为减少，隐蔽性更好，施工噪声更小，对周边影响降至最小。

经中国土木工程学会总工程师联合会吴之乃会长之约，我应允为本书作序。读过本书，真实感到，他山之石可以攻玉，这的确是一本理论与实践相结合的经验之作，其核心在于深刻把握了上海软基且周边条件复杂情况下，地下空间采用逆作法设计施工有效控制侧向位移，同时兼顾经济合理、缩短工期，三者有机结合，值得工程技术人员学习参考，值得更多的工程项目借鉴创新。

原建设部总工程师

前言

随着经济的迅速发展，我国的城市化进程加速，高层建筑、超高层建筑、大型公共建筑及地下交通工程的兴建，城市的地下空间开发已是势在必行。大型地下停车场、商场、地下交通枢纽、地铁车站、地下变电站等日益广泛应用，甚至一些历史建筑为适应现代的使用功能要求，兴建多层地下室。城市的发展，地下工程已成为建筑物、构筑物不可或缺的组成部分。同时地下工程的规模也越来越大，而由于城市建筑密度增加，工程四周各类管线密集，环境的保护要求更加严格，促使地下工程施工难度大大增加，在投资成本、资源投入、工程施工周期等方面在全工程中均占较大比重。如何选择地下工程的施工方法和相应的技术和工艺，成为地下工程建设者研究的重要课题之一，也是投资决策者的共识。

逆作法施工工艺在上海正式应用于工程已有30多年的历史，1982年上海市第二建筑有限公司开始应用于高层建筑多层地下室中，取得成功，并获得上海市科技进步奖一等奖。上海地铁工程建设中首先在地铁1号线淮海路三个车站应用了逆作法施工，其主要目的是在淮海路繁华商业街的施工中缩短占用路面工期，最大程度减少商业损失。在市政府的决策下，经过设计和施工技术人员同心合力攻关，三个车站逆作法施工顺利完成了预定目标，并比原设计提前了近4个月，为淮海路商业争得数亿元经济效益。逆作法工艺技术得到了进一步推广和发展，在这些工程成功的基础上，除在上海市，浙江、江苏及其他省市也开始应用，近年来已成为地下工程主要施工工艺之一。作为一个“点”的统计资料，仅上海市第二建筑有限公司用此工艺建造工程就已有26个，建筑面积约277万m^2，地下室面积约103万m^2。上海市第二建筑有限公司通过多年的逆作法工程实践，在逆作法施工领域中开发、研究了多项施工技术和工艺，取得显著的经济、技术和社会效益，并形成了系列成果：编写了国家级一级施工工法；获得了第四届上海市科学技术博览会金奖，并有“逆作法工程桩自动定位装置”、“逆作法工程中的水平无排吊模结构”、“逆作法工程劲性钢柱分段预埋结构”、“一种对历史建筑增建多层地下室的施工方法”等十几项发明获得国家专利；1997年被国家科学技术委员会授予国家科技成果推广计划中“高层建筑多层地下室逆作法施工技术依托单位”，2007年被建设部授予“建筑业十项新技术逆作法施工技术咨询服务单位”的称号。

逆作法施工工艺的主要特点有：①地下室由上而下施工，主体地下结构和基坑支护结构相结合，利用主体结构，不另设支撑体系，避免了支撑的设置和拆除，节约资源、降低能耗、对混凝土支撑还大大减少了废弃物，体现了低碳经济、绿色施工的时代要求；②地下主体工程逆作施工，地下室外墙（围护墙体）和楼面结构逐层结合成主体，逐层形成刚性连接，水平刚度比常规的支撑体系大大增加了，使支护结构位移得到有效控制，有利于周围的建筑和管线等环境的保护，具有显著的社会效益；③可实行地面以上结构和地下结构同步施工，大大缩短整个工程的施工工期，具有良好的技术经济效益；④地下工程基坑施工不用支撑系统，在支撑系统上降低了造价。

为了使逆作法施工技术能进一步的推广和应用，本书总结了多年来在逆作法设计和施工中的经验和成果，并精选了12个工程实例。第二章“逆作法的设计”由上海华东建筑设计研究院专项技术中心总工王卫东教授级高工编写，其他章节由上海市第二建筑有限公司曾参与有关工程建设的技术人员编写，同济大学应惠清教授和上海市第二建筑有限公司的王允恭教授级高工进行了校核、图片修正和全书的统稿。本书是施工单位、设计单位和高校三方共同合作的成果，期望能为从事建筑工程设计、施工的技术和管理人员提供参考，对推进逆作法施工技术的发展起到积极作用。在编写过程中得到刘建航院士、叶可明院士的悉心指导和帮助，对此表示感谢。也感谢原建设部总工程师王铁宏教授给予很高的评价。

本书就逆作法设计的基本方法，并从实际案例就工程中几种常见的围护形式、典型节点构造、施工技术要点、关键技术措施等作了较为全面的介绍，也附有大量工程照片和插图，力求做到通俗易懂、图文并茂，希望能对读者有所裨益。

目录

1 概 述

1.1 基坑工程现状

随着我国经济的不断飞速发展，城市规模得到了巨大的扩张，这表现在人口的激增和城市基础设施的不断更新。然而，在城市土地资源紧缺的情况下，人口的大量增长和基础设施相对滞后成为了城市发展道路上的一个矛盾。世界城市化的进展中，各国都意识到要保护耕地，制止城市无限制地占用耕地，这就要求人们在城市开发特别是城市中心地区的开发中要充分利用空间资源，对城市中心地区建筑物的占地面积实施严格的控制。因此，建筑物向高空方向发展已成为当今城市建设取得综合经济效益的主要指标之一。除此之外，开发地下空间也日益被人们所接受和重视，上海地区地铁工程、地下变电站、地下商场工程、地下停车库等的大力开发就是一个佐证。开发和利用地下空间，首要进行的就是大规模的土方开挖。在有限的场地条件下进行开挖就必须保障周围建筑、管线、道路及地下结构的安全。随着地下工程的建设发展，深基坑支护体系的设计计算和施工方法也在不断地更新和完善。

深基坑支护结构和地下工程施工可以分成顺作法（敞开式开挖）和逆作法施工两种。在逆作法基础上演变过来的半逆作法以及局部逆作法等都可以归入逆作法的范畴。

敞开式开挖是传统的深基坑施工方法。由于其施工速度快，在场地条件和环境保护要求较为宽松的情况下一般都被采用。在空旷地区或者地质条件较好的地区开挖浅基坑，可以不用设置支护结构，采用放坡大开挖的方式。在一般情况下，深基坑支护施工过程中，需要先进行支护结构，如板桩、灌注桩、SMW 挡墙等的施工；然后进行基坑土方的开挖，边挖边施工支撑，直至基底设计标高，然后从下而上逐层施工地下结构，待地下结构完成之后，再逐层进行地上结构的施工。当基坑较浅的时候，支护结构也可不用支撑系统，采用悬臂结构，它省去了设置支撑的工序，并且大大缩短施工时间。还有诸如水泥土重力式挡墙、土钉支护等支护方法，也不需要设置支撑系统。水泥土重力式挡墙施工完成之后即可进行土方的开挖，而土钉墙的施工则是伴随着土方开挖进行的，开挖一层设置一层。这些支护施工方法虽然有些小的差别，但是整体施工过程大体一致，均称为顺作法施工。顺作法施工随着多年的工程积累，已经有了十分成熟的设计方法和施工流程，并已经形成了一系列施工工法，对指导顺作法的施工起到积极作用。

但是，随着城市用地的不断紧缩、施工场地的局促以及开挖深度的增加等情况的出现，顺作法明显体现出其不足和问题。例如，在有三层以上地下室结构的超深基坑施工中，采用顺作法施工地下结构的施工工期过长，许多高层建筑项目中，地下结构的施工工期占了总工期的 1/4～1/3；在一些繁华区域，几乎不可能提供额外的施工场地；无法实现地上结构与地下结构同步施工。

为了解决这样的问题，我国工程技术人员参照国外先进的施工经验，引进了逆作法施工技术。逆作法施工和顺作法施工顺序相反，在支护结构及工程桩完成后，并不是进行土方开挖，而是直接施工地下结构的顶板或者开挖一定深度再进行地下结构的顶板、中间柱的施工，然后再依次逐层向下进行各层的挖土，并交错逐层进行各层楼板的施工，每次均在完成一层楼板施工后才进行下层土方的开挖。上部结构的施工可以在地下结构完工之后进行，也可以在下部结构施工的同时从地面向上进行，上部结构施工的时间和高度可以通过整体结构的施工工况计算（特别是计算地下结构以及基础受力）来确定。

1.2 逆作法在国内外的发展状况

1935 年日本首次提出逆作法工艺的概念，随后运用于日本东京都千代田区第一生命保险相互会社本社大厦工程。经历了 60 余年的研究和工程实践，目前已较广泛地应用于高层和超高层的多层地下室、大型地下商场、地下车库、地铁、隧道、大型污水处理池等结构。虽然对逆作法的施工工艺和相关理论的研究都取得了一定成果，应用也逐步普及，但目前仍作为一种特殊施工方法应用于工程。主要应用于有特殊要求的工程，或用传统方法施工难以满足要求，或逆作法更具经济性（如进度快）等情况。

逆作法设计理论和施工工艺方面研究较多的国家有日本、美国和英国。在实际工程方面，日本、美国、英国、法国、德国等国和台湾地区等都有应用。在日本，据统计在 1994 年新建的高层建筑中，地下结构有 18.2%采用逆作法施工。国外典型的工程有：世界上最大的地下街是日本东京八重洲地下商业街，共三层，建筑面积 7 万 m^2；最深的地下街是莫斯科切尔坦沃住宅小区地下商业街，深达 70～100m；最大的地下娱乐建筑是芬兰 Varissu 市地下娱乐中心，战时可掩蔽 1.1 万人；最大的地下体育中心是挪威奥斯陆市 A 区地下体育中心，战时可掩蔽 7500 人；最深的地下综合体是德国慕尼黑卡尔斯广场综合体，共分六层，一层为人行道和商业区，二层为仓库和地铁站厅，三层、四层为停车场，五层、六层为地铁站台和铁道。

日本的读卖新闻社大楼，地上 9 层、地下 6 层。采用逆作法施工，总工期只用 22 个月，与日本采用传统施工方法施工类似工程相比，缩短工期 6 个月。英国伦敦 Aldersgate Street basement 工程，地上 8 层，地下 7 层，平面尺寸 60m×40m，基坑深 21～22m。用逆作法进行施工，采用厚 1m、深 30m 的地下连续墙和压入型钢中间支承柱。美国芝加哥水塔广场大厦，75 层，高 203m，4 层地下室，用 18m 深地下连续墙和 144 根大直径灌注桩作为中间支承柱，用逆作法进行施工，上部结构与地下室同步施工，当该地下室结构全部完成时，主楼上部结构已施工至 32 层。美国波士顿邮政广场地下停车场，该工程为地下 7 层车库，坑深 23.2m，逆作法施工用的地下连续墙厚 0.9m，深 25.6m。法国巴黎的拉弗埃特百货大楼的六层地下室，亦用逆作法施工，总工期缩短 1/3。另外在地铁车站施工方面，如 20 世纪 50 年代末意大利米兰地铁站首次采用逆作法以来，欧洲、日本等许多地铁车站采用这种方法建造，1965～1989 年德国慕尼黑地铁共建车站 57 座，其中采用逆作法施工就有 20 座。

我国逆作法的推行和发展受日本类似工程的影响较大，早在 1955 年哈尔滨地下人防工程中就首次提出应用逆作法施工技术，并且从此开始了不断的探索、试验、研究和工程实践。在上海，20 世纪 90 年代中期，上海建工集团在总结淮海路地铁车站施工经验的基础上，研究开发了逆作法信息化施工技术、柱墙沉降控制技术、逆作挖土技术、逆作柱梁板与柱墙连接技术等，为逆作法技术的推广奠定了必要的技术基础，于 1994～1997 年圆满完成了上海恒积大厦工程的逆作法施工。该工程是上海高层建筑多层地下室完整实现逆作法施工的实例，它的顺利完工，以及建设过程体现出的逆作法"好"、"快"、"省"的效果，为进一步应用逆作法技术起到了示范和推动作用，由此，上海开始了一大批的逆作法工程的施工。随着明天广场、京沙住业大厦、上海市城市规划展示厅、长峰商厦、由由国际广场、廖创兴大厦等等十几个工程的完工，形成了一套比较成熟的逆作法施工工法。在我国其他省市，从 1993～2000 年，共有将近 50 个工程采用了逆作法施工技术，这些工程分别位于天津、北京、广州、深圳、杭州、重庆、南京等。上海和广州根据当地及周边省市的施工经验总结编制了逆作法施工工法：地下建（构）筑物逆作法施工工法

YJGF02-96（2005～2006 年度升级版）（一级）和广州市地下室逆作法施工工法（YJGF07-98），规范了逆作法工程的施工，标志了我国逆作法施工技术的应用开始走向成熟。

1.3 逆作法的分类

在逆作法的应用中，根据各地的土质条件和工程的施工环境，可分为全逆作法和在全逆作的基础上演变出的一些不同种类的逆作方法。

逆作法按不同分类方法有不同类型，一般按照上部建筑与地下室是否同步施工，分成以下几类：

(1) 全逆作法

按照地下结构从上至下的工序先浇筑楼板，再开挖该层楼板下的土体，然后浇筑下一层的楼板，开挖下一层楼板下的土体，这样一直施工至底板浇筑完成。在地下结构施工同步进行上部结构施工。上部结构施工层数，则根据桩基的布置和承载力、地下结构状况、上部建筑荷载等确定（图 1-1）。

(2) 半逆作法

地下结构与全逆作法相同，按从上至下的工序逐层施工，待地下结构完成后再施工上部主体结构。在软土地区因桩的承载力较小，往往采用这种施工方法（图 1-2）。

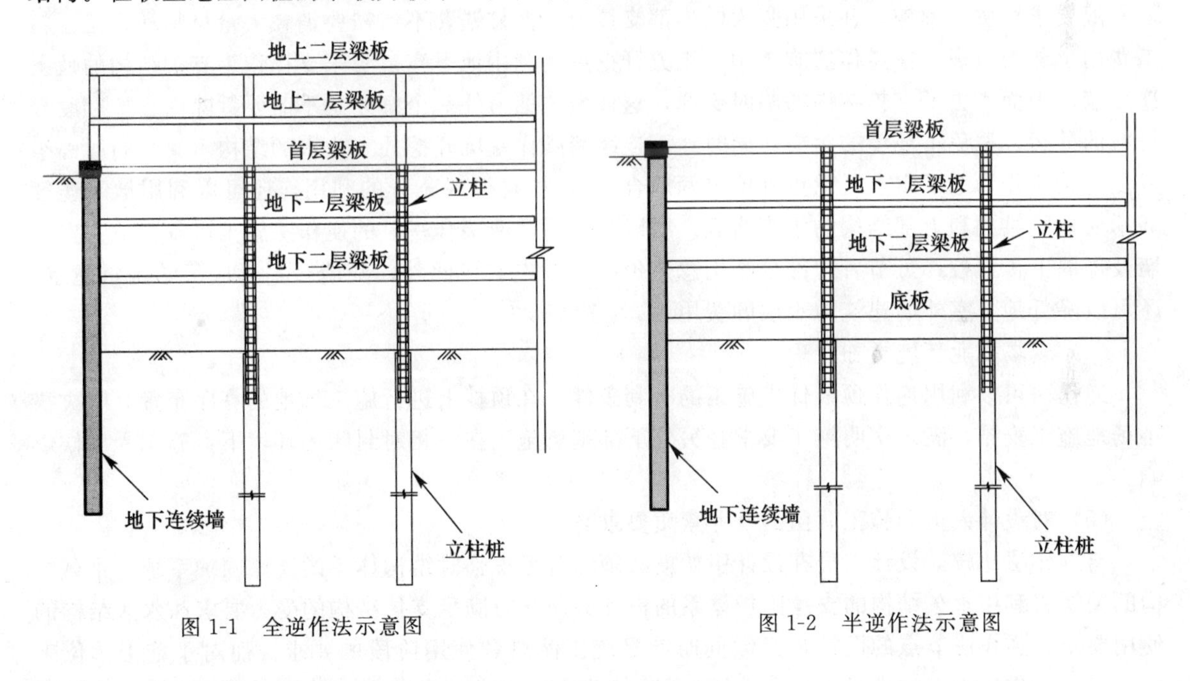

图 1-1 全逆作法示意图

图 1-2 半逆作法示意图

1.4 逆作法的特点

与传统的顺作施工方法相比较，用逆作法施工高层建筑多层地下室或地下结构有下述技术特点。

(1) 缩短工程施工的总工期

顺作法基坑施工其施工工序是逐层交接，即支撑安装、挖土、地下结构施工、拆除支撑需逐层施工，而上部结构施工需按部就班在地下结构完成后进行，各工序之间无法同步施工，工序较多；逆作法基坑施工上部和下部结构可平行搭接，立体施工，而且，以结构楼板代替支撑，无需支撑拆除，减少了施工工序。逆作法施工对越深的基坑，缩短的总工期越显著。上海明天广场从 1997 年 4 月 22 日开始挖土到 1997 年 11 月底基础底板完成，裙房上部结构已完成 4 层（结构封顶），总工期仅为7个月（其中包括法定假日和其他无法施工的时间），这样的施工速度对顺作法来说是难以实现的。与类似工程相比，采用顺作法施工的施工周期一般需要一年。日本读卖新闻社大楼地上9层，地下6层，用封闭式逆作法施工，总工期只用了22个月，比传统施工方法缩短工期6个月。

（2）保护环境

逆作法施工利用地下室水平结构作为周围支护结构地下连续墙的内部支撑。由于地下室水平结构与临时支撑相比刚度大得多，所以地下连续墙在水土压力作用下的变形小得多。此外，由于中间支承柱的存在使底板增加了支点，与无中间支承柱的情况相比，坑底的隆起明显减少。因此，逆作法施工能减少基坑变形，使相邻的建（构）筑物、道路和地下管线等的沉降和变形得到控制，以保证其在施工期间的正常使用。上海廖创兴金融中心大厦开挖深度28.4m，基坑侧壁的变形仅21mm，这在一般顺作基坑很难达到。上海世博500kV输变电站工程开挖深度35.4m，基坑侧壁的变形仅为47mm。另外，逆作施工实现了顶板的封闭，可有效减少施工噪声与扬尘污染，防止施工造成的城市环境污染。

（3）降低工程能耗，节约资源

逆作法与常规基坑施工相比，采用的是“以桩代柱”，“以板代撑”，“以围护墙代结构墙”，省去了临时结构。节约大量材料与人力。多层地下室采用常规的临时支护结构施工，地下室外墙下一般要求设置工程桩，并采用强大的内部支撑或外部拉锚，不但需要消耗大量材料和人工，施工费用也相当可观。在逆作法施工中，土方开挖后是利用地下室自身来支撑作为支护结构的地下连续墙，因而省去了支护结构的临时支撑，这样做法的另外一个好处是不需要拆除内支撑和废弃材料的外运，避免了环境的污染；同时地下连续墙既作基坑开挖挡土止水的结构，又与内衬墙组成复合结构作为地下室永久承重外墙（两墙合一），材料得到充分的利用，还可以利用地下连续墙承受地下结构和上部结构的垂直荷载。所以，采用“两墙合一”的逆作法施工可省去地下室外墙及外墙下工程桩，可节省这部分结构总造价的1/3左右。此外，两墙合一形成了结构自防水，还可以降低地下室外墙建筑防水层的费用。

（4）现场作业环境更加合理

逆作法可以利用逆作顶板优先施工的有利条件，在顶板上进行施工场地的有序布置，解决狭小场地施工安排，满足文明施工要求。另外下部基坑施工在一相对封闭的环境下，施工受气候影响小。

（5）对设计人员和施工队伍的专业素质要求高

与顺作法比较，设计人员在设计伊始就必须综合考虑临时结构体系的支撑围护系统与永久结构的关系。利用永久结构的支撑围护体系的设计必须同时满足支护结构的受力要求和永久结构的使用要求，逆作法节点的设计也必须同时满足施工阶段和使用阶段的要求。而对于施工单位来说，由于逆作法施工技术要求高，必须掌握相关的核心技术，如逆作法支撑柱的垂直度调整技术（逆作法支撑柱的垂直度要求达到1/300以上，有的设计要求达到1/500）；钢管混凝土柱和柱下桩的混凝土浇捣技术；逆作法施工节点的处理技术；竖向结构的钢筋绑扎和混凝土逆作浇捣技术；逆作法时空效应挖土技术、逆作法不均匀沉降控制技术等，这些核心技术一旦控制不好，往往会导致工程事故，甚至造成施工失败。

2 逆作法的设计

2.1 概　　述

逆作法基坑工程的施工流程与常规顺作法的基坑工程不同，一般情况下不再需要设置大量的临时性水平支撑体系，而是采用由上向下施工的地下各层结构梁板作为水平支撑体系，基坑开挖到基底形成基础底板后，地下结构基本形成。逆作法的出现使得支护结构体系与主体地下室结构体系不再是两套独立的系统，两者的合二为一大大减少了临时性支护结构的设置与拆除造成的材料浪费，大刚度的结构梁板作为水平支撑为达到严苛的周边环境保护要求创造了条件，首层结构梁板的设置在提供了便利的施工平台的同时也使得同步进行上部结构施工成为可能。与此同时，实现上述各项要求的也对逆作法的设计提出了更高的要求，使其与常规的顺作法基坑工程设计区别开来。

在常规的采用顺作法的基坑工程中，基坑工程的设计一般来说可以与主体地下结构设计相互独立，主体结构的设计只需要考虑永久使用阶段的受力和使用要求，且主要是对整个受力体系完全形成后的荷载情况和受力状态进行计算分析，主体结构以竖向受力为主；支护设计则根据基坑的规模和周边环境条件进行施工阶段的相关计算分析，确保基坑开挖的安全，为地下室结构的施工创造出有利条件即可。

但在采用逆作法的基坑工程中，主体地下结构在逆作法施工阶段发挥着不同于使用阶段的作用，其承载和受力机理与永久使用阶段迥然不同，例如周边围护结构的受力工况不同，内部由于利用主体结构梁板替代临时水平支撑，基坑施工阶段采用格构柱或钢管柱进行竖向支承等。逆作施工阶段结构整体性还不够完善，如果主体结构设计和围护结构设计脱离将造成逆作法实施过程中出现这样或那样的问题，因此周密严谨的设计是非常必要的，并且在逆作法的设计中需要分别考虑施工阶段和永久使用阶段的受力和使用要求，兼顾水平和竖向的受力分析，有时还需要根据现场逆作施工的需要对结构开洞、施工荷载和暗挖土方等施工情况进行专项的设计计算。

2.1.1 逆作法的设计条件

逆作法的设计是主体结构与基坑支护相互结合、设计与施工相互配合协调的过程。除了常规顺作法基坑工程需要的设计条件外，在逆作法设计前还需要明确一些必要的设计条件。

首先，需要了解主体结构资料。通常情况下采用逆作法实施的地下结构宜采用框架结构体系，水平结构宜采用梁板结构或无梁楼盖。对于上部建筑较高的（超）高层结构以及采用剪力墙作为主要承重构件的结构，从抗震性能和抗风角度，其竖向承重构件的受力要求相对更高，不适合采用逆作法的实施方案。但可以根据高层结构的位置和平面形状，通过留设大开口或设置局部临时支撑的形式，在基坑逆作开挖到底形成基础底板后在进行这部分结构的施工，从而实现逆作施工基坑工程和顺作施工部分主体结构的结合。实际工程中，由于工程工期要求、环境保护要求、工程经济性要求等的不同，采用的基坑工程实施方法也各不相同。逆作法作为一种基坑工程设计与实施的方案也可以与顺作法相结合，从而使得工程建设更加符合实际的需要。例如在上海由由国际广场二期基坑工程中，采用“裙楼逆作-塔楼顺作”的方案，成功解决了环境保护要求高、地下室工期紧的实际问题，并通过逆作与顺作的结合合理解决了塔楼的顺作施工问题。

其次，需要明确是否采用上下同步施工的全逆作法设计方案。上下同步施工可以缩短地面结构甚至整个工程的工期，但也对逆作法的设计提出了更高的要求。上下同步施工意味着施工阶段的竖向荷载大大增加，在基础底板封闭前，所有竖向荷载将全部通过竖向支承构件传递至地基土中，因此上部结构能够施工多少层取决于竖向支承构件的布置数量以及单桩的竖向承载能力。过高的同步设计楼层的要求将直接导致竖向支承构件的工程量过大，使得工程经济性大大降低。而且基坑工程逆作施工阶段，上部结构的同步施工不仅会对竖向支承构件设计产生影响，上部结构的布置也会影响出土口布置以及首层结构上受力转换构件的设置，因此是否采用全逆作法的基坑方案以及基坑逆作期间同步施工的上部结构的层数都应该综合确定，以确保工期工程经济性的平衡和设计的合理。

最后，应该确定逆作首层结构梁板的施工布置，提出具体的施工行车路线、荷载安排以及出土口布置等。逆作法工程中，地下室结构梁板随基坑开挖逐层封闭，可以取得良好的形象进度，但是大范围的结构梁板也给地下各层的土方开挖带来一定的困难。为了解决土方开挖的问题，逆作结构梁板上应设置局部开口，为其下的土方开挖、施工材料运输、施工照明以及通风等创造条件。逆作法设计前应与施工单位充分结合，共同确定首层结构梁板上的施工布局，明确施工行车路线、施工车辆荷载以及挖土机械、混凝土泵车等重要施工超载等，根据结构体系的布置和施工需要对结构梁板进行设计和加强，为逆作施工提供便利的同时，确保基坑逆作施工的结构安全。

2.1.2 逆作法的设计内容

在设计条件明确后，可以开展逆作法的具体设计工作。逆作法基坑工程的设计对象主要分为三个部分，周边围护结构、逆作阶段的水平结构体系以及竖向支承体系。

逆作法基坑工程周边围护结构应结合基坑开挖深度、周边环境条件、内部支撑条件以及工程经济性和施工可行性等因素综合选型确定。与常规的顺作法基坑工程类似，一般情况下，逆作法的基坑工程周边设置板式支护结构围护墙。围护结构应根据实际工况分别进行施工阶段和正常使用阶段的设计计算。周边围护结构的设计应包括受力计算、稳定性验算、变形验算和围护墙体本身以及围护墙体与主体水平结构连接的设计构造等内容。

逆作阶段的水平结构体系本身是主体结构的一部分，其设计是支护设计与主体设计紧密结合的过程。逆作法基坑工程中的水平结构体系在满足永久使用阶段的受力计算要求的同时，还应根据逆作实施的需要满足传递水平力、承担施工荷载以及暗挖土方等的要求进行相关的节点设计，以确保水平受力的合理和逆作施工的顺利进行。

逆作施工阶段的竖向支承系统是基坑逆作实施期间的关键构件，在此阶段承受已浇筑的主体结构梁板自重和施工超载等荷载，在整体地下结构形成前，每个框架范围内的荷载全部由一根或几根竖向支承构件承受，因此对其承载力和沉降控制都提出了较高的要求。逆作施工阶段的竖向支承构件的设计包括平面布置、立柱桩的竖向承载力计算和沉降验算、立柱的受力计算和构造设计以及立柱与立柱桩的连接节点设计等。

2.2 逆作法中周边围护结构的设计

围护结构作为基坑工程中最直接的挡土结构，与水平支撑共同形成完整的基坑支护体系。逆作法基坑工程采用结构梁（板）体系替代水平支撑传递水平力，因此基坑周边围护结构相当于以结构梁板作为支点的板式支护结构围护墙。逆作法基坑工程对围护结构的刚度、止水可靠性等都有较高的要求，目前国内常用的板式围护结构包括地下连续墙、灌注排桩结合止水帷幕、咬合桩和型钢水泥土搅拌墙等。

从围护结构与主体结构的结合程度来看，周边围护结构可以分为两种类型。一类是采用“两墙合一”设计的地下连续墙，另一类则是临时性的围护结构。

所谓“两墙合一”的地下连续墙，即地下连续墙在基坑开挖阶段作为围护结构，在正常使用阶段作为地下室结构外墙或地下室结构外墙的一部分。逆作法工程中采用此类围护结构时，其典型施工流程大致是：先沿建筑物地下室边线施工地下连续墙（作为地下室的外墙和基坑的围护结构），同时在建筑物内部施工立柱和工程桩；然后开挖第一层土，进行地下首层结构的施工；开挖第二层土，并施工地下一层结构的梁板；开挖第三层土，并施工地下二层结构；……；基坑中部开挖到底并浇筑底板，基坑周边开挖到底并施工底板；施工立柱的外包混凝土及其他地下结构，完成地下结构的施工。

采用临时围护结构时，其施工流程略有不同，典型的施工流程大致如下：首先施工主体工程桩和立柱桩，期间可同时施工周边的临时围护体；然后开挖第一层土，进行地下首层结构的施工，并在首层水平支撑梁板与临时围护体之间设置支撑；然后进行地下二层土的开挖，进而施工地下一层结构，并在地下一层水平支撑梁板与临时围护体之间设置型钢换撑；……；开挖基坑中部土体至坑底并浇筑基坑中部的底板；开挖基坑周边的留土并浇筑周边底板；最后施工地下室周边的外墙，并填实地下室外墙与临时围护体之间的空隙，同时完成框架柱的外包混凝土施工，至此即完成了地下室工程的施工。

上述两类围护结构应用在逆作法基坑工程中，实施过程的主要区别在于：①前者在各层结构梁板施工时完成与地下室结构外墙的连接，后者结构梁板与临时围护结构间需设置型钢支撑；②前者基础底板形成后只需在地下室周边进行内部构造墙体或部分复合（叠合）墙体施工，后者则需要在基础底板形成后方可进行地下室周边结构外墙的浇筑；③前者无需进行地下室周边的土体回填，后者则需在地下室结构外墙形成后进行周边土体回填。

在逆作法基坑工程中采用“两墙合一”地下连续墙和临时围护结构两种类型的围护结构，不仅在施工流程上存在着一定的差别，其他方面的特点也不完全相同。这两类围护结构除了在基坑开挖阶段的设计计算方法基本相同外，都还有着自身的特点、适用性和设计要求，下面几节将分别进行具体介绍。

2.2.1 围护墙的设计计算

2.2.1.1 施工阶段的设计计算

1. 基坑稳定性计算

基坑的稳定性计算包括整体稳定性、抗倾覆稳定性以及抗隆起稳定性等内容，验算基坑稳定的计算方法可以分为三类，即土压力平衡验算法、地基极限承载力验算法和圆弧滑动稳定验算法。

通过基坑稳定性验算合理确定围护结构的墙体入土深度，各项稳定系数要求应根据基坑开挖深度以及基坑周边的环境保护情况综合确定。一般情况下基坑开挖越深、环境保护要求越严格，基坑稳定性要求越高，相应的围护结构墙体入土深度越大。但由于埋藏较深的土层的各项指标通常要好于浅部土层，因此基坑开挖深度加深后，围护结构墙体的插入比（基底以下长度与开挖深度的比值）可能反而较小。

2. 围护结构内力计算

无论是“两墙合一”的地下连续墙，还是临时性的围护结构，其设计与计算都需要满足基坑开挖施工阶段对承载能力极限状态的设计要求。目前对于围护结构的设计计算，应用最多的是规范推荐的竖向弹性地基梁法。墙体内力计算应按照主体工程地下结构的梁板布置和标高以及施工条件等因素，合理确定基坑分层开挖深度等计算工况，并按基坑内外实际状态选择计算模式，考虑基坑分层开挖与结构梁板进行分层设置及换撑拆除等在时间上的顺序先后和空间上的位置不同，进行各种工况下完整的设计计算。

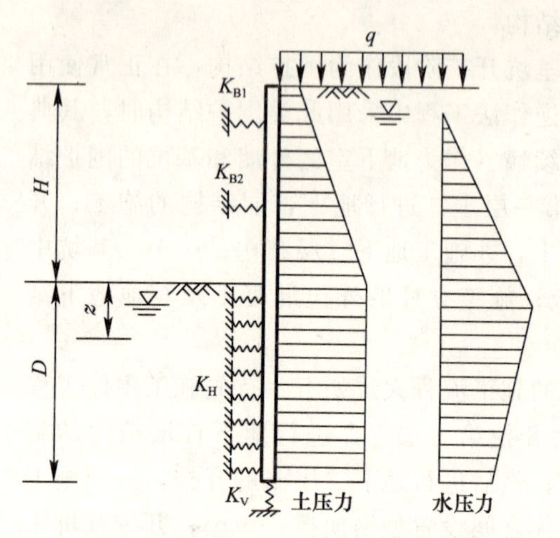

图 2-1　板式支护体系围护墙计算示意图

竖向平面弹性地基梁法以围护结构作为研究对象，坑内开挖面以上的内支撑点用弹性支座模拟；坑外土体产生的主动土压力作为已知荷载作用在弹性地基梁上；而坑内开挖面以下作用在围护墙面上的弹性抗力以水平弹簧支座模拟。该方法可根据基坑的施工过程分阶段进行计算，能较好地反映基坑开挖中土压力的变化、加撑等多种复杂因素对围护结构受力的影响。由于竖向平面弹性地基梁法原理简单，作为众多规范的推荐方法也已经积累了较多的工程经验。图 2-1 为一典型基坑开挖过程的计算模型图。

(1) 水土压力

在逆作法的基坑工程中，围护体外侧的土压力计算一般采用主动土压力，考虑开挖面以上按三角形分布，开挖面以下按矩形分布。土压力计算时还应根据现场实际情况考虑地表均布荷载的影响。在周边环境保护要求较高，需要对围护结构水平位移有严格限制时，也可以采用提高的主动土压力值，提高的主动土压力强度应不高于静止土压力强度。

围护体主动侧的水土压力作用计算时应根据土层的性质确定采用水土分算或水土合算以及相关的抗剪强度指标。一般情况下，对砂土采用水土分算、对黏土采用水土合算。水压力计算时应考虑渗流影响。

(2) 地基土的水平抗力

板式支护的基坑围护体计算时，基底以下地基土抗力的分布模式，一般取开挖面处为零，开挖面以下按照三角形或梯形分布。水平抗力可以简化成水平向弹簧支座进行计算，弹簧刚度根据现场试验或参照类似工程的经验确定。

(3) 内支撑刚度

逆作法工程采用结构梁板替代临时水平支撑，进行围护体计算时，支撑刚度应采用梁板刚度。结构梁板上开设比较大的洞口时，应设置临时支撑，并对支撑刚度进行适当的调整。

3. 围护结构的变形计算

围护结构的变形也可以采用上述弹性地基梁法进行计算，在逆作法的基坑工程中，围护结构的计算变形通常都小于常规的顺作法基坑工程，这也是基坑周边的环境保护要求较高的工程往往采用逆作法作为基坑工程实施方案的重要原因。

对于环境保护等级较高的基坑工程，在进行围护结构的变形计算的同时，还应对基坑开挖对周边环境的变形影响进行分析。变形影响可以结合当地工程实践，采用经验方法或者数值方法进行模拟分析。

工程实践中，由于基坑围护结构的变形影响因素很多，除了土质条件、围护体及支撑系统的刚度等因素外，现场施工的时空效应也会对围护体变形产生较大的影响，周边环境本身对土体变形的敏感程度也不相同，因此围护结构的变形计算以及环境影响分析结果只能作为参考，现场还是应该从工程实施的有效组织、施工方案的合理安排等方面提高基坑工程实施效果，减少围护结构的变形和环境影响。

总体上看，逆作法基坑工程中的围护体在施工阶段的设计计算方法与常规的板式支护体系基本相同，只是在具体参数的取值以及设计工况等方面有所区别，因此，此类基坑工程围护体的设计计算应遵照现场实际情况进行具体问题具体分析。

2.2.1.2 正常使用阶段验算

采用“两墙合一”的地下连续墙作为基坑围护结构时，除需按照上述要求进行施工阶段的受力、稳定性和变形计算外，在正常使用阶段，还需进行承载能力极限状态和正常使用极限状态的计算。

1. 水平承载力和裂缝计算

与施工阶段相比，地下连续墙结构受力体系主要发生了以下两个方面的变化：

(1) 侧向水土压力的变化：主体结构建成若干年后，侧向土压力、水压力已从施工阶段回复到稳定的状态，土压力由主动土压力变为静止土压力，水位回复到静止水位。

(2) 由于主体地下结构梁板以及基础底板已经形成，通过结构环梁和结构壁柱等构件与墙体形成了整体框架，因而墙体的约束条件发生了变化，应根据结构梁板与墙体的连接节点的实际约束条件进行设计计算。

在正常使用阶段，应根据使用阶段侧向的水土压力和地下连续墙的实际约束条件，取单位宽度地下连续墙作为连续梁进行设计计算，尤其是结构梁板存在错层和局部缺失的区域应进行重点设计，并根据需要局部调整墙体截面厚度和配筋。正常使用阶段设计主要以裂缝控制为主，计算裂缝应满足相关规范规定的裂缝宽度要求。

2. 竖向承载力和沉降计算

两墙合一地下连续墙在正常使用阶段作为结构外墙，除了承受侧向水土压力以外，还要承受竖向荷载，因此地下连续墙的竖向承载力和沉降问题也越来越受到人们的关注。大多数情况下，地下连续墙仅承受地下各层结构梁板的边跨荷载，需要满足与主体基础结构的沉降协调。少数情况下，当有上部结构柱或墙直接作用在地下连续墙上时，则地下连续墙还需承担部分上部结构荷载，此时地下连续墙需要进行专项设计。

地下连续墙的竖向承载力计算目前在国内还没有专门的相关规范，但在国际上和国内的工程实践中已经有采用地下连续墙作为主要竖向承载构件的先例。地下连续墙的竖向承载力的确定主要依赖于现场承载力试验，试验前可以参照钻孔灌注桩的计算方法进行估算。上海地方工程建设规范《基坑工程技术规范》中规定，地下连续墙的竖向承载力计算时，“墙体截面有效周长应取与周边土体接触部分的长度，墙体有效长度应取基坑开挖面以下的入土深度。”

2.2.2 围护结构的设计与构造

2.2.2.1 “两墙合一”的地下连续墙

1. 特点及适用范围

地下连续墙作为一项施工工艺成熟、应用广泛的技术，已经在国内大量基坑中成功采用，尤其是在开挖深度大、环境保护要求高的深基坑工程中应用更多，并已积累的大量成功的设计和施工经验。地下连续墙具有如下几点其他围护形式所不能比拟的优势：

（1）有利于对周边环境的保护

地下连续墙施工具有低噪声、低振动等优点。基坑开挖过程中安全性较高，由于地下连续墙刚度大、整体性好，基坑开挖过程中支护结构变形较小，从而对基坑周边的环境影响小。地下连续墙具有良好得抗渗能力，根据目前成熟的施工工艺，槽段与槽段连接夹泥少，连接整体性强且防渗效果好，因而基坑挖土施工时周边渗漏情况比一般围护形式少，坑内降水时对坑外的影响较小。

（2）可采用"两墙合一"的形式

"两墙合一"的地下连续墙，即地下连续墙作为挡土止水基坑围护体的同时，还作为地下室的结构外墙，大大节省了地下室结构外墙工程量。当基坑开挖深度越深时，"两墙合一"地下连续墙相对于其他形式的围护体经济性更为显著。大量已实践的工程经验表明，当软土地区中基坑开挖深度超过16m时，"两墙合一"地下连续墙是最为经济合理的围护形式；

而且，由于结构外墙的位置即地下连续墙的位置，不需要设置施工操作空间，可减少直接土方开挖量，并且无需再施工换撑板带和进行回填土工作，其间接的经济效益也是非常明显的。对于红线退界紧张或地下室与邻近建、构筑物距离极近的地下工程，"两墙合一"还可大大减小围护体所占空间，具有其他围护形式无可替代的优势。同时，"两墙合一"的设计还能够减少施工地下室外墙、墙外换撑的工期，提高了地下工程的施工效率等。

（3）竖向承载能力强

地下连续墙还具有竖向承载能力强的特点，有利于协调与主体结构的沉降。结合主体设计的需要，上部结构可以直接设置在地下连续墙上方，通过对地下连续墙的设计计算满足其竖向承载和沉降控制的要求。

基于上述特点，当超深基坑采用其他围护结构无法满足要求时，常采用地下连续墙作为围护体，结合逆作法施工，利用刚度较大的结构梁板替代临时支撑，在确保基坑工程安全的同时也避免了拆撑工况对环境的二次变形影响，成为超深地下结构施工的最佳选择。

2. 地下连续墙在逆作法工程中的设计与构造

目前在逆作法基坑工程中应用的地下连续墙的结构形式主要有壁板式、T形和Π形地下连续墙等几种；根据受力、防水等的需要，槽段之间可以采用相应的柔性接头或刚性接头；而且，地下连续墙可以采用单一墙、分离墙、复合墙和叠合墙四种形式与主体结构地下室外墙进行结合。这部分设计内容与常规顺作法基坑工程中的地下连续墙类似，本章中不再赘述。下面主要介绍在逆作法的基坑工程地下连续墙的设计。

（1）地下连续墙与主体结构的连接

地下连续墙与主体结构的连接主要涉及以下几个位置：压顶梁、地下室各层结构梁板、基础底板、周边结构壁柱（图2-2）。

1）地下连续墙与压顶梁的连接

地下连续墙顶出于施工泛浆高度、减少设备管道穿越地下连续墙等因素需要适当落低，地下连续墙顶部需要设置一道贯通的压顶梁，墙体顶部纵向钢筋锚入到压顶梁中。墙顶设置防水构造措施。考虑到压顶梁还需跟主体结构侧墙或首层结构梁板进行连接，因此需要留设相应的锚固和构造措施（图2-3）。

2）地下连续墙与地下室各层结构梁板的连接

地下连续墙与地下室各层结构梁板的连接方式较多，可以通过预留插筋、接驳器、预埋抗剪件等通过锚入、接驳、焊接等方式进行连接。根据主体结构与地下连续墙的连接要求确定具体的连接方式。为了提高地下连续墙的整体性，加强地下连续墙与主体结构的连接，各层结构梁板在周边宜设置环梁，预埋件的连接件可以通过锚入环梁的方式达到与主体结构连接的目的。

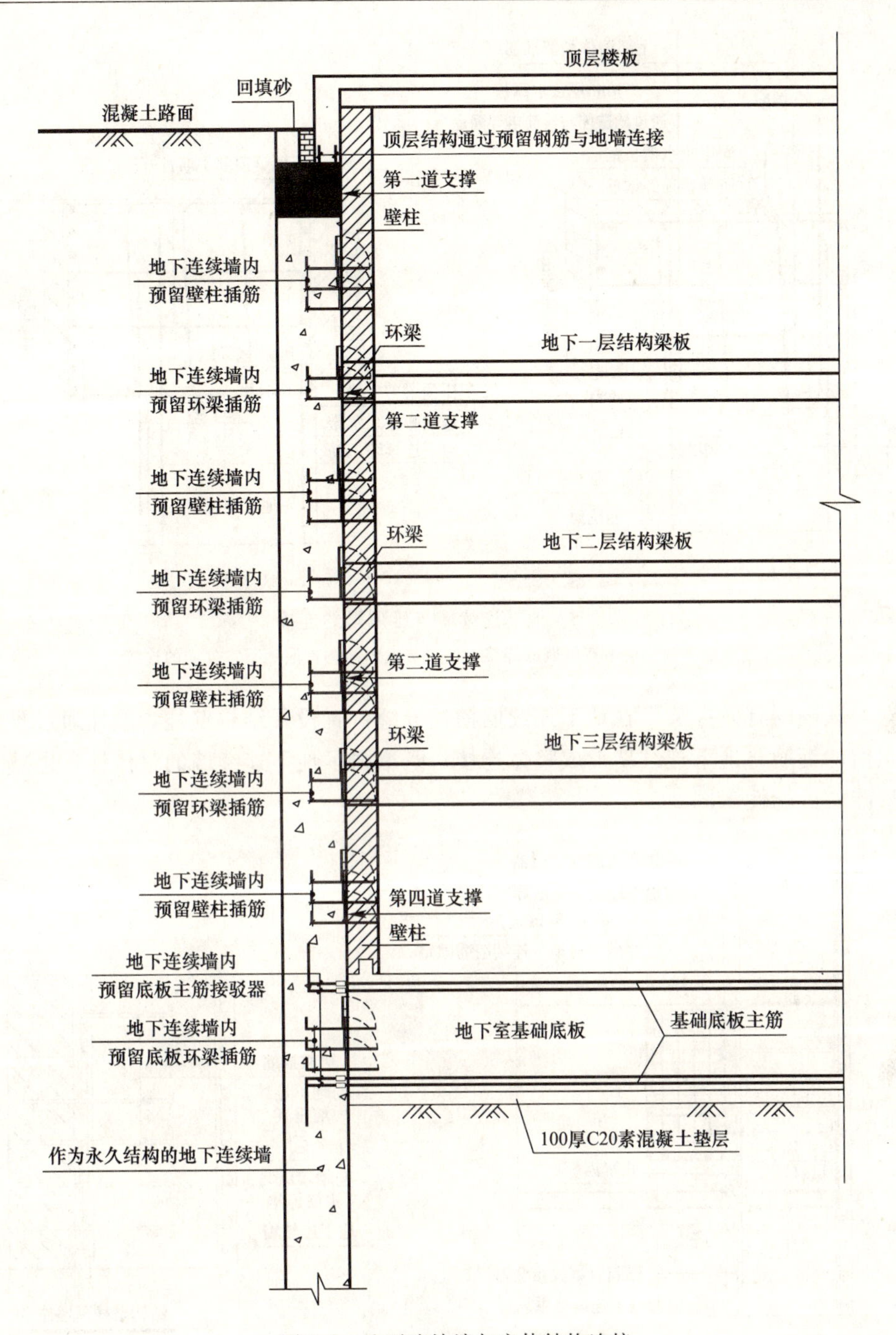

图 2-2 地下连续墙与主体结构连接

3）地下连续墙与基础底板的连接

一般情况下，基础底板是与地下连续墙连接要求最高的部位。在顺作法施工的地下结构中，基础底板与侧墙连接位置都是一次浇筑、刚性连接。在逆作法的基坑工程中，基础底板的钢筋常常需要锚入到地下连续墙内，以加强连接刚度，因此地下连续墙内需要按照底板配筋的规格和间距留设钢筋接驳器，待基坑开挖后与底板主筋进行连接。底板厚度较大时，也需要在底板内设置加强环梁（暗梁），地下连续墙内留设预留钢筋，待开挖后锚入环梁（图 2-4）。

4）地下连续墙与结构壁柱的连接

地下连续墙的接头部位是连接和止水的薄弱点，尤其是采用柔性接头进行连接时，接头区域均为素混凝土，二次浇筑的密实度难以保证，连接刚度不十分理想，在槽段接头位置设置结构壁

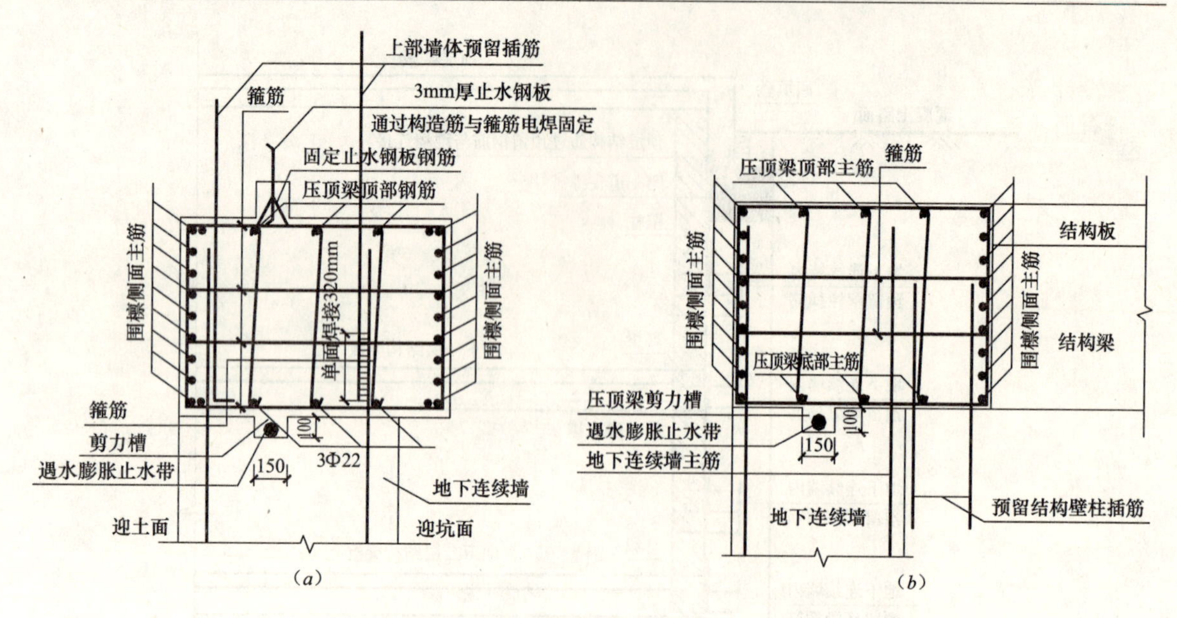

图 2-3 地下连续墙与压顶梁的连接

(a) 与主体结构地下室侧墙的连接；(b) 与主体结构首层地下室外墙的连接

柱是弥补这一缺陷的有效办法。在地下连续墙槽幅分缝位置设置结构壁柱，壁柱通过预先在地下连续墙内预留的钢筋与地下连续墙形成整体连接，既增强了地下连续墙的整体性，也减少了墙段接缝位置渗漏的可能性（图 2-5）。

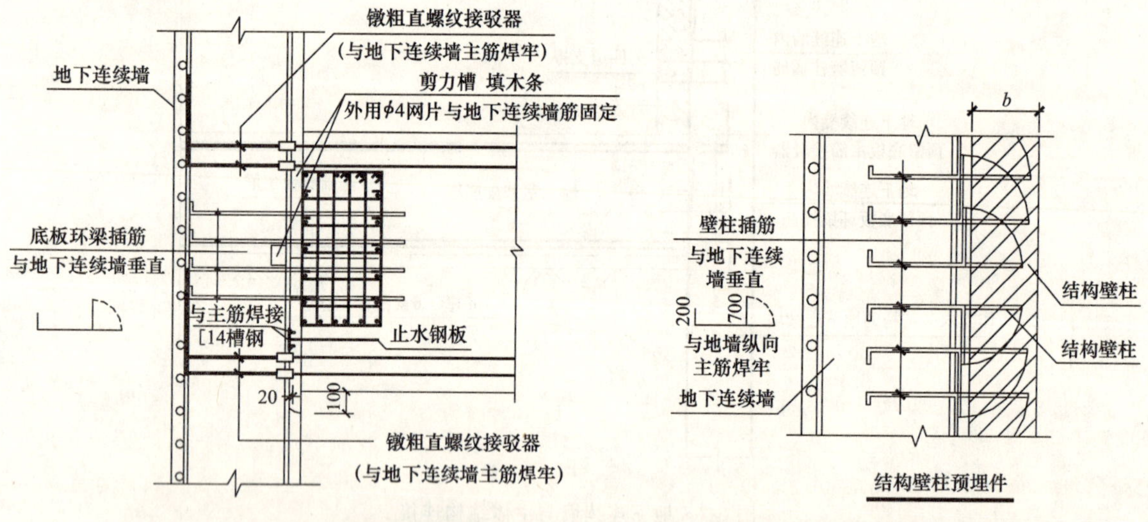

图 2-4 地下连续墙与基础底板的连接

图 2-5 地下连续墙与结构壁柱的连接

预埋件是解决在地面先施工的地下连续墙与主体结构连接的重要手段，但由于地下连续墙是在地面成槽进行施工的，所有预埋件都是预先固定在钢筋笼上后放置到指定位置的，因此预埋件的埋设精度也会受到地下连续墙施工精度的影响。预埋件数量太多，不但给留设带来较大的麻烦，同时预埋件的集中留设也会对地下连续墙的混凝土浇筑带来一定的困难，反而削弱地下连续墙墙体的施工质量。因此进行“两墙合一”地下连续墙设计时，应根据工程特点和连接要求合理留设预埋件。

（2）地下连续墙的防水设计

“两墙合一”的地下连续墙作为主体结构的一部分，除了满足其受力要求外，也要满足止水要求。在采用复合墙的基坑工程中，可以采用防水毯的做法进行全包防水；采用分离墙或叠合墙时，可以采用与顺作法相同的方式进行防水设计。但在采用单一墙时，地下连续墙需要进行专门的防水设计。地下连续墙的止水要点主要集中在压顶梁、槽段接头和基础底板三个部位。由于混凝土的先后浇筑，分缝在所难免，所以接缝也是防水设计的重要部位。

1）地下连续墙与压顶梁的连接位置的防水

如图 2-3（*a*）所示，地下连续墙与压顶梁连接位置可以采用开凿剪力槽的方式，增加渗流路径，同时在剪力槽内留设柔性止水条封闭渗漏通道，从而达到防水的目的。压顶梁与结构侧墙连接的位置如需分次浇筑，也可以在施工中设置局部突起及刚性止水片来加强防水。在逆作法的基坑工程中，可以通过压顶梁与首层结构梁板同时浇筑的方式减少一道分缝，减少发生渗漏的可能。

2）地下连续墙的槽段接头位置的防水

由于地下连续墙自身施工工艺的特点，其施工是分段进行的，因此地下连续墙墙幅与墙幅之间接头位置是防渗漏的关键。针对这个特点，在地下连续墙接缝位置可以采取坑外封堵、坑内采取封堵与疏排相结合等措施增强接头位置的抗渗性能。下面介绍一种在基坑工程中采用较多的针对性防水措施。

首先，在地下连续墙槽幅分缝位置外侧设置 1～2 根旋喷桩，增强接缝外侧的止水性能；其次，在地下连续墙槽幅分缝位置内侧设置壁柱（图 2-6），壁柱通过在地下连续墙内预留的钢筋与地下连续墙形成整体连接，从而增强地下连续墙接缝位置的防渗性能；最后，在基坑内侧设置一道内衬砖墙用来改善内立面和防潮，内衬砖墙和地下连续墙之间留设防潮空间，各层结构环梁（底板）顶面留设导流沟将可能发生的局部渗漏水导至指定位置后排出（图 2-7）。

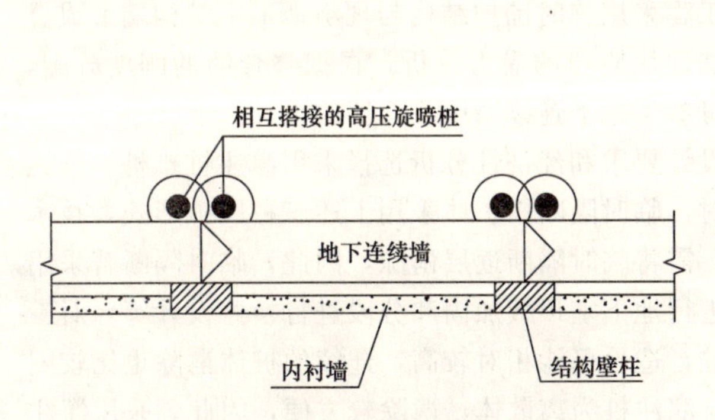

图 2-6 地下连续墙槽段接头处理

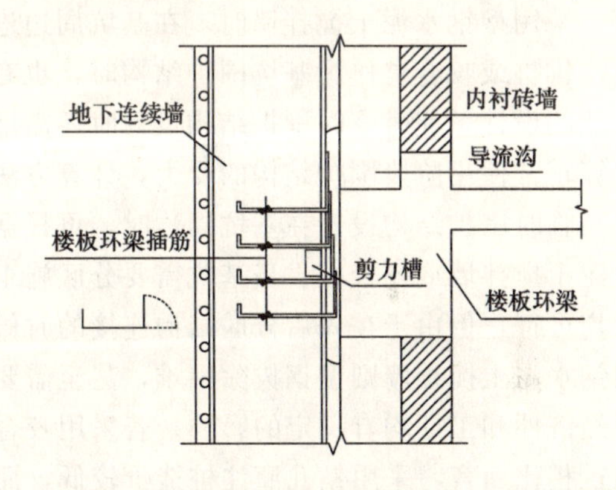

图 2-7 地下连续墙内侧内衬砖墙与导流沟设置

3）地下连续墙与基础底板的连接位置

在深基础工程中，基础底板埋深较大，在强大的水压力作用下，地下连续墙与基础底板接缝处易出现渗漏现象，因此地下连续墙与基础底板连接部位必须采取可靠的止水措施。在浇筑基础地板时，可在地下连续墙与底板接触面位置设置遇水膨胀橡胶止水条。

（3）提高地下连续墙竖向承载能力的措施

为确保地下连续墙竖向承载力的发挥，可采取以下技术措施：

1）地下连续墙长度适当增加，将地下连续墙底置于较好持力层，根据工程土层的实际分布情况，墙底选择进入相对较稳定土层，以提供较好的端承力；

2）对地下连续墙墙端采取墙底注浆加固，这一技术措施在减少地下连续墙绝对沉降量的同时，还可大幅提高地下连续墙的竖向承载能力；

3）在地下连续墙的竖向承载力差异较大或需要多幅地下连续墙共同承担竖向荷载时，地下连续墙槽段间可采用“十”字钢板或“王”字钢板等刚性接头，这种接头可使相邻地下连续墙槽段联成整体以共同承担上部结构的垂直荷载，且可协调地下连续墙槽段间的不均匀沉降。

2.2.2.2 临时围护结构

1. 特点及适用范围

在逆作法的基坑工程中也可以采用临时围护结构作为围护体，钻孔灌注排桩结合止水帷幕、型钢水泥土搅拌墙以及咬合桩等都可以作为逆作法方案中的周边围护结构。逆作法中采用的临时围护体，其主要特点如下：

（1）在满足变形控制的前提下，可根据计算需要灵活调整围护体的截面尺寸厚度，实现最优化的设计；

（2）当主体地下室的轮廓形状不规则时，采用临时围护体可根据具体位置进行改变调整围护体的轮廓以减少围护体的工程量；

（3）在开挖深度不深的基坑工程中，采用临时围护结构可以提高围护体的经济性；

（4）在需要分区施工的基坑工程中，采用临时围护结构作为隔断，减少工程量的同时也方便后期围护桩的凿除。

基于以上特点，在对地下连续墙和临时围护进行经济性比较分析后，对于临时围护结构经济性占优势的基坑工程可以采用。在上海地区，周边临时围护体结合坑内水平梁板体系替代支撑的逆作法设计一般适用于面积较大、地下室不超过两层、挖深小于 10m 的深基坑工程。

2. 临时围护结构在逆作法工程中的设计

一般情况下基坑工程结束后，临时围护结构将退出工作，因此只需进行施工阶段的设计计算。采用型钢水泥土搅拌墙时，在基坑周边进行密实回填后，可以进行型钢的拔出回收。但采用灌注排桩或咬合桩作为基坑围护结构时，也有工程采用临时围护结构与现浇地下室结构墙形成叠和墙的设计，此时临时围护结构设计时还需增加使用阶段的受力分析，根据叠合墙的刚度分配，计算正常使用阶段围护结构的受力，计算方法可参考地下连续墙中叠合墙的设计。

临时围护结构设置在基坑周边时，可根据设计要求和经济性分析选择采用灌注桩排桩、型钢水泥土搅拌墙或咬合桩。当基坑需要分区施工时，临时隔断围护体采用上述三种围护形式，技术上均可行，但由于在先后分区结构连接的时候，需将临时隔断逐层凿除，因此，临时隔断若采用型钢水泥土搅拌墙则型钢拔除困难，甚至需要进行地下室顶板加固和分段进行换撑设计等，对工程经济性和工期均有一定的影响；若采用咬合桩，造价可能相对较高，连续的桩体凿除也比较困难；相比而言，采用钻孔灌注桩造价较低，而且灌注桩为离散体，凿除较方便，因此，采用灌注排桩方案更为合理。在具体的工程问题中，还需要结合现场的实际情况进行分析和判断。

（1）临时围护结构的位置

由于临时围护结构与主体结构梁板共同形成逆作阶段的支护结构体系，而地下室结构外墙还需进行顺作施工，因此围护结构需要与地下室外墙保留一定距离，该距离通过地下室防水的施工空间要求确定，并不宜小于 800mm。当对地下室外墙模板搭设、外防水设置以及围檩拆除等有特殊要求时，可适当扩大该施工操作空间的宽度。

作为基坑中部临时隔断位置的围护结构，其具体位置应根据与连接的主体结构布置确定。首先，不能影响主体结构主要竖向构件的布置和施工；其次，尽量使主体水平结构的施工缝留设在 1/3 跨位置，并且尽量减小悬臂长度。

（2）临时围护结构的水平支撑刚度

采用逆作法的基坑工程，利用主体水平结构体系作为支撑，结构体系与临时围护结构之间应设置可靠的连接。无论是采用钻孔灌注排桩或型钢水泥土搅拌墙作为围护结构，其顶部和对应于各层水平结构标高位置必须设置压顶梁或围檩。

需要特别注意的是，由于地下各层楼面结构的边跨施工缝宜退至结构外墙内一定的距离，以保证基坑工程逆作施工结束后，结构外墙和未施工的相邻结构梁板一并浇筑，所以在临时围护结构与主体地下室各层结构梁板之间需要设置相应的水平传力体系。此时进行围护体的受力计算时，支撑结构的刚度往往取决于传力构件的布置和刚度，而不是水平结构梁板的刚度。相应的，为了保证围护体的受力和变形控制需要，当对支撑的刚度要求较高时，应通过增加传力构件的截面、加密其间距的方式来满足。

3. 临时围护结构的构造措施

如前所述，采用临时围护结构的逆作法基坑工程中，其构造措施也主要针对临时围护结构与水平结构梁板之间的水平传力体系。

临时围护体与内部结构之间必须设置可靠的水平传力支撑体系，该支撑体系的设计至关重要。"两墙合一"逆作法中以结构楼板代支撑，水平梁板结构直接与地下连续墙连接，水平梁板支撑的刚度很大，因而可以较好地控制基坑的变形。而围护体采用临时围护体时，其与内部结构之间需另设置水平传力支撑，水平传力支撑一般采用钢支撑、混凝土支撑或型钢混凝土组合支撑等形式。支撑之间具有一定的间距，即使考虑到支撑长度小、线刚度较大的有利条件，其整体刚度依然不及直接利用结构楼板支撑至围护体的支撑刚度。在这种情况下，水平传力支撑的整体刚度取决于临时围护体与内部结构之间设置的水平传力支撑体系，其支撑刚度大小应介于相同条件下顺作法和逆作法的支撑刚度之间。

由于水平传力体系是临时性的支撑结构，因此在满足刚度要求的前提下，该支撑结构的布置比较灵活，一般情况下满足以下要求即可：

(1) 逆作法实施时内部结构周边一般应设置通长闭合的边环梁。边环梁的设置可提高逆作阶段内部结构的整体刚度、改善边跨结构楼板的支承条件，而且周边设置边环梁还可为支撑体系提供较为有利的支撑作用面。

(2) 水平支撑形式和间距可根据支撑刚度和变形控制要求进行计算确定，但应遵循水平支撑中心对应内部结构梁中心的原则，如不能满足，支撑作用点也可作用在内部结构周边设置的边环梁上，但需验算边环梁的弯、剪、扭截面承载力，必要时可对局部边环梁采取加固措施。

(3) 在支撑刚度满足的情况下，尽量采用型钢构件作为水平传力体系。型钢构件可以直接锚入结构梁，并便于设置止水措施，可以在不拆撑的情况下进行地下室外墙的浇筑。

(4) 当对水平支撑的刚度要求较高，或主体结构出现局部的大面积缺失时，也可以采用混凝土支撑作为水平传力构件。考虑到外墙防水的需要，可以采用分段间隔拆除临时支撑，分段浇筑结构外墙的方式进行，避免混凝土支撑穿越地下室外墙留下二次浇筑的渗水通道。

图 2-8、图 2-9 是在上海某工程中采用临时围护体（钻孔灌注排桩结合双排双轴水泥土搅拌桩）与首层及地下一层主体结构的连接的局部平面图和节点详图。从图中可以看出，水平传力构

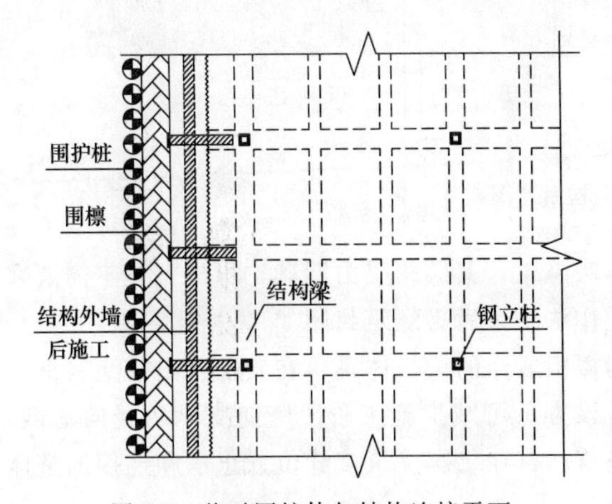

图 2-8 临时围护体与结构连接平面

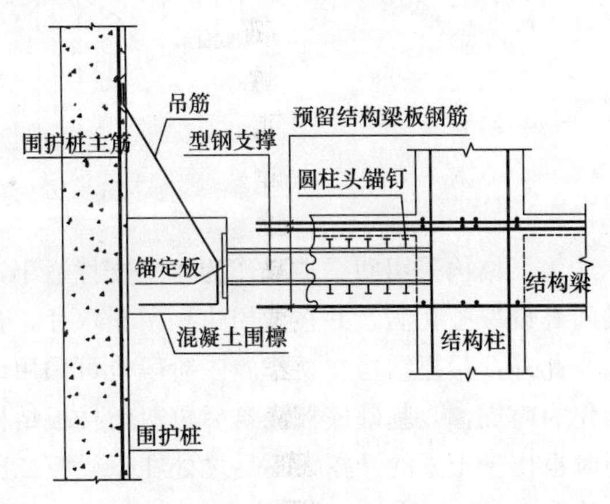

图 2-9 围护体与地下结构连接剖面

件通过预埋件与压顶梁或支撑围檩进行连接，通过锚钉与结构梁进行连接，保证水平传力的可靠性。由于两层结构水平受力的不同，传力构件的间距也不相同。后期进行地下室外墙浇筑时，可以在焊接止水片后将型钢直接浇筑在地下室结构外墙中。

2.3 水平结构与支护结构相结合的设计

水平结构构件与支护结构相结合，系利用地下结构的梁板等内部水平构件兼作为基坑工程施工阶段的水平支撑系统的设计施工方法。水平结构构件与支护结构的相结合具有多方面的优点，主要体现在两个方面：一方面可利用地下结构梁板具有平面内巨大结构刚度的特点，可有效控制基坑开挖阶段围护体的变形，保护周边的环境，因此，该设计方法在有严格环境保护要求的基坑工程得到了广泛的应用；另一方面，还可节省大量临时支撑的设置和拆除，对节约社会资源具有显著的意义，同时可避免由于大量临时支撑的设置和拆除，而导致围护体的二次受力和二次变形对周边环境以及地下结构带来的不利影响，另外，随着逆作挖土技术水平的提高，该设计方法对节省地下室的施工工期也有重大的意义。

2.3.1 适合采用水平结构与支护结构相结合的结构类型

在地下结构梁板等水平构件与基坑内支撑系统相结合时，结构楼板可采用多种结构体系，工程中采用较多的为梁板结构体系和无梁楼盖结构体系。

2.3.1.1 梁板结构

用梁将楼板分成多个区格，从而形成整浇的连续板和连续梁，因板厚也是梁高的一部分，故梁的截面形状为T形。这种由梁板组成的现浇楼盖，通常称为肋梁楼盖。随着板区格平面尺寸比的不同，又可分成单向板肋梁楼盖和双向板肋梁楼盖。肋梁楼盖一般由板、次梁和主梁组成。次梁承受板传来的荷载，并通过自身受弯将传递到主梁上，主梁作为次梁的不动支点承受次梁传来的荷载，并将荷载传递给主梁的支承——墙或柱（图2-10）。

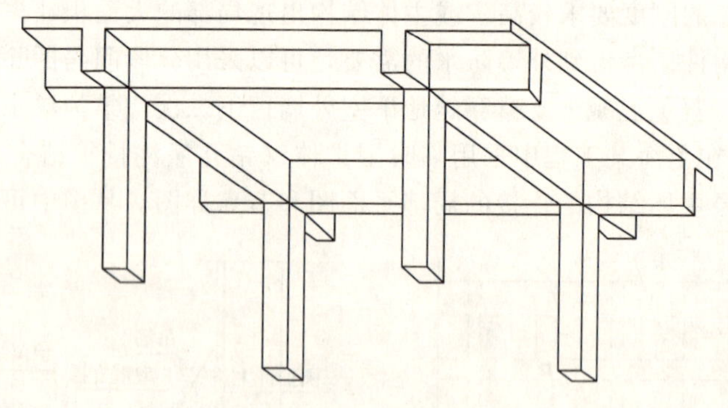

图2-10 梁板结构示意图

地下结构采用肋梁楼盖作为水平支撑适于逆作法施工，其结构受力明确，可根据施工需要在梁间开设取土孔洞，并在梁周边预留止水片，在逆作法结束后再浇筑封闭。

此外，梁板结构在逆作施工阶段也可采用结构楼板后作的梁格体系。在开挖阶段仅浇筑框架梁作为内支撑，基础底板浇筑后再封闭楼板结构。该方法可减少施工阶段竖向支承的竖向荷载，同时也便于土方的开挖，不足之处在于梁板二次浇筑，存在二次浇筑接缝位置止水和连接的整体性问题。

2.3.1.2 无梁楼盖

无梁楼盖结构体系又称板柱结构体系，这是相对梁板结构体系而言的。由于没有梁，钢筋混凝土平面楼板直接支承在柱上，故与相同柱网尺寸的肋梁楼盖相比，其板厚要大些。为了提高柱顶处平板的受冲切承载力以及降低平板中的弯矩，往往在柱顶设置柱帽（图 2-11)。柱网尺寸较小或荷载较小时，也可以不设柱帽。通常柱和柱帽的截面形状为矩形，也有由于建筑功能要求而取圆形截面的。

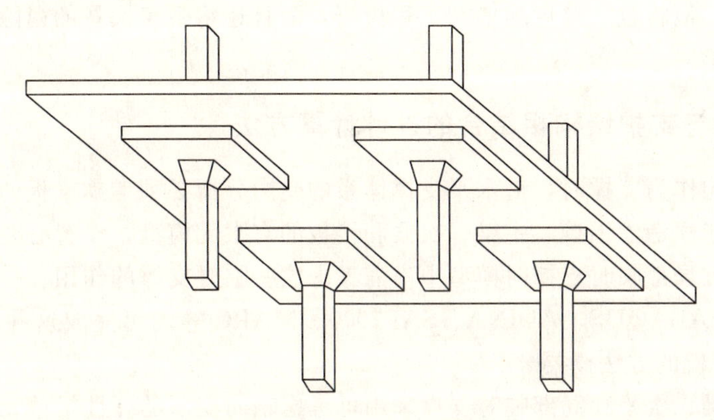

图 2-11 无梁楼盖示意图

在我国无梁楼盖结构体系是近年来发展较为迅速的建筑结构。较之传统的密肋梁结构体系它具有整体性好、建筑空间大，可有效地增加层高等优点。在施工方面，采用无梁楼盖结构体系的建筑物具有施工支模简单、楼面钢筋绑扎方便、设备安装方便等优点，从而大大提高了施工速度。因此，建筑结构上采用无梁楼盖结构具有明显的经济效益和社会效益。

在主体结构与支护结构相结合的逆作法设计中可采用无梁楼盖作为水平支撑，其整体性好、支撑刚度大，并便于结构模板体系的施工。在无梁楼盖上设置施工孔洞时，一般需设置边梁并附加止水构造。无梁楼盖通常通过边环梁与地下连续墙连接。

无梁楼板一般在梁柱节点位置均设置一定长宽的柱帽，因此，无梁楼盖体系梁柱节点位置钢筋穿越矛盾相对梁板体系有所缓和，也易于解决。

上述两种结构体系，当同层楼板面标高有高差时，应设置可靠的水平向转换结构，转换结构应有足够的刚度和稳定性，并满足抗弯、抗剪和抗扭承载能力的要求；当结构楼板存在较大范围的缺失或在车道位置无法形成有效水平传力平面时，均需架设临时水平支撑，考虑拆除方便一般采用钢支撑；当地下结构梁板兼作施工用临时平台或栈桥时，其构件设计应考虑承受施工荷载的作用。

2.3.1.3 其他形式

地下水平结构作为支撑的设计方法适应性是不同的，并非所有的地下结构形式都适合采用此设计方法，以下几种属于比较合适应用此设计方法的地下结构形式。

(1) 框架结构体系的地下结构

逆作法是一种首先施工结构体系的竖向支承结构，其后由上往下施工地下各层结构的设计与施工方法。地下结构采用框架结构体系，可结合框架柱的位置设置施工阶段的竖向支承，竖向支承体系可根据工程的具体情况采用角钢格构柱、型钢柱或钢管混凝土柱等，待基础底板施工完毕再形成结构正常使用阶段的框架柱。如果地下结构采用剪力墙结构，由于现阶段剪力墙逆作在施工精度、墙与各层结构之间的连接以及止水等方面技术尚不成熟，如采用大量临时钢立柱的方式进行托换，将带来经济性较差、剪力墙在各层水平结构位置的接缝浇筑质量以及整体性难以保证，以及施工阶段和使用阶段水平结构边界约束条件迥异而对原水平结构设计调整幅度较大等难题，因此，剪力墙结构体系一般不适宜采用此设计方法。

（2）水平结构体系宜基本完整及位于同一结构面

地下水平结构作为支撑，要求地下水平结构在基坑工程施工期间作为水平支撑系统，以平衡坑外巨大的水土侧压力。水平结构体系出现过多的开口或高差、斜坡等情况，将不利于侧向水土压力的传递，也难以满足结构安全、基坑稳定以及保护周边环境的要求，同时也不便利用顶层结构作为施工场地。当然也可通过对开口区域采取临时封板、加临时支撑以及高差区域设置转换梁等结构加固的方法，但将较大幅度地增加工程投资，而且还将带来大量的凿除临时加固结构的工作，技术经济性较差。

2.3.2 水平结构与支护结构相结合的设计计算方法

当地下水平结构作为支撑时，对水平支撑体系的受力分析必须考虑梁板的共同作用，根据实际的支撑结构形式建立考虑围檩、主梁、次梁和楼板的有限元模型，设置必要的边界条件并施加荷载进行分析。当有局部临时支撑时模型中尚需考虑这些临时支撑的作用。一般的大型通用有限元程序如 ANSYS、ABAQUS、ADINA、SAP2000、MARC 等均可完成这种分析。以下是采用 ANSYS 软件进行分析的方法概要。

主体结构的主梁、次梁和局部临时支撑采用可考虑轴向变形的弹性梁单元 BEAM188 号单元进行模拟。钢筋混凝土楼板结构采用三维板单元 SHELL63 号单元进行模拟，该单元既具有弯曲能力又具有膜力，可以承受平面内荷载与法向荷载。在分析模型中梁单元和楼板单元采用共用相同节点的耦合处理方法，以保证梁单元和楼板单元可以在交界面上进行有效的内力传递。有限元模型中梁单元的截面尺寸和楼板的厚度均应按照设计的实际尺寸建模参与计算。

荷载分为两类，一类是由围护结构传来的水平向荷载。采用平面竖向弹性地基梁法或平面有限元方法计算得到的弹性支座的反力即为围护结构传来的水平荷载，将其作用在水平支撑体系的围檩上，一般可将该反力均匀分布于围檩上，并且与围檩相垂直。另一类是施工的竖向荷载和结构的自重。水平支撑体系与主体工程地下结构梁板结构相结合的基坑工程中，在施工时，首层水平梁板时一般还需承受大量的竖向施工荷载，因而逆作阶段首层楼板处于双向受力状态，有限元计算中尚需考虑这部分荷载，为简便起见可考虑施加作用在楼板上的竖向均布荷载。其他各层地下室梁板体系可考虑只承受自重及由围护体传来的侧向荷载。

复杂水平支撑体系受力分析中，由于基坑四周与围檩长度方向正交的水平荷载往往为不对称分布，为避免模型整体平移或者转动，须设置必要的边界条件以限制整个模型在其平面内的刚体运动。约束的数目应根据基坑形状、尺寸等实际情况来定。约束数目太少，会出现部分单元较大的整体位移；约束数目太多，也会与实际情况不符，使支撑杆的计算内力偏小而不安全。

在梁板结构与立柱相交处，由于立柱的竖向位移较小，可考虑限制这些点的竖向位移，否则模型将不能承受竖向荷载。围檩一般与围护墙连在一起，也可考虑限制围檩的竖向位移。

2.3.3 水平结构利用作为支撑的设计

2.3.3.1 水平力传递的设计

1. 后浇带以及结构缝位置的水平传力与竖向支承

超高层建筑通常由主楼和裙楼组成，主楼和裙楼之间由于上部荷重的差异较大，一般两者之间均设置沉降后浇带。此外，当地下室超长时，考虑到大体积混凝土的温度应力以及收缩等因素，通常间隔一定距离设置温度后浇带。但逆作法施工中地下室各层结构作为基坑开挖阶段的水平支撑系统，后浇带的设置无异于将承受压力的支撑一分为二，使水平力无法传递，因此，必须采取措施解决后浇带位置的水平传力问题。工程中可采取如下设计对策：

水平力传递可通过计算，在框架梁或次梁内设置小截面的型钢。后浇带内设置型钢可以传递水平力，但型钢的抗弯刚度相对混凝土梁的抗弯刚度要小得多（如I30工字钢截面抗弯刚度仅为500mm×700mm框架梁截面抗弯刚度的1/100），因而无法约束后浇带两侧单体的自由沉降。图2-12为后浇带处的处理措施示意图。

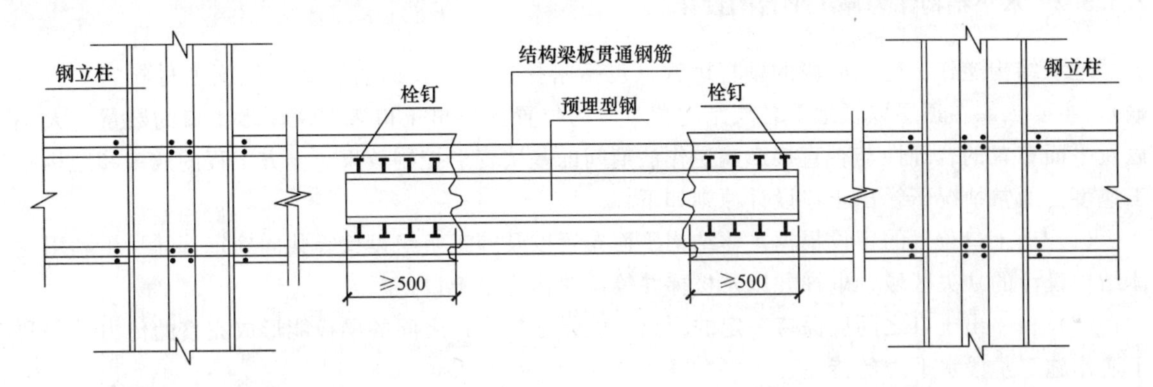

图2-12 后浇带处的处理措施

后浇带两侧的结构楼板处于三边简支、一边自由的不利受力状态，在施工重载车辆的作用下易产生裂缝。此时，可考虑在后浇带两侧内退一定距离增设两道边梁对自由边楼板进行收口，以改善结构楼板的受力状态。

超高层建筑中主楼和裙楼也常设置永久沉降缝，以实现使用阶段两个荷重差异大的单体自由沉降的目的。此外，根据结构要求，地下室各层结构有时尚需设置抗震缝及诱导缝等结构缝，结构缝一般有一定宽度，两侧的结构完全独立。为实现逆作施工阶段水平力的传递，同时又能保证沉降缝在结构永久使用阶段的作用，可采取在沉降缝两侧预留埋件，上部和下部焊接一定间距布置的型钢，以达到逆作施工阶段传递水平力的目的，待地下室结构整体形成后，割除型钢恢复结构的沉降缝。

2. 局部高差、错层时的处理

实际工程中，地下室楼层结构的布置往往不是一个理想的完整平面，常出现局部结构突出和错层现象，逆作法设计中需视具体情况给予相应的对策。

采用逆作法，顶层结构平面往往利用作为施工的场地。逆作施工阶段，其上将有施工车辆频繁运作。当局部结构突出时，将对施工阶段施工车辆的通行造成障碍，此时局部突出结构可采取后浇筑，但在逆作施工阶段需留设好后接结构的埋件以保证前后两次浇筑结构的整体连接。如局

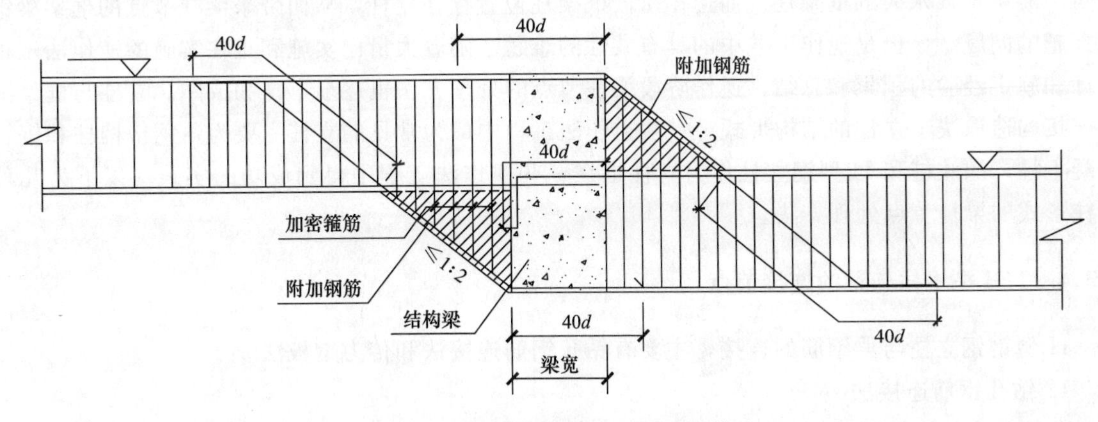

图2-13 错层位置结构加腋处理配筋图

部突出区域必须作为施工车辆的通道时，可考虑在该处设置临时的车道板。

当结构平面出现较大高差的错层时，周边的水、土压力通过围护墙最终传递给该楼层时，错层位置势必产生的集中应力，易造成结构的开裂。此时可在错层位置加设临时斜撑（每跨均设）；也可在错层位置的框架梁位置加腋角，具体措施可根据实际情况通过计算确定。图 2-13 为错层位置加腋处理措施的示意图。

2.3.3.2　水平结构作为施工平台的设计

地下结构逆作法施工阶段的垂直运输（包括暗挖的土方、钢筋以及其他施工材料的垂直运输），主要依靠在顶层以及地下各层结构相对应的位置留设出土口来解决。出土口的数量、大小以及平面布置的合理性与否直接影响逆作法期间的基坑变形控制效果、土方工程的效率和结构施工速度。通常情况下，出土口设计原则如下：

（1）出土口位置的留设根据主体结构平面布置以及施工组织设计等共同确定，并尽量利用主体结构设计的缺失区域、电梯井以及楼梯井等位置作为出土口；

（2）相邻出土口之间应保持一定的距离，以保证出土口之间的梁板能形成完整的传力带，利于逆作施工阶段水平力的传递；

（3）由于出土口呈矩形状，为避免逆作施工阶段结构在水平力作用下出土口四角产生较大应力集中，从而导致局部结构的破坏，在出土口四角均应增设三角形梁板以扩散该范围的应力；

（4）由于逆作施工阶段出土口周边有施工车辆的运作，将出土口边梁设计为上翻口梁，以避免施工车辆、人员坠入基坑内等事故的发生；

（5）由于首层结构在永久使用阶段其上往往需要覆盖较大厚度的土，而出土口区域的结构梁分两次浇筑，削弱了连接位置结构梁的抗剪能力，因此在出土口周边的结构梁内预留槽钢作为与后接结构梁的抗剪件。

此外，施工期顶板除了留有出土口外，还要作为施工的便道，需要承受土方工程施工车辆巨大的动荷载作用，因此顶板除了承受挡土结构传来的水平力外，还需承受较大的施工荷载和结构自重荷载。中楼板同样也要受自重荷载、施工荷载、地下连续墙传来的水平力三种荷载作用，但与顶板不同的是，中楼板的施工荷载相对顶板较小，而地下连续墙传来的水平力较大。因此地下室各层结构梁板在设计时，应根据不同的情况考虑荷载的最不利组合进行设计。

2.3.4　水平结构与竖向支承的连接设计

逆作阶段往往需要在框架柱位置设置立柱作为竖向支承，待逆作结束后再在钢立柱外侧另外浇筑混凝土形成永久的框架柱。而逆作阶段框架柱位置存在立柱，从而带来梁柱节点的框架梁钢筋穿越的问题，该也是逆作工艺中的具有共性的难题。随着大量已实施和正在实施的逆作法工程设计和施工经验的积累和总结，逆作阶段梁柱节点的处理方法也逐渐丰富和成熟。立柱与框架梁的连接构造取决于立柱的结构形式。一般逆作法工程中最为常见的立柱主要为角钢格构柱和钢管混凝土柱，灌注桩和 H 型钢立柱作为立柱也在一些逆作法工程中得到成功的实践。以下为几种立柱形式的梁柱节点处理方法。

2.3.4.1　H 型钢柱与梁的连接节点

H 型钢钢立柱与梁钢筋的连接，主要有钻孔钢筋连接法和传力钢板法。

1. 钻孔钢筋连接法

此法是在梁钢筋通过钢立柱处，于钢立柱 H 型钢上钻孔，将梁钢筋穿过。此法的优点是节点简单，柱梁接头混凝土浇筑质量好。缺点是在 H 型钢上钻孔削弱了截面，使承载力降低。因此在施工中不能同时钻多个孔，而且梁钢筋穿过定位后，立即双面满焊将钻孔封闭。

2. 传力钢板法

传力钢板法是在楼盖梁受力钢筋接触钢立柱 H 型钢的翼缘处，焊上传力钢板（钢板、角钢等），再将梁受力钢筋焊在传力钢板上，从而达到传力的作用。传力钢板可以水平焊接，亦可竖向焊接。水平传力钢板与钢立柱焊接时，钢板或角钢下面的焊缝施焊较困难；而且浇筑接头混凝土时，钢板下面混凝土的浇筑质量亦难以保证，需在钢板上钻出气孔；当钢立柱截面尺寸不大时，水平置放的传力钢板可能与柱的竖向钢筋相碰。采用竖向传力钢板，则可避免上述问题，焊接难度比水平传力钢板小，节点混凝土质量也易于保证，缺点是当配筋较多时，材料消耗较多。

2.3.4.2　角钢格构柱与梁的连接节点

角钢格构柱一般由四根等边的角钢和缀板拼接而成，角钢的肢宽以及缀板会阻碍梁主筋的穿越，根据梁截面宽度、主筋直径以及数量等情况，梁柱连接节点一般有钻孔钢筋连接法、传力钢板法以及梁侧加腋法。

1. 钻孔钢筋连接法

钻孔钢筋连接法是为便于框架梁主筋在梁柱阶段的穿越，在角钢格构柱的缀板或角钢上钻孔穿框架梁钢筋的方法。该方法在框架梁宽度小、主筋直径较小以及数量较少的情况下适用，但由于在角钢格构柱上钻孔对逆作阶段竖向支承钢立柱有截面损伤的不利影响，因此该方法应通过严格计算，确保截面损失后的角钢格构柱截面承载力满足要求时方可使用。图 2-14 为钻孔钢筋连接法示意图。

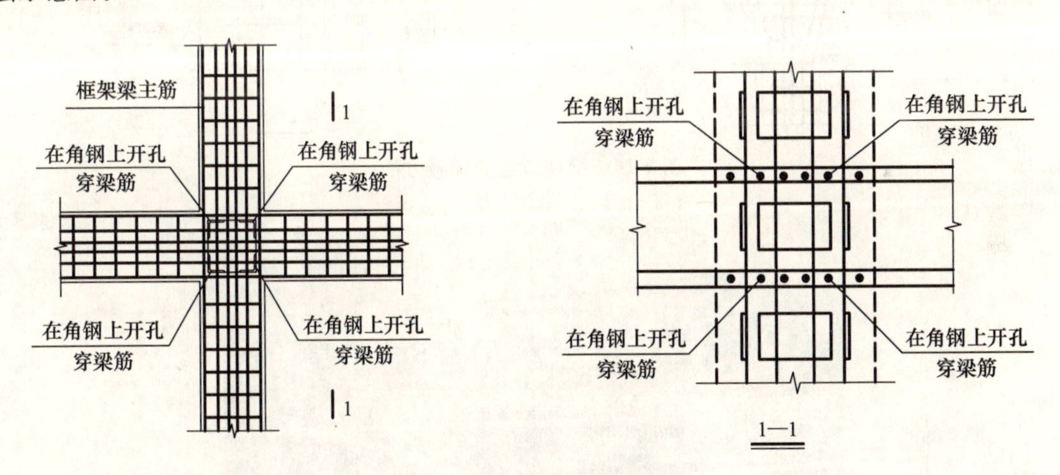

图 2-14　钻孔钢筋连接法示意图

2. 传力钢板法

传力钢板法是在格构柱上焊接连接钢板，将受角钢格构柱阻碍无法穿越的框架梁主筋与传力钢板焊接连接的方法。该方法的特点是无需在角钢格构柱上钻孔，可保证角钢格构柱截面的完整性，但在施工第二层及以下水平结构时，需要在已经处于受力状态的角钢上进行大量的焊接作业，因此施工时应对高温下钢结构的承载力降低因素给予充分考虑，同时由于传力钢板的焊接，也增加了梁柱节点混凝土浇筑密实的难度。图 2-15 为传力钢板法连接示意图。

3. 梁侧加腋法

梁侧加腋法是通过在梁侧面加腋的方式扩大梁柱节点位置梁的宽度，使得梁的主筋得以从角钢格构柱侧面绕行贯通的方法。该方法回避了以上两种方法的不足之处，但由于需要在梁侧面加腋，梁柱节点位置大梁箍筋尺寸需根据加腋尺寸进行调整，且节点位置绕行的钢筋需在施工现场

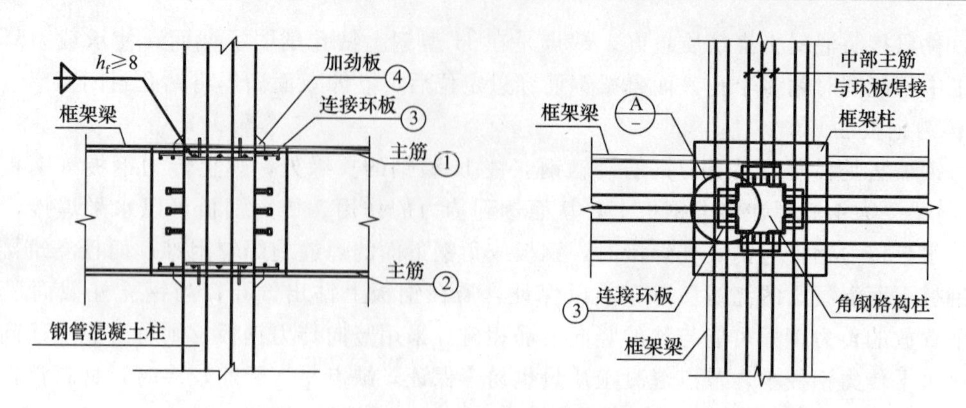

图 2-15 传力钢板法连接示意图

根据实际情况进行定型加工，一定程度上增加了现场施工的难度。图 2-16 和图 2-17 为梁柱节点典型的加腋做法。该节点做法在上海由由国际广场二期工程中得到了成功的实践。

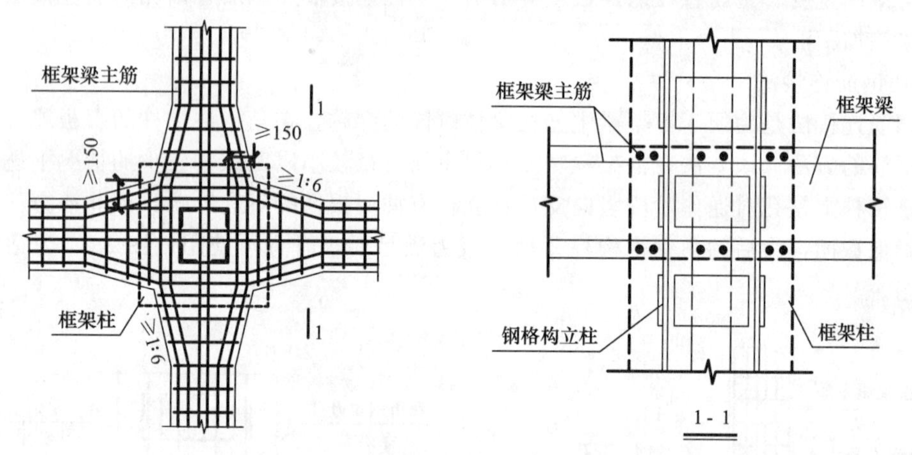

图 2-16 梁柱节点的加腋方法

图 2-17 梁柱节点加腋模板实景图

2.3.4.3 钢管混凝土柱与梁的连接节点

钢管混凝土利用钢管和混凝土两种材料在受力过程中的相互作用，即钢管对其核心混凝土的约束作用，使混凝土处于三向应力状态之下，不但提高混凝土的抗压强度及其竖向承载力，而且还使其塑性和韧性性能得到改善，增大其稳定性。因此钢管混凝土柱适用于对立柱竖向承载力要求较高的逆作法工程。与角钢格构柱不同的是，钢管混凝土柱由于为实腹式的，其平面范围之内的梁主筋均无法穿越，其梁柱节点的处理难度更大。在工程中应用比较多的连接节点主要有如下几种：

1. 双梁节点

双梁节点即将原框架梁一分为二，分成两根梁从钢管柱的侧面穿过，从而避免了框架梁钢筋穿越钢管柱的矛盾。该节点适用于框架梁宽度与钢管直径相比较小，梁钢筋不能从钢管穿越的情况。双梁节点的构造如图 2-18 所示。该节点在上海长峰商城逆作法工程中得到了应用。

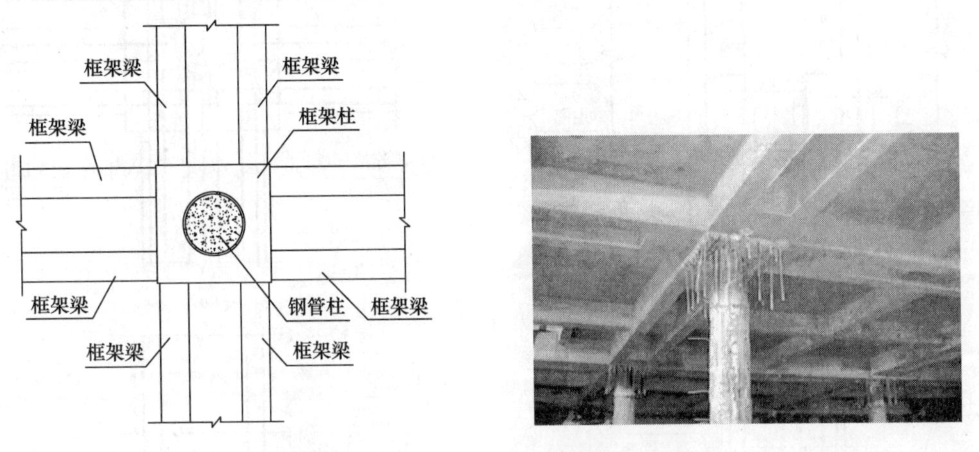

图 2-18　钢管混凝土柱的双梁节点构造

2. 环梁节点

环梁节点是在钢管柱的周边设置一圈刚度较大的钢筋混凝土环梁，形成一个刚性节点区，利用这个刚性区域的整体工作来承受和传递梁端的弯矩和剪力。这种连接方式中，环梁与钢管柱通过环筋、栓钉或钢牛腿等方式形成整体连接，其后框架梁主筋锚入环梁，而不必穿过钢管柱。环梁节点的构造如图 2-19 所示。该节点可在钢管柱直径较大、框架梁宽度较小的条件下应用。

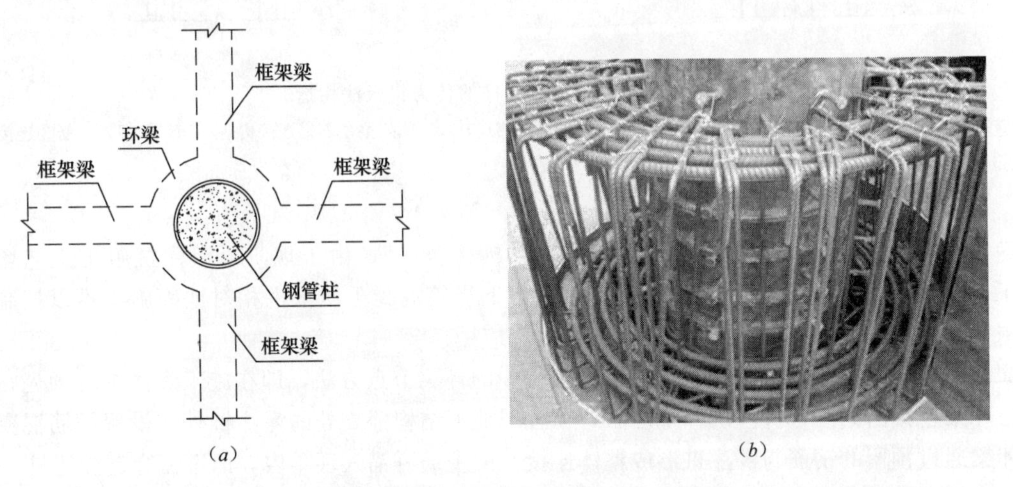

图 2-19　钢管混凝土柱的环梁节点构造

3. 传力钢板法

在结构梁顶标高处钢管设置两个方向且标高错位的四块环形加劲板，双向框架梁顶部第一排主筋遇钢管阻挡处钢筋断开并与加劲环焊接，而梁底部第一排主筋遇钢管则下弯，梁顶和梁底第二、三排主筋从钢管两侧穿越。它适用于梁宽度大于钢管柱直径，且梁钢筋较多需多排放置的情况。该连接节点既兼顾了节点结构受力的要求，又较大程度地降低了梁柱节点的施工难度；其缺点是节点用钢量大且焊接工作量多，梁柱节点混凝土浇筑时需采取特殊措施保证节点混凝土浇筑密实。传力钢板法外加强环节点如图 2-20 所示。该节点在上海世博 500kV 输变电工程中得到应用。

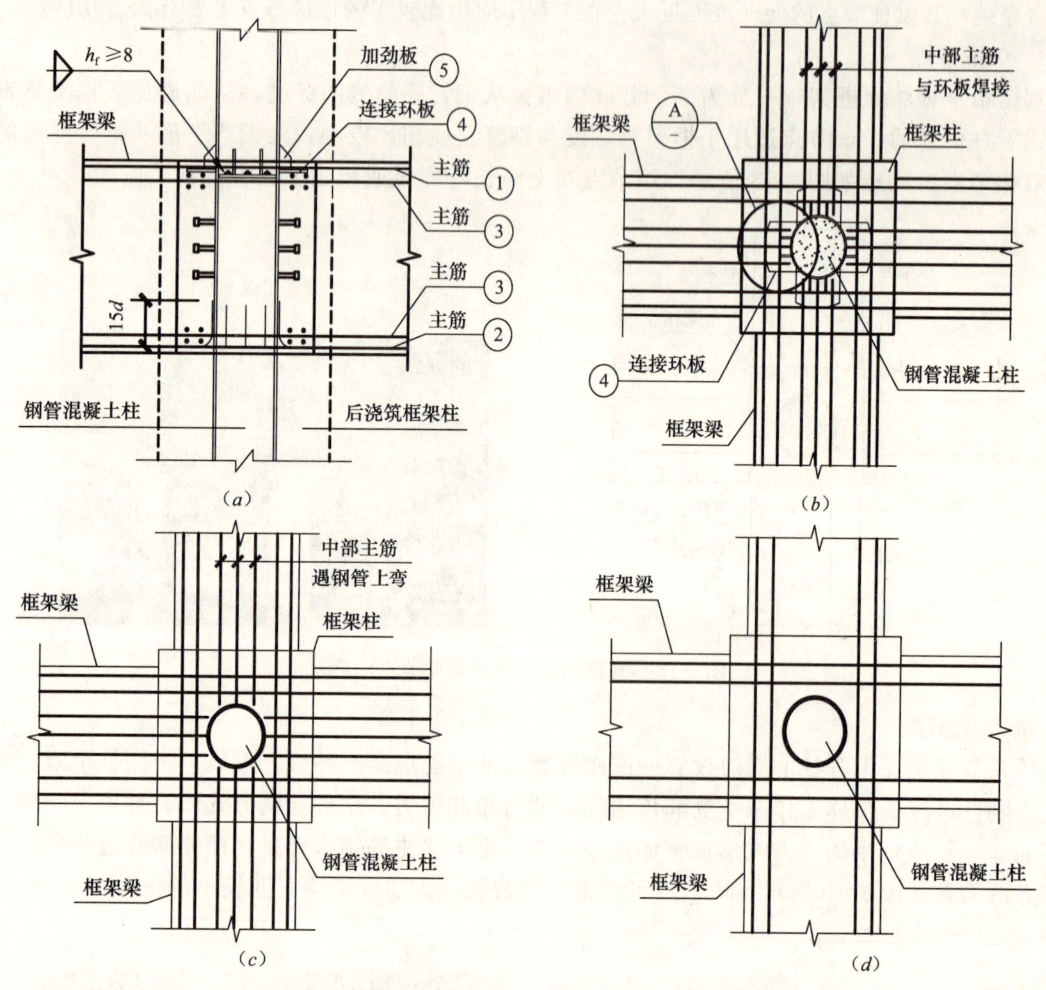

图 2-20　钢管混凝土柱的传力钢板法构造

(a) 框架梁与钢管混凝土柱节点构造；(b) 框架梁主筋①连接构造；(c) 框架梁主筋②连接构造；(d) 框架梁主筋③连接构造

2.3.4.4　灌注桩立柱与梁连接节点

灌注桩作为逆作法工程的竖向支承可称为“桩柱合一”，由于现阶段灌注桩施工工艺均为水下施工，其成桩水平及垂直度精度有限，而且水下浇筑混凝土质量也相对地面施工难以控制，因此也限制了“桩柱合一”在逆作法工程中的推广应用。

灌注桩立柱与梁的连接可采用钢管混凝土柱中的环梁节点方法，即在施工灌注桩时预先在桩内留设与环梁连接的钢筋，待基坑开挖之后，在各层地下结构标高处的灌注桩外侧设置钢筋混凝土环梁，环梁通过预留的钢筋与灌注桩形成整体连接，梁主筋可锚入环梁内，而不需穿越灌注桩。

2.4　逆作法中竖向支承系统设计

2.4.1　概述

逆作施工过程中，地下结构的梁板和逆作阶段需向上施工的上部结构（包括剪力墙）竖向荷载均需由竖向支承系统承担，其作用相当于主体结构使用阶段地下室的结构柱和剪力墙，即在基坑逆作开挖实施阶段，承受已浇筑的主体结构梁板自重和施工超载等荷载；在地下室底板浇筑完成、逆作阶段结束以后，与底板连接成整体，作为地下室结构的一部分，将上部结构等荷载传递给地基。

2.4.1.1 支承立柱与立柱桩的结构形式

逆作法竖向支承系统通常采用钢立柱插入立柱桩桩基的形式。由于逆作阶段结构梁板的自重相当大，钢立柱较多采用承载力较高而截面相对较小的角钢拼接格构柱（图 2-21）或钢管混凝土柱（图 2-22）。考虑到基坑支护体系工程量的节省并根据主体结构体系的具体情况，竖向支承

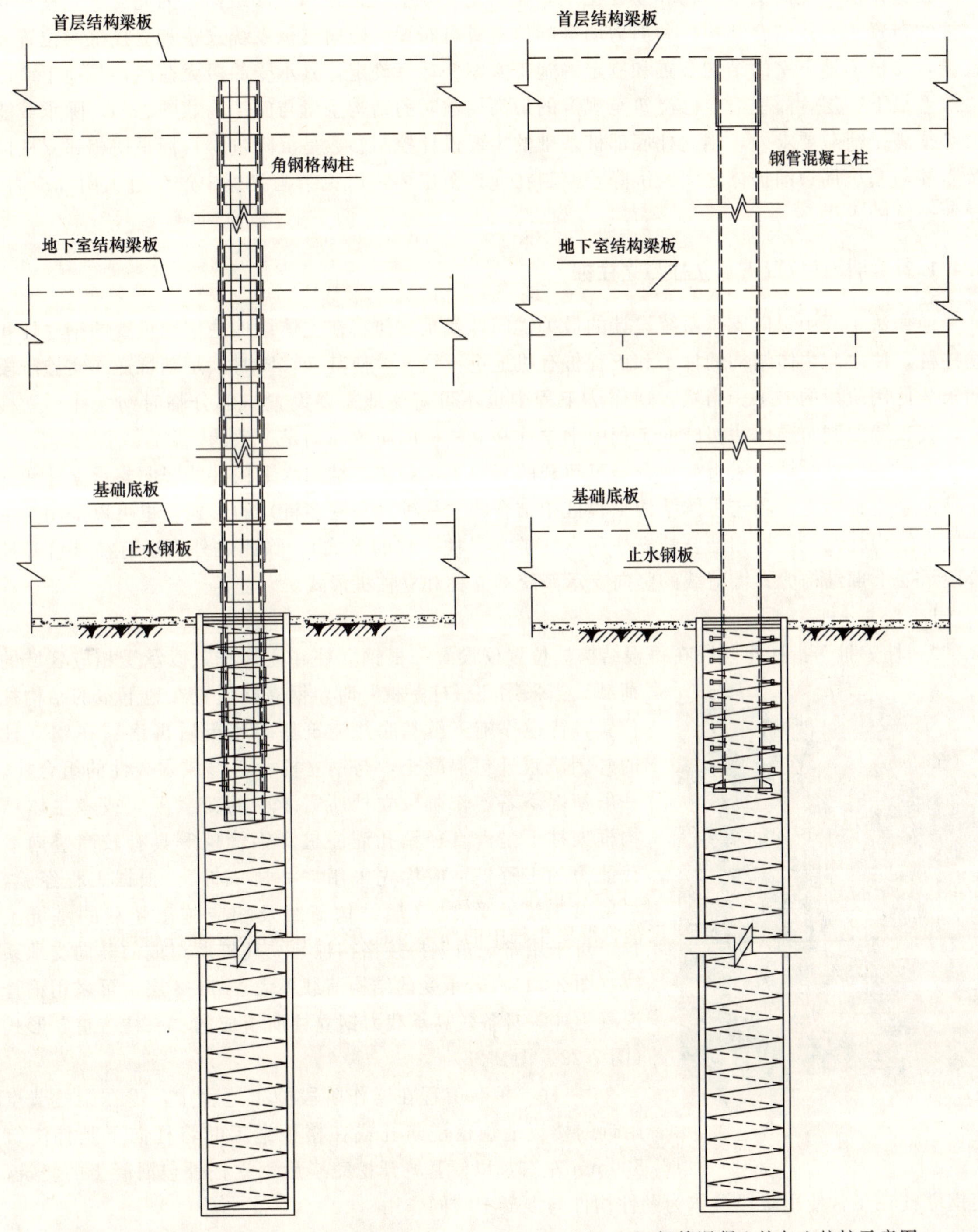

图 2-21　角钢拼接格构柱与立柱桩示意图　　图 2-22　钢管混凝土柱与立柱桩示意图

系统钢立柱和立柱桩一般尽量设置于主体结构柱位置，并利用结构柱下工程桩作为立柱桩，钢立柱则在基坑逆作阶段结束后外包混凝土形成主体结构劲性柱。

竖向支承系统是基坑逆作实施期间的关键构件。钢立柱的具体形式是多样的，它要求能承受较大的荷载，同时要求截面不应过大，因此构件必须具备足够的强度和刚度。钢立柱必须具备一个具有相应承载能力的基础。根据支撑荷载的大小，立柱一般可采用型钢柱或钢管混凝土柱，为了方便与钢立柱的连接，立柱桩常采用钻孔灌注桩。竖向支承立柱桩尽量利用主体结构工程桩，在无法利用工程桩的部位需加设临时立柱桩。

在逆作法中竖向支承立柱和立柱桩主要作用是支承结构梁板和上部结构，因此支承立柱和立柱桩的布置主要是结合结构柱和剪力墙等的位置进行布置。竖向支承系统立柱和立柱桩的位置和数量，要根据地下室的结构布置和制定的施工方案经计算确定，其承受的最大荷载，是地下室已浇筑至最下一层，而地面上已浇筑至规定的最高层数时的结构重量与施工荷载的总和。除承载能力必须满足荷载要求外，钢立柱底部桩基础的主要设计控制参数是沉降量，目标是使相邻立柱以及立柱与基坑周边围护体之间的沉降差控制在允许范围内，以免结构梁板中产生过大附加应力，导致裂缝的发生。

2.4.1.2 结构柱位置支承立柱与立柱桩

逆作法工程中竖向支承系统设计的最关键问题就是如何将在主体结构柱位置设置的钢立柱和立柱桩，使之与主体结构的柱子和工程桩有机地进行结合，使其能够同时满足基坑逆作实施阶段和永久使用阶段的要求。当然，逆作法工程中也不可避免地需要设置一部分临时钢立柱和立柱桩，其布置原则与顺作法实施的工程中钢立柱和立柱桩的布置原则是一致的。

对于一般承受结构梁板荷载及施工超载的竖向支承系统，结构水平构件的竖向支承立柱和立柱桩可采用临时立柱和与主体结构工程桩相结合的立柱桩（一柱多桩）的形式，也可以采用与主体地下结构柱及工程桩相结合的立柱和立柱桩（一柱一桩的形式）。除此之外，还有在基坑开挖阶段承受上部结构剪力墙荷载的竖向支承系统等立柱和立柱桩形式。

1. 一柱一桩

“一柱一桩”指逆作阶段在每根结构柱位置仅设置一根钢立柱和立柱桩，以承受相应区域的荷载。当采用“一柱一桩”时，钢立柱设置在地下室的结构柱位置，待逆作施工至基底并浇筑基础底板后再逐层在钢立柱的外围浇筑外包混凝土，与钢立柱一起形成永久性的组合柱。一般情况下若逆作阶段立柱所需承受的荷载不大或者主体结构框架柱下是大直径钻孔灌注桩、钢管桩等具有较高竖向承载能力的工程桩，应优先采用“一柱一桩”。根据工程经验，一般对于仅承受2～3层结构荷载及相应施工超载的基坑工程，可采用常规角钢拼接格构柱与立柱桩所组成的竖向支承系统（图2-21）；若承受的结构荷载不大于6～8层，可采用钢管混凝土柱等具备较高承载力钢立柱所组成的“一柱一桩”形式（图2-22、图2-23）。

图2-23 “一柱一桩”节点实景

“一柱一桩”工程在逆作阶段施工过程中，需在梁柱节点附近的楼板上预留浇筑孔或在楼板施工时将柱向下延伸浇筑500mm左右，以便基坑开挖完毕后钢立柱外包混凝土的浇筑，使钢立柱在正常使用阶段可作为劲性构件与混凝土共同作用。

逆作法工程中，“一柱一桩”是最为基本的竖向支承系统形式。它构造形式简单、施工相对比较便捷。"一柱一桩"系统在基坑开挖施工结束后可以全部作为永久结构构件使用，经济性也相当好。

2. 一柱多桩

在相应结构柱周边设置多组"一柱一桩"则形成"一柱多桩"。一柱多桩可采用一柱（结构柱）两桩、一柱三桩（图 2-24）等形式。当采用"一柱多桩"时，可在地下室结构施工完成后，拆除临时立柱，完成主体结构柱的托换。图 2-25 为一柱两桩节点实景。

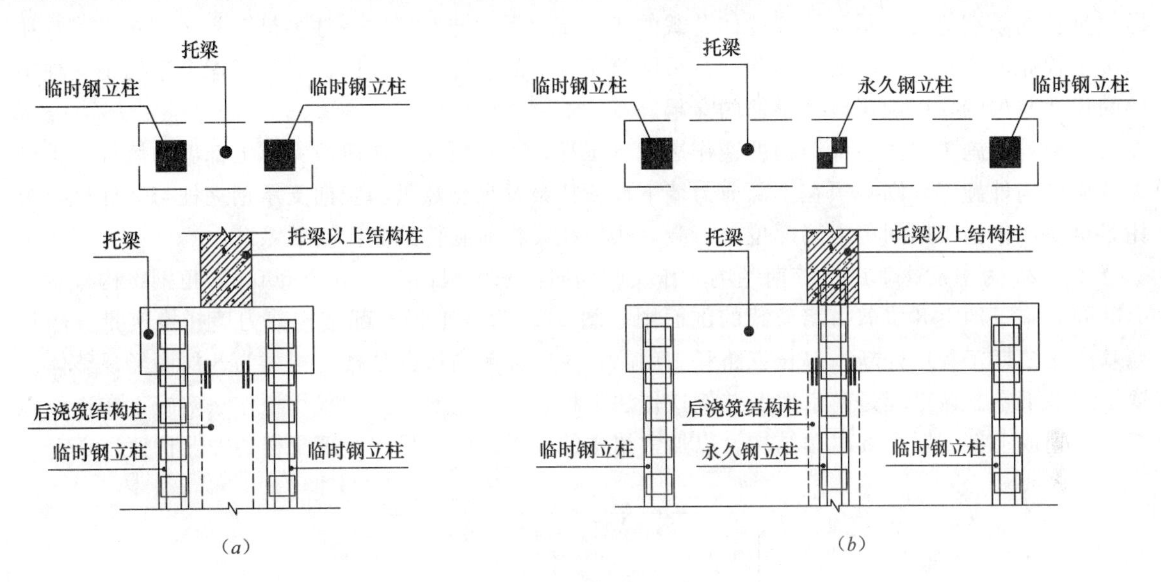

图 2-24 一柱多桩布置示意图

(*a*) 一柱两桩；(*b*) 一柱三桩

图 2-25 一柱两桩节点实景

"一柱多桩"的主要缺点是：①钢立柱为临时立柱，逆作阶段结束后需割除；②节点构造相比"一柱一桩"更为复杂；③主体结构柱托换施工复杂。由于"一柱多桩"的设计需要设置多根临时钢立柱，钢立柱大多需要在结构柱浇筑完毕并达到设计强度要求后割除，而不能外包混凝土形成"一柱一桩"设计中的结构柱构件，加大了临时围护体系的工程量和资源消耗。一般而言，"一柱多桩"多用于工程中局部荷载较大的区域，因而应尽量避免大面积采用。利用"一柱多桩"设计全面提高竖向支承系统的承载能力，盲目增加逆作法基坑工程中同时施工的上部结构层数，以图加快施工进度，是不可取的。基坑开挖阶段主要竖向支承系统承受的最大荷载，应控制在“一柱一桩”系统的最大允许承载能力范围之内。

2.4.1.3 剪力墙位置托换支承立柱与立柱桩

承受上部墙体荷载的竖向支承系统是一种特殊的“一柱多桩”应用方法，用于在那些必须在基坑开挖阶段同时施工地下结构剪力墙构件的工程中，通过在墙下设置密集的立柱与立柱桩，以提供足够的承载能力。承受上部墙体荷载的竖向支承系统与常规“一柱多桩”的区别在于，它在基坑工程完成后钢立柱不能够拆除，必须浇筑于相应的墙体之内，因此必须考虑合适的钢立柱构件的尺寸与位置，以利于墙体钢筋的穿越。

对于同时施工主体上部结构的逆作法基坑工程，若必须在逆作阶段完成上部剪力墙等自重较大的墙体构件施工，则必须在上部剪力墙下设置托梁及足够数量的竖向支承钢立柱与立柱桩，由托梁承受逆作施工期间剪力墙部位的荷载，然后托梁将荷载传给竖向支承系统。

图 2-26 为南京德基广场二期基坑逆作实施期间，采用截面 500mm×500mm 角钢格构柱承担上部同时施工地上 8 层剪力墙荷载的剖面图，图 2-27 为该工程上部结构剪力墙托换实景。南京德基广场二期工程地处新街口长江路和中山路，主楼为超高层办公楼，裙楼为 8 层商场，整体设置 5 层地下室。该工程是南京地区首例逆作法工程，其 5 层地下室均采用逆作法实施，在逆作施工阶段完成上部 8 层全部裙楼结构，以加快裙楼的施工进度，尽快实现裙楼的商业价值。

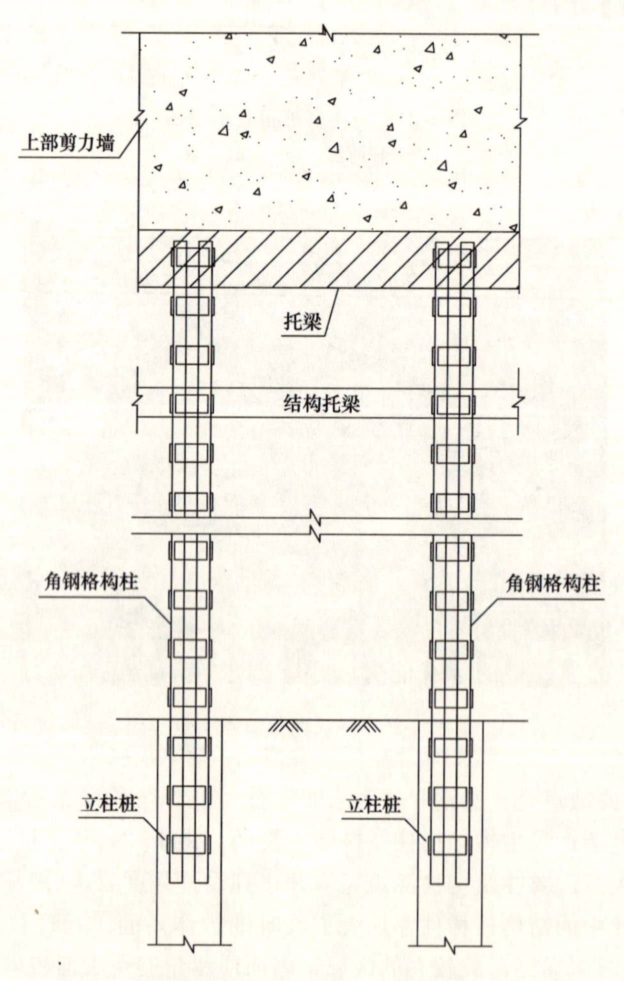

图 2-26 南京德基广场二期上部结构剪力墙托换

图 2-27　南京德基广场二期上部结构剪力墙托换实景

2.4.2　竖向支承立柱的设计

与主体结构相结合的竖向支承立柱可以采用钢立柱或钢管混凝土立柱。当采用钢立柱时一般采用型钢格构柱或钢管混凝土柱。

2.4.2.1　设计与计算原则

逆作法工程中竖向支承系统与临时基坑工程中竖向支承系统设计原则的最大区别在于必须使立柱与立柱桩同时满足逆作阶段和主体工程永久使用阶段的各项设计与计算要求。

1. 设计原则

在基坑围护设计中，应考虑到的主要问题如下：

(1) 支承地下结构的竖向立柱的设计和布置，应按照主体地下结构的布置，以及地下结构施工时地上结构的建设要求和受荷大小等综合考虑。当立柱和立柱桩结合地下结构柱（或墙）和工程桩布置时，立柱和立柱桩的定位与承载能力应与主体地下结构的柱和工程桩的定位与承载能力相一致。

主体工程中柱下桩应采取类似承台桩的布置形式，其中在柱下必须设置一根工程桩，同时该桩的竖向承载能力应大于基坑开挖阶段的荷载要求。主体结构框架柱可采用钢筋混凝土柱或其他劲性混凝土柱形式。若采用劲性混凝土柱，其劲性钢构件应构造简单，适于用作基坑围护结构的钢立柱，而不应采用一些截面过于复杂的构件形式。

(2) 一般宜采用一根结构柱位置布置一根立柱和立柱桩形式（“一柱一桩”），考虑到一般单根钢立柱及软土地区的立柱桩的承载能力较小，要求在基坑工程实施过程中施工的结构层数不超过 6～8 层。当“一柱一桩”设计在局部位置无法满足基坑施工阶段的承载能力与沉降要求时，也可采用一根结构柱位置布置多根临时立柱和立柱桩形式（“一柱多桩”），考虑到工程的经济性要求，“一柱多桩”设计中的立柱桩仍应尽量利用主体工程桩，但立柱可在主体结构完成后割除。

(3) 钢立柱通常采用型钢格构柱或钢管混凝土立柱等截面构造简单、施工便捷、承载能力高的构造形式。型钢格构立柱是最常采用的钢立柱形式，在逆作阶段荷载较大并且主体结构允许的情况下也可采用钢管混凝土立柱。立柱桩宜采用灌注桩，并应尽量利用主体工程桩。钢管桩等其他桩型由于与钢立柱底部的连接施工不方便、钢立柱施工精度难以保证，因此较少采用。

(4) 当钢立柱需外包混凝土形成主体结构框架柱时，钢立柱的形式与截面设计应与地下结构梁板、柱的截面和钢筋配置相协调，设计中应采取构造措施以保证结构整体受力与节点连接的可靠性。立柱的截面尺寸不宜过大，若承载能力不能满足要求，可选用 Q345B 等具有较高承载能力的钢材。

(5) 框架柱位置钢立柱待地下结构底板混凝土浇筑完成后，可逐层在立柱外侧浇筑混凝土，形成地下结构的永久框架柱。地下结构墙或结构柱一般在底板完成并达到设计要求后方可施工。临时立柱应在结构柱完成并达到设计要求后拆除。

2. 计算原则

与主体结构相结合的竖向支承系统，应根据基坑逆作施工阶段和主体结构永久使用阶段的不同荷载状况与结构状态，进行设计计算，满足两个阶段的承载能力极限状态和正常使用极限状态的设计要求。

(1) 逆作施工阶段应根据钢立柱的最不利工况荷载，对其竖向承载能力、整体稳定性以及局部稳定性等进行计算；立柱桩的承载能力和沉降均需要进行计算。主体结构永久使用阶段，应根据该阶段的最不利荷载，对钢立柱外包混凝土后形成的劲性构件进行计算；兼做立柱桩的主体结构工程桩应满足相应的承载能力和沉降计算要求。

钢立柱应根据施工精度要求，按双向偏心受力劲性构件计算。立柱桩的竖向承载能力计算方法与工程桩相同。基坑开挖施工阶段由于底板尚未形成，立柱桩之间的连系较差，实际尚未形成一定的沉降协调关系，可按单桩沉降计算方法近似估算最大沉降值，通过控制最大沉降的方法以避免桩间出现较大的不均匀沉降。

(2) 由于水平支撑系统荷载是由上至下逐步施加于立柱之上，立柱承受的荷载逐渐加大，但计算跨度逐渐缩小，因此应按实际工况分布对立柱的承载能力及稳定性进行验算，以满足其在最不利工况下的承载能力要求。

(3) 逆作施工阶段立柱和立柱桩承受的竖向荷载包括结构梁板自重、板面活荷载以及结构梁板施工平台上的施工超载等，计算中应根据荷载规范要求考虑动、静荷载的分项系数及车辆荷载的动力系数。一般可按如下考虑进行设计：

1) 在围护结构方案设计阶段：结构构件自重荷载应根据主体结构设计方案进行计算；不直接作用施工车辆荷载的各层结构梁板面的板面施工活荷载可按 2.0～2.5kPa 估算；直接作用施工机械的结构区域可以按每台挖机自重 40～60t、运土机械 30～40t、混凝土泵车 30～35t 进行估算。

2) 施工图设计阶段应根据结构施工图进行结构荷载计算，施工超载的计算要求施工单位提供详细的施工机械参数表、施工机械运行布置方案图以及包含材料堆放、钢筋加工和设备堆放等内容的场地布置图。

3) 永久使用阶段的荷载计算应根据主体结构的设计要求进行。

南京德基广场二期工程采用逆作法施工，利用地下 5 层结构梁板作为基坑逆作开挖阶段的支撑体系，考虑地上和地下结构同时进行施工，方案设计时考虑地上部分在基坑开挖至坑底、底板施工完毕前完成附楼地上 8 层结构施工，其竖向受荷情况如图 2-28 所示。因此以上部施工至 8 层，地下部分逆作开挖至基底位置的工况作为计算的控制工况。该计算工况下立柱桩须承受的上部荷载为：①地上 8 层结构总重和地上 4 层结构梁板上同时存在的施工荷载（每层按 2kPa 考虑）；②地下室首层结构梁板自重和其上作用的施工车辆超载（由施工总包单位提供，20kPa）；③地下室各层结构梁板自重和各层梁板上的施工荷载（按 2kPa 考虑）。根据计算，一般区域单根一柱一桩最不利工况下承受的上部荷载标准值为 17000～20000kN。

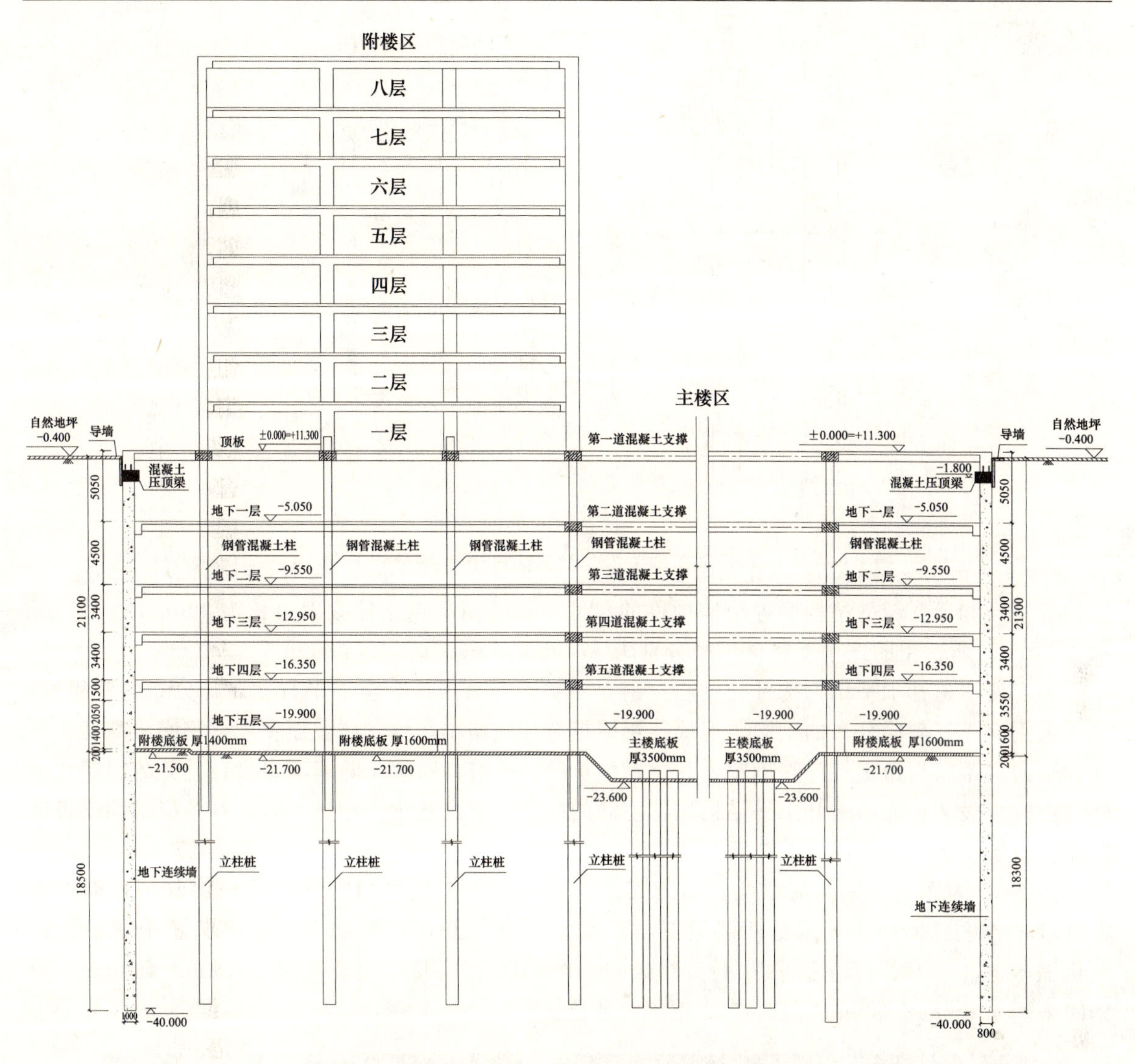

图 2-28 南京德基广场二期基坑工程竖向受荷剖面图

2.4.2.2 角钢格构立柱设计

立柱的设计一般应按照偏心受弯构件进行设计计算，同时应考虑所采用的立柱结构构件与主体结构水平构件的连接构造要求以及与底板连接位置的止水构造要求。基坑工程的立柱与主体结构的竖向钢构件的最大不同在于立柱需要在基坑开挖前置入立柱桩孔中，并在基坑开挖阶段逐层与水平支撑构件完成连接。因此，立柱的截面尺寸大小要有一定的限制，同时也应能够提供足够的承载能力。立柱截面构造应尽量简单，与水平支撑体系的连接节点应易于现场施工。

型钢格构柱由于构造简单、便于加工且承载能力较大，近几年来，它无论是在采用钢筋混凝土支撑或是钢支撑系统的顺作法基坑工程中，还是在采用结构梁板代支撑的逆作法基坑工程中，均是应用最广的钢立柱形式。最常用的型钢格构柱采用 4 根角钢拼接而成的缀板格构柱，可选的角钢规格品种丰富，工程中常用∟120mm×12mm、∟140mm×14mm、∟160mm×16mm 和∟180mm×18mm 等规格。依据所承受的荷载大小，钢立柱设计钢材常采用 Q235B 或 Q345B 级钢。典型的型钢格构柱如图 2-29 所示。

为满足下部连接的稳定与可靠，钢立柱一般需要插入立柱桩顶以下 3～4m。角钢格构柱在梁板位置也应当尽量避让结构梁板内的钢筋。因此其截面尺寸除需满足承载能力要求外，尚应考虑

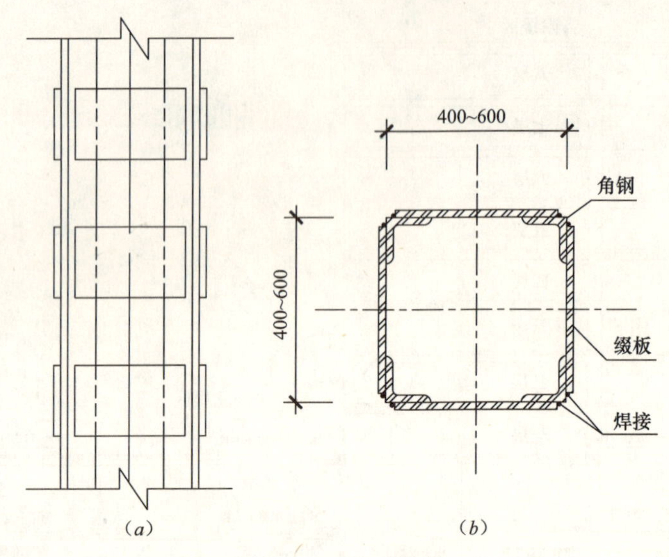

图 2-29 型钢格构柱

立柱桩桩径和所穿越的结构梁等结构构件的尺寸。最常用的钢立柱截面边长为 420mm、440mm 和 460mm，所适用的最小立柱桩桩径分别为 ϕ700mm、ϕ750mm 和 ϕ800mm。

为了便于避让水平结构构件的钢筋，钢立柱拼接应采用从上至下平行、对称分布的钢缀板，而不采用交叉、斜向分布的钢缀条连接。钢缀板宽度应略小于钢立柱截面宽度，钢缀板高度、厚度和竖向间距根据稳定性计算确定，其中钢缀板的实际竖向布置，除了满足设计计算的间距要求外，也应当设置于能够避开水平结构构件主筋的标高位置。基坑开挖施工时，在各层结构梁板位置需要设置抗剪件以传递竖向荷载。

图 2-30 为在上海铁路南站北广场地下逆作工程中的角钢格构立柱实景图。该工程钢立柱在基坑逆作实施阶段主要承受两层地下结构梁板自重以及作用于结构梁板上的挖土机械、运土机械等施工荷载。钢立柱采用 4∟160mm×16mm 角钢拼接，设计截面 460mm×460mm，角钢间采用 440mm×300mm×12@700 钢缀板连接。

图 2-30 上海铁路南站北广场地下逆作工程中的角钢格构立柱实景

逆作法工程中，用于支承水平结构构件及其上部超载的钢立柱和立柱桩一般设置于主体结构柱位置。立柱桩利用结构柱下工程桩，钢立柱则在基坑逆作阶段结束后外包混凝土形成主体结构劲性柱。图 2-31 所示为钢格构柱外包混凝土柱的钢筋笼及模板实景，图 2-32 为钢立柱外包混凝土方柱浇筑完毕、拆模后的实景。钢格构柱外包混凝土的施工质量是主体工程施工质量的关键，因而应采取合适的浇筑与振捣工艺。

图 2-31 钢格构柱外包混凝土柱的钢筋笼及模板实景

图 2-32 钢立柱外包混凝土方柱拆模后实景

2.4.2.3 钢管混凝土立柱设计

高层建筑结构采用在钢管中浇筑高强混凝土形成钢管混凝土柱，其施工便捷、承载力高且经济性好，因此近年来得到了广泛应用。基坑工程采用钢管混凝土立柱一般内插于其下的灌注桩中，施工时首先将立柱桩钢筋笼及钢管置入桩孔之中，再浇筑混凝土依次形成桩基础与钢管混凝土柱。

钢管混凝土柱作为竖向支承立柱由于具有较高的竖向承载能力，在逆作法工程中也有着不可替代的地位。角钢拼接格构柱的竖向承载能力值一般不超过 6000kN，因此，若地下结构层数较多且作用较大的施工超载，或者在地下结构逆作期间同时施工一定层数的上部结构，则单根角钢格构柱所能提供的承载力往往无法满足一个柱网范围内的荷载要求。在此情况下，工程中可采用基坑开挖阶段在地下结构柱周边设置多组钢立柱和立柱桩（“一柱多桩”）的设计方法来解决，但是在主体结构设计可行的条件下，基坑围护工程采用单根承载力更大的钢管混凝土柱作为立柱插入立柱桩的“一柱一桩”设计则是技术、经济上更为合理的方案。

一般而言，钢管可以根据工程需要定制，直径和壁厚的选择范围较大，常用直径在 ϕ500～ϕ700mm。钢管混凝土柱通常内填设计强度等级不低于 C40 的高强混凝土。考虑到立柱桩一般采用强度为 C30、C35 的混凝土，因此混凝土浇筑至钢管与立柱桩交界面处的不同强度等级混凝土的施工工艺也是一个值得注意的问题。

基坑工程中采用钢管混凝土立柱作为逆作水平结构梁板的竖向支承构件，由于钢管混凝土立柱在逆作结束后将作为结构柱（或直接作为结构柱，或外包混凝土后作为结构柱），故如果其位置或垂直度偏差过大，均难以处理，因此钢管混凝土立柱的施工精度要求很高。

采用钢管混凝土作为立柱还必须采取其他一系列与角钢格构柱不同的技术处理措施，如与结构梁板的连接构造、梁板钢筋穿立柱位置的处理等问题。图 2-33 为典型的钢管混凝土柱的截面图。图 2-34 为南京德基广场二期基坑工程中采用钢管混凝土柱作为支承立柱的现场实景图。

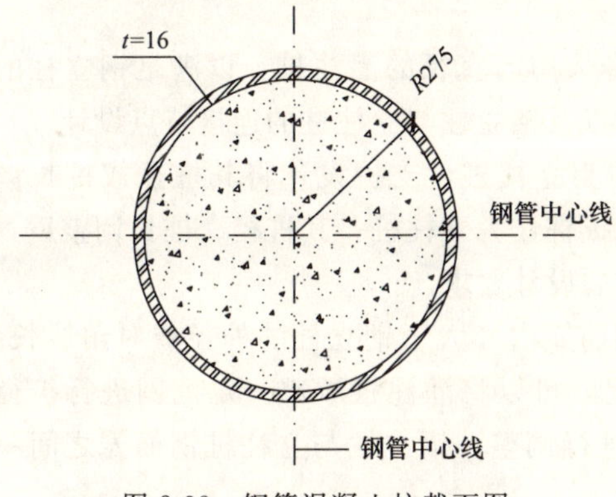

图 2-33 钢管混凝土柱截面图

图 2-34 南京德基广场二期钢管混凝土立柱实景

目前由于大多地下室层数不超过5层，若逆作施工过程中不考虑同时施工上部结构，则采用角钢拼接格构柱作为立柱能够满足一般的承载能力要求。若工程要求同时施工一定的上部结构层数，采用钢管混凝土立柱是适宜的选择。

2.4.3 竖向支承立柱桩设计

2.4.3.1 桩身设计

逆作法工程中，立柱桩必须具备较高的承载能力，同时钢立柱需要与其下部立柱桩具有可靠的连接，因此各类预制桩都难以作为立柱桩基础，工程中常采用灌注桩将钢立柱承担的竖向荷载传递给地基。

当立柱桩采用钻孔灌注桩时，首先在地面成桩孔，然后置入钢筋笼及钢立柱，最后浇筑混凝土形成桩基。桩顶标高以下混凝土强度必须满足设计强度要求，因此混凝土一般应有2m以上的泛浆高度，可在基坑开挖过程中逐步凿除。钢立柱与钻孔灌注立柱桩的节点连接较为便利，可通过桩身混凝土浇筑使钢立柱底端锚固于灌注桩中，一般不必将钢立柱与桩身钢筋笼之间进行焊接。施工中需采取有效的调控措施，保证立柱桩的准确定位和精确度。

实施过程中，在桩孔形成后应将桩身钢筋笼和钢立柱一起下放入桩孔，在将钢立柱的位置和垂直度进行调整满足设计要求后，浇筑桩身混凝土。

立柱桩可以是专门加设的钻孔灌注桩，但应尽可能利用主体结构工程桩以降低临时围护体系工程量，提高工程经济性。立柱桩应根据相应规范按受压桩的要求进行设计，且其承载力应结合主体结构工程桩的静载荷试验确定。因此在工程设计中需保证立柱桩的设计承载力具备足够安全度，并应提出全面的成桩质量检测要求。

立柱桩的设计计算方法与主体结构工程桩相同，可按照国家标准或工程所在地区的地方标准进行。逆作法工程中，利用主体结构工程桩的立柱桩设计应综合考虑满足基坑开挖阶段和永久使用阶段的设计要求。

立柱桩以桩与土的摩阻力和桩的端阻力来承受上部荷载，在基坑逆作施工阶段承受钢立柱传递下来的结构自重荷载与施工超载。与主体结构工程桩设计相结合的立柱桩设计流程如下：

(1) 主体结构根据永久使用阶段的使用要求进行工程桩设计，设计中应根据支护结构的设计兼顾作为立柱桩的要求。

(2) 基坑围护结构设计根据逆作阶段的结构平面布置、施工要求、荷载大小、钢立柱设计等条件进行立柱桩设计，并与主体结构设计进行协调，对局部工程桩的定位、桩径和桩长等进行必要的调整，使桩基础设计能够同时满足永久阶段和逆作法开挖施工阶段的要求。

(3) 主体结构设计根据被调整后的桩位、桩型布置出图；支护结构设计对所有临时立柱桩和与主体结构相结合的立柱桩出图。

(4) 逆作法工程中利用作为立柱桩的工程桩大多采用大直径的灌注桩，以满足钢立柱的插入。立柱桩的设计内容包括立柱桩承载力和沉降计算以及钢立柱与立柱桩的连接节点设计。

(5) 对于灌注桩桩型，若利用主体结构承压桩作为立柱桩，支护设计将其桩径或桩长调整后，应确保配筋满足相关规范的构造要求；若利用抗拔桩作为立柱桩，其桩径、桩长调整后，应根据抗拔承载力进行计算，配筋应满足相关规范的抗裂设计要求。

(6) 钢立柱插入立柱桩需要确保在插入范围内钢筋笼内径大于钢立柱的外径或对角线长度。若遇钢筋笼内径小于钢立柱外径或对角线长度的情况，可以将灌注桩端部一定范围进行扩径处理，其作法如图2-35所示。使钢立柱的垂直度易于进行调整，钢立柱与立柱桩钢筋笼之间一般不必采用焊接等任何方式进行直接连接。

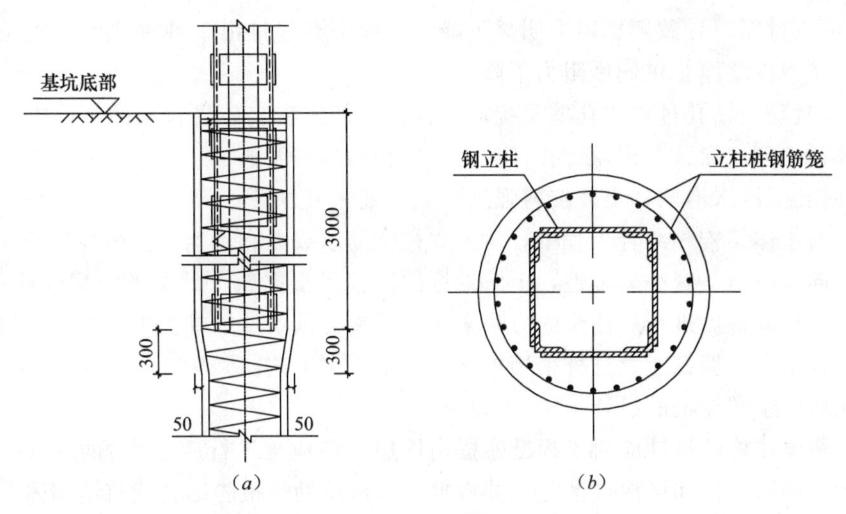

图 2-35 钢立柱插入钻孔灌注立柱桩构造

2.4.3.2 沉降控制措施

1. 沉降控制的必要性和技术措施

立柱桩在上部荷载及基坑开挖土体应力释放的作用下，往往会发生沉降或抬升，同时，立柱桩荷载的不均匀，增加了立柱桩间及立柱桩与地下连续墙之间产生沉降差的可能，若差异沉降过大，将影响结构安全和正常使用。上海市《基坑工程设计规程》规定，立柱桩之间以及立柱桩与地下连续墙之间的差异沉降不宜大于 20mm，且不宜大于 1/400 柱距。因此，控制整个结构的不均匀沉降是逆作法施工的关键技术之一。

目前精确计算立柱桩在底板封底前的沉降抬升量还有一定困难，完全消除沉降差也是不可能的，但可以通过采取有关措施来减小沉降差。沉降控制的主要技术措施有以下几种：

(1) 坑底隆起对立柱桩的抬升影响很大，减小坑底隆起，可以降低这种影响。减小坑底隆起可采用的方法有：合理确定地下连续墙的刚度和入土深度；坑内外进行地基土加固；设计合理的桩径、桩型和桩长等。

(2) 按照施工工况对立柱桩及地下连续墙进行沉降估算，协调基坑开挖与桩顶附加荷载，使立柱与地下连续墙沉降差满足结构设计要求。

(3) 增大立柱桩的承载力来减小沉降，如桩底注浆、增大桩径及桩长、选定高承载力的桩端持力层等。

(4) 使立柱桩与地下连续墙处在相同的持力层上或增加边桩以代替地下连续墙承载。

(5) 使立柱之间及立柱与地下连续墙之间形成竖向刚性较大的整体，共同协调不均匀变形，如在柱间及柱与地下连续墙之间增设临时剪刀撑或尽早完成永久墙体结构等。

(6) 加强对柱网及地下连续墙的竖向位移观测，当出现相邻柱间沉降差超过控制值时，立即采取措施，暂停上部结构继续施工，局部节点增加压重，局部加快或放慢挖土。

2. 桩端后注浆技术

(1) 影响灌注桩承载力的原因

泥浆护壁钻孔灌注桩是较为常用的工程桩和立柱桩形式，在软土地区有大量的应用。但由于泥浆护壁钻孔灌注桩工艺本身的缺陷，导致在相同的土层、桩长、桩径等条件下，钻孔灌注桩的单桩承载力要明显低于预制桩。影响其承载力的主要原因如下：

1) 桩底沉渣过厚，桩端阻力得不到充分发挥，这对桩端进入密实砂层的桩尤为明显。目前，无论是正循环法还是反循环法，孔底沉渣均难以清除到设计要求。

2）桩侧泥皮过厚，导致侧摩阻力明显下降。工程中有些桩由于种种原因造成泥浆护壁时间过长，最终孔壁泥皮增厚，桩侧摩阻力下降。

3）孔壁受扰动。钻孔过程中孔壁受扰动，特别是进入密实砂层较深的桩，成孔后孔壁附近土中应力释放，出现“松弛”现象，孔径愈大，这种影响愈明显。

4）施工时孔壁浸水泡软，土体抗剪强度降低，桩侧阻力降低。

支护结构与主体结构相结合工程中，对于立柱桩的承载力和不均匀沉降控制要求高。为了提高灌注桩的竖向承载力、减小离散性，上海地区的工程界根据软土地基的土层性质和组成特点，研究应用在灌注桩成桩后进行后注浆的方法来改善桩端支承条件和桩侧土的性质，目前在上海地区的逆作法工程中，一般都对立柱桩采用桩端后注浆施工工艺。

（2）桩端后注浆灌注桩的设计

桩端后注浆灌注桩的设计应对工程勘察提出增加对场地土进行后注浆的可行性分析的要求，必要时应进行浆液渗透性和可注性试验，并根据工程地质勘察报告结合建筑结构体系和基底压力大小，确定灌注桩桩径和桩端持力层。桩端后注浆灌注桩设计的关键在于合理注浆量的计算与注浆后单桩极限承载力的计算。在上海软土地区，逆作法工程多采用钻孔灌注桩作为立柱桩，桩端进入⑦$_2$层或⑨层粉砂土，工程实践中每根桩后注浆量约2t，单桩承载力设计值均可提高30%以上。

2.4.4 竖向支承系统的连接构造

2.4.4.1 立柱与结构梁板的连接构造

1. 角钢格构柱与梁板的连接构造

角钢格构柱与结构梁板的连接节点，在地下结构施工期间主要承受荷载引起的剪力，设计时一般根据剪力的大小计算确定，在节点位置钢立柱上设置足够数量的抗剪钢筋或抗剪栓钉。在主体结构永久使用阶段，结构梁主筋一般可全部穿越钢立柱外包混凝土形成的劲性柱，因此连接节点一般不需要再设置额外的抗弯构件。图2-36为设置抗剪钢筋与结构梁板连接节点的示意图。图2-37为钢立柱设置抗剪栓钉与结构梁板连接节点的示意图与实景图。

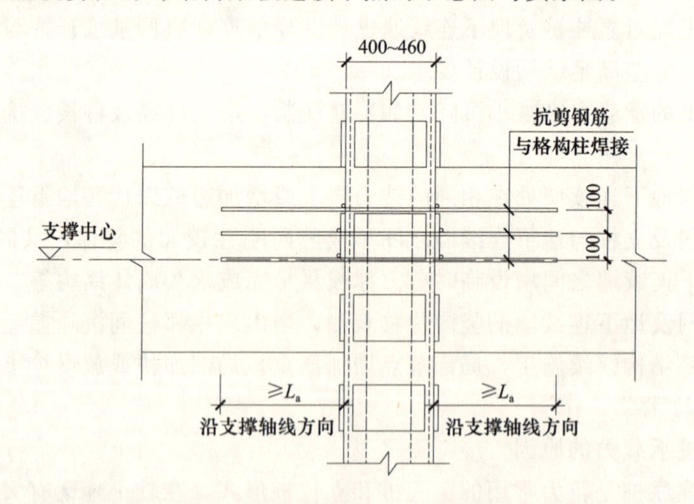

图2-36 钢立柱设置抗剪钢筋与结构梁板的连接节点

抗剪栓钉和抗剪钢筋均需要在钢立柱设置完毕、土方开挖过程中现场安装，钢筋与钢立柱之间的焊接工作量相对较大，并且对于较小直径（小于ϕ19mm）的栓钉，可采用焊枪打设、一次安装，机械化程度更高，施工质量也比较容易得到保证。

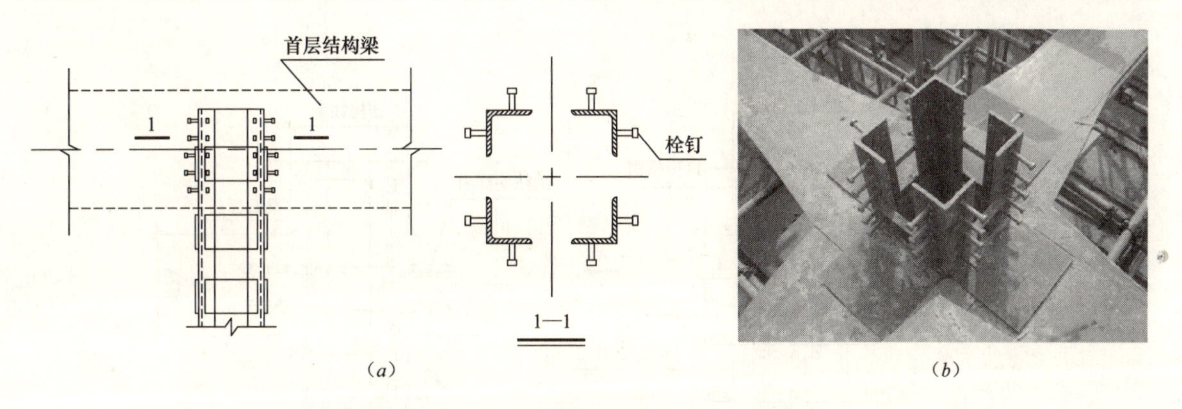

图 2-37　钢立柱设置抗剪栓钉与结构梁板连接节点

(a) 节点示意图；(b) 节点实景图

逆作施工阶段中，承受施工车辆等较大荷载直接作用的结构梁板层，需要在梁下钢立柱上设置钢牛腿或者在梁内钢牛腿上焊接足够抗剪能力的槽钢等构件。格构柱外包混凝土后伸出柱外的钢牛腿可以割除。图 2-38 和图 2-39 分别为钢格构柱设置钢牛腿作为抗剪件时的示意图和实景图。图 2-40 为钢格构柱设置槽钢作为抗剪件时的示意图。

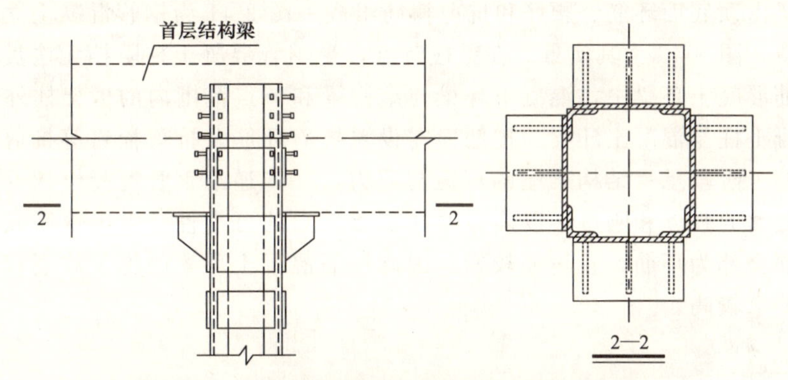

图 2-38　钢格构柱设置钢牛腿作为抗剪件的示意图

图 2-39　钢格构柱设置钢牛腿作为抗剪件的实景图

2. 钢管混凝土柱与结构梁板的连接构造

钢管混凝土柱与结构梁板的连接节点大致可以分为钢筋混凝土环梁连接节点和钢牛腿连接节点两种连接方式。

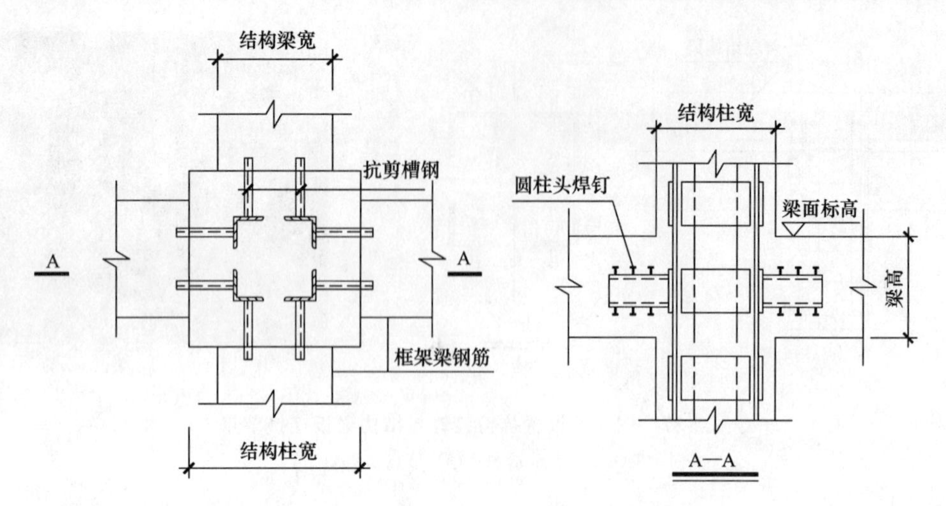

图 2-40 钢格构柱设置槽钢作为抗剪件的示意图

钢筋混凝土环梁连接节点适用于几乎所有钢管混凝土柱与钢筋混凝土梁、无梁楼盖连接的工程中。钢筋混凝土环梁是在钢管外侧设置一圈厚度约为 400～500mm 的钢筋混凝土环形梁，混凝土环梁由顶底面环筋、腰筋和抗剪箍筋组成。图 2-41 为钢管混凝土立柱与结构梁连接环梁节点构造，图 2-42 为其实景。在梁柱节点，受钢管混凝土柱阻挡无法贯通的结构梁钢筋全部锚入到筋混凝土环梁中，混凝土环梁与结构梁和节点范围内的框架柱外包混凝土一同浇筑。钢管混凝土柱与混凝土环梁的接触面需设置抗剪环筋及抗剪栓钉等抗剪键。钢筋混凝土环梁在逆作施工阶段承受结构梁端的弯矩与剪力，并传递给钢管混凝土柱，因此钢筋混凝土环梁应具有足够的强度和刚度，以确保梁柱节点传力的可靠性。由于钢筋混凝土环梁的顶底面钢筋和腰筋全部为环筋，且箍筋较密，因此钢筋混凝土环梁的施工难度较大，对施工单位的施工技术要求较高。

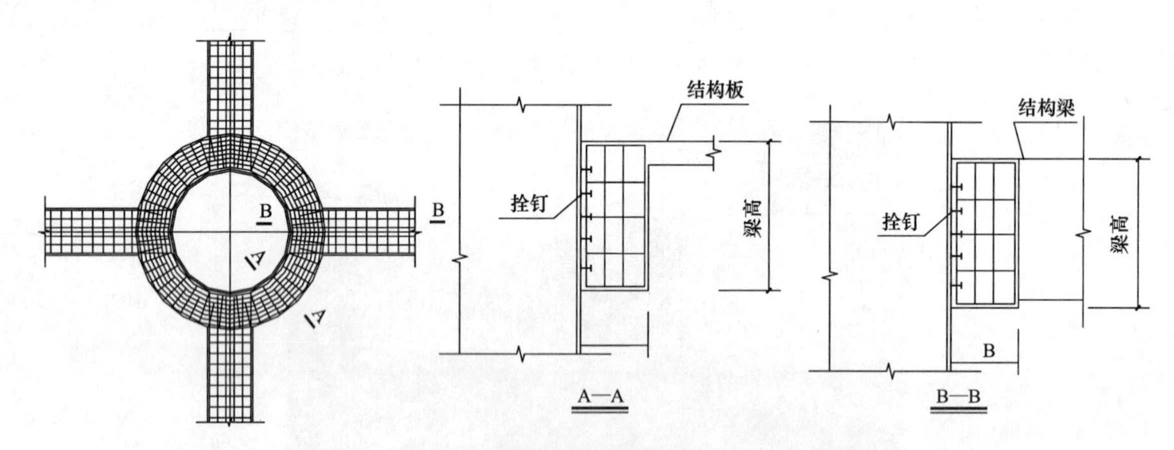

图 2-41 钢管混凝土立柱与结构梁连接环梁节点的示意图

钢管混凝土柱与结构梁的钢牛腿连接节点有钢牛腿结合加强环或钢牛腿等多种连接形式。钢牛腿连接节点适用于钢筋混凝土梁、钢骨混凝土劲性梁、无梁楼盖与钢管混凝土柱的连接，具体作法是在钢管周边设置钢牛腿，为了加强钢牛腿与钢管混凝土柱的连接刚度，可在钢牛腿上下翼缘设置封闭的加强环，梁板受力钢筋则焊在钢牛腿和加强环钢板上，图 2-43 和图 2-44 分别为该连接节点的构造详图、实景图。此外，还可采用钢牛腿等方法，图 2-45 为钢管混凝土立柱采用加劲环板作为抗剪件的示意图，图 2-46 则为 H 型钢牛腿连接的实景图。

(a)　(b)　(c)　(d)

图 2-42　钢管混凝土立柱与结构梁连接环梁节点实景图

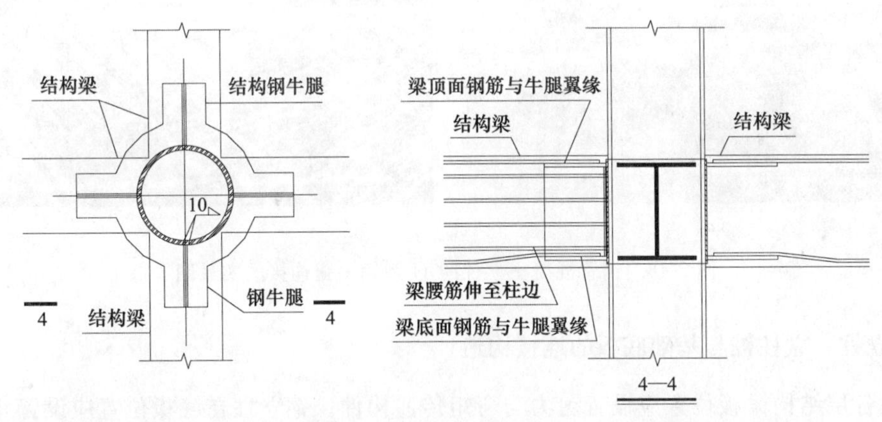

图 2-43　钢管混凝土柱结构梁采用钢环板连接构造

(a)　(b)

图 2-44　钢管混凝土柱结构梁采用钢环板连接构造实景图

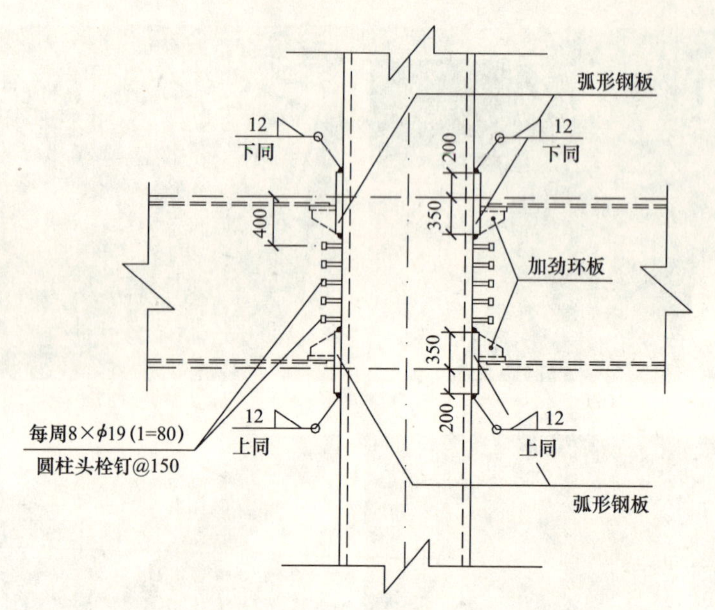

图 2-45 钢管混凝土立柱采用加劲环板作为抗剪件的示意图

(*a*) (*b*)

图 2-46 钢管混凝土立柱的 H 型钢牛腿连接的实景图

2.4.4.2 立柱、立柱桩与基础底板的连接构造

钢立柱各层结构梁板位置应设置剪力与弯矩传递构件。钢立柱在底板位置应设置止水构件以防止地下水上渗，通常采用在钢构件周边加焊止水钢板的形式。

对于角钢拼接格构柱通常止水构造是在每根角钢的周边设置止水钢板，通过延长渗水路径起到止水目的，图 2-47、图 2-48 分别为角钢拼接格构柱在底板位置止水构造图和实景图。对于钢管混凝土立柱，则需要在钢管位于底板的适当标高位置设置封闭的环形钢板，作为止水构件，具体做法见图 2-49。

一柱一桩在穿越底板的范围内设置止水片。逆作施工结束后，一柱一桩外包混凝土形成正常使用阶段的结构柱。正常使用期间外包混凝土，永久框架柱位置的立柱桩均利用主体的柱下工程桩，结构边跨位置及出土口局部位置考虑新增立柱桩作为逆作施工阶段边跨及出土口区域的竖向支承。立柱桩在施工阶段底板浇筑前，承受全部结构自重，在使用阶段应满足结构抗压或抗拔要求。框架柱与支承立柱合二为一，梁柱、板柱节点均采取可靠抗剪措施。施工中要采取可靠措施保证钢立柱混凝土浇筑质量，以及灌注桩顶混凝土质量。

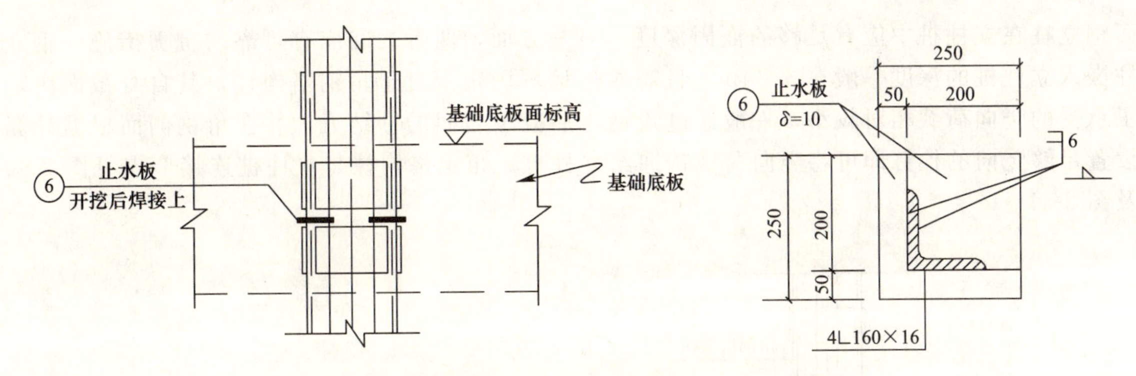

图 2-47　角钢拼接立柱在底板位置止水钢板构造图

图 2-48　角钢拼接立柱在底板位置止水钢板实景图

图 2-49　钢管混凝土柱环形钢板止水实景图

2.4.4.3　立柱与立柱桩的连接构造

逆作施工阶段竖向荷载全部由一柱一桩承担，而支承立柱最终将竖向荷载全部传递给立柱桩，因此支承立柱和立柱桩之间必须有足够的连接强度，以确保竖向力的可靠的传递。一方面钢立柱在立柱桩中应有足够的嵌固深度；另一方面，两者之间应有可靠的抗剪措施。钢立柱嵌入立柱桩的深度一般在3～4m，且需通过计算确定。对于角钢格构柱，其自身截面决定了承受的竖向荷载相对较小，一般通过角钢与混凝土之间的粘结力，并在角钢侧面根据计算设置足够竖向的栓钉即可将竖向荷载传递给立柱桩。角钢格构柱与立柱桩连接节点见图2-50及图2-51。

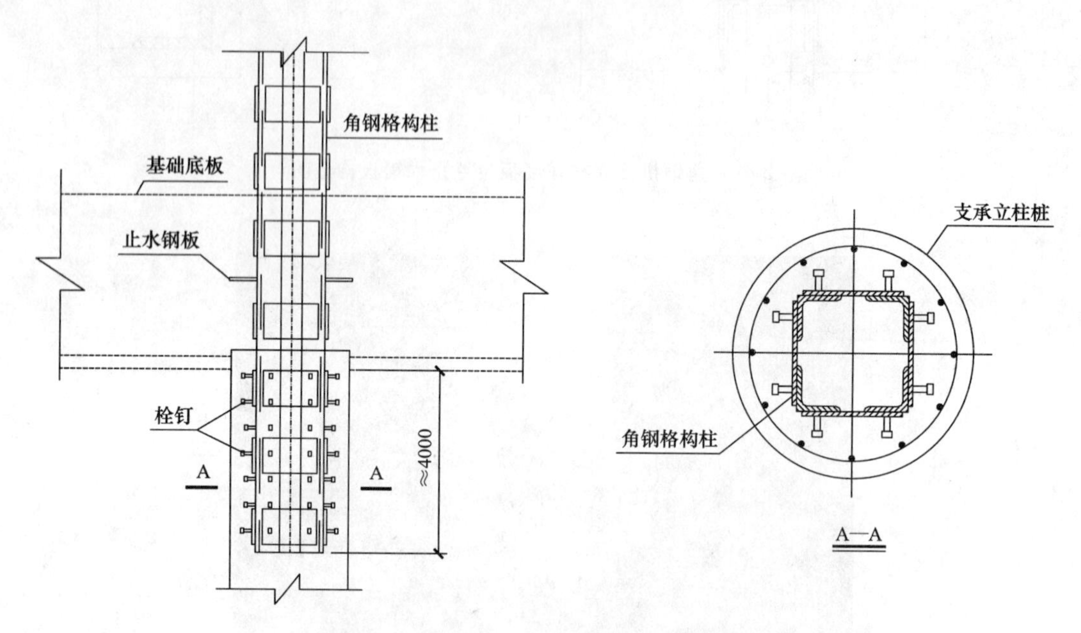

图2-50 角钢格构柱与立柱桩连接抗剪栓钉详图

图2-51 角钢格构柱与立柱桩连接抗剪栓钉实景图

钢管混凝土柱的柱端截面较大，柱端传力作为钢管混凝土柱与立柱桩之间的主要传力途径，为了进一步加大柱端传力面积，可在钢管混凝土柱端部外缘设置环板和加劲肋。为增加钢管混凝土柱与立柱桩之间的粘结力和锚固强度，在钢管外表面需设置足够数量的栓钉。钢管混凝土柱通过柱端和柱侧粘结力最终将荷载传递给立柱桩。一般钢管混凝土柱内填高强混凝土，为了立柱桩与钢管柱端截面的局部承压问题，通常将钢管混凝土柱底部以下一定范围的立柱桩桩身混凝土也采用高强混凝土浇筑。钢管混凝土柱与立柱桩连接节点见图2-52和图2-53。

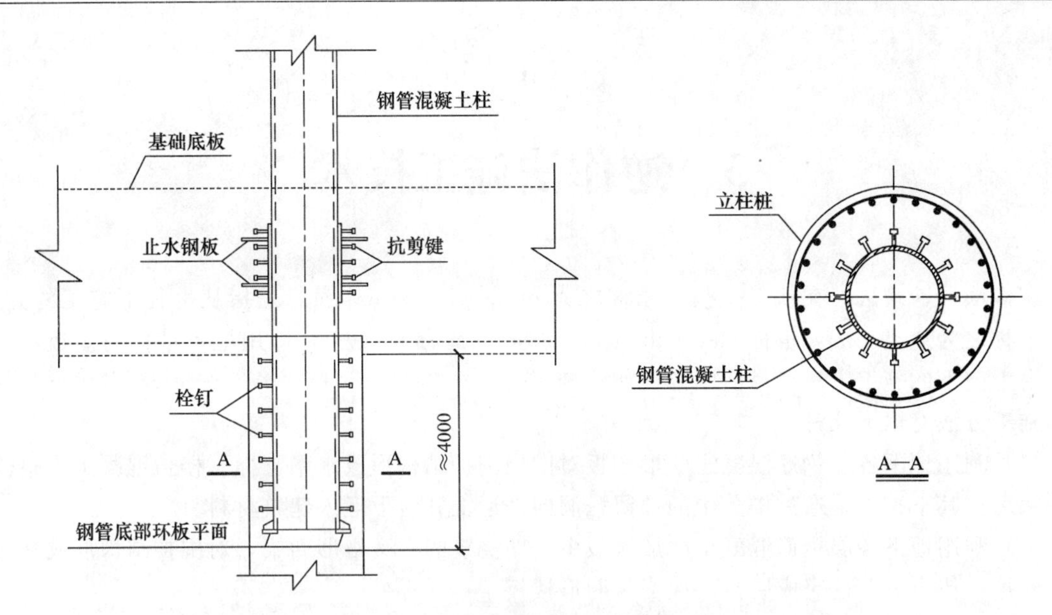

图 2-52　钢管混凝土柱与立柱桩连接

图 2-53　钢管混凝土柱与立柱桩连接底部钢环板与抗剪栓钉实景图

3　逆作法施工技术

逆作法（逆筑法）在欧美一些国家称之为 up-down method 意思是指从上往下施工的方法，在日本称之为逆打工法，也称 slab substitute shore（简称 sss 法），即用地下结构的楼板代替支撑并由上向下的施工方法。目前国内逆作法施工分“全逆作法”和“半逆作法”，实际施工中常用的施工方法有以下几种：

（1）利用地下各层钢筋混凝土肋形楼板对四周围护结构形成水平支撑。楼盖混凝土为整体浇筑，然后在其下掏土，通过楼盖中的预留孔洞向外运土并向下运入建筑材料。

（2）利用地下各层钢筋混凝土肋形楼板中先期浇筑的交叉格形肋梁，对围护结构形成框格式水平支撑，待土方开挖完成后再二次浇筑肋形楼板。

（3）在平面或竖向结合采用顺逆结合的工艺流程（平面结合、竖向结合、含跃层逆作、盖挖顺作等）。

逆作法是施工高层和超高层浇筑多层地下室和其他多层地下结构的有效方法。

本章主要介绍采用逆作法的基坑施工过程中的相关施工技术。

目前基坑工程的临时围护体系有地下连续墙、钻孔灌注桩、SMW 工法、重力式水泥土墙等多种围护形式，但采用逆作法施工时一般采用地下连续墙、钻孔灌注桩两种形式。

3.1　逆作法的地下连续墙施工

地下连续墙作为基坑施工临时围护体系在我国已经有了近 50 年的历史，施工工艺已经较为成熟。采用逆作法施工时，地下连续墙一般在作为基坑围护的临时结构的同时，又作为地下室的主体结构，为“两墙合一”的结构形式。此时作为承受水平向荷载为主的围护地下连续墙，同时要作为承受竖向荷载的永久结构时，“两墙合一”地下连续墙相比临时围护地下连续墙的施工在垂直度和平整度控制、接头防渗及墙底注浆等几个方面有更高的要求，其中垂直度控制、平整度控制、接头防渗等几个方面技术要求更高，而墙底注浆则是“两墙合一”地下连续墙控制竖向沉降和提高竖向承载力的关键措施。

3.1.1　垂直度控制

临时围护地下连续墙垂直度一般要求控制在 1/150[①]，而“两墙合一”地下连续墙由于其在基坑工程完成后作为主体工程的一部分而将承受永久荷载，成槽垂直度不仅关系到钢筋笼吊装，预埋装置安装及整个地下连续墙工程的质量，更关系到“两墙合一”地下连续墙的受力性能，因此，一般作为“两墙合一”的地下连续墙垂直度需达到 1/300，而超深地下连续墙对成槽垂直度要求达到 1/600。施工中需采取相应的措施来保证超深地下连续墙的垂直度，尤其是超深地下连续墙的垂直度控制就显得更加重要。

根据施工经验，作为“两墙合一”的地下连续墙，其导墙定位外移 100～150mm，以保证将来地下连续墙开挖后内衬的厚度，导墙在地下连续墙转角处根据需要向外延伸 200～500mm，以

① 指垂直度允许偏差为墙高的 1/150。以下同。

保证成槽机抓斗能够起抓。

地下连续墙垂直度控制除了与成槽机械有关外，还与成槽人员的技术水平、成槽工艺及施工组织、垂直度监测及纠偏等几方面有关。

成槽所采用的成槽机（抓斗、多头钻或铣削式）均需具有垂直度自动纠偏装置，以便在成槽过程中实时监测偏斜情况，并且可以自动调整。

"两墙合一"地下连续墙成槽前，应加强对成槽机械操作人员的技术交底，提高对"两墙合一"地下连续墙成槽垂直度重要性的认识。

应根据各槽段的宽度尺寸，决定挖槽的抓数和次序。当槽段三抓成槽时，采用先两侧后中间的方法，抓斗入槽、出槽应慢速、稳定，并根据成槽机的仪表及实测的垂直度情况及时纠偏，以满足成槽精度要求。

成槽必须在现场质检员的监督下，由机组负责人指挥，严格按照设计槽孔偏差控制斗体或液压铣头下放位置，将斗体或液压铣头中心线对正槽孔中心线，缓慢下放斗体和液压铣头施工。抓斗式成槽机在单元槽段挖土过程中，抓斗中心应每次对准放在导墙上的孔位标志，保证挖土位置准确。抓斗闭斗下放，开挖时再张开，每斗进尺深度控制在0.3m左右，抓斗上下要缓慢，避免形成涡流冲刷槽壁引起塌方。同时在槽孔混凝土灌注之前严禁重型机械在槽孔附近行走。

成槽过程须随时注意槽壁垂直度情况，每一抓到底后，用超声波测井仪检测成槽情况，发现倾斜度超过规定范围，应立即启动纠偏系统调整垂直度，确保垂直度达到规定的要求。

3.1.2 平整度控制

"两墙合一"地下连续墙对墙面的平整度要求也比常规地下连续墙要高。现浇地下连续墙的墙面通常较粗糙，若施工不当可能出现槽壁坍塌或相邻墙段不能对齐等问题。一般说来，越难开挖的土层，其精度也越低，墙面平整度较差。

"两墙合一"地下连续墙对墙面平整度影响的首要因素是泥浆护壁效果，因此可根据实际试成槽的施工情况，调节泥浆密度。泥浆密度一般控制在1.18g/cm^{3}左右，施工中应对每一批新拌制的泥浆进行泥浆性能的测试。

对易发生槽段坍塌的土层，可根据现场场地实际情况，采用以下措施：

1. 暗浜加固

对于暗浜区，墙侧可采用水泥搅拌桩将地下连续墙两侧土体进行加固，以保证在该地层范围内的槽壁稳定性。水泥搅拌桩采用直径ϕ700（双头），水泥掺量控制在8%，水灰比0.5～0.6。水泥搅拌桩加固深度为8m，搅拌桩之间搭接长度为200mm。

2. 施工道路侧水泥土搅拌桩加固

为保证施工时基坑边道路稳定，在道路施工前对道路下部分土体加固，同时也对于地下连续墙施工起到了隔水作用。

3. 控制成槽、铣槽速度

成槽机掘进速度应控制在15m/h左右，液压抓斗不宜快速掘进，以防槽壁失稳。同样，铣槽机进尺速度也应控制，特别是在软硬层交接处，以防止出现偏移、卡钻等现象。

4. 其他措施

在地下连续墙外侧浅部采用水泥搅拌桩加固；防止大型机械在槽段边缘频繁走动；泥浆随着出土及时补入，保证泥浆液面高度等，都是防止槽壁失稳的有效措施。

3.1.3 地下连续墙与主体结构变形协调控制

地下连续墙"两墙合一"工程中，地下连续墙和主体结构变形协调至关重要。一般情况下，主体结构工程桩较深，而地下连续墙作为围护结构其深度较浅，不可能和主体工程桩处于同一持力层；另一方面，地下连续墙分布于整体地下室的周边，施工阶段与桩基的上部荷重的分担不均，对变形协调有较大的影响；同时，由于施工工艺的因素，地下连续墙成槽时采用泥浆护壁，槽段为矩形断面，且其长度较大，槽底清淤难度较钻孔灌注桩大，沉淤厚度大于钻孔灌注桩，墙底和桩端沉降存在较大差异。综上所述，施工过程中地下连续墙和主体结构桩基之间可能会产生差异沉降，尤其地下连续墙作为竖向承重墙体考虑时，地下连续墙与桩基之间可能会产生较大的差异沉降，如果不采取针对性的措施控制差异沉降，地下连续墙与主体结构之间产生很大的次应力，往往会造成结构开裂，甚至危及结构的正常使用。针对上述问题，可采取如下对策加以解决：

(1) 地下连续墙成槽时，在槽段内预设注浆管，待墙体浇筑并达到一定强度后对槽底进行注浆，通过对地下连续墙槽底进行注浆来消除墙底沉淤，加固墙侧和墙底附近的土层。采用这一注浆方法，一方面可减少地下连续墙的沉降量，协调地下连续墙槽段间以及地下连续墙与桩基的差异沉降，另一方面还可以使地下连续墙墙底端承力和侧壁摩阻力充分发挥，提高地下连续墙的竖向承载能力。地下连续墙槽底注浆一般在每幅槽段内设置两根注浆管，间距不大于 3m，管底位于槽底（含沉渣厚度）以下不小于 300mm，在墙身混凝土达到设计强度等级后进行注浆，注浆压力必须大于注浆深度处土层压力。

(2) 地下连续墙在成槽结束后及钢筋笼入槽之前，往槽底投放适量的碎石，使碎石面高出设计槽底 50～100mm，待钢筋笼吊放后，依靠笼段的自重压实槽底碎石层及土体以提高墙端承载力，并辅以槽底注浆的措施，进一步改善墙端受力条件。

3.1.4 接头防渗技术

“两墙合一”地下连续墙既作为围护施工的挡土、挡水结构，也作为地下室外墙起着永久的挡土、挡水作用，因此其防水防渗的要求极高。地下连续墙单元槽段依靠接头连接，这种接头通常要满足受力和防渗要求，但通常地下连续墙接头的位置是防渗的薄弱环节。对“两墙合一”地下连续墙接头防渗通常可采用以下措施：

(1) 由于地下连续墙是泥浆护壁成槽，接头混凝土面上必然附着有一定厚度的泥皮（与土质、泥浆性能、制浆材料有关），如不清除，浇筑混凝土时在槽段接头面上就会形成一层夹泥带，基坑开挖后，在水压作用下可能从此处渗漏水及冒砂。为了减少这种隐患，保证连续墙的质量，施工中必须采取有效的方法进行混凝土壁面的清刷。

(2) 采用合理的接头形式。地下连续墙接头形式按使用接头工具及构造不同可分为接头管（锁口管）、接头箱、隔板、工字钢、十字钢板以及凹凸型预制钢筋混凝土楔形接头桩等几种常用形式。根据其受力性能可分为刚性接头和柔性接头，其中，刚性接头的防渗性能较好。“两墙合一”地下连续墙采用的接头形式在满足结构受力性能的前提下，优先应选用防水性能较好的刚性接头。

(3) 接头处设置扶壁柱。通过在地下连续墙接头处设置扶壁柱来加大地下连续墙外水流的渗流路径，因渗流路径的折点多、抗渗性能好。

(4) 在接头处采用高压喷射注浆（旋喷桩）加固。连续墙施工结束后，在基坑开挖前对槽段接头缝进行高压喷射注浆加固。高压喷射注浆的孔位布置通常在接缝两侧 1m 的范围，钻孔深度宜达基坑开挖面以下 1m。

3.1.5 地下连续墙钢筋笼制作与吊装

1. 钢筋笼平台的制作

地下连续墙钢筋笼长度和宽度都较大，需要在平台上制作。钢筋笼平台的宽度应大于槽幅最大的钢筋笼宽度，平台长度应大于最大钢筋笼的长度。对于分节制作钢筋笼的，也必须在同一平台上一次制作预拼装成型后再拆分，因此对分节制作钢筋笼的平台，其功能还应满足钢筋笼拆分的需求。钢筋笼制作平台的数量则应根据地下连续墙成槽施工速度、成槽机械数量等确定，应遵循“钢筋笼制作先于成槽施工”的原则，应避免成槽结束而钢筋笼尚未完成的状况。

钢筋笼平台一般采用槽钢制作，为方便钢筋放样和绑扎，在平台上根据设计的钢筋间距、插筋、预埋件的位置画出控制标记，确保钢筋笼和各种埋件的位置的正确性。钢筋笼平台应铺设在坚实的地坪上，地坪刚度和强度应能满足钢筋笼绑扎过程中变形控制的要求。

逆作法施工对地下连续墙钢筋笼的预埋件的标高的控制比较严格，而预埋件的标高又与钢筋笼的安放位置有关，因此需注意以下几点：

（1）钢筋笼吊筋长度（标高）应根据每幅地下连续墙导墙的实际标高确定；

（2）槽底注浆管伸出钢筋笼的长度应根据每幅地下连续墙实际成槽深度确定；

（3）钢筋笼扁担梁的拆除时间应能满足拆除后地下连续墙在自重作用下的沉降量不影响预埋件的安装精度要求。

2. 钢筋笼加工

钢筋笼制作前应对设计墙体配筋进行深化设计，重点考虑以下内容：

（1）钢筋笼吊放过程中钢筋笼是否满足钢筋笼整体变形的控制要求、钢筋笼吊放过程中钢筋的受力以及吊点附近局部受力和变形要求，必要时应进行加强；

（2）确保灌注混凝土导管的位置正确，并上下通畅，避免下放导管时发生困难。

钢筋笼根据单元槽段的划分、地下连续墙墙体配筋和吊装加强筋等的要求进行制作。单元槽段的钢筋笼最好做成一个整体，但如果钢筋笼长度过大或重量过大，起重设备难以满足吊装要求时，可进行分节制作，吊放到孔口后逐段连接。钢筋笼的接头宜采用焊接连接。

钢筋笼端部与接头管或混凝土接头面间应留有150～200mm的间隙，保护层垫块宜采用薄钢板制作，并焊接于钢筋笼上。钢筋笼的底端0.5m范围内宜做成向内1：10弯折的形状，以便钢筋笼下方。

3. 钢筋笼的吊放

钢筋笼吊点应根据钢筋笼在起吊、运输和吊放过程中不产生不能恢复的变形的原则进行布设，同时还要根据钢筋笼在起吊、运输和吊放过程中钢筋笼不散架的原则对钢筋笼进行加强，设置吊放纵向和横向桁架加强筋。在施工方案中必须对钢筋笼的起吊、运输和吊放过程进行验算，制定详细的施工方案。

根据钢筋笼的重量、吊点的布设可选择主、副吊钩设备，并根据受力分析计算选择主、副吊钩的扁担梁，同时还要对主、副吊钩钢丝绳，吊具索具，吊点及主吊把杆长度进行验算。

在钢筋笼的吊放过程中应注意以下要点：

（1）起吊时严禁钢筋笼下端在地面上拖行；

（2）为防止钢筋笼吊起后在空中摆动，应在钢筋笼下端系上拽引绳以人力控制；

（3）钢筋笼安放时，应对准槽段中心轴线，吊直扶稳，缓缓下沉，避免碰撞孔壁；

（4）分节制作钢筋笼安放时，下节钢筋笼下到孔口时，采用接笼架定位，将钢筋笼的顶部固定并架立在接笼架上，然后起吊上节钢筋笼，调整垂直度后，使上、下节各主筋一一对中，用定位销定位并进行套筒连接；

（5）在钢筋笼接近至预定标高时，应检查笼体平面位置，如偏差超出规定范围，应进行调整；

（6）钢筋笼上应设置若干同高程的吊点（吊点一般采用32mm圆钢加工制成），当钢筋笼下放到预定标高时，用钢梁将钢筋笼架立在导墙上，并用水准仪校准钢梁的顶面标高，确保在同一个水平面上；

(7) 钢筋笼吊放入槽时，不得强行冲击入槽，发生入槽障碍时应重新吊出，查明原因加以解决后再进行吊放；钢筋笼吊放入槽时应注意钢筋笼的朝向，分清“基坑面”与“迎土面”，严禁放反。

3.2 “一柱一桩”施工

逆作法施工时的临时竖向支承系统一般采用钢立柱插入底板以下立柱桩的形式，钢立柱通常为角钢格构柱、钢管混凝土柱（图 3-1）或 H 型钢柱；立柱桩可以采用灌注桩或钢管桩等形式。在逆作法工程中，在施工中承受上部结构和施工荷载等垂直荷载，而在施工结束后，中间支承柱又一般外包混凝土后作为正式地下室结构柱的一部分，承受上部结构荷载，所以中间支承柱的定位和垂直度必须严格满足要求。一般规定，中间支承柱轴线偏差控制在±10mm 内，标高控制在±10mm 内，垂直度控制在 1/300～1/600 以内。施工中有关允许偏差见表 3-1。

图 3-1　钢管混凝土柱工程实景

钢立柱安装的允许偏差　　表 3-1

项　次	项　目	允许偏差	检查方法
1	轴线偏差	±2mm	用钢尺检查
2	垂直度	$L/300$	用经纬仪或吊线和钢尺检查

注：L 为格构柱长度。

3.2.1　一柱一桩调垂施工

工程桩施工时，应特别注意提高精度。立柱桩根据不同的种类，需要采用专门的定位措施或定位器械，钻孔灌注桩必要时应适当扩大桩孔。

钢立柱的施工必须采用专门的定位调垂设备对其进行定位和调垂。目前，钢立柱的调垂方法主要有气囊法、机械调垂法和导向套筒法三大类。

1. 气囊法

角钢格构柱一般可采用气囊法进行纠正。在格构柱上端 X 和 Y 方向上分别安装一个传感器，并在下端四边外侧各安放一个气囊，气囊随格构柱一起下放到钻孔中，并固定于受力较好的土层中。每个气囊通过进气管与电脑控制室相连，传感器的终端同样与电脑相连，形成监测和调垂全过程智能化施工的监控体系。系统运行时，首先由垂直传感器将格构柱的偏斜信息送给电脑，由电脑程序进行分析，然后打开倾斜方向的气囊进行充气，由此推动格构柱下部纠偏，当格构柱达到规定的垂直度范围后，即指令关闭气阀停止充气，同时停止推动格构柱。格构柱两个方向的垂直度调整可同时进行控制。待混凝土灌注至离气囊下方 1m 左右时，即可

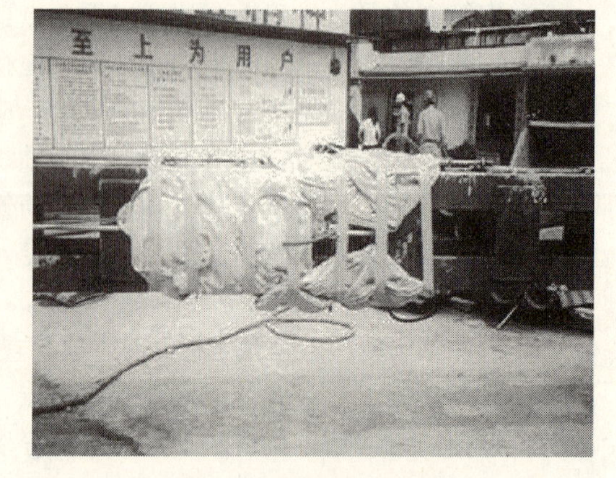

图 3-2　气囊施工实景图

拆除气囊，并继续灌注混凝土至设计标高。气囊施工实景见图 3-2。

在工程实践中，成孔总是往一个方向偏斜的，因此只要在偏斜的方向上放置 2 个气囊即可进行充气推动，同样能达到纠偏的目的，这样，当格构柱校正并被混凝土固定后其与孔壁之间的空隙反而增大，因此气囊回收就较容易（图 3-3、图 3-4）。实践证明，用此法不但减少了气囊的数量，而且回收率也普遍提高。

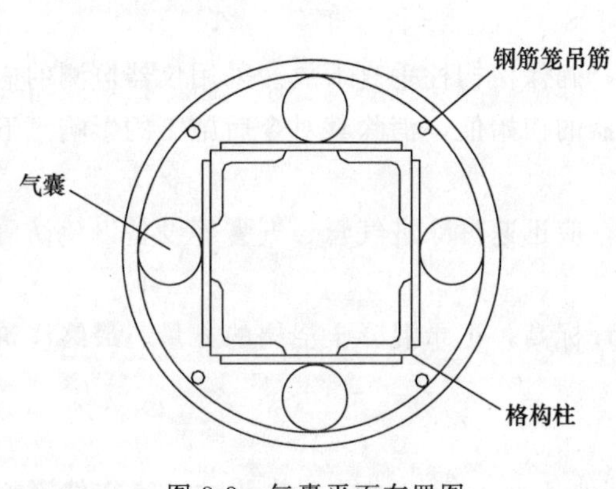

图 3-3　气囊平面布置图

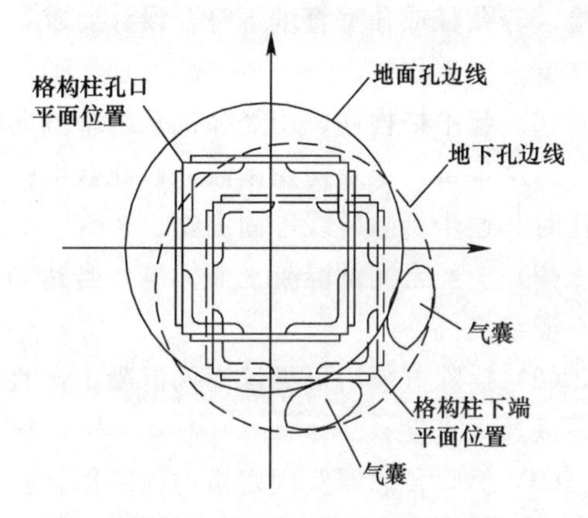

图 3-4　改良后气囊平面布置图

气囊法施工流程如下：

(1) 对进场的格构柱进行验收，格构柱制作必须符合《钢结构工程施工质量验收规范》GB 50205，钢结构的焊接必须符合《建筑钢结构焊接规程》JGJ 81，同时必须满足设计要求。

(2) 现场制作格构柱应搭设操作平台，按照操作规程依次在格构柱上安装气囊、线坠、进气管和传感器等：

在格构柱安装调试系统时首先将格构柱吊在安装支架上。

1）将管径 10mm 的进气管套入定位销并内转 45°，出气口从格构柱面侧垂直套入，安装后出气口应同格构柱侧面平行。

2）分段安装进气管，要求每段用抱箍连接固定，在抱箍内口用橡皮圈密封，严禁遗漏密封橡皮圈。

3）安装完进气管后，用 U 形夹将进气管固定在格构柱上。因进气管较长，为避免吊装时发生挠曲，可在进气管 2/3 处用绳索临时捆住，等格构柱起吊，竖直放入钻孔灌注桩孔内时解脱临时捆绑的绳索。

4）气袋安装前应对气囊充气，使气囊同布袋面有良好的接触面，同时检查气袋是否漏气。

5）检查完毕后进行放气，放气时先在气袋平面压排气，等排气完成后再将气袋叠成卷筒式，排气完成后应将进气口堵住，防止空气压进入。

6）将气袋两端通过绳索固定在进气管的上下安装位置，每两只为一组，安装时气袋平面应放在格构柱面上（上下各一组），用收带机收紧，气袋边应形成直角。在格构柱边上，从下向上用胶带封固定气袋（图 3-2）。

7）传感器安装在格构柱顶端，先将锥形销套入锥孔中再用 ϕ8mm 螺杆将传感器固定。

8）使用完毕后先将传感器拆除，再把 U 形夹放松，然后将进气管慢慢旋转 45°，使下端的连接器脱开（旋转时应用手将进气管向上提）。最后将进气管每一节抱箍松开分离，气袋出地面后清洗、试压、保养气管，重复再试装。

(3) 按照图纸要求安放护筒，应在安放前焊接固定格构柱的钢板。护筒定位要准确，护筒中心与桩位中心的误差不大于 20mm，并应确保其垂直。护筒采用 6mm 钢板卷制，并应加设 2 条

100mm 宽的加劲箍。护筒周围用黏土回填密实，施工中不发生漏浆。

(4) 钻机安装应水平、稳固，定位应准确。钻机的转盘中心与桩位中心的偏差不大于 10mm。钻机塔架顶部滑轮组、回转器与钻头保持在同一铅直线上，施工中应经常检查钻头是否满足要求，如磨损较大，应立即替换。

(5) 灌注桩应按照要求进行成孔检测，格构柱必须全部检测，位于搅拌桩区域内的桩应进行自检。若孔径或孔垂直度不符合设计要求，须重新扫孔，直至达到设计及相关规范要求。成孔的具体要求同工程桩。

(6) 起吊格构柱，用经纬仪从两个方向校垂直，确保格构柱垂直下放。采用仪器监测的应先进行一次调试，记录初始读数，以此数据作为传感器的初始值，消除其对今后施工的影响。下格构柱时，逐步拆除导线等固定物。

(7) 应经常测试混凝土面标高。当达到气囊底，应迅速拆除进气管、气囊等设备以免妨碍混凝土继续浇捣。

(8) 拆除气囊后可继续浇捣混凝土，直至到设计标高，记录混凝土浇捣的方量、最终浇筑面标高以及垂直度。

(9) 拆除传感器及固定格构柱的钢管。

(10) 施工过程中做好技术复核、隐蔽验收及其他各项工作的记录，并及时进行文件资料的收集。做好各项工作确保达到可追溯。

(11) 格构柱与钢筋笼通过 Φ12 钢筋（格构柱每侧 2 根）焊接固定。

2. 机械调垂法

机械调垂系统主要由传感器、校正架（图 3-5～图 3-7）、调节螺栓等组成。在钢立柱上端 X 和 Y 两个方向上分别安装一个传感器。钢立柱固定在校正架上，钢立柱上设置 2 组调节螺栓，每组共 4 个，两两对称，两组调节螺栓有一定的高差，以便形成扭矩。测斜传感器和上下调节螺栓在立柱两对边各设置 1 组。若钢立柱下端向 X 正方向偏移，X 方向的两个上调节螺栓一松一紧，使钢立柱绕下调节螺栓旋转，当钢立柱达到规定的垂直度范围后，停止调节螺栓。同理 Y 方向的偏差可通过 Y 方向的调节螺栓进行调节。

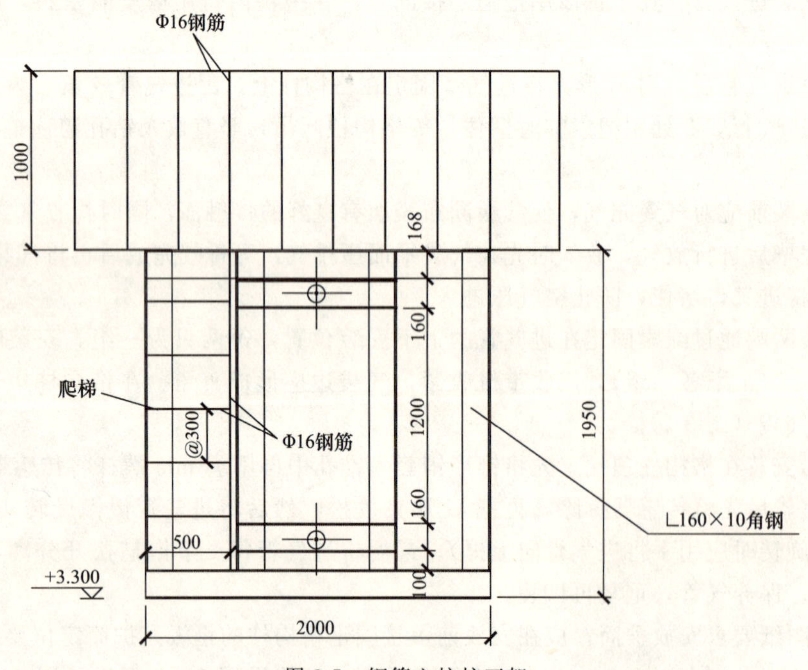

图 3-5　钢管立柱校正架

图 3-6 钢管校正架实景图

图 3-7 “一柱一桩”校正架实景图

(1) 质量标准

1) 主控项目

① 钢立柱工程的质量检验评定，应在该工程焊接或螺栓连接经质量检验评定符合标准后进行。

② 构件必须符合设计要求和相关施工规范的规定，检查构件出厂合格证及附件。由于运输、堆放和吊装造成的构件变形必须矫正。

③ 工具节与格构柱接头位置、做法正确，接触面平稳牢固。

2) 一般项目

① 构件应做好标记，中心线和标高基准点完备清楚。

② 结构表面干净，无焊疤、油污和泥砂。

(2) 成品保护

1) 安装格构柱时，应缓慢下落，不得碰撞已固定好的校正架、钻孔桩内的钢筋笼等构件。

2) 灌注桩混凝土养护期间，不得碰击校正架。

(3) 质量控制要点

1) 螺栓孔位偏差。螺栓孔位发生偏差不得任意扩孔或改为焊接，安装时发现上述问题，应报告技术负责人，经与设计单位洽商后，按要求进行处理。

2) 焊接质量须达到设计及规范要求。焊工必须有上岗合格证，并应编号，焊接部位按编号做检查记录。全部焊缝经外观检查，凡不符合要求的部位，应补焊并进行复验。

3) 格构柱制作偏差应控制在 2mm 以内，进场前须进行验收。

4) 校正架上钢立柱的上下定位孔的平面位置误差及垂直度偏差应控制在 2mm 以内。

(4) 施工记录

本工艺标准应具备以下施工记录：

1) 钢格构柱施工图、设计变更洽商记录；

2) 安装所用钢材、连接材料等质量证明书及试验、复验报告；

3) 安装过程的工程技术有关的文件；

4) 焊接质量检验报告；

5) 结构安装检测记录、安装质量评定资料；

6) 钻孔灌注桩成桩及检测资料。

3. 导向套筒法

导向套筒法是把校正钢立柱转化为导向套筒。导向套筒的调垂可采用气囊法和机械调垂法。

待导向套筒调垂结束并固定后，从导向套筒中间插入钢立柱，导向套筒内设置滑轮以利于钢立柱的插入，然后浇筑立柱桩混凝土，直至混凝土能固定钢立柱后拔出导向套筒。

(1) 施工流程

导向套筒法的施工流程如下：

定位→埋设护筒→钻孔→测孔→第一次清孔→吊钢筋笼→第二次清孔→安装格构柱→导管→浇混凝→移机

(2) 施工注意事项

1) 平面定位的误差应控制在3mm以内。根据设计图纸进行场地测量放样，对桩位定位，事先将原始坐标点、桩坐标及各引测点坐标及控制点坐标换算成测量过程中的长度读数及角度读数，经复核后现场放点，放样时应打好钢筋定位桩，做好标记。在轴线的正交点架设仪器测量桩机及格构柱垂直度。

2) 钻进成孔机械应尽量采用自重较大的钻头，便于重心保持在桩中心的垂线。叶片的大小必须一致。成孔开始前充分做好准备工作，施工过程做好记录。成孔时钻机定位准确、水平、稳固，钻机钻杆中心与放样点误差应控制在5mm以内，并严格控制桩机垂直度，以确保最终桩的垂直度偏差不大于1/300。进钻速度不能太快，可根据不同土质调整钻进速度。安装格构柱前测孔了解孔径与垂直度，达不到精度要求的应重新钻孔。

3) 钢筋笼用吊车分节吊入桩孔。现场焊接接长伸入孔内直至设计标高，并确保焊接长度达到$10d$，焊接段的强度应大于原材强度。吊筋长度必须精确计算，并须经技术负责人复验，吊筋应牢固、稳定，以防灌注混凝土时钢筋笼位移上浮。

4) 格构柱制作精度控制在5mm以内，进场前须对格构柱进行验收。格构柱安放垂直度要求极高，为1/600，可结合采用气囊法来调整精度。在格构柱设置电脑控制垂直监控器。通过经纬仪测垂直为垂直控制器清零，向对操作平台定位，由两台垂直方向经纬仪确定操作平台中心位置及方向，格构柱经操作平台吊入孔内，再由经纬仪为操作平台复核，如有偏差对操作平台进行纠正。立柱下放过程中，同时在四边各放一个气囊于立柱外侧，随立柱一起下放，最终固定于受力较好的土层。另在立柱上安放测斜仪，其终端与电脑相连接，通过测斜数据，由电脑对导向架进行调整，从而调节立柱的垂直度最终保证立柱的垂直度，力争将其垂直度控制在1/600之内。浇捣混凝土后拔除导管速度要慢且轻，不得撞击格构柱并随时纠正垂直度。浇捣混凝土后待灌注桩有一定强度后拆除操作平台及气囊。回填素土或砂石。加强保护，防止意外撞击造成变形。

4. 三种方法的适用性和局限性

气囊法适用于各种类型钢立柱（宽翼缘H型钢、钢管、格构柱等）的调垂，且调垂效果好，有利于控制钢立柱的垂直度。但气囊有一定的行程，若钢立柱与孔壁间距离过大，钢立柱就无法调垂至设计要求，因此成孔时孔垂直度控制在1/200内，钢立柱的垂直度才能达到1/300的要求。由于采用帆布气囊，实际使用中常被钩破而无法使用，气囊亦经常被埋入混凝土中而难以回收。

机械调垂法是几种调垂方法中最经济实用的，但只能用于刚度较大的钢立柱（钢管柱等）的调垂，若用于刚度较小的钢立柱（格构柱等），在上部施加扭矩时将导致钢立柱弯曲变形过大，不利于钢立柱的调垂。

导向套筒法由于套筒比钢立柱短故调垂较易，调垂效果较好，但由于导向套筒在钢立柱外，势必使孔径变大。导向套筒法适用于各种钢立柱的调垂（宽翼缘H型钢、钢管、格构柱等）。

3.2.2 桩底后注浆施工

桩底后注浆施工技术是近年来发展起来的一种新型的施工技术，通过桩底后注浆施工，可大大提高一柱一桩的承载力，有效解决一柱一桩的沉降问题，为逆作法施工提供有效的保障。

3.2.3 一柱一桩不同强度等级的混凝土施工

竖向支撑体系采用钢管立柱时，一般钢管内混凝土强度等级高于工程桩混凝土，此时在一柱一桩混凝土施工时应严格控制不同强度等级的混凝土施工界面，确保混凝土浇捣施工。水下混凝土灌注至钢管底标高时，即更换高强度等级混凝土，在钢管内混凝土浇筑的同时，在钢管立柱外侧回填碎石、砂等，阻止管外混凝土上升。混凝土浇筑过程见图 3-8。

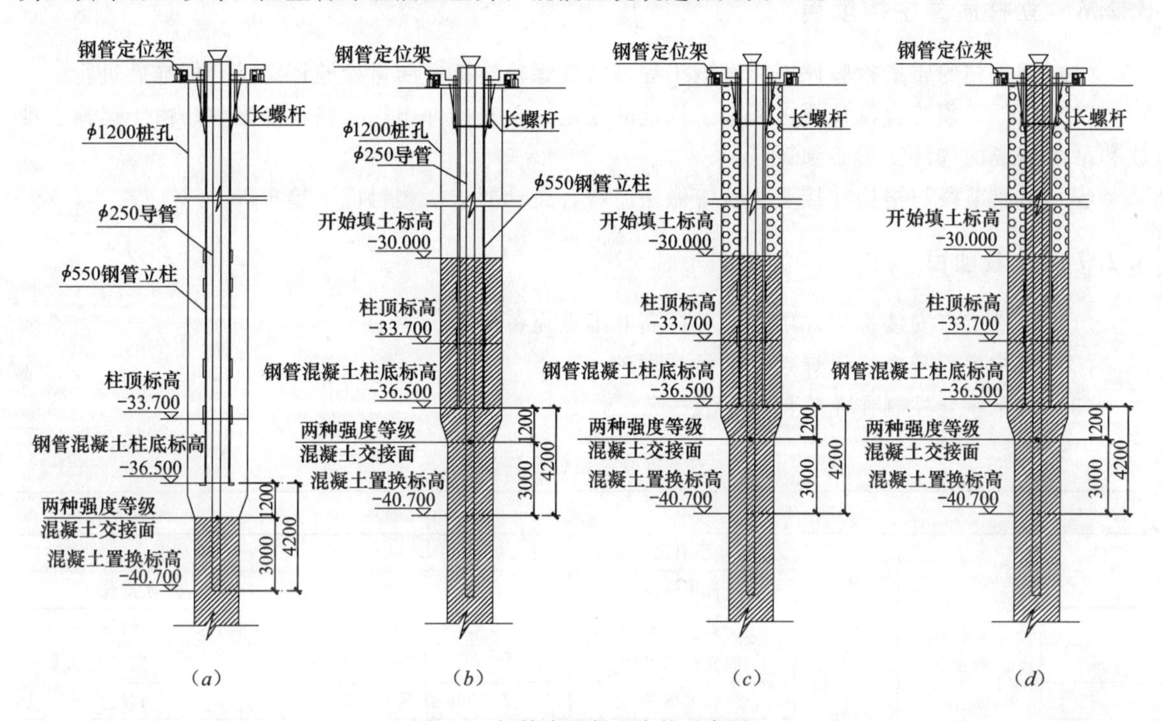

图 3-8 钢管内混凝土浇筑示意图

(a) 混凝土置换开始；(b) 钢管内混凝土置换至回填；(c) 碎石回填；(d) 钢管内混凝土浇筑至顶

3.2.4 施工要点

(1) 逆作法施工期间荷载由立柱桩承担。支承柱钢材宜为 Q345 钢，钻孔灌注桩混凝土强度等级宜采用 C35 以上。

(2) 采用逆作法钢管混凝土柱形式，钢管柱中混凝土强度根据设计设定，一般不宜小于 C40。

(3) 由于逆作法工艺要求，地下室内部的剪力墙安排在逆作完成后施工，此时，可在剪力墙适当位置设置支承柱，可参照逆作法立柱施工方式。增设的支承柱也宜采用格构柱或型钢柱形式。

(4) 逆作法钢立柱的垂直度要求高于钻孔灌注桩，因此逆作法钢立柱在桩基施工时不宜焊接于钢筋笼顶端随钢筋笼同时进入桩孔内，以便控制垂直度，对钢立柱的垂直度可在其插入时进行精确调垂，确保钢立柱轴心受力减少水平变形。另外钢立柱在工程桩内的锚固长度对钢格构桩的承载力起决定性的作用，必须严格按设计要求的锚固长度及相应工程桩顶部的构造保证施工质量，以防止在逆作法施工期间出现过大的偏差。

(5) 立柱桩利用的工程桩，均应按照工程桩的要求进行桩身混凝土质量检测。必要时可采取超声波、取芯等方式。

3.2.5 质量评定标准

逆作法施工时的作为临时竖向支承系统的钢立柱都插入底板以下立柱桩。钢立柱通常为钢格构柱、钢管混凝土柱或 H 型钢柱；立柱桩多采用灌注桩，也可采用钢管桩。在逆作施工阶段，竖向支承系统承受上部结构和施工荷载等垂直荷载，而在逆作施工结束后，大部分钢立柱都通过外包混凝土后作为正式地下室结构柱的一部分，承受永久上部结构和使用荷载，所以支承钢立柱的定位和垂直度必须严格控制。立柱桩轴线偏差控制在±10mm 内，标高控制在±10mm 内，垂直度控制在 1/300 以内。

3.2.6 立柱质量主控项目

（1）钢立柱的质量检验评定应在该工程焊接或螺栓连接经质量检验评定符合标准后进行。

（2）构件必须符合设计要求和施工规范的规定，检查构件出厂合格证及附件。由于运输、堆放和吊装造成的构件变形必须矫正。

（3）过渡节段与格构柱接头位置等做法应符合设计要求，接触面平稳牢固。

3.2.7 一般项目

（1）构件应有安装标记，中心线和标高基准点完备清楚。

（2）结构表面干净，无焊疤、油污和泥砂。

（3）支承钢立柱制作允许偏差见表 3-2。

支承钢立柱制作允许偏差 **表 3-2**

序号	项目			允许偏差	检查方法
1	一般项目	安装	垂直度	$L/300$	线坠，经纬仪
2			桩顶标高	±20mm	水准仪
3			桩位偏差	20mm	经纬仪
4		加工	截面几何尺寸	±2mm	钢尺
5			长度偏差	$L/1000$ 且不大于 20mm	钢尺
6			构件纵向扭曲	$L/1000$ 且不大于 5mm	塞尺、钢尺
7			截面沿纵向扭曲	$L/1000$	塞尺、钢尺
8	钢管柱加工	钢管圆度		$d/500$	专用仪器
9		端面对轴的垂直度		$d/500$	专用仪器
10	定位架	质量控制		中心距偏差＜5mm 座脚平整度＜2mm 标高偏差＜2mm	水平仪、经纬仪
11		调节能力		＞1/100	
12		测垂装置精度		1″	测垂仪器

注：L 为立柱柱长度，d 为钢管柱直径。

3.3 结构施工

基坑工程采用逆作法施工时，与顺作法的主要区别在于水平和竖向构件的施工以及地下室的结构节点形式。根据逆作法的施工特点，地下室结构是由上往下分层浇筑的。一般将地下室结构分为先行施工结构及后行施工结构两部分，先行施工结构主要为水平构件，后行施工结构主要为竖向构件。

如图 3-9 所示，先行施工的水平结构在每一次土方开挖后开始施工，水平结构完成后待水平结构达到设计强度后再进行下面的挖土工程，最后施工竖向结构。一般逆作施工流程如图 3-10 所示。

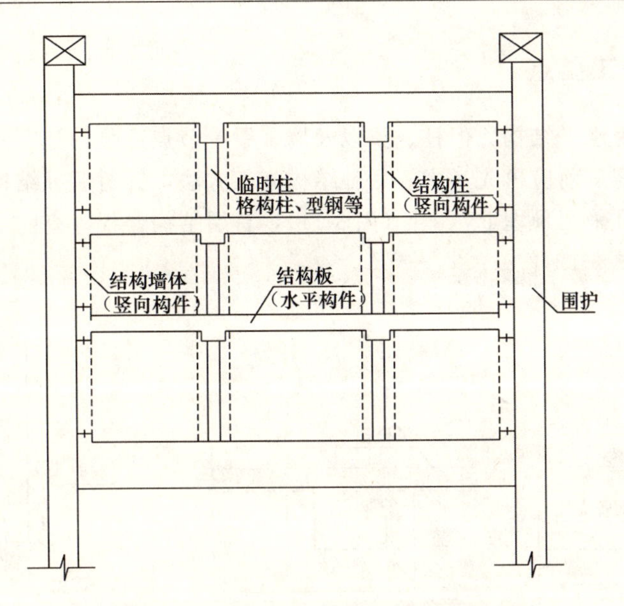

图 3-9 逆作法水平及竖向构件示意图

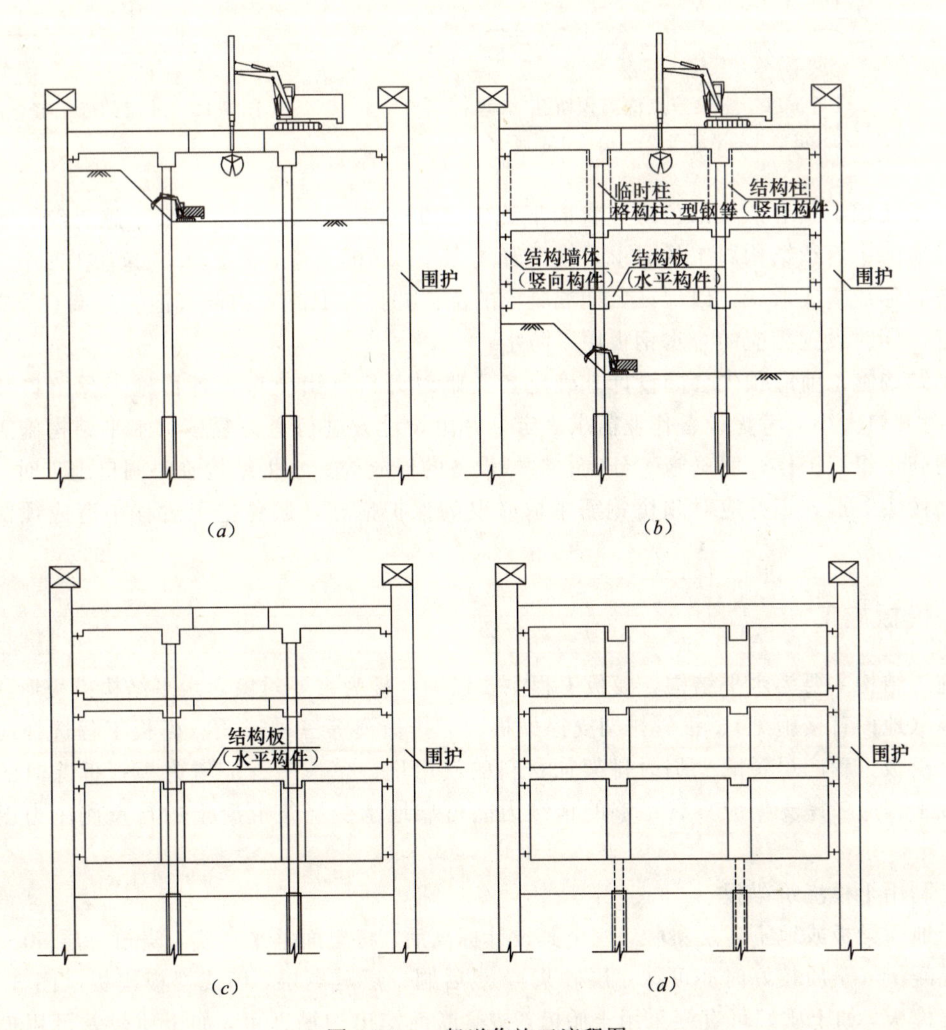

图 3-10 一般逆作施工流程图

(*a*) 施工顶板；(*b*) 向下开挖；(*c*) 逐层向下施工水平构件并向下逐层开挖；(*d*) 施工竖向构件

3.3.1 水平结构施工要点

先施工结构主要为水平结构，但柱、梁以及墙、梁等节点部位的施工一般也与水平结构施工同步完成。水平结构施工前应事先考虑好后补结构施工方法，针对后补结构施工可在水平结构上设置浇捣孔，浇捣孔可采用预埋PVC管（图3-11），首层结构楼板等有防水要求的结构需采用止水钢板等防水措施（图3-12）。

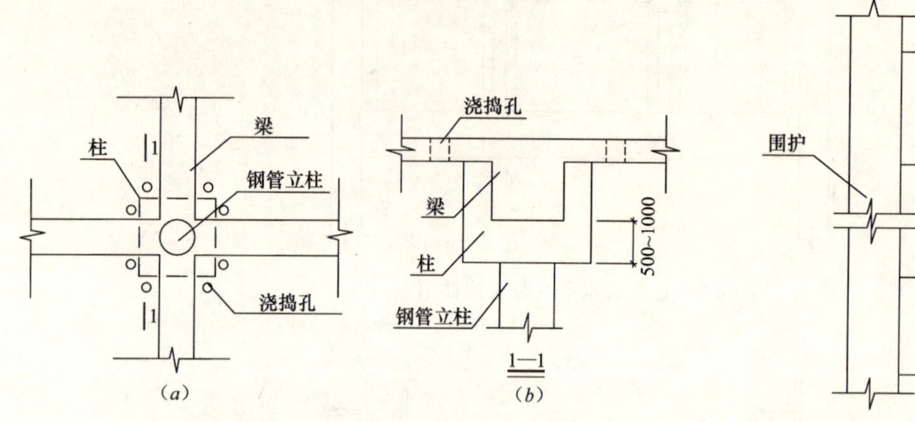

图3-11 主梁节点浇捣预留孔

(a) 浇捣孔的平面布置；(b) 1-1剖面

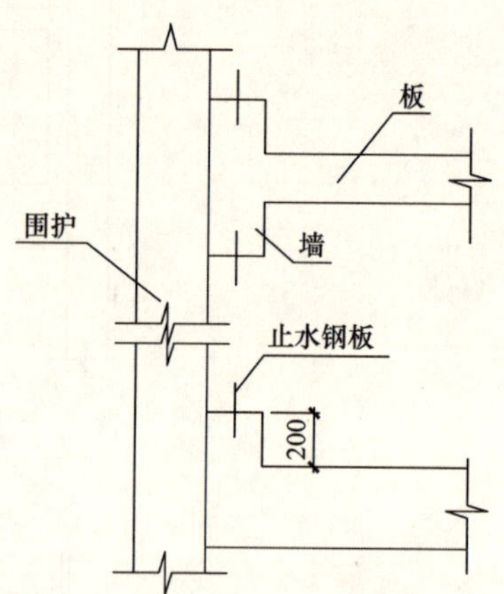

图3-12 外墙的施工缝止水钢板

柱、梁及墙、梁等节点部位应竖直向下施工500～1000mm，并留设水平施工缝。水平施工缝的留设应考虑后续结构施工的要求，宜设置成15°～20°的斜缝，柱的水平缝宜在四个方向均设置为斜缝，形成锅底形状，以保证后期混凝土的浇捣并排除混凝土内部气泡。外墙宜设置内高外低的斜缝，同时设置相应的止水钢板用以防水。

水平结构施工前应预先会同设计方确定各类临时开口（出土口、各种施工预留口和降水井口），临时开口大小应考虑设备作业需求确定，并由设计方进行受力复核。水平结构施工前应做好相应的施工组织工作，明确施工分区、机械设备的停放等。水平结构临时洞口施工时，可采取预留钢筋接头等形式，并应对预留钢筋采取必要的保护措施，避免挖土过程中造成预留钢筋的损坏。

3.3.2 模板施工

先施工结构主要为水平结构，模板工程主要以梁、板为主要对象，水平结构模板形式一般可采取土模（地面直接施工）、钢管排架支撑模板、无排吊模等三种形式。模板工程选择应遵循以下原则：模板工程应尽量减少临时排架加材料的使用量、模板工程应考虑模板拆除时的作业需求、模板工程应考虑支架应具有足够的承载力能可靠地承受浇筑混凝土的自重侧压力以及施工荷载。

(1) 利用土模浇筑梁板

对于地面梁板或地下各层梁板，挖至其设计标高后，将土面整平夯实，浇筑一层50～100mm厚的素混凝土（土质较好时亦可抹一层砂浆），然后刷一层隔离层，即成楼板模板（图3-13）。对于基础梁模板，如土质好可直接采用土胎模，按梁断面挖出沟槽即可，如土质较差可用模板搭设梁模板。

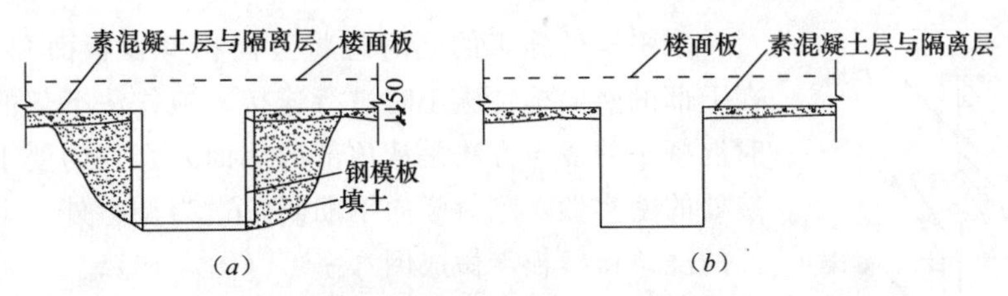

图 3-13 逆作施工时的梁、板模板

(a) 用钢模板组成梁模；(b) 梁模用土胎模

逆作法的柱子节点处，宜在楼面梁板施工的同时，向下施工约 500mm 高度的柱子，以利于下部柱子逆作时的混凝土浇筑（图 3-14）。因此，施工时可先把柱子处的土挖至梁底以下约 500mm 的深度，设置柱子模板，为使下部柱子易于浇筑，该模板宜呈斜面安装，柱子钢筋通穿模板向下伸出接头长度，在施工缝模板上面组立柱子模板与梁板连接。如土质好柱子也可用土胎模，否则就用模板搭设。

（2）采用钢管排架支撑模板浇筑梁板

用钢管排架支撑模板施工时，先挖去地下结构一层高的土层，然后按常规方法搭设梁板模板，浇筑梁板混凝土，竖向结构（柱或墙板）同时向下延伸一定高度。为此，需解决两个问题，一个是设法减少梁板支撑的沉降和结构的变形；另一个是解决竖向构件的上、下连接和混凝土浇筑。

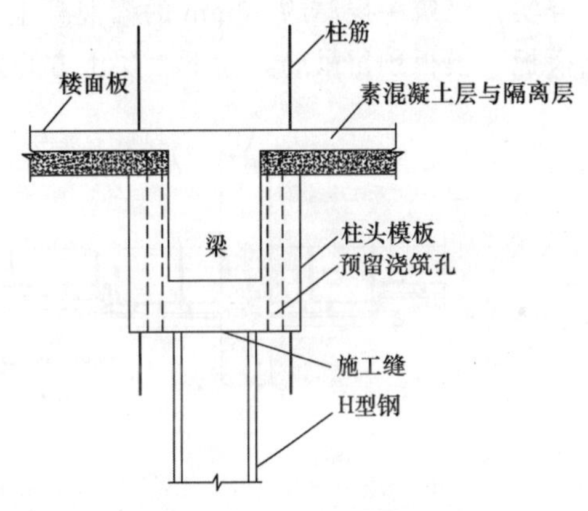

图 3-14 柱子模板与施工缝

为了减少楼板支撑的沉降引起的结构变形，施工时需对支撑下的土层采取措施进行临时加固。加固的方法一般浇筑一层素混凝土垫层，以减少沉降。待梁、板浇筑完毕，开挖下层土方时垫层随土一同挖去，这种方法要额外耗费一些混凝土。另一种加固的方法是铺设砂垫层，上铺枕木以扩大支承面积，这样上层柱子或墙板的钢筋可插入砂垫层，以便与下层后浇筑结构的钢筋连接。这种支撑体系与常规的施工方法类似，例如：梁、平台板采用木模，排架采用 $\phi48$ 钢管。柱、剪力墙、楼梯模板亦可采用木模。此外，还可用其吊模板的措施来解决模板的支撑问题。

盆式开挖是逆作法常用的挖土方法，当采用盆式开挖时，模板排架可以周转循环使用。在盆式开挖区域，各层水平楼板施工时排架立杆在挖土“盆顶”和“盆底”均采用统长钢管。挖土边坡应做成台阶式，便于排架立杆搭设在台阶上。台阶宽度宜大于 1000mm，上下级台阶高差 300mm 左右。台阶上的立杆为两根钢管搭接，搭接长度不宜小于 1000mm。排架沿每 1500mm 高度设置一道纵向水平杆，离地 200mm 设置扫地杆（挖土盆顶部位只考虑水平杆，高度根据盆顶与结构底标高的净空距离而定）。排架每隔 4 排立杆设置一道纵向剪刀撑，由底至顶连续设置，如图 3-15 所示。

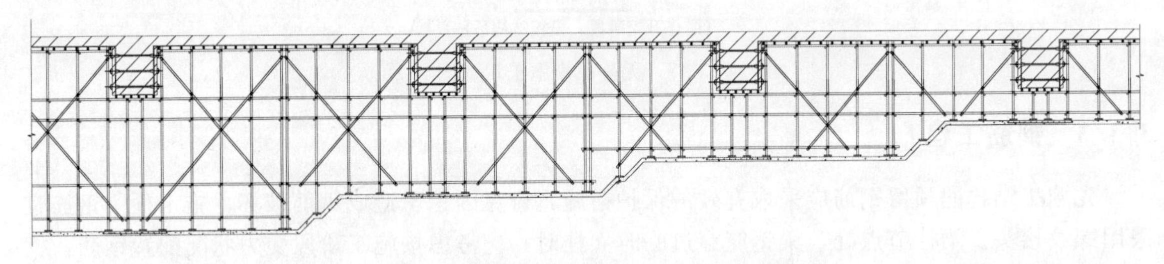

图 3-15 盆式开挖的排架模板支撑示意图

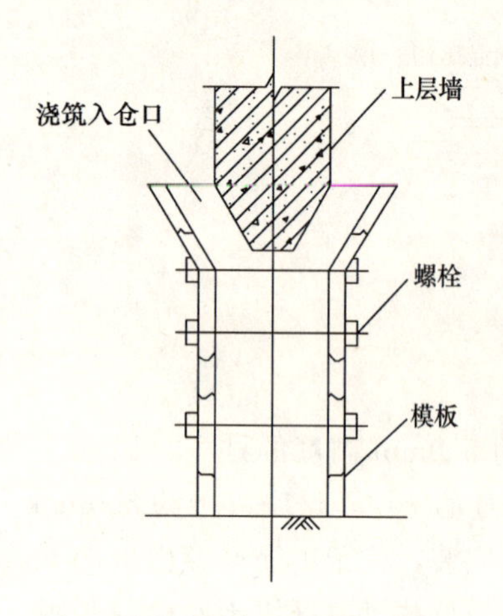

图 3-16 下部墙、柱浇筑的模板

水平构件施工的同时应将竖向构件在板面和板底预留插筋，在下部的竖向构件施工时进行连接。逆作法下部的竖向构件施工时混凝土的浇筑方法是从顶部的侧面入仓，为便于浇筑和保证连接处的密实性，除对竖向钢筋间距适当调整外，下部竖向构件顶部的浇筑口模板需做成倒八字形（图 3-16）。

由于上、下层构件的结合面在上层构件的底部，再加上地面上沉降和刚浇筑混凝土的收缩，在结合面处易出现缝隙。为此，宜在结合面处的模板上预留若干注浆孔，以便用压力灌浆消除缝隙，保证构件连接处的密实性。

（3）无排吊模施工方法

采用无排吊模施工工艺时，挖土深度同利用土模施工法基本相同。地面梁板或地下各层梁板挖至其设计标高后，将土面整平夯实，浇筑一层厚约 50mm 的素混凝土（土质较好时也可抹一层砂浆垫层），然后在垫层上铺设模板，模板预留吊筋，在下一层土方开挖时用于固定模板（图 3-17、图 3-18）。

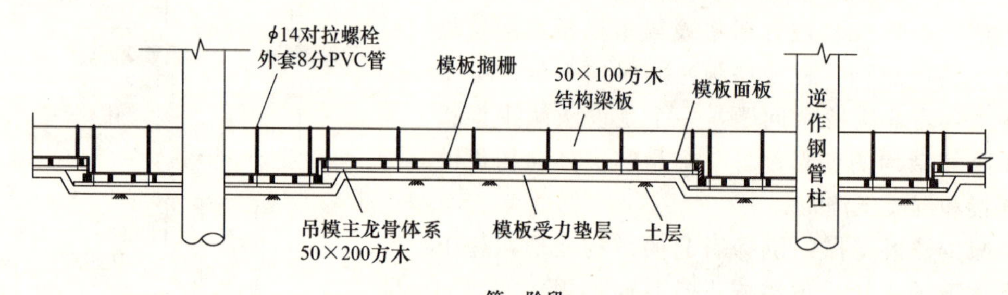

第一阶段

（结构浇捣与养护，模板垫层受力）

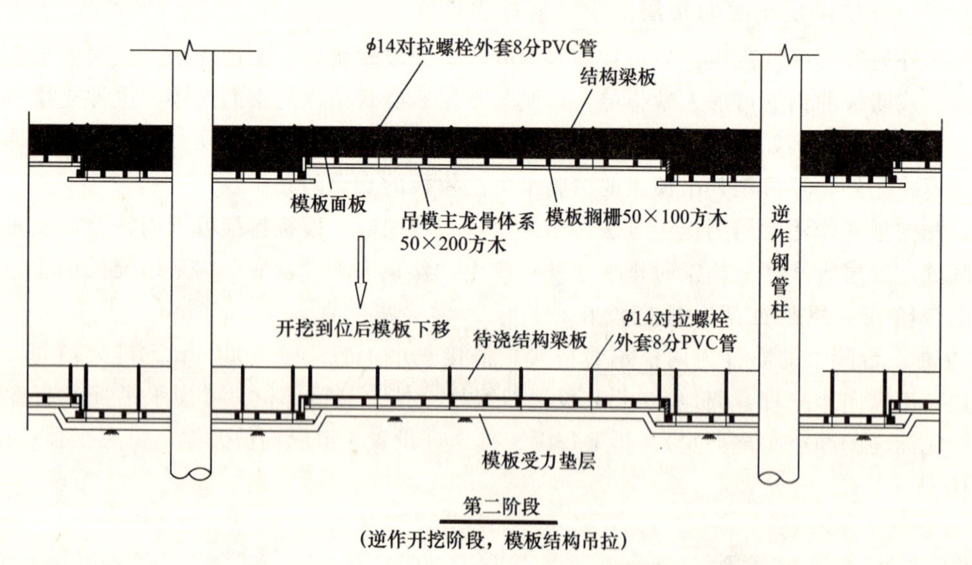

第二阶段

（逆作开挖阶段，模板结构吊拉）

图 3-17 无排吊模施工示意图

3.3.3 钢筋工程

先施工结构的预留钢筋应采取有效的保护措施，避免因挖土造成钢筋破坏。施工预留钢筋宜采用螺纹接头。梁柱节点处，梁钢筋穿过临时立柱时，应考虑按施工阶段受力状况配置钢筋，框架梁钢筋宜通长布置并锚入支座，受力钢筋严禁在钢格构柱处直接切断，确保钢筋的锚固长度。

（a）

（b）

图 3-18 无排吊模施工实景图

梁板结构与柱的节点位置也应预留钢筋。柱预留插筋上下均应留设且要错开。

上、下结构层柱、墙的预留插筋的平面位置要对应。柱插筋宜通过梁板施工时模板的留孔控制插筋位置的准确性。

3.3.4 逆作竖向结构施工

后施工结构一般为竖向结构，少量为预留洞口的水平楼板等。后施工结构的主筋与先施工结构的预留钢筋连接可采用电焊、直螺纹等接头形式，板底钢筋可采用电焊连接。

"一柱一桩"格构柱混凝土以及部分剪力墙采用逆作施工工艺，应分两次支模，第一次支模高度为柱的高度减去预留柱帽的高度，主要为方便格构柱振捣混凝土；第二次支模到顶，顶部形成八字形柱帽的形式。对剪力墙，顶部也形成类似的柱帽的形式（图 3-19、图 3-20），当柱、墙的下部没有向下延伸时，需在楼板上设置混凝土浇筑孔，以便下部柱子的混凝土浇筑。

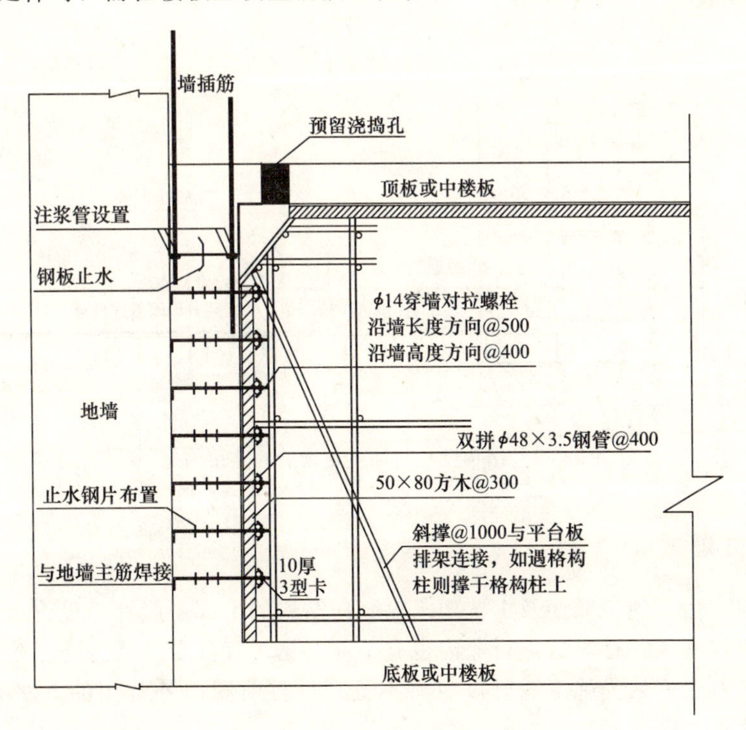

图 3-19 逆作内衬墙模板支撑

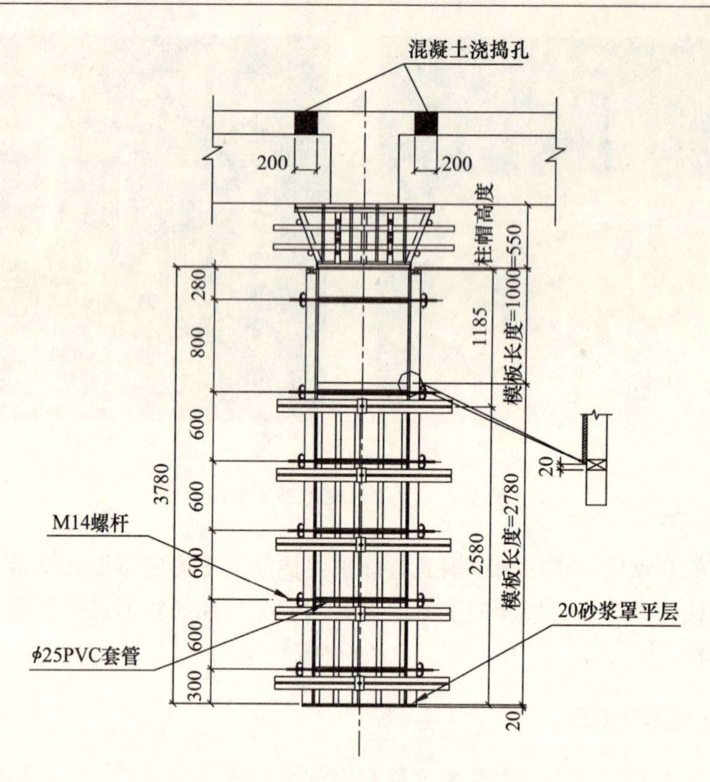

图 3-20 逆作立柱模板支撑示意图

在结构框架梁位置通常也设置结构壁柱（图 3-21），壁柱与框架梁一起浇筑，形成整体框架，可增强结构的整体性。结构壁柱对于减小周边结构环梁的跨度也起到了非常重要的作用。结构壁柱与周边结构环梁形成井字形框架，对约束地下连续墙的变形，特别是结构梁板区域地下连续墙的变形作用明显。

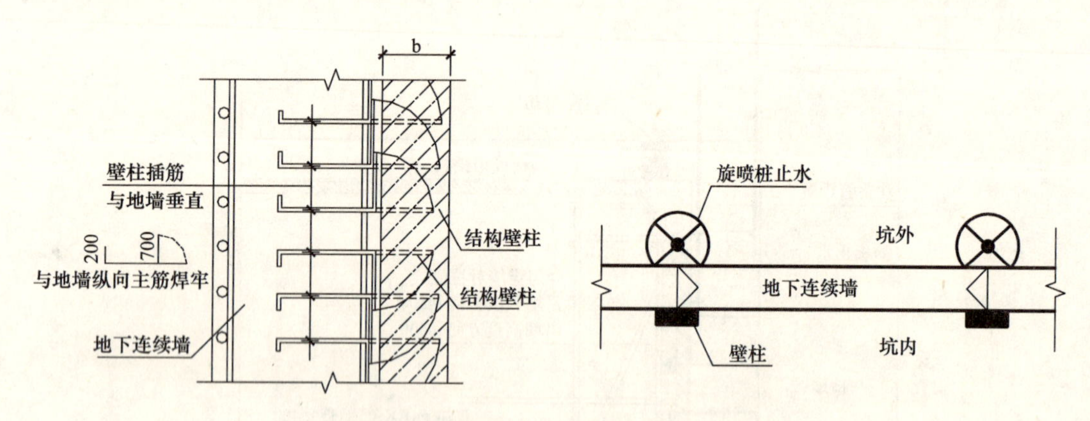

图 3-21 结构壁柱与地下连续墙的连接构造

3.3.5 施工缝处理

逆作法施工时，由于施工顺序及工艺要求，竖向结构的上部一般都会设置水平施工缝，这条施工缝往往难以浇捣密实，针对这点行业内也有不同意见，有些专家认为施工缝客观存在，必须采取相应措施，有些专家认为施工缝可以忽略不处理。目前国内外常用的方法有三种，即直接法、充填法和注浆法（图 3-22）。

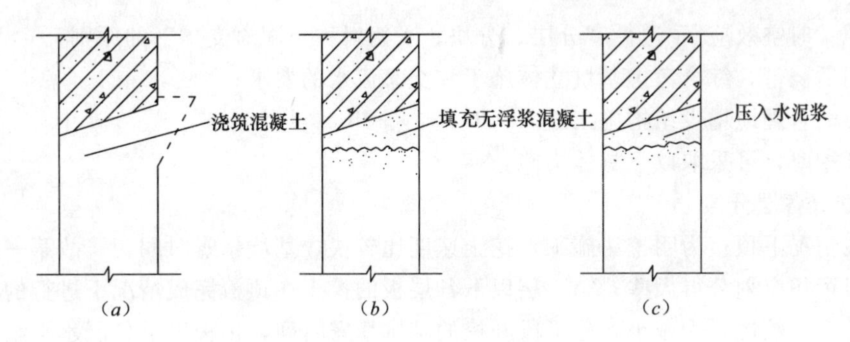

图 3-22　竖向结构上、下混凝土连接

(a) 直接法；(b) 充填法；(c) 注浆法

直接法即在施工缝下部继续浇筑混凝土时，采用相同强度等级的混凝土，有时添加铝粉以减少收缩。为浇筑密实可设置牛腿模板，“假牛腿”的混凝土在硬化后可凿去。

充填法即在施工缝处留出充填接缝，待下部混凝土浇筑后进行施工缝界面处理，再于接缝处充填膨胀混凝土或无浮浆混凝土。

注浆法即在施工缝处留出缝隙，待下部后浇混凝土硬化后用压力压入水泥浆充填。

在上述三种方法中，直接法施工最简单，成本亦最低。施工时可对接缝处混凝土进行二次振捣，以进一步排除混凝土中的气泡，确保混凝土密实并减少收缩。

3.4　挖 土 施 工

“两墙合一”逆作法施工，土体开挖要满足地下连续墙以及结构楼板的变形及受力要求，同时，在确保已完成结构满足受力要求的情况下尽可能地提高挖土效率。

3.4.1　取土口设置

“两墙合一”逆作法施工中，一般顶板施工阶段可采用明挖法，其余地下结构下的土方均采用暗挖法施工。为了满足结构受力以及有效传递水平力的要求，取土口大小一般在 150m² 左右。取土口的布置时应遵循以下几个原则：

(1) 取土口的大小应满足结构受力要求，保证土压力的有效传递。

(2) 取土口的水平距离应便于挖土施工，一般满足结构楼板下挖土机最多二次翻土的要求，避免多次翻土引起土体扰动。此外，在暗挖阶段，取土口的水平距离还要满足自然通风的要求。

(3) 当底板采用抽条开挖时，取土口数量应满足出土要求。

(4) 取土口在地下各层楼板与顶板的洞口位置应相对应。

(5) 取土口布置应充分利用结构原有洞口，或主楼筒体顺作的部位。

考虑到地下自然通风有效距离一般为 15m，挖土机有效半径 7～8m，经过多个工程实践，综合考虑通风和土方翻驳要求，取土口净距可考虑 30～35m。取土口的大小则在满足结构受力情况下，尽可能采用大开口。目前已有比较成熟的经验，最大取土口的面积可达 600m² 左右。

3.4.2　土方开挖形式

对于土方和混凝土结构工程量较大的基坑，无论是基坑开挖还是结构施工形成支撑体系相应工期均较长，由此会增大基坑的风险。为了有效控制基坑变形，可利用“时空效应”，将基坑土方开挖和主体结构划分施工段并采取分块开挖的方法。施工段划分的原则是：

（1）按照"时空效应"，遵循"分层、分块、平衡对称、限时支撑"的原则；

（2）利用后浇带，综合考虑基坑立体施工和交叉流水的要求；

（3）必要时合理地增设结构施工缝。

在土方开挖时，可采取以下具体措施：

1. 合理划分各层分段

由于一般情况下顶板为明挖法施工，挖土速度比较快，基坑暴露时间短，故第一层顶板的土层开挖施工段可相应划分得大些；第一层以下各层板的挖土在顶板完成情况下进行的，属于逆作暗挖，挖土速度比较慢，为减小各施工段开挖的基坑暴露时间，顶板以下各层水平结构土方开挖和结构施工的分段面积应相对小些，这样可以缩短每施工段的施工时间，从而减小围护结构的变形。地下结构分段时还需考虑每施工段挖土时有对应的较为方便的出土口。

2. 盆式开挖方式

逆作区顶板施工前，通常先将土方大面积开挖至板底下约150mm的标高，然后利用土胎模进行顶板结构施工。采用土胎模施工明挖的土方量很少，顶板下大量的土方需在后期进行逆作暗挖，将大大降低挖土效率。同时由于顶板下的模板及支撑无法在挖土前进行拆除，大量模板无法实现周转而造成浪费。因此，针对大面积深基坑的开挖，为兼顾基坑变形及土方开挖的效率，可采用盆式开挖的方式，周边土方保留，中间大部分土方进行明挖，一方面有利控制基坑变形，另一方面增加明挖工作量从而提高出土效率。

3. 抽条开挖形式

一般来说底板厚度较大，逆作底板土方开挖时支撑到挖土面的净空较大，尤其在层高较大或坑边紧邻重要保护建筑或设施时，较大的净空对基坑控制变形不利。此时，可采取中心岛施工的方式，先施工基坑中部底板，待其达到一定强度后，按一定间距间隔开抽条挖边坡土方，并分条浇捣基础底板，每块底板土方开挖至混凝土浇捣完毕的施工时间，宜控制在72h以内。

4. 楼板结构的局部加强

由于顶板先于大量土方开挖施工，因此可将栈桥的设计和水平楼板结构永久结构一并考虑，并充分利用永久结构的工程桩，对楼板局部节点进行加强，兼作挖土栈桥，满足工程挖土施工的需要。

3.4.3　土方开挖设备

暗挖作业时通风、照明条件远不如常规施工，作业环境较差，因此选择有效的施工挖土机械将大大提高效率。逆作挖土施工常采用坑内小型挖土机作业，地面采用长臂挖土机、滑臂挖土机、吊机、取土架等设备进行挖土（图3-23、图3-24）。

图3-23　长臂挖土机施工作业

图3-24　取土架施工作业

根据各种挖土机设备的施工性能，其挖土作业深度亦有所不同，一般长臂挖土机作业深度为7～14m，滑臂挖土机一般7～19m，吊机及取土架作业深度可达30余米。工程中可根据实际情况选用。

3.5 逆作通风照明

通风、照明和用电安全是逆作法施工措施中重要的组成部分，如有不慎，往往会酿成事故。

逆作法工程每层地下室开挖及后续施工过程中，应根据设计及施工方案设通风及排气设施，务必使工作场所机械排放的废气立即排出至室外，同时输送新鲜空气至工作场所，确保施工人员健康，防止废气中毒。在浇筑地下室各层楼板时，按挖土行进路线应预先留设通风口，随地下挖土工作面的推进，通风口露出部位应及时安装通风及排气设施，向地下施工操作面输送新鲜空气。

根据国家安全生产规定，地下室空气成分必须符合下列要求：

(1) 采掘工作面的进风流中，氧气浓度不低于20%，二氧化碳浓度不超过0.5%。

(2) 有害气体的浓度不超过表3-3的规定。

地下室有害气体最高允许浓度 **表3-3**

有害气体名称	最高允许浓度（%）
一氧化碳 CO	0.0024
氧化氮（换算成二氧化氮 NO_2）	0.00025
二氧化硫 SO_2	0.0005
硫化氢 H_2S	0.00066
氨 NH_3	0.004

注：地下室中所有气体的浓度均按体积的百分比计算。

采用大功率涡流风机向地下施工操作面送风，送清新空气向各风口流入，经地下施工操作面再从两个取土孔中流出，形成空气流通循环，是保证施工作业面的安全的有效方法。风机的选择应考虑工程实际情况和经济性因素。选择时应注意以下几方面：

(1) 风机的安装空间和传动装置；

(2) 输送介质、环境要求、风机串/并联；

(3) 风机类型和噪声；

(4) 风机运行的调节；

(5) 传动装置的可靠性；

(6) 风机使用年限；

(7) 首次成本和运行成本。

通风排气宜采用轴流风机（图3-25）。安装时风机表面应保持清洁，进、出风口不得有杂物，应定期清除风机及管道内的灰尘等杂物。风机在运行过程中如发现有异常声、电机严重发热、外壳带电、开关跳闸、不能启动等现象，应立即停机检查。不得在风机运行中维修，检修后应试运转5min左右，确认无异常现象方可开机运转。通风管道也可采用塑料波纹管，波纹管固定在结构楼板或支承柱上，并架设到挖土作业点，在作业点设风机进行送风，在出口处设风机进行抽风。

地下施工阶段的动力、照明线路应设置专用的防水线路，并埋设在楼板、梁、柱等结构中。专用防水电箱应设置在柱上，不得随意挪动。电箱至各电器设备的线路均需采用双层绝缘电线，并架空铺设在楼板底。施工完毕应及时收拢架空线，并切断电箱电源。在整个土方开挖施工过程中，各施工操作面上均应安排专职安全巡视员监护用电安全措施并检查落实。

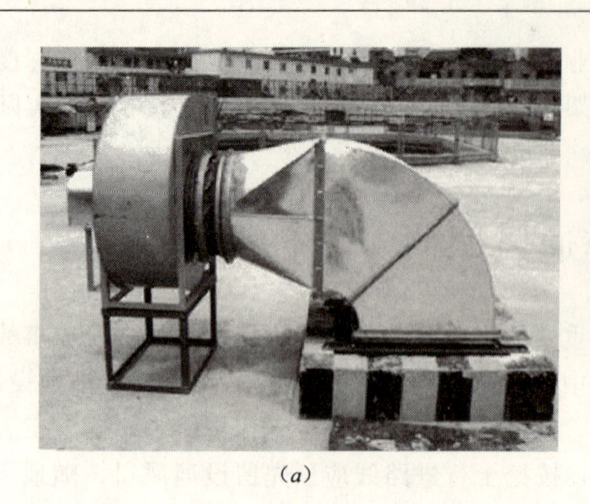
(a)

(b)

图 3-25 通风设备实景图

通常情况下，照明线路水平向可通过在楼板中的预埋管路，竖向则可利用固定在格构支承柱上的预设管路。照明灯具应采用预先制作的标准灯架（图 3-26)，灯架可固定在格构支承柱或结构楼板上。也可利用结构楼板安装常规的照明灯具（图 3-27)。

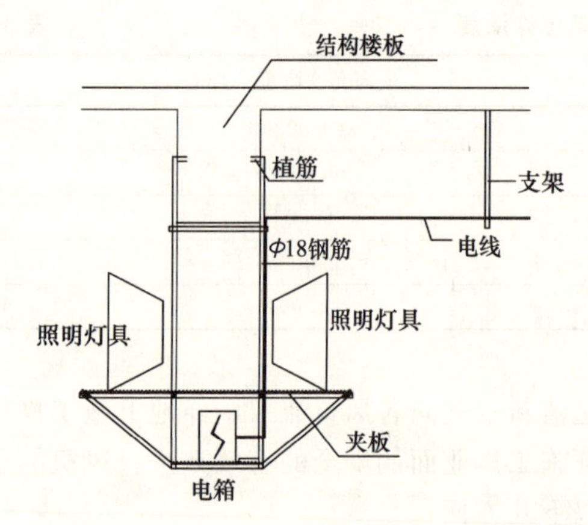

图 3-26 标准灯架搭设示意图

图 3-27 逆作阶段利用楼板设置照明灯具

为了防止突发停电事故，各层板的应急通道应设置应急照明系统，应急照明应采用单独线路，每隔约 20m 设置 1 盏应急照明灯，应急照明灯在停电后应能保持充分的照明时间，以便于发生意外事故导致停电时施工人员的安全撤离，防止伤亡事故的发生。

3.6 主要施工节点处理

3.6.1 地下连续墙节点处理

地下连续墙的接头可分为两大类：一类是地下连续墙槽段和槽段之间的接头，也成为施工接头，施工接头连接两相邻单元槽段；另一类是“两墙合一”地下连续墙与主体结构构件（底板、楼板、墙、梁及柱等）相连的接头，也称为结构接头。通过结构接头的连接，地下连续墙与主体地下结构连为一体，共同承担上部结构的荷载及侧向水土荷载。施工接头和结构接头都需满足抗渗和止水要求，结构接头还要满足主体地下结构受力及变形要求。

1. 施工接头

地下连续墙施工接头按受力条件可分为柔性接头和刚性接头两种。地下连续墙采用何种施工接头要根据工程情况而定。当地下连续墙作为主体结构一部分，一般工程中采用柔性接头，辅以一定的构造措施可以满足挡土及抗渗要求。而当地下结构抗渗等级较高，并要求墙段之间具有一定的整体性、接头具有抗剪能力时，应采用刚性接头。

柔性接头主要有圆形锁口管接头、波形管（双波管、三波管）接头、楔形接头、预制钢筋混凝土接头（图 3-28）和橡胶止水带接头等。刚性接头在工程中应用的主要有穿孔钢板接头、钢筋搭接接头、型钢接头埋入式接头（图 3-29）等。

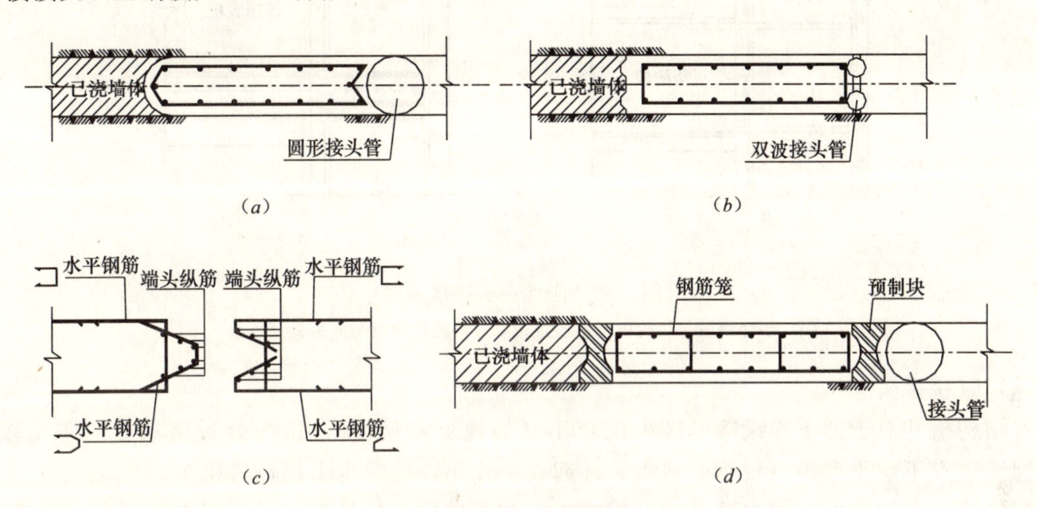

图 3-28 地下连续墙柔性施工接头

(*a*) 圆形锁口管接头；(*b*) 波纹管接头；(*c*) 楔形接头；(*d*) 预制钢筋混凝土接头

图 3-29 地下连续墙型钢埋入式接头

(*a*) 十字形接头；(*b*) 工字形接头

2. 结构接头

地下连续墙和结构梁板连接接头，可根据结构的实际情况，可分为刚性接头、铰接接头和不完全刚接接头等形式，以满足不同结构的要求。

(1) 刚性接头

若地下连续墙与结构板在接头处共同承受较大的弯矩，且两种构件抗弯刚度相近，同时板厚足以允许配置确保刚性连接的钢筋时，地下连续墙与结构板的连接宜采用刚性接头。如结构底板和地下连续墙的连接一般均采用刚性连接。

刚性接头常用连接方式主要有预埋钢筋连接和预埋钢筋接驳器（锥螺纹、直螺纹接驳器等）连接等形式（图 3-30）。结构底板和地下连续墙的连接通常采用钢筋接驳器连接，底板钢筋通过钢筋接驳器全部锚入地下连续墙作为刚性连接。

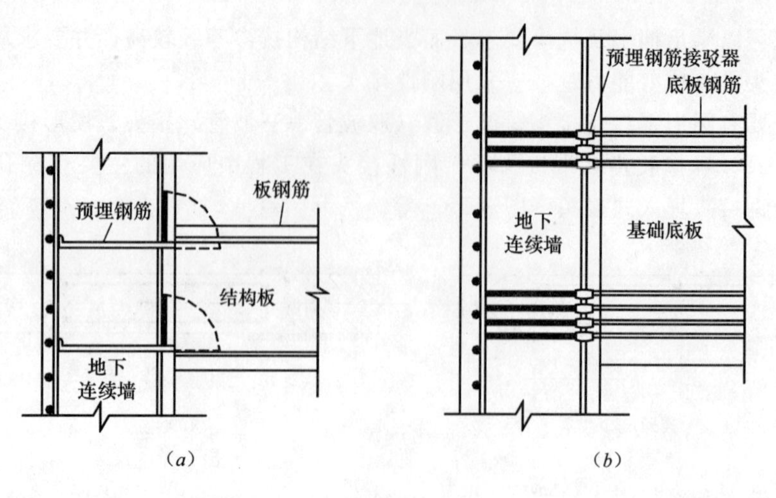

图 3-30　刚性接头连接构造

(a) 预埋钢筋与结构板钢筋连接；(b) 钢筋接驳器与底板钢筋连接

(2) 铰接接头

若结构板相对于地下连续墙厚度来说较小（如地下室楼板），接头处板所承受的弯矩较小，可认为该节点不承受弯矩，仅承受剪力，并起连接作用，此时可采用铰接接头。

铰接接头常用连接方式主要有预埋钢筋连接和预埋剪力件等形式。地下室楼板和地下连续墙的连接通常采用预埋钢筋形式（图 3-31）。地下室楼板也可以通过边环梁与地下连续墙连接，楼板钢筋进入边环梁，边环梁通过地下连续墙内预埋钢筋的弯出和地下连续墙连接，该接头同样也为铰接接头，只承受剪力。

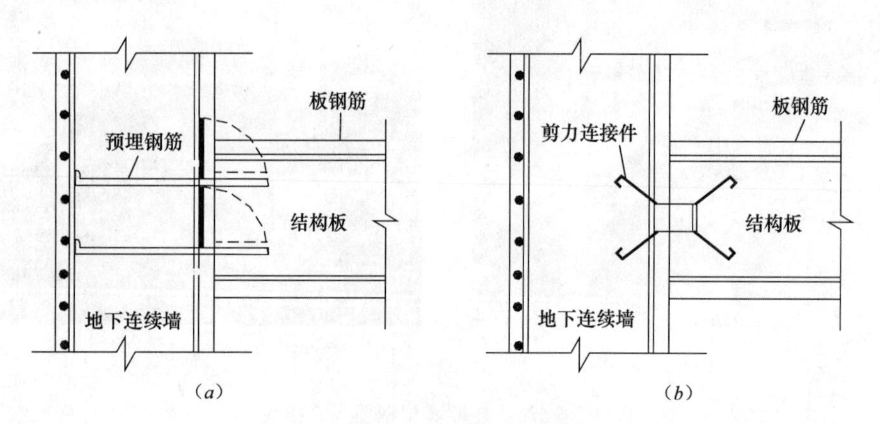

图 3-31　铰接接头连接构造

(a) 预埋插筋与结构板连接；(b) 剪力连接件与结构板连接

(3) 不完全刚接

若结构板与地下连续墙厚度相差较小，可在板内布置一定数量的钢筋，以承受一定的弯矩，但板筋不能配置足够数量以形成刚性连接，这种形式为不完全刚接。

上述三种连接接头方式，主要考虑了接头处的抗弯性能，但同时必须验算接头处板的抗剪能力，如果接头处的抗剪能力不足，须采取相应的构造措施：如：在接头处配置足量的抗剪钢筋、设置牛腿（或支座）等，或采用预埋木丝板，基坑开挖后拆除木丝板，浇筑混凝土使板与地下连续墙形成榫接连接。

3. 构造连接

除上述的施工接头和结构接头外，在槽段之间、地下连续墙与内隔墙之间、沉降缝以及后浇带部位等往往还需设置构造连接。

槽段之间如采用刚性施工接头可使地下连续墙各槽段形成一片整体的墙体，共同承受上部结构的垂直荷载和侧向荷载。当槽段之间以柔性施工接头连接时，为增强地下连续墙的整体性，可在地下连续墙顶部设置钢筋混凝土顶圈梁，将地下连续墙各槽段连接起来。当顶圈梁不足以承受槽段之间的剪力时，还可在底板与地下连续墙连接处设置底板环梁，使该环梁嵌入地下连续墙中，由顶圈梁和底板环梁共同承受槽段之间的剪力。如设置这样的构造连接仍不满足受荷要求时，则槽段之间必须采用刚性施工接头。

在以地下连续墙兼为地下室外墙的设计中，地下室隔墙尽量布置在地下连续墙槽段接头处，并在槽段接头处设置附壁柱。可在地下连续墙槽段接头两边的内侧预埋钢板，待基坑开挖后，凿除表面保护层混凝土，清洗干净后用统长钢板将相邻地下连续墙焊接成一体，并用防水水泥砂浆将接头孔隙灌填密实，最后将附壁柱与地下室隔墙用现浇钢筋混凝土形成整体，从而保证接头处的连续性和整体性。

如地下室内隔墙的位置位于非地下连续墙接头处，可在地下连续墙内预埋钢筋接驳器或预埋弯筋，与内隔墙钢筋连接，浇筑混凝土使内隔墙与地下连续墙连为整体。

地下室结构周边的梁与地下连续墙的连接通常也采用钢筋接驳器或预埋弯筋。

当主体结构需设置沉降缝及后浇带时，需对地下连续墙槽段接缝或槽段本身进行构造处理，实现地下连续墙中的沉降缝及后浇带设置。在地下连续墙中构造沉降缝及后浇带的施工难度较高，但在实际工程中严格按设计要求施工，是可取得较理想效果的。

3.6.2　围护墙与水平结构的防水处理

考虑逆作施工的特殊性，相关节点防水处理必须满足以下构造要求：

(1) 压顶圈梁与地下连续墙、后浇筑结构外墙之间应采取可靠的止水措施，一般可采用设置止水钢板等方法（图 3-32）。

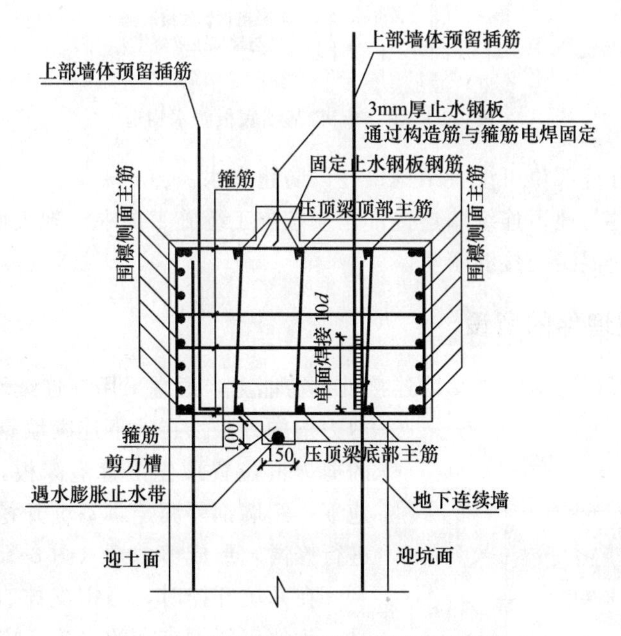

图 3-32　围护墙与压顶圈梁的防水构造

(2) 地下连续墙与结构梁板、底板的连接节点施工可利用剪力槽形成止水措施（图 3-33、图 3-34）。

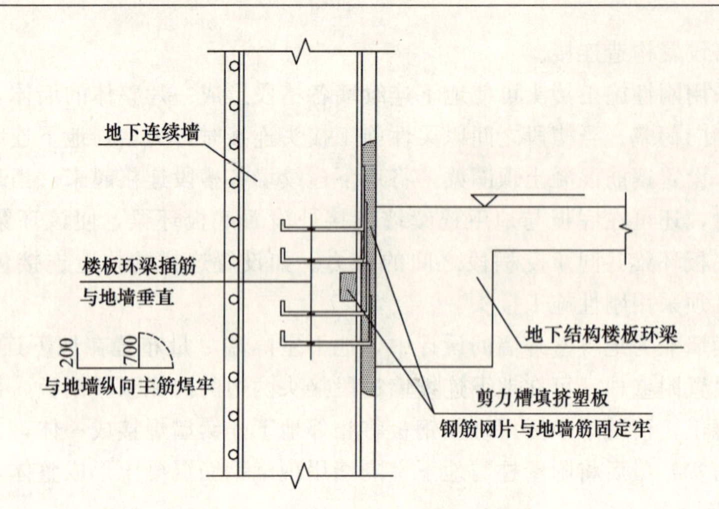

图 3-33　围护墙与楼板环梁防水构造

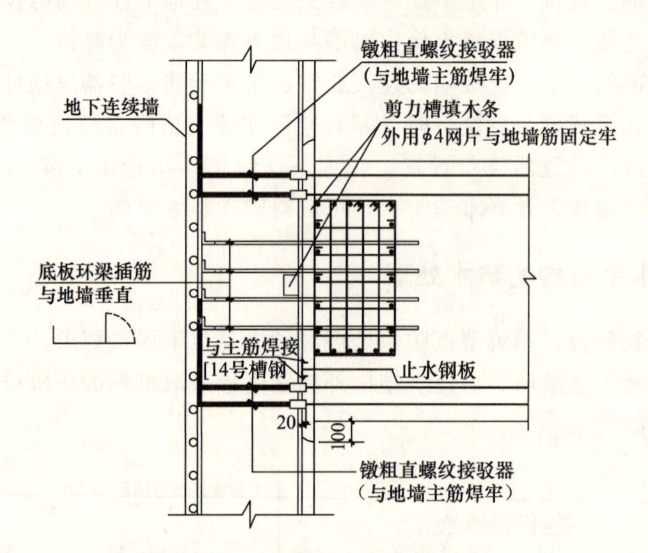

图 3-34　围护墙与基础底板防水构造

（3）地下连续墙分缝部位可设置结构壁柱以防止渗水。

（4）结构水平构件与地下连续墙连接部位应按施工缝施工要求清理表面酥松混凝土，并进行湿润后浇筑混凝土，使混凝土接缝密实。

3.6.3　剪力槽及预埋件的留设

为增强底板（楼板）与地下连续墙连接处抗剪能力，通常采用在连续墙中预埋钢筋接驳头及剪力槽的方法。在地下连续墙钢筋笼加工时，在设计的剪力槽位置预先摆置泡沫板，外用 ϕ4 钢筋网片与地下连续墙钢筋固定，基坑开挖后将泡沫板去除，并进行修凿，形成剪力槽（图 3-35）。

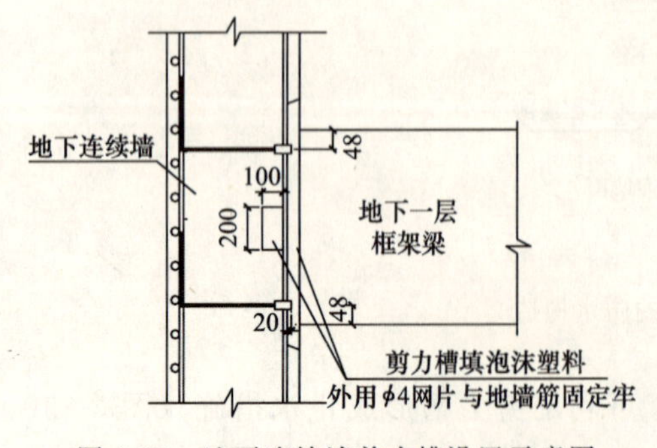

图 3-35　地下连续墙剪力槽设置示意图

在基坑开挖时，当钢支撑直接支撑与地下连续墙时，为便于斜钢支撑的安装，应在地下连续墙内埋设埋件。设埋钢板和焊接在地下连续墙的钢筋上，并可在埋件外侧绑扎一块模板，以方便开挖后埋件的凿露（图 3-36）。

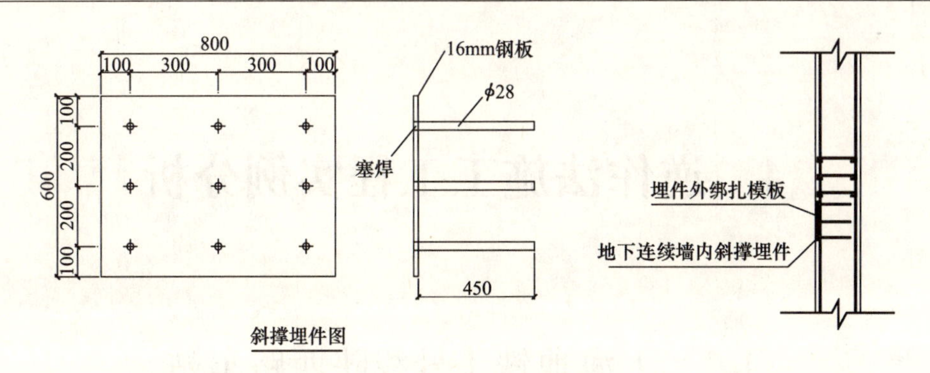

图 3-36　预埋件留设示意图

3.7　施工中对变形和沉降的控制

在顺作法施工中，结构墙体、楼板和立柱，是在钢筋混凝土底板完成后进行施工的，此时，基坑支护结构在开挖中的变形已基本完成。地下结构的施工是在基坑支护结构形成的空间内进行的。可如地面以上结构工程施工那样，经准确测量后，再进行立模板、绑钢筋、浇筑混凝土。而逆作法施工时，墙体、楼板和柱既是基坑开挖阶段的临时支护结构，又是工程使用阶段主体地下结构的一部分，因此，在施工中的变形和沉降必须按永久结构的要求控制，为此必须做到：

1. 加强施工监测要求

按设计要求对每一个工况控制其变形和沉降值，尤其是控制地下连续墙与支承柱的不均匀沉降，防止由于差异沉降过大而产生楼板的拉裂。地下连续墙与支承柱沉降值应满足结构设计要求，如设计无具体规定时，差异沉降应控制在 10～20mm。

2. 精心施工

逆作法施工的作业条件较差，每层施工时间要比顺作法长。逆作法施工的支护结构刚度大，虽对控制变形有利，但在支护结构形成整体刚度之前，其变形较大，桩、柱的变形又和开挖时的土体回弹有关。这些都对施工提出更高要求。施工单位必须做好施工过程的变形反分析，协同设计单位对地下连续墙、立柱、立柱垂直和水平变形，按上一个工况实测结果进行反分析，调整后续工况的计算，根据新的计算结果，采取相应措施。控制结构变形的措施包括加快或放慢下步基坑开挖、采取局部开挖或注浆加固，必要时还需控制上部结构的施工速度等。

逆作法施工时，墙体、梁和楼板等水平结构在开挖基坑后施工，模板支撑在开挖后的土层上。水平结构施工时，新浇混凝土、模板等重力荷载在混凝土达到强度前由坑底地基承受，故应保证坑底地基满足强度和沉降要求，必要时需要进行坑底的地基处理。

3.8　环境保护及监测

基坑工程施工效果的优劣最终表现为对周围环境的影响，尤其是城市中心地区。采用逆作法对控制地面沉降是有利的，因为产生地面沉陷的重要原因是支护结构的变形。逆作法中结构墙、梁、楼板作为支护结构，其水平刚度远大于顺作施工的临时支撑结构。为将进一步提高逆作法的效果，还必须通过设计、施工措施来控制地面变形，这里包括必要的临时支撑、地基加固措施以及其他施工措施等。从设计、施工、监测全面进行控制，才能达到预期的效果。

4 逆作法施工工程实例分析

4.1 上海地铁1号线陕西路车站

4.1.1 工程概况

上海淮海路陕西南路地铁车站，坐落在淮海路上，东起陕西南路西至茂名南路，见图4-1。该车站由标准段、变电所、二个端头井、四个出入口等部分组成。车站包括站台层、站厅层，为地下二层建筑。车站标准段埋深14.24m，端头井埋深为15.60m，长度为218m，宽度呈鱼腹形变化，最宽处19.96m，最窄处17.8m，结构形式为二柱三跨，地下二层框架结构。结构外墙和围护墙“两墙合一”，采用800mm厚地下连续墙，连续墙间的接头采用十字钢板钢性接头。

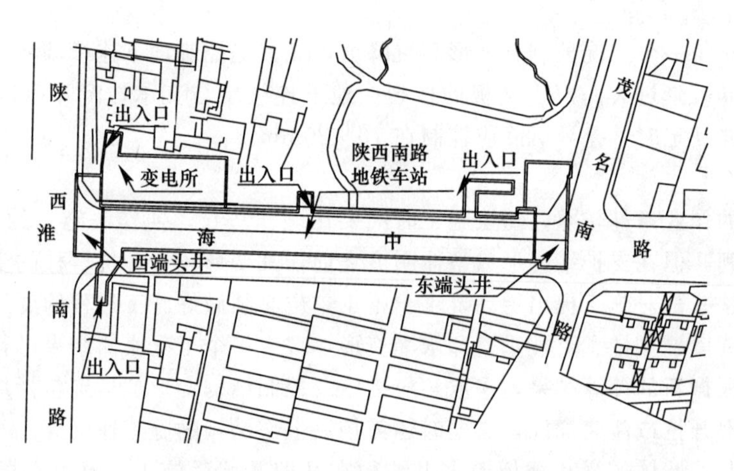

图4-1 上海地铁1号线陕西南路地形图

淮海中路是上海的重要商业街，考虑到地铁车站施工对淮海路商业街的影响，应缩短封锁淮海路交通的时间，为此，本工程决定在地铁车站的标准段施工过程中采用逆作法施工工艺。地铁车站首次采用逆作法施工工艺，采用逆作法需解决以下关键问题：挖土和内支撑的施工、结构顶板和中板的竖向承重、顶板和中板的模板体系、地下连续墙的沉降控制等。

4.1.2 结构顶板和中板的竖向承重

采用逆作法施工，必须在结构完成以前解决顶板和中板的临时竖向承重问题，在陕西南路地铁车站工程中初拟方案为利用ϕ900的钢管工程桩，采用“一桩一柱”布置形式。桩柱结合解决临时竖向承重问题的方法比较简单经济，但考虑到打桩的精度难以满足车站结构柱的要求，所以采用在打入钢管桩内插入一段H型钢作为逆作法施工阶段的临时支承柱，H型钢同钢管桩连接，组成顶板和中板临时竖向承重体系，待结构柱施工时，型钢柱外再包裹混凝土作为车站结构柱，通过这种外包混凝土的形式调整打桩施工的偏差。

4.1.2.1 桩柱结合形式

车站主体的结构横断面为二柱三跨形式。中间为二柱，两边为地下连续墙直接承重。采用一柱一桩的形式，工程桩采用ϕ900钢管桩，总长57m，共分成4节，H型钢柱选用400mm×400mm×347mm型钢。H型钢柱和钢管桩的连接，采用在钢管桩中间节内按钢柱的埋置标高设置中间传力钢隔板，隔板下部设置十字加劲钢板，作为H型钢柱与钢管桩之间的传力构件。为了使柱下集中荷载均布于中间的钢隔板上，在柱脚处浇筑强度等级为C40、高度为4.5m的混凝土，将H型钢柱埋于其中，作为柱下固定支座，见图4-2。

4.1.2.2 施工原理

为了精确地将H型钢柱定位在结构柱的位置上，本工程利用线坠原理设计了专用的就位装置。先在钢柱下端焊接就位锥尖，在钢管桩的中间传力隔板上焊接定位杯座（图4-3、图4-4），然后吊起焊好就位锥尖的H型钢柱插入钢管内的定位杯座中，此就位装置可保证H型钢柱的精度，满足结构柱定位及垂直度的要求。

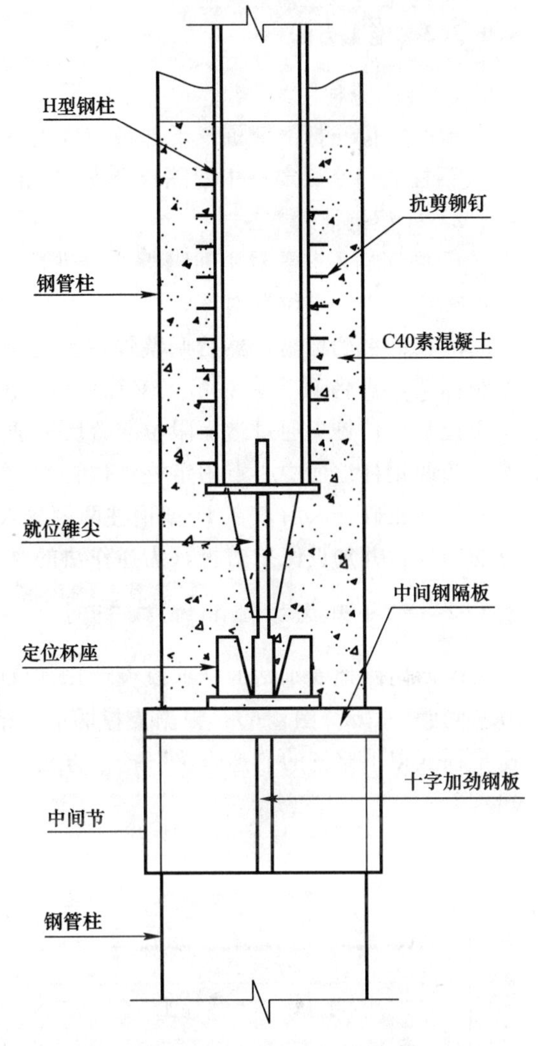

图4-2 H型钢柱柱脚示意图

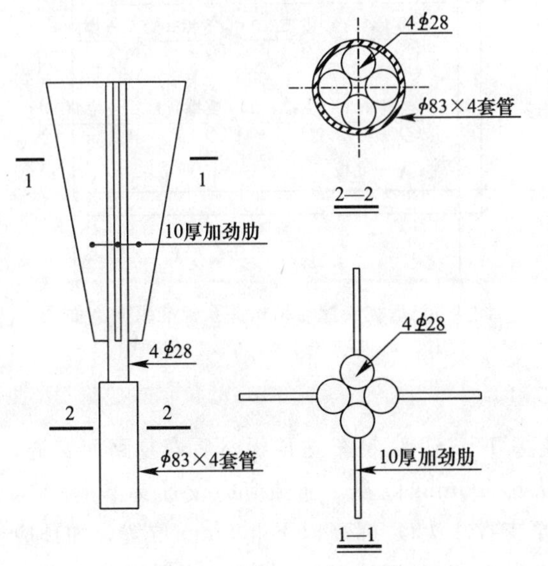

图4-3 就位锥尖示意图

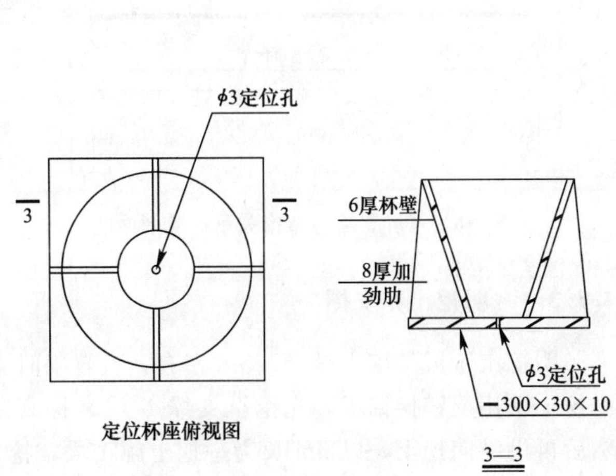

图4-4 杯座示意图

4.1.2.3 施工方法

1. 施工流程

地面定位→打钢管桩→下部桩内取土→安装带中间隔板的特制桩节→送桩至设计标高→桩内H型钢柱底标高测定→中间隔板上安装定位杯座→H型钢柱吊装→浇筑混凝土

2. H型钢插入方法

H型钢插入前需对中间隔板部位进行清理，然后将地面上的中心点引至中间隔板上，再将定位杯座的中心定位孔对准定位中心点，将杯座可靠地焊接于隔板上。杯座安放完成以后，测出中间隔板的精确标高，然后调整焊在H型钢柱上的定位锥尖的高度，并在H型钢柱上做好标高控制标记，再将H型钢柱吊入钢管桩内。吊入时在桩顶部设置限位装置，以控制钢柱下落时的中心位置，使锥尖通过地面限位装置缓慢插入定位杯座内。钢柱吊装就位后，需检查安装标高，然后按照钢柱地面中心点固定柱顶位置。

钢柱正确插入后，在H型钢柱两侧放入浇筑导管，浇筑C40混凝土，最后割除高于地面部分的钢柱，并加设保护盖板，为逆作法的楼板结构施工做好准备。

4.1.3 挖土和内支撑的施工问题

陕西南路地铁车站的标准段设计在基坑竖向设置4道支撑，如图4-5所示。支撑在基坑长度方向间距为3m（图4-6），根据支撑的形式结合交通恢复的时间要求，本工程确定了顶板以上明挖，顶板以下暗挖的“逆作法”挖土方式。

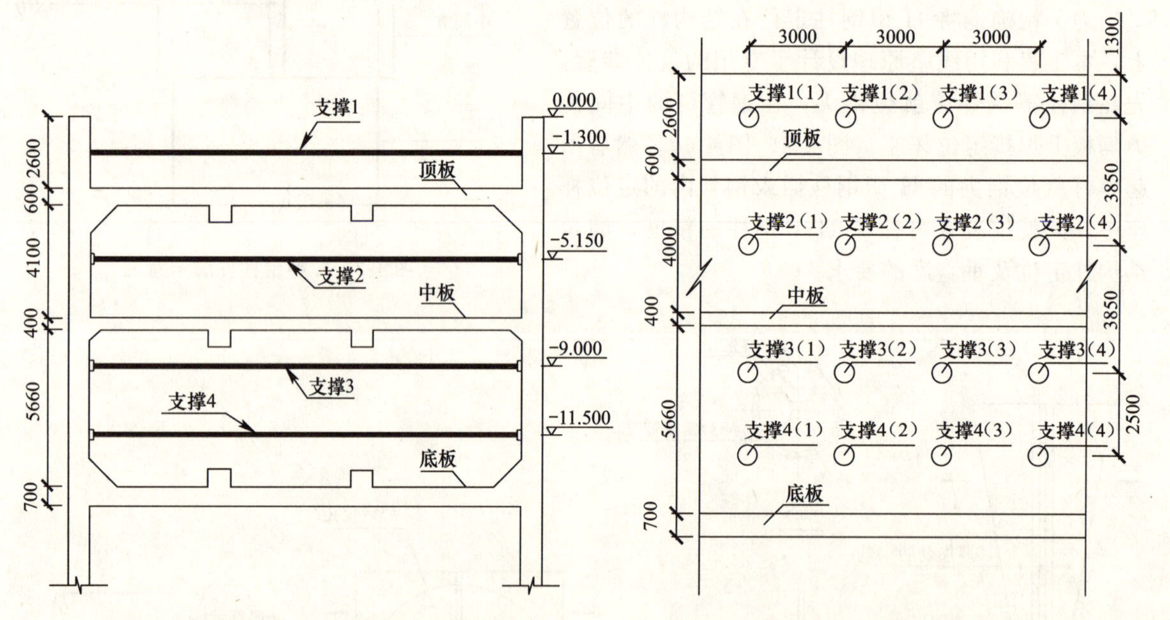

图4-5 基坑支撑与结构关系标准剖面图

图4-6 基坑支撑与结构关系标准纵向剖面图

4.1.3.1 明挖土和支撑

明挖土阶段是挖土至−5.3m左右，设置临时支撑1、2并浇筑车站顶板然后恢复路面交通。明挖土采用反铲挖掘机，先挖至支撑1（1）标高以下500mm位置，加预应力设置支撑1（1），然后再沿纵向挖土，以3m长为一挖土施工段，挖至支撑1（2）标高以下500mm位置，加预应力设置支撑1（2），随后就挖土至支撑2（1），设置支撑2（1）。以后退3m挖出并设置支撑1（3），再挖出并设置支撑2（2）。再退3m挖出并设置支撑1（4），挖出并设置支撑2（3）。以此类推，二道支撑设置完成以后，即可以按 16m 为一结构顶板施工段，进行结构顶板施工，顶板强度达到后，再覆土做路面等，恢复淮海路交通。顶板结构完成后工况如图 4-7 所示。

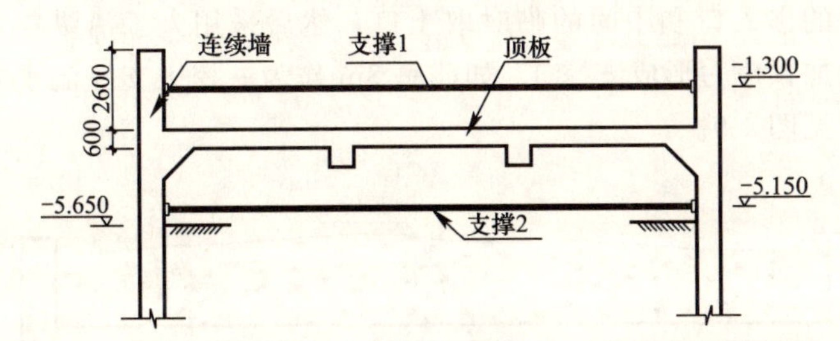

施工流程：挖土→支撑1→挖土→支撑2→顶板混凝土→拆撑→回填土→做路面

图 4-7 顶板结构完成后工况图

4.1.3.2 原设计工况暗挖土支撑施工方法

本工程原设计暗挖土支撑的施工方法如下：暗挖土施工是指顶板封盖以后，在顶板以下进行第一次暗挖土，并设置支撑 3，浇捣中板，再在中板以下进行第二次暗挖土，并再设置支撑 4，浇捣底板。这一施工方法及支撑工况是基于顺作法的施工方法进行的。

4.1.3.3 支撑方案改进的设想

由于原设计的支撑工况是基于顺作法的施工方法进行的。采用逆作法后暗挖土时结构顶板已先行施工完成，顶板上近 3m 厚的覆土荷载和路面活载已开始产生作用，这是不同于顺作法的特殊工况。通过对结构再分析可以知道地下连续墙的弯矩和变形都会随着这些条件的加入而减少。由于支撑方案的改变必然引起围护结构地下连续墙的内力重新分布，根据新的工况将顶板上部覆土荷载对地下连续墙形成的负弯矩和地下连续墙外侧土压力对墙体产生的正弯矩进行叠加计算后发现，其计算最大正弯矩值比原设计的最大正弯矩值下降约 15%左右，最大负弯矩值增加约 7%。鉴于以上原因，施工中改进了支撑施工方式，其主要改进是在顶板以下暗挖土时，将支撑 2 下落形成支撑 3，然后浇捣中板混凝土。在中板以下挖土时，将支撑 3 下落形成支撑 4，然后浇捣底板混凝土，最后拆除支撑 4。这样就避免了原支撑方案中支撑 3、4 需从坑外运进后再拼装设置的工作过程，大大缩短了支撑安装的时间。

4.1.3.4 改变工况后的暗挖土和支撑施工

1. 暗挖区平面施工段划分

本地铁车站暗挖区挖土施工中共划分为五个施工段，每个施工段的挖土及浇捣混凝土相对独立。先进行一、三、五施工段挖土及浇捣混凝土，完成后再进行二、四施工段挖土及浇捣混凝土。各施工段挖土起始点分别为⑧、⑱、㉗轴线，终止点分别为出入口一、出入口二、出入口三，在每一段暗挖区挖土开始前，应预先沿纵向中心线开通一条中间槽，见图 4-8。

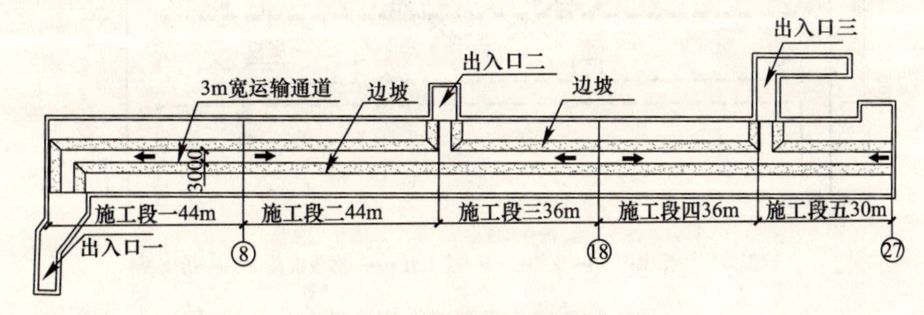

图 4-8 暗挖区施工段划分

2. 顶板下第一次暗挖土

顶板以下第一次暗挖土开始前先在顶板以下按施工段沿车站纵向中心线挖一约 3m 宽的土方运输道通至车站两边的出入口和中间的临时取土口，然后采用人工沿纵向每挖土 3m 间距的土方，将支撑 2 降落施加预应力形成支撑 3。如此每 3m 作为一挖土支撑流水施工段。随后按施工段支模浇捣中楼板，见图 4-9。

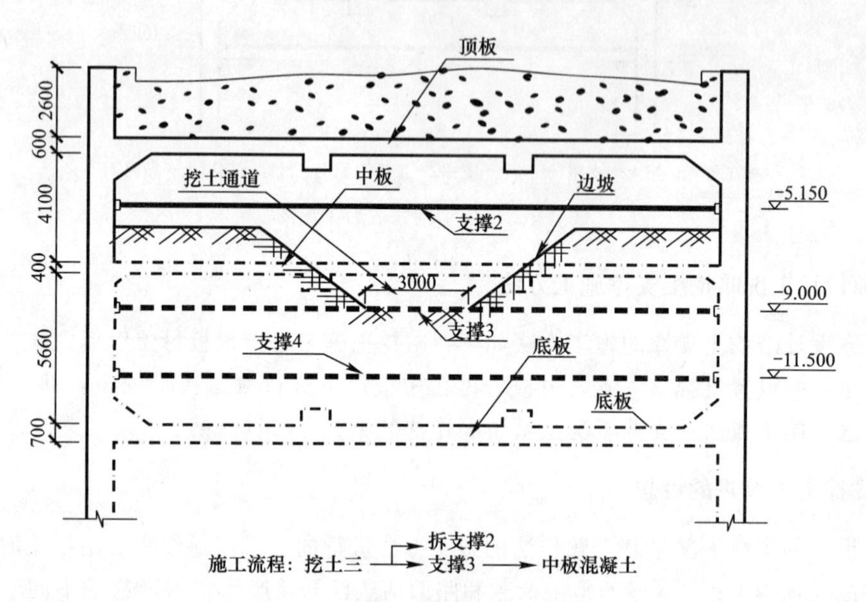

图 4-9 顶板下第一次暗挖流程图

3. 中板下第二次暗挖土

中板以下第二次暗挖开始时同第一次暗挖一样，先在中板下至“支撑 4”标高间，挖出运输通道。然后每挖去 3m 土方将支撑 3 降落形成支撑 4。在支撑 4 完成一施工段后，挖除支撑 4 至底板部分的土方然后分段浇捣底板混凝土（图 4-10）。

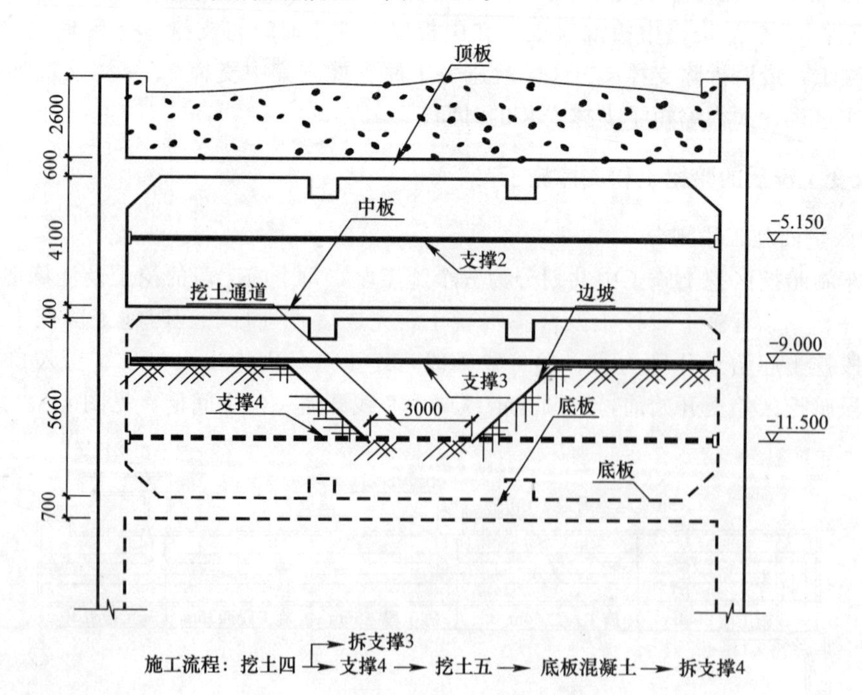

图 4-10 中板下第二次暗挖流程图

暗挖区挖土时土方的运输主要是采用人力翻斗车通过先行挖出的3m宽的运输通道将土方运至各个出入口，再通过地面的抓斗式挖土机装车运走。

4.1.3.5 实测情况

该基坑工程在采用逆作法情况下的支撑方式，同顺作法支撑方式相比，更有效地控制了支护墙体的变位和墙后土体的位移，其实测最大位移仅51.81mm，而本车站变电所采用顺作法施工，开挖深度相同并且采用5道支撑，最大位移值为79.37mm，见图4-11。

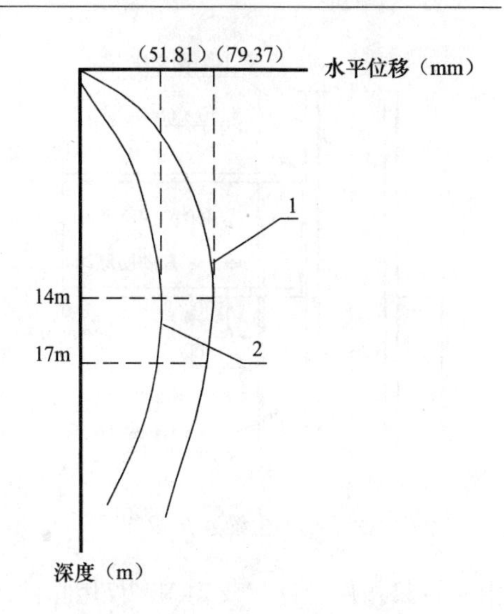

图4-11 顺、逆作支护墙变形实测对比图
1—顺作区支护墙变形曲线；2—逆作区支护墙变形曲线

4.1.4 顶板和中板的模板体系

4.1.4.1 模板体系

由于本工程工期要求很高，在采用逆作法工艺施工过程中，模板体系不宜支撑在下面未开挖的土体上，以便在顶板或中板混凝土浇捣完成以后，可立即转入下层挖土，缩短等待养护和拆模的绝对工期。根据工期、材料及安全等因素的综合考虑，本工程决定利用H型钢结合钢管桩身作为承重体系，用ϕ48钢管制成轻型桁架，作为模板的支撑体系，模板采用普通定型钢模。桁架支撑体系的材料来源可靠，制作、安装、拆除方便，又为下层挖土等带来便利。模板体系示意如图4-12所示。

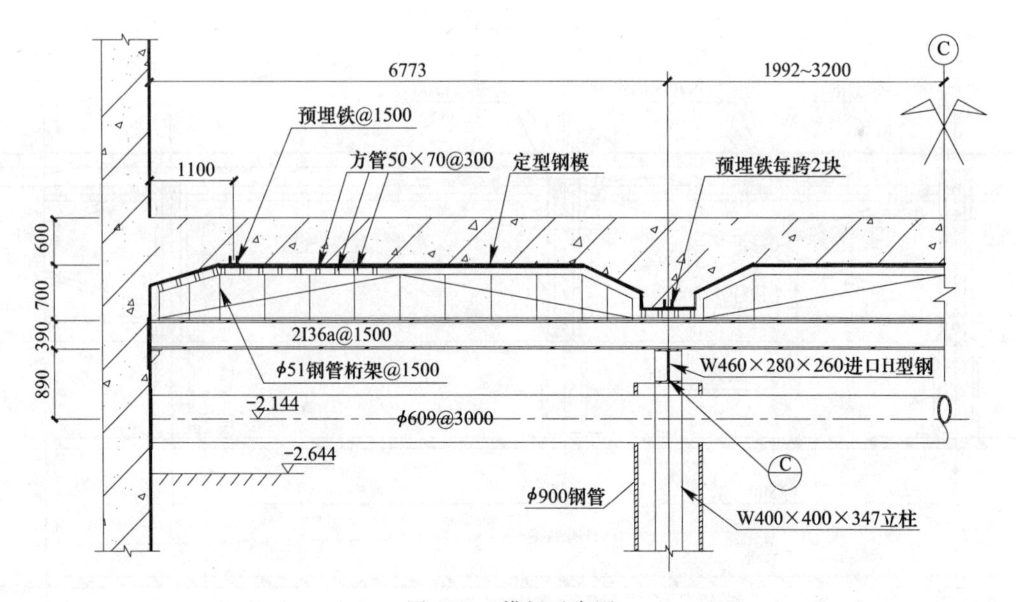

图4-12 模板示意图

承重体系中主梁采用W460×280×260型钢，搁置在H型钢柱外的钢管桩上，次梁采用2I36a搁置在主梁和地下连续墙上。主梁连接及节点如图4-13、图4-14所示。

在每一次梁（2I36a）上设置一榀轻型桁架，形成模板的支撑体系。轻型桁架采用ϕ48钢管，用扣件等连接，散装散拆，其形状尺寸可以任意组合，适合在逆作法施工中地下空间小的场地内作业。经计算，桁架在施工阶段承受的线荷载为2.7t/m，立杆间距0.6m，每根立杆轴力16.2kN，

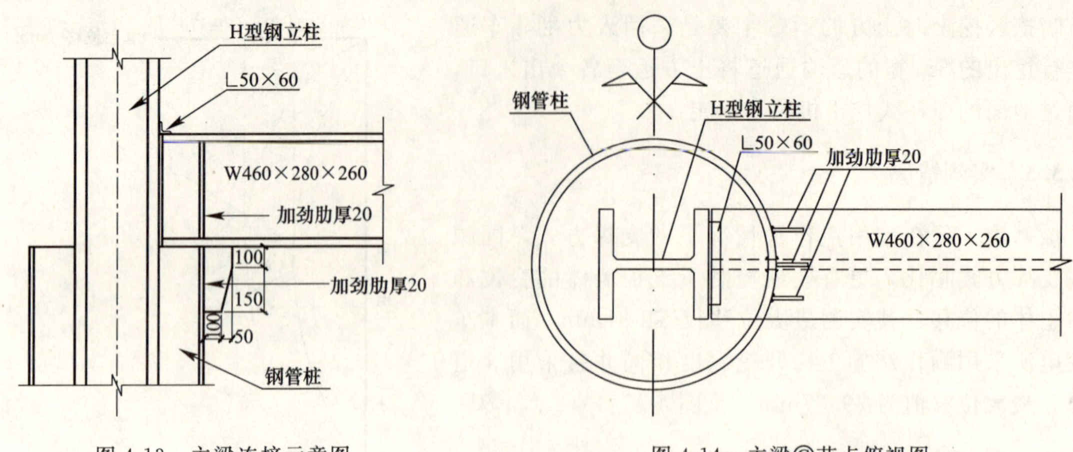

图 4-13 主梁连接示意图

图 4-14 主梁©节点俯视图

由于每只扣件允许荷载 8kN，仅用扣件传力显然是不够的。因此在立杆上再焊上一小段钢管，上弦杆搁在短管上，通过焊缝传递荷载。搁栅采用 50mm×70mm、壁厚 3mm 方形钢管，间距为 0.9m。为了保证模板体系的稳定，设置了系杆和剪刀撑，系杆连续设置剪刀撑隔跨布置。如图 4-15、图 4-16 所示。

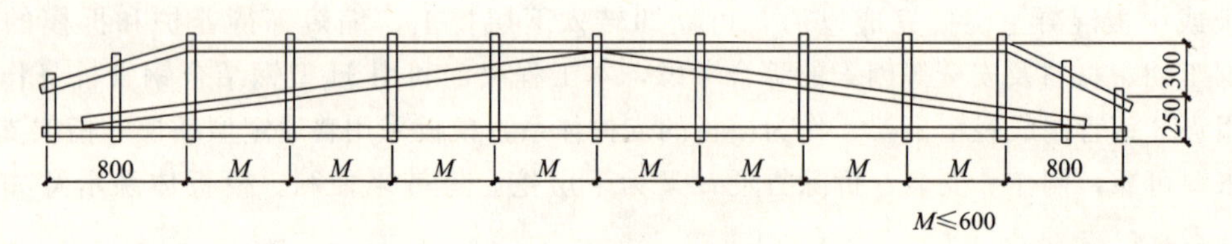

图 4-15 桁架示意图

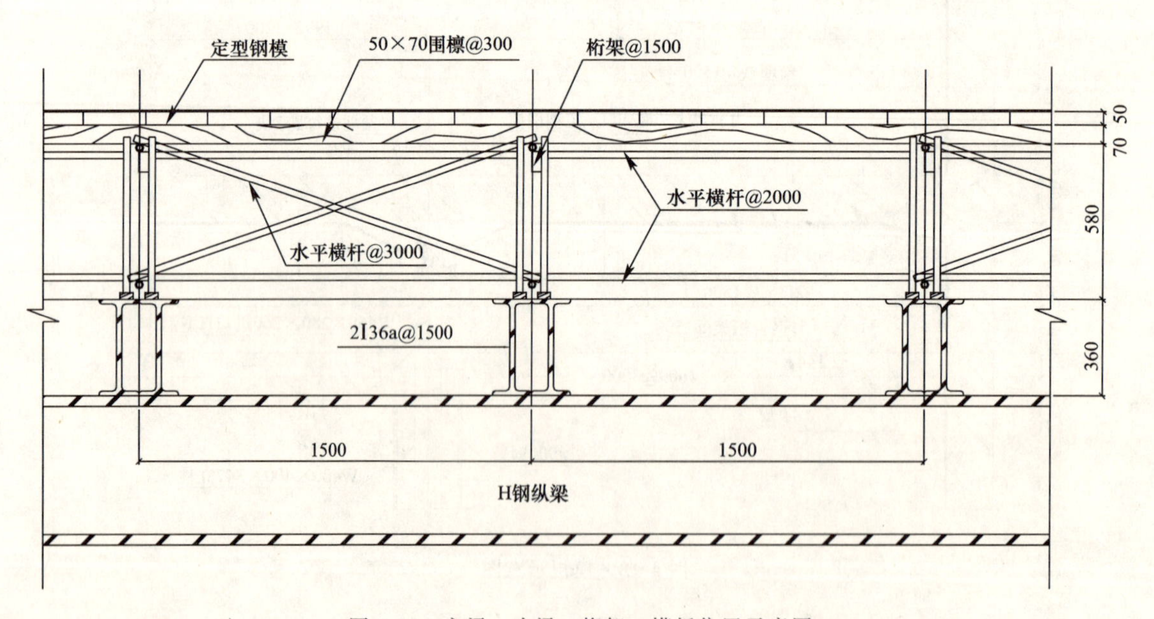

图 4-16 主梁、次梁、桁架、模板位置示意图

4.1.4.2 其他注意事项

考虑到桩柱的沉降因素，在设计时对于 H 型钢柱上预留螺栓孔与钢筋孔应留有一定的调节范围，以便逆作法的梁柱节点连接时进行位置和标高的调整。

由于柱是插入预先打入的钢管桩内，且柱脚两侧焊有长度为100mm的抗剪铆钉，因此必须提高打入钢管桩的精度，否则H型钢柱会因此碰到钢管桩内壁造成就位困难。

4.1.5 地下连续墙墙底注浆

4.1.5.1 地下连续墙墙底注浆的目的

墙底注浆主要的目的是控制地下连续墙的竖向位移，减少逆作法施工时临时承重桩柱和地下连续墙间的不均匀沉降。由于地下连续墙成槽完毕以后，在槽底部会有一定量的沉渣，虽然经过清孔浇捣等工序能减少一些沉渣，但由于槽底部有高低等原因，沉渣难以完全清除。混凝土浇捣完成以后地下连续墙底同地基土之间必定会有一定量的扰动土或泥浆等高压缩的物质（称为沉渣层），墙底注浆就是通过对这些高压缩性的物质注入水泥浆，提高其强度，增强抗压缩能力，起到减少竖向沉降的目的。

4.1.5.2 施工方法

考虑到浆液在沉渣层内的扩散非常容易，为了便于施工，在每幅地下连续墙内放置注浆管。注浆管的安装是在一幅已绑扎成型的地下墙钢筋笼内预埋2根1寸注浆管，2根注浆管分别焊在桁架上，浆管相接处用丝扣连接，注浆管上部比钢筋笼顶部放长500mm，注浆管下部比钢筋笼底部缩短100mm。注浆管下端预先绞好丝牙，待钢筋笼起吊后，再根据实测深度接上最后一节管子，同钢筋笼一起吊入槽内，并使注浆管插入持力层200mm。

4.1.5.3 实施效果

通过地下连续墙竖向位移的监测资料可以看出地下连续墙墙底注浆起到了预期的效果。在1991年12月底开始施工地下连续墙，至1992年9月初顶板未浇捣以前地下连续墙的最大沉降值为5.1mm，至1992年12月顶板浇捣完毕并覆土路面完成后最大沉降值为9.3mm，在路面通车以后根据1993年的监测资料反映最大沉降值仅为14.9mm，数据基本趋于稳定，根据以上测量结果可知墙底注浆对于减少地下连续墙沉降起到了显著的作用。

4.1.6 社会经济效益

陕西南路地铁车站为上海市首个采用逆作法施工技术的地铁车站工程，解决了逆作法施工工艺的几个关键问题，实现了市政府对于本地铁车站的工期要求。在实践中优化了逆作法的设计受力分析方法，减少了临时钢支撑数量，大大缩短了淮海路的交通封闭时间和路面恢复时间，减少了围护墙变形对于周边环境的影响，取得了良好的社会和经济效益，本工程为以后逆作法施工技术在地下车站工程中运用的奠定了基础。

4.2 上海恒积大厦工程

4.2.1 工程概况

4.2.1.1 结构概况

上海恒积大厦于1994～1996年建设，工程地处上海淮海东路、西藏南路的东南角。建设基地北面为淮海东路，西面为西藏南路，南面为桃源路，东面为桃源新村，如图4-17所示。

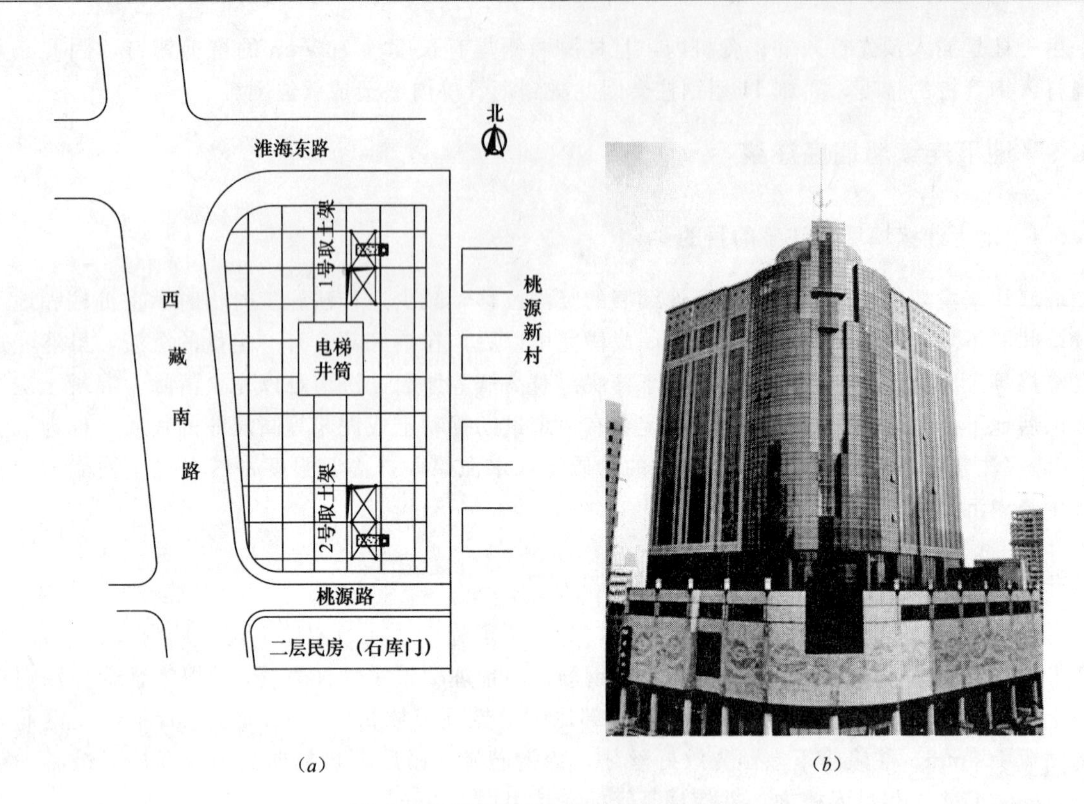

图 4-17 上海恒积大厦平面图及实景图

(a) 工程平面图；(b) 实景图

本工程地下 4 层、地上 22 层，其中裙房 5 层，总建筑面积约 70000m²。大楼的主要功能为商业和办公，柱网轴线尺寸为 8.4m×8.4m，结构形式为典型的框架核心筒结构，基坑面积约 4000m²，地下 4 层，开挖挖深约 17m。工程地质条件为上海地区典型的软土地基，自地面以下约 30m 为软黏土、砂土，含水量较丰富，地下承压水在层面位于 30m 的第⑦层砂土中。

本工程的基坑围护墙为 800mm 厚地下连续墙，地下连续墙长度为 35m，工程桩为 ϕ800 钻孔灌注桩，灌注桩的桩尖持力层为第⑨层土，桩尖深度为 84m，有效桩长为 67m。

根据业主要求，本工程必须在 16 个月内裙房交付装修，在 24 个月内全部竣工。因此要求施工单位采取必要的措施加快施工进度。

4.2.1.2 工程环境

本工程地处闹市中心，周边环境复杂，西侧的西藏南路与北面的淮海东路交通繁忙，地下各类管线较为密集。其中北侧的自来水管距基坑边为 5～8m；东面的桃源新村为 20 世纪 50 年代所建 5 层混合结构，无桩基，其距基坑边约为 8m；南面的桃源路路幅较窄，桃源路南侧的民房为 20 世纪 30 年代所建的二层石库门砖木结构，房屋相当陈旧，其与基坑隔街相距 10m 左右。

4.2.2 工程难点

本工程开工前，施工方与业主磋商，为满足工期要求，拟采用逆作法施工。当时在逆作法施工方面的成功工程实例较少，可借鉴经验不多，施工中需要解决的问题及技术难点主要有以下几方面：

(1) 对周边环境的保护；

(2) 逆作法一柱一桩的形式确定，以及一柱一桩在施工期间的各工况的承载力计算，相邻柱之间差异沉降的控制；

(3) 逆作法的挖土施工方法及如何提高挖土效率；

(4) 逆作法的地下室柱梁板节点设计及施工方法；

(5) 地下室梁板、柱的支模与浇混凝土方式。

4.2.3 本工程逆作法施工

根据本工程的结构平面布置，其电梯井筒在建筑物的中心，这种结构平面布置也是一般商办楼结构平面布置较为典型的方式，即外框内筒的结构受力形式。电梯内筒为剪力墙结构，若剪力墙采用逆作法，必须在其筒体剪力墙布置相当的工程桩，并且在逆作法施工过程中要进行墙体置换法施工。这种方法施工速度受到一定的制约，且技术措施费用较贵。因此，针对该工程的结构特点，在逆作法设计与施工中采取了相关的技术措施。

4.2.3.1 逆作法总体施工技术路线

除电梯井筒剪力墙外，其余框架部分地上、地下结构同步逆作施工。在地下室基础底板封底时，上部结构施工计划施工至5层裙房。

其逆作法工况如图4-18所示。

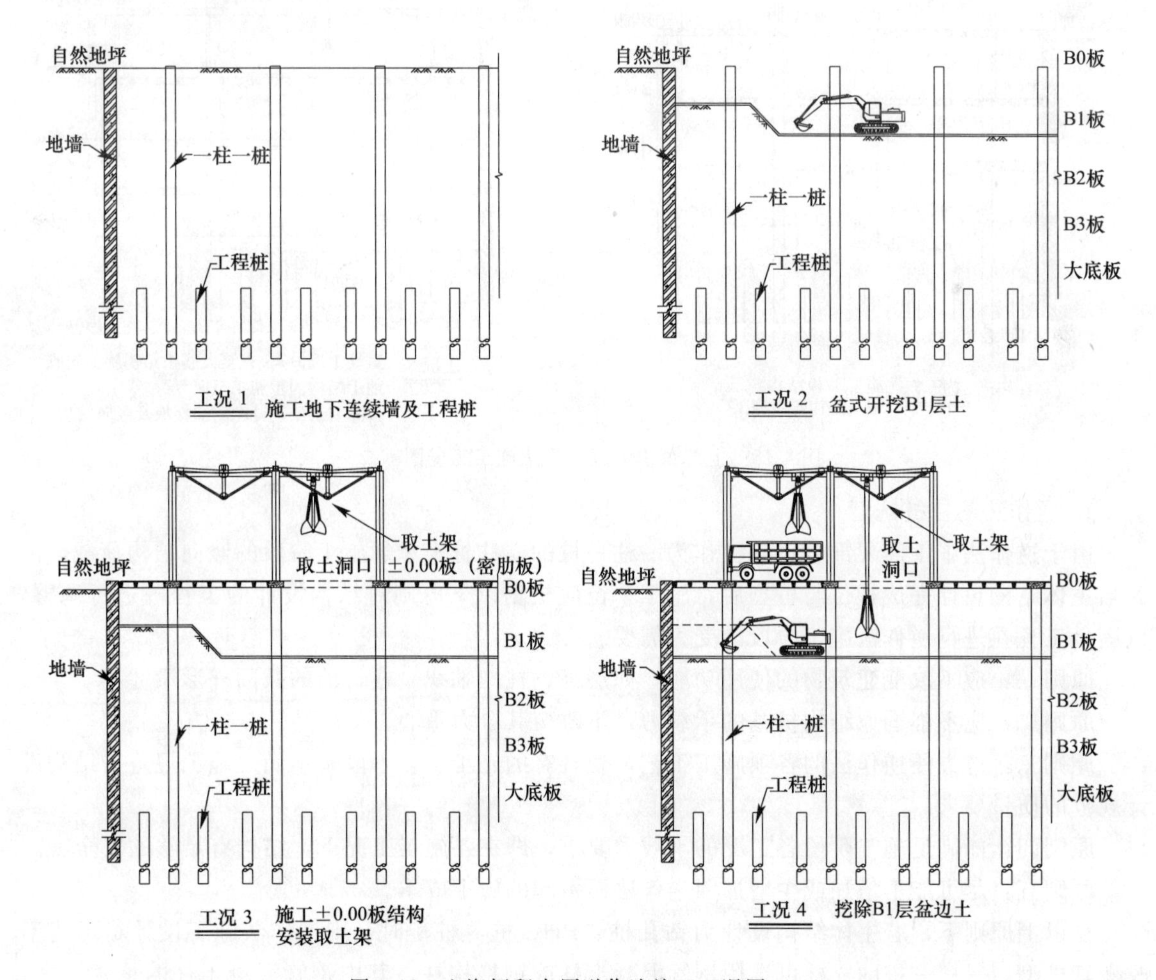

图4-18 上海恒积大厦逆作法施工工况图（一）

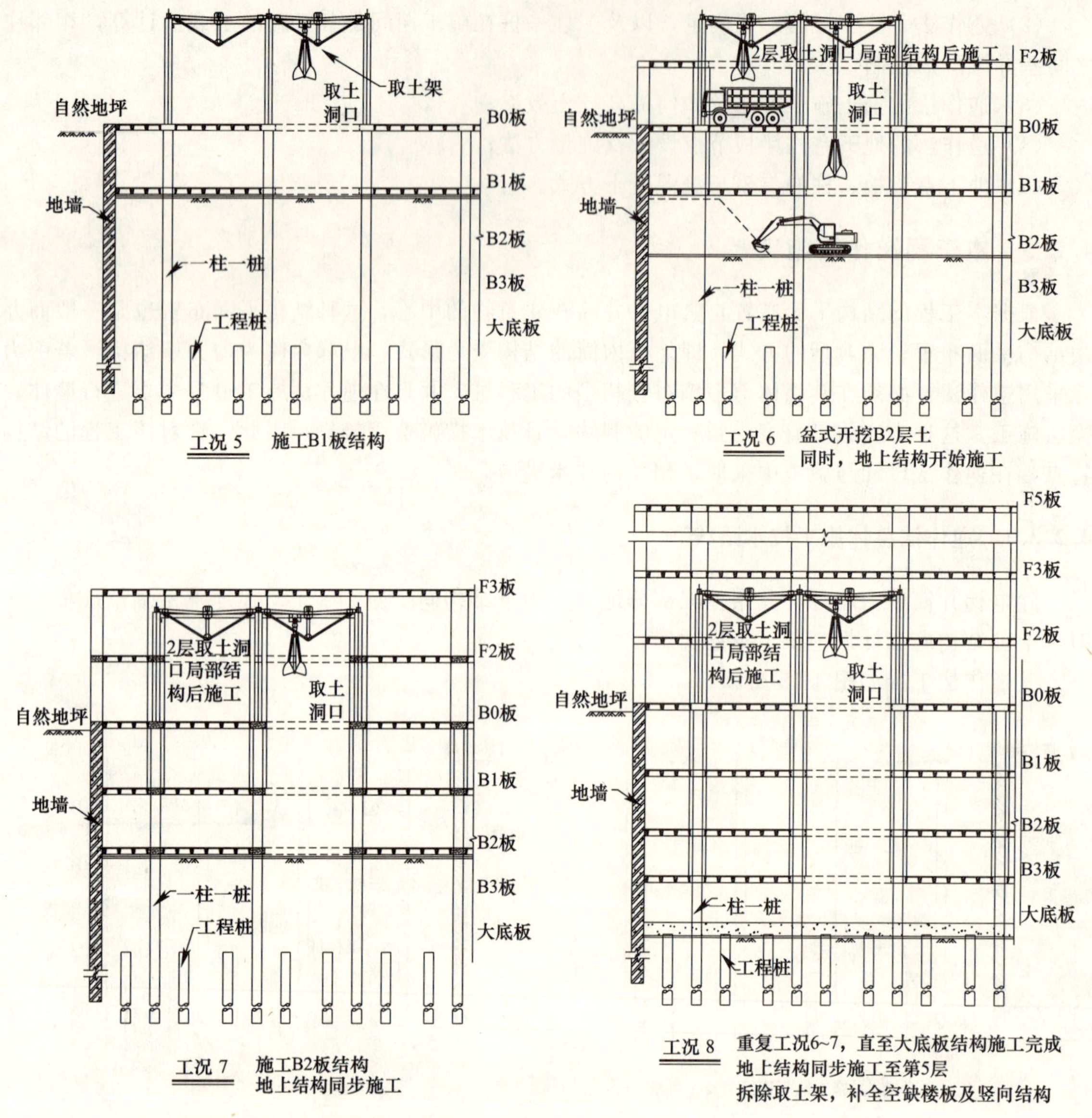

图 4-18　上海恒积大厦逆作法施工工况图（二）

1. 逆作法的柱桩选型

由于逆作法施工需要部分工程桩作为一柱一桩的立柱桩来承载施工阶段的竖向结构荷载，因此当主体结构设计完成桩位与桩型后，施工单位应根据以下原则对结构设计的工程桩进行调整，以满足工程在进行逆作法施工阶段的受力需要。

原则一：应不改变建筑物的使用功能，如层高、柱网轴线、柱、墙的截面外形尺寸等。

原则二：应不削弱原结构桩基的承载力，不改变其合力重心。

原则三：应方便逆作法的各项施工工艺，使现有的施工工艺手段基本满足施工规范与结构设计规范的质量要求。

原则四：能满足施工阶段各工况的承载力要求，即在各施工工况下，结构有足够的安全度。

原则五：尽可能不增加或少增加因逆作法而引起的施工成本。

在以上原则下，若主体结构设计为钻孔桩、PHC 桩等桩型时，则逆作法施工设计尽可能不改变其桩型，一柱一桩的立柱可选用钢管混凝土柱或钢格构柱。其中钢管混凝土柱的承载力大，而钢格构柱的柱梁节点较容易处理（钢格构柱在遇到有主梁处时其主筋较容易穿过格构柱），因此能较好地满足结构设计要求。

钢立柱的选用均应进行施工验算，满足逆作法施工各工况的承载力。具体选用哪类柱型可根据工程情况而定。

2. 逆作法一柱一桩的平面布置

在软土地区，对主体结构的框架柱基础设计一般布置为多桩承台，而逆作法施工设计一般只利用一根桩，因此在施工设计时可按如下原则进行调整：

原则一：逆作法施工设计不改变原结构设计的工程桩合力大小。

原则二：逆作法施工设计不改变原结构设计的工程桩合力重心的平面位置。

依上述原则，若原设计承台为多桩承台，则可以按下列方式调整多桩承台的平面布置。

若为二桩承台，则可将原设计的桩形作适当调整，加大桩径或桩长，改为单桩承载形式；或减小桩径或桩长，形成如图 4-19 所示的三桩承台。

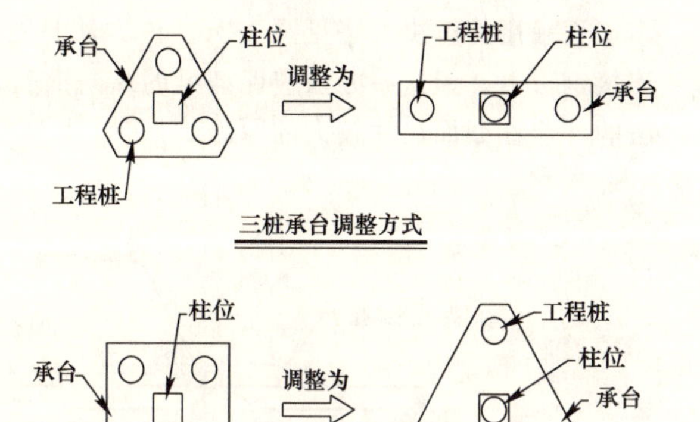

图 4-19 多桩承台调整示意图

4.2.3.2 一柱一桩的选型

一柱一桩可采用 ϕ800 钻孔灌注桩，其上端不采用格构柱，直接由 ϕ800 桩施工至±0.000 标高（图 4-20），用工程桩兼作为支撑力柱，此种方式费用较省，但为保证梁柱节点处梁的钢筋布置，其外包柱的截面尺寸较大，往往要达到 1400mm×1400mm。

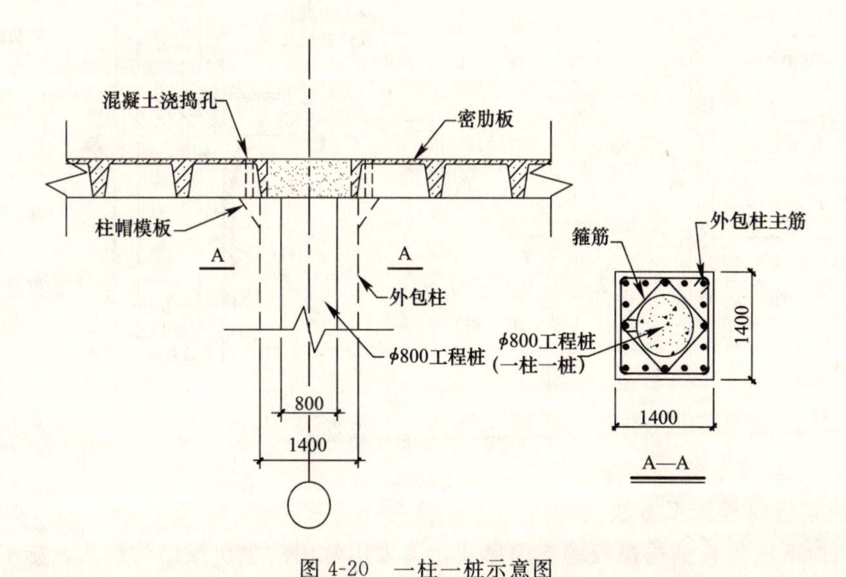

图 4-20 一柱一桩示意图

本工程 ϕ800 一柱一桩的持力层设在第⑨层土，根据静载试桩，其承载力可达到 12000kN，沉降值仅为 24mm，而实际施工时只需满足单桩荷载为 7200kN 的承载要求（地下 4 层、地上 5 层），故单桩承载力满足施工阶段的要求，因此最终设计采用了这一方法。工程实施中根据施工监测结果，相邻两桩（柱）的沉降差不大于 6mm，远小于设计要求的 20mm。

4.2.3.3　柱梁节点的设计与施工

1. 柱梁节点

地下室临时立柱由于直接采用 ϕ800 灌注桩，因此，梁的主筋在节点处贯通带来一定困难。本工程采用的解决方法见图 4-21。该方法是在箍筋上加焊连接钢板，并将梁的纵向钢筋焊接在连接钢板上。但这一方法应保证梁的纵向钢筋有一定数量在柱的节点处贯通，这也是采用这种方法的外包柱截面尺寸较大的原因。

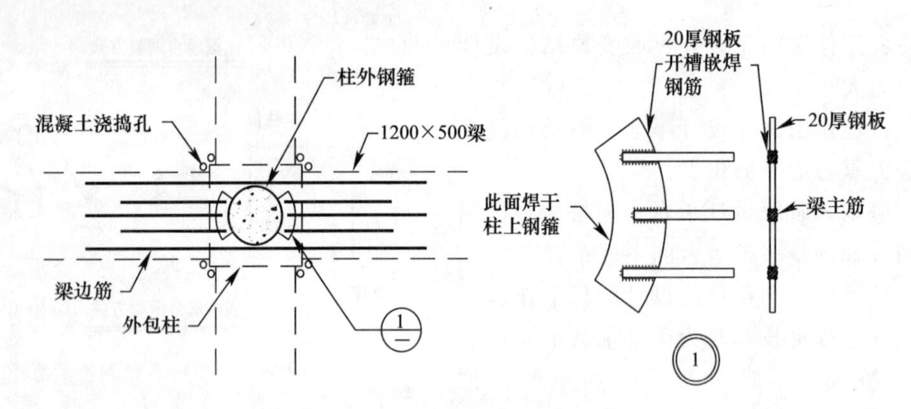

图 4-21　用灌注桩作临时立柱的梁柱节点示意图

2. 外包柱的支模及浇混凝土

外包柱的混凝土浇筑可在楼板上留设 ϕ100 浇捣孔进行施工。柱子顶部的模板设置为倒八字形形成柱帽，在模板四周设置若干振捣器，利用柱帽位置的空间由浇捣孔浇灌外包柱（图 4-22）。

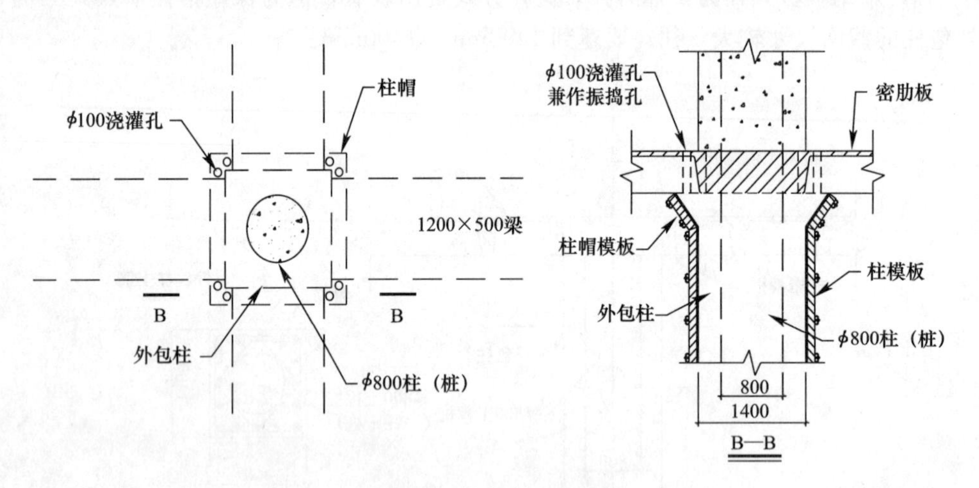

图 4-22　柱顶预留浇捣孔

3. 逆作法梁板模板施工方法

逆作法的地下室梁板结构模板的支模形式，若采用常用的主次梁结构形式，施工模板比较复杂。因此，本工程施工单位提议，采用了密肋板的形式。其密肋板的受力性能与经济性比主次梁板形式更好，而且密肋板的高度较小，本工程设计为 500mm，而梁板结构一般梁的高度要达 700～800mm，因此采用密肋板结构的地下室楼层净空高度可增加 200～300mm。这给地下室的电缆桥架、消防管道等布置提供了方便。另外，密肋板的支模材料为塑料壳而非木材，因此以环保角度来看，更加绿色环保。本工程密肋板支模方法见图 4-23。

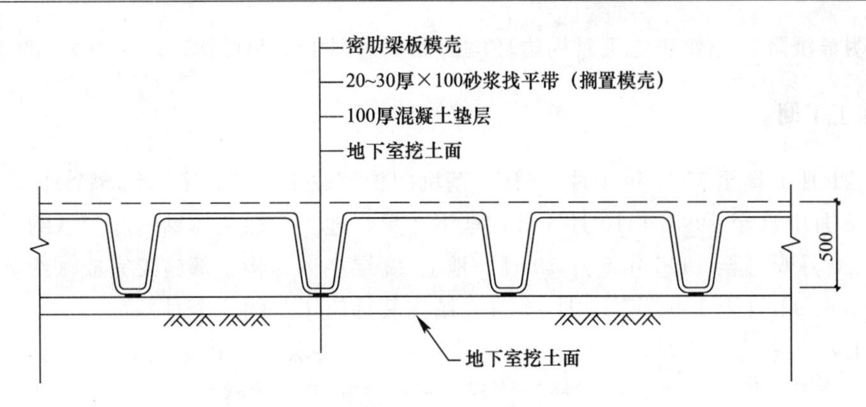

图 4-23 逆作法密肋梁板支模方法

从以上看，在逆作法施工中，密肋楼板比一般主次梁板施工更加方便，而且地下室挖土因支撑而超挖的深度更小，因此对基坑围护墙的变形控制效果更好。

4. 逆作法的挖土方法

基坑的挖土方法是逆作法施工工艺的关键技术之一，尤其是上、下结构同步施工时，由于上部结构的柱网轴线一般为 8～10m，层高在 5～6m，因此若采用传统的液压挖土机或钢索抓斗挖土机在±0.000 板上垂直取土的方法，因其把杆高度及把杆的回转半径远超过柱网轴线，该方法会影响逆作法的上部结构施工。为此恒积大厦的逆作法挖土方法首次研制专用提升土方的机械——专用取土架（图 4-24）。专用取土架设置在取土口上方，其高度满足土方运输车辆和土斗作业高度，取土架上方架设行车轨道，钢索抓斗通过滑车组可在行车轨道开行。抓斗的上、下运动和挖土、卸土作业通过钢索控制，而水平向则可沿行车轨道开行。

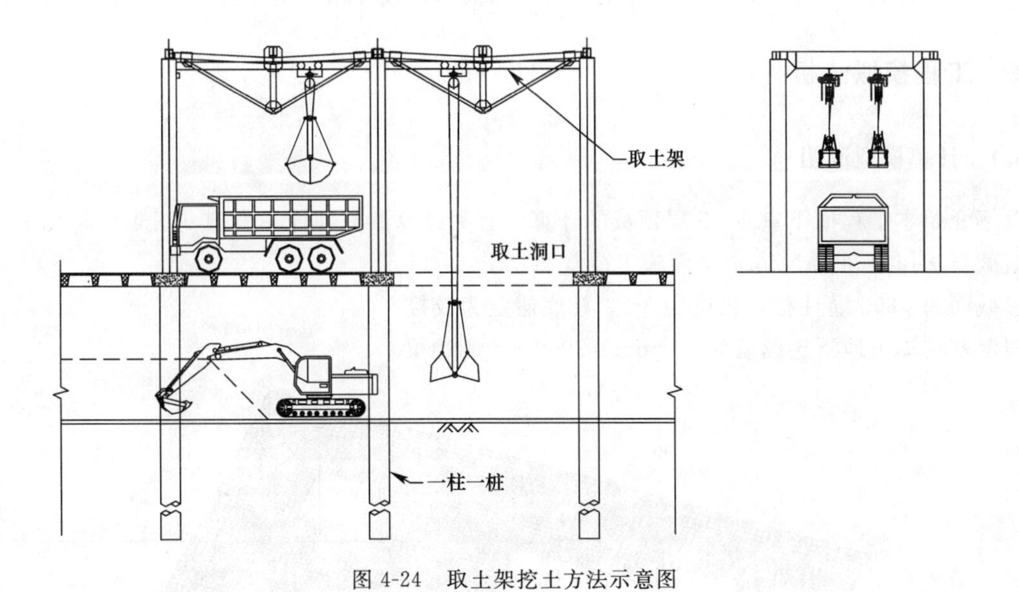

图 4-24 取土架挖土方法示意图

4.2.4 实施效果

4.2.4.1 对周边环境的影响

由于采用逆作法，本工程在整个施工期间西藏南路及淮海东路的地下管线的位移（沉降）在 10mm 左右，桃源小区临近基坑一侧的煤气管位移小于 10mm，桃源路对面的二层民居（砖木结构）房屋无明显沉降。逆作法施工对周边环境的保护达到了预期目标。

4.2.4.2 施工工期

1994年11月1日至1995年4月30日，基坑围护墙、工程桩施工（约6个月）。

1995年5月1日至1995年10月5日，地下4层、地上5层主体结构施工（约5个月）。

1995年10月6日至1996年5月10日，地上22层主体结构全部施工完成（约7个月）。

1996年5月11日至1996年10月15日，结构装饰施工（约5个月）。

从以上工程实施情况来看，满足了24个月总工期的要求，尤其是地下4层与地上5层裙楼施工的逆作法施工仅用了5个月的工期，体现了逆作法施工的优越性。

4.2.4.3 经济方面

在施工措施费用上，由于采用地下室楼板作为水平支撑，替代基坑顺作法的四道水平支撑，其节省费用测算为：

$$4000\text{m}^2(\text{基坑面积})\times 4(\text{四道支撑})\times 400\text{元}/\text{道}\cdot\text{m}^2=640\text{万元}$$

扣除逆作法措施费等320万元左右，实际节约约320万元。

4.2.4.4 社会效益

通过本工程的逆作法施工不仅在环境保护方面取得良好的社会效益。同时，在当时的施工条件下，创立了一系列新的施工工艺，为以后逆作法的推广应用打下了良好的基础。

其中“逆作法挖土技术”、“逆作法支模方法”、“逆作法柱梁节点的设计与施工”、“逆作法一柱一桩施工方法与质量控制”等施工技术经以后多项工程的应用，逐渐发展，日趋成熟与完善。

4.2.5 工程模拟分析

4.2.5.1 计算模型说明

以下介绍本工程地下室4、5层顶板的计算。有关计算参数和计算模型（图4-25）如下：

荷载：土压力500kN/m，楼面施工荷载2.0kPa。

柱截面为ϕ800灌注桩，长度为8m，柱底假定为铰接。

假定基坑周边地下连续墙为800mm×3000mm的边梁。

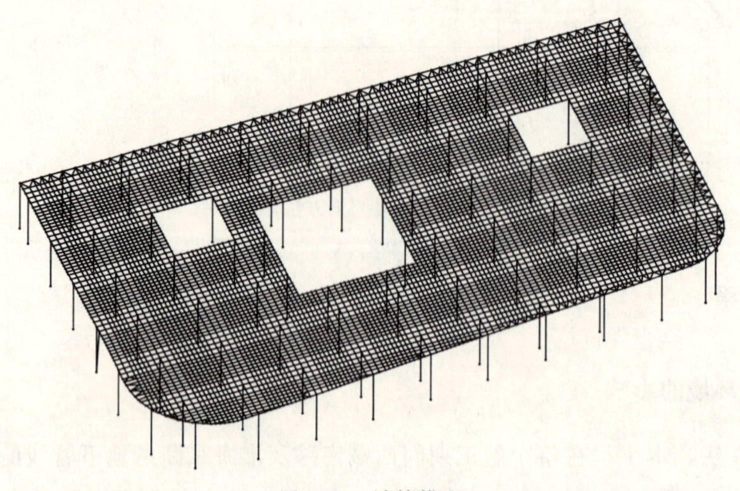

图4-25 计算模型

4.2.5.2　计算结果

计算结果如图 4-26～图 4-30 所示。

图 4-26　板 XY 方向平面变形

（50kN/m 水平土围压荷载，最大值 4.63mm）

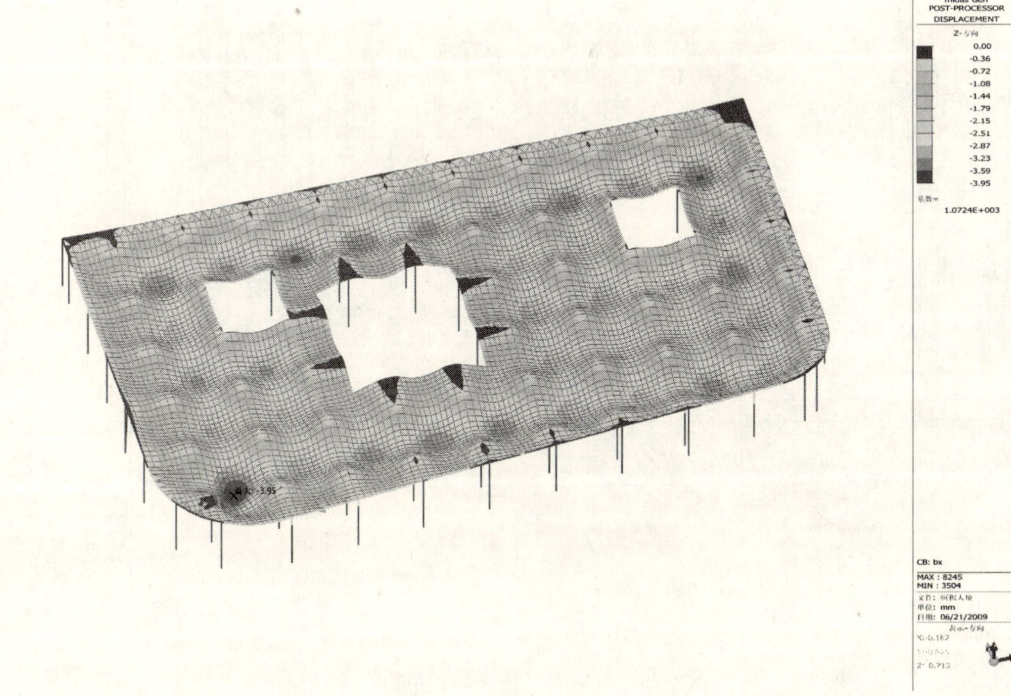

图 4-27　板 Z 方向竖向变形

（2kN/m² 等效施工荷载，最大值－3.95mm）

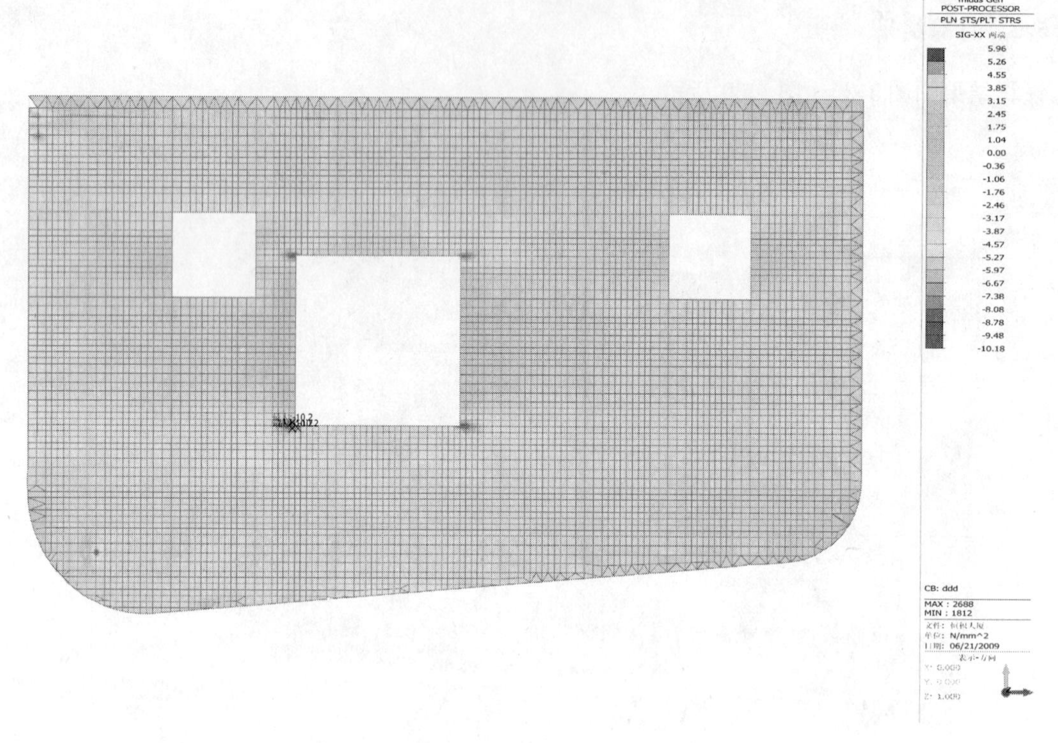

图 4-28　板单元 X 方向轴向应力

（最大值－10.15N/mm²）

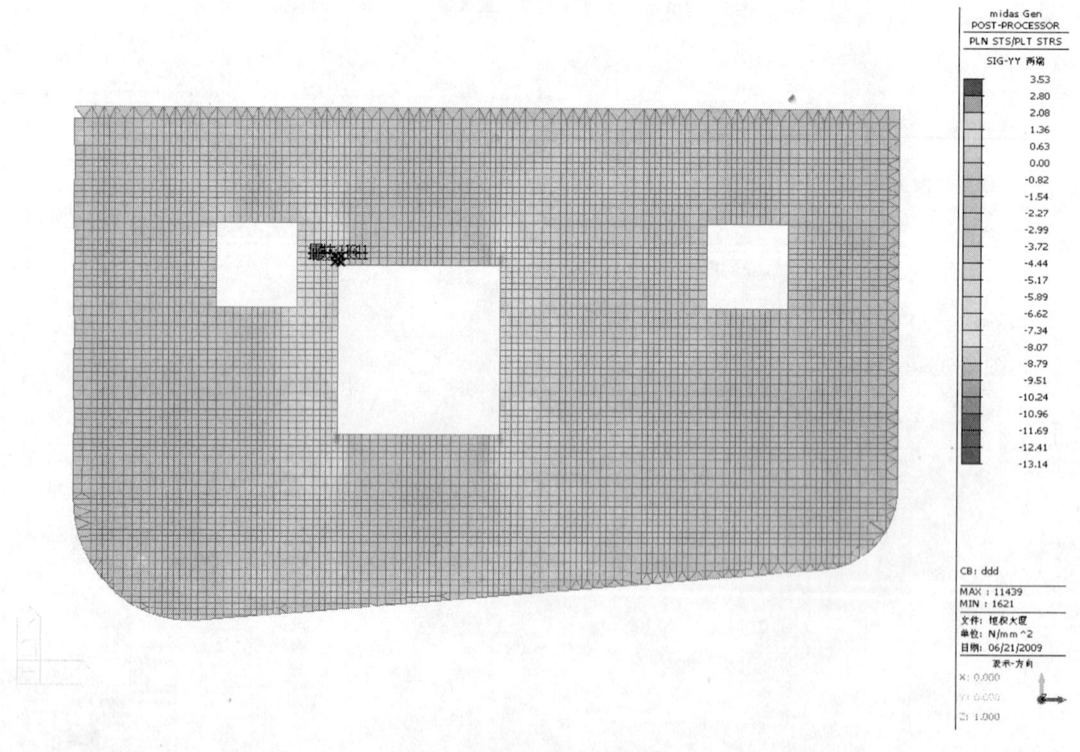

图 4-29　板单元 Y 方向轴向应力

（最大值－13.14N/mm²）

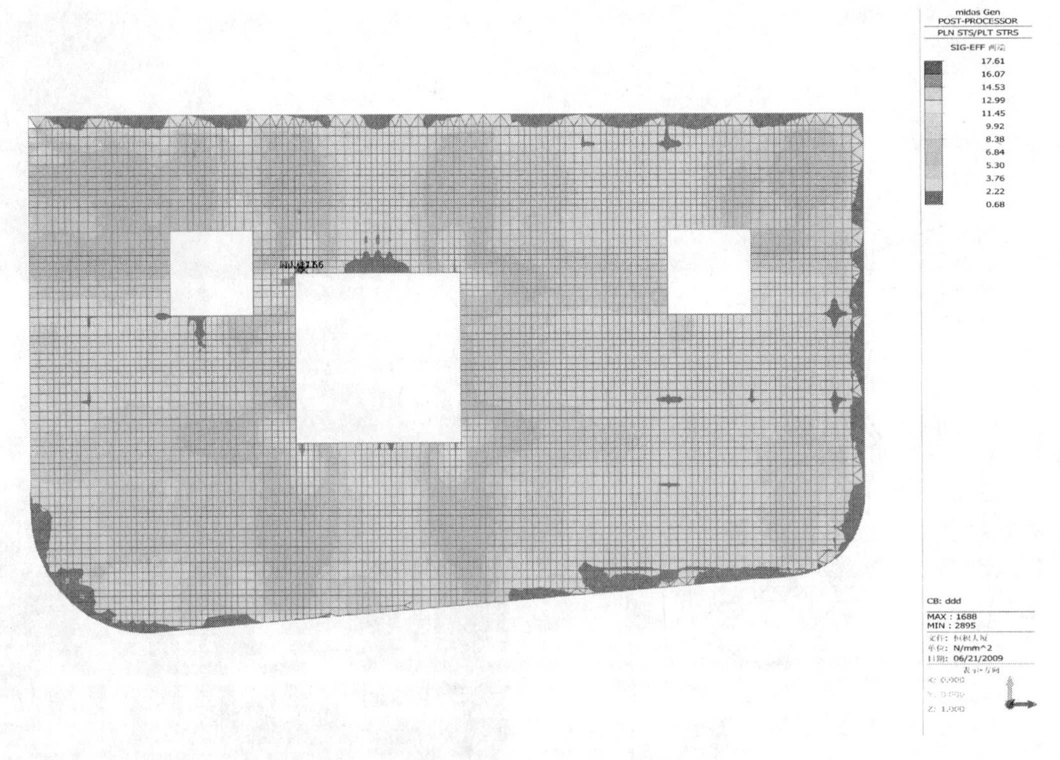

图 4-30 板单元最大有效应力

(最大值 17.61N/mm²)

4.3 上海明天广场工程

4.3.1 工程概况

4.3.1.1 建筑概况

本工程位于上海市中心繁华地段的黄浦区，建设基地由北面的南京西路、东面的黄陂北路、南面的江阴路、西面的住宅区所环绕。除去南京西路和黄陂北路拐角处的小公园，整个基地呈L形，如图 4-31 所示。

4.3.1.2 建筑设计特点

本建筑物所处的位置，建筑密度比较大，设计塔楼由两个正方体的简单交错构成。本工程占地面积约 10000m²。由地下室、裙房、主楼、顶部锥形体（装饰物）四部分组成。其中地下室 3 层（建筑面积 8000m²）、裙房 6 层、主楼 55 层（包括设备层为 60 层结构），总高度 281m，总建筑面积 120000m²，如图 4-32 所示。

4.3.1.3 技术指标

层数：±0.000 以下地下室 3 层；±0.000 以上 60 层。

高度：相对标高±0.000 相当于绝对标高 3.80m，室内外高差 0.90m；地下结构为 3 层，地下室自上而下层高分别为 6.0m、3.5m、4.0m。

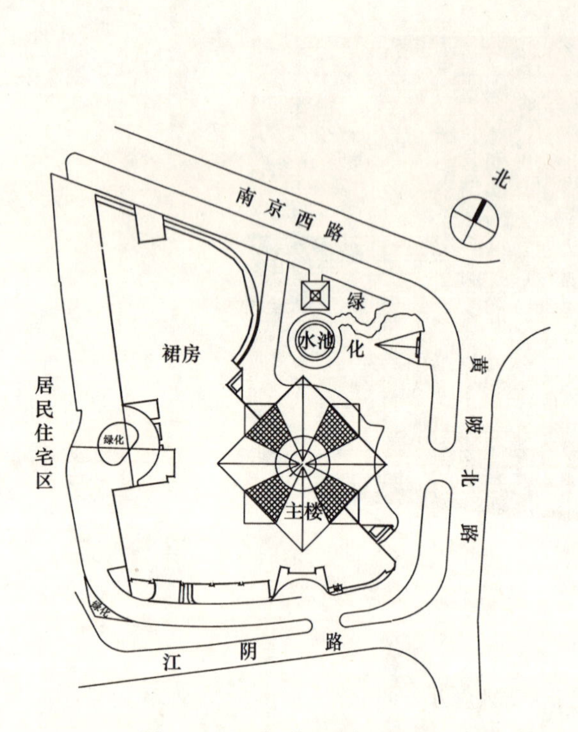

图 4-31 上海明天广场平面图

图 4-32 明天广场的实景图

4.3.1.4 结构设计

桩基持力层：裙房工程桩采用 $\phi700$、$L=40$m 的灌注桩；主楼工程桩采用 $\phi850$、$L=62$m 的灌注桩。

主楼和裙房采用箱基底板作为桩基承台，主楼底板厚 3.8m，裙房底板厚 1.5m。基坑实际开挖深度：裙房为 15m、主楼为 17m，主楼和裙房间设后浇带。

±0.000 及以上楼板为梁板结构，地下室楼板均为带柱帽的无梁楼盖。

4.3.1.5 水文地质概况

根据工程地质报告所提供的资料，本工程场区内地基的地质构造属于结构较为复杂但又常见的软土地基，对建造地下结构施工有诸多不利的因素，见表 4-1。

土的物理力学指标 表 4-1

层 号	土层名称	层厚(m)	γ(kN/m³)	c(kPa)	φ(°)
①	杂填土	1.5	18.0	0.0(0.0)	20.0(14.0)
②	褐黄灰黄色粉质黏土	1.9	19.1	20.5(16.0)	20.5(16.5)
③	灰色淤泥质粉质黏土	4.1	17.9	15.5(11.0)	16.5(12.5)
④	灰色淤泥质黏土	9.0	17.0	10.5(8.0)	8.9(6.5)
⑤-1	灰色黏土	3.5	17.9	14.5(10.5)	15.0(11.0)
⑤-2	灰色粉质黏土	8.7	18.6	18.0(13.0)	21.0(15.5)
⑥	暗绿色粉质黏土	2.3	20.0	27.5(21.0)	22.5(18.5)
⑦-1	灰色草黄色砂质粉土		19.1	4.0(3.0)	32.5(24.0)

注：表中 c、φ 值为固结快剪峰值强度最小平均值，括号中数据为峰值 70%值。

4.3.2 工程难点特点

4.3.2.1 工程周边环境复杂，基坑施工对周边环境的保护要求高

工程由于地处江阴路、黄陂北路、南京西路交叉口，属于城市中心老式居民区域，周边的城市管线、建筑保护、市容交通等环境都十分复杂。作为深基坑施工，明天广场的地下室施工其围护变形按一级基坑控制，且由于临近居民区，工程地下施工的粉尘、噪声等污染的控制也尤为突出。根据本工程的特点，工程采用了裙房逆作、主楼顺作的形式进行施工。这对于基坑变形、施工噪声、粉尘危害及大面积基坑开挖对于周边人群心理上的压力都起到了很大程度上的缓解效果。

4.3.2.2 采用顺逆结合的施工方法，有利于缩短工期

工程主楼为60层的超高层建筑，裙楼面积较大，如采取常规的顺作法施工，其工期较实际采用的顺逆结合形式施工要延长一年左右。采用顺逆结合工艺，主楼施工中在现场狭小的范围内通过裙楼的顶板提供施工场地，更使主楼施工进度大大提高，关键线路得到控制，确保工期主线的顺利实施。

4.3.2.3 “一柱一桩”的工艺确保了临时及永久竖向支承的要求

工程竖向结构采用了“一柱一桩”的工艺，而在局部已施工的部位通过工程桩采用“一柱多桩”的形式进行处理，有效地解决了逆作施工阶段临时荷载的竖向传递，并妥善解决了临时支承柱和永久的竖向结构之间的关系。

4.3.3 逆作法施工

4.3.3.1 总体施工方案

1. 总体方案确定

对基坑面积大且开挖深度大的工程，按常规先基础后上部结构的顺作法基坑支护费用高，对周围环境影响较大。明天广场原施工方案为顺作法，考虑改成逆作法具有缩短施工周期、减小对环境危害、降低工程造价的优点，且在该工程中逆作法施工方案具有可行性，因此施工方建议改为地下室结构与上部结构同步施工的逆作法方案。但该工程在考虑改成逆作法之前，基坑支护结构的地下连续墙已按顺作法的要求施工完毕，部分工程桩也已开始施工，经过多次方案论证和对比，逆作法具有较大的优越性，故本工程最终采用了逆作法施工方案。

由于明天广场主楼区域的地下室被裙房地下室范围所包裹，主楼与裙房之间以贯通环形后浇带形式连接，主楼以8根多边形大柱为主要竖向受力构件，主楼与裙房很明显的以主楼8根大柱为界面。而且设计对主楼垂直构件在混凝土强度、配筋上有特殊设计要求，难以过早参与施工阶段工作。根据以上实际，在确定施工总体方案时，充分考虑了主楼和裙房两者之间的关系，采取以后浇带为界“一顺一逆”的施工方案（图4-33），即主楼顺作、裙房逆作、先逆后顺的方法。这样，作为主楼主要垂直受力构件的8根大柱不会在逆作阶段过早形成，可以避开由于水平力而引起节点上的附加应力。且在裙房逆作法期间，主楼所留出的位置可以作为裙房地下室逆作挖土的取土口。同时“一顺一逆”的施工方式使主楼与裙房的施工形成一个时间差，不仅有效地解决了主楼与裙房沉降差异问题，还减少了可能的局部支撑，便于部分构件的特殊设计。

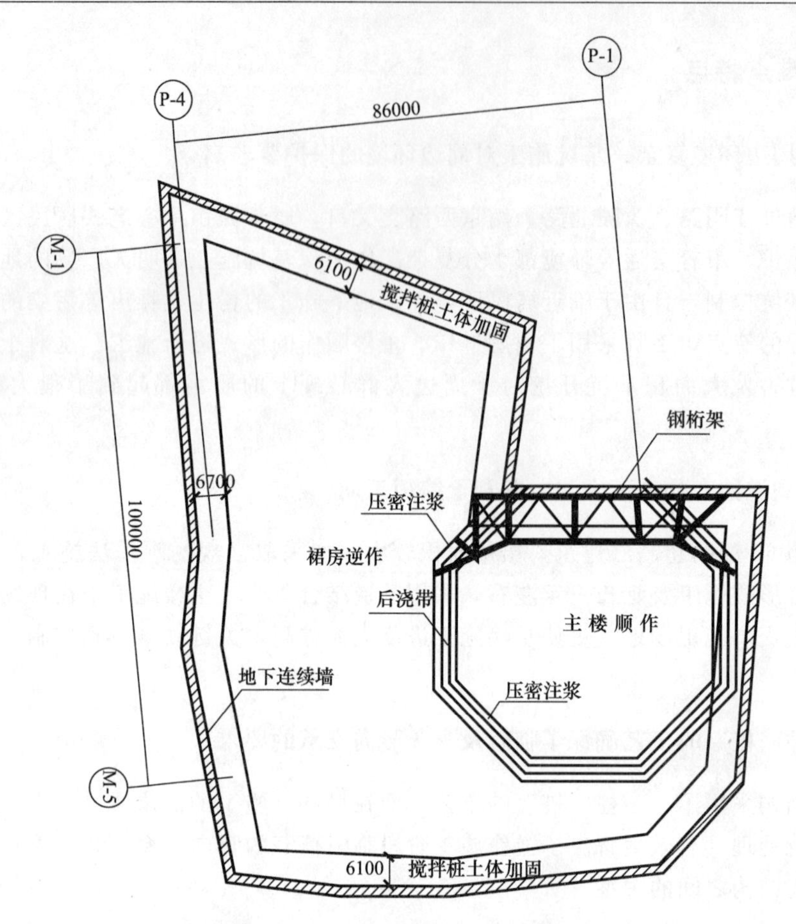

图 4-33 “一顺一逆”施工作业平面示意图

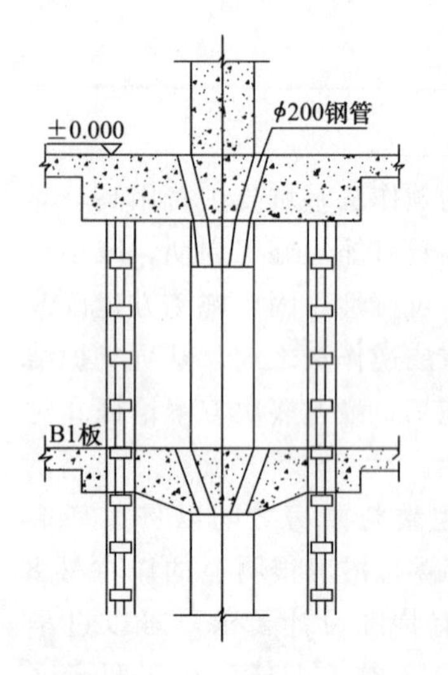

图 4-34 “一柱多桩”示意图

逆作法施工中作为支承楼板（替代水平支撑）用的中间支承桩选定则是十分重要的环节，一般采用钢格构柱或钢管锚入在工程桩，承担挖土期间地下和上部各层的结构自重及施工荷载。但明天广场工程桩的单桩承载力较小，不能承受柱距 9m×9m 范围内的上部结构自重、地下三层结构自重及施工等荷载。进场施工时，桩基设计已确定且局部工程桩已经开始施工，因而只能在原设计基础上采取“一柱多桩”的形式，并在钢立柱顶部位设计柱帽，使钢格构柱能共同作用，保证其支承作用，见图 4-34。

2. 施工工艺

本基坑工程采用地下连续墙作为围护墙，建筑物地下室各层永久性结构楼盖作为基坑的水平支撑，部分工程桩作为中间临时立柱的立柱桩。裙房逆作法先施工地下室顶板，作为逆作法的起始点，然后朝下施工地下一层楼盖，浇筑顶板及地下一层楼盖之间的钢筋混凝土永久性结构柱，待形成整体后从顶板开始往上施工上部结构，同时往下施工地下二层楼盖，最后完成地下结构底板，这样做到上下同步进行。在基础底板未完成之前，上部结构施工至四层，当基础底板完成后，上部结构可继续施工。而地下室需进行钢筋混凝土永久结构柱及墙体施工，从地下三层开始顺作，经扎筋、支模，再从上一层楼盖内预留的混凝土浇筑孔往下浇筑柱及墙体混凝土，依次完成地下室各层柱及墙体施工，在地下室主体结构全部施工完成后开展主楼上部结构顺作法施工。

3. 施工流程

施工准备→地下连续墙施工→工程桩施工（安放钢格构柱）→裙房逆作法施工→主楼±0.000以下施工（顺作法）→主楼上部结构施工→装饰装修施工→交付使用

4.3.3.2 基坑围护及桩基工程

1. 地下连续墙

明天广场原施工方案为顺作法，地下连续墙的设计仅考虑作为围护结构，同时又设计了地下室外墙。顺作法方案采用3道混凝土支撑，局部为4道混凝土支撑，总计70m长的钢结构平台作为出土平台。在实施逆作法前地下连续墙已施工完毕。原地下连续墙沿主楼一侧采用墙厚1m、深度为32m；沿裙房一侧墙厚1m、深度为28m。地下连续墙混凝土为C30。经对逆作法各工况下不同部位进行复算，原地下连续墙能满足使用要求。

2. 桩基工程

明天广场裙房桩基采用ϕ700、长度40m灌注桩，打入⑦$_{2-1}$层；主楼桩基为ϕ850、长度62m灌注桩打入⑨$_{9-1}$层。由于逆作法施工中，地下室永久性结构柱在主体结构施工中是最后施工完毕的，作为支撑楼板用的中间临时立柱，采用一柱多桩形式，即3根或4根为一组的钢格构柱锚入工程柱内，立柱底标高为坑底标高下3m。作为竖向支承构件的钢格构柱是随桩一起施工而成：在工程桩施工时将钢格构柱焊接于钢筋笼顶端，随钢筋笼同时进入桩孔内。所以沉桩过程中，在控制工程桩垂直度的同时应严格控制钢格构柱的垂直度，防止钢格构柱过大的水平位置过大的偏差，以确保钢格构柱轴心受力。另外，钢格构柱在工程桩内的锚固长度及其下工程桩的施工质量对钢格构桩的承载力起到决定性的作用，也必须严格控制其锚固长度及相应工程桩的施工质量。

明天广场在逆作法中采用一柱多桩的形式（图4-34），主要原因是因为作为受力点的地下灌注桩单桩承载力不能承受其受力范围内的荷载。设计单桩承载力为2000kN，而经计算，在柱距范围内结构自重及施工荷载两项之和为8000kN左右。施工时桩基已无法按逆作法要求进行修改。因此只能采取“一柱多桩”。施工中中间支承柱的具体位置和数量，根据地下室结构布局和施工方案，经计算确定为采用3或4根桩共同承担，在这些桩上插入钢立柱。

通过这样的调整，使钢立柱满足地下室结构未形成完整体系之前承受竖向荷载的要求，还能协调地下连续墙传来的水平力引起的地下室各层楼板的变形，用此来保证地下一层已完成的结构柱位置在挖土期间不至于因楼板变形而发生移位。这一临时支撑系统的拆除，需在地下室基础底板形成以后，在竖向的永久结构柱施工完毕后进行处理。

采用一柱多桩形式共同承担由一根永久性结构柱承受的荷载，可以防止变形差异的产生，使荷载均匀分配到各工程桩上，大大提高了逆作法施工的安全度。同时一柱多桩的形式使得多桩对土体的隆起产生较好的控制作用，减少由于土体隆起引起的基础底板弯矩。但一柱多桩也存在一定缺陷，作为中间支撑柱的钢格构柱是一种临时支撑系统，待逆作法施工完毕后即被拆除，其大量与楼板相接处的节点及其与基础底板之间的防水处理费用相当可观；另外其大量节点的现场施焊及复杂的施焊条件，对焊缝的施工质量的控制带来困难。

3. 基坑内土体加固

明天广场深基坑围护墙体采用地下连续墙，在基坑开挖时，为了减少地下连续墙的变形，需沿地下连续墙内侧进行深层搅拌桩土体加固，以进一步改善土体的力学指标，确保基坑的安全。

本工程的深层搅拌桩土体加固根据不同深度采用了变掺量形式，即基坑开挖面以下4m被动土采用12%水泥掺量，开挖面以上土体采用7%水泥掺量。根据基坑开挖深度的不同，深层搅拌桩的有效长度分别为18.5m和16.2m，搅拌桩采用2ϕ700@1200mm、1000mm双轴搅拌桩，搭接长度为200mm，土体加固断面宽度为5.7m，平面布置呈格栅状排列。搅拌桩施工采用分段的施工方法，以达到不同水泥掺量的目的。水泥掺量12%的加固段采用二次喷浆二次提升的施工工艺，水泥掺量7%的加固段采用一次喷浆一次提升的施工工艺。地下连续墙与深层搅拌桩净距为300mm，其间用压密注浆填充，并在主楼深坑与裙房浅坑的高差交界处为了防止开挖过程中土体滑移也进行了压密注浆土体加固。

由于主楼基础底板厚3.8m，且主楼基坑在东北面开口处直接与地下连续墙相连，故形成从地下二层底板至基坑底的挖深达7.8m，而此段挖深标高处于－9.500～－17.300，地下连续墙外侧的土体主动土压力相当大，因此在主楼底板面标高下设置钢桁架侧向支撑地下连续墙，减少地下连续墙在开挖过程的位移，确保基坑的安全。钢桁架的上弦为设置在地下连续墙上的800mm×650mm钢混凝土围檩，下弦及腹杆均采用H400型钢，钢桁架自重则通过架设在工程桩上的立杆支承。当钢桁架及裙房底板完成后开始进行裙房底板标高下的主楼基坑土体的开挖。

经施工期间实测，地下连续墙最终垂直沉降为15mm，墙顶水平位移平均为10mm，墙身在开挖深度15m处水平位移最大达到20mm，开挖深度15m以下部位位移逐渐减小。本工程采取的土体加固技术措施是相当成功的。

4. 基坑内降水

明天广场深基坑面积约10000m^2，开挖深度分别为15.0m和17.30m，土层以淤泥质黏土及粉质黏土为主，渗透系数约10^{-7}cm/s。根据上述参数及深井降水的经验，本工程设置了51口深井（包括3口观察井）进行基坑降水，单井降水半径为6m，抽水范围约150m^2。各深井成孔皆采用湿钻法，成孔直径ϕ800，成孔深度分别为19.6m和21.9m。

因工期要求及配合逆作法施工等各种因素，基坑采用自上而下分层降水的降水方式。随着挖土进度进行分级降水，即进行控制性降水，每次开始挖土时通过观察井测量基坑内的水位，要求坑内水位控制在挖土面以下1m左右，井管拆除也根据施工进度同步进行。本工程降水分为4层，先降水至±0.000楼板标高以下，浇捣±0.000楼板后将深井上部拆到B1板继续进行降水；降水至B1板以下后完成B1板，再将深井拆到B2板继续进行降水；降水至B2板以下且完成地下二层楼板后，将深井拆到基础底板继续进行降水；降水至基础底板以下后，全部拆除深井管及滤头，填埋滤头继而浇捣基础底板的混凝土。

为了确保整个基坑在施工阶段的降水效果，必须加强对深井的保护。深井保护措施主要有以下几方面：对暴露在外面的井管应用支撑固定在钢格构柱上；挖土时井管周围应留1m左右土方采用人工挖土；每次挖土拆除井管后，在井孔灌砂部位挖除高度1m左右的灌砂用黏土换填，并在井管上口用水泥砂浆封闭以防止漏气，确保足够的真空度；严格控制深井安装标高，以利于上部井管的拆除，确保下部降水效果。

明天广场深基坑降水工程，合理布置深井位置及数量，通过采取分层降水、分节拆除井管的方式，既确保了降水的连续性及基坑降水要求，又提高了坑内土的强度，减小了基坑围护结构及替代水平支撑的永久性结构楼板的变形，为逆作法施工创造了有利条件。

4.3.3.3　土方开挖

逆作法施工的土体开挖是逆作法施工过程中的重要环节，施工中进行科学组织与设计是保证逆作法施工顺利开展的条件之一。基坑开挖不可避免地将会引起周边土体的位移和地下水位的变化，导致基坑围护体系和周边建筑物、地下管线及地表的变形。如果变形过大，会引起建筑物开裂、造成地下管线损坏等严重后果。所以合理安排挖土流程是基坑安全的关键。

明天广场基坑挖土采用“一明二暗”的形式，即地下一层采用明挖土（盆式挖土），地下二、三层采用暗挖土。裙房进入双向施工后分三次暗开挖至坑底。挖土期间对周边环境以及围护墙、水平楼板，钢格构柱等实行监测。坑底标高应严格控制，坑底应采用人工修土，坑底挖出的残余土必须全部运走。

第一次明开挖采用盆式挖土，保留地下连续墙内侧自然地坪下 2.6m 及宽度为 6m 并经加固的土体。先将基坑开挖至 6.7m 深度，从其外侧按 1∶2 自然放坡到地下一层平台楼板下所需标高（考虑支模因素），坡面采用 C30 混凝土做护坡，挖土完成后即开始地下室顶板的施工。这层挖土采用 3 台 1.4m^3 挖土机施工，自卸汽车运土，从北往南及从西向东退挖，黄陂北路大门为挖土的出土方向。每天挖土的总量控制在 3000m^3 左右。

暗挖区在顶板完成后在其上形成三个取土口，即黄陂北路侧约 1000m^2 的出土口（主楼位置），南京西路侧各约 80m^2 的 2 个出土口（裙房结构楼板留洞）。明挖土后即在黄陂北路侧洞口位置架设 3 个挖土用钢栈桥，并对进入钢栈桥的运土车所需经过的结构楼板进行加固。南京西路侧 2 个取土口上方各架设门式专用取土架。钢栈桥和门式取土架的立柱锚固在工程桩上，由工程桩直接承担钢栈桥和门式取土架及其上部施工机械等荷载。

暗挖区的挖土的施工方法如下：钢栈桥上的挖土机承担洞口挖土及垂直运土后装入地面运土车辆；门式取土架承担垂直运土及装入地面运土车辆。结构楼板下的土依靠小型机械和人工挖掘并地下水平运输至取土口。楼板下挖土首先从取土口开始成扇形展开，而后组织专门机械和劳动力加快打通 2～3 条主通道，从主通道两边分块挖除其余土方。在较大的取土口下采用两台 0.4m^3 挖土机翻运，每天挖土总量控制在 2000m^3 左右。根据施工组织，暗挖区挖土分三次进行：第一次挖除盆式挖土遗留的边坡土体；第二次挖除 B1 层楼板至 B2 层楼板之间的土体；第三次挖除 B2 层楼板至基坑底之间的土体。

明天广场基坑挖土施工成功地将盆式挖土与逆作法结合起来，虽然采用盆式开挖的方式已在大量的工程中应用过，但在逆作法深基坑施工尚为国内首次运用。盆式开挖配合逆作法的施工方案不仅施工简便、投入费用小，而且可以大大加快逆作法的施工速度，是一种理想的综合挖土方式。该方法已推广应用到其他项目的深基础施工中，并取得了良好的经济效益和社会效益。

4.3.3.4 结构施工

1. 垫层

逆作法施工把混凝土垫层作为地下室楼板施工支模用硬地，本工程采用 120mm 厚混凝土垫层，按自上而下的顺序根据结构施工进度紧跟施工。第一次垫层在明挖土完成后浇捣，作为地下室顶板支模场地；经挖土（暗挖土）至地下二层标高以下后做第二次垫层，作为地下二层楼板施工的支模场地；施工至基坑底的垫层时，厚度改为 200mm 并按 ϕ12@300 双向配筋。整个基坑的垫层采用边挖土边浇捣的流水施工。

2. 轴线引测

根据定位后所给出的引测点，即控制点先引测到地下连续墙圈梁面，待顶板完成后再引至板面的测量观测孔，随后采用天底法引到垫层面上，在垫层面上弹出主要轴线以控制模板施工。

3. 模板

顶板楼盖采用排架支模方式，完成后钢管通过取土口运至地面（留一部分柱、墙板支模用，可放在格构柱之间）。B_1 层及 B_2 层利用排架的垫木搁置木搁栅。基础底板侧模用一砖墙代模（注意留 50mm 泡沫隔离层宽度），在取土口附近设置支模用整体平台，其作用为模板支承点。

4. 钢筋节点处理

逆作法施工时在每层楼盖柱、墙位置的上下面均留设插筋。当钢筋直径大于等于 25mm 时在楼板面上的插筋用锥螺纹连接，楼板面下的插筋采用手工电弧焊接连接；当钢筋直径小于 25mm 时，楼板面上、下的插筋均采用手工电弧焊接连接。

5. 混凝土浇捣

明天广场混凝土采用预拌混凝土，在浇筑地下室顶板时泵车在基坑边空地上布置，其余各层及基础底板浇筑则利用挖土用钢平台及栈桥布置泵车。由于逆作法的施工工艺决定地下室外墙及永久柱滞后楼板浇捣，因此需在楼板面上预留混凝土浇筑孔，浇筑孔采用ϕ200 钢管预埋，当浇筑孔的深度小于 300mm 时可用木模预留 200mm×300mm 方孔。

4.3.4 实际效果

4.3.4.1 环境保护指标

在基坑施工过程中明天广场地下连续墙的最大水平位移和最大竖向沉降均远小于按一级基坑和最初目标设置的结果，甚至低于特级基坑的设计标准，这在一般工程中是很少见的。本工程的差异沉降也远小于设定的值，因此，本工程在环境控制上达到了较高的水平。

本工程实测的数据均达到了预期目标。根据实测资料分析，地墙顶部最大位移为 13.91mm，一般值仅为 10mm；最大深层水平位移为 21mm；地墙顶部的最大沉降为 19.1mm，一般值为 15mm，都小于控制标准 30mm 的要求。相邻柱之间的差异沉降仅为 8.5mm，小于设计要求的 15mm。

本工程在控制点设置时，根据基坑性质按一级基坑设置了控制点，但实测的结果均小于特级基坑 0.14%H（21.42mm）的要求。管线的沉降差异形成的相对最大转角仅为 1/1000，也远小于规范 1/100 要求。周围房屋最大沉降差 $\delta/L=1/680$，也远小于规范 1/150 的要求。

上述实测数据成功说明逆作法具有较好的环境保护作用，特别适合周围环境复杂的地区施工。

4.3.4.2 施工进度指标

明天广场采用逆作法施工方法的主要原因之一是施工速度快。逆作法施工速度相对顺作法具有相当明显的优势。明天广场从 1997 年 4 月底开始挖土到 1997 年 11 月底，地下室底板完成且裙房结构封顶，总工期仅为 7 个月，这样的施工速度对顺作法来说是无法比拟的，同等条件的工程采用顺作法施工其施工工期一般为 1 年。

4.3.4.3 经济效益指标

尽管明天广场采用逆作法方案已有部分桩基础和支护结构开始施工，逆作法实施时间相对较晚，但仍取得了较好的经济效益。通过与原顺作法施工方案的比较，采用逆作法可减少基坑支护费用 10%左右。

如果本工程能够从支护结构施工前就确定采用逆作法，则地下连续墙厚度可相对减小，并可以采用“二墙合一”的施工方案，还能增加建筑物的有效使用面积，可以使投资方做到少投入多产出。经过分析后得到，如采用逆作法施工方案，可降低地下结构施工总造价的 12%左右，这可为投资方带来巨大的经济效益。

同时，逆作法具有施工周期相对较短的特点，可以早日投入使用，其经济效益相当可观。

4.3.4.4 社会效益指标

首先，由于逆作法对周边环境的保护作用，本工程的施工对周边居民以及环境的影响降低到了最小限度，施工的安全度大大增加，结构采用楼板替代水平支撑，可以使基坑稳定有充分的保证。其次，采用逆作法施工无需爆破、拆撑，避免了二次变形，减少对周边居民及建筑物、管线的影响，也实现了节能减排。其三，施工形象大为改观，基坑暴露时间减少，如此大基坑暴露时间不足一个月，使文明施工、安全施工更有保障。其四，当地面层楼板完成后，即转入地下暗施工，施工噪声减小，不会对居民的日常休息产生较大的影响。最后还应该看到深、大基坑的存在对周边居民心理上产生的影响是十分显著的，而采用逆作法施工可明显降低居民对于深基坑的危险感。

4.4 上海兴业银行大厦工程

4.4.1 工程概况

兴业大厦位于上海市黄浦区 183# 地块，占地面积 7856.8m²，东临四川北路、北靠汉口路、西侧邻近华东建筑设计院。大厦主楼裙房部分 10 层，高度为 44.05m，主楼部分 19 层，高度为 82.5m，地下 3 层，埋深 14.00m。地上部分总建筑面积 55783m²，地下部分总建筑面积 18889m²。

4.4.2 环境概况

兴业大厦周边环境复杂，地下管线较多，其周边有八幢保护建筑，保护等级均较高且距离基坑很近。西南侧为交通银行大楼，西侧为华东建筑设计研究院大楼，南侧为三井洋行大楼；离基坑稍远的有：基坑北侧的中南大楼、联合大楼，基坑东侧的海关大楼、新汇丰大楼及基坑西南侧的新城大楼，如图 4-35 所示。

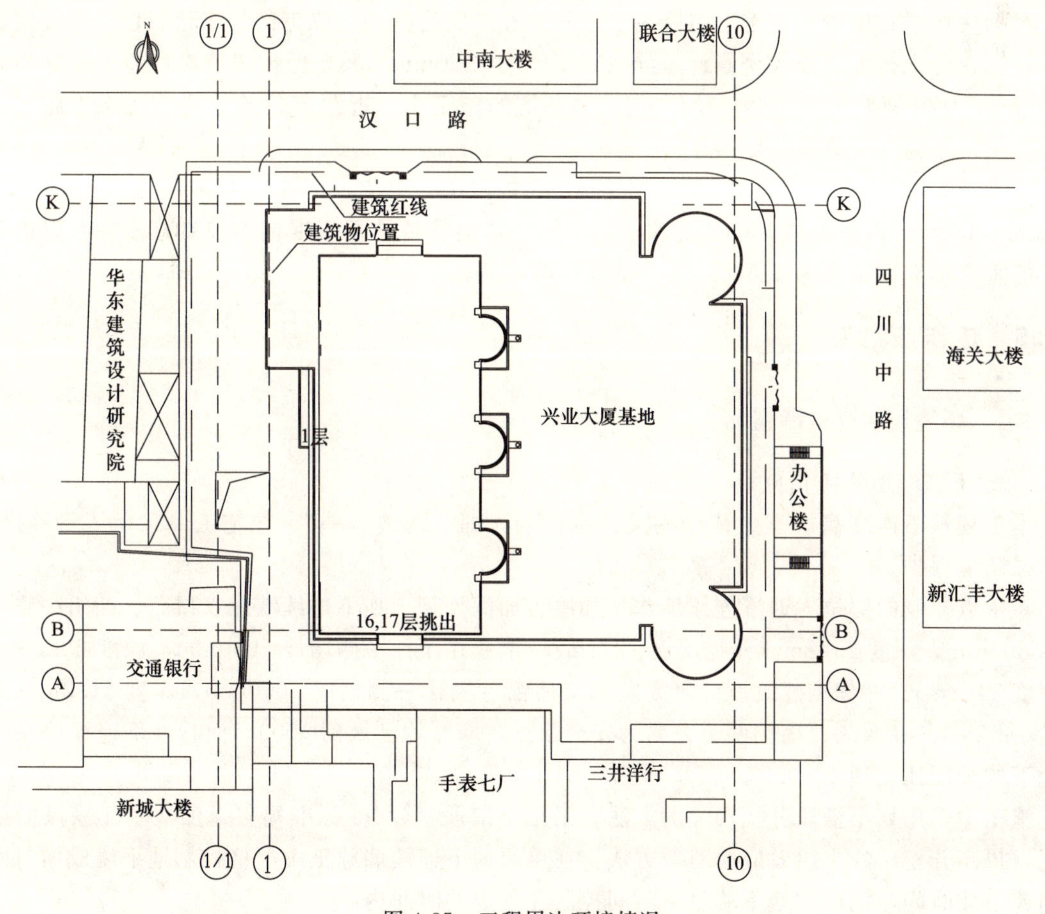

图 4-35 工程周边环境情况

4.4.3 工程地质情况

兴业大厦地貌形态单一，地形较为平坦。施工现场已完成硬地坪施工，自然地坪标高相当于绝对标高 3.10m。从地基土构成和特性看，第 5-1-1 层以上（层底标高－16.21～－21.26m）各土层均为饱和黏性土（表 4-2），含水量高、孔隙比大，呈流塑-软塑状态，承载力低。拟建物场地浅部地下水属潜水类型，受大气降水和地表径流补给，地下水位埋深在 0.35～0.70m 之间。地下水对混凝土无侵蚀性。

地基土的物理力学指标 表 4-2

层 序	土层名称	含水量 w(%)	重度 γ(kN/m^3)	密度 ρ(g/cm^3)	孔隙比 e_0	固快直剪峰值	
						c(kPa)	φ(°)
1	填土						
2	黏土	36.9	18.5	2.74	1.02	21	15
3	淤泥质粉质黏土夹砂质粉土	39.1	18.1	2.72	1.09	8.5	18
4	淤泥质黏土	50.3	17.1	2.75	1.41	13.5	11.7
5-1-1	粉质黏土夹黏土	37.7	18.2	2.73	1.07	11.4	16
5-1-2	粉质黏土夹黏质粉土	33.5	18.4	2.72	0.98	8.5	23.5

4.4.4 工程难点

根据周边建筑保护的要求，沉降量要求控制在一定范围内。临近的华东建筑设计研究院、交通银行、三井洋行等几幢大楼累计差异沉降不能大于 20mm，其余保护建筑累计差异沉降不能大于 30mm，沉降速率不大于 2mm/d。在大型基坑的施工中，近距离建筑物高等级保护施工，在上海软土地基施工中具有一定难度。

本工程一柱一桩由 72 根钢管混凝土柱和 48 根格构柱组成，钢管柱为 ϕ609 钢管，格构柱为 480mm×480mm 钢格构柱。设计要求一柱一桩中，钢管柱的垂直度偏差控制在 1/400 以内，格构柱的垂直度允许偏差为 1/300，施工精度要求较高。

4.4.5 逆作法施工

4.4.5.1 环境控制技术措施

1. 地下连续墙施工措施

本工程地下连续墙既是主体结构又是围护墙，即“两墙合一”，在施工中采用了一些措施，以加强环境保护。

在重点控制的部位对地下连续墙作了加厚、加深处理。地下连续墙靠汉口路、四川中路一侧墙厚 800mm，深度 25.2m（开挖深度 12.4m）；靠三井洋行一侧墙厚 1000mm，深度 29.2m（开挖深度 14.2m）；靠华东建筑设计研究院和交通银行大楼一侧墙厚 1000mm，深度 31.2m（开挖深度 14.2m）。在西侧、南侧两个方向为安全起见，墙厚均已做到 1000，而且地下连续墙在开挖面上下的长度比达到 1∶0.9。

施工中采用划小槽段分幅尺寸的方法，采用小槽段（4.2m 标准幅）是加快单元槽段的施工速度，提高开挖后的土拱效应的有效方法。在单幅地下连续墙施工中严格控制地下墙成槽时间及钢筋笼下放时间，把单幅地下墙施工时间控制在预定的时间内。

确定合适的地下墙施工顺序，地下连续墙首开幅的选择与树根桩的拱形施工布置相结合，同时地下连续墙施工采用跳幅开挖法。

为保证泥浆护壁的效果，施工中适当提高了泥浆的密度，在成槽施工的过程中，部分区域发生沉降速度较大的情况，在泥浆中掺入适量的重晶石以提高泥浆密度，进一步提高了槽壁的稳定性。

同时，在每幅地下连续墙的墙趾进行了注浆，在地下连续墙中设置2根墙趾注浆管进行墙底注浆，一则可加强地下连续墙纵向刚度，二则可减少地下连续墙不均匀沉降。

2. 坑内外土体加固措施（图4-36）

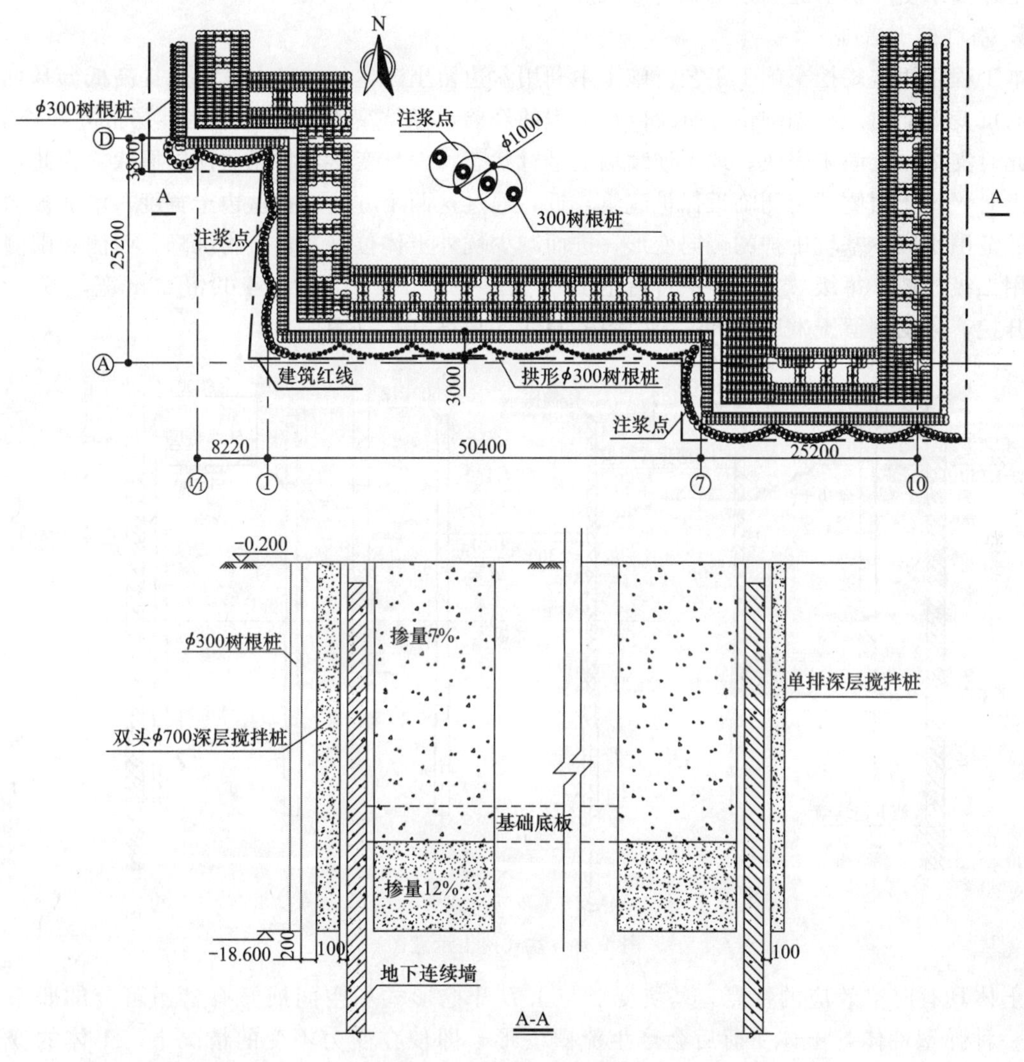

图4-36 土体处理示意图

在基坑外的北侧和东侧的地下连续墙外设置了一排深层搅拌桩。在基坑外的西侧和南侧的地下连续墙外分别作一排拱形树根桩和二排双轴水泥土搅拌桩，树根桩直径300mm，主筋8ϕ12，桩长18.4m。水泥土搅拌桩采用ϕ700，桩间搭接200，桩长18.4m，水泥掺量12%，在树根桩之间进行压密注浆，以形成构筑物与施工面间的隔离体，并与地下连续墙组成较厚的坝体，通过对围护坝体的加厚以及利用拱形受力结构，提高了围护体系的刚度。同时在地下连续墙外侧形成止水帷幕，并承担部分挡土的功能，减少坑外土体对地下连续墙的侧向压力。

在基坑的地下连续墙内侧进行水泥土搅拌桩坑底加固。搅拌桩宽6200mm，深度18.6m。坑底以下水泥掺量12%，坑底以上至地下连续墙顶水泥掺量为7%，从而对土体进行加固，增加坑内土体的抗剪强度，增大被动土压力。

3. 深井降水

在挖土施工前，采用真空深井降水工艺。共布置21口井对基坑内的地下水进行预降水，保证在开挖前降水深度在坑底以下0.5～1m。以使土体固结密实，增加土体的承载力，同时增加坑内土体的抗剪强度，提高被动土压力。同时坑外的水位观测井同时作为回灌井点。当坑外水位发生突变或下降值较大时，采用强制回灌的措施对坑外进行地下水的补充，防止因地下水流失引起坑外土体固结变形，引起周边建筑物的沉降。

4. 基坑挖土措施

本工程采用盆式挖土施工工艺。施工中利用盆边留土产生的被动土压力来提高抵御基坑支护结构的抗变形能力。根据理论分析及以往工程的经验，基坑变形最易发生在首层土方开挖阶段，由于此时支撑系统尚未完成、地下连续墙呈悬臂状态，一旦变形，将无法恢复原状。为此，在首层挖土时，由于西侧、南侧临近保护建筑较近，通过这两个方向加宽盆边土宽度，增加被动土压力区的范围来减少基坑围护的侧向变形，进而减少坑外土体位移及建筑物沉降。西侧和南侧的挖土采用二级放坡，每级“盆边”平台留土10m宽，一、二级“盆边”土共留22m宽，按1∶1.5放坡开挖。另两侧留土宽度为8m，然后按1∶1.5放坡开挖（图4-37)。

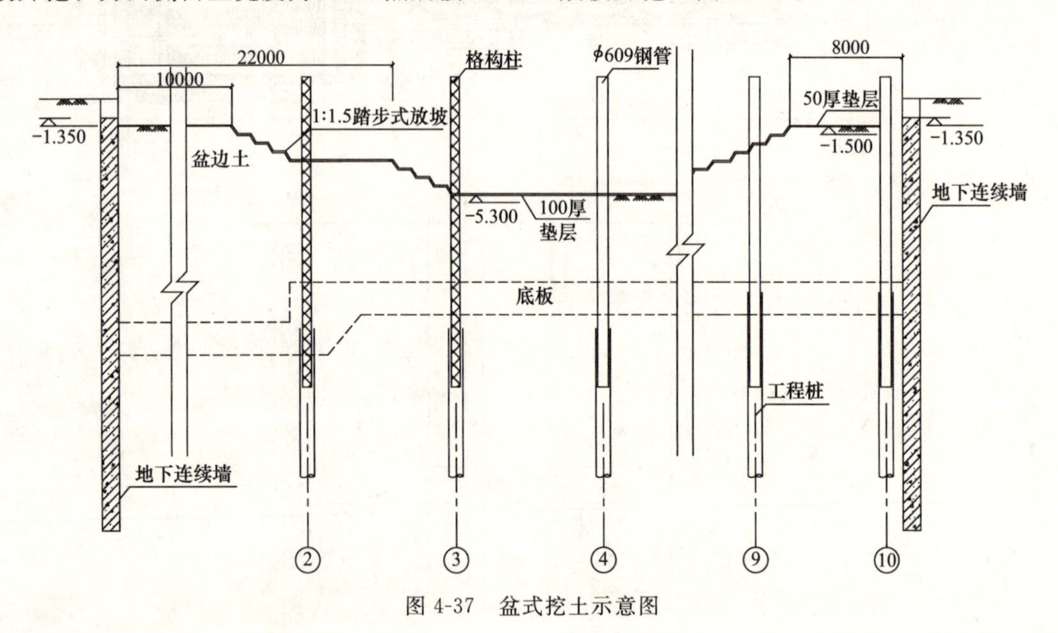

图4-37 盆式挖土示意图

土体具有时空效应的特点，基坑变形与土方开挖形式和空间展开有密不可分的联系。土体是一种弹塑性体，土体受荷后会产生流塑变形，即使在受力不变的情况下，土体的变形也会随时间而不断增长。根据此特点，本工程采用了抽条挖土的施工方案。抽条挖土对称进行以形成对撑，并对抽条作业的区域，要求在24h内完成挖土并随即浇筑完成垫层。土体抽条宽度在4m左右，以后挖土体尽可能多的包含经过坑内搅拌桩加固的土体为原则，即对搅拌桩之间未加固土体先行抽条开挖，待抽条开挖区域垫层达到50%以上设计强度后再挖除搅拌桩加固区的土体。

5. 施工通风、照明方案

在±0.000楼板的混凝土达到设计强度开始暗挖地下一层土方，开挖后立即安装地下一层照明和排风设备，以保证施工中的照明和通风要求。地下照明应采用防爆、防潮装置和照明灯具，照明灯具的亮度应满足施工要求。随着挖土的开展，灯具在水平方向及时跟进安装。

基坑通风可采用局部排气方式进行机械废气的排放。逆作施工时可利用楼板的取土口及吊装孔作通风采光用。此外，需在地下楼面施工时，根据操作面大小每层安装5～8只大功率轴流风扇用于排风，排风口与用白铁风管连接，使地上地下空气形成对流，保持空气新鲜，确保施工人员身体健康。

4.4.5.2 信息化施工技术

在地下工程中，由于地质状况、荷载条件、施工条件和外界其他因素的复杂影响，很难从理论上完全预测工程中可能遇到的问题，理论值往往还不能全面而准确地反映工程的各种变化，施工中应根据监测的结果及时调整施工方案及施工流程，充分发挥信息结果对施工的指导作用，避免盲目施工。

由于对周边保护建筑影响最大的是基础开挖阶段，因此紧跟每层开挖及支撑的进展，对地下连续墙变形和土层位移进行监测，并设置监测报警值。本工程根据前述的环境保护要求，确定了基坑工程本身的有关报警值：地下连续墙变形报警值为30mm，坑外水位下降的报警值为300mm；监测频率为1次/2d。施工中及时根据各项监测项目在各工序的变形量及变形速率的警戒数值进行控制，用于指导施工作业。如有报警按实际情况则进一步加强监测，提高监测频率。

4.4.5.3 一柱一桩施工技术

1. 气囊法调垂

钢格构柱制作偏差应控制在2mm以内。安装格构柱应采用定位操作平台（图4-38），操作平台制作内径及垂直度偏差要求控制在2mm以内。用吊机将操作平台吊就位，由两台垂直方向经纬仪确定平台导向架中心位置及方向，如有偏差对导向架进纠正。

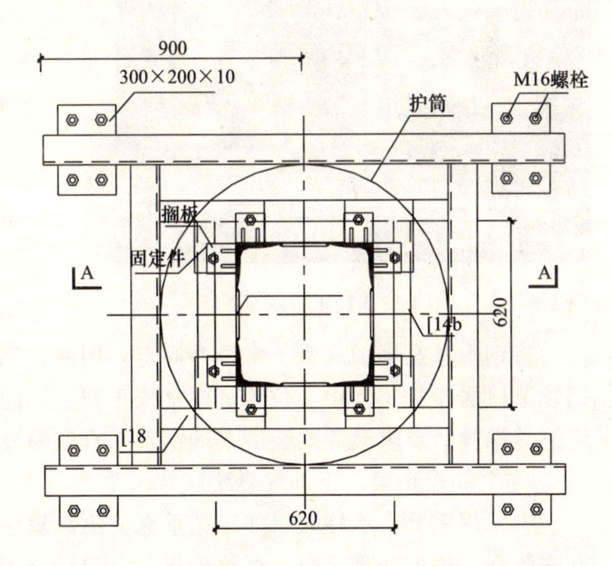

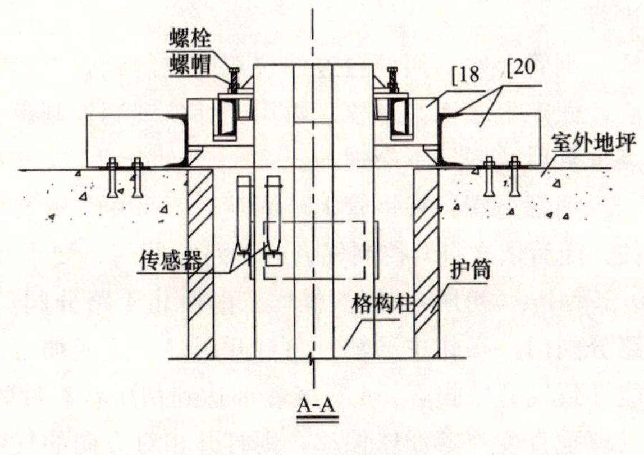

图4-38 定位操作平台

钢格构柱吊直后安装测斜装置，用经纬仪及底部控制缆校正钢格构柱垂直度。然后慢慢吊入钢格构柱定位导向孔内。

气囊法格构柱的自动调垂系统主要有：传感器、电脑及程序、空压机、气囊、压电磁气筏等组成。

将气囊和进气管绑扎固定在钢丝绳上，气囊中心要在格构柱缀板中心。每根钢立柱4组气囊，2组1对，分别控制 x、y 方向的倾斜度。气囊布置在地下10m处，为防充气时2对气囊的相互影响，两对气囊应上下错开设置。在钢立柱下放安装前，用胶带将气囊捆绑收紧。气囊外需要包一层纸，避免胶带粘住气囊，使充气时膨胀受阻。在气囊下的缀板处焊接2寸弯管，用于钢丝绳穿过。钢丝绳与气囊连接，一端夹固于地面固定端，另一端钢丝绳需留出一定长度，并用U形夹卡固，用于回收及更换气囊。

在正式使用前，须对传感器进行调试。在起吊格构柱时，采用两台经纬仪在两个垂直方向校核，控制格构柱的垂直度，使之垂直，此时测出对应传感器的初始读数，以此数据作为传感器的初始值。

将操作平台就位纠正加固后，由操作平台导向孔将钢格构柱吊入，吊至预定标高后，在格构柱上口侧面焊接 4 块长 100mm 的∟50×50×5 角钢，固定在操作平台主龙骨上。

校正时，首先由垂直传感器将钢格构柱的偏斜信息送入电脑由程序进行分析，然后打开倾斜方向的气囊进行充气并推动钢格构柱下部向纠偏方向运动，当格构柱达到规定的垂直度范围后，电脑及程序即指令关闭气阀停止充气，并停止推动格构柱。格构柱的下部四面设有 4 套气囊及相应的气阀与传感器，可对两个方向的垂直度同时进行控制。

待灌注桩的混凝土初凝后即可拔除气囊，24h 后可拆除导向架。

2. 校正架调垂

校正架（图 4-39）调垂方法是在钢管顶加长或设置一段工具柱，使钢管柱顶的加长段（或工具柱）的底部中心与桩位的中心重合，通过校正架对钢管柱加长段（或工具柱）顶端进行校正。格构柱的定位用辅助底盘上标出的纵横标志直接确定。辅助底盘的则水平度采用水平尺进行纵横方向的校正，并用枕木来垫平。辅助底盘平面位置与水平位置自检无误后，用钢管或钢筋将辅助底盘四个角进行固定。

图 4-39 校正架示意图

钢管校正架必须有足够的刚度并且高度不小于 3m。将钢管校正架与辅助底盘连接牢固，校正架本身垂直度应由两台经纬仪控制。

钢管吊装可用 35t 汽车吊和 15t 汽车吊双机抬吊，空中回直的施工方法，钢管吊入校正架后应立即进行校正固定。在钢管露出地面的 2m 范围内弹出竖直线，并作出明显标志，在钢管＋0.5m 标高处弹出水平线。

将钢管柱在辅助底盘上定位并固定，用两台经纬仪双向控制钢管上端的垂直度，使安放好的钢管上口居于校正架中心位置。调整校正架上端的四只螺栓进行校正，待上、下两点垂直后，固定下端螺栓。要求最后安装后上端钢管垂直度偏差小于 2mm。

3. 上部校正架、下部气囊法联合调垂

当采用钢管支承柱时，如成孔垂直度不甚理想，单靠校正架调垂有一定难度，可以采用联合方法调垂。辅助底盘定位、钢管校正架定位等均与校正架调垂法相同，但钢管的调垂从两方面进行。

钢管上端：用两台经纬仪双向控制钢管上段的垂直度，使安放好的钢管上口居于立柱桩的中心，固定上端四只螺栓。再用经纬仪观测控制钢管的垂直度，调节两对螺栓进行校正，待上下两点垂直后，固定下端螺栓。

钢管下端：待钢管上端固定后，采用气囊装置进行钢管下端纠正固定。首先打开空压机总开关，随后依次打开控制气囊的 4 路分阀门，要求每只分阀门逐渐开大，使气压循序加压到 0.15～0.17MPa（初压），依次操作东南西北 4 路分阀门，使 4 个气囊内都达到初压状态，然后关闭 4 路分阀门。操作中严禁过急打开阀门，造成加压过快，导致气囊内初压过大，超过 0.2MPa 有可能导致气囊壁损坏。4 只气囊都达到初压状态后，通过钢管上口定位装置观测钢管偏斜程度，如发现垂直度观察浮球偏移，则打开相对方向的气囊分阀门，逐渐加压至 0.2MPa，在加压过程应跟踪观测，如钢管达到垂直度要求后即停止加压。如气囊加压至 0.2MPa，钢管仍旧偏斜，则也停止加压。打开另一侧气囊放气阀门直至钢管垂直，关闭放气阀门。

4. 顶部调节螺栓调垂

当钻孔灌注桩的成孔垂直度良好，格构柱初步就位后，其垂直度已接近控制要求，可不必再采用气囊法调垂。此时，格构柱上部采用8个螺栓固定在固定件上，利用这8个螺栓进行微调垂直度。具体做法为，测量出格构柱偏差度，如格构柱下部向一侧倾斜，则通过调节倾斜方向的4个（两对）螺栓，调整下部的垂直度。如格构柱下部两个相邻方向均发生倾斜，则先调整一个方向的垂直度，然后再调整另一个方向的垂直度。

5. 一柱一桩的混凝土浇筑

立柱桩的混凝土浇筑均采用导管法，浇筑混凝土后拔除导管速度要慢且轻，不得撞击格构柱、钢管柱，如发生立柱的垂直度偏差应随时纠正。浇筑混凝土后待灌注桩有一定强度后拔除导向平台及气囊。回填素土或砂石。加强保护防止意外撞击造成钢立柱的变形。

灌注桩混凝土浇筑的最后阶段，应用测绳测量混凝土面高度，混凝土浇筑将进入支承柱位置时应特别注意保证格构柱的垂直，因此，浇筑支承柱区段混凝土时应减慢浇筑速度。

4.4.5.4 节点施工技术

1. 地下连续墙与结构的连接

在制作地下连续墙钢筋笼时，在主体结构的梁板标高处的预埋钢筋应加以弯折，待基坑挖土至梁板标高处，将预埋钢筋再反弯扳直，与主体结构的梁板内钢筋连接。施工中不宜采用烘弯扳直方法，烘弯扳直会影响钢筋的物理力学性能。

由于底板的钢筋直径较大，地下连续墙底板标高处的钢筋连接通常采用预埋螺纹连接接头，挖土至此标高后与底板钢筋直接进行螺纹连接，此时，螺纹接头定位要求高。

2. 墙、柱、梁节点设计

墙、柱、梁节点主要解决钢筋如何穿过中间支承柱或与中间支承柱连接的问题，保证在支承柱外混凝土施工完成后，节点质量和内力分布与设计要求一致。

在梁钢筋通过中间支撑桩处，可在支承柱上钻孔，将钢筋穿过。它适用于型钢柱及格构式钢柱。其优点是节点简单、柱梁接头混凝土浇筑质量好；缺点是在支承柱上钻孔削弱了截面，使承载力降低。

另一类连接节点是在梁、板钢筋穿过位置焊上传力钢板，再将梁钢筋焊在钢板上，从而达到传力作用。这种节点适用于钢管及钢管混凝土柱，型钢柱、格构式钢柱也可用此节点。它的优点是节点传力明确；缺点是材料消耗多，电焊量大，容易与钢筋施工相互影响。

3. 地下室竖向墙、柱混凝土浇筑

逆作法每层的竖向结构都分两次浇筑。第一次在逆作施工阶段，通常浇筑到梁底或梁底以下500mm左右，待底板完成后，由下至上浇筑顺作进行第二次剩余竖向结构的混凝土浇筑。两次浇筑使接缝处较难处理，易形成缝隙，以便在第二次浇筑后采用注浆措施。

4.4.6 实施效果

本工程在挖土工况施工结束后，坑外土体累计最大水平变形和沉降均在控制范围之内，坑外地下水位累计最大变化130mm。周边8幢建筑没有明显变形。基坑监测的最终结果如下：

地下连续墙水平最大位移：38.3mm

地下连续墙沉降最大位移：22mm

差异沉降最大值：27mm

基坑回弹最大值：12mm

道路最大沉降：28.72mm

管线最大沉降：29.04mm

周边建筑最大沉降：42.4mm

周围重点保护的建筑物的变形：

三井洋行大楼：42.4mm

华东建筑设计研究院大楼：28.2mm

交通银行大楼：37.2mm

整个施工期间周边道路和管线都没有出现异常情况，达到了预计的环境控制要求。

施工过程主要控制项目实际状况如下：

钢管柱垂直偏差：1‰～2‰

格构柱垂直偏差：1‰～3‰

120 根支承柱的垂直度全部达到设计要求。

由于本工程处于保护建筑群之中，根据工程的特点及现场的实际情况，采用了逆作法工艺、地下连续墙“两墙合一”、坑外深层搅拌桩加树根桩挡土与止水、坑内土体深搅加固、深井降水和信息化监测等多项技术，另外，加强了地下施工前的预防控制与施工中的监测。从现场监测的数据和实际施工效果可以看出：兴业大厦的深基坑施工中，上述多项环境控制技术的应用是成功的，对周边建筑群和道路管线的保护是有效的。

4.5 上海城市规划展示馆通道工程

上海城市规划展示馆位于人民大道、西藏路路口，西侧紧靠市政府大楼副楼，其南侧为人民大道，北临人民公园，东侧与地铁一号线相连。工程地下室共两层，在城市规划展示馆地下一层与人民广场地铁车站之间，需建造一地铁连接通道，将城市规划展示馆与地铁车站相连接。

本工程一柱一桩由 44 根钢管混凝土柱组成，插入钻孔灌注桩内，内灌 C60 混凝土，直接作为今后地下室的结构柱。因此对钢管柱与钻孔灌注桩的垂直度要求很高。

此外，地下通道周边环境非常复杂，在通道南侧紧贴通道有根通向市府方向的军用电缆，最近处离通道仅 1m，在军用电缆外侧密布着电力、电话电缆、煤气以及上水管等多种管线，在通道下方垂直通道方向是运行中的地铁隧道，隧道离地铁通道最近处距离仅 180mm，在地铁通道顶高出顶板 450mm 处有一外包 1350mm×570mm 素混凝土结构的 11 万 V 电缆垂直通过通道，在通道内近展示馆处一根 ϕ700 上水直穿通道，通道处原为地下人防，由于当初人防未完全拆除，故在此处障碍物极多，施工相当困难。

出于对运行地铁隧道安全的考虑，地铁公司提出了允许地铁隧道隆起 8mm、隧道径向收敛允许值 10mm 的严格要求，这一变形要求非常严格，对施工也极具挑战。

4.5.1 工程概况

上海城市规划展示馆位于人民大道、西藏路路口，建成后主要向观众介绍上海城市的发展以及规划、树立上海对外开放的国际性大都市形象。工程地下室共两层，其地下一层为美食街，在城市规划展示馆地下一层与人民广场地铁车站之间，需建造一地铁连接通道，将城市规划展示馆与地铁车站相连接，进一步便利展示馆与外界的联系。

通道采用钢筋混凝土结构，总长 20m，顶板水平，顶标高－3.05m，底板倾斜，通道净高度为 3～3.66m，顶板、侧墙以及底板均厚 600mm。

4.5.2 环境概况

通道周边环境非常复杂，在通道南侧紧贴通道有根通向市府方向的军用电缆，最近处离通道仅1m，在军用电缆外侧密布着电力、电话电缆、煤气以及上水管等多种管线，在通道下方垂直通道方向是运行中的地铁隧道，隧道离地铁通道最近处距离仅180mm，在地铁通道顶高出顶板450mm有一外包1350mm×570mm素混凝土结构的11万V电缆垂直通过通道，在通道内近展示馆处一根ϕ700上水直穿通道，通道处原为地下人防，由于当初人防未完全拆除，故在此处障碍物极多，施工相当困难。

4.5.3 工程地质情况

本工程地下水属潜水类型，地下水位较高，埋深为0.9～1.6m，对混凝土无侵蚀性。支护结构进入⑤-2层土，场地与支护结构有关的土层自上而下分为5层，工程力学指标见表4-3。

工程场地土层的物理力学指标 表4-3

序　号	土层名称	土层厚度（m）	含水量 w(%)	密度 ρ(kN/m^3)	内聚力 c(kPa)	内摩擦角 φ(°)
1	杂填土	1.5				
2	黄粉质黏土	1.8	31.4	18.8	13	15.4
3	淤泥质粉质黏土	4.0	41.2	17.8	10	12.7
4	灰色淤泥质黏土	10.0	48.6	17.2	10	8.8
⑤-1	灰色粉质黏土	5.0	37.6	18.0	11	12.1
⑤-2	灰绿色粉质黏土	16.5	34.2	18.3	10	14.6

4.5.4 工程难点

4.5.4.1 围护桩较浅，局部甚至未达到挖土深度

由于通道下方地铁隧道的存在，使得靠近隧道部位两侧的树根桩、高压旋喷桩以及通道位于隧道顶部上方的部分坑内加固的高压旋喷桩仅能施工至－7.60m标高，这一标高已高于此部位的挖土深度，因此，当开挖至围护桩标高下方的土体时，一方面由于无侧向围护，在土压力的作用下，此部位的土体位移不易控制，另一方面，缺少了围护桩，此部位的防水将无法解决，从而会因基坑漏水而对整个基坑的稳定、安全施工威胁。

4.5.4.2 以高压旋喷桩土体加固替代侧向树根桩

由于一根11万V电缆、ϕ700上水管横穿通道上方，造成在11万V电缆及ϕ700上水管位置处树根桩无法施工，为了弥补这个支护结构的空缺，在11万V电缆电缆的两侧，各施工了3排直径ϕ2000的高压旋喷桩侧向围护，虽然如此，但由于高压旋喷桩质量离散性较大，其侧向受力能力较差，挖土至此部位时仍有可能产生危险。

4.5.4.3 地铁连接通道与地铁隧道的超近距离施工

在地铁连接通道中部，通道与地铁隧道的最小距离仅有180mm，当挖土挖至此部位时，上部土体不能起发挥受力的作用，另外在此部位上部的基坑加固（高压旋喷桩）以及侧向围护桩仅施工至－7.6m标高，如何解决此部位的漏水问题也至关重要。

4.5.4.4　严格的变形要求

出于对运行地铁隧道安全的考虑，地铁公司提出了允许地铁隧道隆起 8mm、隧道径向收缩允许值 10mm 的严格要求，由于在通道施工前隧道隆起值已达到 5.1mm，实际在通道施工期间隧道隆起值仅允许隆起 2.9mm，而实际状况即使通道未施工时隧道也受到振动影响，仍有轻微的变形发生。因而这一区段的变形控制要求非常严格，对通道施工极具挑战性。

4.5.5　逆作法施工简介

4.5.5.1　施工方案流程

根据该项目的工程特点、为了确保工程施工中不影响 11 万 V 电缆和地铁隧道的安全，此处采用“两明一暗”的逆作法施工工艺进行施工，先在隧道顶部施工暗挖部分顶板，将顶板与两侧树根桩进行锚固，然后从通道的两端开始明挖方法，至通道中部开始暗挖土，边挖土边架设钢支撑，既防止基坑侧向变形的增加，同时也防止基坑底部地铁隧道的拱起从而危及地铁隧道的安全。

4.5.5.2　围护方案

通道两侧采用 2 排 ϕ350 树根桩作为侧向支护结构，桩长根据位置而变化。在树根桩外侧采用一排 ϕ1500 高压旋喷桩作为防水帷幕，其中在 11 万 V 电缆处，由于树根桩无法施工，在此部位采用 3 排各 2 根 ϕ2000 高压旋喷桩进行加固，在树根桩之间以及树根桩与高压旋喷桩之间采用压密注浆进行加固，如图 4-40、图 4-41 所示。在通道内部距地铁隧道 2m 平行于地铁隧道处各施工 2 排 ϕ350 树根桩，作为对地铁隧道的保护桩，同时也作为底板的锚桩。由于通道处于隧道上方，通道若内进行降水将改变隧道周围的水压力，引起隧道的变形，因此，在隧道内采用高压旋喷桩进行土体加固，其中隧道顶部加固标高为－7.6～－4.6m，其他处标高为－9.6～－7.6m，以解决侧向围护桩长度不足造成受力不利以及坑内降水的问题。

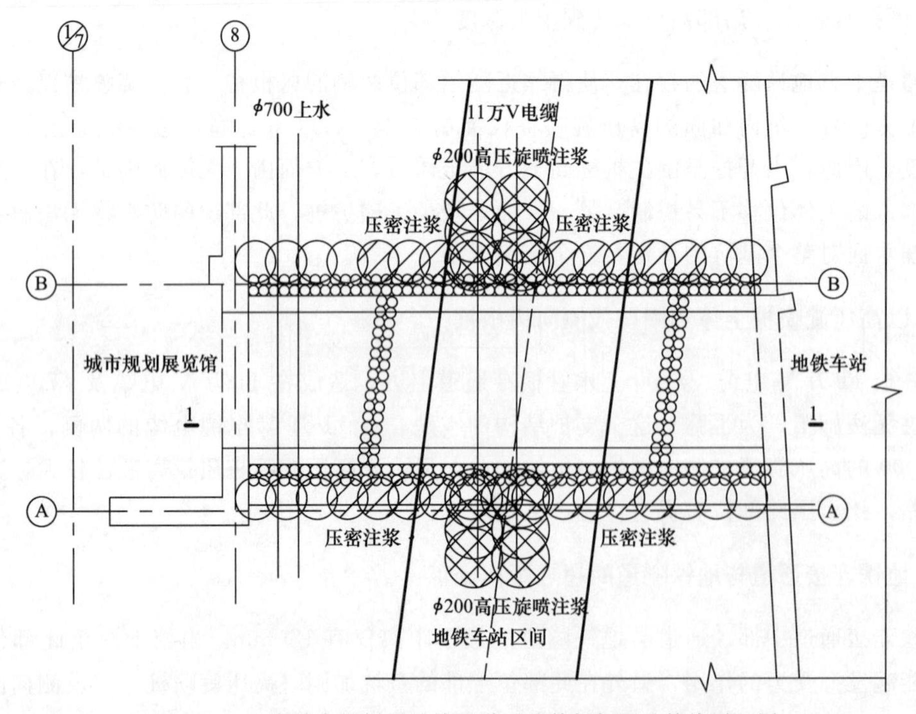

图 4-40　上海城市规划展示馆通道基坑外侧加固及管线平面图

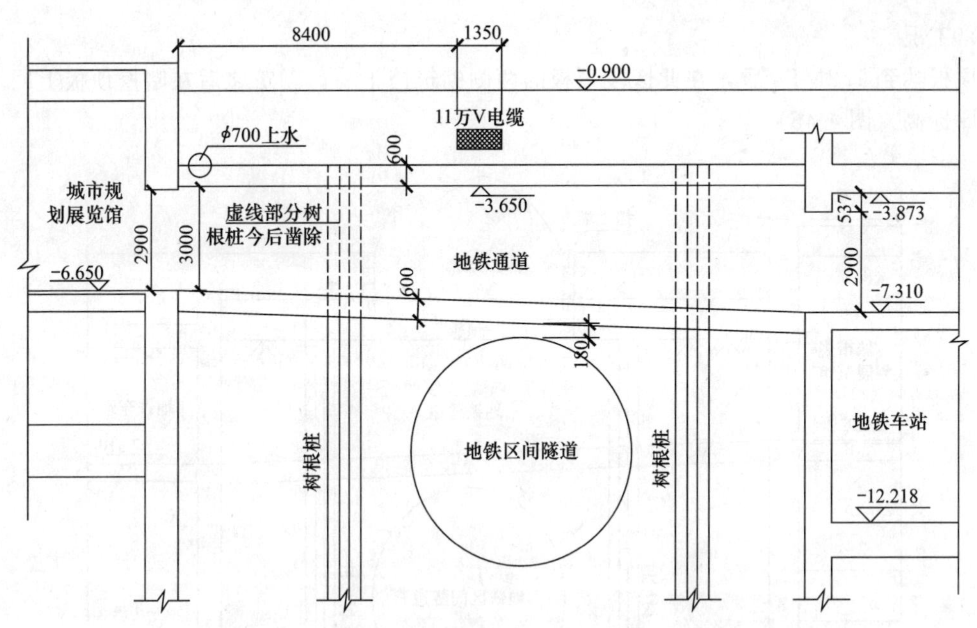

图 4-41　上海城市规划展示馆通道基坑支护结构剖面图

4.5.5.3　施工工况

1. 挖土前的准备工作

挖土前应检查围护桩桩身强度是否达到设计要求强度，保证施工机械进出场道路通畅和场地排水系统贯通，探明场地周边地下管线情况，落实卸土点，做好监测初始记录等准备工作。

2. 挖土工况

(1) 工况一

在确保周边环境安全的前提下，第一层土方采用“盆式”明挖，按照1∶1放坡将通道顶部1/3长度（8m）范围的土方予以挖除，开挖至顶板底，之后迅速浇筑100mm厚C20混凝土垫层，施工该区段的顶板及顶圈梁。顶板混凝土采用C35抗渗P6预拌混凝土，侧墙板预留出钢筋，预留长度满足10*d*（双面焊5*d*）。顶板上侧墙位置预埋φ150防水套管预留浇灌孔，间距800mm，以便今后浇筑侧墙混凝土（图4-42）。

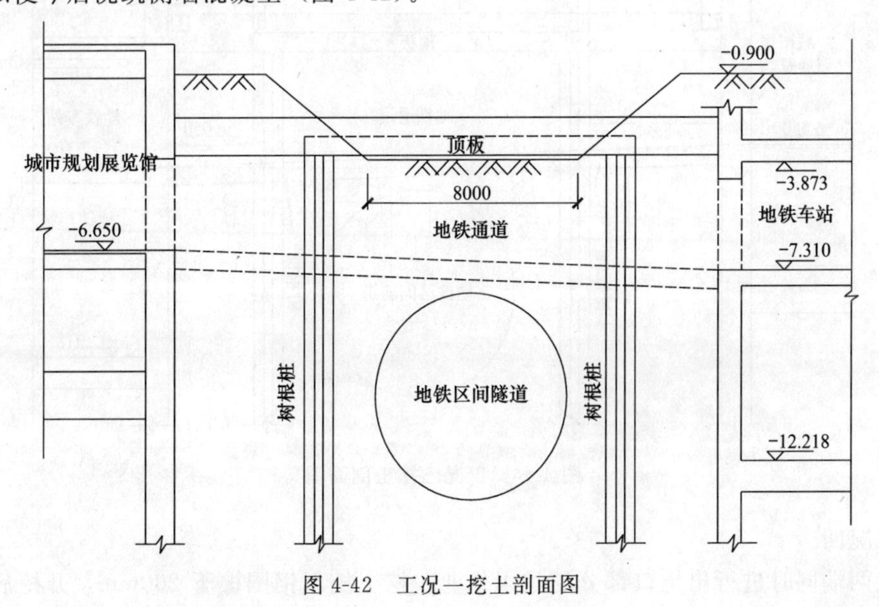

图 4-42　工况一挖土剖面图

(2) 工况二

待顶板达到1.2MPa后，在此区段顶板的两侧砌筑挡土墙，砌筑之后在暗挖顶板上回填土至室外地坪标高（图4-43）。

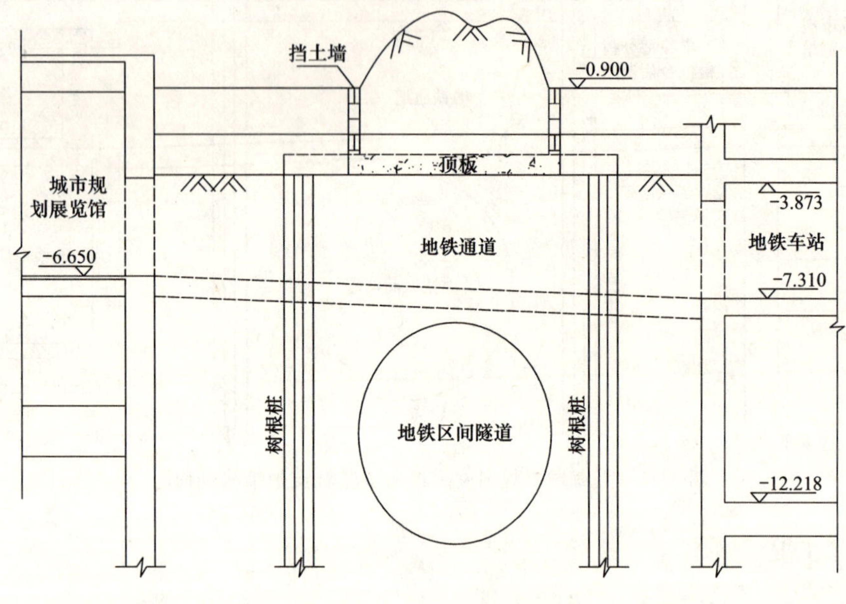

图4-43 工况二挖土剖面图

(3) 工况三

挖除已浇筑好顶板两侧的土体至顶板底，浇筑暗挖区段的垫层，随即施工两侧的顶圈梁以及暗挖部分剩余的顶板，待顶圈梁混凝土达到75%设计强度后，在顶圈梁端部各架设1根H400钢支撑，以防止顶圈梁受力后，端部产生较大位移。在暗挖区段顶板的两端砌筑挡土墙，并回填土至室外地坪标高（图4-44）。

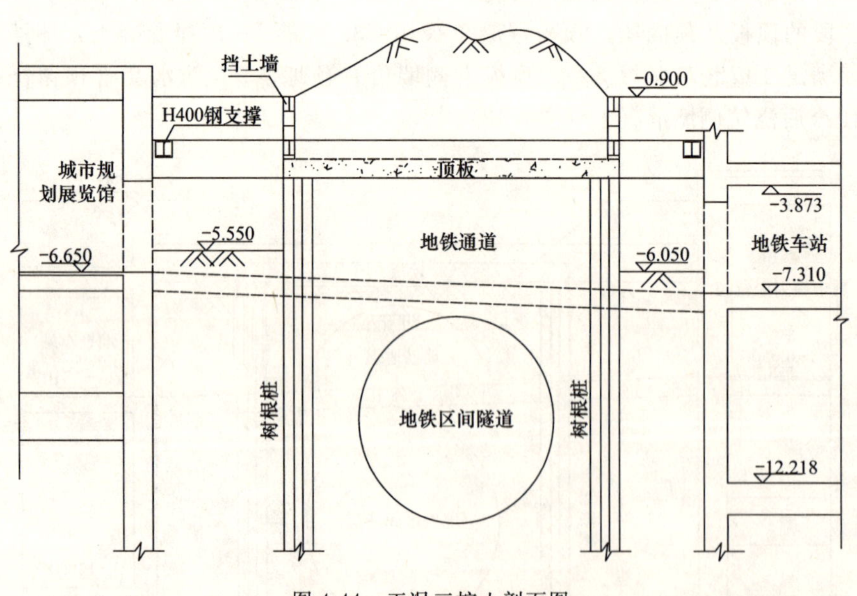

图4-44 工况三挖土剖面图

(4) 工况四

在通道两端同时进行出土口部分的挖土作业，挖土挖至钢围檩下200mm，开挖后随即安装

H400 型钢围檩。通过钢围檩来支撑地下连续墙以及树根桩，防止产生较大侧向变形从而影响基坑稳定（图 4-45）。

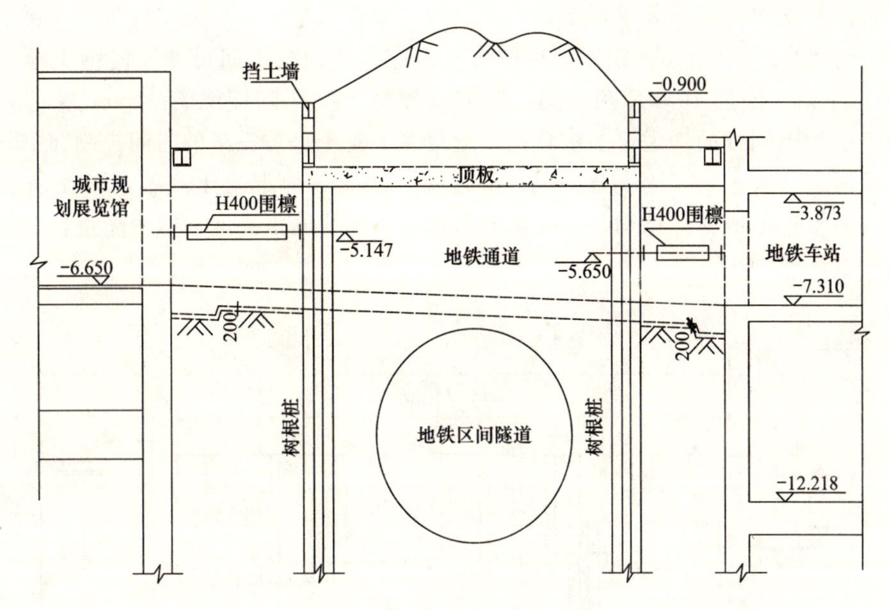

图 4-45 工况四挖土剖面图

(5) 工况五

待钢围檩架设完毕之后，继续进行出土口部分的挖土，挖土至底板底 200mm，随即浇筑混凝土垫层。由于此时挖土深度已经达到 7～8m，为防止两侧围护墙变形加大，及时架设了支撑。并在此区段采用了 C50 厚度 200mm 的加厚混凝土垫层，以便发挥垫层的支撑作用，减少侧向变形。待垫层达到 1.2MPa 后，施工出土口明挖土部分的底板。与此同时，展示馆及地铁车站处地下连续墙开始凿除工作（图 4-46）。

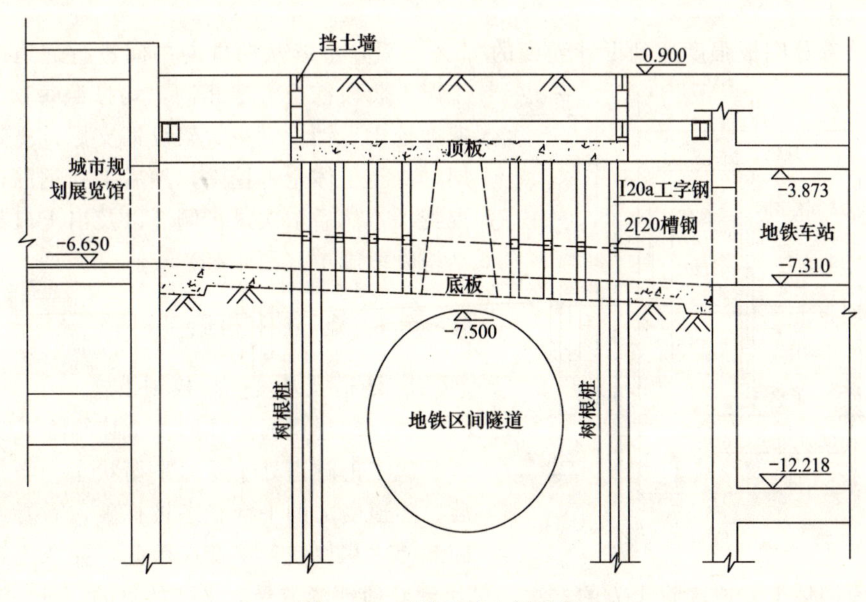

图 4-46 工况五挖土剖面图

(6) 工况六

树根桩凿除完毕后，开始进行暗挖区段挖土。暗挖区段由东西两侧同时向中间部分进行挖土。挖土每次推进1m，每1m土体分两次挖除，先挖土至水平支撑下方，钢围檩（2［20a槽钢）随之贯通，并及时施工水平支撑（2［20a槽钢）。考虑土体具有随时间增长而变形加大的特征，从挖土至设置水平支撑的时间要求控制在12h以内。架设水平支撑后，继续挖除下部土体，并随即铺设800mm×800mm×16mm钢板，在钢板与暗挖部分顶板之间设置竖向钢支撑，竖向钢支撑采用I20a工字钢，施加100kN预应力。竖向支撑施工完毕随即浇筑90mm厚C25混凝土垫层。基于与上层挖土同样的考虑，要求自挖土至浇筑混凝土垫层完毕的时间控制在12h以内。按照此方式，从两端依次挖进，至每侧挖完4m之后，浇筑两侧混凝土底板，以便使底板与钢支撑、顶板以及树根桩形成整体结构，承受侧向荷载。为加快施工进度，减少隧道以及侧向树根桩的变形，底板混凝土均提高至C50（图4-47）。

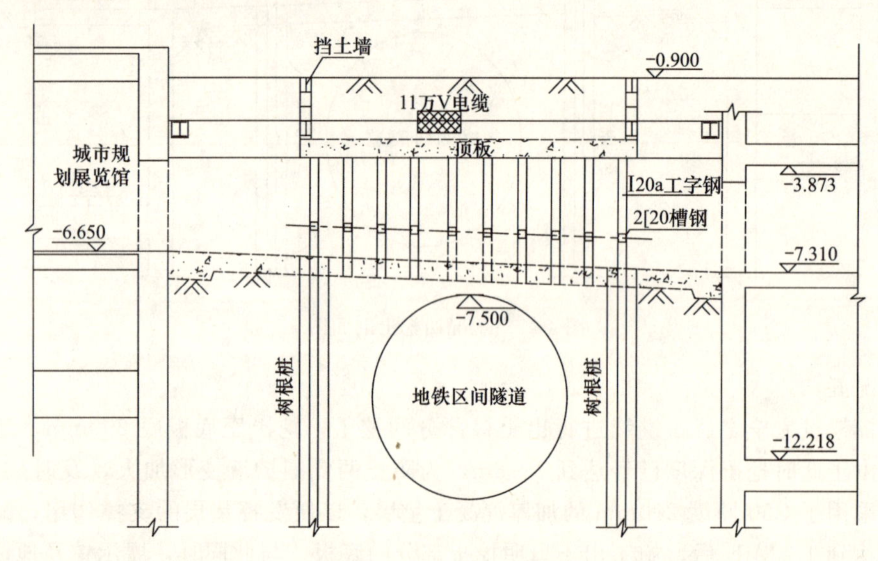

图4-47 工况六挖土剖面图

（7）工况七

待新浇筑部分底板强度达到设计强度的75%之后，继续从两端向中间进行通道暗挖土，与工况五阶段挖土方法相同，均按照每次1m的挖进速度挖土、铺设钢板、架设钢支撑、浇筑混凝土垫层，直至土体全部挖除，然后绑扎钢筋，浇筑底板混凝土，然后依次进行侧墙以及出土口部分顶板的结构阶段施工（图4-48）。

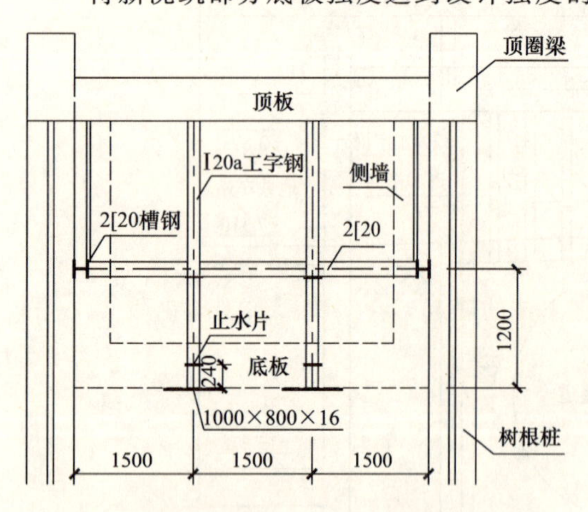

图4-48 工况七挖土剖面图

4.5.5.4 施工控制措施

1. 隧道及基坑变形控制措施

（1）通过在通道顶回填土控制隧道变形

施工前隧道处于受力平衡状态，当土体开挖之后，隧道受力的平衡状态被打破，需要通过加载或卸载使之尽快恢复平衡。因此，在挖土过程中，通过在通道顶面回填土方或卸除土方的方法，以达到对地铁隧道受力平衡的目的，进一步对地铁隧道的变形进行控制。

通道上部第一次开挖过程中，到浇筑顶板混凝土时（1999年4月10日），隧道顶离通道最近的沉降观测点D7隆起值为0.95mm、D8隆起值为1.14mm、D9隆起值为0.9mm，浇筑混凝土之后，随即进行了土体回填，至回填结束（同年4月11日）D7、D8、D9隆起值分别恢复至0.5mm、0.55mm、0.37mm；随着挖土工作的推进，隧道上方的堆土也越来越多，从1999年5月10日开始，D7～D9点开始持续沉降，沉降速度多达0.71mm/d，监测数据也表明，地铁隧道呈现明显的椭圆形，针对于此，施工中卸去了通道顶部部分土体，隧道沉降速度明显改善，取得了良好的结果。

(2) 通过架设竖向支撑和施加预应力控制隧道变形

当挖土打破了隧道的受力平衡之后，隧道开始上浮，随着土体的逐渐挖除，土体对隧道的浮力平衡作用大大被削弱，在这种情况下，通过在通道内部架设竖直向支撑，并在竖直向支撑底部铺设大面积钢板，随即浇筑混凝土垫层，并分段浇筑底板，使支撑在通道内部与顶板及树根桩形成整体，以此将隧道的上浮力由支撑传递至顶板，由顶板传递至树根桩，从而保证隧道的受力平衡。

施工中，对隧道的上浮力进行了测算：隧道原处于受力平衡状态，故通道处所有挖除土方的重量，即为隧道所受到上浮力。根据这一指导思想，将开挖的土方总重量平均分配到每根竖向支撑之上，对每根竖向支撑预加100kN预应力，以减少隧道的变形，经实践证实，竖向支撑并施加预应力用于控制隧道变形的效果良好。

(3) 充分利用土体的时空效应控制隧道变形

土体是一种弹塑性体，土体受荷或卸荷后会产生变形，其变形会随时间而不断变化，此外，土方开挖量也直接影响周边土体的变形，即土的时空效应。根据土体的这一特性，要求在通道施工期间，利用时空效应，采用分段开挖方法。每次挖土控制在一定范围，挖土推进1m，包括支撑架设、浇筑垫层，都必须控制在24h以内完成，避免因时间的延长而引起隧道变形的进一步增加。本工程在暗挖土刚开始阶段，由于操作的不熟练，地下障碍物较多等因素，每次挖进1m土的时间在40h左右，隧道的变形也相对比较大，之后，随着熟练程度的增加和施工组织的调整，基本实现了每挖进1m土的总时间在24h以内，利用时空效应，按照分段开挖、快速形成支撑的施工方法，隧道变形明显减小。

(4) 做好信息化施工，确保隧道安全

施工中对隧道的沉降变形、径向变形、整体偏移、坑外的水位、基坑的侧向变形以及其他管线的变形进行了实时监测，根据监测结果，及时进行分析，并根据分析结果及时采取相应措施对隧道变形进行调控，确保了隧道的安全。

(5) 其他施工措施

由于地铁隧道的存在，造成围护桩及基坑内的土体加固深度受限，仅达－7.60m，而挖土最低处标高为－8.30m，在坑底未加固部位挖土时，坑底土含水率很高，非常潮湿，对此，采用了干水泥满铺吸水的方法，以保证土体处于较为干燥状态，便于土方施工，并可提高土体的强度。满铺干水泥之后，马上将钢板满铺在基坑底，防止坑底土体的隆起，再用快凝快硬硫铝酸盐水泥施工垫层，尽快将坑底土体压住。

在通道施工进入最后挖土阶段，由于土体逐渐被挖除，中间留土宽度越来越窄，而这部分土体所受压力越来越大，因此，每次挖土结束后均从侧面对此部分土体进行支撑，即保证土体有效传递荷载，防止土体塌方，危及操作人员的安全，有效保证通道内的安全作业。

(6) 施工管理措施

在技术上进行把关的同时，工程中大力加强施工管理。在施工之前，在技术上进行详细的交底，明确技术要求，并根据不同的工序、节点编制具体的施工作业指导书，做到施工方案人人明白，并在管理上落实到个人分工及相应的责任，切实有效地将方案落到实处，保证方案能得到认真执行。当施工中遇到疑难问题或与方案不符之处，及时反馈给技术部门，技术部门根据反馈情况及监测数据，认真分析，并据此对方案进行局部调整。通过这样的管理方式，从体制上保证通道施工始终处于可控状态。

2. 电缆、水管的保护措施

由于11万V电缆和ϕ700上水管处于第一次明开挖的标高之上，如果直接挖除土体而对电缆、水管不采取保护措施，将会直接威胁到电缆及水管的安全，因此，在挖土前，先应做好ϕ700上水管的搬迁工作，在挖土过程中将11万V电缆妥善保护。

为了确保11万V电缆的安全，对11万V电缆采用钢桁架进行加固。在挖土之前，先在支护桩的桩顶挖土，挖至树根桩桩顶，在树根桩上接出混凝土支座，接至标高－1.60m，并在支座顶面设置500mm×500mm×20mm预埋件，以便固定桁架。桁架上弦采用H300型钢，下弦杆和腹杆采用双拼［16号槽钢。待混凝土支座完成后，将此部分土回填、夯实，开始进行通道顶部的挖土工作。通道顶部除11万V电缆下方全部挖土挖至标高－3.85m，电缆下方挖土挖至标高－2.60m，即电缆的底标高。将桁架固定在两端支座上，与混凝土支座上的预埋件焊接固定。当桁架固定好之后开始进行电缆下方的挖土。电缆下方挖土采用抽条开挖，每1m抽一挖土条，挖完之后即用双拼［16号槽钢将电缆井托起，并用螺栓将槽钢与钢桁架连接固定。按照此方式，依次挖进，直至将电缆井下方的土体全部挖除。型钢全部架设完毕之后，开始通道暗挖区段顶板的施工。

3. 照明通风措施

在暗挖区段开始挖土时，随着挖土工作的进行，立即安装地下照明和排风设备，以保证施工中的照明和通风要求。

地下照明采用防爆、防潮，亮度大的照明灯具。随着挖土方向灯具及时跟进安装。电线布置需穿钢管，加以保护。

逆作法施工时利用明挖部分的留孔作通风采光用，在施工时根据操作面大小安装大功率轴流风扇用于排风，使地上地下空气形成对流，保持空气新鲜，确保施工人员身体健康。

4.5.6 实施效果

在上海城市规划展示馆地铁连接通道的整个施工过程中，地铁隧道累计最大隆起值为1.05mm，最大直径收缩值为3.95mm，管线的最大沉降为2.9mm，围护桩测斜最大变形值为1.6mm。施工中地铁隧道及周边管线的变形都非常小，完全符合原定标准，确保了地铁隧道以及周边管线的安全，施工取得了圆满的成功。

随着地铁的不断兴建，地铁区域的作业也将越来越多，上海城市规划展示馆地铁通道的逆作法施工技术在垂直跨越地铁隧道的工程中具有相当的示范意义，不失为一种具有使用和推广价值的施工技术。

4.6 上海轨道交通7号线零陵路车站工程

4.6.1 工程概况

4.6.1.1 整体概况

上海市轨道交通7号线从市区的西北部穿越市中心城区至浦东的西南地区（龙阳路），途经宝山区、普陀区、静安区、徐汇区和浦东新区，线路全长35km，共设28车站。

零陵路站位于徐汇区东安路、零陵路口，地下3层，设置3个出入口，建成后作为M7线与

M4线的换乘站，成为上海轨道交通枢纽之一（图4-49）。

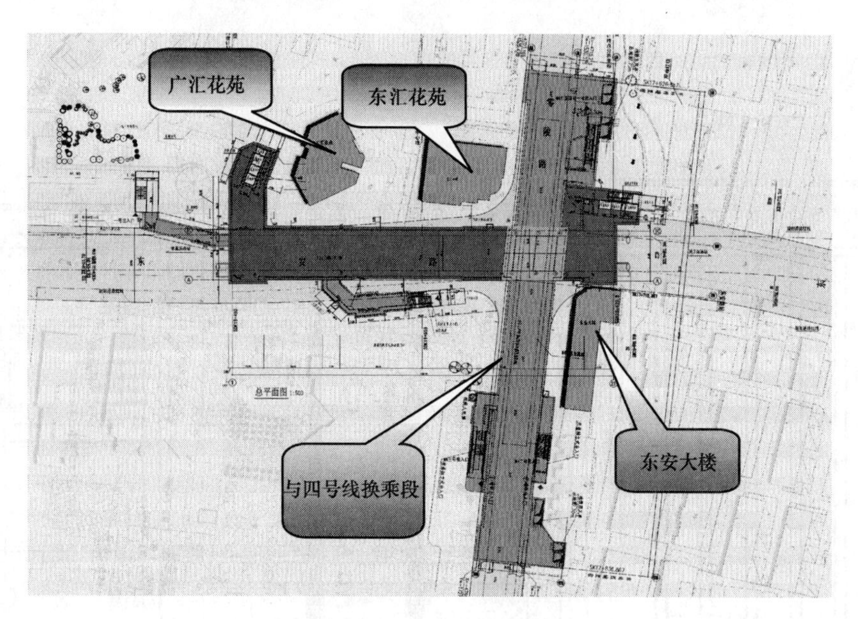

图4-49　工程概况图

该车站全长159.5m，里程为DK19+480～DK19+639.5，站台中心里程为DK19+480。车站总建筑面积约12257m^2，站中心顶板覆土2.699m。工程施工包括南端头井、车站标准段、北端头井、南北风井及3个出入口。

4.6.1.2　水文地质概况

1. 地形地貌

拟建零陵路站场地周围以住宅、医院为主，场地地势较为平坦，地面标高（吴淞高程）一般在3.85～4.69m之间。地貌形态单一，属滨海平原地貌类型。

2. 地基土的构成与特征

经本次详细勘察揭露，本车站地基土在60.40m深度范围内均为第四纪松散沉积物，属第四系滨海平原地基土沉积层，主要由饱和黏性土、粉性土以及砂土组成，一般具有成层分布特点。

勘察成果表明，本车站范围地基土有以下特点：

(1) 浅部以饱和黏性土为主，无粉性土分布，第②层褐黄～灰黄色粉质黏土下为第③$_1$层淤泥质粉质黏土和第④$_1$层淤泥质黏土，其中第③$_1$层中夹较多薄层粉性土。

(2) 第⑤$_1$层土分布较为稳定，上部黏性较重，向下夹较多薄层粉土，划分为⑤$_{1-1}$、⑤$_{1-2}$层两个亚层。

(3) 本车站第⑥层缺失，分布次生土层⑤3、⑤4层。第⑤4层层顶埋深一般为41.50～43.50m，厚度1.30～3.10m。

(4) 第⑦层可划分为⑦$_{1-1}$、⑦$_{1-2}$层两个亚层，其中⑦$_{1-1}$层顶埋深一般为43.5～45.7m；第⑦$_{1-2}$层层顶埋深约为48.0～50.45m。

4.6.1.3　周边建筑物概况

零陵路站周边环境较为复杂，周边建筑物以居民住宅为主，其中东安大楼因紧贴车站南端头井，施工时需重点加以保护的，该楼为18层居民楼，地下1层，基础形式为桩基，桩长为地面以下51m，上部16m配钢筋笼，下部为素混凝土桩（图4-50）。另有广汇花苑、东汇大楼以及运营中的 4 号线东安路站等众多建筑物和构筑物需要保护。

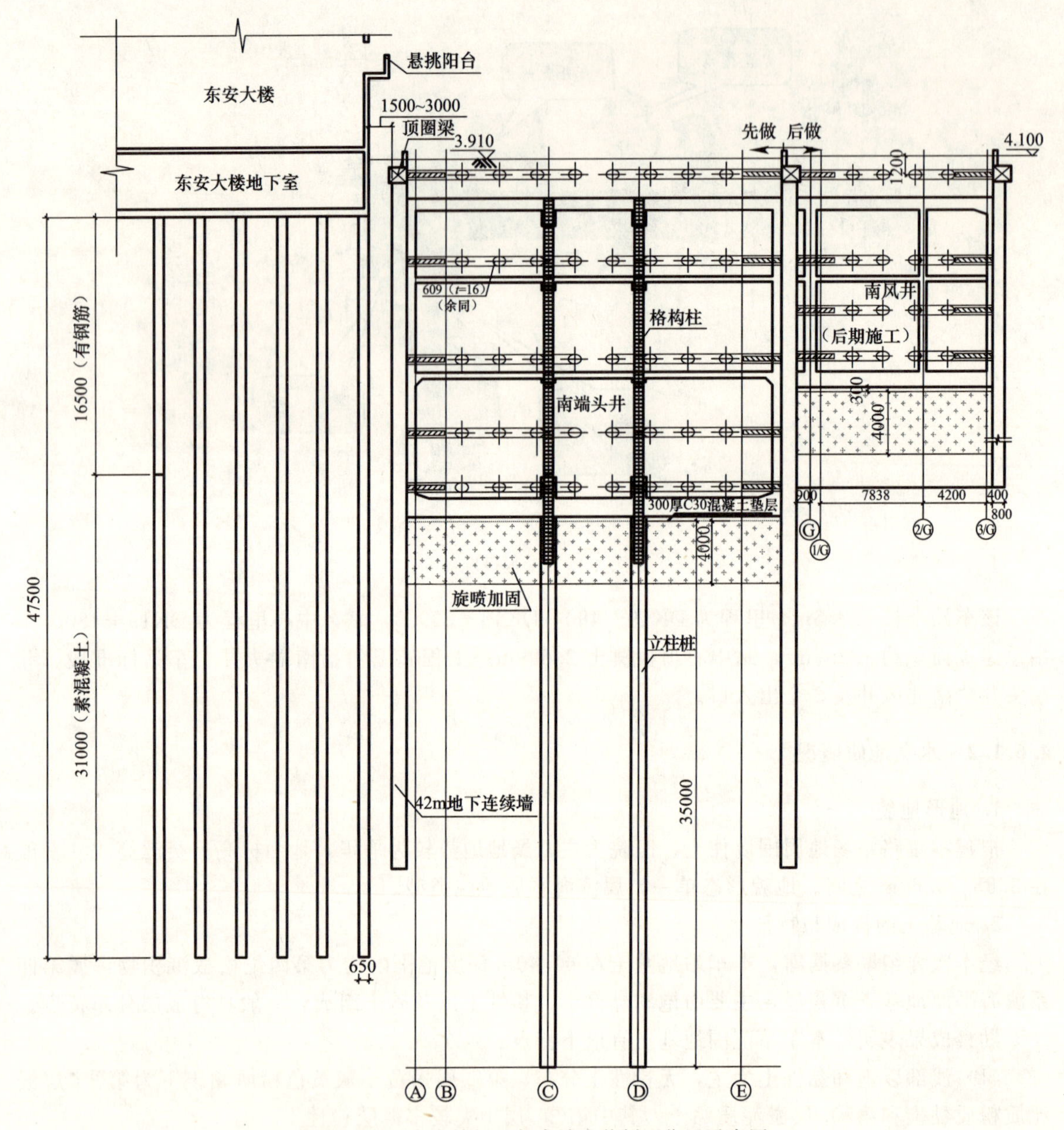

图 4-50 东安大楼桩基与南端头井剖面位置示意图

4.6.1.4 车站结构概况

车站主体为钢筋混凝土双柱三跨 3 层结构，车站长度 159.5m（内净尺寸），标准段宽 19.6m（内净尺寸），标准段结构高度 18.84m，站中心处底板埋深 21.439m；结构顶板厚度为 800mm，上中板厚度为 350mm，下中板厚度为 400mm，标准段底板厚度为 1200mm；南北各有一个端头井，北端头井埋深约 23.4m，南端头井埋深约 23m，两端头井均为盾构调头井（图 4-51）。

4.6.1.5 车站基坑支护概况

车站基坑围护墙采用地下连续墙，北端头井地下连续墙厚度为 1000mm，深度为 42m；南端头井地下连续墙大部分为 1000mm，局部为 1200mm，深度为 42m；标准段地下连续墙厚度为

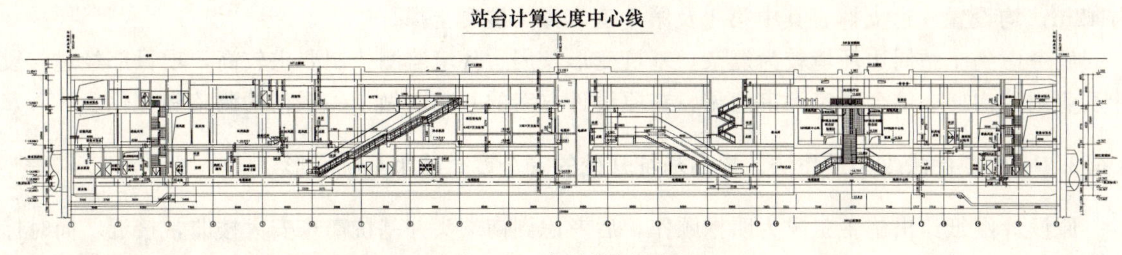

图 4-51 车站纵剖面图

1000mm，深度均为40m。基坑土方开挖时，结合逆作结构施工，除北端头井为6道钢支撑，标准段及南端头井均为5道钢支撑。

车站土体加固采用旋喷桩加固，端头井为满堂加固，标准段为抽条加固（图4-52)。

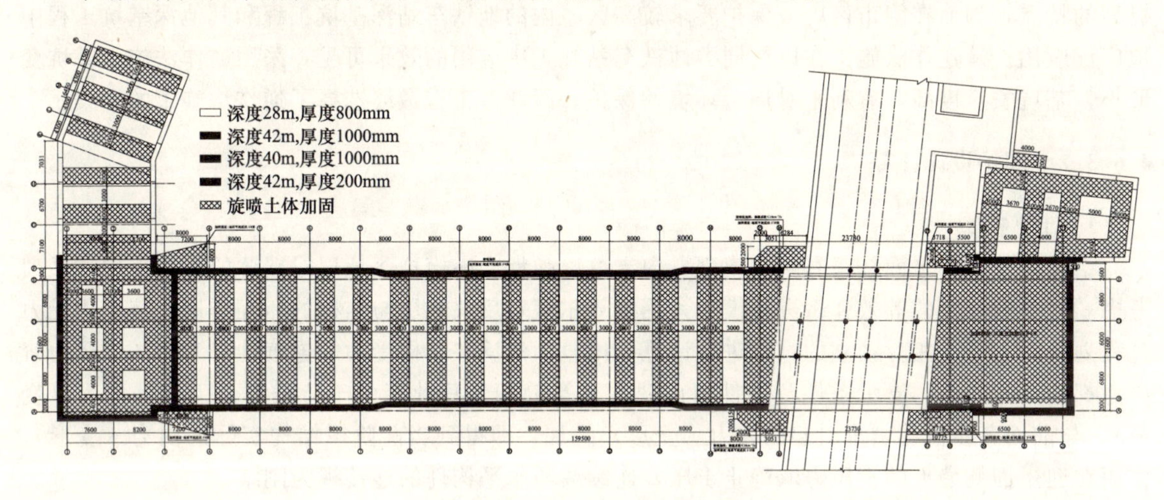

图 4-52 车站支护结构平面图

4.6.2 工程特点和难点

4.6.2.1 超厚超深地下连续墙的钢筋笼吊装

本工程车站南端头井西侧紧贴东安大楼，基坑围护有5幅地下连续墙距离东安大楼只有不到300mm，该地下连续墙深度均为42m，厚度为1.2m，宽度3.5m。钢筋笼长度为41.5m，宽度为3m，厚度为1.08m，单幅重量约40t。根据现场实际情况，选用200t履带式起重机作为主吊，80t履带式起重机作为辅吊进行双击抬吊。钢筋笼起吊垂直入槽时距大楼外贴阳台仅300mm，稍有不慎后果不堪设想，故吊装过程中对现场指挥及驾驶操作的要求相当高。另由于该处施工场地位于通行中东安路及零陵路口，场地狭小，地下连续墙的绑扎成形及起吊位置都很小，而场地施工机械又很多，吊车的行走路线及起吊也比较困难。

4.6.2.2 超深基坑开挖，围护及环境变形控制

车站标准段及南北端头井基坑开挖深度均达到20m以上，挖土支撑施工期间地下连续墙势必会产生一定的变形及位移，若位移超过一定标准，将会对临近建筑物，特别是南端头井西侧东安大楼，造成一定的不利影响。

4.6.3 车站基坑支护设计方案简介

最初设计方案中，整个车站均使用明挖顺作法施工，端头井地下连续墙深度为44m，标准段

为42m，均设置6道支撑，其中第1及第5道支撑为混凝土撑。

后考虑到车站周边环境较为复杂，基坑变形及周边环境监测控制要求较高，项目部经过与设计及业主的沟通，结合专家评审意见，在原设计方案的基础上做了一系列的调整和优化。

4.6.3.1 由顺作法改为逆作法，提高基坑开挖的安全度，减小基坑变形

原设计图纸给出施工工况为明挖顺作，后考虑到南端头井基坑离东安大楼非常接近，同时标准段及北端头井基坑离广汇花苑裙房也较近，车站标准段及南端头井紧邻运营中的轨道交通4号线东安路站并与其相连，考虑整个车站施工改为逆作法施工。

逆作法施工是将逆作首层板与围护墙体、支承立柱等相结合并共同作用形成支护体系，然后采取暗挖施工的一种施工工艺。因其具有对外界环境影响小，对基坑的稳定性及安全性都有较大提高的特点，因而在闹市区内或保护要求较高区域内的地铁车站深基坑工程和其他深基坑工程中被广泛应用。从逆作法施工在以往同类地铁车站施工中应用的效果可见，采用逆作法施工基坑变形小，基坑安全度高，有利于对周边环境的保护。因此本工程最终选择了逆作法施工的方案。

4.6.3.2 围护设计计算

1. 计算模型

结构计算采用平面杆系有限元模型，内支撑以弹性支座模拟，地层对墙体的作用采用一系列考虑“时空效应”的等效弹簧进行模拟，用温克尔假定反映地层与结构的相互作用，将结构受力过程划分为若干个相对独立的过程进行计算，用叠加法反映结构受力的连续性。对每一个受力阶段，都按结构实际的支承条件及构件组成建立计算简图，只计算由于荷载增量引起的内力（变形），与前面各步荷载增量引起的内力（变形）叠加，即得到当前阶段结构实际的内力（变形）。作用在迎土面侧墙上的土压力取静止土压，连续墙与水平构件的连接视为刚结。

2. 主要计算参数

主要参数见表4-4。

主要计算参数 表4-4

土层	侧压力系数	k值
①	0.45	8000
②	0.45	8000
$③_1$	0.51	6000
$④_1$	0.60	6000
$⑤_{1\text{-}1}$	0.46	10000
加固体	0.46	50000
$⑤_{1\text{-}2}$	0.41	12000
$⑤_3$	0.42	12000
$⑤_4$	0.42	12000
$⑦_1$	0.42	30000

地下水位：地面下0.5m。

地面超载：开挖期间20kPa；使用期间：30kPa。

各层楼板活载：施工期间4kPa，使用期间按结构设计荷载。

c，φ采用0.7倍固快峰值强度。

3. 计算结果

本工程有关计算结果如图4-53～图4-57所示。

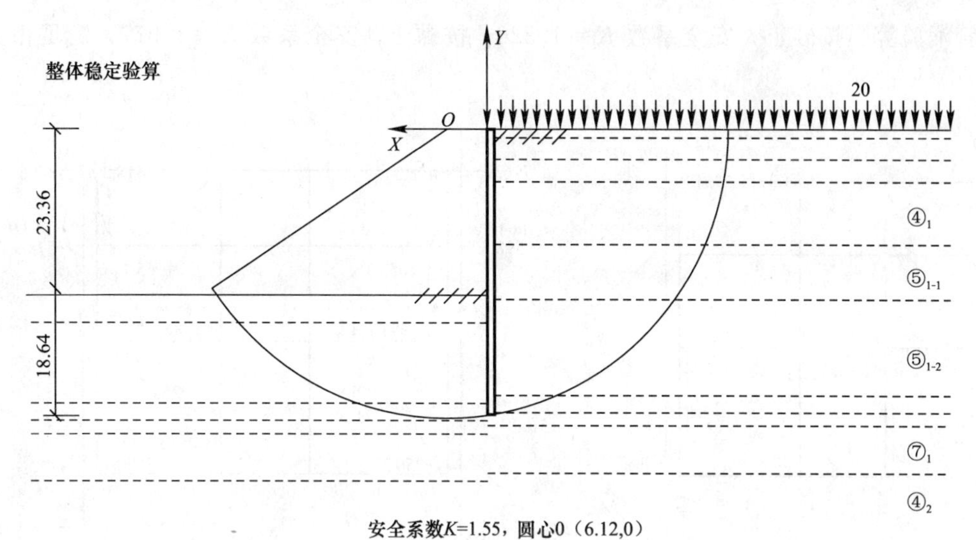

图 4-53 整体稳定验算结果

结论：整体稳定满足相关规范要求。

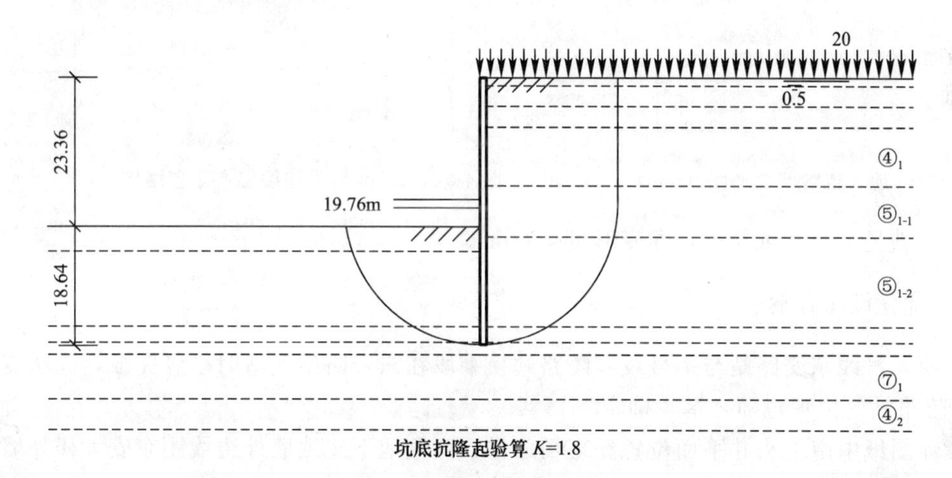

图 4-54 坑底抗隆起验算结果

结论：坑底抗隆起安全系数为 1.8，满足相关规范要求。

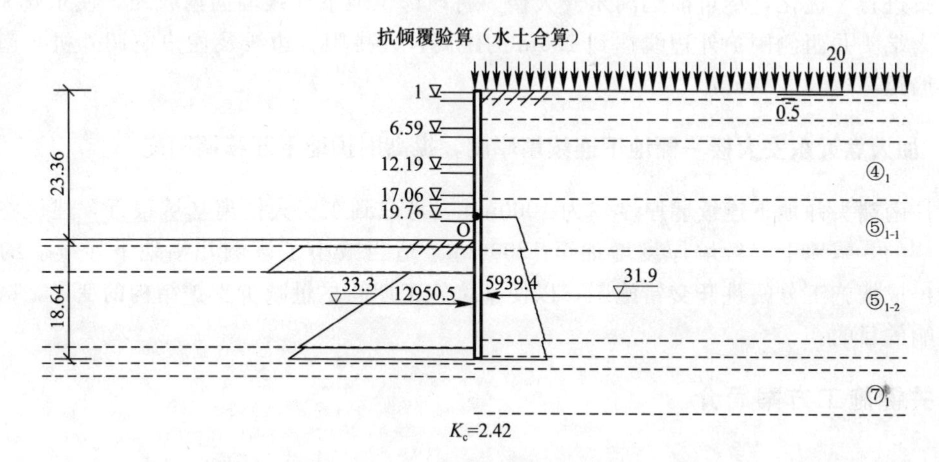

图 4-55 抗倾覆验算结果

结论：抗倾覆安全系数为 2.42，满足相关规范要求。

抗管涌验算：按砂土，安全系数 $K=1.226$，按黏土，安全系数 $K=1.977$，满足相关规范要求。

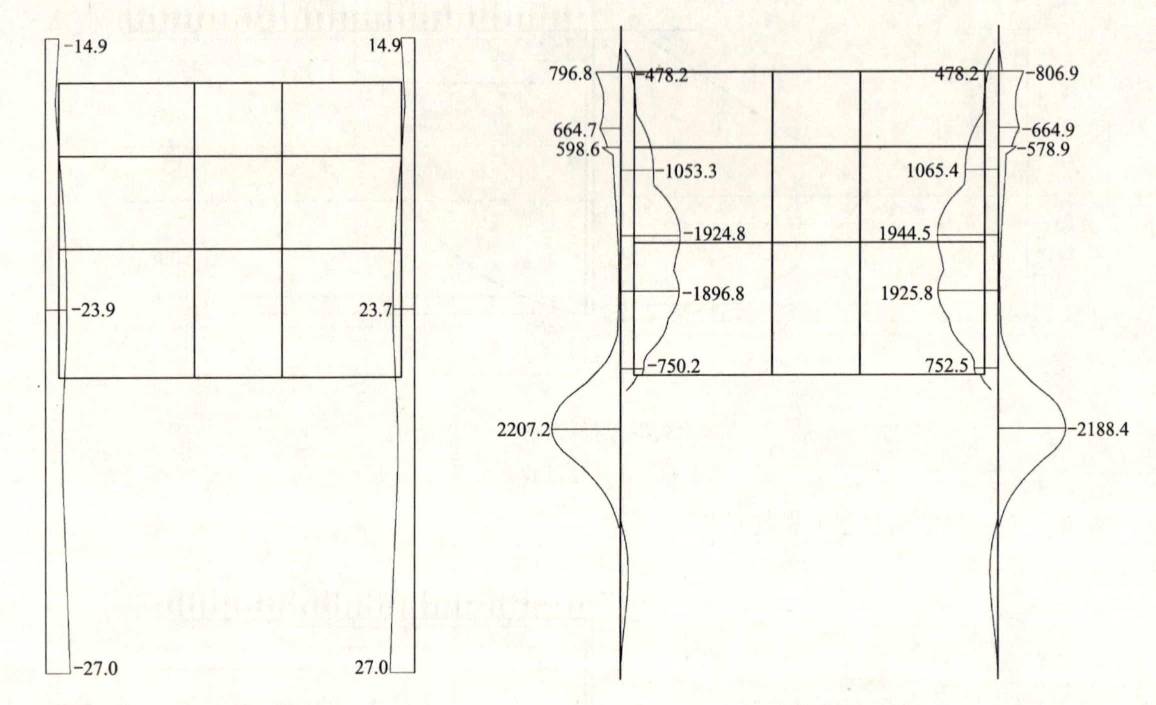

图 4-56 1.2m 地下连续墙变形图（mm）　　图 4-57 1.2m 地下连续墙弯矩包络图（kN・m）

结论：满足一级基坑要求，即变形量＜33mm。

4.6.3.3 优化设计方案

由于原 4 号线东安路站与 7 号线零陵路站换乘段在东安路站建造时已经完成，无法变动，故 7 号线零陵路站的位置也随之基本确定。

原设计图纸中南端头井平面位置经现场放样，西侧地下连续墙外边线距东安大楼外墙面最近处仅 600mm 左右，上部建筑的外挑阳台及住户空调外机与地下连续墙外边线基本相切，有的已进入地下连续墙施工范围内。后经各方商议及协调，在保证盾构进出洞所需最小距离的前提下，对设计方案进行了优化，尽可能远离东安大楼。将该部位地下连续墙向内收缩，使东安大楼结构外边线距南端头井西侧围护外边线达到 1.5m 的距离，外挑阳台边线及住户空调外机与南端头井西侧围护墙距离达到 300mm。

4.6.3.4 加大靠近东安大楼一侧地下连续墙厚度，提高围护地下连续墙刚度

原设计南端头井地下连续墙厚度均为 1000mm，考虑到东安大楼离基坑很近，建议将靠近东安大楼一侧的 5 幅地下连续墙厚度增加至 1200mm，适当减小了该侧几幅地下连续墙的分幅长度，且提出成槽施工分幅跳开交错施工，以使基坑施工期间尽量减少支护结构的变形，减少对东安大楼影响的目的。

4.6.4 关键施工方案简介

4.6.4.1 临近大楼钢筋笼吊装

本工程南端头井靠近东安大楼一侧 5 幅地下连续墙钢筋笼每幅长度 41.5m，宽度 3.5m，厚

度1.2m，其中距大楼外挑阳台最近一幅距离仅300mm。

1. 吊装方案确定

由于钢筋笼长细比较大，起吊时难度较大，在施工前考虑了整体吊装及分段吊装两种方案，并进行了分析和比较。

(1) 整体吊装

一般地下连续墙施工钢筋笼吊装均采用一次整幅钢筋笼吊装入槽。其优点是施工速度快，可减少槽壁暴露时间，减少槽壁塌方的可能，但对于本工程的缺点是吊装难度较大，对于操作及指挥人员的要求高。

(2) 分段拼接吊装

分段拼接吊装是在钢筋笼吊装时分上、下两段进行吊装，经连接后放入槽段。钢筋笼制作时在分段处采用加长接驳器连接。吊装时将接驳器旋退到钢筋上，在下段钢筋笼入槽临时搁置后起吊上段钢筋笼，上下钢筋笼对位后进行接驳器的连接。

分段拼接吊装方法的优点是大大减小了吊装作业的难度，但是缺点也比较明显，在拼接时耗费时间多，极易造成槽壁暴露时间过长而塌方。此外，钢筋笼在制作平台上上、下笼体可顺利对接，但起吊后钢筋笼会发生一定变形，造成对接的困难，可能导致部分主筋无法连接，对墙体结构造成影响，以至基坑开挖后局部变形量较大对大楼造成更大的威胁。

经过再三比较与取舍，决定选用操作难度较大但对于大楼保护相对有利的一次性整体吊装。

图4-58 紧靠大楼的大型钢筋笼吊装作业的照片

(3) 吊装施工要点

钢筋笼制作前应核对单元槽段实际宽度与成型钢筋尺寸，无差错后才能进行后续施工。对于闭合幅槽段，应提前复测槽段宽度，根据实际宽度调整钢筋笼宽度。

钢筋笼必须严格按设计图进行焊接，保证其焊接焊缝长度、焊缝质量。

钢筋焊接质量应符合设计要求，吊钩、吊点等处须满焊，主筋与水平筋采用点焊连接，焊接数量为50%，但钢筋笼四周及吊点位置周边1m范围内必须100%的点焊，并严格控制焊接质量。

钢筋笼制作后须经过三级检验，符合质量标准要求后方能起吊入槽。

根据相关规范要求，导墙墙顶面平整度为5mm，在钢筋笼吊装前要再次复核导墙上4个支点的标高，精确计算吊筋长度，确保误差在允许范围内。

在钢筋笼下放到位后，由于吊点位置与支点的不一致或吊筋被拉长等原因，会影响钢筋笼的标高的准确性。为确保接驳器的标高正确，应用水准仪测量钢筋笼的笼顶标高，并根据实测情况进行调整，将笼顶标高调整至设计标高。

钢筋笼吊装入槽时，不允许强行冲击入槽，同时注意钢筋笼的方向，开挖面与迎土面严禁放反。搁置点槽钢必须根据实测导墙标高后进行焊接。

对于异形钢筋笼的起吊，应合理布置吊点的设置，避免过大挠度产生，并在过程中加强焊接质量的检查，避免遗漏焊点。当钢筋笼吊离平台后，应暂停起吊，检查和观察是否有异常现象发生，若有异常现象应立即予以补焊加固。

2. 钢筋笼吊装施工

(1) 吊点设置

L形、折线形钢筋笼吊装时为使钢筋笼回直后保持垂直，必须根据重心位置合理选择吊点位置。起吊钢筋笼过程中主副吊起重半径及起重角度均需控制在额定的范围内。确定吊点后，对吊点处节点应按吊装要求对钢筋笼进行局部加强。

钢筋笼横向吊点设置：按钢筋笼宽度 L，吊点按 $0.207L$、$0.586L$、$0.207L$ 位置为宜。

钢筋笼纵向吊点设置：钢筋笼纵向吊点设置五点（按 6m 幅重 37.61t、笼长 43.15m 计算）。

重心计算：$M_{总}=755.4645\times10^3\text{kg}\cdot\text{m}$、$G_{总}=37610\text{kg}$，重心距笼顶 $i=M_{总}/G_{总}=20.1\text{m}$。

各吊点位置为笼顶以下 0.95m、12m、11m、8m、8m、3.2m，布置见图 4-59。

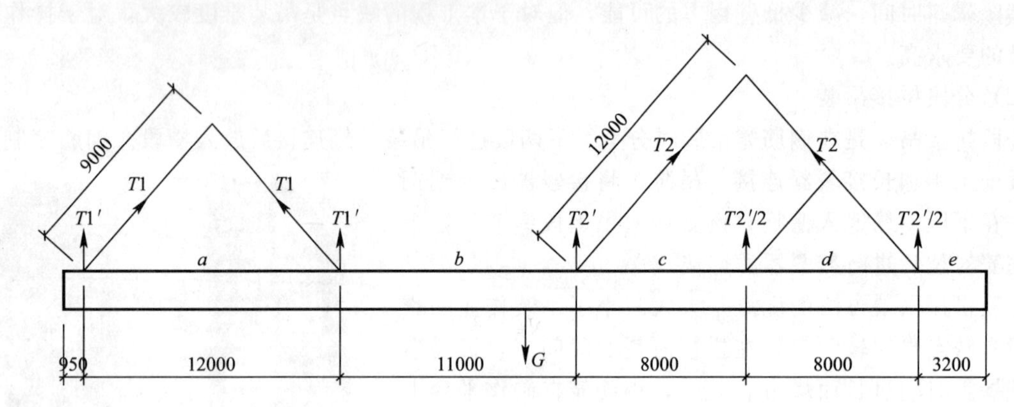

图 4-59 钢筋笼吊点设置

根据起吊时钢筋笼平衡得：

$$2T1'+2T2'=37610\text{kg} \tag{4-1}$$

$$T1'\times0.95+T1'\times12.95+T2'\times23.95+T2'/2\times31.95+T2'/2\times39.95=37610\times20.1 \tag{4-2}$$

由式（4-1）和式（4-2）可得：

$$T1'=8.06\text{t}\quad T2'=10.75\text{t}\quad 则\ T1=10.81\text{t}\quad T2=14.42\text{t}$$

故平抬钢筋笼时副吊起吊重量为 28.82t。

验算：

$q_1=0.75\quad q_2=0.85\quad q_3=1.02\quad q_4=0.61$ 均为各位置均布荷载。

$M_a=-T1'\times12/2+q_1\times12.95\times12.95/2=14.5\text{t}\cdot\text{m}$

$M_b=-T1'\times(12+11)+q_2\times(12.95+5.5)\times(12.95+5.5)/2=-40.7\text{t}\cdot\text{m}$

$M_c=T2'\times(4+4)-q_3\times(4+8+3.2)\times(4+8+3.2)/2=-31.8\text{t}\cdot\text{m}$

$M_d=T2'/2\times4-q_4\times(4+3.2)\times(4+3.2)/2=5.7\text{t}\cdot\text{m}$

（2）机械选用

主机选用：神刚 7200 型 200t 履带式起重机，把杆接至 57.9m，主要性能见表 4-5。

神刚 7200 型 200t 履带式起重机主要性能 **表 4-5**

起重半径 R(m)	有效起重量 Q(t)	提升高度 H(m)	仰角（°）
10	53.4	45.7	80
12	53.1	54.9	80
14	50.1	51	75

注：1. 现场铺筑 200mm 厚 C20 钢筋混凝土内道路，但 200t 吊车对道路要求较高，故需在其行走路线及作业点铺设钢板。
2. 主机起吊配备 40t 钢制横吊梁，横吊梁和索具总重约 2.5t。

副机选用：KOBELCO708型80t履带式起重机，把杆接至39.62m，其主要性能见表4-6。

KOBELCO708型80t履带式起重机主要性能 **表4-6**

起重半径 R(m)	有效起重量 Q(t)	提升高度 H(m)	仰角（°）
8.5	25.7	39.7	77.6
9	23.8	39.6	76.8
10	20.5	39.3	75.3

注：副机起吊配备20t钢制横吊梁，横吊梁及索具总重约2.0t。

双机抬吊系数计算：

主机作业半径控制在12m以内，其双机抬吊系数：

$$N_{主机}=37.6\text{t}\quad N_{吊索}=2.5\text{t}\quad Q_{吊重}=40.1\text{t}$$

$$K_{主}=(37.6+2.5)/53.1=0.76$$

副机作业半径控制在8.5m以内，其双机抬吊系数：

$$N_{副机}=21\text{t}\quad N_{吊索}=2\text{t}\quad Q_{吊重}=23\text{t}$$

$$K_{副}=(21+2)/25.7=0.89$$

（3）行走路线确定

由于车站南端头井施工场地非常狭小，除去必要的施工场地（包括泥浆制作、钢筋笼平台、钢筋加工场地、锁口管、混凝土导管及顶升泵等设施堆放场地），可供大型机械行走的场地有限，另外钢筋笼长度较长，重量较大，需要较大的吊车回转的空间，在上述情况下必须将机械性能充分发挥，并配合合理的行走路线才能顺利将钢筋笼吊至相应的槽幅段上方。

通过现场测量并利用计算机模拟确定的行走路线如图4-60～图4-66所示。

1）工况一

200t主吊与80t辅吊按照图示位置就位，安装吊钩。

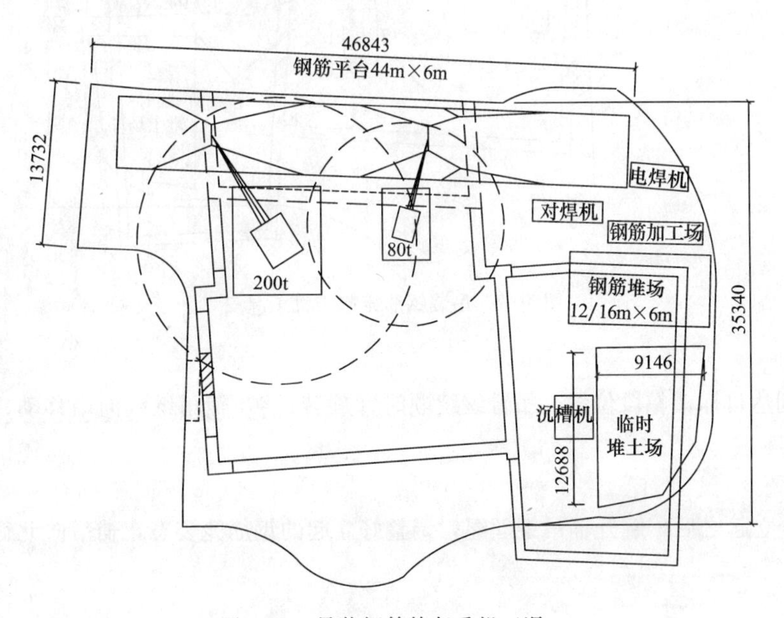

图4-60 吊装钢筋笼起重机工况一

2）工况二

检查无误后两辆吊车同时启动，将钢筋笼水平抬起，确认无异常后两机同时向南移动。

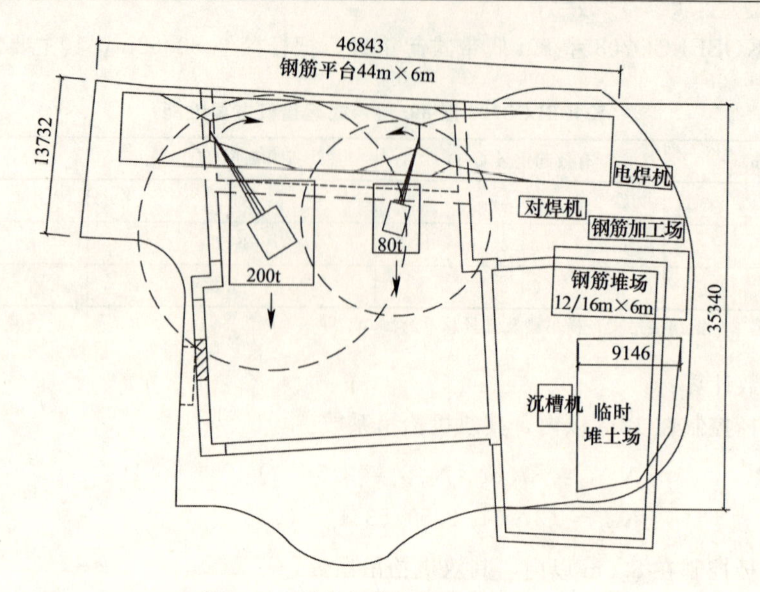

图 4-61 吊装钢筋笼起重机工况二

3）工况三

200t 主吊吊臂顺时针旋转；80t 辅吊吊臂逆时针旋转。主吊吊钩上升，辅吊配合将笼尾前送。

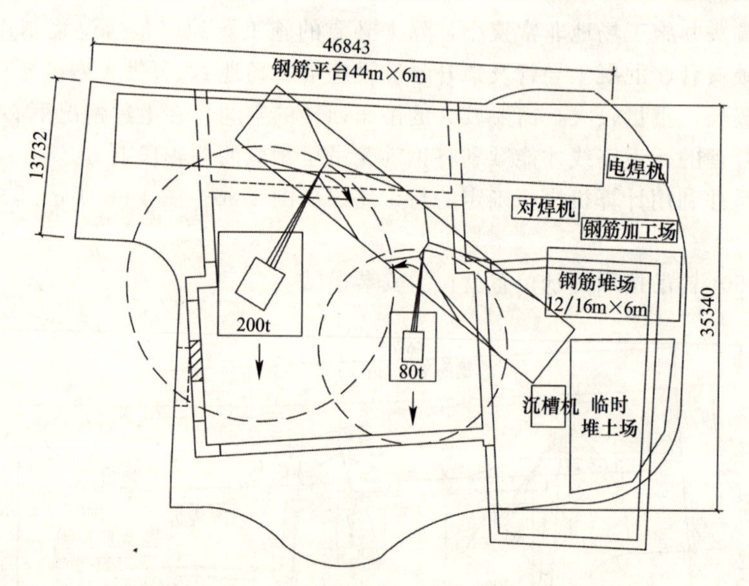

图 4-62 吊装钢筋笼起重机工况三

4）工况四

200t 主吊到达目标槽幅段位置，吊臂继续顺时针旋转；80t 辅吊继续向南移动，并配合将笼尾前送。

5）工况五

钢筋笼完全立起之后，解开辅吊钢丝绳，调整好立起的钢筋笼姿态，辅吊向北行驶，从主吊吊臂下穿过。

6）工况六

辅吊驶离主吊工作范围，主吊继续顺时针旋转吊臂，直至到达目标槽幅段上方。

7）工况七

钢筋笼下沉。

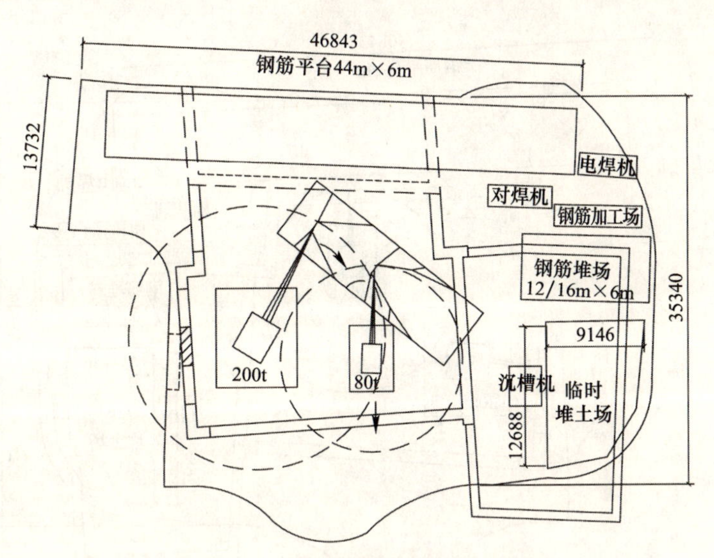

图 4-63 吊装钢筋笼起重机工况四

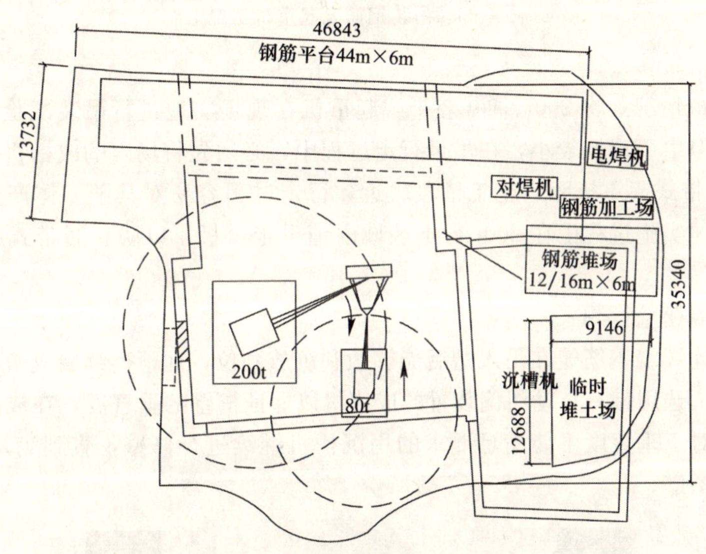

图 4-64 吊装钢筋笼起重机工况五

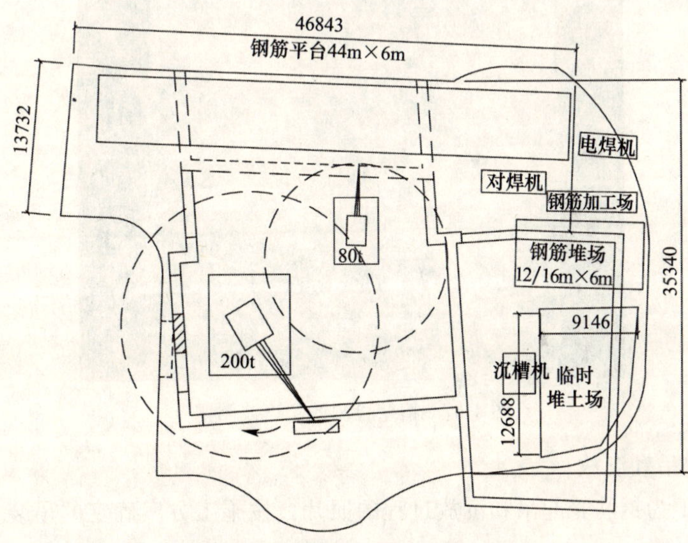

图 4-65 吊装钢筋笼起重机工况六

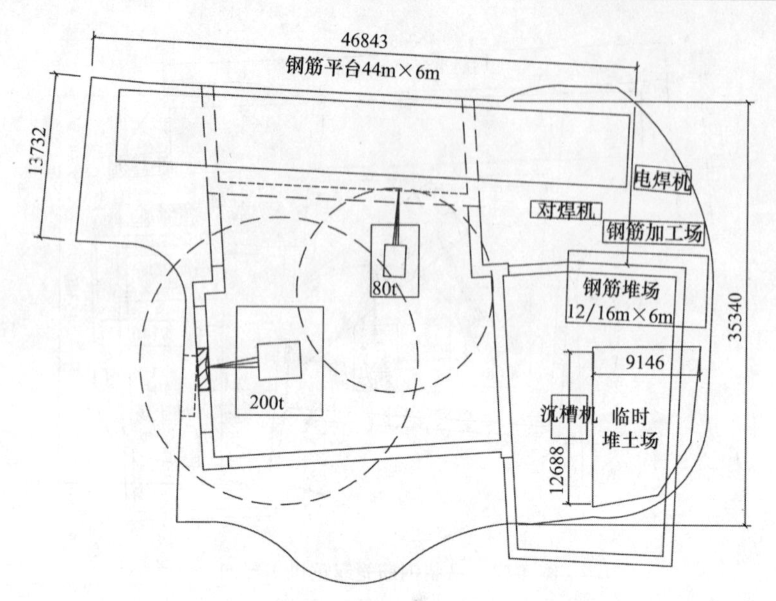

图 4-66 吊装钢筋笼起重机工况七

(4) 吊装试验

根据计算机模拟情况，将 200t、80t 履带式起重机在现场实地进行吊装试验。通过试吊，证明该行走路线可行。但由于现场较小，在吊运行走过程中，必须先将场内的成槽机等机械移开，同时还发现由于 200t 履带式起重机距离施工槽段较近，行走过程容易对其下土体产生扰动，影响施工槽壁的稳定，因此，实施过程中在 200t 行走区域内铺设走道板，以防止履带式起重机行走对施工槽段产生影响。

(5) 地下连续墙槽壁检测

为了确保地下连续墙钢筋笼在吊入槽后能够顺利沉放到位，地下连续墙成槽必须满足成槽的质量。地下连续墙施工选用带有自动纠偏装置的成槽机以保证槽壁的垂直度，在成沉槽结束后对槽壁进行超声波测斜，对于垂直度不能满足要求的用沉槽机继续进行修壁，直到满足要求。图 4-67 为槽壁检测的超声波图谱。

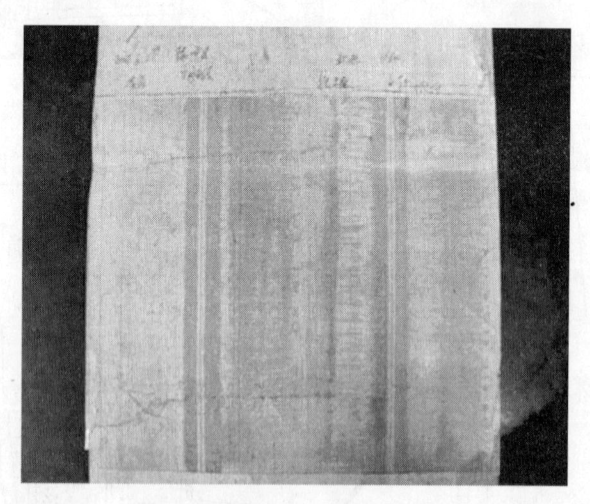

图 4-67 槽壁检测的超声波图谱

(6) 钢筋笼的起吊和沉放

图 4-68～图 4-71 为钢筋笼起吊和沉放过程的照片，按施工方案确定的吊装方案达到了预期的效果。

图 4-68　钢筋笼起吊

图 4-69　钢筋笼移位调直

图 4-70　钢筋笼吊装到位

图 4-71　钢筋笼沉放至地下连续墙槽内

3. 实际效果

本工程的钢笼吊装的实践证明，采用一次性吊装入槽提高了施工速度，确保了及时入槽，及早浇筑混凝土，避免了槽壁暴露时间过长可能导致的塌方给大楼带来威胁。同时合理的行走路线使的机械性能得到了充分的发挥，确保了在安全前提下工程的顺利进行。

4.6.4.2　基坑开挖施工

为了确保东安大楼的安全，本工程在基坑开挖前对开挖工况对大楼桩基的影响做了一系列的计算和分析。

1. 基坑开挖对东安大楼桩基影响分析

(1) 东安大楼结构情况

东安大楼位于本车站南端头井的西侧，竣工时间为1996年，大楼为18层框架-剪力墙结构，设一层地下室。东安大楼的基础为直径650mm，长47.5m的钻孔灌注桩，桩底标高位于地面下约52m，在南端头井基坑下约28.68m（地下连续墙墙趾下8m）。钻孔桩灌注配筋长度16.5m，其下部31m范围为C30素混凝土。

(2) 计算模型

采用理正深基坑支护结构设计软件进行计算分析。

本次分析主要是基坑开挖对邻近桩基及上部结构物的影响，因此，研究重点是东安大楼工程桩的内力、位移和上部结构底板的位移分布。基坑开挖深度 $h=20$m，地下连续墙深度 $h_W=40.2$m，地下连续墙外侧距桩轴线1.6m。计算模型采用平面应力模型，桩采用2结点梁单元，土体、墙和底板采用4结点实体单元（图4-72、图4-73）。

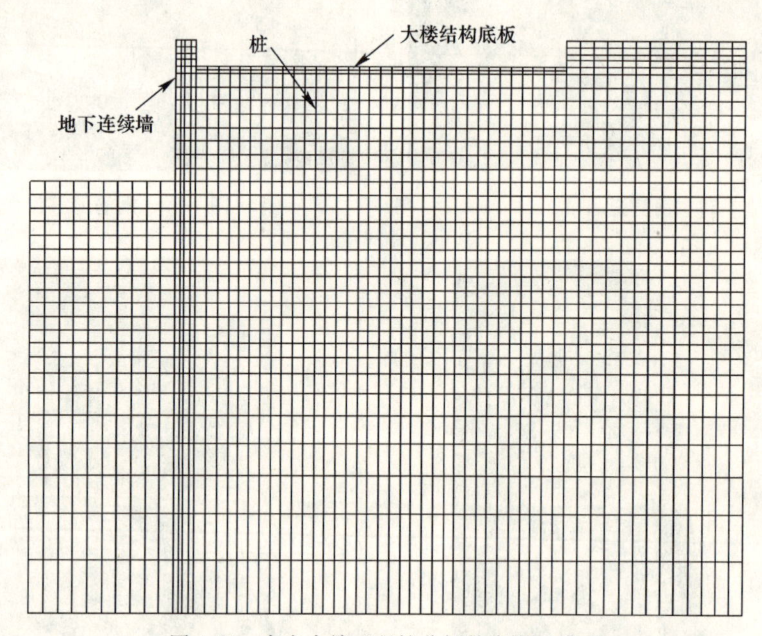

图4-72 东安大楼工程桩分析的有限元模型

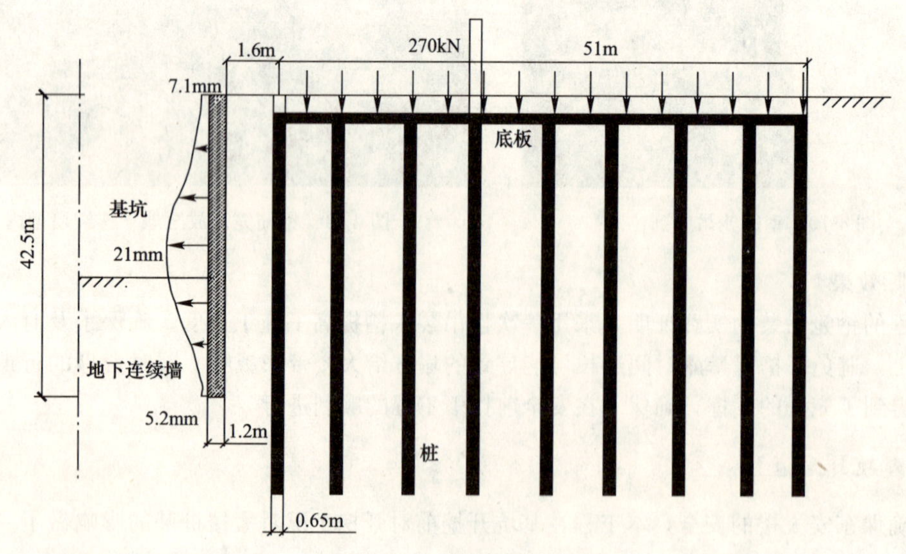

图4-73 计算荷载简图

东安大楼土层与桩的计算参数　　**表 4-7**

	重度（kN/m³）	泊松比	弹性模型（MPa）	厚度（m）	桩的直径 D 和长度 L
①	18.30	0.3	10.12	1.07	
②	18.30	0.3	16.23	2.1	
③	17.40	0.3	8.44	3.25	
④	16.70	0.4	6.39	9.45	
⑤	17.70	0.3	11.60	8.1	
⑥	17.40	0.3	23.76	16.5	
⑦	18.40	0.3	76.33	43.5	
桩	25.00	0.1667	30000.0	40.0	D=0.6m，L=40.0m

为了便于反映基坑开挖对于上部结构的影响，同时有利于计算，将上部结构作用于底板上的竖向荷载简化为线荷载 18×15kN/m。

计算步骤：

1）计算结构在竖向荷载作用下的变形和内力；

2）平衡在竖向荷载作用下所产生的位移场，消除结构自重对于最终结果的影响；

3）计算在水平荷载下整个体系的变形和内力。

（3）计算结果分析

图 4-74 给出了基坑开挖后东安大楼桩的水平位移和弯矩分布，从中可以看出距离地连墙最近的桩体位移小于地连墙的位移。按照原设计该工程桩身下部为 C30 素混凝土，根据对桩进行计算开裂弯矩为 50kN · m（未考虑设计的安全储备）大于由基坑开挖引起的桩身最大弯矩为 49kN · m，说明桩身不会开裂，是安全的。

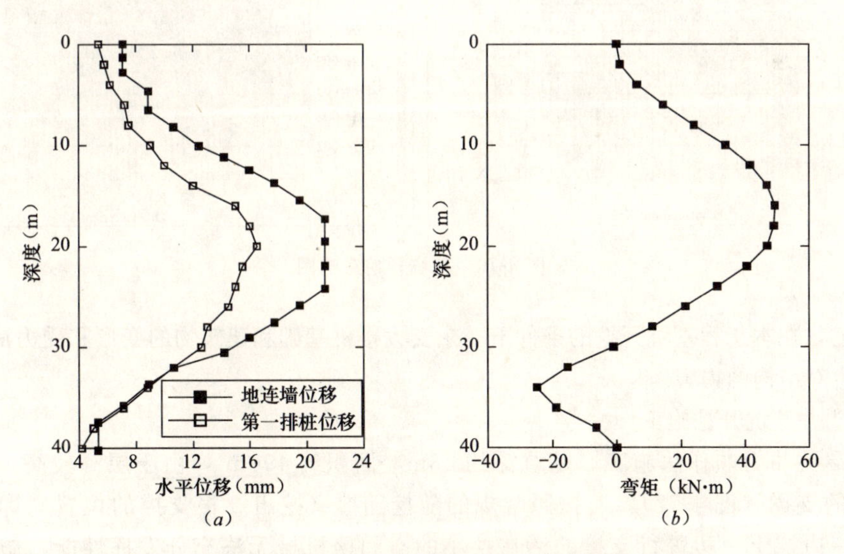

图 4-74　基坑开挖对东安大楼桩基的影响

（a）水平位移；（b）桩身弯矩

图 4-75 给出了结构底板沉降分布图，从中可以看出最大沉降发生于底板中部，距离底板右端越远沉降越小。还发现桩间最大沉降差异不足 2mm，远小于 0.2%的限制，因此说明基坑开挖条件下，上部结构是安全的。图 4-76 为基坑开挖对东安大楼基础及其下部土体的位移场。

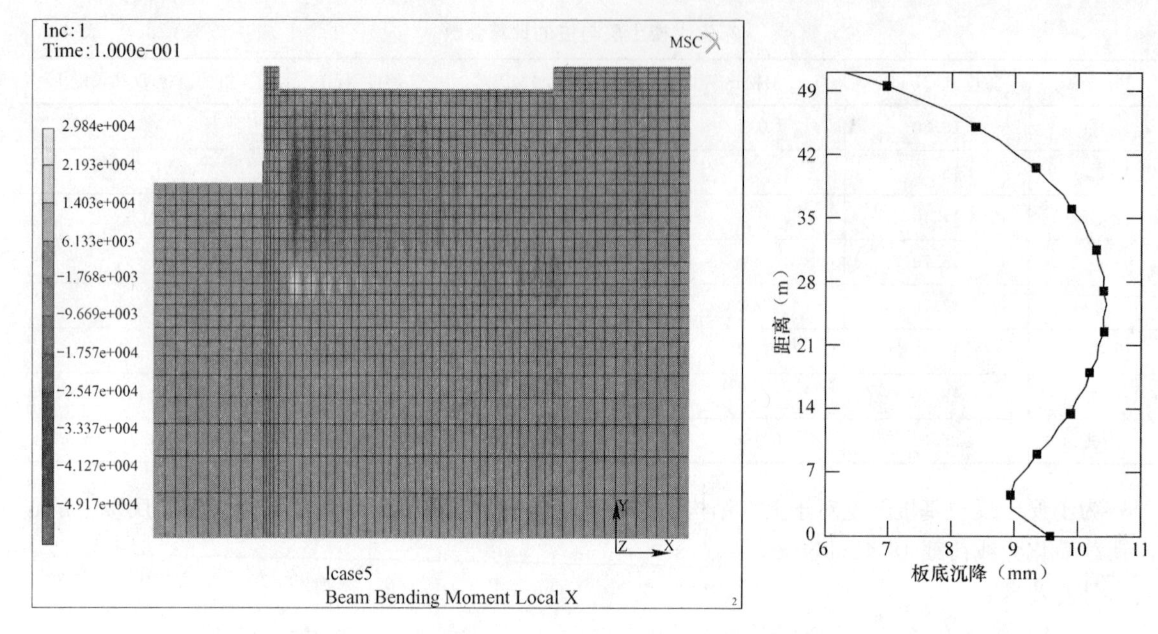

图 4-75 结构底板沉降分布图

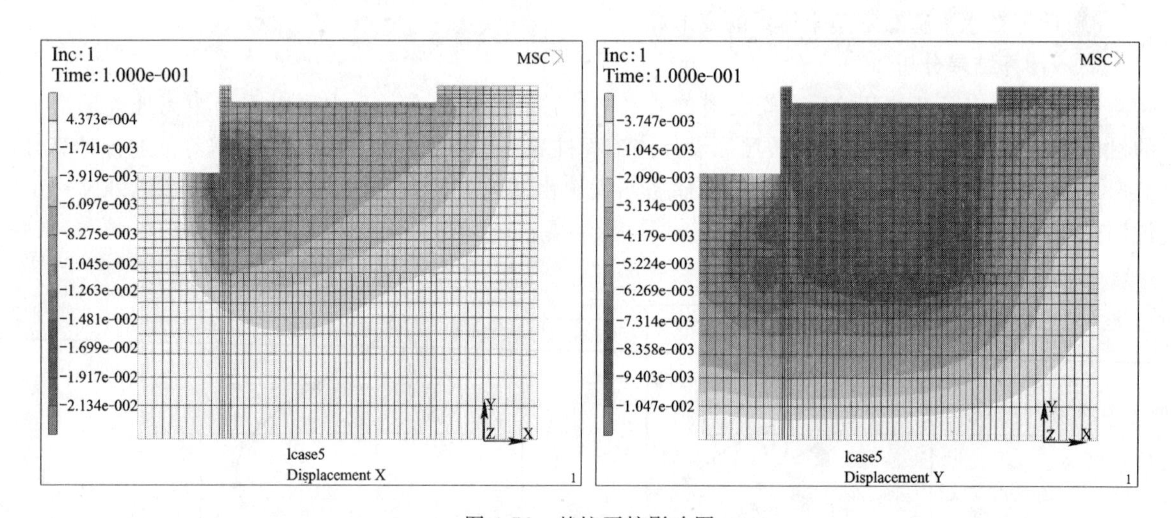

图 4-76 基坑开挖影响图

综上所述，在本工程基坑开挖的条件下，东安大楼桩基础和建筑物的变形和受力满足相关的要求，不会发生对结构的损害。

2. 南端头井基坑开挖施工

车站南端头井为顺作法施工，基坑深约 23m，面积约 490m²，由于层高较高，逆作板之间设置了较多的支撑（图 4-77），若按照常规的随挖随撑（挖出 2 根支撑的位置立即安装该处的 2 根支撑）一边挖土一边进行支撑的话在狭小的空间内机械无法充分发挥性能，施工进度将十分缓慢。

为了加强支撑整体性，南端头井除第一道支撑外的剩余 4 道支撑均采用型钢围檩连成一体，若分小块挖土，分段安装围檩则无法实现支撑的整体性，使支撑体系的受力性能受到削弱。

同时，由于零陵路站地处市中心，根据上海市的有关规定，白天不能出土出场，而狭小的南端头井场地又无法堆放连续作业取出的土方。

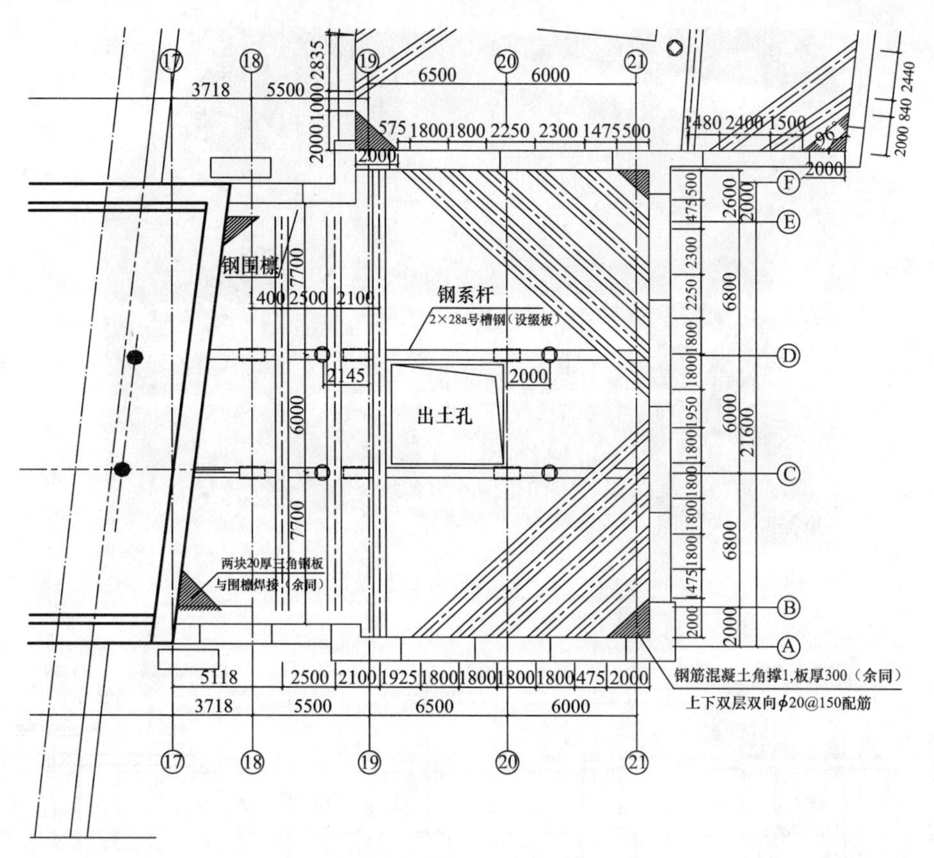

图4-77 南端头井2～5道支撑平面布置图

综合上述原因，经研究确定在南端头井挖土施工时对于整个基坑的每层土分4块（图4-78），每块土方于夜间一次挖除，白天则全力进行围檩及支撑的安装。

南端头井挖土实景见图4-79。

按图4-78所示，先挖除①号区域土方，随后向②号区域推进，挖出该区域3根支撑位置，即安装该处3根支撑。随后再投入1辆小挖土机，挖除③号区域土方，并全力安装基坑东南角的围檩及该处5根斜撑；最后挖除④号区域土方，全力安装基坑西南角围檩及该处的5根支撑。

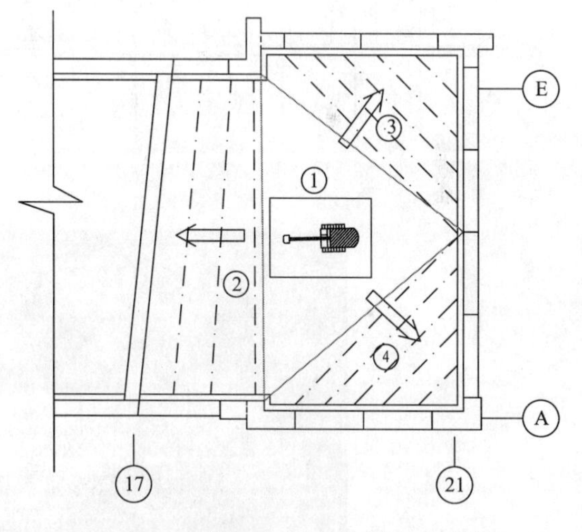

图4-78 南端头井挖土平面分块示意图

上述挖土方法遵循了"时空效应"的原则，又因地制宜加以优化，充分发挥了机械性能，加快了挖土及支撑安装的速度。

3. 标准段基坑开挖施工

车站标准段采用逆作法施工，开挖深度约21.66m，相比南端头井基坑，标准段基坑相对狭长，故采用传统的随挖随撑，每挖出2根支撑位置即安装该处2根支撑。为了充分利用狭小的施工场地，同时考虑到对广汇花苑裙房的保护，标准段施工也由原定的明挖顺作方案改为了逆作法施工。

因标准段场地限制，只能进行单边施工，挖土机若停靠在基坑边缘将影响施工便道的通畅，故在取土口边顶板上方架设钢平台，作为抓铲挖土机进行土方垂直吊运及25t汽车吊进行小型挖土机吊运的作业平台（图4-80、图4-81）。

图 4-79 南端头井挖土实景

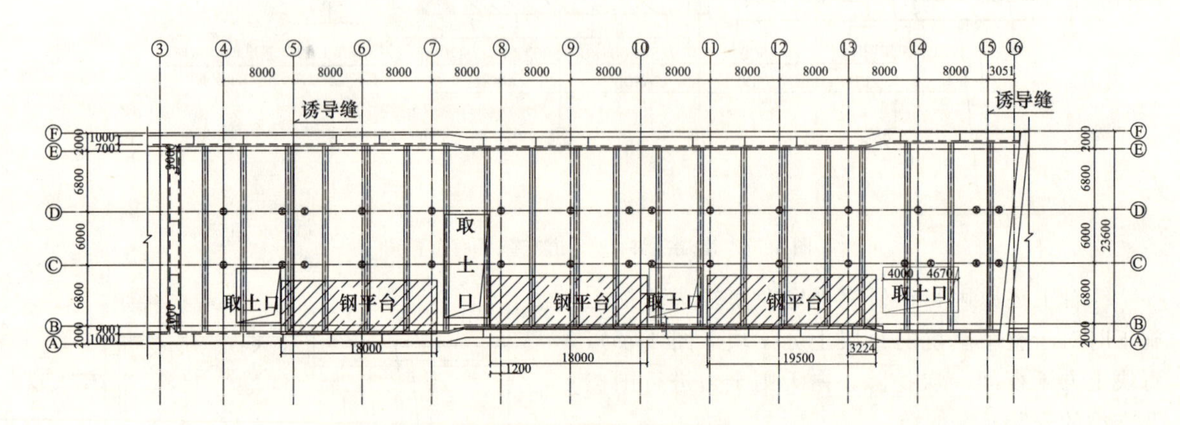

图 4-80 标准段钢平台布置图

图 4-81 标准段钢平台实景

挖土期间，严格按照“时空效应”理论指导基坑土方开挖，在开挖过程中遵循“分层、分块、对称、平衡、限时”的原则，严格按规范操作，严禁超挖，尽量减少对坑底土的扰动，挖土过程中还应防止破坏已架设的支撑、立柱及已施工的结构。

标准段挖土工况详见图4-82。

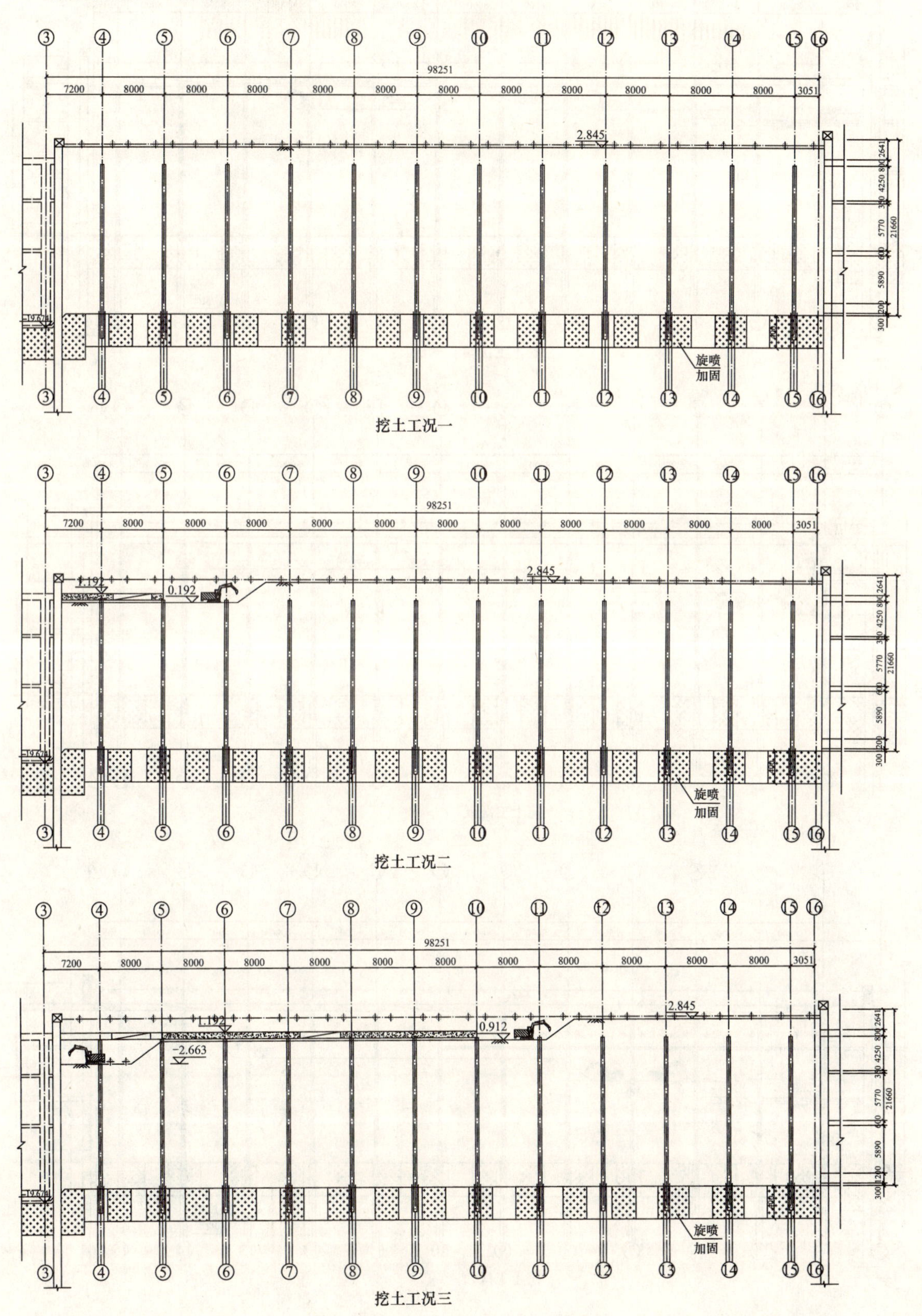

图4-82 标准段挖土工况示意图（一）

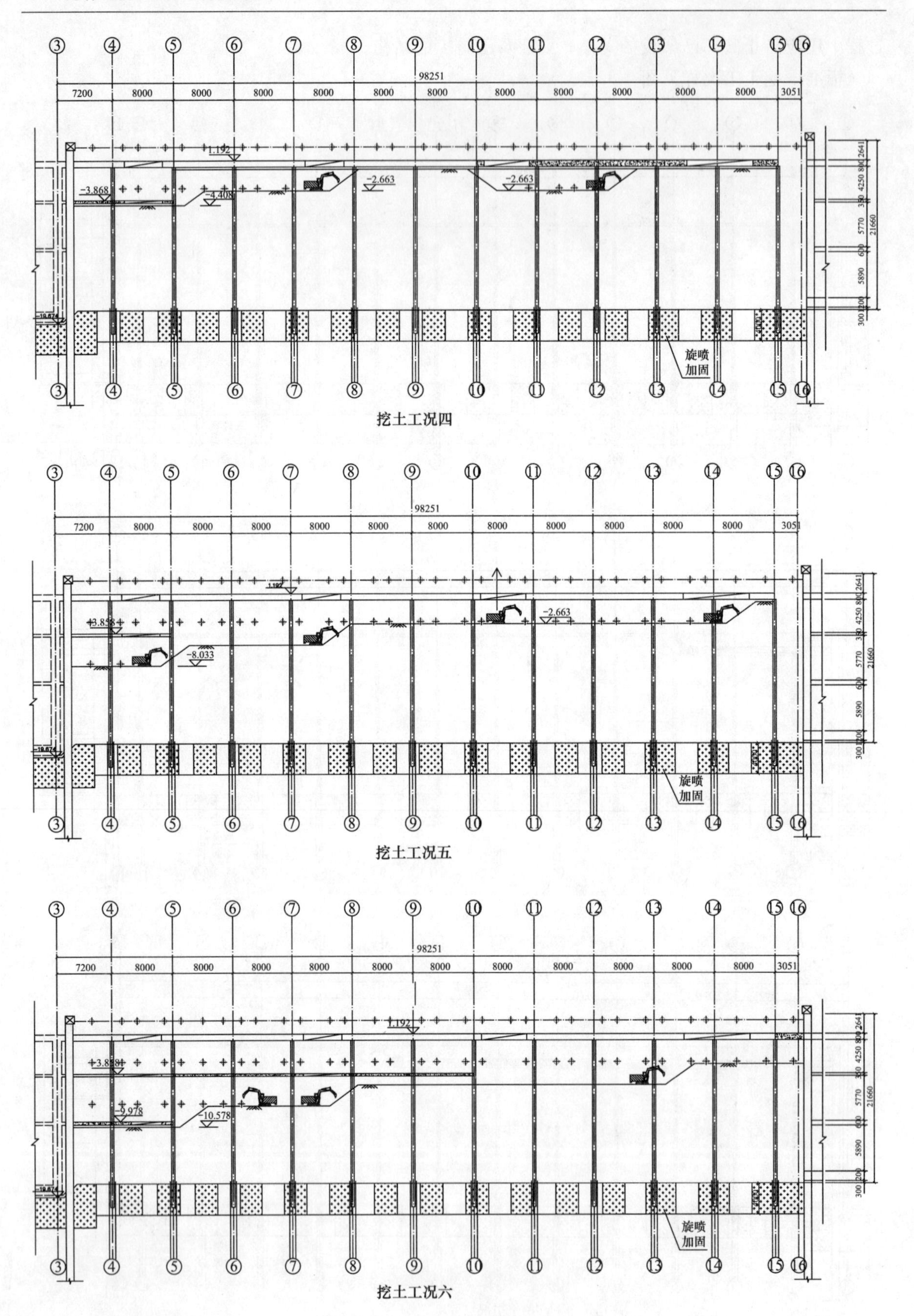

图 4-82 标准段挖土工况示意图（二）

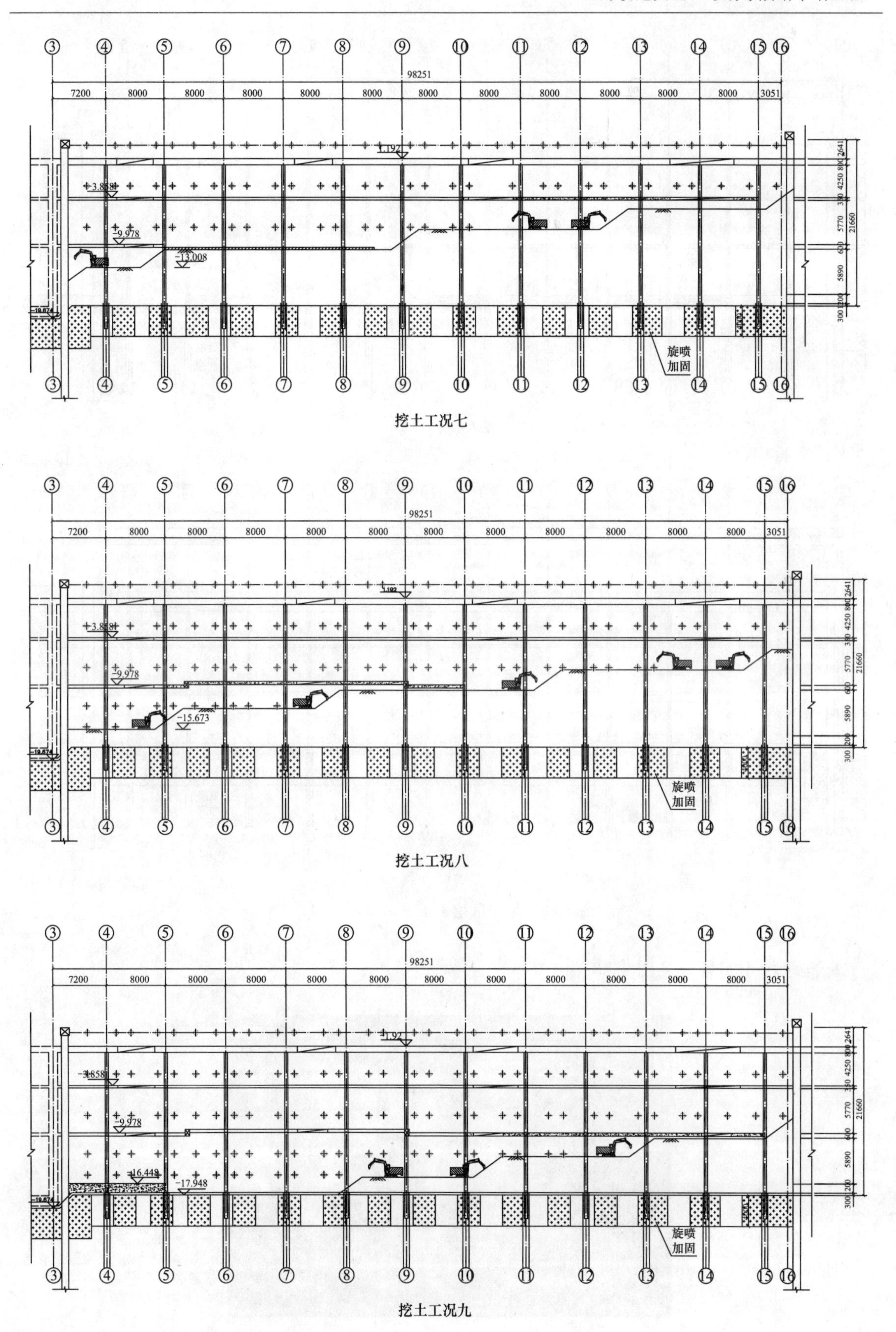

图 4-82 标准段挖土工况示意图（三）

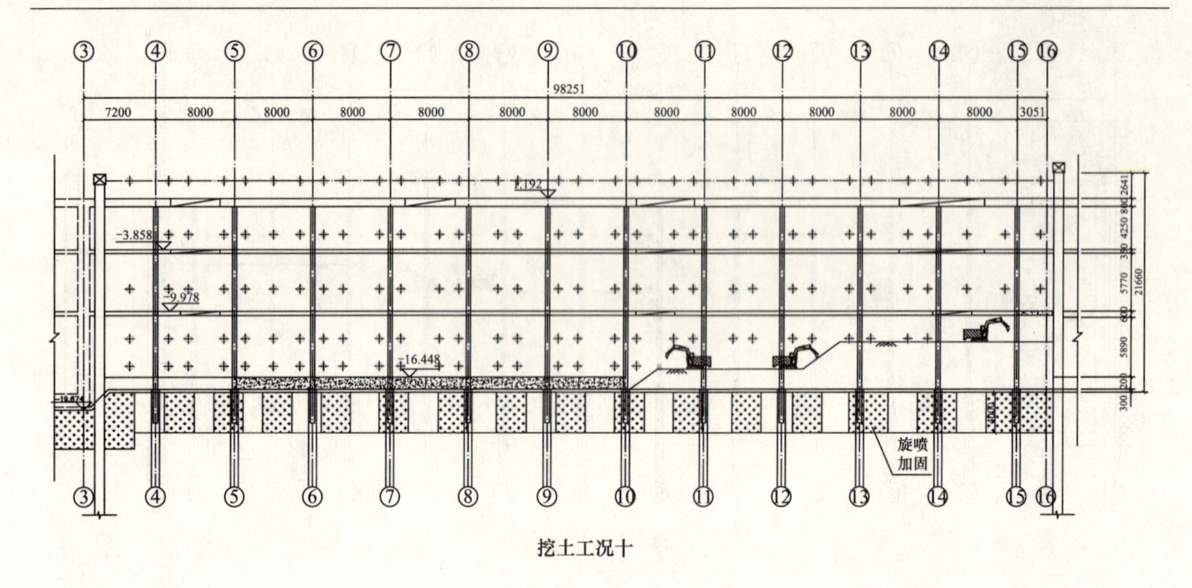

挖土工况十

挖土工况十一

图 4-82 标准段挖土工况示意图（四）

标准段挖土实景，见图 4-83。

图 4-83 标准段挖土实景

4. 施工监测

为在施工过程中更好的实时控制，零陵路站施工期间，尤其是支护结构及支撑挖土施工期间严格做到信息化施工。本工程委托专业监测单位在零陵路站施工期间对周边环境进行监测，特别是南端头井施工期间对东安大楼的监测，同时在现场安装远程监控系统。在挖土、支撑施工期间每天对基坑施工情况进行监测，并同步将每日监测数据上传供各方分析监督，指导施工。

5. 实施效果

监测数据表明，基坑开挖对大楼的实际影响与理论分析基本相符，逆作法施工工况的严格控制靠近东安大楼一侧地下连续墙实际最大水平位移为 26.06mm，小于一级基坑 0.14%H（33mm）；大楼沉降靠近基坑一侧最大值为 1.29mm，最小仅 0.67mm，远小于 0.1%H（23.5mm）的设计要求，满足了基坑自身变形控制及对大楼保护的要求。

因采用了合理的施工工况，根据第三方地铁监测测得的 4 号线换乘段道床变形情况，最大沉降量为 4.55mm，整个换乘段差异沉降值控制在 2.31mm，满足了运营车站的保护要求。

6. 基坑变形的实测数据分析

地下连续墙端部的变形向坑内 7.7mm，最大位移在基坑底部至底部下 5m 范围内（基坑开挖 23.4m，最大变形区域为地下 23～28m）。根据开挖监测数据，可考虑各楼层在结构楼板达到强度后可将结构楼板与地下连续墙连接节点作为固端节点来考虑。设计计算时最大变形量位于基坑坑底，监测数据也与设计基本符合，但设计计算时地下连续墙底的变形较大（22.7mm），实测数据相对较小（7mm），说明地下连续墙基坑下部的土体有一定嵌固作用，以后设计中可予以考虑，并对设计作适当的调整。

4.6.5 社会经济效益分析

轨道交通 7 号线零陵路站位于市中心，南端头井基坑紧邻东安大楼，基坑开挖深度达 23m，紧邻大楼钢筋笼吊装距大楼阳台仅 300mm。在专家的指导和相关各方的大力配合下，本工程基坑得以顺利完成，同时也有效地保护了邻近大楼，取得了令人满意的成功，取得了良好的社会和经济效益。

（1）南端头井深基坑紧邻大楼一系列施工的圆满完成，表明对于在闹市区以及对周边环境保护要求较高情况下的深基坑施工技术及管理水平达到了一个新的高度。在以后施工中，如有类似的施工情况，可以吸取本工程积累的经验教训，并加以合理的发展与运用。

（2）在施工过程中，结合现场实际情况，从方案优化着手，取得良好的经济效益。根据原设计方案，地下连续墙长度为 44m，土体加固深度为坑底以下 5m，考虑到逆作施工的特点并结合以往施工经验，经设计优化后将地下连续墙长度调整到 42m，土体加固深度调整到坑底以下 4m。仅此两项就为项目节约了工程费用 260 万元。

（3）车站南端头井的顺利施工，用事实说服了原先不理解施工的大楼居民，取得了居民的理解，为日后施工的顺利开展打下了基础，取得了良好的社会效益。同时给位于闹市区的类似地铁车站深基坑施工提供了宝贵的经验。

4.7 上海长峰商城工程

4.7.1 工程概况

4.7.1.1 建筑与结构概况

上海长峰商城位于长宁区地铁 2 号线中山公园站即长宁路、汇川路、凯旋路合围处，是集购

图 4-84　长峰商城的实景图

物、娱乐、办公、客房为一体的综合性商业建筑，建筑面积达 30.8 万 m^2，为上海标志性建筑。该工程由地下四层，地上设十层裙房及一幢 60 层 238m 高酒店组成。同时也为交通枢纽，连接地铁、轻轨站及巴士站，内设大型停车场及超市（图 4-84）。

长峰商城主体结构为一幢 60 层高 238m 框-剪结构的超高层建筑，附有 10 层裙房。基础采用桩筏基础，底板面标高为－16.75m；主楼筏板厚为 4.00～6.25m，裙房筏板厚 2.0m。桩采用 850mm 的钻孔灌注桩，桩深 72.50m，有效桩长 48m，进入第⑨$_{-2}$层土层。地下室外墙采用厚度 800mm（非地铁侧）和 1000mm（靠近地铁侧）“两墙合一”的地下连续墙。主楼和裙房均设 4 层地下室：各层标高分别为 B0－0.100m、B1 板－5.300m、B2 板－10.700m、B3 板－13.700m、基础地板－16.750m。

长峰商城基坑面积为 22000m^2，深度分别为主楼 19.55m（4000mm 厚底板处）、20.55m（5000mm 厚底板处）、21.80m（6250mm 厚底板处）；裙楼为 18.75m、局部电梯井为 20.95m。采用“两墙合一”的地下连续墙作为围护墙，利用裙楼结构梁板和主楼结构次梁作为水平支撑，设置 ϕ550×16 的钢管和 480mm×480mm 格构柱的一柱一桩作为逆作竖向承重体系。地铁侧采用三轴 ϕ650 无芯材三轴搅拌桩加固－3.000～－26.000m。采用 ϕ700 双轴搅拌桩坑内墩式加固，加固深度－11.000～－24.000m，主楼深坑底采用压密注浆，深度－22.000～－26.000m。

采用裙楼逆作、主楼顺作的施工方法，待地下室施工完毕后开始上部结构的施工，主楼顺作区采取的是以结构次梁为支撑的板带撑支撑形式。

4.7.1.2　环境概况

长峰商城四周环境较为复杂，基坑四边环路，距东侧外墙 30m 处为国美商场的 12 层框架结构；南侧距离长宁路外墙 2.5m 有地铁 2 号线的地下两层中山公园站大厅；西侧凯旋路为新建道路，地下有各类管线，离西侧外墙 40m 处为轻轨高架车站。东北侧汇川路道路地下也有大量管线；距北侧外墙 40m 处有一栋六层居民住宅（图 4-85）。

4.7.2　工程地质概况

本工程地质条件较复杂，基地有两种不同地质条件，分古河道区与正常地质区。古河道区缺失第⑥、第⑦土质，取而代之的是⑤$_{3-1}$和⑤$_{3-2}$土层。承压含水层主要由第⑦层粉砂及粉砂细砂层与第⑨层粉细砂层构成。本工程降承压水主要是对第⑦层承压含水层，该层顶板平均埋深在地表以下 31.40m（绝对标高为－28.60m），平均厚度为 13.80m。

4.7.3　工程难点特点

（1）本工程地下室外墙（地下连续墙）离地铁 2 号线中山公园地下车站净距仅 1.9m，逆作施工时必须采取可靠的、切实可行的施工方案来确保地铁的安全。

（2）地质条件较复杂，基地有两种不同地质条件，即古河道区与正常地质区。主楼开挖深度达 24m，复杂多变的地质条件，对基坑设计的分区、承压水处理及挖土施工都增加了难度。

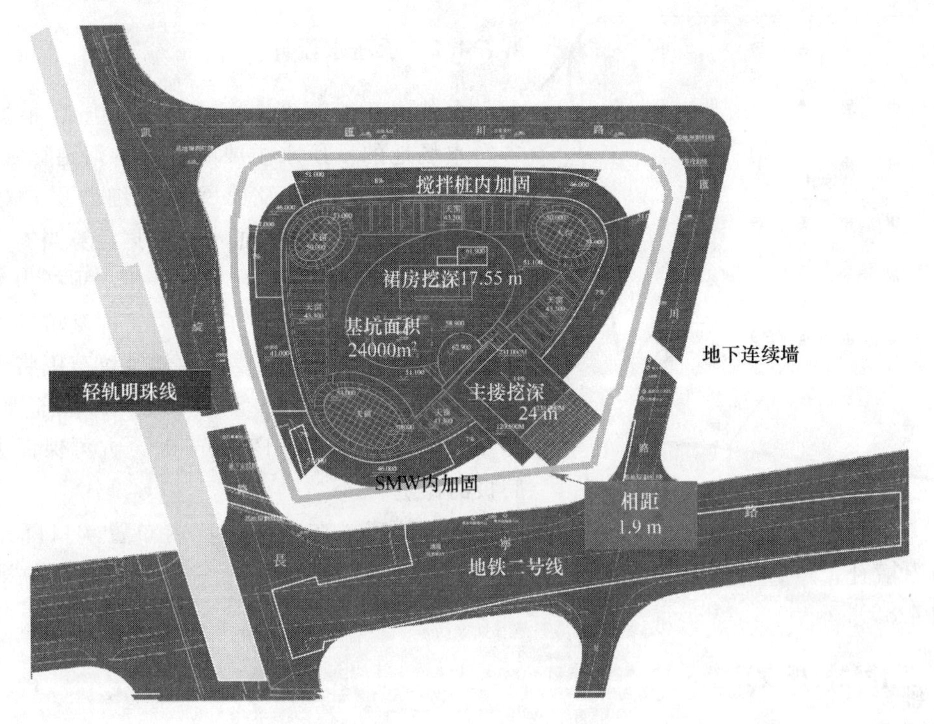

图 4-85　长峰商城基坑周边环境

（3）本工程中逆作法立柱采用了一柱一桩的形式，其垂直度控制是逆作法和地下主体结构施工控制的关键。

（4）逆作法地下部分施工时，一柱一桩与地下连续墙的不均匀沉降控制也是保证本工程主体结构质量的关键之一。

（5）基地东南角原中山公园地下车站西出口已经进入本工程地下连续墙范围内，如何合理、安全的封闭和拆除对工程的顺利进展至关重要。

（6）本工程底板混凝土为超大超厚大体积混凝土，基础底板分区的最大面积为 160m×130m，且不设冷却水管，因此需采取必要措施控制底板的裂缝。

（7）本工程基坑面积达 24000m²，属超大面积的深基坑，挖土量达 45 万 m³，必须加强周边环境的观察，实施信息化施工，与挖土时的“时空效应”紧密相结合，最大限度地减小基坑的变形。

4.7.4　逆作法施工方案

4.7.4.1　一柱一桩施工

本工程工程桩采用 $\phi850$ 的钻孔灌注桩，桩长 72.5m，工程桩混凝土设计强度等级为水下 C35，总桩数 1132 根，其中有 229 根一桩一柱，需插入方钢管柱的规格分别为 700mm×700mm，500mm×500mm，成孔垂直度偏差要求不大于 1/300，方钢管柱垂直度偏差要求不大于 1/400。

基坑逆作法一柱一桩采用 $\phi850$ 的支承桩上部接 $\phi550\times16$ 钢管立柱，钢管立柱顶面标高为 +1.900，剪力墙及主楼的支撑立柱采用 480mm×480mm 钢格构柱，顶面标高为 −0.500。钢管立柱和钢格构柱插入桩内均为 2m。

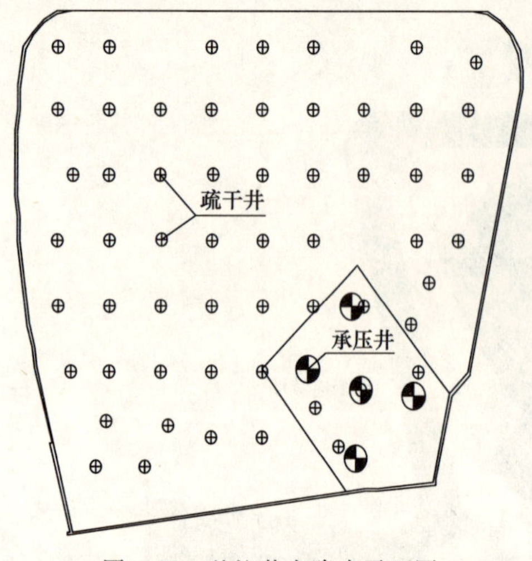

图 4-86 基坑井点降水平面图

4.7.4.2 承压水设计

本基坑开挖深度 18.95～24.00m，根据勘察报告，本场地的承压水主要赋存在古河道区域的⑤$_{3-2}$、正常区域的⑦$_1$ 层以及第⑨层粉细砂层，对工程有影响的主要是⑦$_1$ 的承压水。根据计算当本工程主楼基坑开挖至设计标高时，下部承压水顶托力大于基坑底至承压含水层顶板间的土压力，即基坑开挖不满足抗承压水稳定性。因此要在主楼基坑范围将第⑦层的承压含水层的水头降低 8.40m，即降至地表以下 15.20m，绝对标高－12.40m 时，方可保证主楼基坑底板的稳定。

根据计算，在主楼深坑内布置 4 口降压井，并在此范围内增补 1 口为备用井兼观测井，即共布置 5 口，井号为 Y1～Y5，其他部位则布置疏干井（图 4-86）。

4.7.4.3 逆作法模板设计

本工程为逆作法施工，模板方案经过比选，确定采用吊模施工工艺，即在 B2 和 B3 无梁楼板处采取无排吊模，直接在逆作垫层上铺设木方和模板，采用预埋的对拉螺栓将模板吊于浇筑后的楼板上，土方开挖后在将模板拆除。具体做法如下（图 4-87）：

（1）垫层上铺设 50mm×200mm 垫木，间距 1500mm，用于对拉螺栓安装；

（2）垫木上铺设 50mm×100mm 木方作为主肋，楼板处的间距为 600mm，柱帽处的间距为 300mm；并在其上铺设面板（18mm 厚多层夹板）；

（3）在每根垫木距端头 500mm 穿一根 $\phi 14$ 对拉螺栓，其底端焊一 50mm×50mm 的垫片，上端用螺母及 50mm×50mm 垫片固定。

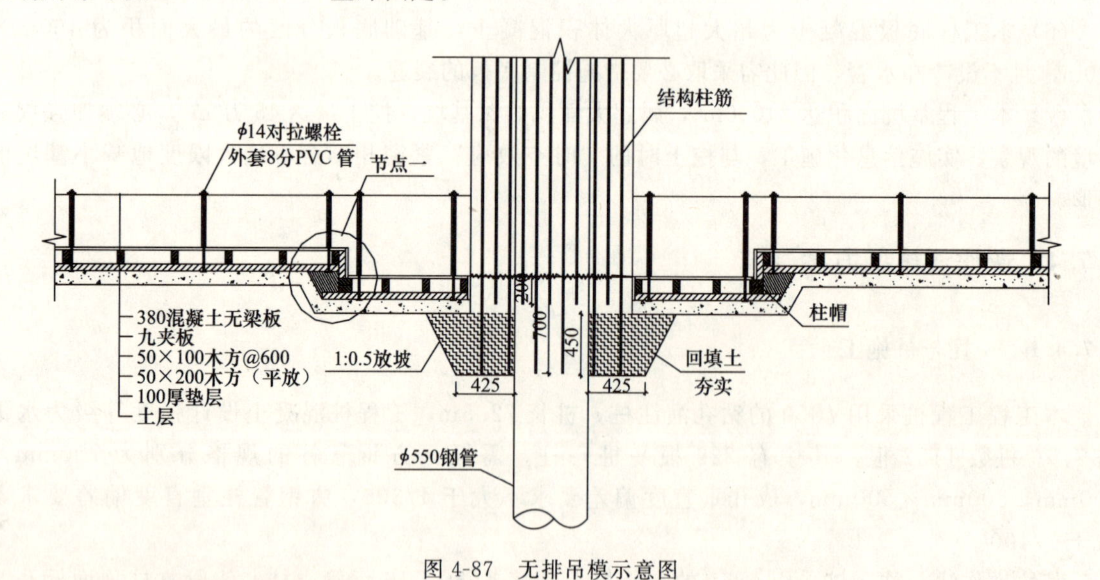

图 4-87 无排吊模示意图

4.7.4.4 水平和竖向结构的转换

（1）本工程地下部分施工采用裙房逆作，主楼顺作的施工方法。为提高基坑的安全性，顺作区的B0板、B1板、B2板、B3板处利用结构次梁为板带支撑，分别在－0.070、－5.300、－10.470、－13.700位置设置4道混凝土板带支撑（图4-88）。

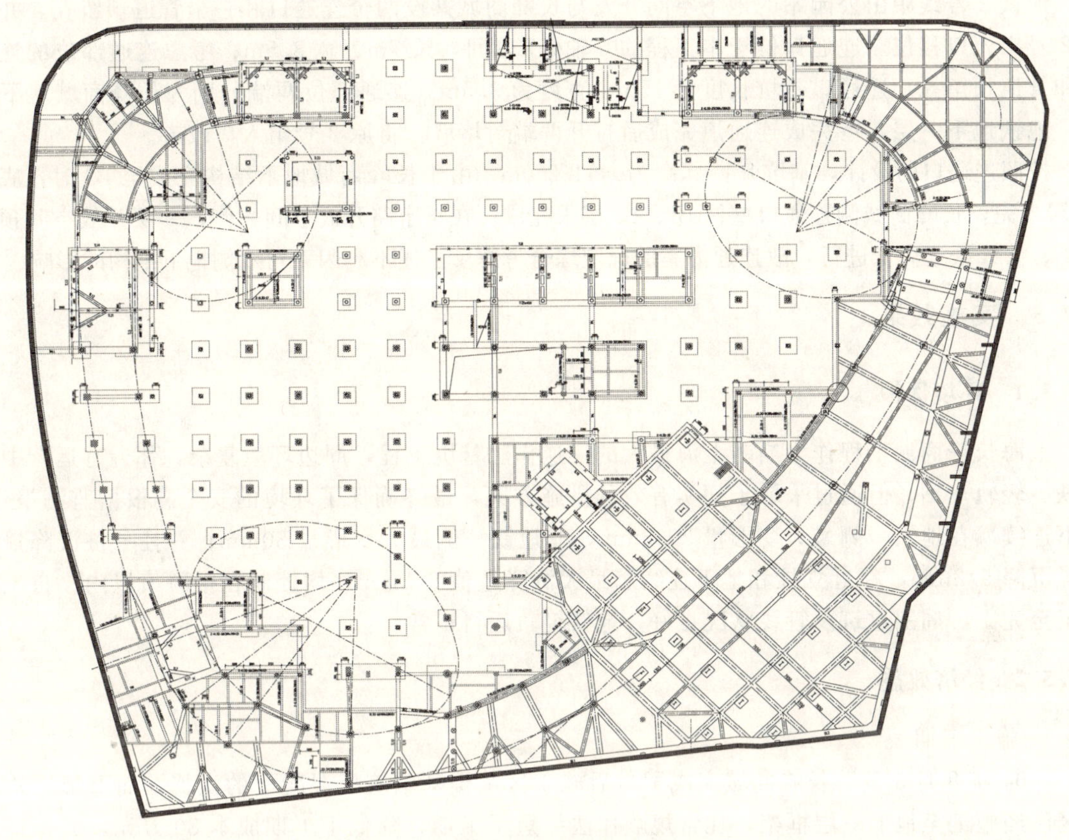

图4-88 主楼区域的板带支撑

（2）主楼基础底板开挖深度达22m，局部深坑达到24m，基坑开挖面距上一道支撑（B3板）的高度为5～7m，根据支护设计计算工况，需要在主楼底板内设置一道混凝土支撑，支撑截面1000mm×800mm，顶标高为－17.150m，采用C30混凝土，支撑平面呈“田”字形，局部靠地下连续墙处加八字撑；地下连续墙边设置一道1200mm×800mm的边圈梁，增加整体受力性能。根据底板的分区施工流程，支撑一端支撑于地下连续墙上，另外一端受力于B、C区基础底板上，支撑作为底板结构的一部分浇筑于主楼基础底板内。

4.7.4.5 分层开挖取土

长峰商城四层地下室逆作法开挖基坑面积大，开挖深度、四周环境复杂，尤其是基坑南侧紧贴地铁2号线中山公园站，地铁保护等级为一级，为此，基坑工程采用了以逆作盆式、抽条、局部加设内支撑的开挖方式。由于逆作法施工除在地下各层楼板空缺处设临时支撑外，一般区域均直接利用地下室楼板作为支撑，因此，地下室三四层的土方开挖，尤其基础底板的土方开挖应板间的距离教导，对地下连续墙变形会产生较大的影响，所以底板处附加支撑施工是控制支护结构位移的关键。所以对控制地铁一侧支撑和垫层严格按照“时空效应”和“先撑后挖”原则，指导基坑土方开挖和加撑，在开挖过程中做到“分层、分块、对称、平衡、限时”。基于此，本工程将基坑土方开挖划分为4层，每层分2小层开挖，将每小层的开挖高度控制在2.5m内，在每小层土方以盆式加抽条的方式开挖，并做到所留置的盆边反压土体宽度均大于4倍的挖土高度，即留土宽度不小于10m。

4.7.4.6 零换乘施工技术

地铁 2 号线中山公园站的地下空间开发与长峰商城共设两个连通口和一个管道预留孔，并需将 2 号出入口移位。连通口位于本工程的 6 轴～7 轴间，长 7m、宽 3.5m；考虑连通部位的连通口和管道预留孔，连通口基坑长度为 15m、宽度为 3.5m。连通部位两端分别为长峰商城地下二层，地铁地下一层，待完成连通道完成后打开两端封堵墙。将原 2 号出入口改道。

按照连通口的设计，基坑开挖标高为－11.250m。由于长峰商城地下结构完成至 B3 时，底板 B4 层未完，长峰商城侧连通口壁柱 B1、B3 层未完成。在长宁路开放空间一侧，一层开放空间顶板围挡、管线搬迁尚未进行，故连通方案的确定综合考虑了上述不利因素对双侧地下结构的影响。

4.7.5 实施效果

4.7.5.1 环境保护

上海长峰商城工程作为当时上海最大的一逆作法基坑工程，周边环境复杂，邻近有运营中的地铁、轻轨车站，但通过采取了切实有效的措施方案，最终确保了环境的安全。根据监测报告，地下连续墙在地铁一侧最大变形量 20.5mm，非地铁一侧最大变形量 30mm；一柱一桩沉降最大差异沉降 5.2mm，邻近立柱和地下连续墙最大沉降差值 9.2mm，均控制在报警值以内。自工程开工至完工，周围建筑及管线状况良好，地铁轻轨运行正常。

4.7.5.2 经济效益

1. 施工工期

2004 年 8 月 3 日，长峰商城完成了最后施工区主楼基础底板混凝土的浇捣，而上部结构有两区已经施工至地上三层框架，比常规顺作法缩短了工期，降低了工期成本 80 万元，并保证了基坑安全确保了地铁二号线的安全营运。

2. 经济效益

工程施工中采用了无排吊模施工工艺即避免超挖、保护了环境安全，同时实现了先挖土再拆模，减少逆作挖土与拆模交叉施工带来的安全隐患，加快施工进度，还大大节省了排架搭设费用，经测算，基坑总面积为 22000m^2，节约将近 24.3 万元。结构梁与钢管柱采用了工厂加工，比现场加工减少了节点焊缝、钢牛腿或接驳器焊接所需的地下通风等费用，而且缩短了工期，确保了工程质量，采用该预制钢管方法共降低成本 32 万元。

4.7.5.3 社会效益

长峰商城工程在地下工程技术上突破了传统的基坑的施工方法，针对超大面积基坑采用逆作法施工技术，并研究发明了逆作法无排吊模施工工艺，创造了良好的社会经济效果，为以后逆作法施工同类工程提供了借鉴。长峰商城作为国内罕见的超深、超大面积逆作施工工程，它在施工过程中对周边特殊环境的保护所取得的成功经验对今后同类工程的施工起到很好的示范作用。

4.7.6 工程模拟分析

4.7.6.1 逆作法计算的简化

由于本基坑工程的面积比较大，又分为 4 个区，施工过程互相交错，难以整体进行计算。为了简化计算，选取 A 区，沿 L 轴选单位宽度进行平面分析。分析时考虑地下连续墙、立柱桩的共同作用。按工况进行分步计算，在每一工况下考虑当前楼板浇筑后形成刚度，下面土未挖除，该层竖向荷载仍由土体承担。

为了反映A区与其他区域交界的情况，计算时扩大了计算范围，增加计算区外的两跨立柱进行计算，在整理计算结果时再删去，这样，可以反映交界处的连续性。

4.7.6.2 逆作法的计算

根据共同作用理论在逆作法施工中的应用方法，对A区L轴连续墙、立柱和楼板共同作用进行计算分析，图4-89为计算区域的基坑支护结构的剖面图。计算采用Sap2000有限元分析软件，分为五个工况：

工况一——开挖至－5.300标高，并完成楼板；

工况二——开挖至－10.470标高，并完成楼板；

工况三——开挖至－13.700标高，并完成楼板；

工况四——开挖至－18.650标高，未浇筑底板；

工况五——开挖至－18.650标高，完成混凝土底板。

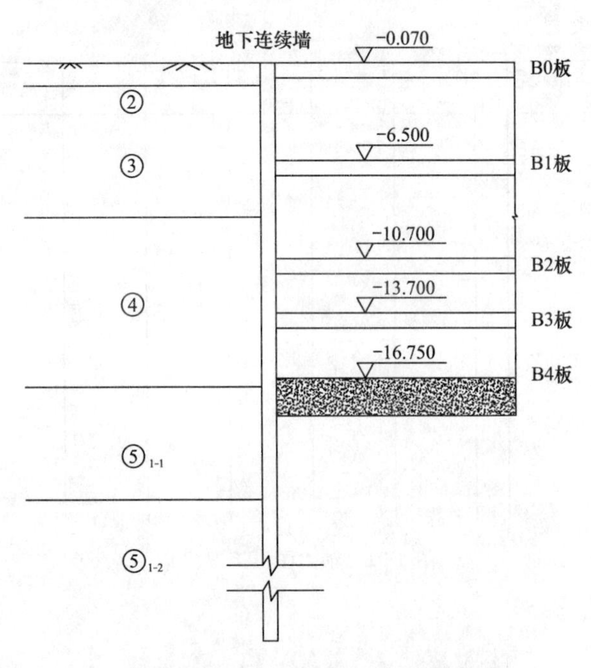

图4-89 A区支护体系剖面图

(1) A区L轴连续墙、立柱在各工况的沉降、轴力和弯矩

A区L轴地下连续墙、立柱在各工况的沉降、轴力和弯矩的计算结果见表4-8和图4-90～图4-104。

各工况的立柱（墙）最大位移和轴力以及柱和楼板的最大弯矩汇总 **表4-8**

工 况	立柱（墙）		柱和楼板
	最大位移（m）	最大轴力（kN）	最大弯矩（kN·m）
工况一	0.00561	452.20	418.40
工况二	0.01135	901.40	487.60
工况三	0.01723	1351.00	543.10
工况四	0.02325	1801.00	591.70
工况五	0.03696	2692.00	3301.00

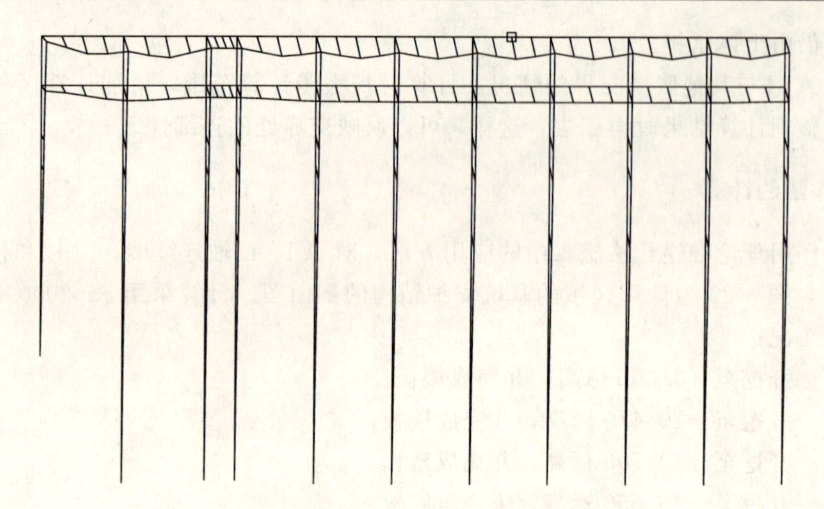

图 4-90　位移图（工况一）

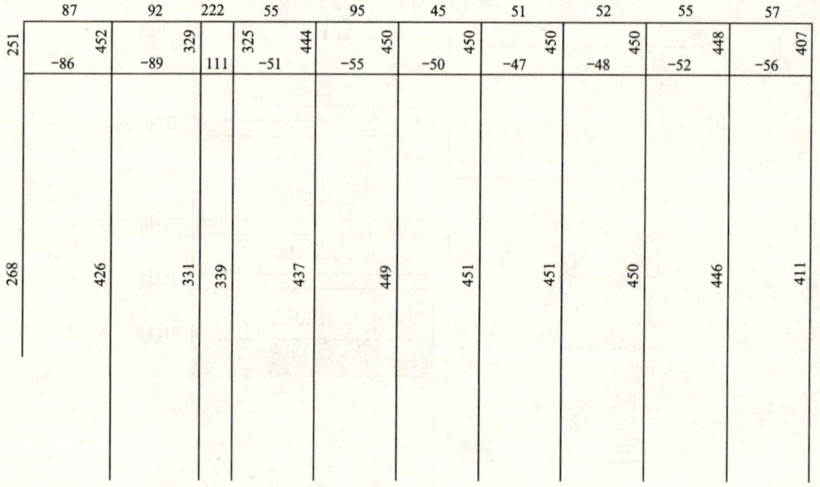

87　92　222　55　95　45　51　52　55　57

251　452　329　325　444　450　450　450　450　448　407

−86　−89　111　−51　−55　−50　−47　−48　−52　−56

268　426　331　339　437　449　451　451　450　446　411

图 4-91　轴力图（工况一）

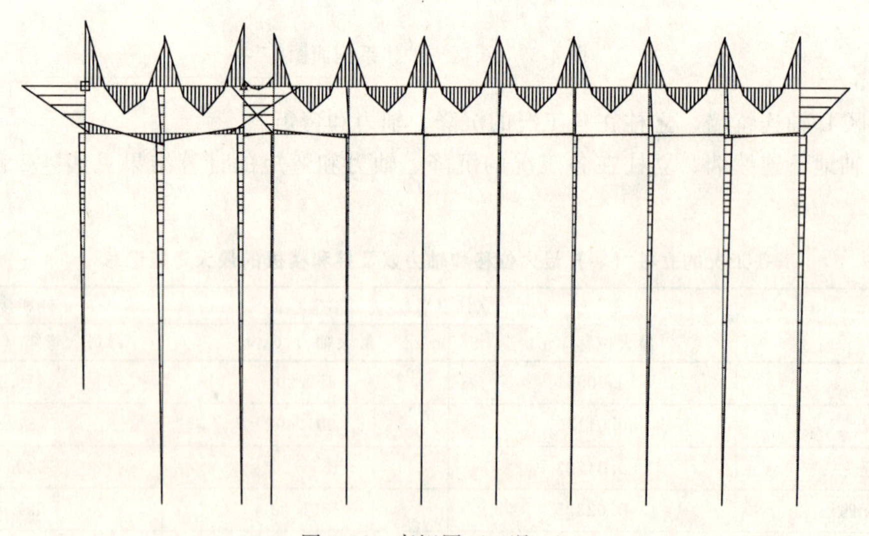

图 4-92　弯矩图（工况一）

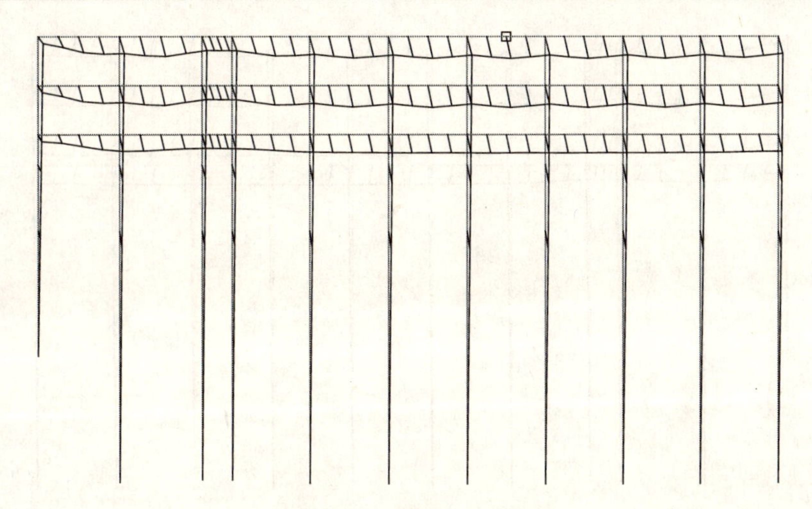

图 4-93　位移图（工况二）

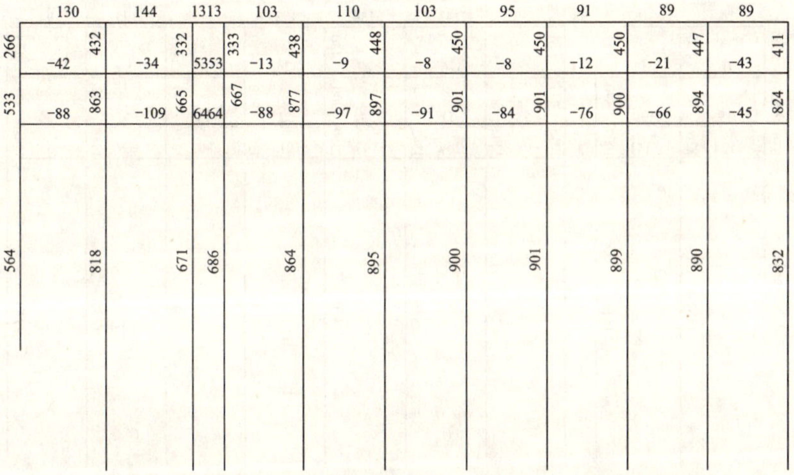

130 144 1313 103 110 103 95 91 89 89

266 -42 432 -34 332 5353 333 -13 438 -9 448 -8 450 -8 450 -12 450 -21 447 -43 411

533 -88 863 -109 665 6464 667 -88 877 -97 897 -91 901 -84 901 -76 900 -66 894 -45 824

564 818 671 686 864 895 900 901 899 890 832

图 4-94　轴力图（工况二）

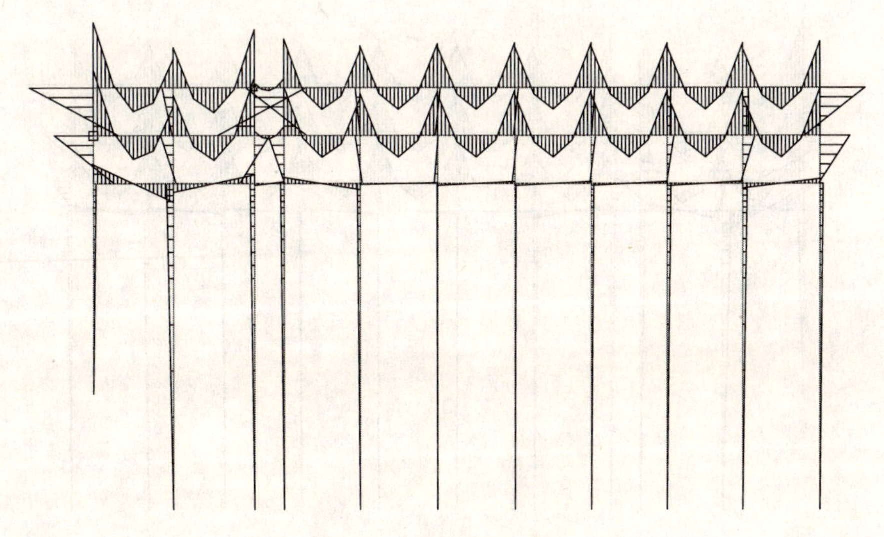

图 4-95　弯矩图（工况二）

图 4-96 位移图（工况三）

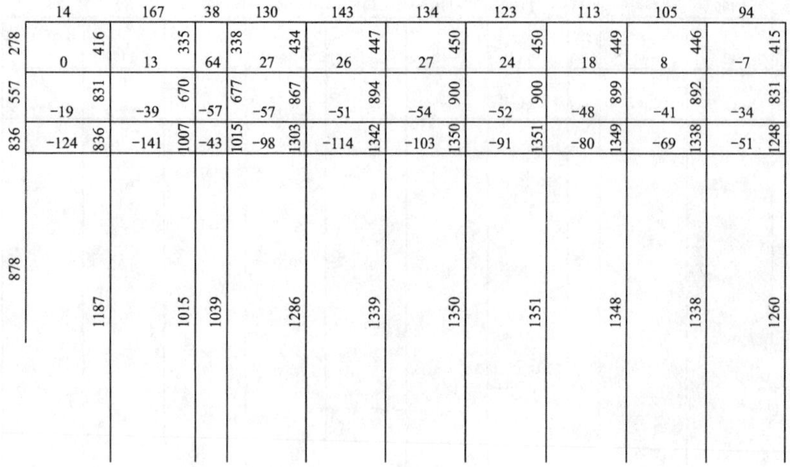

14 167 38 130 143 134 123 113 105 94

278 416 335 338 434 447 450 450 449 446 415

0 13 64 27 26 27 24 18 8 −7

557 831 670 677 867 894 900 900 899 892 831

−19 −39 −57 −57 −51 −54 −52 −48 −41 −34

836 836 1007 1015 1303 1342 1350 1351 1349 1338 1248

−124 −141 −43 −98 −114 −103 −91 −80 −69 −51

878 1187 1015 1039 1286 1339 1350 1351 1348 1338 1260

图 4-97 轴力图（工况三）

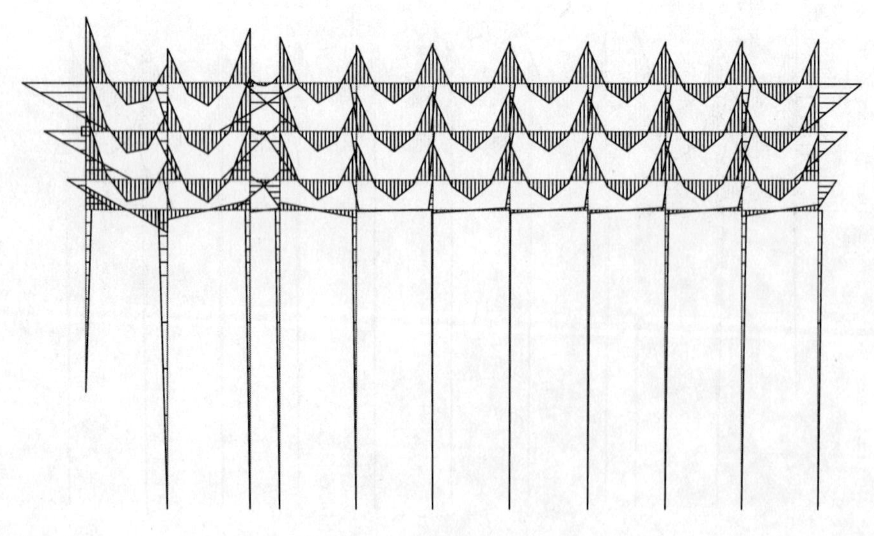

图 4-98 弯矩图（工况三）

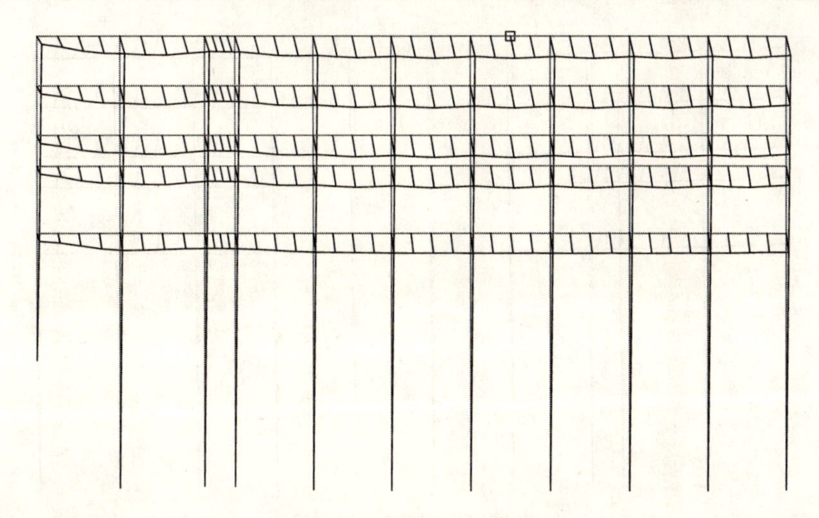

图 4-99 位移图（工况四）

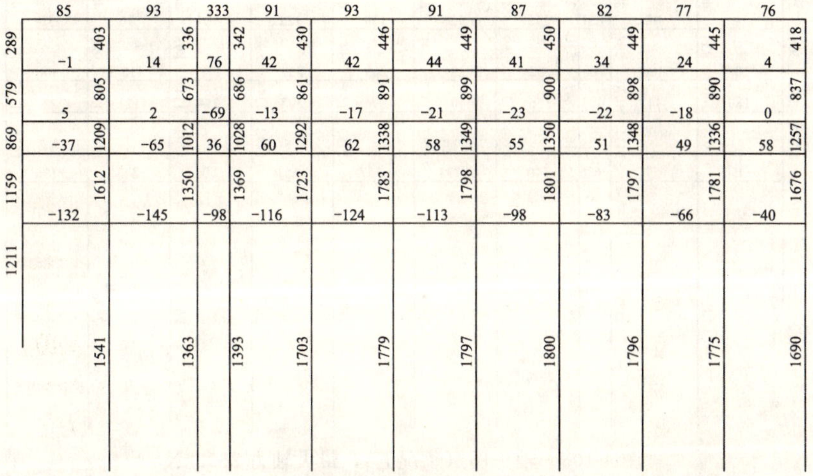

图 4-100 轴力图（工况四）

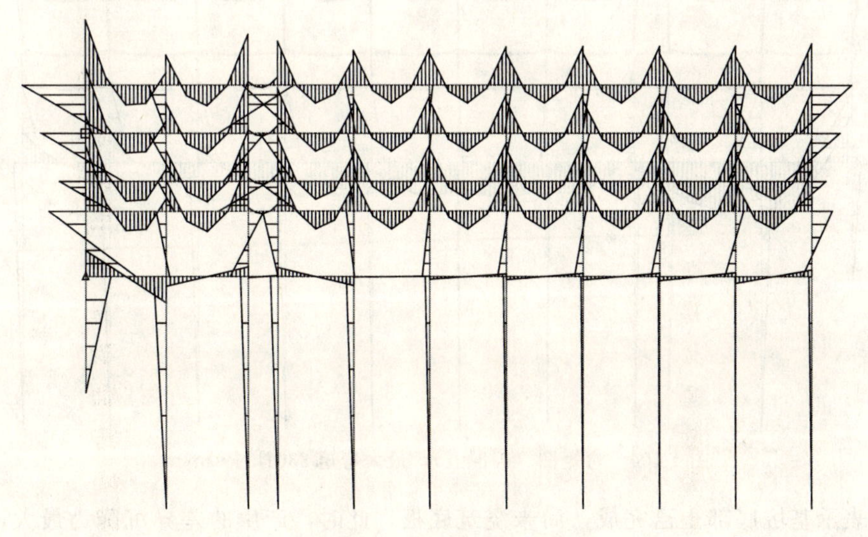

图 4-101 弯矩图（工况四）

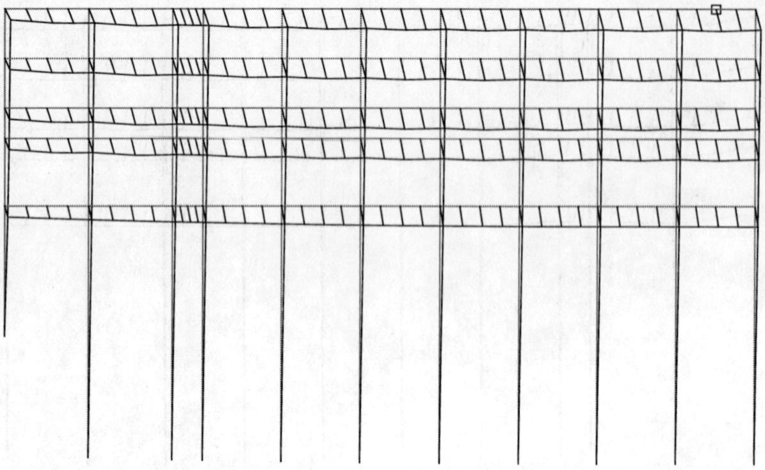

图 4-102　位移图（工况五），最大位移 0.03696m

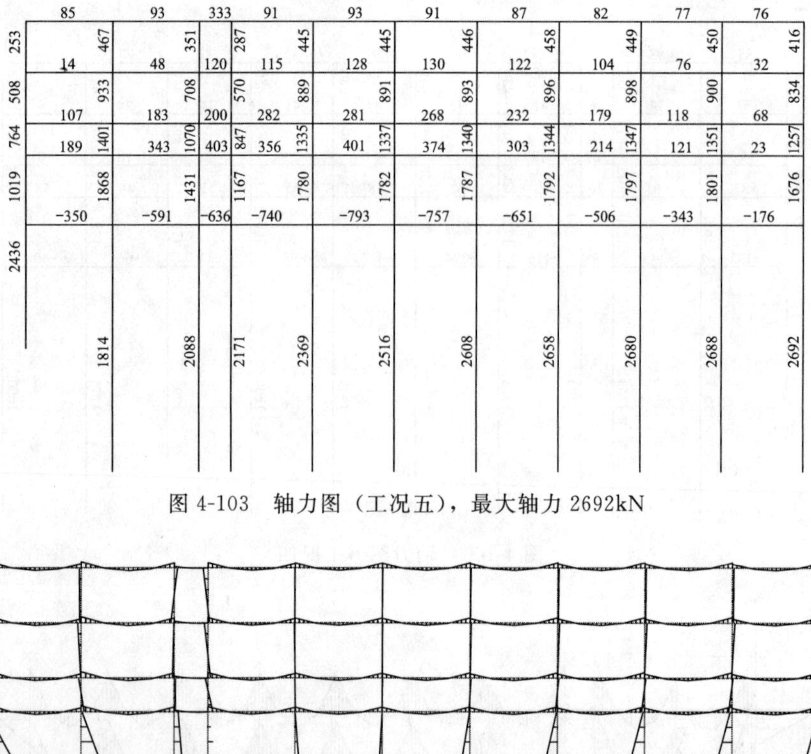

图 4-103　轴力图（工况五），最大轴力 2692kN

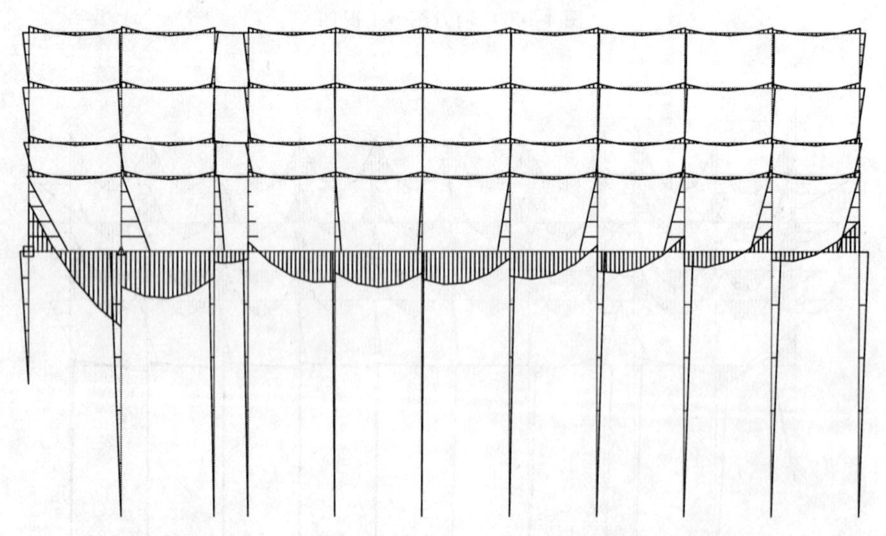

图 4-104　弯矩图（工况五），最大弯矩 3301kN・m/m

工况四表示基坑底部土已完成，尚未浇筑底板，此时，产生的差异沉降为最大，见表 4-9，墙 1 和柱 2 之间的差异沉降为 10.13mm。

工况五表示底板浇筑完毕，此时，地下室结构、地下连续墙、底板和工程桩已连成整体而共同作用，使整个地下室结构的应力重分布。墙1和柱2之间的差异沉降仅为4.68mm（表4-9），反映了逆作法施工特点。

（2）A区L轴地下连续墙、立柱在各工况的沉降

各立柱在各工况的沉降见表4-9和图4-105。

A区L轴地下连续墙、立柱在各工况的沉降（mm） **表4-9**

工况 \ 墙或柱	墙1	柱2	柱3	柱4	柱5	柱6	柱7	柱8	柱9	柱10	柱11
一	2.08	5.30	4.12	4.21	5.43	5.59	5.61	5.61	5.60	5.55	5.12
二	4.44	10.30	8.45	8.64	10.88	11.27	11.34	11.35	11.33	11.20	10.48
三	7.00	15.14	12.95	13.24	16.40	17.07	17.21	17.23	17.19	17.00	16.06
四	9.77	19.90	17.61	17.99	21.99	22.97	23.21	23.25	23.20	22.93	21.83
五	20.56	25.24	28.88	29.98	32.63	34.59	35.83	36.50	36.80	36.90	36.96

注：表中墙1表示地下连续墙，柱2～柱11表示钢立柱。

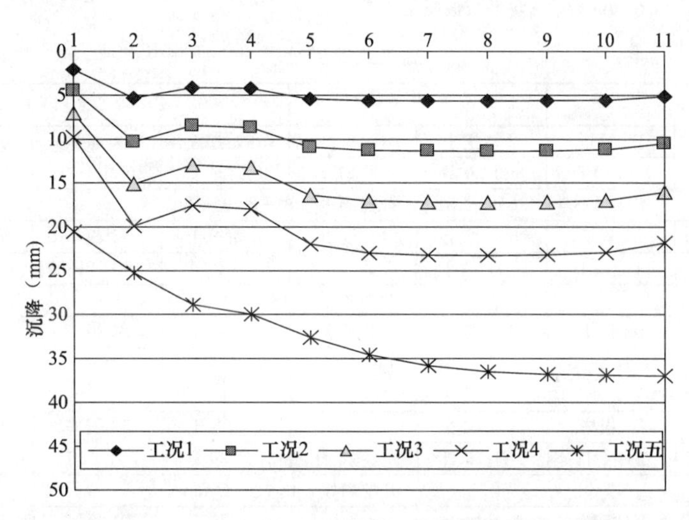

图4-105 A区L轴地下连续墙、立柱各工况的沉降

从表4-9可见，沉降随着工况而增加，在底板尚未浇筑前，沉降为23.25mm，2m厚的底板浇筑后，沉降为36.96mm，增加13.71mm，沉降的增加量很小。

（3）A区L轴地下连续墙、立柱在各工况的差异沉降

从表4-9和图4-105可见，地下连续墙1与临近钢立柱2的差异沉降较大，4个工况下分别为3.22mm、5.86mm、8.14mm、10.13mm，在工况五变为4.68mm，如前所述，这是由于地下室结构、地下连续墙、底板和工程桩已连成整体，发生共同作用之故。

从图4-105可见，底板浇筑后，沉降图出现窝底形，符合一般基坑工程的沉降规律，表明底板浇筑后沉降趋于稳定。

考虑地下室结构-地下连续墙-立柱桩-土的共同作用，可计算从工况一～工况四（底板浇筑前）中的差异沉降等，有利于指导施工可能避免产生楼板裂缝。当进入工况五后（底板浇筑后），工况四已考虑地下室结构-地下连续墙-立柱桩-土四者的共同作用，进而加入基础与上述四者的共同作用，其中厚大基础板起到重要作用。

4.7.6.3 逆作法的地下连续墙与立柱桩以及立柱桩间的实测沉降分析

1. 施工概述

本工程分A、B、C、D四个区按一定的顺序挖土（表4-10和表4-11），以严格控制变形。

A、B、C区属于裙房，采用逆作法施工；D区属于主楼，采用板带逆作施工。因此，本工程与一般逆作法工程相比有其特殊性，加强监测工作尤为重要。

工况汇总表 **表 4-10**

工　况	开挖面标高（m）	坑内降水水位（m）
开挖前	－0.900	－7.70
1	－6.700	－7.70
2	－11.600	－12.60
3	－14.600	－15.60
4	－18.950	19.95
5	－20.650（主楼）	－21.10
6	－23.200（局部）	－24.00

注：1. 盆式明挖至－6.70m后，－0.10m楼板施工，抽条式挖除盆边土，－5.30m楼板施工。
2. 盆式暗挖至－11.60m后，－10.70m楼板施工，抽条式挖除盆边土。
3. 盆式暗挖至－14.6m后，－13.70m楼板施工。
4. 盆式暗挖至－18.95m后16.75m，中心岛基础底板施工。
5. 主楼范围由－18.95m暗挖至－20.65m后，主楼4.0m基础底板施工。
6. 深坑局部挖至－23.20m后，深坑底板混凝土施工。

施工工况汇总表 **表 4-11**

	A		B		C		D	
B0板	开始挖土	B0板毕	开始挖土	B0板毕	开始挖土	B0板毕	开始挖土	B0板毕
	8月6日	9月10日	8月20日	9月27日	9月24日	10月16日	10月4日	11月1日
	开挖顺序：A—B—C—D							
B1板	开始挖土	B1板毕	开始挖土	B1板毕	开始挖土	B1板毕	开始挖土	B1板毕
	10月17日	11月9日	10月23日	11月19日	10月25日	11月29日	11月13日	12月9日
	开挖顺序：A—B—C—D							
B2板	开始挖土	B2板毕	开始挖土	B2板毕	开始挖土	B2板毕	开始挖土	B2板毕
	11月27日	12月28日	12月19日	1月10日	1月26日	3月3日	1月3日	2月16日
	开挖顺序：A—B—D—C							
B3板	开始挖土	B3板毕	开始挖土	B3板毕	开始挖土	B3板毕	开始挖土	B3板毕
	4月11日	5月5日	2月18日	3月28日	3月30日	4月22日	3月14日	4月11日
	开挖顺序：B—D—C—A							
B4板	开始挖土	B4板毕	开始挖土	B4板毕	开始挖土	B4板毕	开始挖土	B4板毕
	6月10日	7月6日	5月9日	6月5日	5月23日	6月19日	4月26日	5月20日
	开挖顺序：D—B—C—A							
B5板	注：A、B、C区B4为裙房基础底板；D区B5为主楼基础底板						6月23日	8月4日

本工程监测从2003年10月14日开始，至2004年7月31日结束，监测整理了立柱桩和地下连续墙的沉降或隆起等大量实测数据。

工况的选择涉及分段分条施工、各区工况互相交错，因缺乏专门测定测点的沉降或隆起与时间关系的数据，未能进行“时空效应”分析。因此，从已有的实测资料分析出发，按表4-12作为进行裙房A区立柱桩差异沉降分析的工况；表4-13为进行主楼（D区）立柱桩差异沉降分析的选用工况。

裙房A区施工工况 **表 4-12**

2003年10月21日	2003年11月4日	2003年12月7日	2003年12月16日	2004年2月22日	2004年3月7日	2004年5月2日	2004年5月9日	2004年7月4日	2004年7月11日
	B0楼板浇筑完毕		B1楼板浇筑完毕		B2楼板浇筑完毕		B3楼板浇筑完毕		B4底板浇筑完毕

主楼（D区）施工工况 **表 4-13**

2004年3月14日	2004年5月1日	2004年5月8日	2004年7月3日	2004年7月10日	2004年7月31日
B2楼板浇筑完毕		B3楼板浇筑完毕		B4楼板浇筑完毕	主楼底板浇筑前

为便于分析，形象直观地反映立柱桩和地下连续墙的沉降以及立柱桩之间、地下连续墙与临近立柱桩的差异沉降，根据已有的监测数据，利用计算软件 Matlab，线性插值勾画裙房 A 区在逆作法过程的各工况阶段的沉降等值线图。主楼区域 D 区，基坑开挖中采用板带支撑，因此，分析若干有代表性的板带支撑的差异沉降。

图 4-106 为主楼支护结构剖面图，图 4-107 为主楼立柱桩、地下连续墙沉降测点布置图。

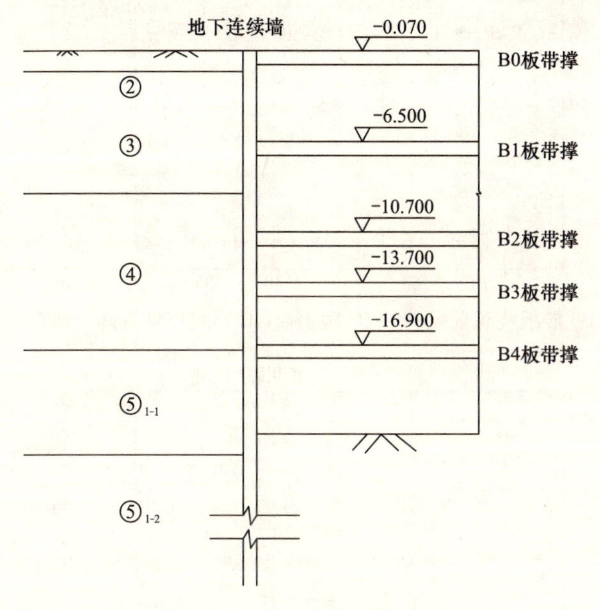

图 4-106　主楼支护结构剖面图

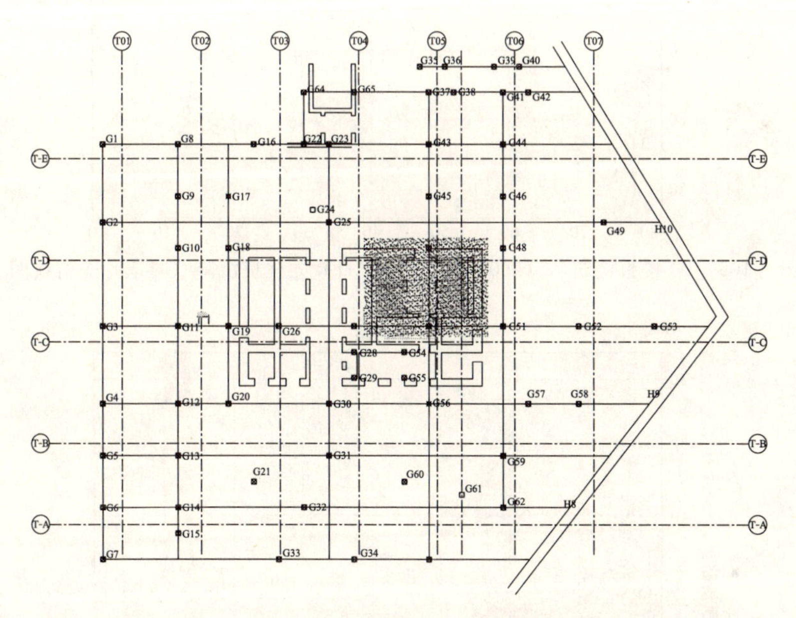

图 4-107　主楼立柱桩、地下连续墙沉降测点布置图

2. 裙房 A 区地下连续墙与立柱桩以及立柱桩间的实测沉降分析

（1）A 区立柱桩的沉降或隆起

图 4-108～图 4-117 分别为各工况下 A 区 B0 楼板浇筑前后、B1 楼板浇筑前后、B2 楼板浇筑前后、B3 楼板浇筑前后和 B4 底板浇筑前后的立柱桩沉降或隆起等值线图，图中“＋”为立柱桩、地下连续墙沉降观测点；图中数字正值表示隆起，负值表示沉降。

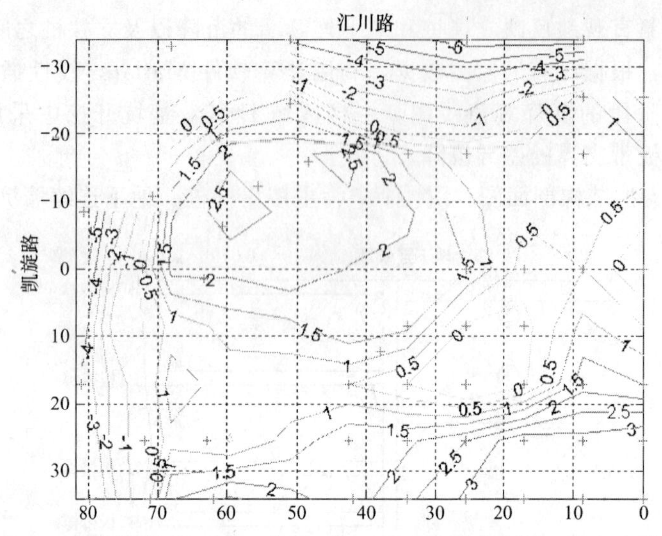

图 4-108 B0 楼板浇筑前（2003 年 10 月 21 日）立柱桩沉降（隆起）等值线图

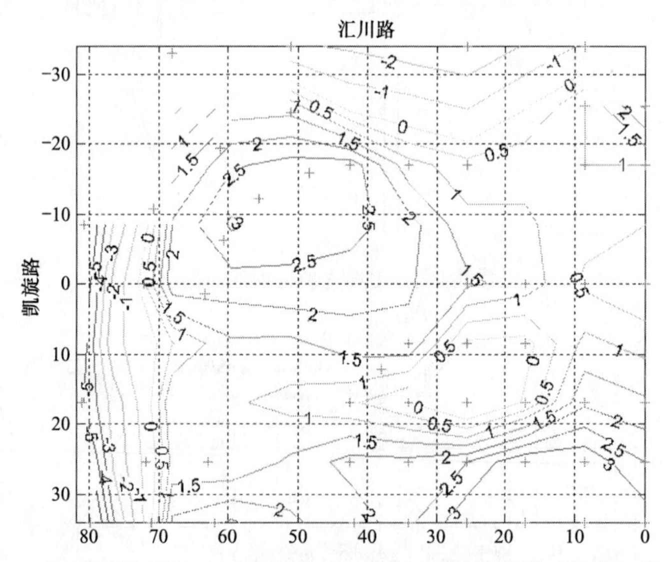

图 4-109 B0 楼板浇筑后（2003 年 11 月 04 日）立柱桩沉降（隆起）等值线图

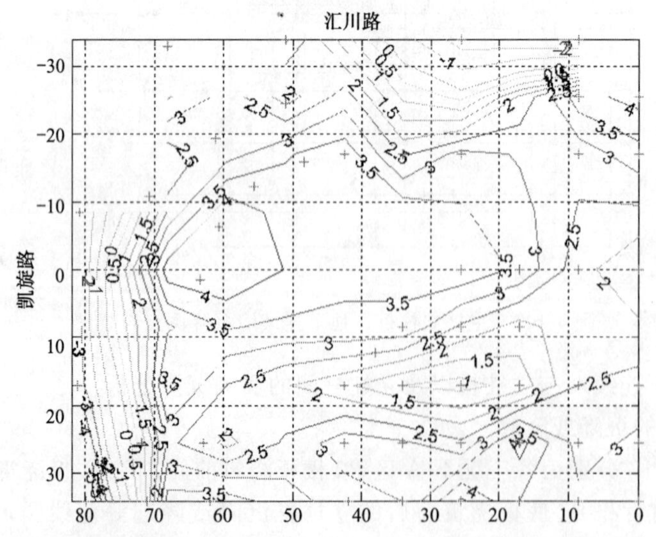

图 4-110 B1 楼板浇筑前（2003 年 12 月 07 日）立柱桩沉降（隆起）等值线图

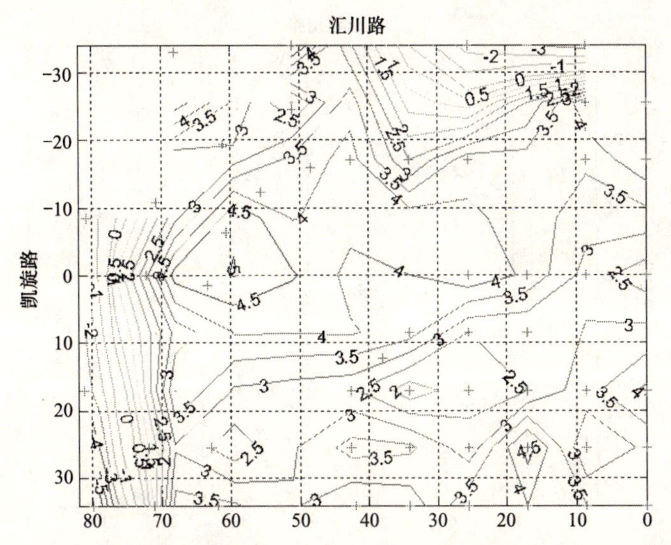

图 4-111　B1 楼板浇筑后（2003 年 12 月 16 日）立柱桩沉降（隆起）等值线图

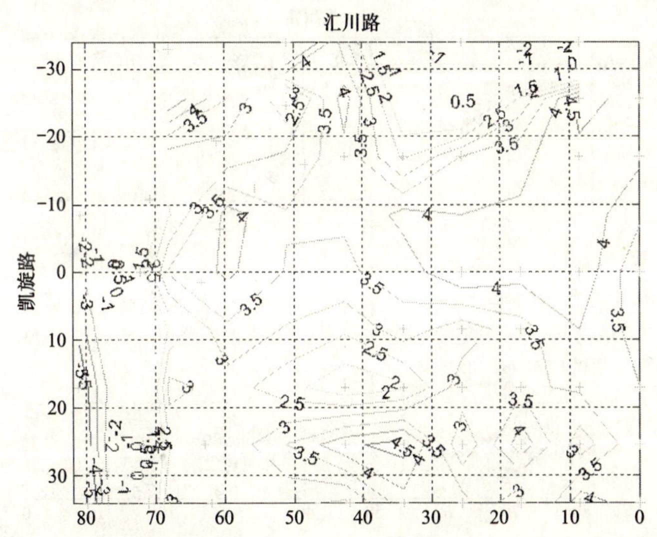

图 4-112　B2 楼板浇筑前（2004 年 2 月 22 日）立柱桩沉降（隆起）等值线图

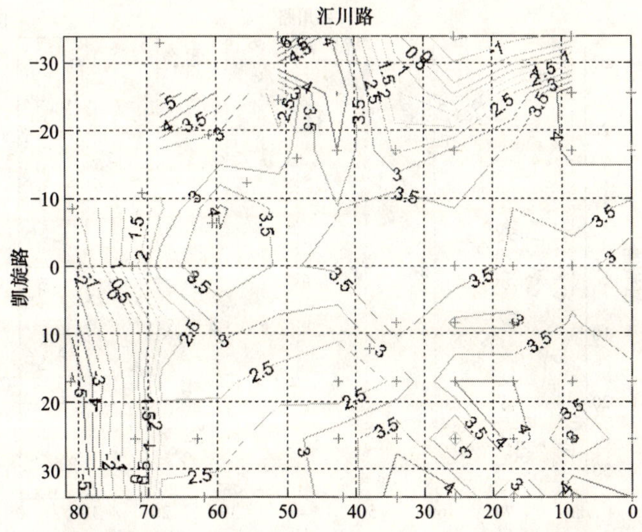

图 4-113　B2 楼板浇筑后（2004 年 03 月 07 日）立柱桩沉降（隆起）等值线图

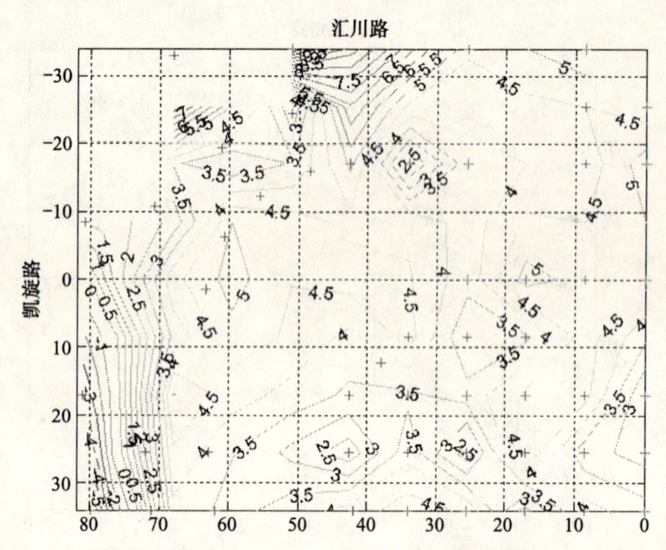

图 4-114 B3 楼板浇筑前（2004 年 05 月 02 日）立柱桩沉降（隆起）等值线图

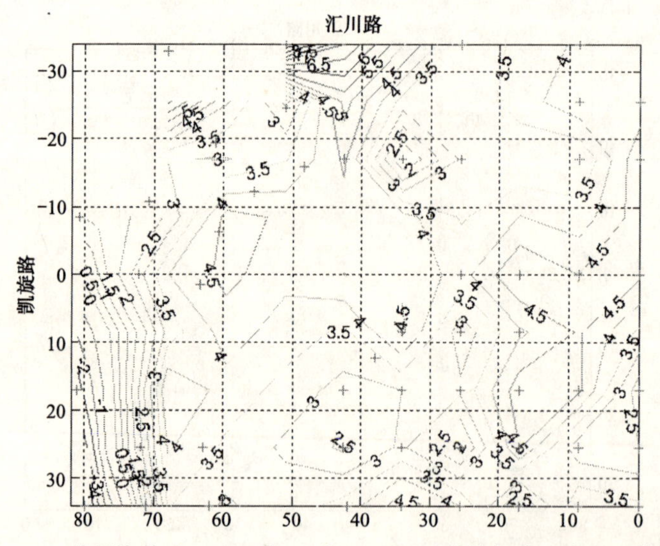

图 4-115 B3 楼板浇筑后（2004 年 05 月 09 日）立柱桩沉降（隆起）等值线图

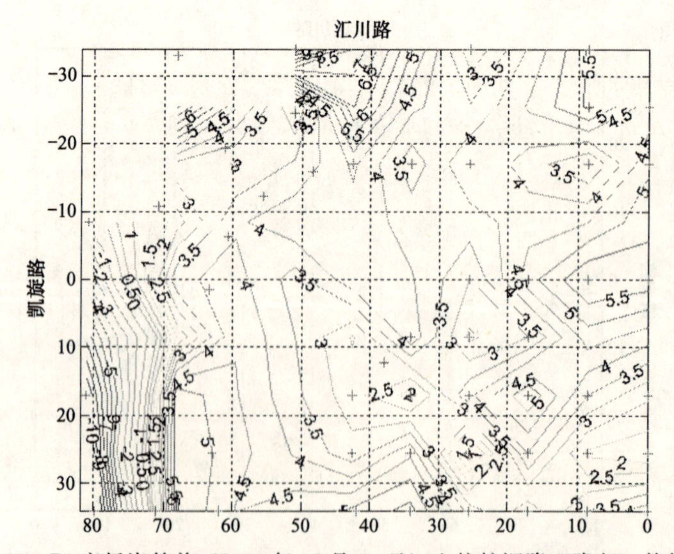

图 4-116 B4 底板浇筑前（2004 年 07 月 04 日）立柱桩沉降（隆起）等值线图

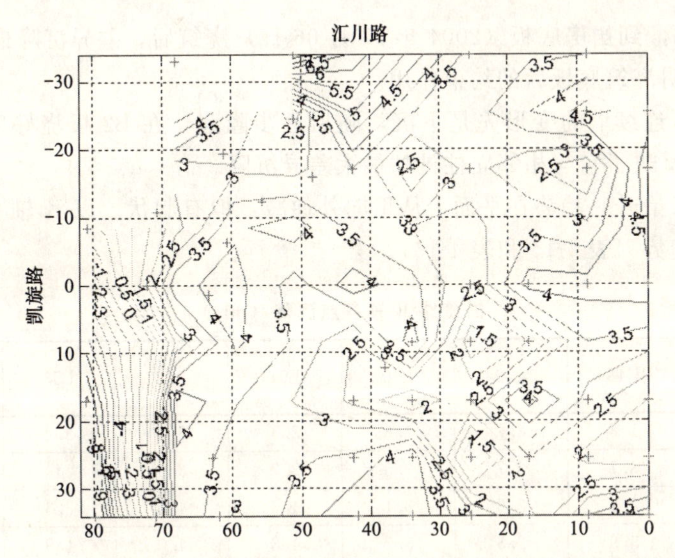

图 4-117 B4 底板浇筑后（2004 年 07 月 11 日）立柱桩沉降（隆起）等值线图

(2) A 区立柱桩间沉降的差异沉降

表 4-14 列出了裙房 A 区相邻立柱桩在不同施工工况下的最大差异沉降。

相邻立柱桩及立柱桩与地下连续墙间的最大差异沉降　　表 4-14

位　置	B0 楼板		B1 楼板		B2 楼板		B3 楼板		B4 底板	
	浇筑前	浇筑后	浇筑前	浇筑后	浇筑前	浇筑后	浇筑前	浇筑后	浇筑前	浇筑后
	10 月 21 日	11 月 4 日	12 月 7 日	12 月 16 日	2 月 22 日	3 月 7 日	5 月 2 日	5 月 9 日	7 月 4 日	7 月 11 日
立柱桩间的最大差异沉降（mm）	3.5	3.4	3.0	2.2	2.1	2.1	2.7	2.6	3.7	4.1
墙 H27 与柱 L46 的差异沉降（mm）	4.8	8.7	9.4	9.5	8.6	8.6	11.0	10.0	18.6	15.4
墙 H23 与柱 L4 的差异沉降（mm）	7.5	3.4	6.9	8.0	7.0	5.7	9.3	7.3	8.2	6.3

从表 4-14 和图 4-108～图 4-117 的等值沉降（隆起）图可见，55 个测点（L1～L55）反映立柱桩的总沉降量很小，最大为 6.2mm，当底板浇筑后，最大为 5.8mm，表明底板浇筑后的约束作用。

至于立柱桩间的差异沉降，B1 楼板浇筑前，立柱桩的差异沉降为 3.5mm；从 B1 楼板浇筑完毕到 B3 楼板浇筑完毕的 5 个月期间（2003 年 12 月 16 日到 2004 年 5 月 9 日），立柱桩之间差异沉降反为减少，仅在 2.2～2.7mm 之间变化。但是，开挖最后一层土及裙房底板浇筑后的一周期间（2004 年 7 月 4 日到 7 月 11 日），立柱桩的差异沉降增加为 3.7～4.1mm。

由此可见，立柱桩的最大沉降量只有 6.2mm，相邻立柱桩的差异沉降远远小于相关规范规定的 20mm。

(3) A 区地下连续墙与立柱桩间的差异沉降

如前所述，地下连续墙墙顶最大隆起点为 H24，隆起量为 11mm，最大沉降点为 H27，沉降量为 14.4mm。与立柱桩间的最大沉降相比，最大差异沉降发生在地下连续墙与相邻立柱桩处。选择凯旋路 H27 与 L46 和汇川路 H23 与 L4 进行分析。

凯旋路 H27 与 L46 的差异沉降可由表 4-14 得知，从表 4-15 和图 4-108～图 4-117 的沉降（隆起）等值线图可见，凯旋路一侧的地下连续墙与相邻的立柱桩之间的差异沉降最大，从浇筑 B0 楼板始，直到浇筑 B4 底板前呈增加趋势，到 B2 楼板浇筑期间，开始略有下降。在浇筑底板前差异沉降最大为18.6mm，到裙房底板（2004年07月06日）浇筑后，差异沉降最大为15.4mm，即减少了3.2mm，说明浇筑底板后的约束作用。

汇川路一侧地下连续墙的变形先是下沉，随后逐步隆起，在B2板浇好后，整体发生隆起。表4-14的监测数据反映了它与相邻立柱桩的最大差异沉降。

立柱桩的沉降（抬升）趋势在平面上从里向外递减，但有起伏。以K轴和11轴上立柱桩的隆起为例可见这一趋势（表4-15和表4-16）。

凯旋路K轴各点沉降（mm） **表4-15**

测点 日期	L48	L49	L50	L51	L52	L53	L54	L55
11月4日	1.8	2.7	1.6	2.4	3.4	3.2	3.4	3.3
12月16日	3.7	3.7	2.5	2.7	3.9	4	3.5	3.0
3月7日	2.7	2.6	3.1	4.3	4.2	2.3	4.6	4.0
5月9日	3.9	2.8	3.7	4.8	4.0	1.9	3.9	3.6
7月11日	4.6	2.7	4.5	4.4	3.0	1.9	3.5	4.3

汇川路11轴各点沉降（mm） **表4-16**

测点 日期	L14	L15	L22	L35	L40	L55
11月4日	2.6	1	0.0	1.6	2.5	3.3
12月16日	4.2	4.4	2.2	4.1	3.1	3.0
3月7日	4.2	4.2	2.6	3.7	3.9	4.0
5月9日	4.2	4.9	4.6	2.2	2.5	3.6
7月11日	4.2	4.9	4.4	2.0	1.6	4.3

比较图4-108～图4-117的等值线图，发现M，N轴与6，9轴围成的区域内立柱桩的隆起比其他区域立柱桩的隆起小。

从以上实测数据可见：裙房差异沉降比较小，远小于控制值20mm。在B0、B1、B2、B3、B4楼板浇筑前，各立柱桩的差异沉降比较大，绘出的沉降（隆起）等值线比较密；在B0、B1、B2、B3、B4板浇筑后，由于楼板的支撑同时楼板、地下连续墙和立柱连成一体，形成较大的刚度，抵抗沉降变形的能力相应大大增加，各立柱桩的差异沉降变小，绘出的沉降（隆起）等值（高）线较疏。差异沉降在施工中是客观存在，在基础底板浇筑前外部荷载主要依靠立柱桩和地下连续墙承担，随着上部结构施工层数的增加，外部荷载相应增加，但挖土深度的增加又使墙与柱的侧壁摩擦力减少，立柱桩和地下连续墙的承载能力相应降低，沉降值的增加和受力的变化势必导致相邻立柱桩之间的差异沉降。

3. 主楼D区立柱桩间以及中柱桩与地下连续墙间的实测沉降分析

（1）D区立柱桩的沉降或隆起

沿立柱G3～G53测点和G1～G44测点以及G1～G7测点和G8～G15测点，绘制从2004年2月29日到7月31日的沉降变化图，分别见图4-118～图4-121。

从各图可见，D区立柱沉降的最大值不超过6.5mm。

沿G3～G53（位于主楼中间），从图4-118和表4-17可见，最大差异沉降发生在G27与相邻立柱桩之间，其值为3.8mm。

沿G1～G44（位于主楼北边），从图4-119和表4-17可见，最大差异沉降发生在G16与相邻立柱桩之间，其值为5.3mm。

沿 G1～G7（位于主楼西边），从图 4-120 和表 4-17 可见，最大差异沉降发生在 G4 与相邻立柱桩之间，其值为 3.3mm。

沿 G8～G15（位于主楼西边），从图 4-121 和表 4-17 可见，最大差异沉降发生在 G15 与相邻立柱桩之间，其值为 2.9mm。

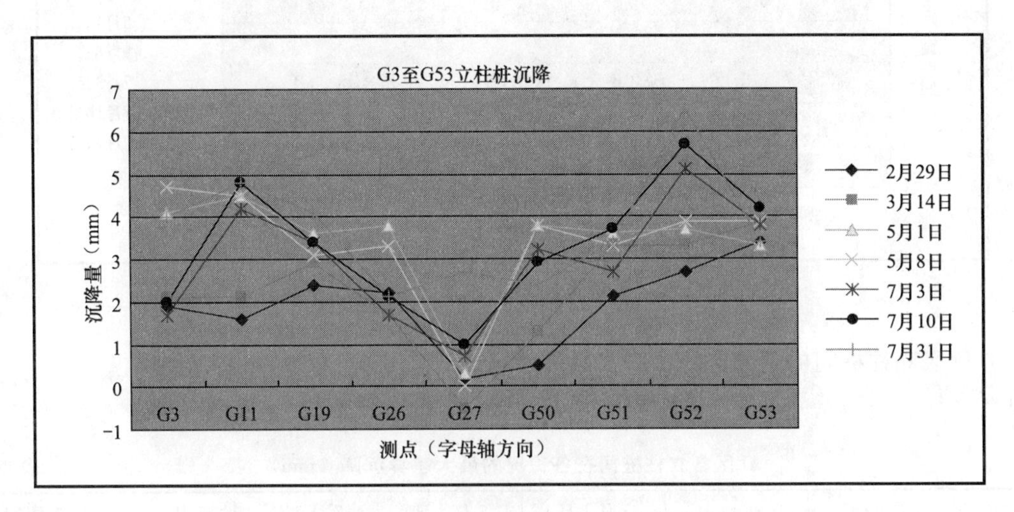

图 4-118 近 TC 轴板带支撑上立柱桩沉降

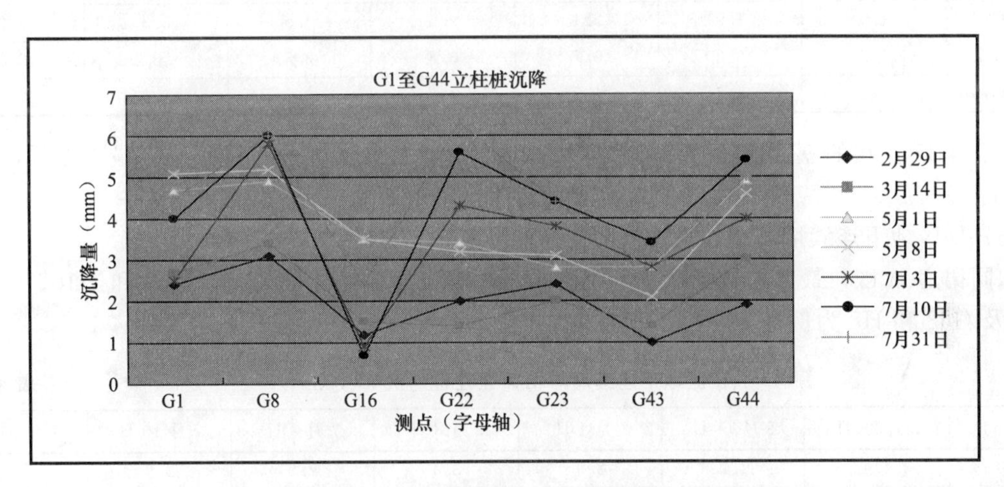

图 4-119 TE 轴板带支撑上立柱桩的沉降

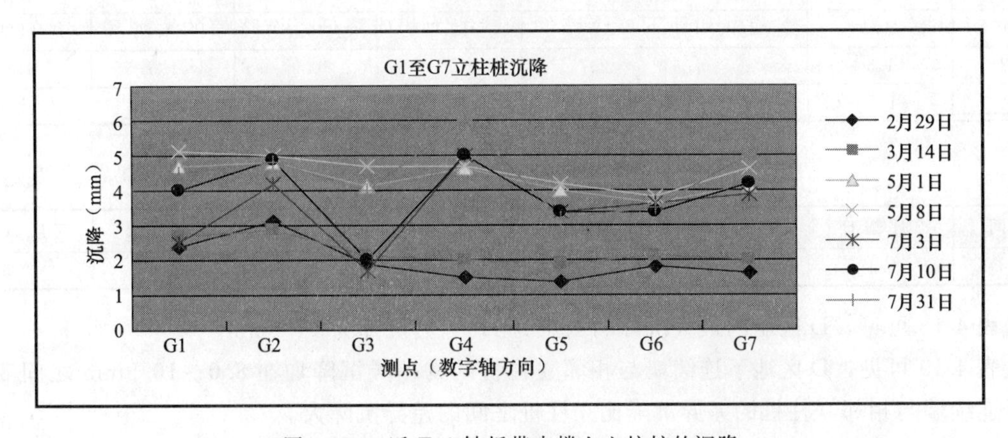

图 4-120 近 T01 轴板带支撑上立柱桩的沉降

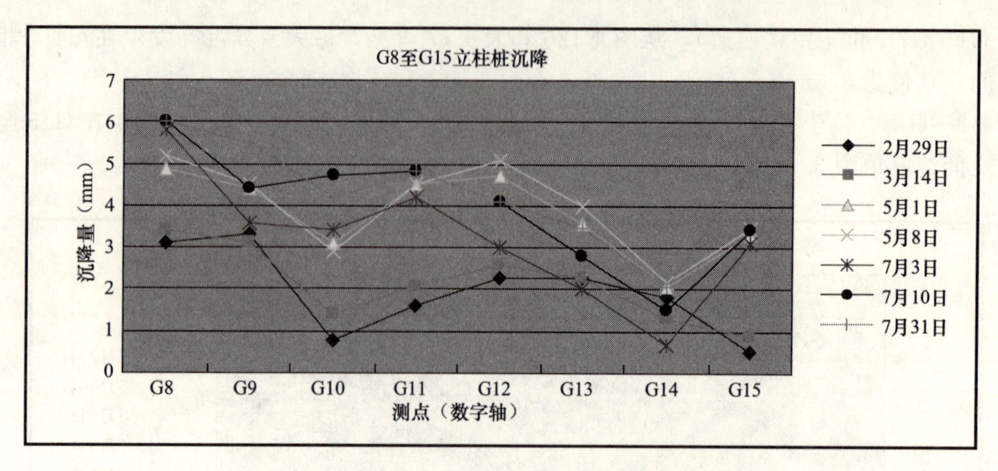

图 4-121 近 T02 轴板带支撑上立柱桩的沉降

（2）D 区立柱桩间的差异沉降

D 区立柱桩间的差异沉降汇总于表 4-17。

D 区各立柱桩间在各工况的最大差异沉降（mm） **表 4-17**

时　间	2月29日	3月14日	5月1日	5月8日	7月3日	7月10日	7月31日
G3～G53	2	2.2	3.5	3.8	2.5	2.8	3.1
G1～G44	1.9	1.9	2.1	2.5	4.9	5.3	3.9
G1～G7	1.2	0.8	0.7	0.8	3.3	3	2.8
G8～G15	2.5	1.7	1.5	1.8	2.4	1.9	2.9

从表 4-17 主楼的立柱桩间的差异沉降汇总可见，立柱桩的差异沉降很小。最大差异沉降为 5.3mm。

（3）D 区地下连续墙与相邻立柱桩的差异沉降

如同裙房 A 区，最大差异沉降发生在地下连续墙与相邻立柱桩处。以 G49 和 H10、G58 和 H9 以及 G62 和 H8 为例进行分析，各工况的沉降和差异沉降分别见表 4-18 和表 4-19。

D 区地下连续墙与相邻立柱桩的沉降（mm） **表 4-18**

时　间	2月29日	3月14日	5月1日	5月8日	7月3日	7月10日	7月31日
G49	1.4	1.2	2.9	3.4	2.9	2.9	4
H10	4.7	3.7	6.5	7.6	4.4	9.8	10.9
G58	1.8	2	2.6	3.9	3	4.2	4.2
H9	10.9	10.9	11.7	12.7	10.7	14.6	14.5
G62	1.5	1.5	2.7	3.1	0.9	1.5	1.8
H8	6.5	6.2	9	11.1	8.9	10.3	12.3

D 区地下连续墙与相邻立柱桩差异沉降（mm） **表 4-19**

时　间	2月29日	3月14日	5月1日	5月8日	7月3日	7月10日	7月31日
沉降差	9.1	8.9	9.1	8.8	8	10.4	10.5

从表 4-18 可见，D 区墙的最大沉降的测点为 H9，其沉降为 14.6mm。

从表 4-19 可见，D 区地下连续墙与相邻立柱桩间的差异沉降均在 8.0～10.5mm 之间变化。即地下连续墙与相邻立柱桩的差异沉降比立柱桩之间的差异沉降大。

从以上裙房 A 区和主楼 D 区的实测数据可见：

A 区立柱沉降的最大值为 6.1mm；墙的最大沉降为 14.4mm。立柱间差异沉降的最大值为 4.1mm；地下连续墙与相邻立柱桩间的差异沉降最大为 18.6mm。

D 区立柱沉降的最大值不超过 6.5mm；墙的最大沉降为 14.6mm。立柱间差异沉降的最大值不超过 5.3mm；地下连续墙与相邻立柱桩间的差异沉降最大为 10.5mm。

由此，本工程施工中对立柱桩之间及立柱桩与地下连续墙之间的差异沉降控制达到了预期目标：

1）主楼 D 区立柱桩与裙房 A 区立柱桩的差异沉降较小，远远小于控制值 20mm。

2）主楼 D 区地下连续墙与立柱桩的差异沉降比 A 区的小。究其原因，主要是在基坑开挖过程中，主楼区域是板带支撑，立柱桩、梁和地下连续墙形成的刚度虽然没有裙房 A 区立柱桩、楼板和地下连续墙形成的刚度大，但主楼 D 区域土体加固范围大，地下连续墙厚度为 1000mm，大于 A 区地下连续墙的厚度 800mm，因此，差异沉降得到控制。

4.7.6.4　实测与理论计算的沉降的对比

如前所述，本工程基坑面积大，施工中分为 A、B、C 和 D 四个区进行平行流水作业法施工，而且互相交错，理论计算按平面问题计算，计算的工况与实际工况也有一定差异，因此，计算结果存在较大误差。以下就计算和实测值进行对比，仍能看到它们的变形规律。表 4-20 和表 4-21 列出了底板浇筑前后的最大沉降和差异沉降值的对比。

计算最大沉降与实测最大沉降对比　　**表 4-20**

底板施工工况	墙的最大沉降（mm）		立柱桩的最大沉降（mm）	
	计算值	实测值	计算值	实测值
浇筑前	9.77	14.4（墙 H27）	23.25	6.1
浇筑后	20.56		36.96	4.6

计算最大差异沉降与实测最大差异沉降对比　　**表 4-21**

底板施工工况	墙与柱间最大差异沉降（mm）		立柱桩间的最大差异沉降（mm）	
	计算值	实测值	计算值	实测值
浇筑前	10.13	18.6	4.00	3.7
浇筑后	4.68	15.4	2.65	4.1

从表 4-20 和表 4-21 可见，计算结果地下连续墙在底板浇筑后的沉降从 9.77mm 增加到 20.56mm。因为地下连续墙参加整体共同作用，分担底板的荷载，而地下连续墙与相邻柱间的差异沉降从 10.13mm 降低为 4.68mm，这也是地下连续墙参加整体共同作用，底板混凝土约束的缘故。同样，立柱桩在浇筑底板前后的情况也类似。

从表 4-20 和表 4-21 可见，实测结果和计算有一定误差，部分实测值偏小，这有多方面的原因，一是实际工况较为复杂，理论计算无法精确模拟；二是实际测量方法和精度带来的误差。但两者所得数据比较接近，不论是计算值还是实测值仍都具有一定的参考价值。

4.7.7　实施效果

长峰商城采用逆作法施工工艺取得了以下系列的成果：

(1) 本工程采用逆作法施工，地下连续墙体水平位移小，实测水平位移约为 30mm，而顺作法的预估水平位移约为 90mm，逆作法墙体水平位移约为顺作法的 1/3。

(2) 逆作法地下连续墙体实测度最大水平位移深度发生在约 1/2 基坑深度附近处，而顺作法一般发生在其坑底附近处，最大变形位置的提高，对坑外地表沉降的改善有显著作用。

(3) 逆作法施工基坑坑底土体的隆起量小，本工程实测坑底最大隆起为6.5mm，而如此深度的基坑如采用顺作法坑底隆起量一般大于20mm，逆作法施工坑底的隆起约为顺作法的1/3。

(4) 逆作法施工使立柱桩-地下室结构-地下连续墙-土能尽早形成整体，共同作用，对约束基坑变形具有很大贡献。基础底板浇筑后，使基坑底变形较大的区域缩小，变形整体趋于均匀。

4.8　上海由由国际广场工程

4.8.1　工程概况

4.8.1.1　地理环境

上海由由国际广场工程地处上海市浦东新区，东毗临沂北路、南临纬三路、西面为由由大酒店，北靠浦建路。工程由N1和N2两个地块组成，地上部分由市政道路经二路隔开，地下二层，整个基坑连为一体。N1地块包括一幢五星级大酒店、一幢公寓式酒店和裙房；N2地块包括一幢高级办公楼和商场（图4-122）。工程基坑面积为3.5万m^2，总建筑面积为205719m^2。酒店高133.75m，地上37层；公寓式酒店高73.3m，地上21层；裙房高14.7m，地上3层；办公楼高103m，地上23层；商场高28m，地上5层。

图4-122　效果图

4.8.1.2　结构概况

本工程酒店、公寓和办公楼结构体系为钢筋混凝土框架-核心筒体系，裙房和商场为钢筋混凝土框架体系，柱网间距为8.5m×8.5m。基础采用桩筏形式，桩基为ϕ800mm钻孔灌注桩，底板最大厚度为2.6m。

由由国际广场整个基坑面积为30000m^2，开挖深度在10m左右，局部电梯深坑达17m。根据基坑条件采用地下结构采用裙楼逆作，主楼顺作的施工方法。即以钻孔灌注桩作为挡土结构，深层搅拌桩作为止水帷幕，代替常规逆作法的地下连续墙。结构梁板作为水平支撑体系，在主楼顺作施工区域设置三个环形出土口，环形出土口既方便土方开挖，又有利于结构的整体受力及主楼的顺作施工。

4.8.1.3 工程地质概况

本场地地貌类型属滨海平原，场地地势较平坦，自然地面标高 4.80～3.87m。

基地的地下水属潜水类型，其主要补给来源为大气降水及地表径流。地下水静止水位深度为 0.40～1.55m。

场地的东北部及东南部分布有暗滨，其成分上部为杂填土，下部以淤泥质土为主，呈软～流塑状，含较多有机质。

场地的工程地质条件及基坑围护设计参数见表 4-22。

由由国际广场土层物理力学指标 **表 4-22**

土层序号	土层名称	层厚（m）	重度（kN/m³）	φ(°)	c(kPa)	K_V(cm/s)	k_H(cm/s)
①	填土	1	18	22	0		
②	褐黄色粉质黏土	2.4	18.2	16.5	21	5.82×10-7	8.22×10-7
③	灰色淤泥质粉质黏土	2.9	17.4	16.5	12	8.69×10-7	1.05×10-6
③夹	灰色砂质粉土	0.8	18.4	28.5	7	2.92×10-5	3.85×10-5
③	灰色淤泥质粉质黏土	2.5	17.4	16.5	12	8.69×10-7	1.05×10-6
④	灰色淤泥质黏土	7.4	16.6	9.5	14	3.39×10-7	4.87×10-7
$⑤_{1-1}$	灰色黏土	4.3	17.3	13.5	17	2.08×10-8	2.51×10-8
$⑤_{1-2}$	灰色粉质黏土	3.9	17.9	17.5	17	2.63×10-6	3.19×10-8

场地第③夹层为灰色黏质粉土夹砂质粉土，砂性较重、渗透性较大，基坑开挖时易产生管涌、流砂等不良地质现象，并影响围护墙施工质量，施工中应采取相应的防范措施，尤其要做好隔水、止水措施保证基坑的安全施工。

4.8.1.4 周边环境情况

由由国际广场工地周边环境复杂，市政管线和临近的多层、高层建筑物众多，且距离轨道交通、隧道等距离较近（图 4-123 及图 4-124），具体情况如下：

图 4-123 由由国际广场基坑开挖前现场鸟瞰图

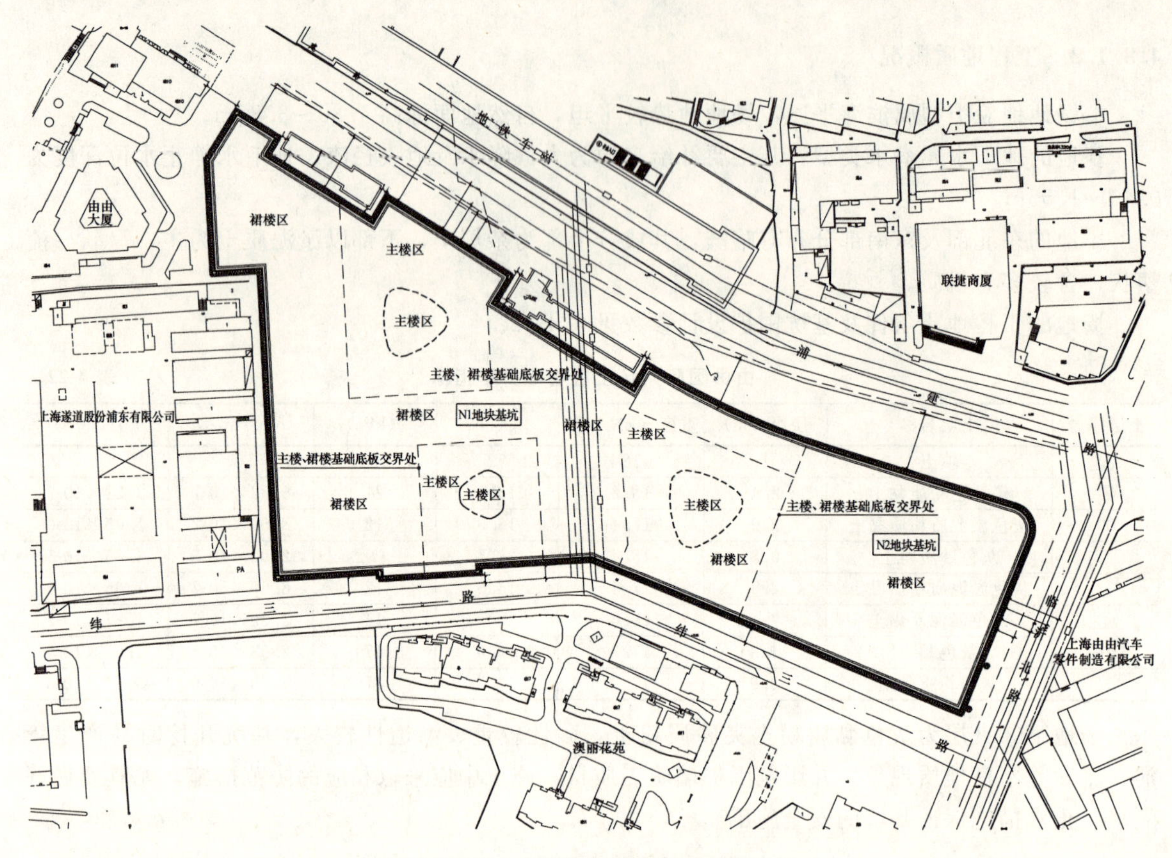

图 4-124 由由国际广场周边环境平面图

1. 基地地铁明珠线

基坑北侧浦建路下方有已建地铁明珠线车站、区间隧道及尚未投入运营的连通道，连通道与围护墙的净距为约 1.9m，地铁车站与围护墙的最小净距为约 33m。地铁连通道顶部埋深 4.7m，基础埋深 12.8m；地铁车站顶部埋深 1.8m，基础埋深为 17.4m。

2. 周边管线

北侧管线由近至远依次为：信息（距离基坑 11.5m），给水（距离基坑 12.2m），电力（距离基坑 13.5m），给水（20m）等；东侧管线由近至远依次为：电力（7.0m），污水（12.2m），雨水（17.1m），燃气（20.6m）等；南侧管线由近至远依次为：雨水（2.8m），污水（9.9m）。

4.8.2 工程特点及施工难点分析

（1）本工程处于地铁保护区内，基坑变形的控制要求高。基坑距离地铁四号线的隧道最近为 10.1m，距离浦东南路车站最近为 27m，距离浦东南路站的出入口最近仅为 5m。本工程的基坑属于一级基坑，环境保护要求基坑非地铁一侧的围护墙的变形不得大于 40mm，靠地铁北侧的围护墙的变形不得大于 20mm。

（2）本工程支护结构采用以钻孔灌注桩＋水泥土搅拌桩围护墙，梁板为水平支撑的半逆作法施工方法，以往没有类似工程案例，缺乏施工经验。以往的逆作法施工，一般都采用以地下连续墙围护结构并兼作地下室外墙的“两墙合一”形式，施工工艺较为成熟。而本工程则采用钻孔灌注桩作为围护的挡土结构，还需要在实践中探索。

（3）钢格构柱的截面为 450mm×450mm，而框架柱多为 800mm×800mm，格构柱定位和调直工作的难度非常大。而且工程桩共有 1800 根，其中插有格构柱约 540 根，需在 3 个月内完成（其中格构柱的施工仅 1.5 个月），工期也非常紧张。

(4) 支护结构设计需与主体结构设计配合，梁柱节点需作处理。本工程的主体结构设计和支护结构设计是两个设计单位，原主体结构设计的时间很紧，支护结构设计又必须在主体结构设计的基础上进行深化，时间就更为紧迫。因逆作法需要进行梁柱节点的处理，如因基坑开挖需增加配筋，造成梁柱节点钢筋密集，节点处的钢筋绑扎和混凝土浇捣十分困难。

4.8.3 主要施工方法

4.8.3.1 分块挖土施工技术

由由国际广场工程基坑面积大、周围环境复杂，北侧有地铁4号线和众多管线，基坑中央有经二路及路下市政管线和电缆。如何有效地组织开挖顺序和方法，确保整个基坑开挖安全及进度，是本工程基坑施工方案的重点。

1. 挖土方案的设计与施工

由由国际广场基坑东西方向长度约300m，按常规的大开挖方式，一次形成水平支撑的开挖流程会造成基坑无支撑暴露时间过长、增大围护墙的变形。且结构与挖土难以形成流水作业，也会增加工期。通过研究分析和方案对比，运用流水施工原理，做到土方开挖不停，结构施工不停。最后确定采用分区、盆式流水开挖方案，逆作地下暗挖区采用0.4m^{3}斗容量的挖土机进行施工。根据场地特点、施工工期及施工方便等因素，分为以下6个工况进行施工。

(1) 工况一：盆式放坡大开挖第一层土

第一层土采用盆式挖土（图4-125），基坑中部盆式挖土标高为－3.8m，一级平台留土标高为－1.8m，盆边留土宽度在非地铁一侧为10m，地铁一侧留土12m。盆式开挖至标高后随即分块浇捣混凝土垫层。

图4-125 盆式放坡大开挖第一层土实景

(2) 工况二：施工B0板，在基坑内形成第一道支撑体系

待混凝土垫层达到一定强度后及时支设排架施工B0板，在基坑内形成第一道支撑体系（图4-126）。B0板施工时对行车区域楼板配筋作加强处理。

(3) 工况三：盆式暗挖第二层土

在B0板养护达到设计强度80%后，开始盆式暗挖第二层土（图4-127），盆边留土宽度非地铁一侧为10m，地铁一侧15m，盆边留土挖至－3.8m与盆中心土方面平后，继续开挖盆中心至－8.0m标高，再将盆边留土挖至－6.8m标高。开挖至标高后随即分块浇捣混凝土垫层。

图 4-126 B0 板结构施工实景

图 4-127 盆式暗挖实景

(4) 工况四：施工 B1 板，在基坑内形成第二道支撑体系

待垫层养护达到设计强度 80%后随即支设排架施工 B1 板，在基坑内形成第二道支撑体系（图 4-128）。

(5) 工况五：暗挖土至基坑底

在 B1 板达到设计强度 80%后，基坑中部盆式开挖至基底标高（图 4-129），及时分块浇捣 200mm 厚混凝土垫层，基坑周边留土按“分区分块、抽条对称、平衡”的原则进行开挖并及时浇捣混凝土垫层，其中在地铁侧混凝土垫层加厚到 300mm，并配置 Φ12@12 双向钢筋网。

图 4-128 B_1 板扎筋实景

图 4-129 坑底挖土实景

图 4-130 底板混凝土的浇筑实景

(6) 工况六：基础底板混凝土浇捣

及时浇捣各块基础底板混凝土（图 4-130），待最后一块底板混凝土浇捣完成后转入顺作施工。

2. 逆作法施工通风、照明技术

逆作施工采用从上而下的施工方法，为确保工人的正常生产和良好的工作环境，在施工时对照明和通风要求较高。由由国际广场采用灌注桩挡土，梁板作为水平支撑的逆作法施工，结构边梁和围护灌注桩之间有 2～3m 的敞开区，再加上留设的多处取土口，比采用传统的地下连续墙逆作法施工基坑施工环境有所改善。地下一层挖土和结构施工时基本可不用通风设备。当地下二层挖土时，由于挖土机产生的废气量大且距离首层楼板较高，废气难以排出，为此，在各操作面安装5～8个大功率轴流风扇用于排风，使地下、地上空气形成对流，保持坑内空气新鲜，确保良好的作业环境。

地下施工照明采用防爆、防潮，亮度大的照明灯具。在各层楼板施工时，根据本工程柱距8.5m×8.5m，在每一跨内预埋PVC管，待各层楼板混凝土达到设计强度开始暗挖地下一层土方时，随着挖土方向灯具及时跟进安装。

4.8.3.2 逆作法施工节点处理

本工程施工工期紧、工程量大，地下结构钢筋施工约13万t，混凝土总方量约8.5万m^3。灌注桩排桩围护体系的逆作施工的节点以往没有可借鉴的案例，为此，在施工中，施工、设计等多方进行了针对性的研讨，提出了一系列新型节点，成功地运用于本工程，具体节点处理方法如下：

1. B0板行车区域梁板加固

本工程为加快挖土速度，在三大主楼区域设置3个环形出土口，另外在结构设计的汽车坡道、楼梯等位置相应设置多处出土口。考虑到B0板上将行驶土方车、混凝土搅拌车和挖土机等大型机械，因此，在施工组织设计中先定出B0板上的车辆行驶区域，对此部分的楼板作加强处理。楼板配筋由原来的Φ14@150双层双向调整为Φ16@100（上排）和Φ16@150（下排），可满足50t载重量的车辆安全行驶。

B0板标高复杂多变，高差最大处有1.03m。原设计N1号地块中庭部位有0.4m高结构反梁，影响车辆行驶。考虑在高差处做斜坡，坡道下垫300mm厚道渣，上面浇筑100mm厚钢筋混凝土板，由此解决了B0板的行车问题。

2. 逆作区顺作节点处理

本工程采用水平结构（梁、板）逆作施工，竖向结构顺作的方法，为保证顺作阶段柱、墙的顺利施工，在各层楼板施工时，预留混凝土浇筑孔，浇筑孔采用ϕ159mm钢管，留设在柱的四周（图4-131）。对位于楼板和梁下的剪力墙，在逆作施工时在梁的一侧留设ϕ159mm@1500钢管做成的浇筑孔（图4-132）。当梁、墙中心线不位于同一直线上，则将浇筑孔留设在距墙更近的一侧。

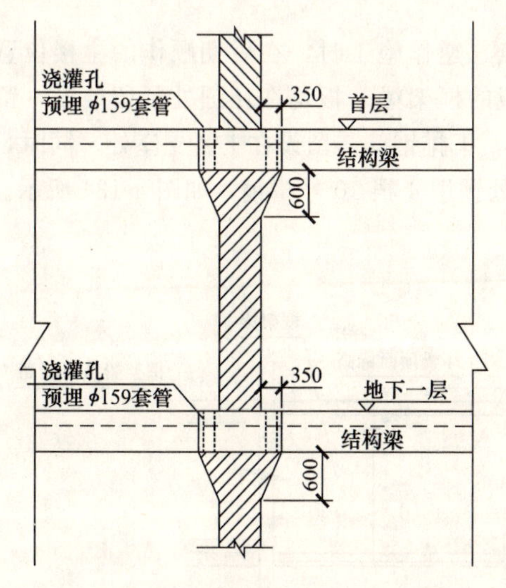

图4-131 地下室框架柱混凝土浇筑孔示意图

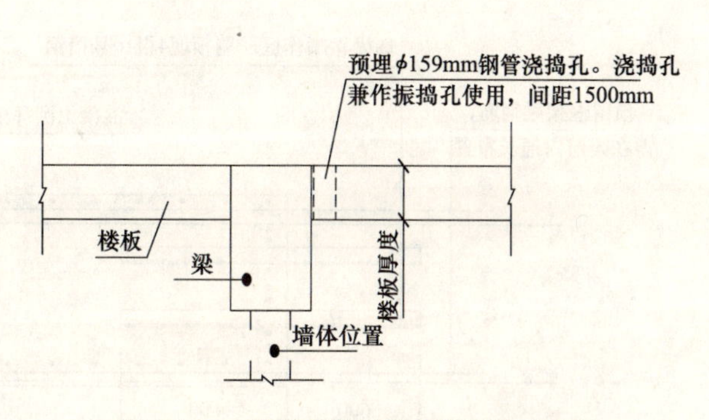

图4-132 混凝土墙混凝土浇筑孔示意图

3. 格构柱与框架梁的节点

逆作施工水平结构梁板时，框架梁的钢筋将穿越一柱一桩的钢格构立柱。同时，由于逆作法利用水平梁板作为支撑，逆作区域的框架梁配筋也往往较正常使用区域的框架梁增加许多，钢筋直径加大，布置也更加密集，造成梁柱节点处钢筋绑扎困难。针对这一情况，对不同的节点采用了不同的处理方法，基本原则是：

（1）框架梁钢筋必须按设计要求通长布置或锚入支座，严禁在钢格构柱处任意截断；

（2）为尽量满足框架梁钢筋从格构柱侧面或中心直接穿过，在相交节点处框架梁作加腋处理，如图 4-133（*a*）所示；

（3）当电梯井、楼梯等位置受尺寸限制而不允许进行加腋处理时，对 B0 板上格构柱的角钢或缀板作开孔（槽）处理供钢筋穿过，如图 4-133（*b*）所示；对 B1 板梁的钢筋采用多排布置的方法，并由结构设计进行复算。

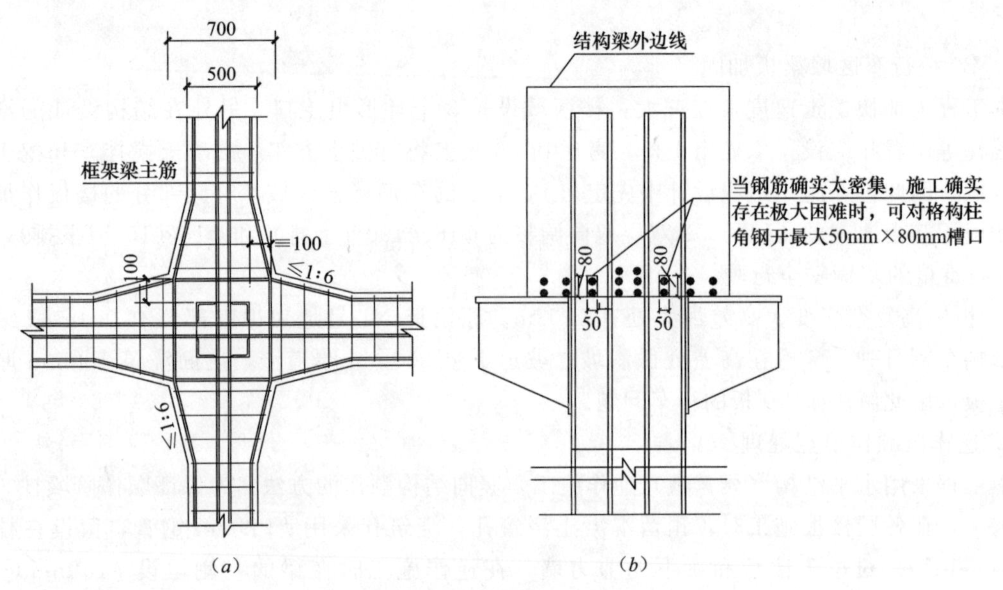

图 4-133　格构柱与框架梁节点的处理

（*a*）框架梁加腋；（*b*）格构柱处开孔（槽）

（4）主楼顺作区与裙楼逆作区交界处的节点

顺、逆施工交界处的节点处理是本工程的一大难点。逆作施工时，在后期顺作的主楼位置设计要求为钢筋混凝土环圆支撑，逆作区域通向顺作区域的框架梁、板均在环圆处预留插筋，留设长度符合相关规范要求：上排钢筋需留设在跨中 1/3 处，下排钢筋需留设在 1/4 支座处。同时，为提高新老混凝土结合部位的抗剪能力，在框架梁出环梁处预埋 4 根 10 号槽钢，如图 4-134 所示。

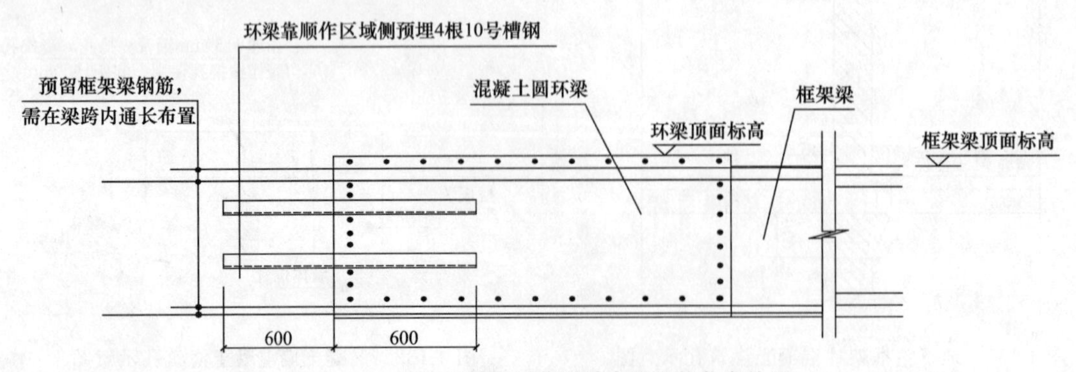

图 4-134　顺作区域与逆作区域交界处的节点处理

由由国际广场钢筋施工均采用三级钢，三级钢的显著特点是脆性大，2～3次反复折就会折断，而逆作法的一大特点就是预留插筋多，有主楼在3大环梁处预留插筋、地下二层人防区域临空墙插筋、梁板到地下室外墙的插筋，为减少钢筋锈蚀的情况，对所有预留插筋表面均刷素水泥浆保护。同时考虑到在挖土时容易被挖土机碰断、碰歪，将预留板筋和次梁较小规格的钢筋向下扳，对主梁25号以上的钢筋，因很难扳动，为此要求挖土机在取土时尽量避开主梁插筋区域，要求挖土机司机谨慎操作，并派专人负责，交底到位，职责分明。经过上述有效管理，本工程在插筋破坏方面得到很好控制，既避免对主体钢筋的损伤，又节约了一笔因钢筋碰断而需植筋的费用。

(5) 加宽梁的节点

B0、B1层梁板作为水平支撑，在行车区域、出土口等较大开孔处的梁进行了加大截面的处理。对于电梯井道、楼梯和局部建筑有特殊要求的部位，加大梁的宽度和高度往往会影响以后的使用功能。针对上述问题，把此部位的梁的配筋方式做成叠合的形式，采用双套箍筋施工（图4-135），待逆作完成后凿除增加部分，这样既不影响主体结构梁的受力，保证了工程质量，又避免了逆作施工给顺作带来的不利影响。

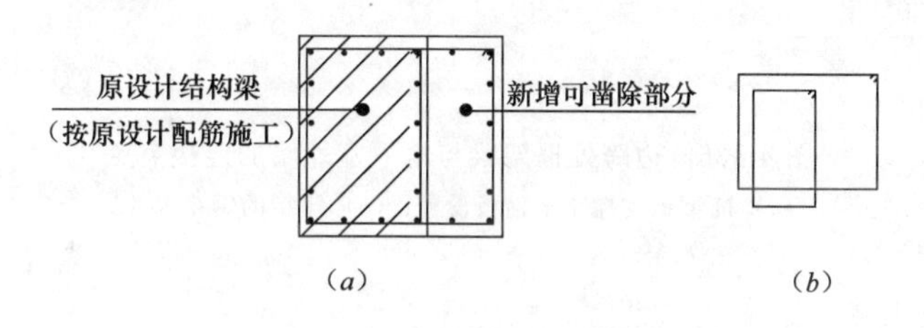

图4-135 加宽梁的节点处理

(a) 围护设计加强梁；(b) 箍筋配置方式

(6) 边跨框架梁与地下室外墙的节点

框架边跨设计了一道边梁，边梁与外墙之间有2～4m的距离，逆作施工阶段，坑外水土压力通过与各道围檩相连接H400型钢支撑传递，将水平力传递到边梁。与边梁垂直的框架梁则在围护边梁处预留插筋。

逆作施工结束、转至顺作后，先在H400支撑型钢上焊接3mm止水钢板，浇筑外墙。H型钢支撑露出外墙的部分在基坑回填进行换撑时再予以割除。在基坑换撑、回填后地下水不会通过型钢与外墙的交界面渗入室内。

随后开始进行框架梁、外墙、暗柱钢筋的接驳（绑扎）。由于框架梁处H400型钢水平支撑的存在，因此，当框架梁截面小于型钢截面时，对型钢翼缘作部分割除处理，使框架梁包覆支撑型钢。外墙钢筋、暗柱钢筋及水平穿越型钢时，对型钢翼缘和腹板作局部开孔处理以便竖向钢筋穿过。边跨处框架梁与地下室外墙的连接节点处理如图4-136所示。

(7) 底板与围护墙的节点

本工程基础底板厚度有1m、1.5m、1.8m、2m、2.6m等多种，其既作为工程结构基础底板，也是基坑施工阶段的第三道支撑。在底板结构外边与基坑围护墙之间尚有400mm左右的净距，为满足底板作为支撑的要求，在这两者之间采用了刚性连接传力体系，即素混凝土浇筑密实形成的环绕传力带（图4-137）。该混凝土传力带与每一分区基础底板结构同时施工，传力带与围护桩之间采用单层防水油毡隔离，油毡顶面高出结构基础底板面100mm，并用水泥钉与围护钻孔灌注桩固定。

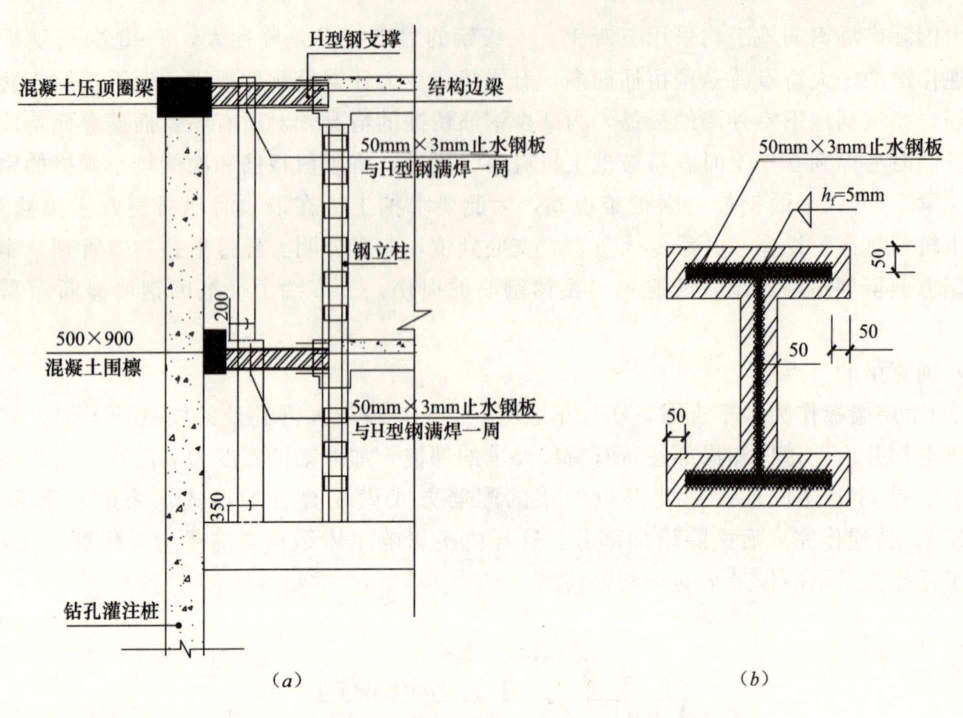

图 4-136 边跨处框架梁与地下室外墙的连接节点

(*a*) H 型钢支撑止水钢板设置；(*b*) H 型的钢止水片

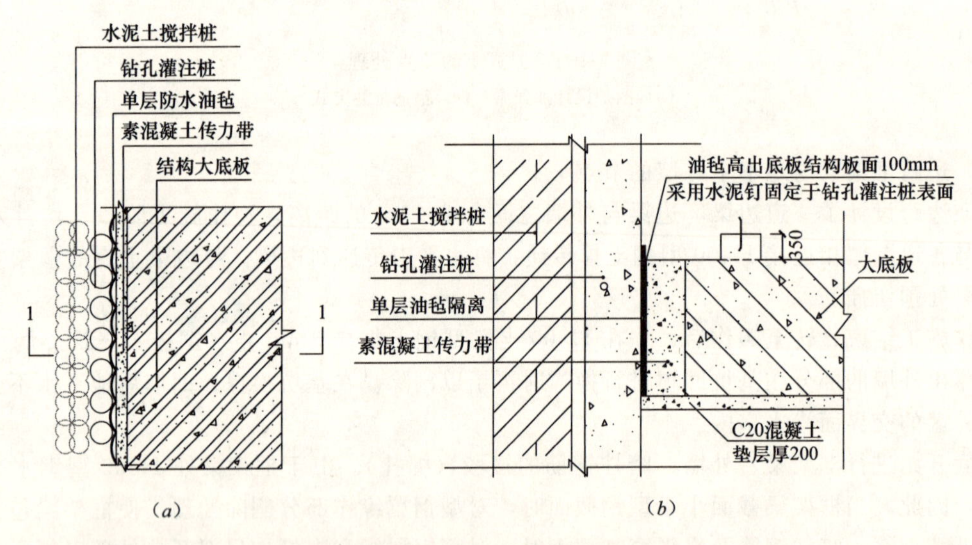

图 4-137 底板与围护桩的连接节点

(*a*) 底板传力带平面；(*b*) 底板传力带剖面

4.8.3.3 保护地铁的施工技术

1. 区间隧道保护施工措施

本基坑北侧的地铁 4 号线呈东西走向，区间隧道的直径 6700mm，埋深比本工程的基坑开挖深 1～2m。车站主体部分基本与基坑平行，整个区间隧道涉及本基坑段约 150m 左右，距基坑约 45m，超过基坑深度的 5 倍。车站主体距离基坑虽有 45m，但区间隧道车站出洞口位置是薄弱地带，另外由于区间隧道呈曲线状，在最近处距离基坑仅 10m 左右，地铁的保护是本基坑开挖需要认真对待的问题。

为了减少围护施工时对周围基坑的影响，采用先施工止水帷幕，后施工围护的钻孔灌注桩的施工顺序，考虑到围护的刚度和施工的挤土等影响，本工程在距离区间段 20m 范围内采用三轴搅拌桩止水帷幕，并在搅拌桩施工冷缝搭接处采用在坑外侧增加搅拌桩封密的措施。由于先施工止水帷幕，使止水帷幕在施工时不受围护灌注桩影响，并采取了一定措施，有效保证止水帷幕的质量，防止了基坑渗漏，减少了对周边的影响。

2. 基坑北侧被动留土区域土体加固

考虑到北侧地铁的保护的要求，在北侧沿地铁一侧基坑内进行土体加固处理。土体加固宽度为 5.2m，加固标高从－6.400～－14.400。外在地铁出入口和地铁的区间隧道出洞口处，为充分发挥被动区土体的作用和有效控制坑内土体回弹，加固的区域的宽度加大至 10.2m。该区域内的土方在基坑最后一层土开挖时，作为被动区留土，有效地控制了该位置的坑底变形。

3. 地铁出入口的保护

N1 地块范围内地铁两个出入口距离基坑最近的为 5m 左右，出入口长 42.7m，宽度为 7.8～11m，其深度最深约 11m。东侧的出入口尚未施工，计划在本基坑完成后进行，因此，对本基坑施工没有影响。靠基坑西侧的出入口已经完成，该出入口基坑的支护结构采用 SMW 工法，本基坑施工时 SMW 墙内的型钢已拔除，因此本基坑施工时需要考虑对它的保护。西侧地铁出入口边采用了盆边留土的方法：第一层挖土在地铁一侧盆边留土宽度为 12m，第二层挖土时盆边留土加大到 15m，出入口处挖土采用分块抽条对称开挖，随挖随浇垫层，并把此部位垫层由 200mm 加厚到 300mm，同时在垫层内配 Φ12@12 双向钢筋网。由于施工中采取了多项措施，确保了基坑开挖阶段该地铁出入口的安全。

4. 选择合理的施工流程，充分发挥“时空效应”

本基坑面积较大，为避免大面积开挖造成土体暴露时间过长对环境的影响，在施工工序上进行合理组织，充分利用挖土的时空效应，达到有效控制基坑的变形。具体采取的技术措施有以下几方面。

(1) 根据结构楼板的分块特点，将基坑开挖也分成 9 区域（图 4-138），实行分块流水施工。实施中合理利用有限的施工现场条件，以最快时间完成一个区域的施工，减少每一区域内的土体开挖的基坑暴露时间，减小基坑的变形。

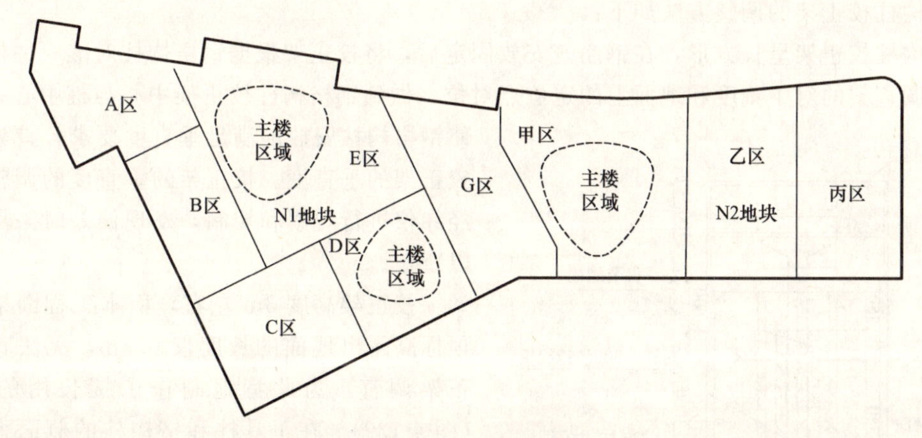

图 4-138 分区情况

(2) 为保护北侧地铁，每一施工区域内的每层土开挖流程从南向北进行，并做到边挖边施工垫层，及时支模，确保北侧土方最后挖除，减少北侧围护墙和临近地铁的变形。

(3) 采用盆式开挖方法，在盆式开挖阶段北侧留土的平台宽度控制在挖土深度的 4 倍以上，即：第一层挖土至盆式至－3.8m（实际开挖深度 3m）时，北侧留土平台宽度满足 12m 的宽度；

第二层土开挖时先将第一层盆边留土由－0.8m开挖至－3.8m，然后再大面积开挖至－6.4m；第三层实际开挖深度从－6.4m挖至基坑底标高，1∶2放坡开挖，采用边坡预留10m平台（北侧靠近地铁侧预留15m的平台），该部分土方在地铁出入口进行抽条挖除。

(4) 在B1完成后，N1与N2交界处的流水区域最后开挖。在N1、N2底板基本完成的情况下进行该处的施工，以发挥该处土体的支撑作用。

4.8.3.4　一柱一桩施工技术

1. 一柱一桩的布置

本工程N1号地块主楼工程桩采用ϕ800钻孔灌注桩，裙楼工程桩采用ϕ600钻孔灌注桩。为支承逆作法施工时的结构自重和施工荷载，采用一柱一桩的支承形式，N1地块243根，N2地块共162根。裙楼中作为立柱桩的工程桩，桩长由33m加至39.2m，全长扩径至800mm，桩顶5m范围内扩径至900mm；主楼中作为立柱桩的工程桩，桩长为39.2m，桩顶5m范围内扩径至900mm。工程桩混凝土设计强度等级为水下C35，桩身钢筋通长配制。按逆作法工况的需要，在结构边跨边梁、出土口及后浇带两侧等位置增加直径800mm的灌注桩，内插临时格构柱，待地下工程施工结束后割除格构柱。

一柱一桩的立柱采用型钢格构柱∟160×16，截面450mm×450mm，缀板为430mm×300mm×12mm，Q345B钢。框架柱下的立柱桩均利用工程桩。立柱桩在逆作施工底板浇筑前，承受全部梁板结构自重和施工荷载，在完工后框架柱与支撑立柱合二为一，满足结构使用阶段的要求。

本工程工程桩设计要求垂直度偏差不大于1/100，永久性钢立柱垂直度要求不大于1/500，临时性钢立柱垂直度要求不大于1/300。因此，在灌注桩和钢立柱施工时，特别应注意选择有利于桩孔垂直度工艺技术，加强施工调度和组织协调。

2. 主要施工方法

根据格构柱施工的设计要求永久格构柱垂直度偏差要控制在1/500以内，临时格构柱垂直度要控制在1/300以内。这对施工校正提出了严格的要求，为保证施工质量，施工时采用了钢格构柱校正架。

钢格构柱校正架的调整方法如下：

钢格构柱校正架呈长方形，在钢筋笼安放固定后，将校正架根据钢格构柱对准立柱桩的中心定位，用调直架的对中刻度和地面上的定位点对位，做到钢格构柱校正架中心与桩中心一致。为使钢格构柱安放能满足垂直度要求，首先须确保校正架的垂直度。校正架的垂直度的调整由二台经纬仪进行观察和控制，发现偏差时采用垫铁予以矫正。

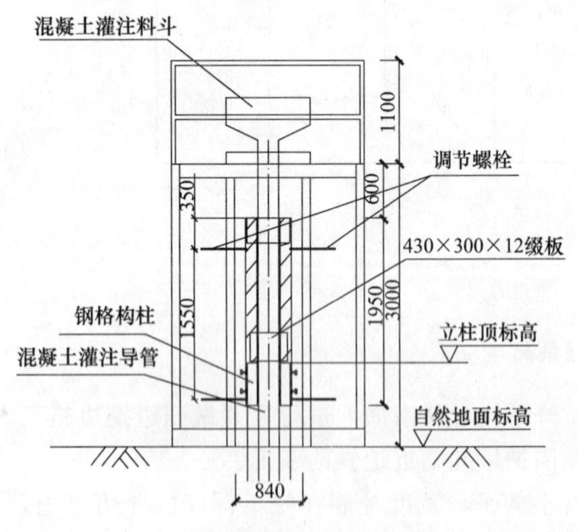

图4-139　立柱桩钢格构柱主校正架示意图

校正架高度3m左右，而本工程因格构柱的顶标高露出地面的长度仅0.6m，无法直接用校正架调直，为此特地制作了接长用的工具柱(图4-139)。在工具柱和格构柱的侧面弹出中心线以便连接时对中。格构柱在平地与工具柱用高强度螺栓连接，连接过程中检查并校正工具柱和格构柱的轴线在同一直线上，工具柱顶端与轴线的偏差不得大于10mm。格构柱和工具柱连接完毕后，用50t的吊车把格构柱吊入校正架的导向器中。将已经接长的钢格构柱插入校正架中心，边放边观测格构柱的标高程，直至格构柱到达设计标高。再用两台经纬仪从两个垂直方向观察格构柱（工具柱）的中心线，调整校正架上的调直螺栓，直至观测到中心线处于垂直状态，调直结束。

由于本工程格构柱施工工期紧且数量大、工期紧迫，为了保证施工质量及工程进度，采用了电脑调直仪器进行垂直度测试。立柱桩成孔和格构柱拼接完成起吊后，把格构柱和延长段悬空至自然垂直状态，当两个不同的方向的经纬仪分别观测到格构柱达到垂直状态时，将电脑格构柱的垂直状态归零，然后把格构柱缓慢插入调直架中，通过调直仪显示格构柱的垂直度情况，调直操作员根据调直仪的数据用调整螺栓调直格构柱，直至格构柱达到垂直状态，同时用水准仪控制标高，直至格构柱到达设计标高。

3. 立柱桩质量控制措施

格构柱施工完成后，如后续施工不当，将造成格构柱偏移或格构柱间不均匀沉降，给结构受力和顺作施工带来不良的后果。为避免此类现象发生，在格构柱施工完成后，对所有一柱一桩的桩侧采取注浆加固，以增加桩与土体间的摩擦力，减小桩侧土体的扰动。

土方施工时本工程还采取了保护钢立柱技术措施，这些措施包括：

在B0板上严格控制车辆的载重，用围护栏杆划分出行车区域和非行车区域，醒目箭头标示出入口方向和车辆行驶路线方向，做到整个场地干净，堆场和行车区域一目了然，严格控制车辆误入限载区的事情发生。

在挖土过程中，严格控制挖土速度和挖土方式，每层挖土高度不大于2m，防止因卸土过大引起土体回弹，导致立柱桩上浮。

严禁挖土机碰撞格构柱，每次挖土严禁在格构柱单边过高留土，防止格构柱因单侧受力不均而导致变形甚至破坏的现象发生。

4. 一柱一桩实施效果

一柱一桩的施工质量不但影响逆作阶段时期的结构受力，而且对以后永久柱外包混凝土施工也会带来影响。本工程一柱一桩共405根，通过施工过程中严格的质量管理和监控，做到387根桩垂直度偏差达到1/400以内。但因工期紧张，后期施工处于边打桩边挖土施工状态，造成有18根立柱桩发生位置偏移或垂直度超出设计要求，其中位置偏差最大为210mm，最大垂直度偏差1/150。事后通过补强措施或钢立柱托换的方法进行主体框架柱的施工。

4.8.3.5　基坑降水实施方案

本工程基坑降水采用深井降水，根据每口井降水范围约为280m^{2}计算，基坑29300m^{2}共布置105口深井。深井成孔直径在600～750mm，井管直径为325mm。为提高降水效率，尤其是前期降水的效率，提高围护墙内侧土体的强度，在井管上设置了多滤头。每节标准井管长2.5m，位于坑底的滤管长度为3m。井管及滤头间隔布置。在挖土前两周打设深井孔，进行预降水。采用ZGJ-50真空深井降水的方法，即在深井中用真空聚水，深井水泵抽水达到基坑降水、土体排水固结的目的。基坑内被动区土压力得到了增强，减少围护墙的底部位移，为基坑开挖创造有利条件。

基坑围护全部封闭、真空降水系统安装完毕后进行正常抽水，降水水位须达到每层土体开挖面以下1.0m后才可进行该层土方开挖。在土方开挖期间应保持降水施工不间断，使水位始终保持在控制水位以下。降水期间还要做好坑外地下水的观测，以防止过量降水引起坑外水位下降引起土体过大沉降。

4.8.3.6　大体积混凝土浇捣养护测温施工技术

由由国际广场N1地块裙房底板厚坑外水位高度为1m，主楼厚度为1.5m、2m和2.6m，局部深坑最深为4.6m；N2地块裙房底板厚1m，主楼底板厚为1.8m，局部电梯井和集水井区域底板厚为3.2～4.5m。底板设置7条1m宽后浇带和1条1.5m宽沉降缝，同时有较多排水沟和集水井。N1地块基础底板混凝土总量约35000m^3，按后浇带分A、B、C、D、E、G 6块浇捣，浇捣总流程为C→D→B→E→G→A；N2地块基础底板混凝土总量约为14700m^3，按后浇带分甲、乙、丙三块浇捣，浇捣总流程为丙→乙→甲。基础底板混凝土强度等级C40，抗渗等级为P8。

大体积混凝土除了需满足强度、整体性和耐久性等要求外，还存在着如何防止温度变形引起的裂缝问题。水泥的水化过程产生大量的水化热，大体积的水化热难以散发，内部热量相对集中，使混凝土内部温度升高，并形成较大的内外温差。结构裂缝产生的主要原因是升温阶段的内外温差和降温阶段的混凝土收缩。升温阶段的内外温差产生自约束应力，主要引起表面裂缝的产生；降温阶段约束应力，是贯穿性裂缝的主要原因。因此本工程大体积混凝土中，控制温度应力，防止裂缝开展是施工中的关键技术。

为防止裂缝的出现和开展，对混凝土的级配、材质选取以及施工过程中的浇捣养护等方面采取切实可行的措施，确保工程质量。

裂缝控制的施工方案：采用控制混凝土的入模温度，分区、分块、分层浇捣，保温、保湿养护措施来控制裂缝的开展。控制混凝土的入模温度是降低混凝土温度的重要手段。本工程采用的保温、保湿养护方法是在混凝土表面用木屑压紧平整后，覆盖一层塑料薄膜及一层麻袋，以防混凝土过快降温而产生裂缝。

施工中加强温度监测与管理，实行信息化施工。根据混凝土的浇捣方向和底板厚度来考虑测温点的布置，通过测温和保温调节控制混凝土内外温差在25℃以内。

4.8.4 施工效果

由由国际广场从2004年9月开始桩基础施工，同年11月开始挖土施工B0板，到2005年5月20日完成整个工程的基础底板浇捣工作，仅9个月就完成了工程的地下结构施工，给整个工程2006年年底竣工打下了扎实的基础。

该基坑工程在施工技术上突破了传统的施工方法，针对在上海软土地基施工超大基坑，采用以灌注桩加搅拌桩的作为围护结构，主体结构梁板为水平支撑的逆作法施工技术。在地下施工中采用合理的施工方法，例如对不同部位土体采用不同的加固方法，逆作和顺作相结合施工方法，利用时空效应的盆式挖土方法等，确保了整个基坑的安全。

基坑的逆作法施工包括挖土和结构施工，施工中采取了分层分块、流水施工的方法。根据整理的监测数据，实际的施工过程按分层施工大致分为如表4-23所示的4个主要工况。

由由国际广场基坑施工工况 **表 4-23**

工 况	开始时间	结束时间	工况描述
工况一	2004年11月25日	2005年2月5日	大面积盆式开挖至－3.8m，并浇筑顶层结构梁板
工况二	2005年2月6日	2005年3月9日	大面积开挖至－6.8m
工况三	2005年3月10日	2005年3月31日	盆式开挖至－8m，浇筑地下一层结构梁板
工况四	2005年4月1日	2005年5月10日	开挖至底，并浇筑底板

4.8.4.1 围护桩的位移

1. 围护桩侧移实测值

施工中共设置了15个围护桩测斜点，其中CX1、CX3和CX15三个测斜点在施工时破坏，因此失缺监测数据。为了更好的监测地铁的变形，在2005年春节后在位于N1地块G区增设了

CX17 测斜孔。测斜孔 CX14 由于下部有地下电缆，所以在第一个工况结束后移至桩墙外，改为土体测斜孔。

图 4-140 给出了 12 个围护桩测点在各个工况下的变形曲线。部分测点缺失某些工况下的实测数据。

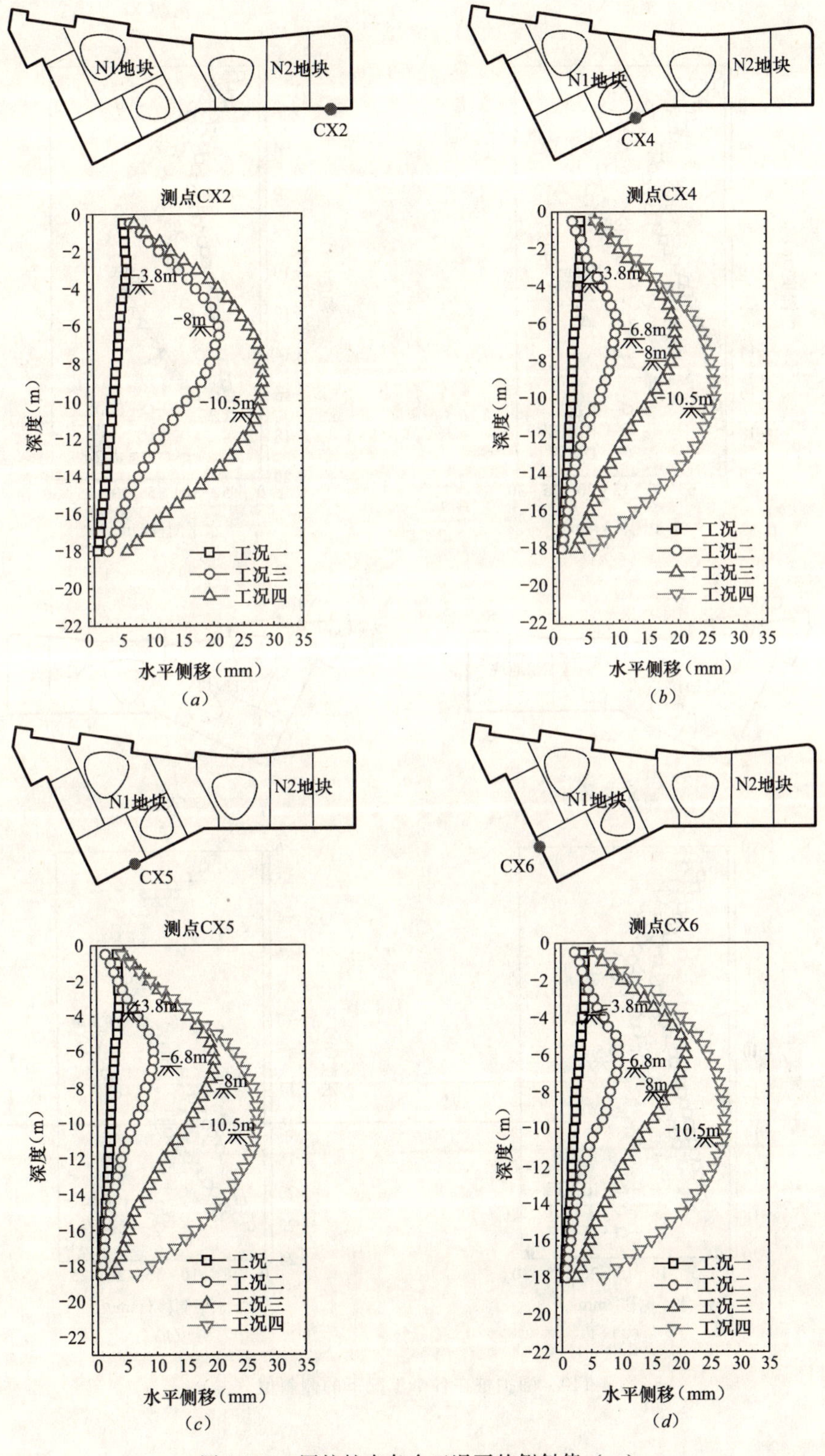

图 4-140 围护桩在各个工况下的侧斜值（一）

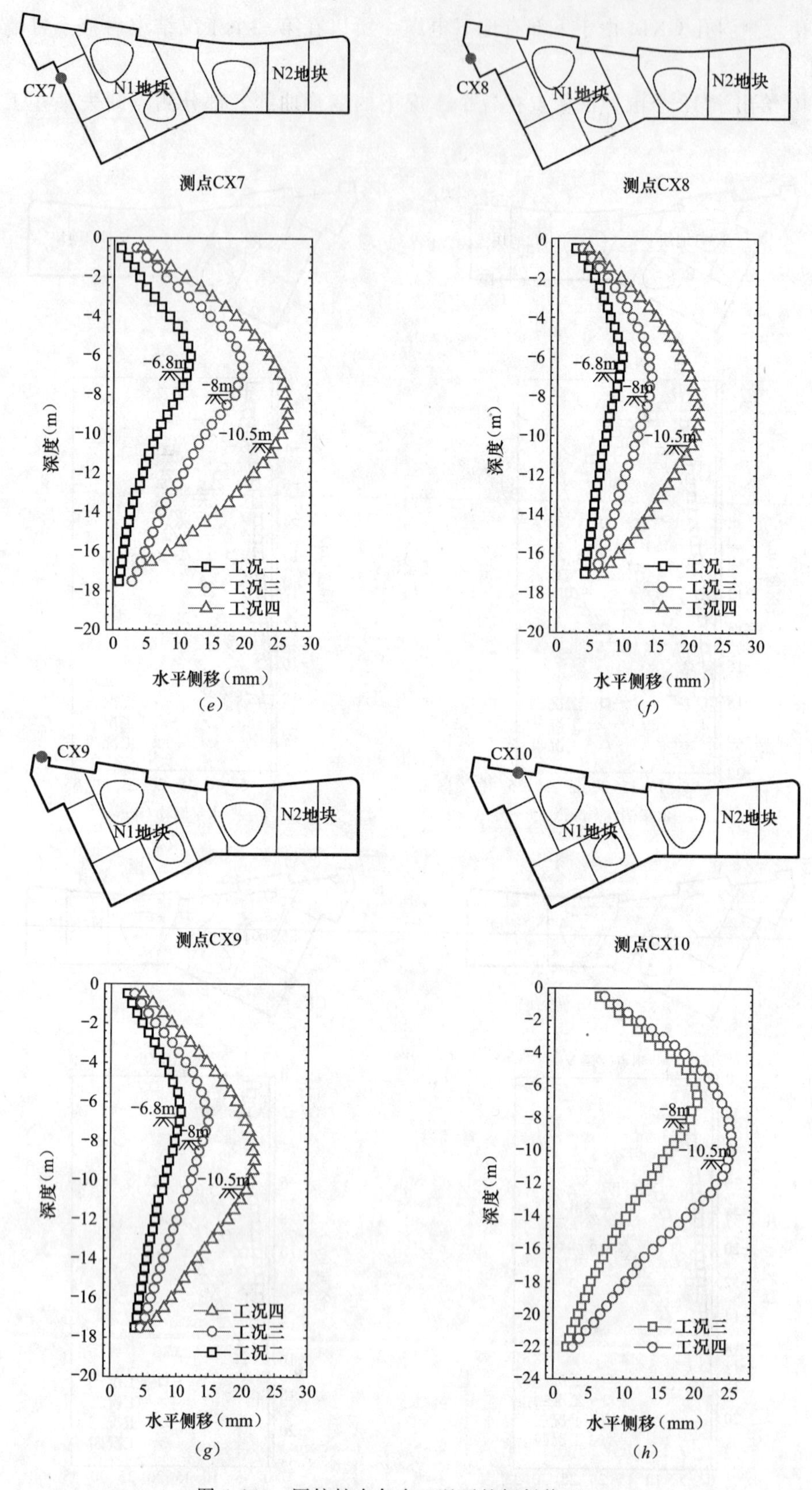

图 4-140 围护桩在各个工况下的侧斜值（二）

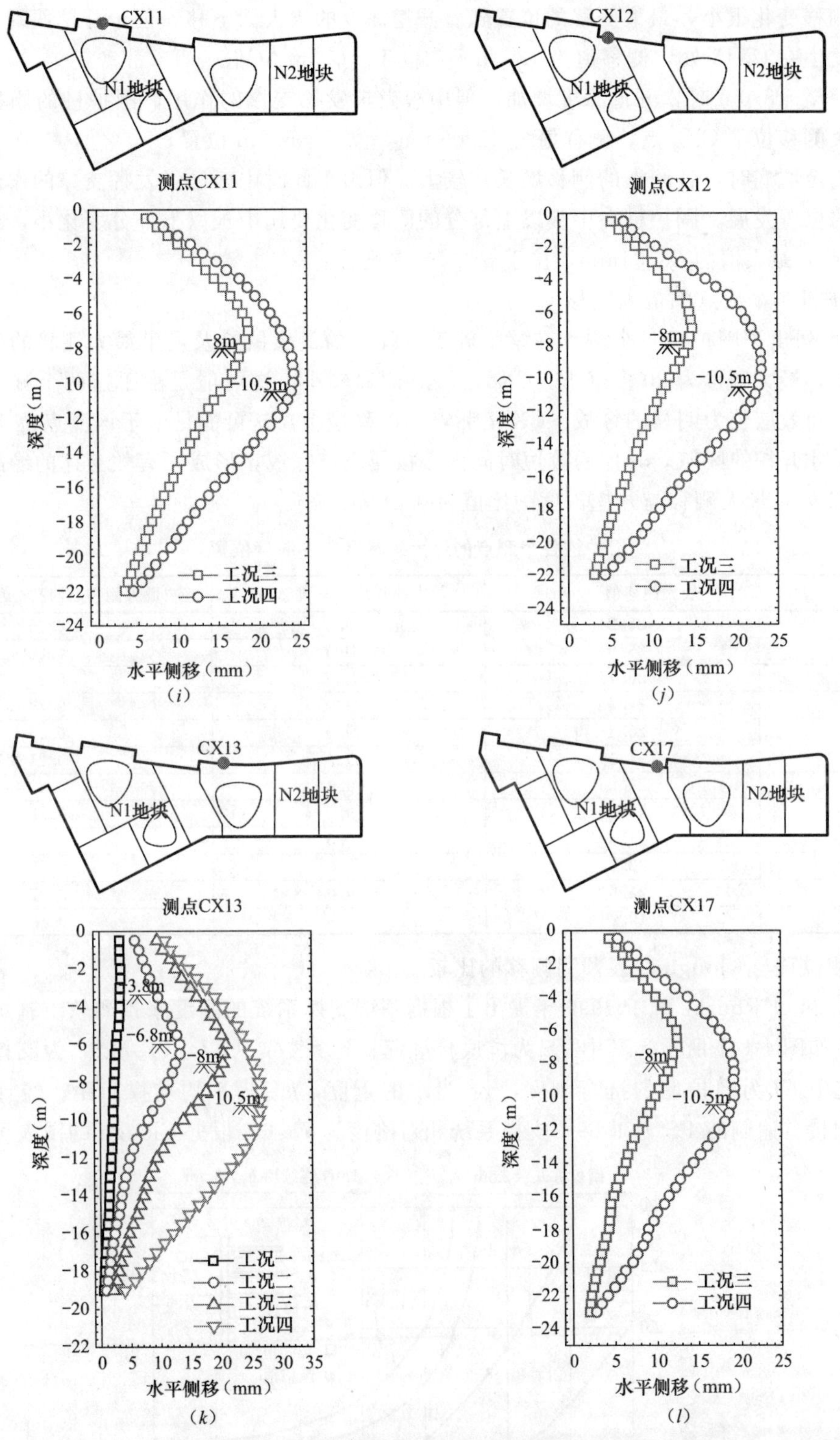

图 4-140 围护桩在各个工况下的侧斜值（三）

2. 开挖深度对围护桩侧移的影响

图 4-140 是基坑开挖过程各测点的监测位移图，从图 4-140 可以看出：

当开挖深度为 3.8m 时，此时顶板尚未发挥支撑的作用，因此该工况下各个测点的侧向位移类似于悬臂梁的变形，在墙顶附近侧移最大。该工况最大侧移发生在 CX2 点，侧移值为 5.66mm。

当开挖至－6.8m 时，围护桩的侧移明显增大，但由于顶板已经发挥支撑的作用，因此围护桩顶部的侧移变化很小，最大侧移的位置随着开挖深度的增大而下移，位于开挖面附近。该工况最大侧移发生在CX13处，侧移值为13.4mm，位于−6.5m位置。

当开挖至−8.0m时，开挖深度增加，但中板尚未发挥支撑的作用，围护桩的侧移继续较大增长，最大侧移位于CX2点，侧移值为21.06mm，位于−6.5m位置。

当开挖至坑底时，各测点的侧移增长均较大。但由于此时中板已经发挥支撑的作用，因此侧移往更深的位置发展。围护桩在中板以上部分的侧移变化要比中板以下部分变化小，最大侧移发生在CX2点，最大值为28.04mm，位于−9.0m深度位置。

3. 围护桩各个测点的最大侧移

表4-24列出了围护桩各个测点在整个施工过程中的最大侧移及发生最大侧移的位置。从表中可以看出，最大侧移为20多毫米。CX8、CX9侧移较小，这可能是由于这两个测点位于基坑的角部，空间效应较为明显的缘故。CX17测点的侧移最小，这可能是由于该测点位于G区，是保留至最后才开挖的区域，开挖后较短时间内楼板便浇筑完成，形成了有效支撑的缘故。最大侧移位于CX2处，最大侧移与开挖深度的比值为0.28%。

围护桩各个测点的最大侧移及所在深度位置 **表4-24**

测　点	最大侧移值（mm）	最大侧移所在深度（m）	最大侧移/开挖深度×100%
CX2	28.24	−9.0	0.28
CX4	25.94	−10.0	0.26
CX5	26.78	−10.0	0.27
CX6	27.35	−9.0	0.27
CX7	26.38	−9.0	0.26
CX8	21.19	−9.5	0.21
CX9	21.86	−9.0	0.22
CX10	25.24	−9.5	0.25
CX11	24.34	−9.5	0.24
CX12	23.04	−9.5	0.23
CX13	26.51	−9.0	0.27
CX17	19.24	−9.5	0.19

4. 实测位移与Clough图表预测侧移的比较

Clough和O'Rourke曾于1990年提出了根据基坑支撑系统的刚度来预测软土基坑变形的图表，该图表如图4-141所示。其中FS为坑底抗隆起稳定系数，$(EI)/(\gamma_W h_{avg}^4)$为支撑系统的相对刚度，其中$EI$为围护墙的抗弯刚度，$\gamma_W$为水的重度，$h_{avg}$为平均支撑间距。经计算本工程CX2处即裙楼普遍侧的FS为1.69，支撑系统相对刚度为75.6，根据Clough的图表可以预测基

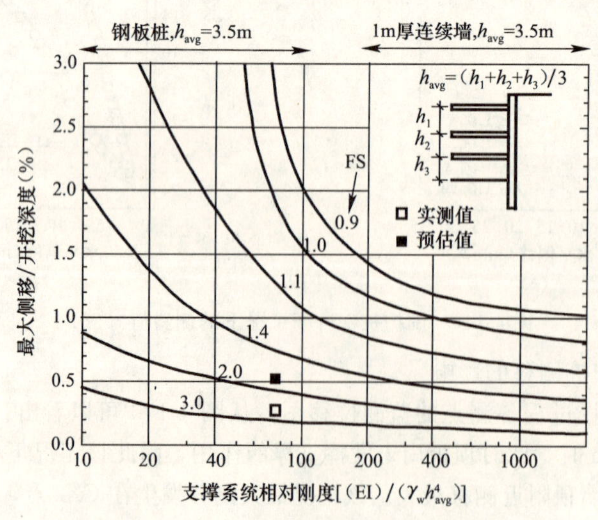

图4-141　Clough基坑变形预测图表

坑的最大相对位移（最大侧移与开挖深度的比值）为 0.52%，而实测相对位移为 0.28%。可以看出预测值大于实测值，这是由于 Clough 的图表是基于一般的支撑条件和施工水平得到的，而本工程中采用了逆作法、坑底土体加固、分层分块开挖、快速施工等有力措施，同时水泥土搅拌桩止水帷幕在一定程度上也起到了主动区土体的加固作用，这些有利条件和技术措施，特别是逆作法施工有效地控制了围护桩的位移，保护了周边环境。

5. 本工程的侧移与上海地区常规逆作法侧移的比较

表 4-25 列出了上海地区常规采用逆作法的基坑变形情况，最后一行为本工程的实测数据。图 4-142 为最大相对侧移与开挖深度的关系。这些逆作法施工的基坑中，只有本工程的采用灌注桩围护墙，而其他基坑的围护墙均为地下连续墙。相对于灌注桩而言，地下连续墙具有更大的刚度和更好的整体性，但本工程虽然采用了灌注桩作为围护墙，而且结构的边跨不是楼板与围护墙直接相连（系型钢作为临时支撑），但从表 4-25 和图 4-142 可见，本工程的最大相对侧移约为其他基坑的最大相对侧移的平均值。这说明采用灌注桩作为围护墙与采用地下连续墙在控制围护墙的变形上并没有明显的区别，而灌注桩的工程造价则要较地下连续墙低得多，因此，逆作法施工中采用灌注桩排桩为围护墙，不仅具有可行性，而且具有更好的经济效益。

上海地区逆作法基坑围护墙的变形情况 **表 4-25**

序　号	工程名称	开挖深度	围护墙	最大侧移（mm）	最大侧移/开挖深度
1	兴业银行北侧	14.6m	1.0m 地下连续墙	37.9	0.26
2	兴业银行西侧	13.6m	0.8m 地下连续墙	36.1	0.27
3	上海南站北广场	12.5m	0.8m 地下连续墙	41.49	0.33
4	长峰大酒店逆作部分	12m	0.8m 地下连续墙	19.59	0.16
5	上海地铁 R1 线常熟路车站	13.94m	0.8m 地下连续墙	23.5	0.17
6	长峰商城裙楼逆作	17.55m	0.8m 地下连续墙	53.69	0.31
7	长峰商城主楼	19.25m	1.0m 地下连续墙	28.0	0.15
8	上海地铁 R1 线黄陂路车站	15m	0.8m 地下连续墙	20.6	0.14
9	上海地铁 R1 线陕西南路站	14.2m	0.8m 地下连续墙	83.1	0.59
10	上海机场城市航站楼	10.8m	0.8m 地下连续墙	28.0	0.26
11	恒积大厦	13.6m	0.8m 地下连续墙	32.0	0.24
12	由由国际广场	9.7m	0.8m 灌注桩	28.24	0.28

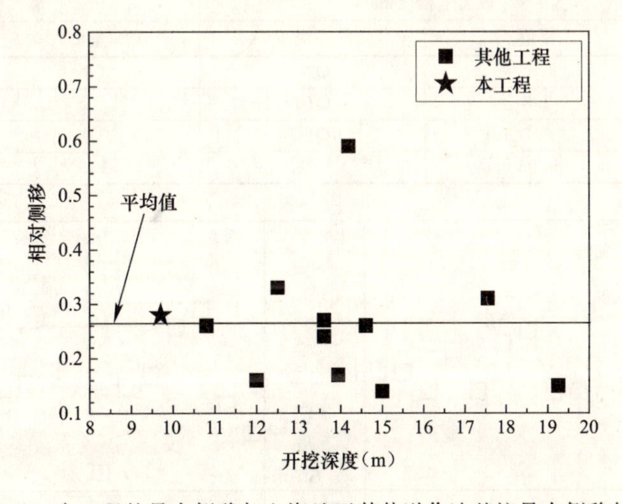

图 4-142　本工程的最大侧移与上海地区其他逆作法基坑最大侧移的比较

6. 围护桩插入深度与最大侧移关系

图 4-143 列出非地铁一侧和地铁一侧两个测点的监测结果。

从上两个围护桩桩身测斜结果可见：围护桩的每个工况发生的最大变形位置均在相应开挖面标

高位置或开挖面以上一定距离处，且均在工况四（开挖至基底标高时）围护桩达到最大的变形。另外从上图4-143中还可知道，围护桩的插入深度不同，对围护桩的沿桩身全长的变形有较大的影响。本工程地铁一侧围护桩插入深度较非地铁一侧大，图4-143中地铁一侧基底以下围护桩的变形相对较小，即当围护桩插入深度较大时，基底以下部分围护桩的变形收敛较快，且水平变形量会相应较小。这说明了一定范围内，围护桩的插入深度加大对控制坑外深层土体的变形和坑内基坑隆起均大有裨益。

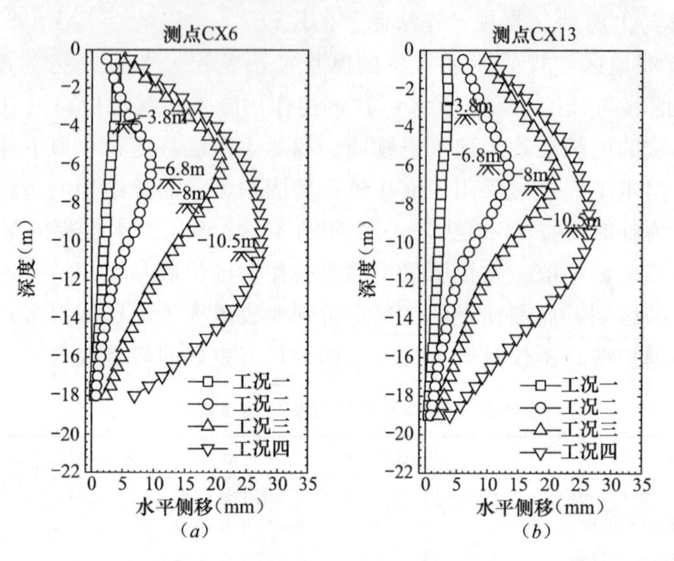

图4-143 地铁一侧与非地铁一侧围护桩变形图

(*a*) 非地铁一侧围护桩测斜；(*b*) 地铁一侧围护桩测斜

4.8.4.2 围护桩冠梁的竖向位移及水平位移

本基坑工程在冠梁上设置了36个监测点，以便掌握冠梁的沉降和位移。开挖至坑底时，围护桩各侧的沉降和侧移最大值如表4-26所示，围护桩冠梁的竖向位移和水平位移见图4-144和图4-145。

围护桩顶的沉降和侧移最大值 表4-26

围护桩位置	最大上抬（mm）		最大侧移（mm）	
	量值	所在测点	量值	所在测点
浦建路	6.58	Q30	9	Q2
临沂路	2.8	Q10	5	Q9
纬三路	6.7	Q14	13	Q12
基坑西测	5.93	Q28	11.5	Q23

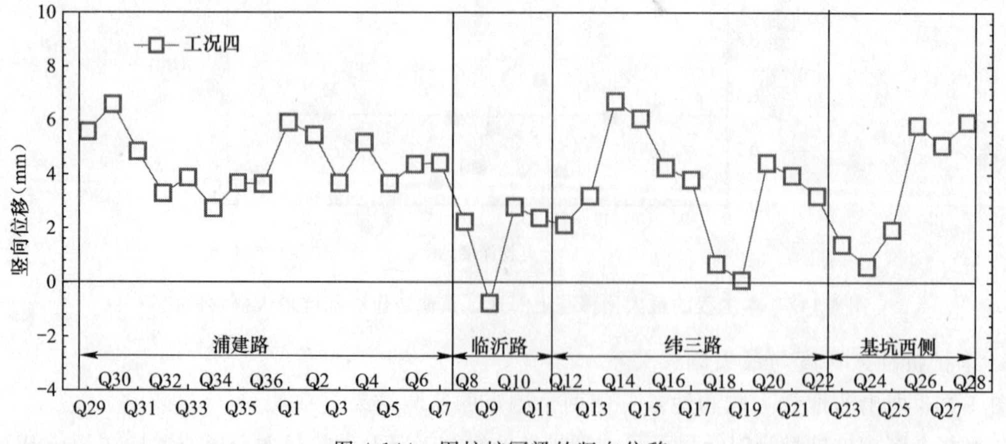

图4-144 围护桩冠梁的竖向位移

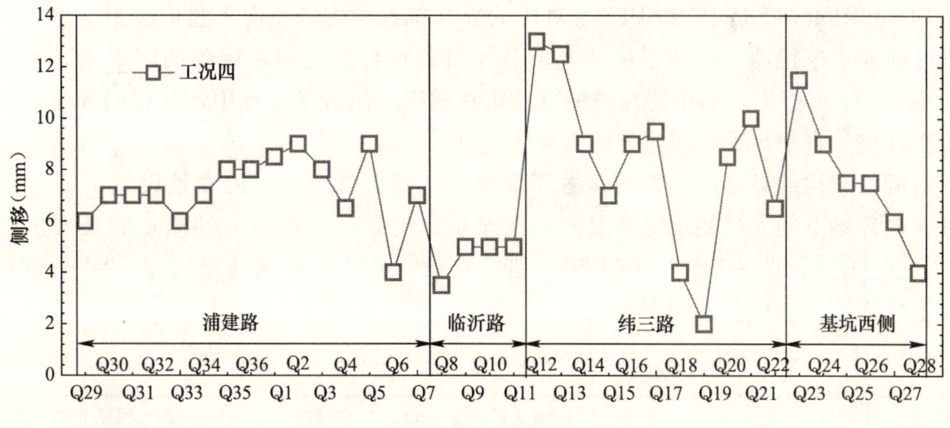

图 4-145 围护桩冠梁的水平位移

从图 4-144 和图 4-145 可以看出，除了测点 Q9 外，其余测点的位移均发生回弹。围护桩冠梁的最大回弹发生在 Q14 点，最大回弹值为 6.7mm。Q9 表现为沉降，Q19、Q24 的回弹很小，这与这些位置桩的承载力以及附近的堆载有关。围护桩冠梁存在不均匀回弹，最大的回弹差为 4.35mm。一般而言，逆作法中地下连续墙直接与结构梁板相连，当结构上较大的自重以及顶板上较大的施工荷载通过梁板直接传到地下连续墙时，墙顶的位移表现为沉降。但本工程中表现为回弹，分析原因主要有：①边跨梁板与围护墙没有直接相连，而是通过在边梁设置的临时型钢与围护墙相连，因而传到围护墙上的竖向荷载较小；②本工程的围护墙为灌注桩，其整体性相对地下连续墙而言要小；③基坑内部设置了 3 个大圆环并有多个出土口，开挖条件下基坑内部土体回弹会较大，对围护墙的隆起也有影响。

围护桩冠梁的水平位移最大发生在测点 Q12 处，最大值为 13mm。Q12 和 Q13 测点的侧移最大，分析原因是这两个测点位于该工地的入口处，频繁的施工车辆的运作对其侧移影响较大的缘故。

4.8.4.3 立柱桩沉降

立柱桩沉降控制是逆作法设计施工的控制要点，本工程针对逆作法阶段立柱桩的沉降控制采取了桩端后注浆的技术方案。

立柱桩在挖土过程中桩的侧壁摩阻力减少以及结构和施工荷载等竖向荷载作用下会加大桩的沉降，而土方开挖又使地基土卸荷回弹，带动立柱回弹上升。因此随基坑开挖，立柱桩变形是沉降还是回弹，完全取决于导致沉降和回弹的因素何者居主导地位，如果在开挖过程中两者相互交换主导性，将会出现立柱桩呈现锯齿状的变形曲线。图 4-146 和图 4-147 列出本工程几组立柱桩沉降的监测结果。

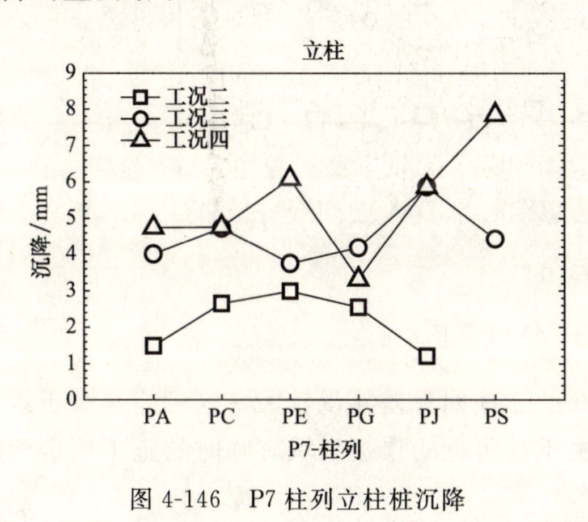

图 4-146 P7 柱列立柱桩沉降

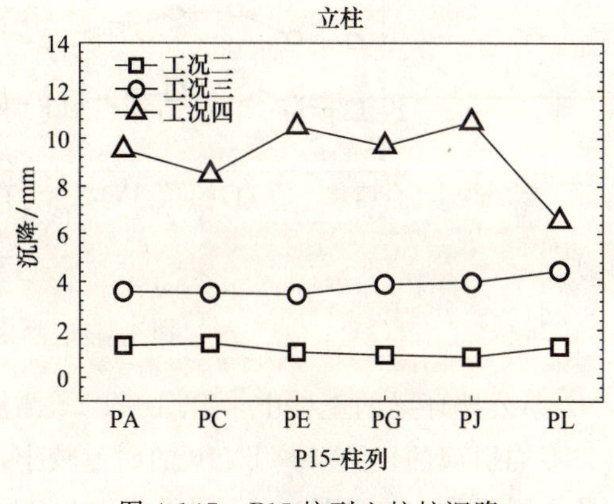

图 4-147 P15 柱列立柱桩沉降

图 4-146 和图 4-147 是 P7 和 P15 所对应的立柱桩在不同的工况下竖向变形的历程，呈现出锯齿形态的曲线。这说明了该两根桩在基坑开挖过程中导致沉降和回弹的因素主导性的交替出现。而从图 4-147 可得出，图中所反映的立柱桩在整个基坑开挖过程中，基坑回弹始终为主导因素，从而立柱桩一直呈现回弹量累计的现象。

地下室梁板结构的环形取土口边设置了混凝土环梁，在环梁下的立柱设置了 TY1-TY49 测点，用以观测环梁下的立柱的沉降情况。开挖至坑底时，三个环梁上的测点的最大沉降值如表 4-27 所示，图 4-148、图 4-149、图 4-150 分别为环梁 1（N2 办公楼环梁）、2（N1 公寓楼环梁）、3（N1 酒店环梁）的立柱竖向变形曲线。

开挖至坑底时，三个环梁上的测点的最大沉降值　　**表 4-27**

柱　列	最大回弹值（mm）	最大回弹所在测点
环梁 1（TY1-TY17）	9.98	TY2
环梁 2（TY18-TY32）	12.05	TY31
环梁 3（TY33-TY49）	12.64	TY41

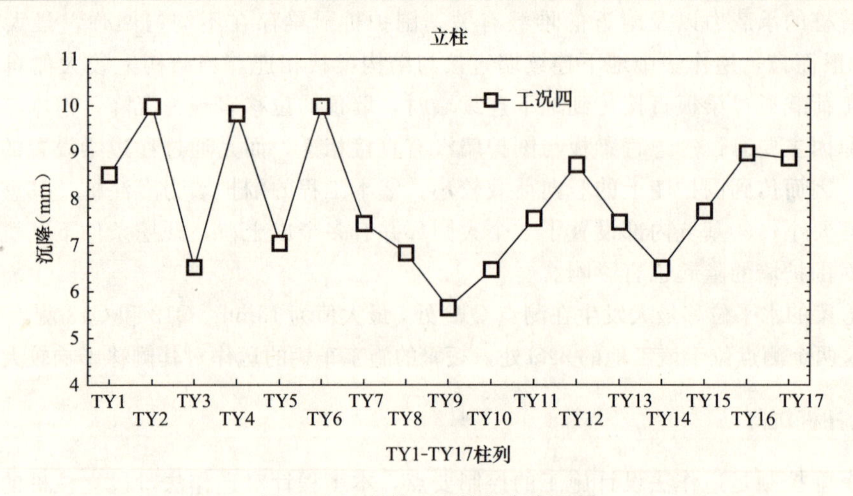

图 4-148　环梁 1 立柱竖向变形图

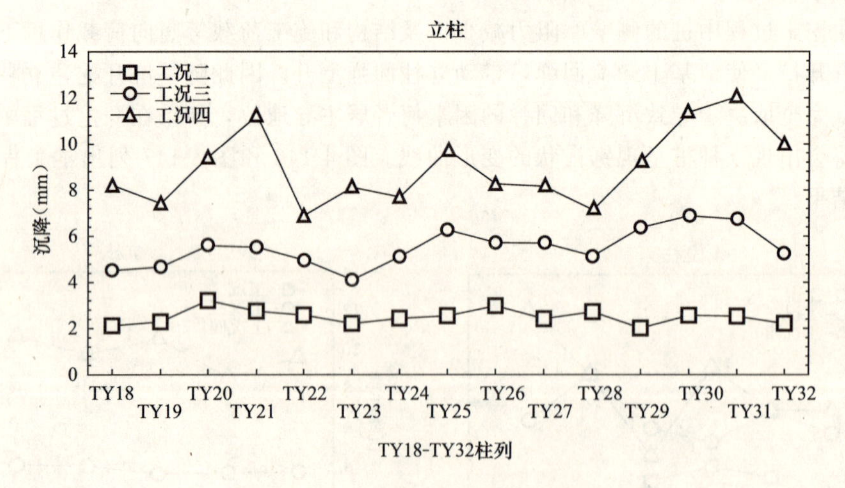

图 4-149　环梁 2 立柱竖向变形图

N2 办公楼环梁的立柱中，TY1～TY6 测点所在的立柱回弹差异量较大，这可能是由于该处的堆载不均引起的。TY7～TY10 的回弹较小，是由于其附近的顶板区域有临时的施工用房的原因。最大回弹发生在 TY2 处，回弹值为 9.98mm。

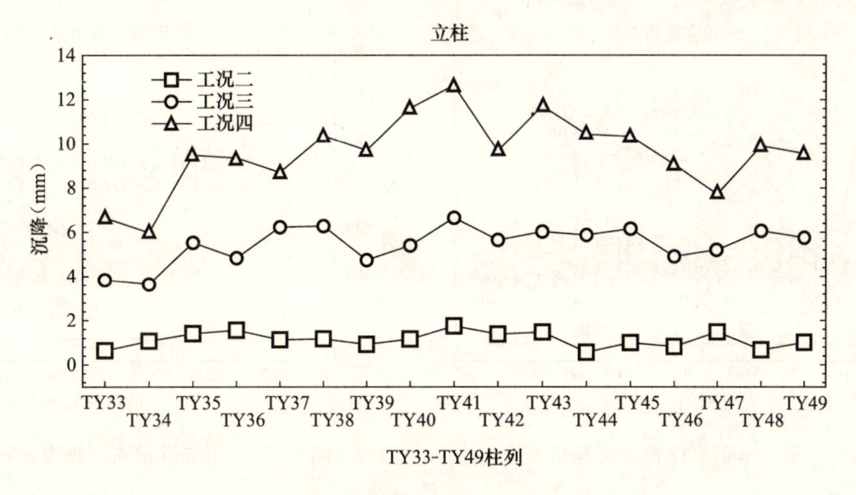

图 4-150　环梁 3 立柱竖向变形图

N1 公寓楼环梁的立柱在工况二时由于土体开挖深度不大，各点的回弹均较小，最大回弹值仅 2.97mm。工况三时立柱回弹增大，最大回弹值为 6.88mm，这两个工况下的立柱之间的回弹差异并不大。到第四工况时，TY21 和 TY31 两个测点的回弹较其他测点更大，最大值为 12.05mm。N1 酒店环梁的立柱回弹规律与 N1 公寓楼环梁的立柱回弹的规律基本相似。最大回弹发生在 TY41 处，最大值为 12.64mm。

《基坑工程技术规范》（DG/TJ08-61-2010）规定，对于逆作法的立柱及立柱与地下连续墙之间的差异沉降不得大于 20mm，同时不得大于柱距的 1/400。本工程中立柱的柱距一般为 8.5m 左右，其 1/400 约为 21mm；因此本工程立柱之间的差异沉降（回弹）不得大于 20mm。

表 4-28 为各柱列上的最大差异沉降（回弹），可以看出最大差异沉降（回弹）为 6.65mm，小于规范的规定值，说明本工程中在立柱的差异沉降（回弹）的控制上，完全满足了设计要求。

各柱列上的最大差异回弹　　表 4-28

柱　列	最大差异回弹（mm）
N1 横轴线柱列	5.20
N2 横轴线柱列	4.71
N1 纵轴线柱列	6.65
N2 纵轴线柱列	6.36
N1 公寓楼环梁立柱	4.34
N1 酒店环梁立柱	3.50
N2 办公楼环梁立柱	3.46

4.8.4.4　支撑轴力

本工程进行了支撑轴力监测，并获得大量监测数据，限于篇幅，选择具有代表性的支撑监测数据进行有关分析。图 4-151 和图 4-152 是第一道钢支撑 GZ1～GZ6 和第二道钢支撑 GZ101～GZ109 的支撑轴力测试结果。

首层钢支撑支撑间距 8.5m，最大轴力达到 2200kN；地下一层钢支撑支撑间距 2.8m，最大轴力达到 1400kN。第一道支撑轴力在开挖至第二层土方后支撑轴力达到最大值，架设第二道支撑后再行开挖，其支撑轴力降低至一定值并基本维持不变；第二道支撑架设完毕后，随开挖至基底工况，支撑轴力呈现不断增加的趋势，开挖至基底时支撑轴力达到最大值。

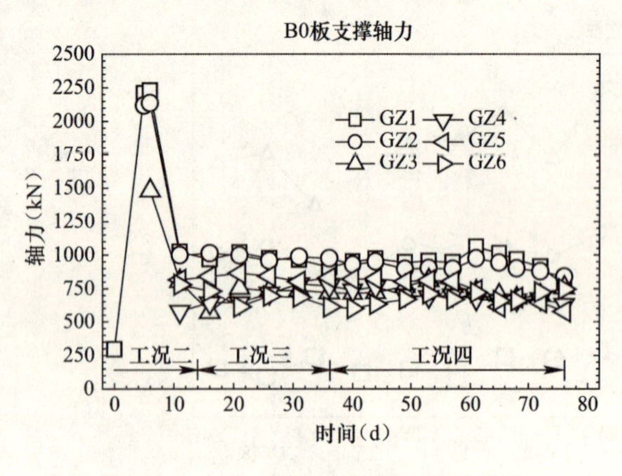

图 4-151　第一道钢支撑轴力历程曲线

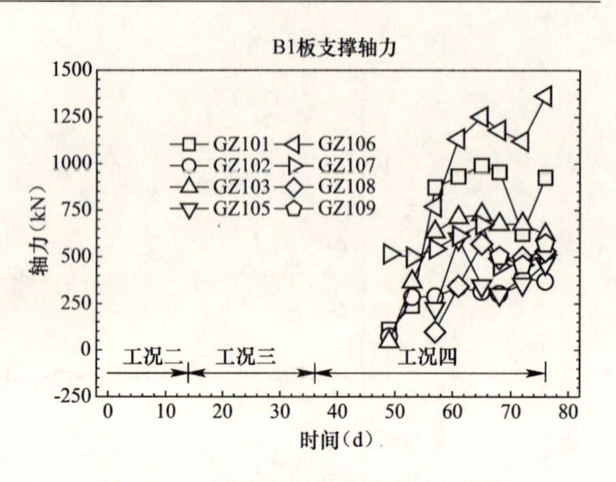

图 4-152　第二道钢支撑轴力历程曲线

4.8.4.5　周边环境监测

1. 地下管线的沉降及位移监测

工程周边浦建路、临沂北路以及纬三路下分布有大量的地下管线，分析地下管线从桩基施工至基坑开挖结束的沉降及水平变形的情况，存在这样规律：随着基坑开挖，围护墙发生向坑内的水平变形，坑外的管线呈逐渐下沉的趋势，水平变形与沉降同步发生，而且呈离基坑距离越近变形与沉降越大；随着距离的增大变形与沉降逐渐减少。图 4-153～图 4-160 列出了浦建路和临沂北路上水管线的随工况的沉降和侧移监测结果。

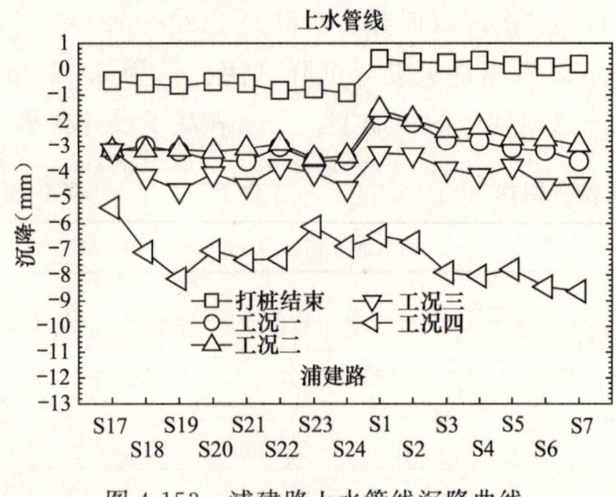

图 4-153　浦建路上水管线沉降曲线

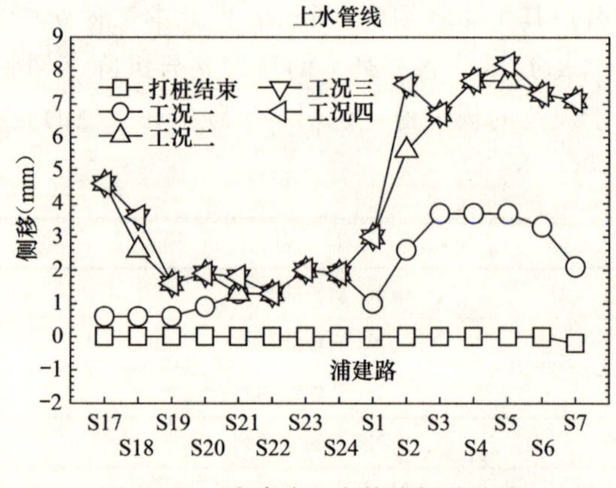

图 4-154　浦建路上水管线侧移曲线

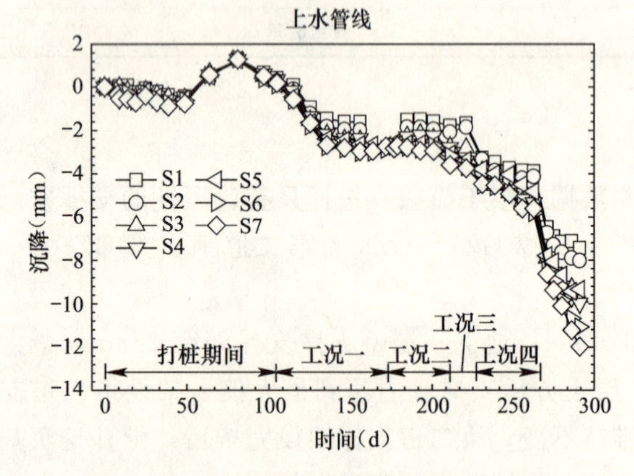

图 4-155　浦建路上水管线沉降历时曲线

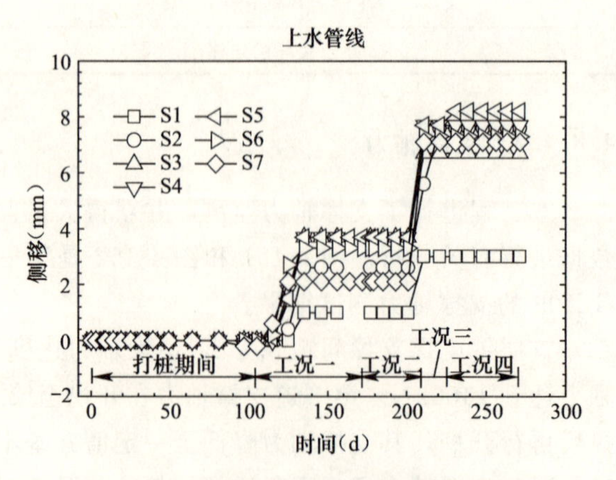

图 4-156　浦建路上水管线侧移历时曲线

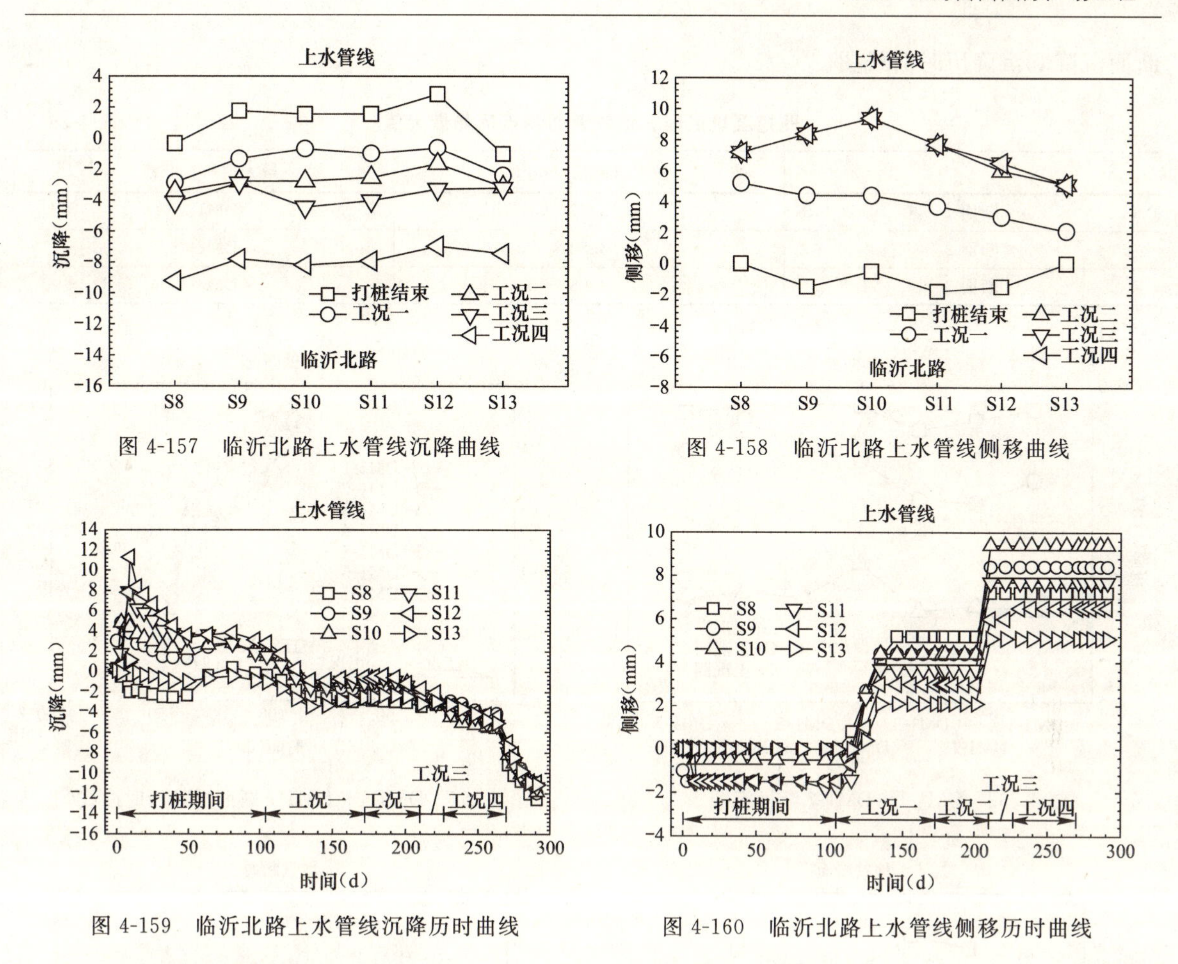

图 4-157 临沂北路上水管线沉降曲线

图 4-158 临沂北路上水管线侧移曲线

图 4-159 临沂北路上水管线沉降历时曲线

图 4-160 临沂北路上水管线侧移历时曲线

2. 邻近建筑物沉降监测

邻近建筑物的沉降监测结果表明，其发展规律与地下管线相类似，图 4-161 及图 4-162 列出纬三路一侧建筑的沉降监测结果。

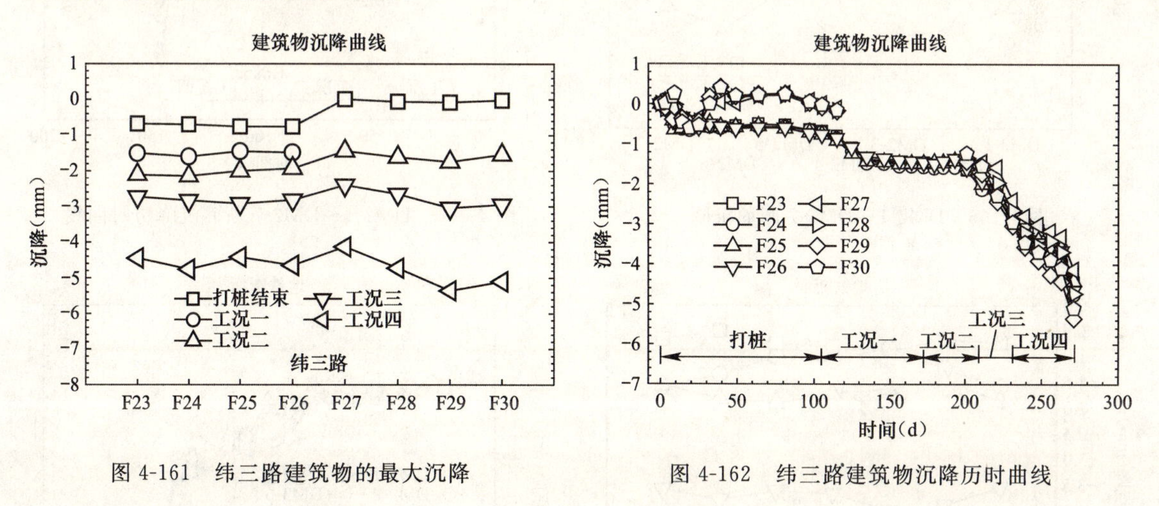

图 4-161 纬三路建筑物的最大沉降

图 4-162 纬三路建筑物沉降历时曲线

3. 地铁一侧地表沉降监测

基坑北侧紧邻着地铁通道和车站，准确地控制地铁一侧围护结构的沉降和侧移是本工程的控制重点。为了准确的监控地铁支护结构的变形，沿着浦建路等间距的设置了三个地表监测断面，分别是 DM1-1～DM1-7、DM2-1～DM2-7 和 DM3-1～DM3-7。

开挖至坑底时，地铁一侧地表测点沉降最大值如表 4-29 所示。图 4-163～图 4-168 是这三个断面沉降和沉降历时曲线图。

开挖至坑底时，地铁断面测点沉降最大值　　　　**表 4-29**

	最大沉降值（mm）	最大值所在测点
断面 1	3.57	DM1-3
断面 2	3.82	DM2-4
断面 3	3.98	DM3-3

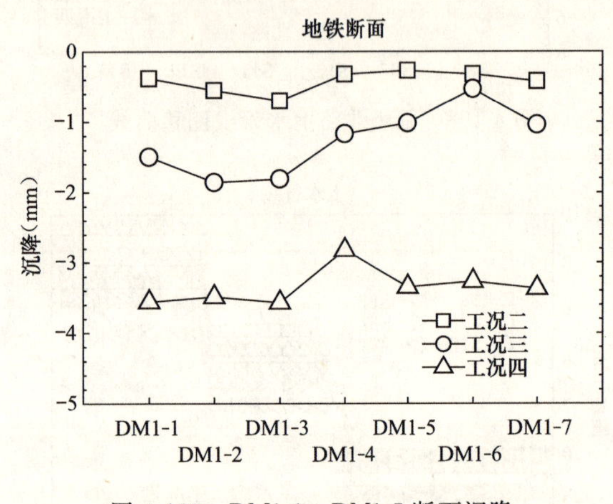

图 4-163　DM1-1～DM1-7 断面沉降

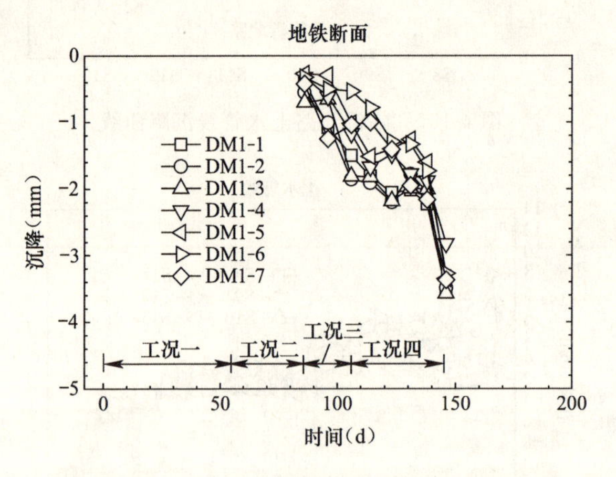

图 4-164　DM1-1～DM1-7 断面沉降历时曲线

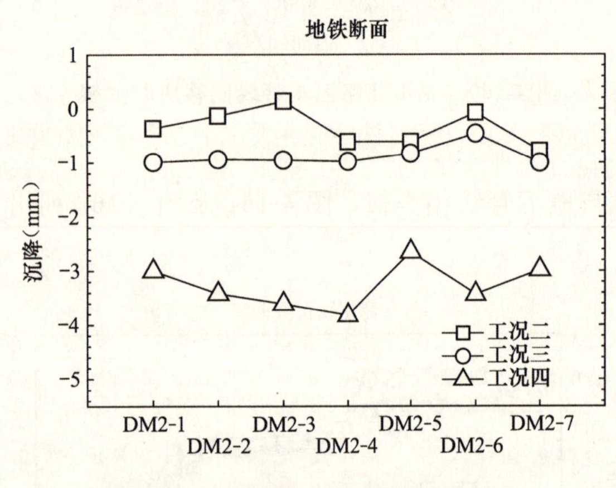

图 4-165　DM2-1～DM2-7 断面沉降

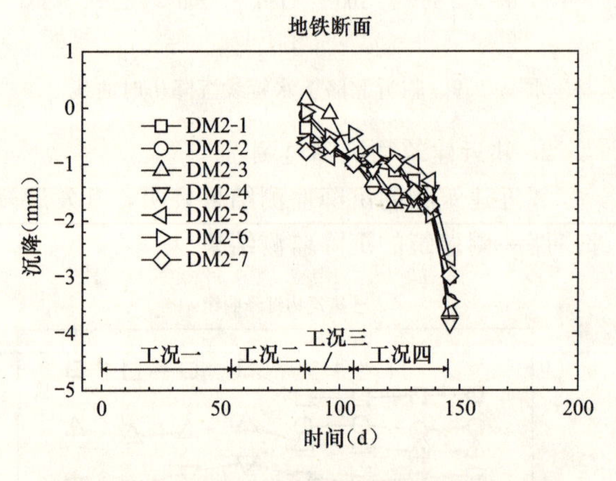

图 4-166　DM2-1～DM2-7 断面沉降历时曲线

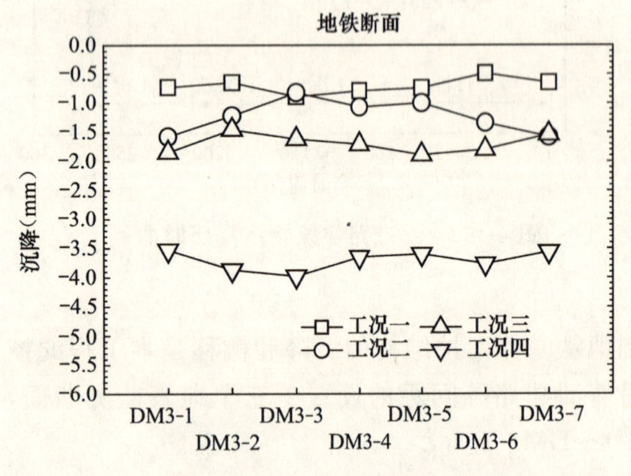

图 4-167　DM3-1～DM3-7 断面沉降

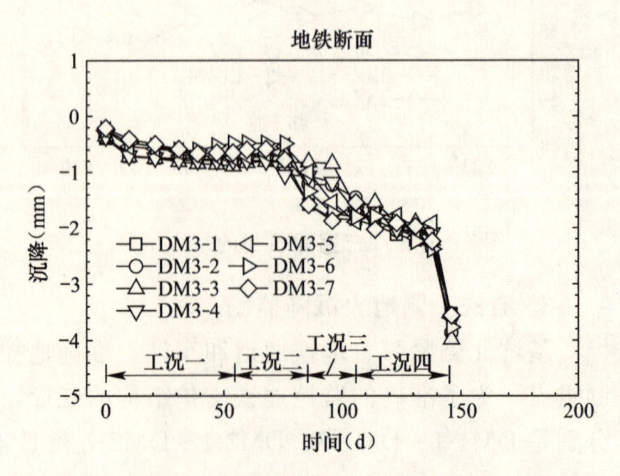

图 4-168　DM3-1～DM3-7 断面沉降历时曲线

从地铁侧三个断面的沉降监测结果看，三个断面距离基坑不同距离的测点沉降并未呈现出距离基坑近沉降大，反之沉降小的规律。其原因有多种可能，其中主要是地铁通道及车站由于刚建成，其自身沉降和基坑开挖引起的沉降相互叠加的因素。但三个断面的沉降规律基本呈现为：随基坑开挖，坑外地铁构筑物的沉降逐渐增大，工况一～工况三之间沉降变化速率比较缓和，工况四即开挖至基底工况，沉降变化速率明显增加。

4.8.4.6 监测效果评价

由由国际广场基坑工程由于采用了灌注桩围护墙的逆作法，以往的工程经验较少，又由于该工程环境保护要求高，为了保证基坑工程本身的安全及保护周边环境，施工中对基坑进行了全面的监测。监测涉及围护桩的位移、围护桩冠梁的位移、立柱的竖向位移、支撑的应力及基坑开挖对周边管线与建筑物的影响等。通过监测获取了大量的实测资料，为准确判断施工过程中基坑所处的状态提供了科学的依据，实现了信息化施工。

表4-30为基坑监测有关项目最大值的汇总，可以看出，虽然围护墙没有采用刚度较大的地下连续墙，且围护桩与地下室周边框架梁之间只是通过型钢连接，但由于采用了盆式分层分块开挖等合理的施工工艺，因而围护桩的相对变形控制在0.28%以内，基坑周围管线与建筑物的侧移和沉降也较小。由于采用了桩端后注浆技术，有效地将立柱之间的差异沉降（回弹）控制在毫米级的范围内，成功地解决了逆作法中立柱之间的差异沉降问题。总体而言，本工程的各项实际监测数据均在设计控制的范围之内，基坑本身以及周边环境在整个施工过程中完全处于安全状态。

基坑监测结果汇总　　表4-30

序　号	项　目	监测值
1	围护桩最大侧移（mm）	28.24
2	围护桩平均最大侧移（mm）	24.67
3	围护桩最大侧移的深度位置（m）	−9.0
4	围护桩最大侧移的平均深度位置（m）	−9.38
5	围护桩冠梁的最大回弹（mm）	6.7
6	围护桩冠梁的最大侧移（mm）	13
7	立柱最大回弹（mm）	10.96
8	立柱最大差异回弹（mm）	6.65
9	上水管线的最大沉降/侧移（mm）	13.48/9.4
10	雨水管线的最大沉降/侧移（mm）	12.93/10.4
11	煤气管线的最大沉降/侧移（mm）	11.21/8.6
12	信息管线的最大沉降/侧移（mm）	10.97/10.3
13	污水管线的最大沉降/侧移（mm）	9.71/10.6
14	电力管线的最大沉降/侧移（mm）	9.34/9.2
15	建筑物的最大沉降（mm）	11.65
16	坑底土体最大回弹（mm）	13.1
17	地铁断面最大沉降（mm）	3.98
18	土体最大侧移（mm）	16.69
19	坑外地下水位最大变化量（m）	0.43
20	顶板中的混凝土的最大应变	1.874×10^{-3}
21	中板中的混凝土的最大应变	0.325×10^{-3}

4.9 上海廖创兴金融中心大厦工程

4.9.1 工程概况

4.9.1.1 建筑概况

廖创兴金融中心大厦地处上海市黄浦区“中华第一街”南京路，紧邻运营中的地铁2号线，而且周边地下管线错综复杂，四周多为保留建筑或民居危房。本工程地下五层，地下室埋置深度为22.4m，核心筒结构埋置深度达28.4m，为当时上海民用建筑埋置最深地下室。

图4-169 廖创兴金融中心大厦设计效果图

工程基地占地面积约5151m²，五层地下室，地下五层设置六级平战结合人防，基坑平均开挖深度为22.4m，局部深坑达28.4m。上部三层裙房，主楼三十七层，建筑总高度170.10m，为一类超高层建筑，建筑总面积72000m²，地下室每层面积约4000m²，裙房每层面积约2500m²，主楼每层面积约1400m²（图4-169）。

工程结构为现浇钢筋混凝土框架、劲性钢结构及混凝土楼板结构。其中内核心筒为混凝土筒体，外框架柱为钢骨混凝土柱。外框架梁为钢梁、钢骨混凝土梁或混凝土梁。楼面钢梁与混凝土筒体的连接均为铰接。柱网间距基本为8.4m×7.0m，地下结构层高3.75m，上部结构裙房层高为5.0m，主楼层高为4.3m。主楼底板厚3.00m（板顶标高－19.500），裙房底板厚2.00m（板顶标高－20.500），采用C35 P8混凝土。底板钢筋采用直螺纹连接，底板钢筋与地下连续墙采用植筋连接。

本工程基础形式为钢筋混凝土灌注桩及现浇钢筋混凝土厚底板基础，工程桩为ϕ850和ϕ1100的钻孔灌注桩共460根。基坑采用逆作法施工技术，“两墙合一”的地下连续墙围护体系，地下连续墙，墙厚1000mm，深度35m，近万象商厦及地铁2号线位置，深度为36m和39m。设计有立柱桩126根，立柱采用ϕ770和ϕ630钢管立柱以及480mm×480mm格构柱。

4.9.1.2 周边环境

基坑东侧为万象商厦，建于1995年，地下一层，基础埋深5.5m，地上七层，距本工程地下室内边线约8.5m。万象商厦的基底采用搅拌桩加固，深17.5m，地下室外用采ϕ750钻孔灌注桩围护，长16～18m。现场东侧围墙距地下连续墙为2m，距围墙3m处道路下埋设有ϕ300市政排水及Dg150消防水管。

基坑南侧为南京西路，基坑边线离道路规划红线5m。南京西路下有电话、煤气、上水、雨水、电力等地下管线，离基坑内边线最近距离约11m。该侧有运营中的2号线地铁隧道，离基坑内边线距离约13m。隧道内径6m，隧道顶标高约－13.500。

西侧新昌路有煤气、污水、雨水、电话、上水、电力等管线，其中最近管线约11m。新昌路为进出施工场地的主要道路。

北侧为一幢三层仓库，距基坑内边线约7.5m。

廖创兴金融中心大厦周边的环境状况见图4-170。

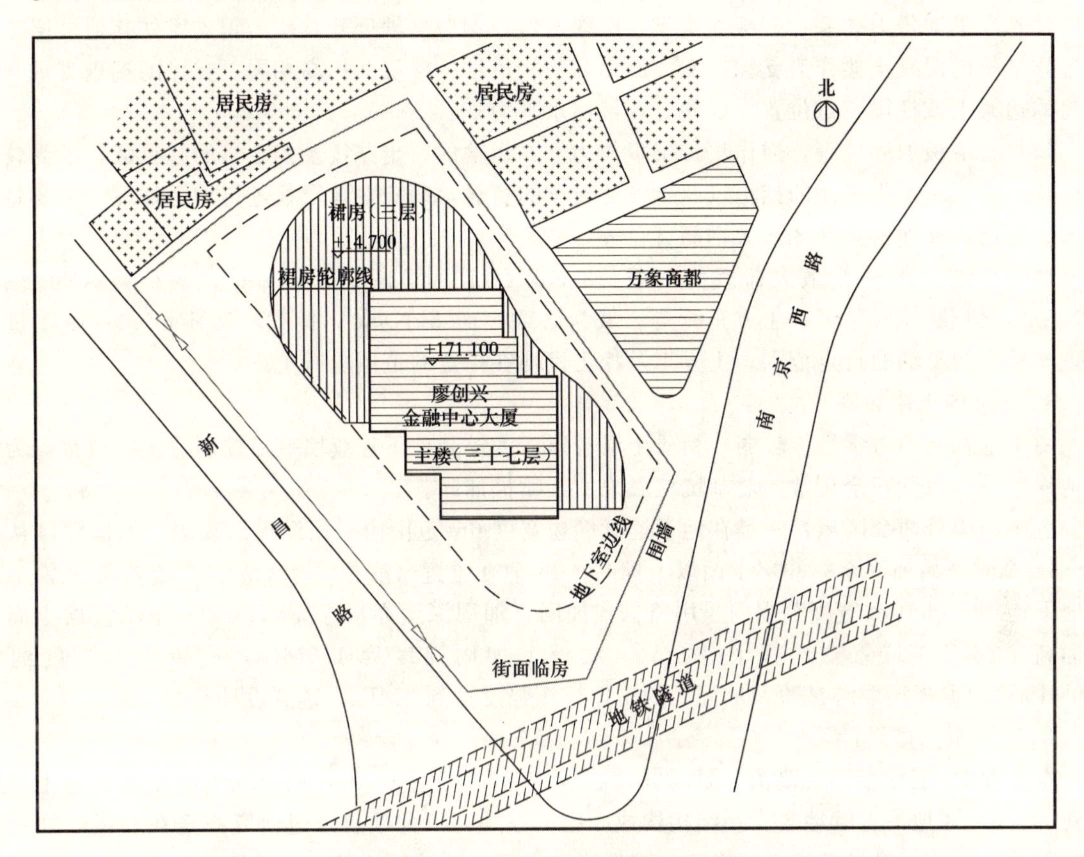

图4-170　廖创兴金融中心大厦平面图

4.9.1.3　工程地质情况

根据岩土工程勘察报告，本工程场区地质单元属长江三角洲冲淤积平原，以黏性土和砂性土为主。第⑤2层粉质黏土夹少量粉砂。地层土结构较松散，透水性强，在动水条件下易产生流砂等不良现象；基坑开挖层以下第⑦层砂土有高水头的承压含水层，对基坑底板的稳定性产生不利影响。

4.9.1.4　支护结构设计概况

1. 围护体系

本工程采用逆作法施工，围护墙采用地下连续墙，地下连续墙墙厚1000mm，深度35m。靠近万象商厦及地铁2号线位置，地下连续墙墙深度分别为36m和39m。

2. 支撑体系

因采用逆作法施工，上层的结构优先于下层结构施工，荷载无法通过竖向结构进行传递，因此需设置临时的竖向传力体系承担上部荷载。同时因逆作施工需要而留设的临时取土洞口，切断了力的水平传递，需在洞口内设置临时的横向传力体系以传递水平力。本工程针对逆作法的特点，采取了以下支撑体系：

(1) 竖向传力体系。逆作法施工阶段地下室各层结构仅完成梁板结构，作为其竖向结构的柱及剪力墙采用顺作方法，因此在原结构各竖向传力节点处设置了临时立柱。立柱的形式为ϕ770

和 ϕ630 钢管混凝土立柱、480mm×480mm 格构柱，立柱锚入钻孔灌注桩内的深度为 3m，立柱的顶标高为－0.300。

(2) 水平向传力体系。楼板面留设 4 个取土口，洞口空缺处除首层为钢支撑外其他楼层均利用主体结构的混凝土梁作为支撑，支撑面标高与相应结构楼层面标高相同。支撑的端点支承于取土口的边梁上或柱梁节点位置，以便有效传递水平力。

(3) 首层板加固处理。逆作法首层板作为土方运输的行走路线及挖土机的施工区，承受较大的荷载，根据本工程采用的挖土机及土方运输车的荷载，确定对首层板进行加固处理。主要是调整板的配筋，如加密钢筋、加大钢筋直径等。

加固后的结构楼板最大荷载为活载：33.5kN/m^2，恒载：5kN/m^2；一般荷载区为活载：5kN/m^2，恒载：5kN/m^2；土方车行走区域为活载：16.5kN/m^2，恒载：5kN/m^2。在施工过程中，严格限制车辆的行走范围，土方车及挖土机均在指定的范围内行走。

3. 基坑内土体加固

由于地基土的力学性能较弱，粉质土层较厚，为控制地下连续墙变形控制建筑物位移，为保障地铁 2 号线运营安全正常，对基坑坑底采用旋喷桩加固。

坑底加固分两个区域：一是在地下连续墙边宽度 6m 范围内采用锯齿形加固，加固深度从标高－15.250 开始加固至第⑥层土面以上标高－26.700 位置（底板下 4.0m）。二是在靠地铁一侧沿地下连续墙边 10m 宽度范围内采用格构式加固，加固深度亦从标高－15.250 至第⑥层土面以上标高－26.700 位置（底板下 4.0m）。底板下加固强度为 1.5MPa，底板以上强度约为 0.8MPa。根据现场取芯试验，加固后的土体抗压强度达到 2MPa，达到设计值的 133%。

4. 底板板内撑设计

本工程 B4 层楼板面标高为－15.300，底板底标高为－22.700，两板间的净高大，挖土深度达到 7.4m，对地下连续墙等支护结构构成一定的威胁，因此项目经过研究决定在底板内加一道板内混凝土支撑，以降低挖土的净高。支撑形式主要是在地下连续墙边设置桁架式支撑，在基坑中部设置三道对撑，在基坑的四个角设置角撑，组成一个完整的支撑体系。

4.9.2 工程难点特点

4.9.2.1 地理位置特殊、环境保护要求高

基坑南面运营中的地铁 2 号线。地铁 2 号线是贯穿上海东西方向的主要地下交通隧道，其运营对隧道内部的变形和沉降控制要求均非常高，小小的变形或沉降都有可能影响整个地铁的正常运营，因此在本工程施工中保护该隧道至关重要。本工程基坑坑底标高－22.700m，电梯井深坑标高达－28.700。根据地铁公司提供的资料，南侧地铁 2 号线隧道的顶标高为－13.500，底标高为－19.500，均位于本工程坑底以上。临近地铁且开挖深度超过地铁隧道，这对施工提出了相当严格的要求，临近地铁一侧采用了一系列措施，包括土体加固、垫层加厚、设置支撑、增加扶壁柱及调整施工顺序等方法，力保地铁隧道的变形沉降不受影响。

其次是东面的万象商厦的保护，该建筑建于 1995 年，根据《上海廖创兴金融中心大厦基地东侧邻房质量检测报告》，万象商厦砌体结构局部存在开裂现象及房屋变形，但尚不影响主体结构安全使用。万象商厦北侧居民石库门房屋存在自然老化现象，老化损坏部位虽作了临时支撑、拉结，但主体结构未得到彻底加固修缮。这是本工程施工应予以重点保护的临近建筑。

北侧的居民房建造时间已较长，超深基坑的施工也将对其构成威胁。西面新昌路，地下室内边线离道路规划红线 5m，其下有煤气、污水、雨水、电话、上水、电力等管线，其中最近管线约 11m；西南角的上海美术馆，属保护建筑。

针对以上情况，本工程除采用了施工技术措施外，同时在周边布置了一系列的监测点，在施工过程中进行全过程的监控，根据监测数据及时调整施工方案。

4.9.2.2 地下承压水处理

根据地质勘察情况，本工程地下的承压水水头在地表下 8m，当基坑开挖到一定深度后就会碰到承压水层。承压水处理是工程施工中一个较复杂的问题，处理不当将导致承压水涌进基坑，后果不堪设想。本工程土方开挖过程中必须对此密切关注和重点防护。经过承压水验算，确定了在坑外布置承压水减压降水井，将承压水降至施工安全范围之下。

4.9.2.3 结构设计调整和逆作节点处理

本工程原地下室结构按顺作法施工工艺设计，采用逆作法施工工艺需对原设计图纸进行相应的修改与调整，而进入基坑施工阶段基坑支护结构及工程桩、立柱桩均已施工完成，图纸的调整造成大部分柱梁节点偏离立柱位置，对逆作施工提出新的课题。对此研究分析后采用加设托梁、梁局部加宽及单梁改双梁等技术措施解决了节点偏位问题。

4.9.2.4 地下一层劲性钢柱施工

逆作法施工时首层挖土面标高为－2.550，而联系上部钢结构柱脚基础标高为－4.550，在－2.550～－4.550 标高段内的钢柱施工存在一定困难。经研究后决定钢柱也采用逆作施工，将±0.000～－4.550 段的钢柱分段施工，在施工 B0 板时安装上段钢柱，B1 板结构完成后再进行下段钢柱安装。

4.9.2.5 坑底钢支撑的替代

B4 层楼板面标高为－15.300，底板底标高为－22.700，两板间的净高大，挖土深度达到 7.4m，该阶段处于基坑最底部的支护结构受到的侧压力最大，为最危险的阶段。为保证支护结构及周边建筑物等安全，在底板内设置一道钢支撑，为便于施工实施中做了调整，将坑底钢支撑用混凝土板带支撑取代，既减少了支护结构处于无支撑的高度，有便于底板施工。

4.9.2.6 利用首层结构板解决施工场地

本工程处于繁华地段，场地狭小，基地面积仅 5151m^2，地下室占地面积 4000m^2，一旦基坑开挖，可利用场地更小，尤其首层结构施工阶段场地更为紧张。而地下室施工正是大量的机械作业阶段，狭小的场地因素限制了机械设备的发挥，成为影响地下室施工进度的一大阻碍。

针对场地狭小的情况，施工中采取了多种途径，合理安排利用场地。首先，调整楼板的施工顺序，将原先施工第二层楼板调整为先施工首层板，这样一方面可以尽快形成首层楼板作为材料的堆放场地；另一方面可以减少首层下的逆作挖土深度，有效控制周边环境的变形。其次，对基坑进行分区，将基坑划分为三个施工区，按分区流水的施工顺序，有效地组织人力、物力，做到小场地、高效率的施工。为此，对首层板结构进行来结构加固处理。

4.9.3 逆作法施工

4.9.3.1 土体加固

运营中的地铁 2 号线隧道距离基坑仅 13m，地铁隧道顶面埋深标高约－13.500，隧道内径 6m，隧道底标高约为－19.500。基坑周边还有诸多建筑及各种管线，距离基坑最近的仅 8m。而本工程基坑开挖深度达到22.40m，最深达28.40m，基坑开挖对周边易产生不良影响，为尽可能减小这一影响，在基坑内采用旋喷桩进行土体加固。

1. 土体加固方案

加固分两个区域：一是在地下连续墙边宽度6m范围内采用锯齿形加固，加固深度从标高－15.250开始加固至第⑥层土面以上标高－26.700位置（底板下4.0m）。二是在靠地铁一侧沿地下连续墙边10m宽度范围内采用格构式加固，加固深度亦从标高－15.25至第⑥层土面以上标高－26.700位置（底板下4.0m）。底板下加固强度为1.5MPa，底板以上强度为0.8MPa，图4-171～图4-173为坑内土体加固的平面图和剖面图。

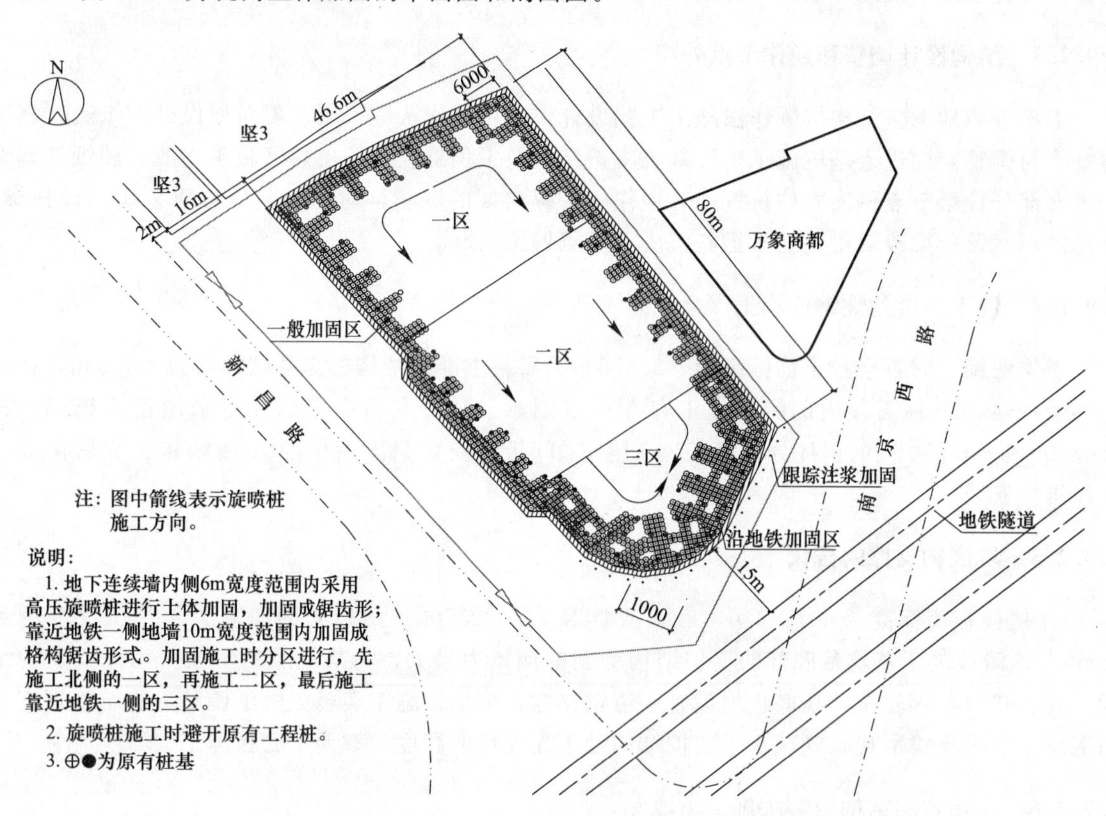

图4-171　坑内土体加固平面布置图

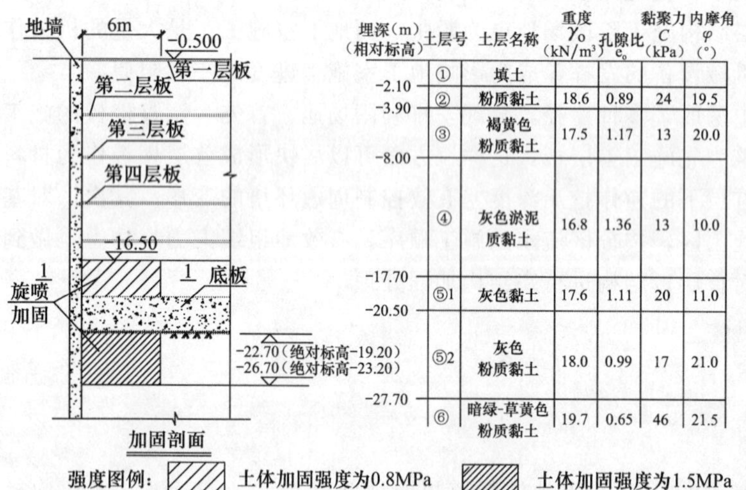

埋深(m)（相对标高）	土层号	土层名称	重度 γ_0 (kN/m³)	孔隙比 e_0	黏聚力 C (kPa)	内摩角 φ (°)
	①	填土				
-2.10	②	粉质黏土	18.6	0.89	24	19.5
-3.90	③	褐黄色粉质黏土	17.5	1.17	13	20.0
-8.00	④	灰色淤泥质黏土	16.8	1.36	13	10.0
-17.70	⑤1	灰色黏土	17.6	1.11	20	11.0
-20.50	⑤2	灰色粉质黏土	18.0	0.99	17	21.0
-27.70	⑥	暗绿-草黄色粉质黏土	19.7	0.65	46	21.5

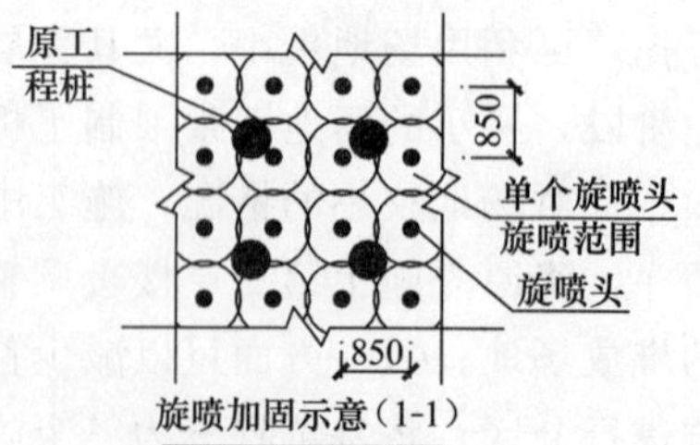

说明：

1. 旋喷桩加固。旋喷桩加固宽度为地墙内侧6m范围，采用锯齿形加固，标高从一页16.50m至⑥层土面以上-26.70m（底板下4m），不包括底板部分，具体形式及深度见剖面图。

2. 土体加固强度为0.8MPa部位的水泥掺量为7%，土体加固强度为1.5MPa部分水泥掺量为15%

图4-172　远离地铁一侧土体加固剖面图

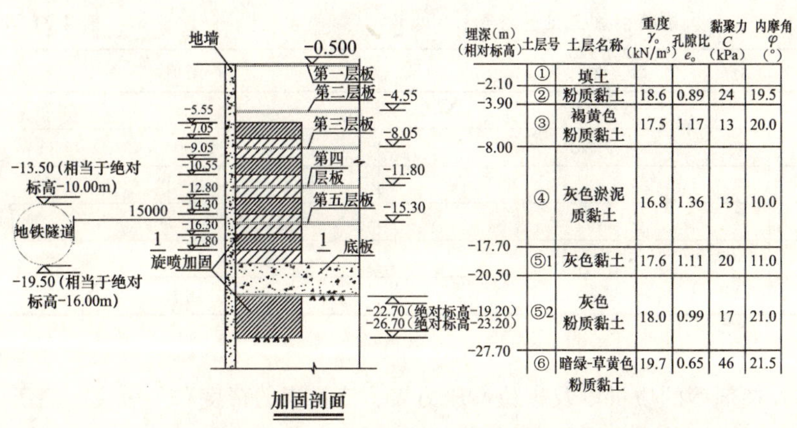

埋深(m)（相对标高）	土层号	土层名称	重度 γ_0（kN/m³）	孔隙比 e_0	黏聚力 C（kPa）	内摩角 φ（°）
-2.10	①	填土				
-3.90	②	粉质黏土	18.6	0.89	24	19.5
-8.00	③	褐黄色粉质黏土	17.5	1.17	13	20.0
-17.70	④	灰色淤泥质黏土	16.8	1.36	13	10.0
-20.50	⑤1	灰色黏土	17.6	1.11	20	11.0
-27.70	⑤2	灰色粉质黏土	18.0	0.99	17	21.0
	⑥	暗绿-草黄色粉质黏土	19.7	0.65	46	21.5

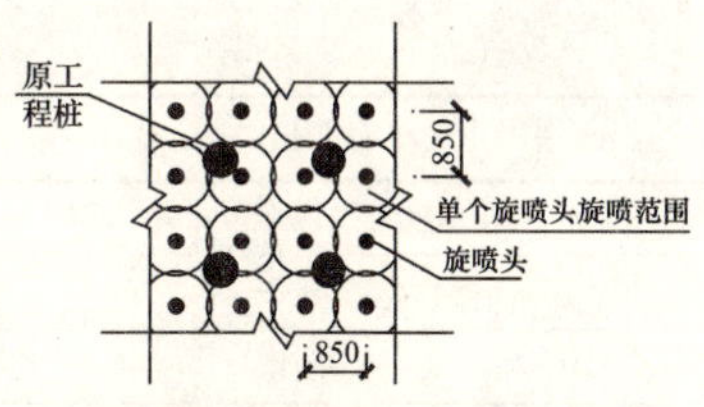

强度图例： 1.5MPa强度加固区 0.8MPa强度加固区

说明：

1. 旋喷桩加固。地铁一侧旋喷桩加固宽度为地墙内侧10m范围，采用格构式墩式加固，标高从-5.55m至⑥层土面以上-26.70m（底板下4.0m范围），不包括底板部分，具体形式及深度见剖面图。

2. 土体加固强度为0.8MPa部位的水泥掺量为7%，土体加固强度为1.5MPa部分水泥掺量为15%

图 4-173　靠近地铁一侧土体加固剖面图

2. 旋喷桩施工工艺

(1) 工艺流程

旋喷桩的施工工艺流程如图 4-174。图 4-175 是工程中旋喷桩施工的实况。

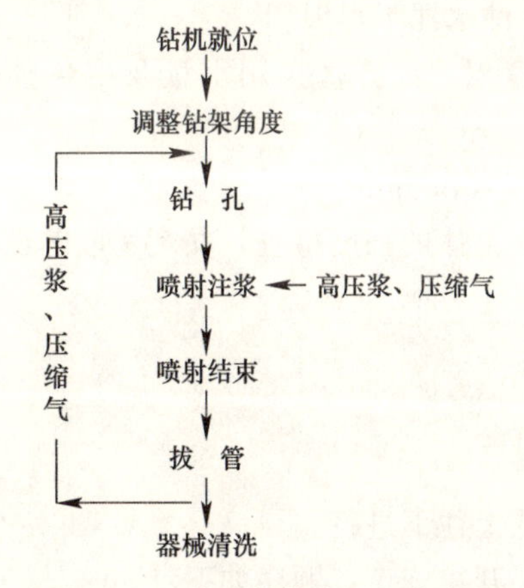

图 4-174　旋喷桩的施工工艺流程

图 4-175　旋喷桩施工照片

(2) 施工步骤

1) 钻机就位

根据施工控制点及已施工的地下连续墙边线，按照图纸放出桩位。钻机就位于钻杆中心并对准桩位，调整机身水平，立轴垂直，并防止钻进过程中钻机发生倾斜和移动。

2) 钻孔

在钻孔前必须先制备泥浆，建立泥浆循环系统，泥浆制备完毕后方可开钻。钻进速度要先慢后快，在钻进中及时做好钻进记录。

3) 高喷台车就位

钻机钻至设计标高后，高喷台车立即就位，高喷台车定位要准确，并将喷射管下至始喷标高。

4) 旋转喷射

自下而上喷射提升，喷射过程中要随时检查各工艺参数，发现问题及时处理。施工的工艺参数见表 4-31。

旋喷桩施工工艺参数 表 4-31

项 目	单 位	控制值
气压	MPa	0.3
浆压	MPa	20.0
水灰比		0.8：1
浆液密度	g/cm^3	1.55～1.65
旋转速度	r/min	14
提升速度	r/min	15

3. 旋喷桩质量控制

（1）施工前应检查水泥、外掺剂等的质量以及桩位，压力表、流量表的精度和灵敏度，高压喷射设备的性能等是否符合要求。对设计要求进行现场试验的旋喷桩，检查水泥固结体是否达到质量要求。并在施工时进行实时控制，施工后进行加固土体的强度试验。

（2）施工时质量控制：

1）根据已完成的地下连续墙及控制点放出桩位。

2）测量自然地面标高，控制桩顶及桩底标高。

3）施工中应严格保持路轨平整，钻机搭设应调整垂直度，钻杆垂直偏差不得大于1%。

4）严格计量工作，实行挂牌施工制度。根据设计水泥掺量计算每根桩水泥用量，施工时应严格按计算用量下料，偏差控制在3%以内，不同品种水泥不得混用。

5）严格控制水灰比，根据搅拌桩筒尺寸计算容积，计算每拌用水量及用灰量，水灰比为0.8。

6）严格控制提升搅拌速度，速度控制在0.1～0.15m/min。

（3）施工后的质量检查。施工后应进旋喷桩加固土体的强度检查，在现场取芯试，要求加固后的土体抗压强度达到1.5MPa。

4.9.3.2 土方开挖工程

1. 挖土方案

本工程地下室采用逆作法施工，因此地下结构从上往下进行。

根据施工现场条件、施工要求，基坑土方分七层开挖施工，顺序如下：

挖土作业区域整理、平整→第一层土开挖（－2.550）→－0.500结构板及B0板处劲性钢柱施工→首层盆边土及第二层土方开挖（－7.000）→施工垫层、抽条挖除盆边土→－4.550结构板施工→第三层土方开挖（－10.500）→做垫层、抽条挖除盆边土→－8.050结构板施工→第四层土方开挖（－14.300）→做垫层、抽条挖除盆边土→－11.800结构板施工→第五层土方开挖（－17.800）→浇筑垫层、抽条挖除盆边土→－15.300结构板施工→第六层土方开挖（－20.600）→施工底板混凝土板内撑→第七层土方开挖（－22.700，局部－28.700）→中心区域基础底板施工→抽条挖除盆边土→盆边底板结构施工。

2. 挖土原则

地下室挖土采用盆式开挖结合盆边留土、对称抽条开挖方式。遵循以下原则进行土方开挖，按照“时空效应”理论指导挖土支撑，做到“分层、分块、对称、平衡、限时”开挖。

（1）基坑挖土的分层与分块：深度度为22.4m的深坑区域土体分7次开挖，留出的盆边土分2个区域。

（2）为确保基坑支护结构及地铁的安全，地下室各层盆边土体采用对称抽条开挖方式，随挖随浇混凝土垫层，利用基坑垫层作为一道辅助的混凝土支撑。

(3) 挖土自北向南、自西向东开展，以确保地铁的安全。抽条挖除盆边土体时，靠近地铁一侧每抽条挖完一块土体后控制在16h完成混凝土垫层，其他三侧在抽条挖完一块土体后控制在36h内浇完混凝土垫层。

(4) 地下每个取土口配备3台小型挖土机配合人工挖土，在首层楼板上每个取土口位置布设1台长臂挖土机将地下各层聚集坑内的土体取出洞口并装车外运。

(5) 挖土过程中严格控制挖土标高，严禁超挖。在靠近钢立柱周位置留下200mm采用人工挖土，避免机械碰撞立柱导致钢立柱偏位。机械在施工中注意对支护结构的保护，避免支护结构产生不良的影响。

(6) 在开挖过程中，密切注意地下水位及周边管线、地铁和建筑物的变化情况，一经发现较大位移和沉降时，马上停止挖土，会同有关单位协商后方能继续施工。

3. 土方开挖的主要技术措施

(1) 挖土施工管理

本工程地处上海的闹市区，基坑土方外运工作只能在夜间作业。为保证工程进度，采用分项包干、层层负责的管理方式。采用白天挖土、清理和堆放，夜间集中出土的交叉作业方式，以保证施工的连续性，确保按预定的计划完成施工任务。

(2) 挖土设备

挖土设备配备齐全，数量充足，包括坑底挖土的小型挖土机、B0板上的长臂挖土机以及土方运输车辆，此外，还配备了1台履带式起重机。本工程所用挖土机械设备见表4-32。

工程所用挖土机械设备 **表4-32**

序号	机械设备名称	型号和规格	数量	重量(t)
1	挖土机	0.25m³	3台	6.5
2	挖土机	0.30m³	3台	7
3	挖土机	0.40m³	3台	14
4	挖土机	1.50m³	2台	35
5	加长臂挖土机(12m)	1.00m³	2台	30
6	三级臂挖土机(21m)	0.80m³	2台	22
7	土方运输车	10m³	30辆	15
8	履带式起重机	W1001	1台	35

(3) 挖土工况

本工程基础开挖面积4058m²，基坑开挖深度为22.4m，局部深坑达28.40m，总土方量约为10万m³。根据逆作法施工方案，共分7层开挖，第一层为明挖，其余6层为暗挖。

1) 第一层挖土

首层采用明挖土方式，自然地坪标高为－0.400m，挖土至标高－2.550，挖土深度约2.15m，土方量约为1.35万m³。基坑周边靠地铁一侧留6m宽的盆边反压土，其他三侧留2m宽盆边反压土(图4-176)，按1∶1.5放坡至－2.550标高(图4-177)。

图4-178为第一层挖土施工实况。盆式开挖中心区域土体后及时浇混凝土垫层，搭设排架模板，施工－0.500首层楼板混凝土。待中心楼板混凝土达到一定强度后，抽条开挖盆边土体。每抽条开挖一段土体随即浇捣混凝土垫层，与中心混凝土区域垫层连成一个整体，作为支护结构的辅助支撑。全部盆边土开挖完成后，进行盆边楼板结构施工，形成第一道结构支撑。

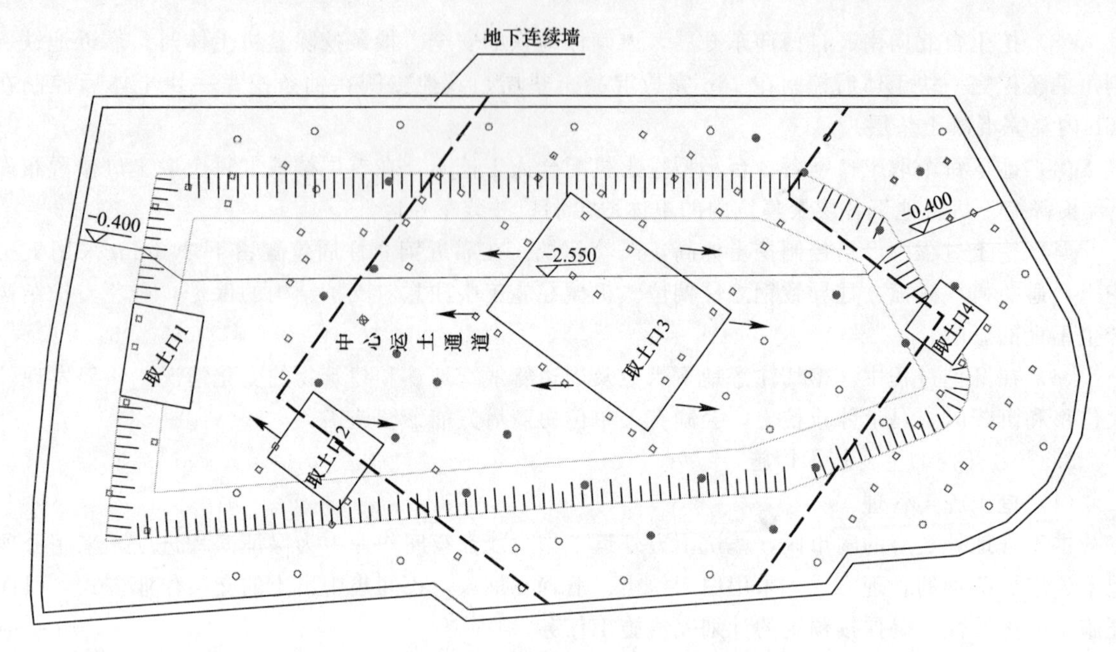

图 4-176 第一层挖土施工平面图

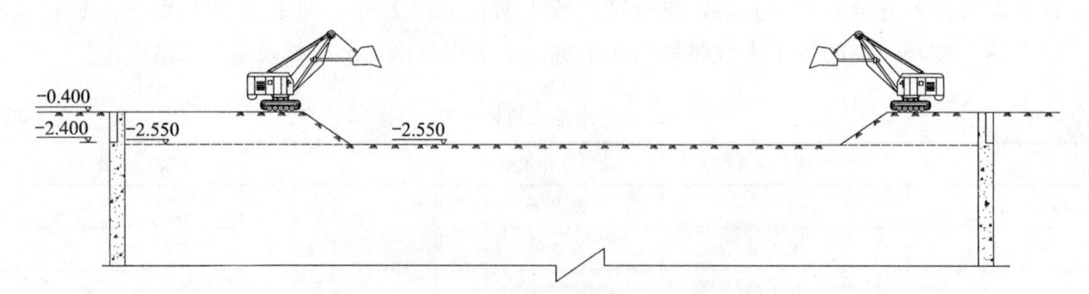

图 4-177 第一层挖土施工剖面图

图 4-178 第一层挖土施工实况

为考虑地铁的安全，土方开挖自北向南、自西向东进行，靠近地铁一侧的土方最后开挖。土方开挖时配备一定数量的挖土机和土方运输车，坑底配合人工挖土。

2）第二层挖土

施工第二层挖土工作时，首层结构楼板已经施工完成，采用暗挖方式。在开挖底面安排一定数量的小型挖土机并配合人工开挖。施工首层楼板时考虑挖土机在上面行走的重量，对楼板进行了加固处理。

第二层挖土至标高－7.000，挖土深度约为4.45m，土方量约为1.42万m^3。基坑周边靠近地铁一侧留10m宽盆边反压土，其他三侧留6m宽盆边反压土，按1∶1.5放坡至－7.000。图4-179和图4-180是第二层挖土的平面和剖面示意图，图4-181和图4-182是第二层挖土的实况。

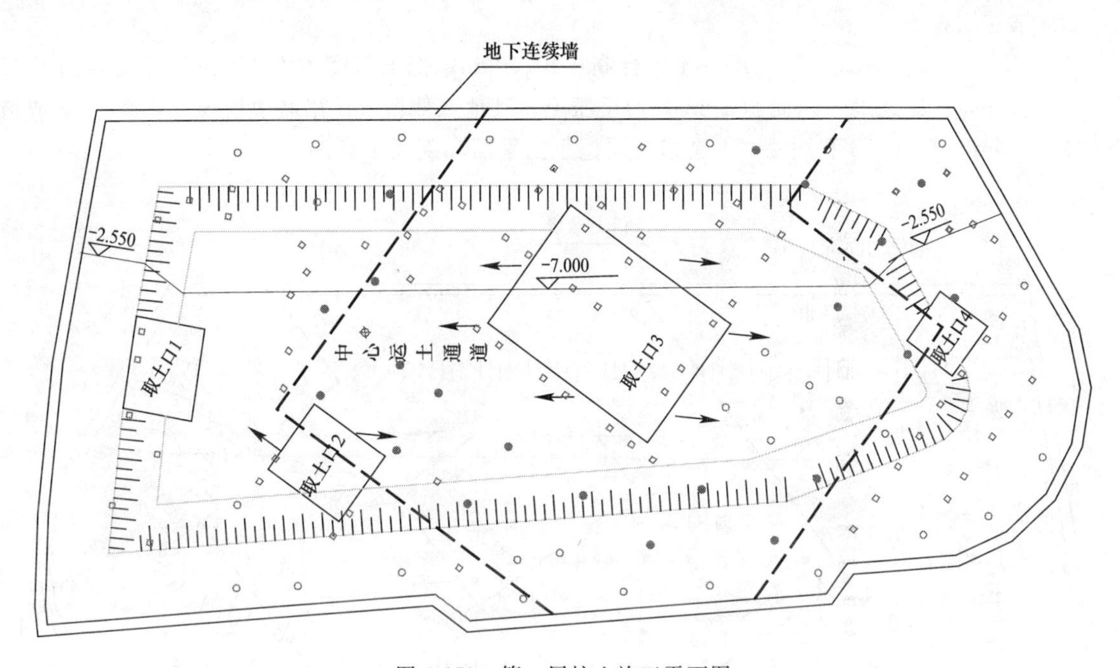

图4-179 第二层挖土施工平面图

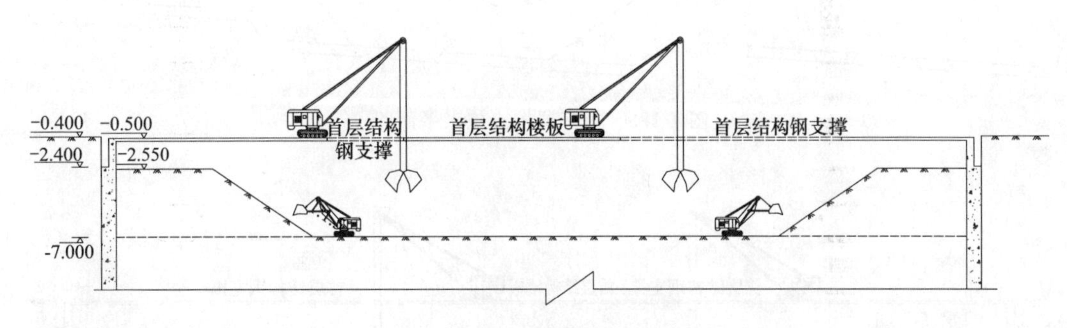

图4-180 第二层挖土施工剖面图

图4-181 暗挖时首层取土的挖土机

图4-182 暗挖各层土方时的小型挖土机

类似第一层开挖，第二层盆式开挖中心区域土体后及时浇混凝土垫层，待垫层达到一定强度后，对称抽条开挖盆边反压土，每挖一条土体随即浇筑混凝土垫层，并与中心区域混凝土垫层连成整体，直至整个盆边土开挖完成。达到一定强度的混凝土垫层形成一道辅助支撑。垫层完成后开始搭设排架模板施工楼板结构混凝土。本层土方在开挖底面通过人工挖土并用翻斗车运至取土口，利用首层板上的长臂挖土机将土吊出地下室装车外运。

3）第三层挖土

第三层也为暗挖方式。第三层挖土至标高－10.500m，挖土深度约为3.50m，土方量为1.42万 m^3。基坑周边靠近地铁一侧留10m盆边反压土，其他三侧留6m宽盆边反压土，1：1.5放坡至－10.500m。图4-183和图4-184是第三层挖土的平面和剖面示意图。

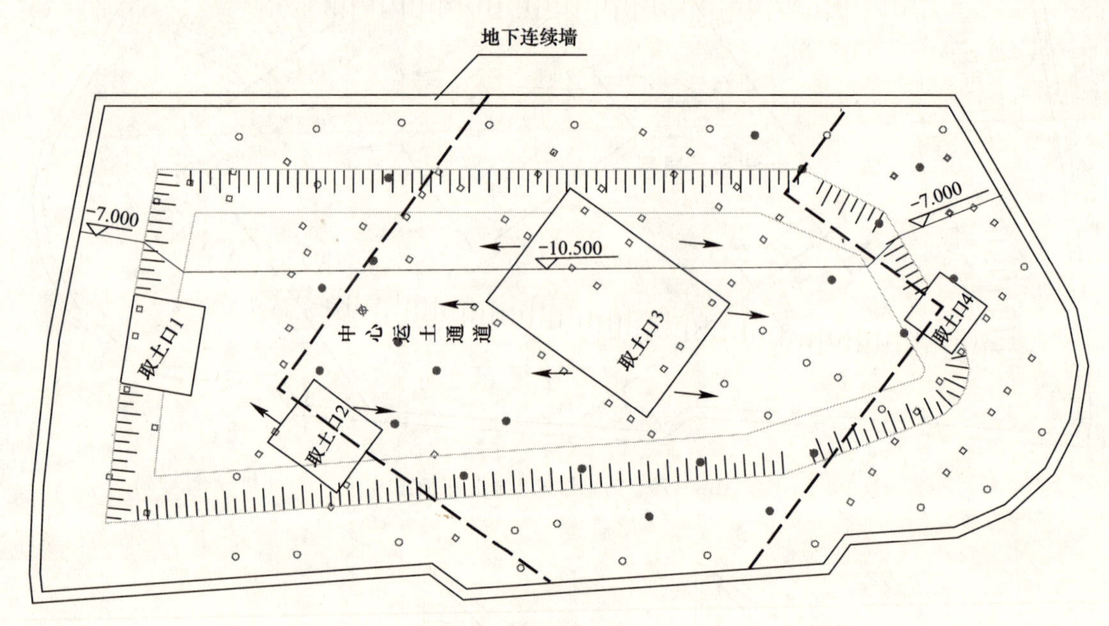

图4-183 第三层挖土施工平面图

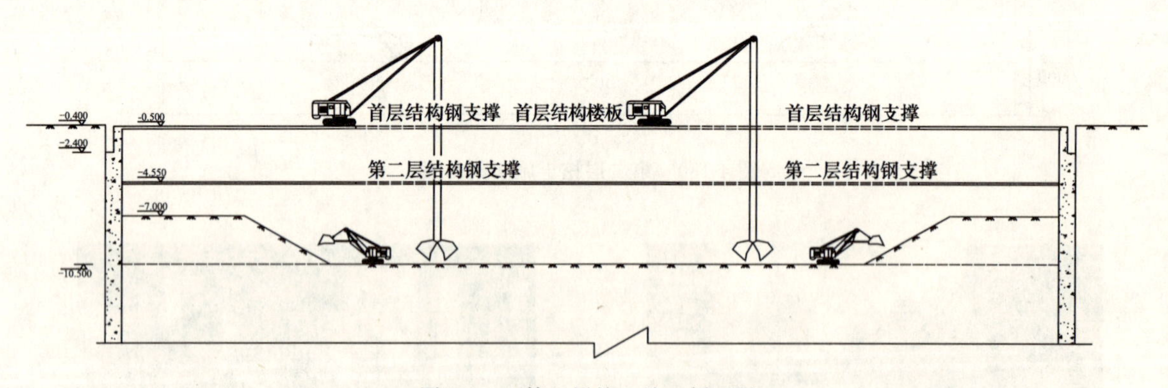

图4-184 第三层挖土施工剖面图

盆式开挖以及垫层、楼板结构均与第二层类似。

本层土方开挖人员和机械配备与第二层相同，也在通过人工挖土并用翻斗车将土方运至取土口，利用首层板上的长臂挖土机将土吊出地下室装车外运。

4）第四层挖土

第四层挖土至标高－14.300m，挖土深度约为3.8m，土方量为1.52万 m^3。基坑周边靠近地铁一侧留 10m 盆边反压土，其他三侧留 6m 宽盆边反压土，1∶1.5 放坡至－14.300。图 4-185 和图 4-186 是第四层挖土的平面和剖面示意图。

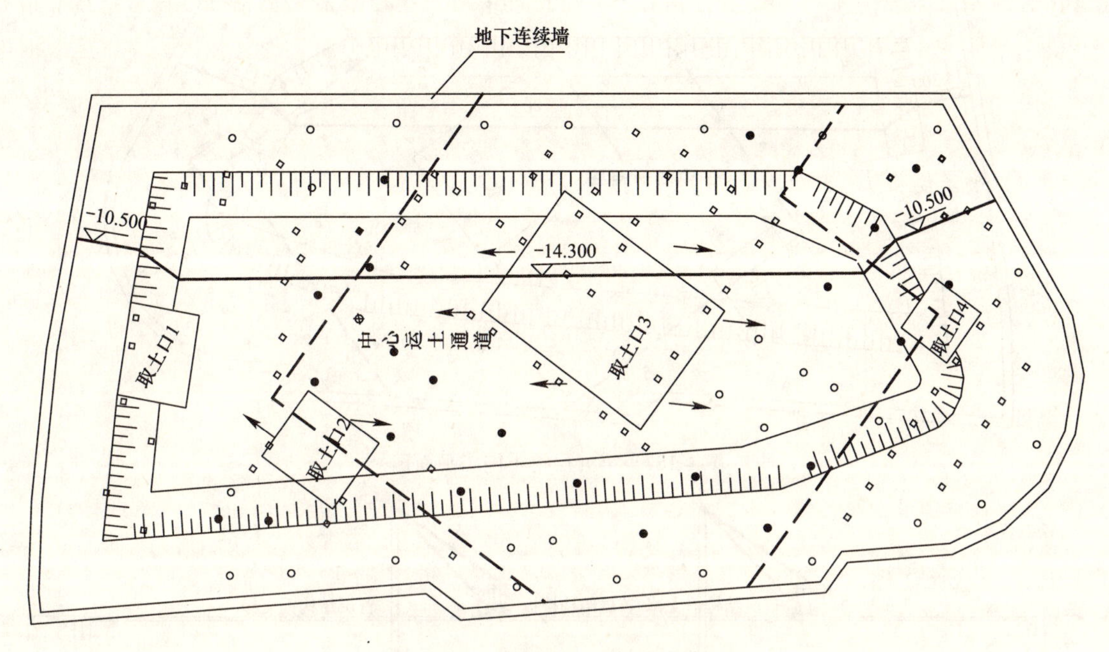

图 4-185 第四层挖土施工平面图

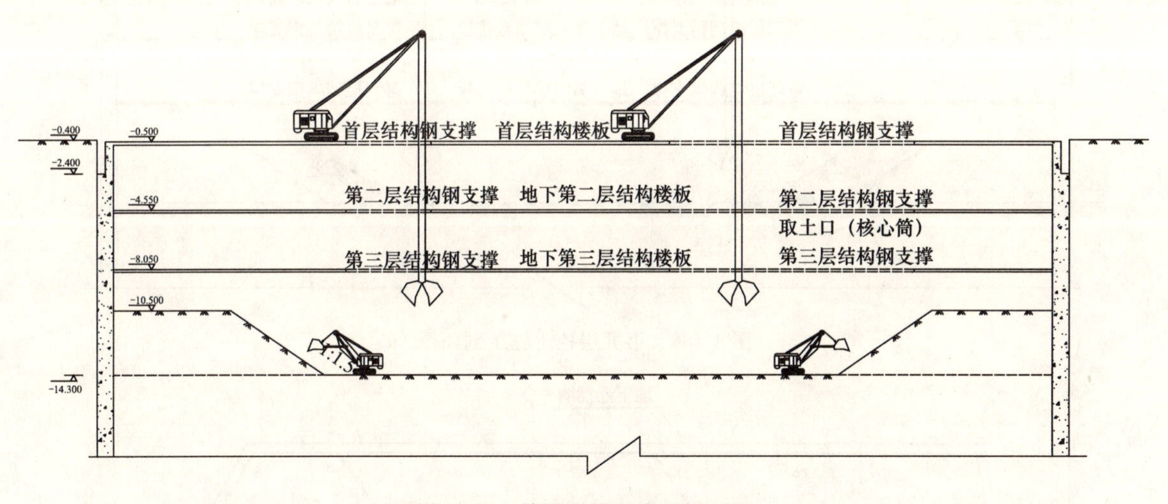

图 4-186 第四层挖土施工剖面图

盆式开挖以及垫层、楼板结构以及机械配备和土方的挖运方式也与第二层类似。

5）第五层挖土

第五层暗挖挖土至标高－17.800m，挖土深度约为 3.5m，土方量为 1.44 万 m^3。基坑周边靠近地铁一侧留 10m 盆边反压土，其他三侧留 6m 宽盆边反压土，1∶1.5 放坡至－17.800m。图 4-187 和图 4-188 是第五层挖土的平面和剖面示意图。

6）第六层挖土

图 4-189 和图 4-190 是第六层挖土的平面和剖面示意图。第六层挖土至标高－20.600，挖土深度约为 2.80m，土方量约为 1.2 万 m^3。基坑周边靠近地铁一侧留 10m 盆边反压土，其他三侧留 6m 宽盆边反压土，1∶1.5 放坡至－20.600。

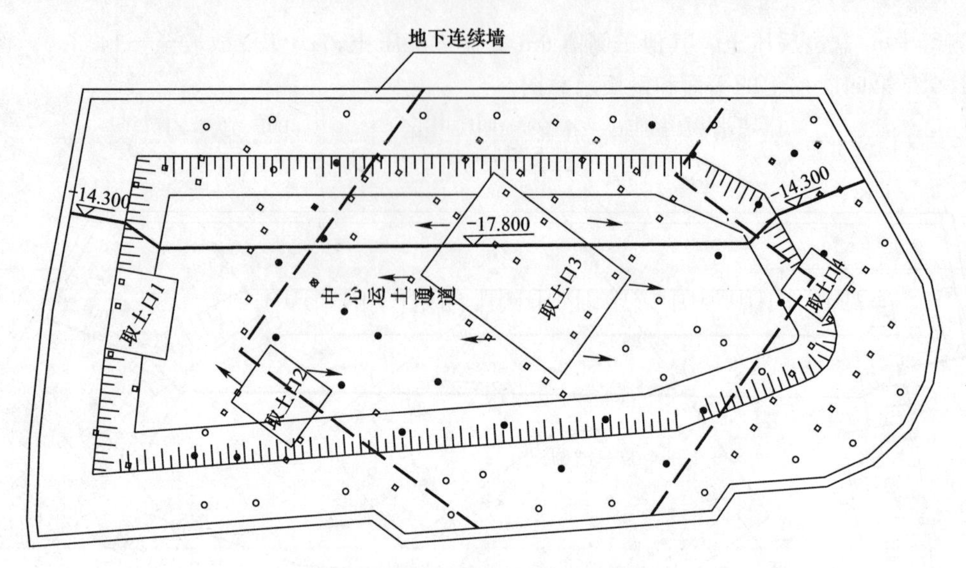

图 4-187 第五层挖土施工平面图

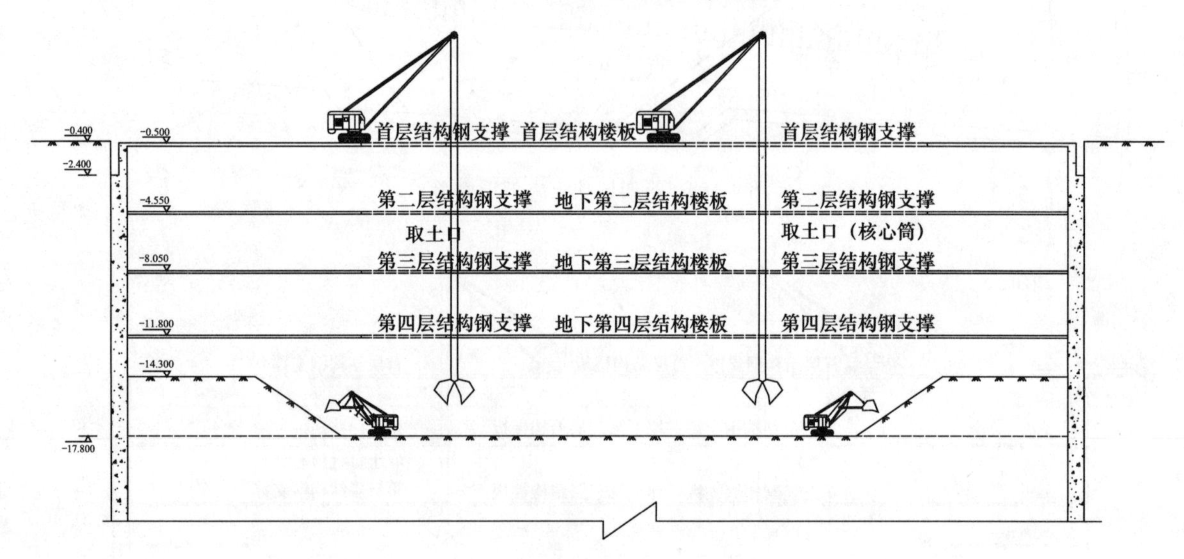

图 4-188 第五层挖土施工剖面图

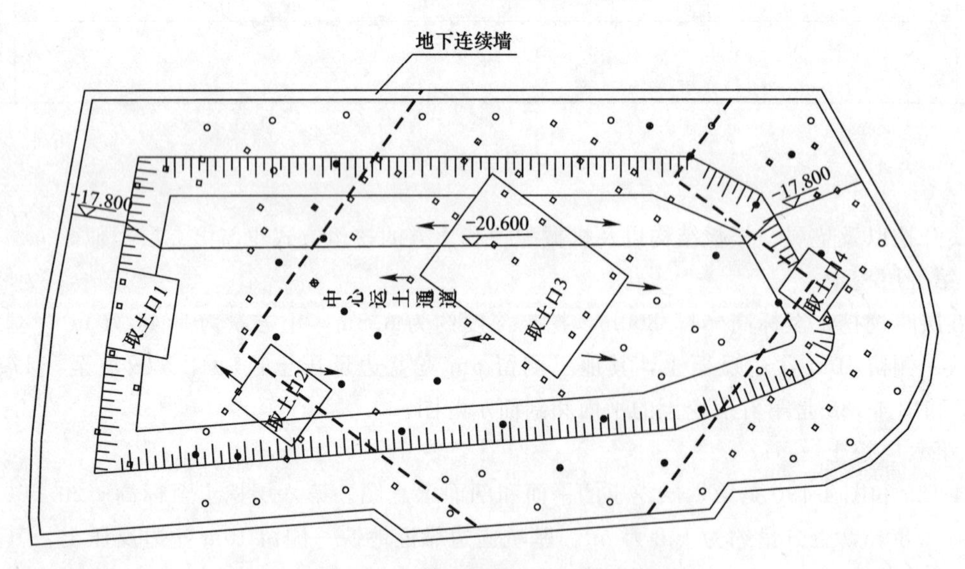

图 4-189 第六层挖土施工平面图

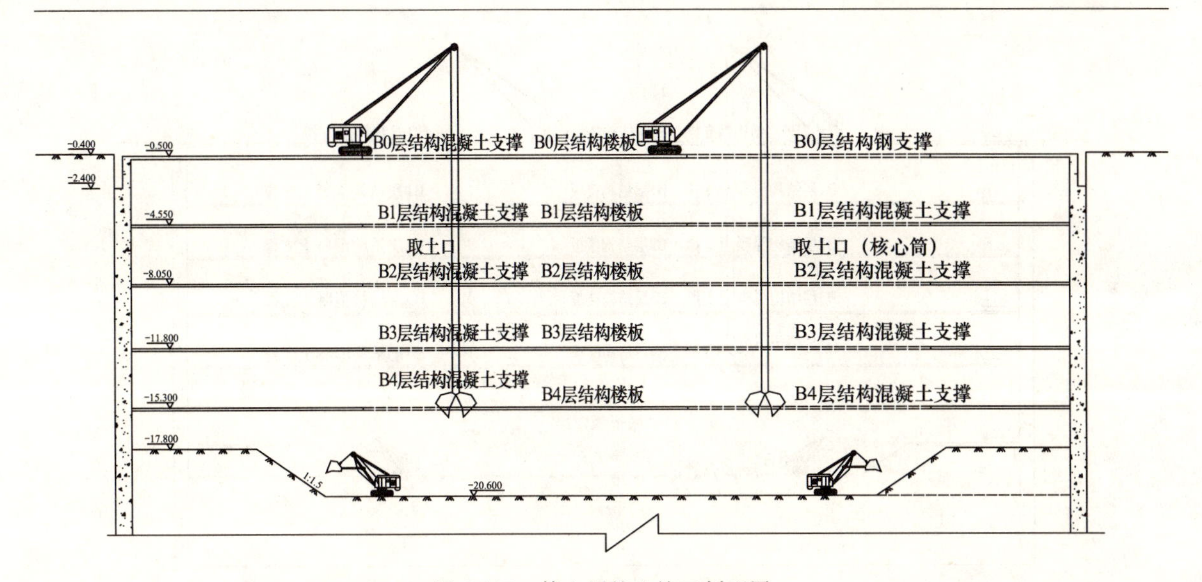

图 4-190　第六层挖土施工剖面图

本层土方开挖后需要设置底板板内支撑，因此开挖至－20.600 后，即进行混凝土支撑下垫层施工。当板内支撑与结构柱、墙位置重合位置，将板内支撑下局部挖深开槽，并在板内支撑内预埋结构柱、墙主筋。

本层土方开挖人员和机械配备仍与上述几层相同。

7）第七层挖土

第七层采用暗挖方式，挖土至标高－22.700，局部深坑挖至－28.700，挖土深度约为 2.1m，土方量约为 1.5 万 m^3。基坑周边靠近地铁一侧留 10m 盆边反压土，其他三侧留 6m 宽盆边反压土，1∶1.5 放坡至－22.700。图 4-191 和图 4-192 是第七层挖土的平面和剖面示意图。

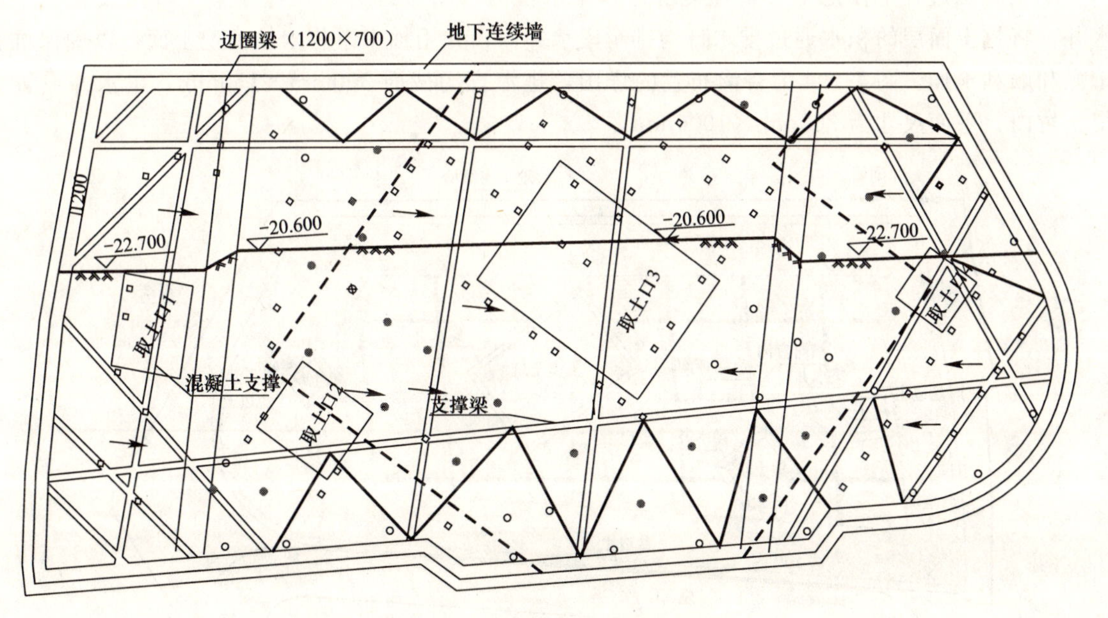

图 4-191　第七层挖土施工平面图

土方开挖到基坑底面标高，随即施工垫层。基础底板施工时，先集中人力施工深坑部位钢筋、模板和混凝土，再施工深坑外的基础底板。

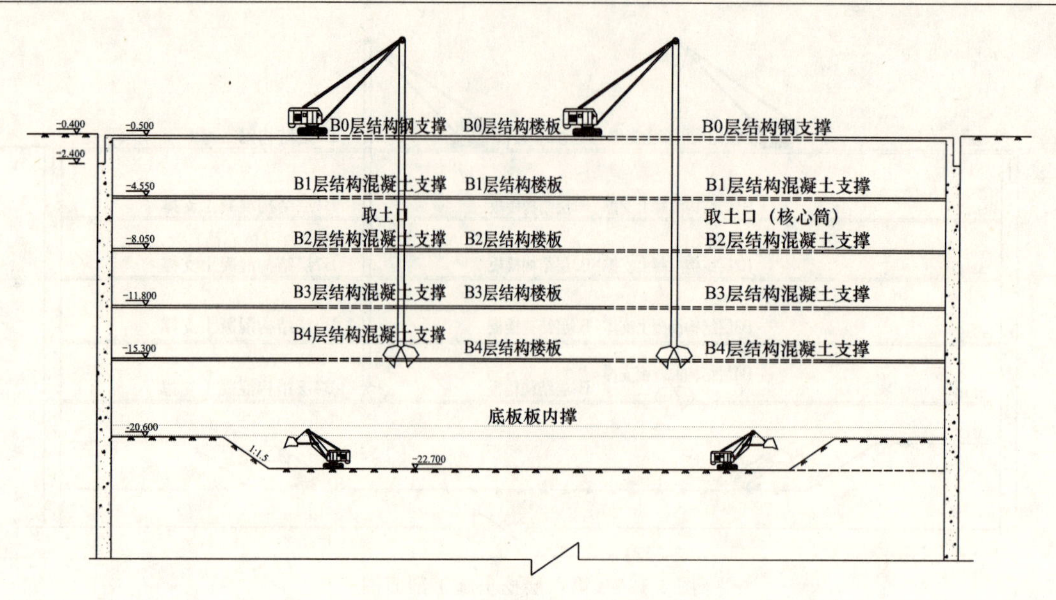

图 4-192　第七层挖土施工剖面图

本层土方开挖人员和机械配备利用上层土体开挖所用配备，在地下通过人工挖土并用翻斗车将土方运至取土口，利用首层板上的长臂挖土机将土吊出地下室装车外运。

(4) 集土坑和排水系统布置

1) 集土坑设置

在每个取土口下的挖土面局部落深 1.0～1.5m 作为集土坑，方便挖土机卸土和取土。集土坑离模板排架之间保持足够的水平距离，一般大于 1.5m，以防排架因滑坡而倾倒。

2) 挖土施工排水系统

挖土施工过程中在挖土层布置集水井和排水盲沟（图 4-193）。在每个集土坑内设置一个集水井，将挖土面层的积水通过排水盲沟排至集水井内，并用抽水泵将水抽出挖土面，以确保坑底干燥和顺利工作。图 4-194 为盲沟布置的详图，排水盲沟截面 300mm×150mm，集水井设置在集土坑内，平面尺寸为 800mm×1000mm。

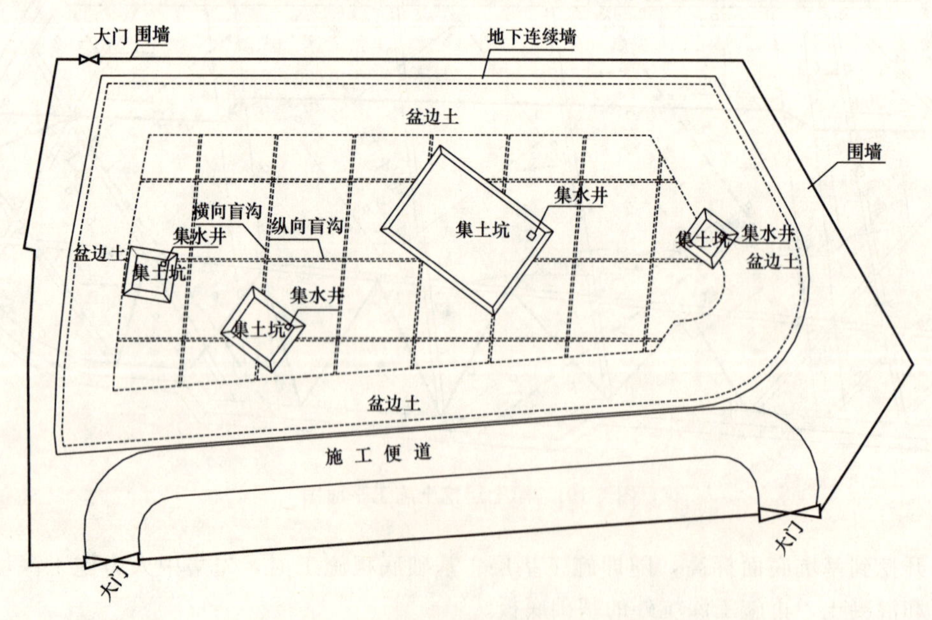

图 4-193　地下挖土施工面排水盲沟平面图

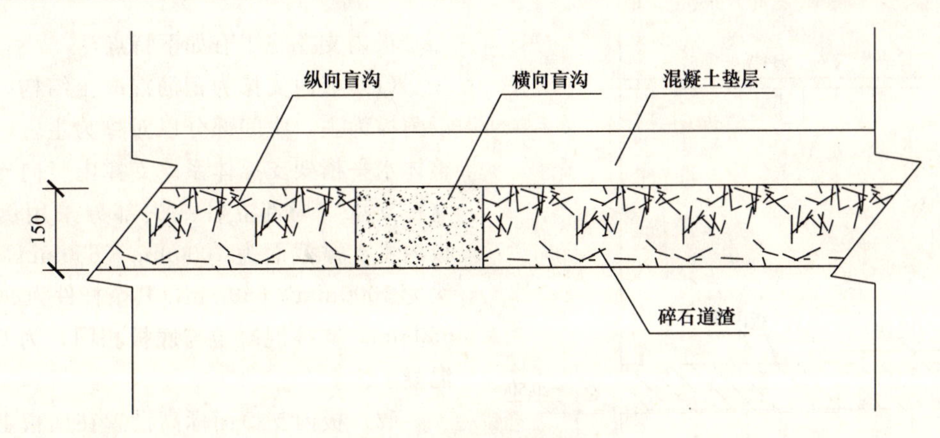

图 4-194 排水盲沟剖面图

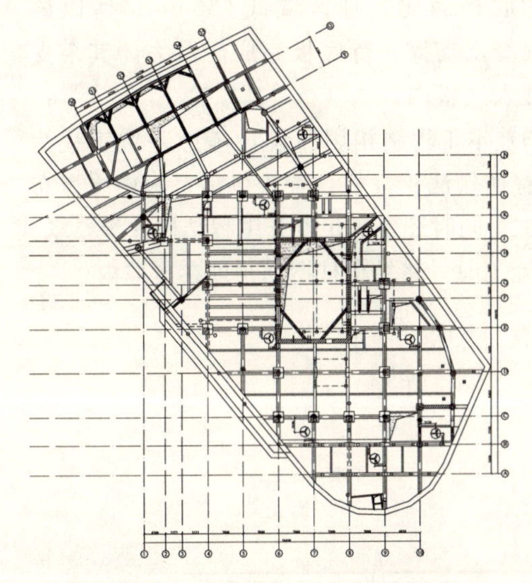

图 4-195 地下轴流风机平面布置图

(5) 地下挖土施工通风系统

由于地下开挖深度大，机械设备数量多，机械作业排放废气多，坑内的有害气体难以排除。为保证地下施工人员的身体健康和良好的工作环境，在地下各层暗挖土作业时，施工层面上均布置了轴流风机进行鼓风送风。图 4-195 为本工程地下轴流风机的布置图。

4.9.3.3 底板板内撑施工

1. 板内支撑布置

根据本工程地下室基础底板厚度较大的特点，B5板到基坑底面的竖向距离较大，因此，在基础底板面以下，设置一道板内支撑（图 4-196、图 4-197）。板内支撑施工采用先中间后两边的流水作业方式。即先施工Ⅱ区混凝土支撑，再流水施工Ⅰ、Ⅲ 区的混凝土支撑。

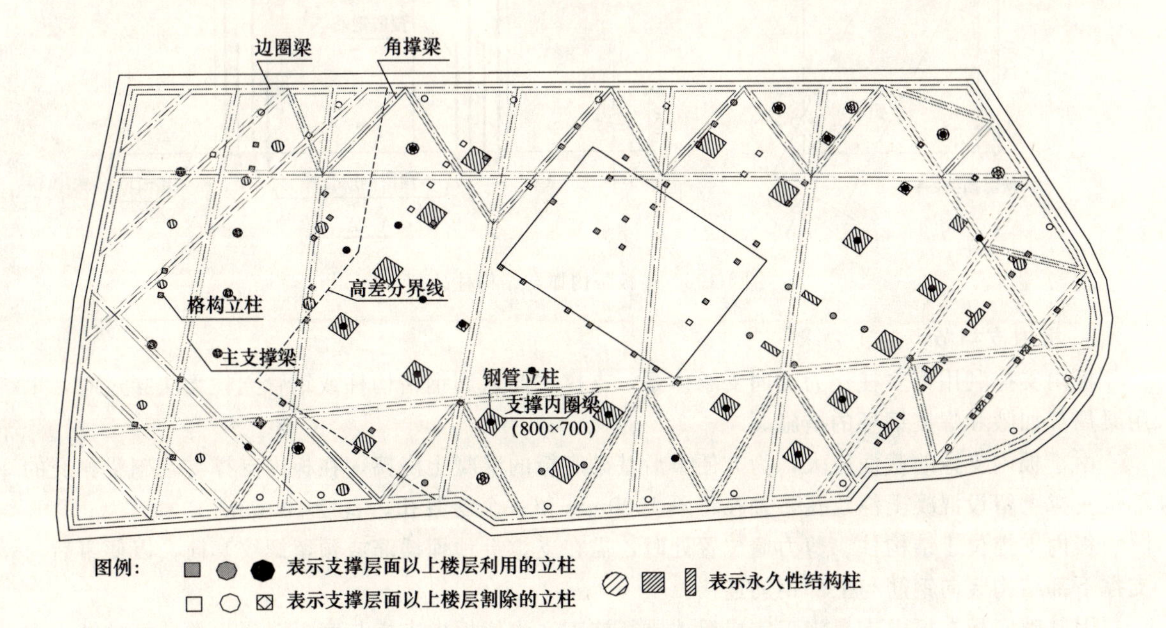

图 4-196 底板板内撑平面布置图

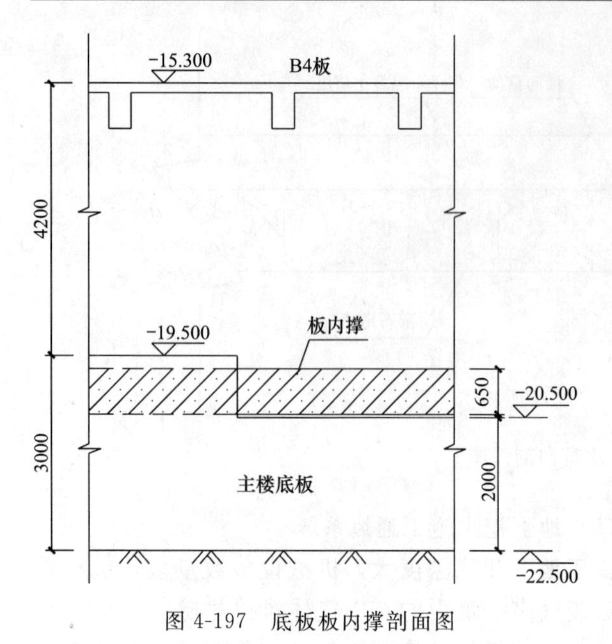

图 4-197 底板板内撑剖面图

板内支撑施工有如下特点：

(1) 板内支撑为钢筋混凝土结构，两端部以角撑为主，中间部分以对撑为主，四周形成整体水平桁架支撑体系。支撑内竖向支点由钢立柱支承（局部立柱缺失部分采用倒吊法)。板内主支撑截面为 1000mm×650mm，四周圈梁为 1000mm×650mm，其余杆件为 900mm×650mm。支撑混凝土与底板相同，为 C35、P8 混凝土。

(2) 板内支撑面标高设置在底板上皮钢筋之下。由于本工程底板顶面标高不同，靠北侧局部的底板面比其他区域低 950mm，所以该处的混凝土支撑，待底板完成后凿去。其余支撑则埋入底板内。

(3) 本工程结构因原设计考虑基坑工程为顺作方法，后改为逆作法，设计经过了多次调整，所以原有逆作法钢立柱位置难以满足板内支撑布置的要求，需要根据已施工的立柱调整板内支撑的平面形式，同时还要满足避开工程结构柱等要求。图 4-198 时底板板内撑与结构柱处理示意图，在板内支撑施工时，将结构柱钢筋预埋在支撑内。

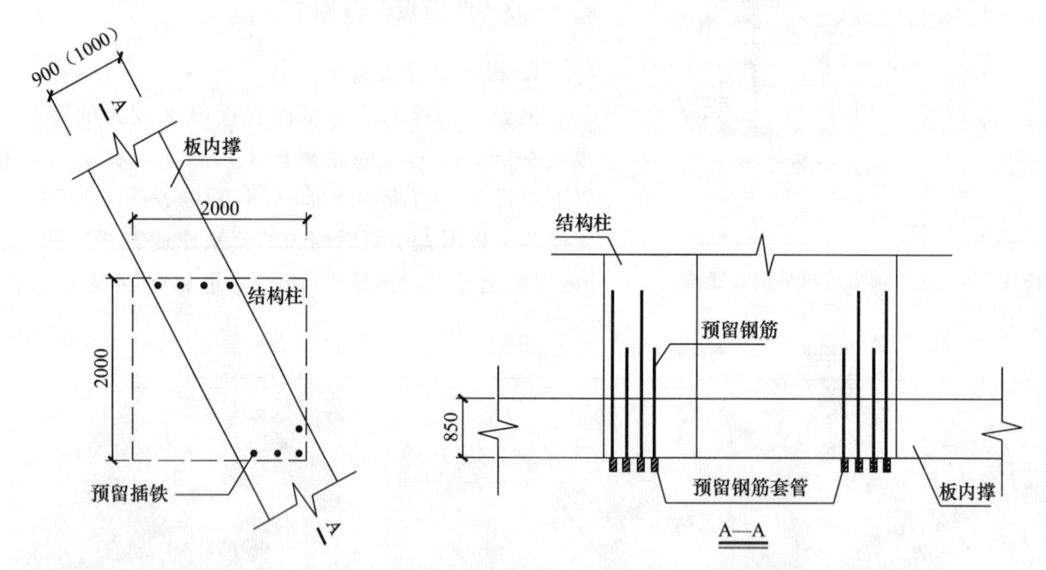

图 4-198 底板板内撑与结构柱处理

2. 板内支撑节点施工要求

板内支撑利用钢立柱作为竖向支承体系，支撑主筋遇到钢格构柱或钢管立柱无法穿过时，采用梁局部加腋和焊接钢环的措施。

由于板内支撑的截面较大，为方便事后基础底板的混凝土浇捣，在板内支撑与基础梁相交的部位支撑上留设混凝土浇筑孔，并在每隔 1000mm 留一个泛浆孔，直径 100mm。

板内支撑位于结构柱、剪力墙位置处时，需在支撑上预埋插筋或预留螺纹套筒，以便事后与支撑下部结构竖向钢筋与上部钢筋连接。

因基础底板在板内支撑施工完成后才进行施工，为使板内支撑与底板混凝土的良好粘结，在支撑梁侧面留设了抗剪拉结筋。

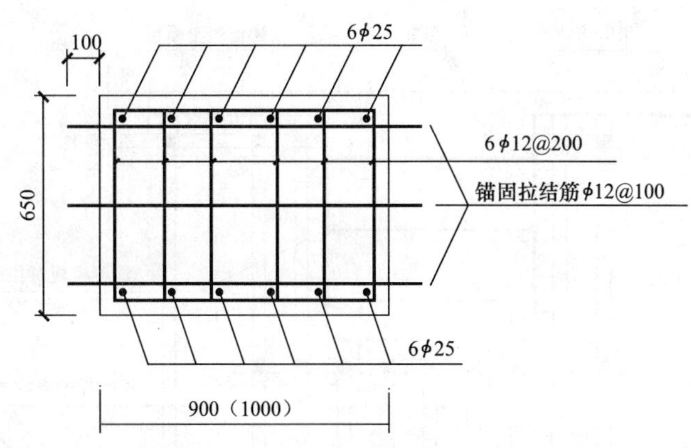

图 4-199 板内支撑抗剪拉结筋的设置

4.9.3.4 模板工程施工

本工程地下室混凝土楼面结构标高分别为：－0.500、－4.550、－8.050、－11.800、－15.300和－19.500（－20.500）。楼面结构均为梁板结构，施工中楼板采用逆作法，剪力墙和框架柱则为顺作法施工。

1. 楼面模板排架的选用

楼面底模及梁侧模、底模均采用多层夹板，并用垫木调整平整度。对于跨度较大的梁板支撑采用立柱加密方法。筒体、剪力墙、方柱在顺作时也采用多层夹板。模板的配置数量按进度及实现展开面积确定，柱模则按单层柱头数及层高变化状况配置，满足结构进度及拆模时间要求，采用排架支模方法。

（1）平台板模板

面板配模用18mm厚夹板，排架高2.1m，搁栅采用50mm×100mm木方，间距400mm，立柱间距700mm，纵横向水平杆竖向距离1.6～1.8m。立柱连接采用双扣件连接。

（2）梁模板

梁模板排架立柱水平撑纵横向布置，纵横向水平杆竖向距离1.6～1.8m，其中扫地杆离地200mm。立柱采用双扣件连接。梁底搁栅截面为50mm×100mm，间距300mm；排架立柱延梁纵向间距700mm，每排3根。图4-200和图4-201分别为梁模板排架的平面图和剖面图。

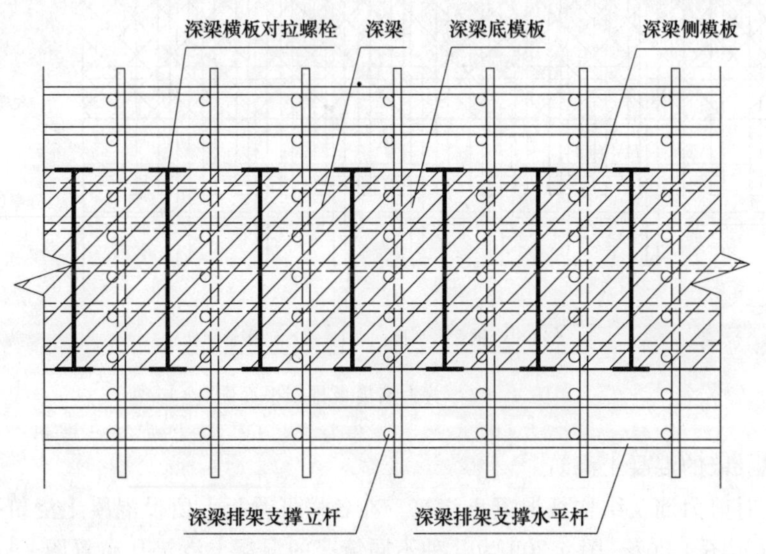

图 4-200 梁模板的排架平面图

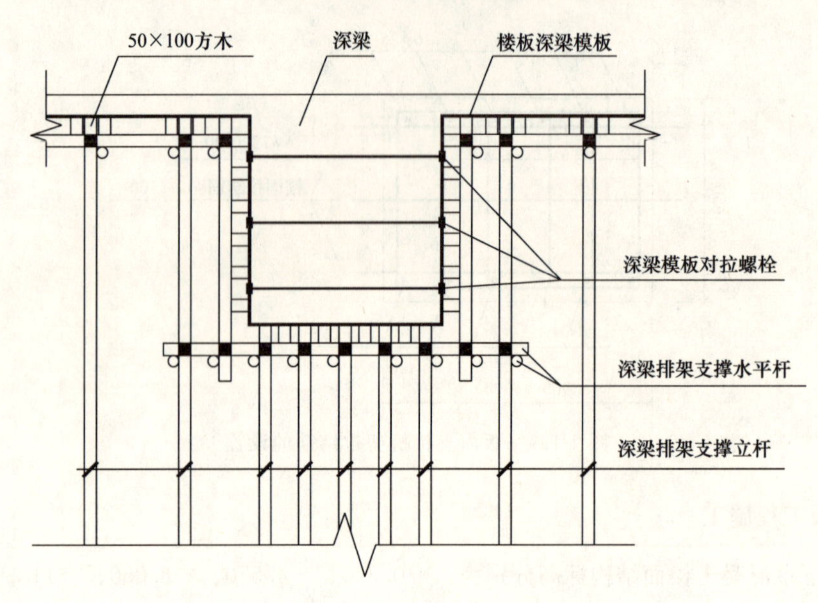

图 4-201　梁模板的排架剖面图

（3）剪力墙、柱模板

剪力墙、柱侧模板用 18mm 厚多层夹板，模板围檩用 50mm×100mm 方木，纵向围檩用双拼 ϕ48×3.5 钢管。排架水平杆距墙、柱底 250mm，其他位置间距 300mm，上段为 350mm。底模板考虑插筋留设，采用钢丝网结合木栅条作为模板，其下支撑加密设置，横向围檩根据插筋位置进行加密布置。图 4-202 和图 4-203 分别为剪力墙模板排架的平面图和剖面图。图 4-204～图 4-206 为高大柱模板支撑图及实况照片。

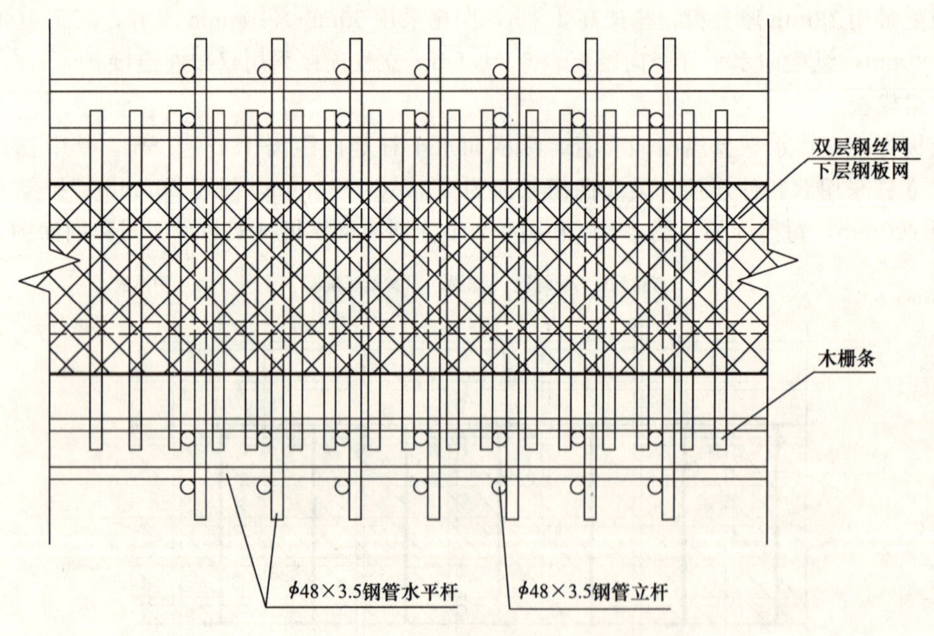

图 4-202　剪力墙模板排架平面图

（4）后浇柱、墙的混凝土浇筑

为方便顺作时剪力墙及结构柱混凝土浇筑，在各楼层梁板上留设混凝土浇筑孔，预留孔尺寸 150mm×150mm。图 4-207～图 4-209 为几种不同情况的混凝土浇筑孔布置图。

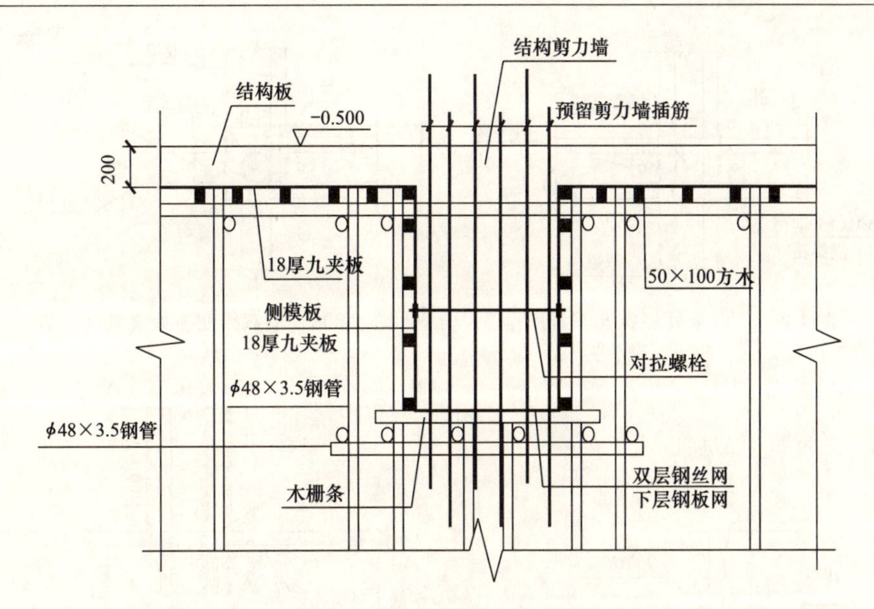

图 4-203　剪力墙模板排架剖面图

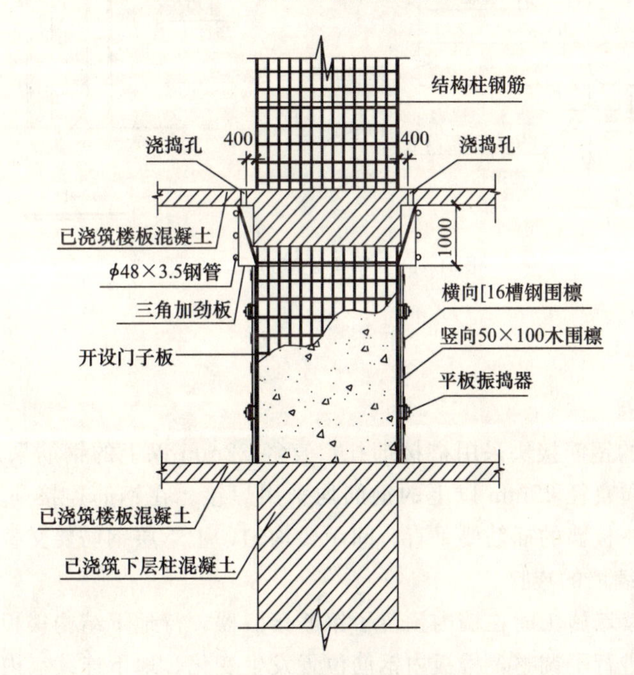

图 4-204　高大柱模板立面图

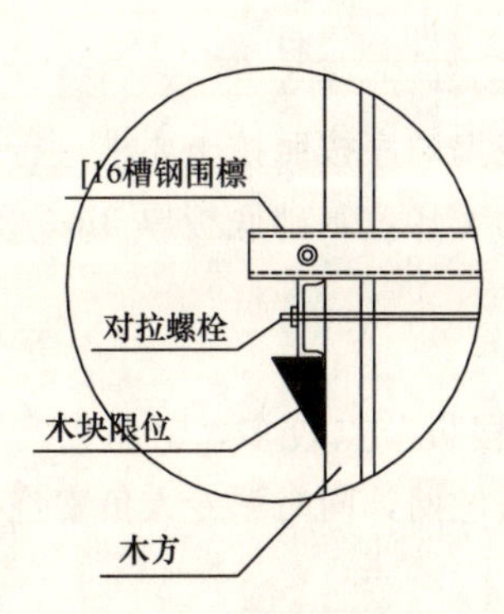

图 4-205　槽钢限位示意

图 4-206　高大柱模板照片

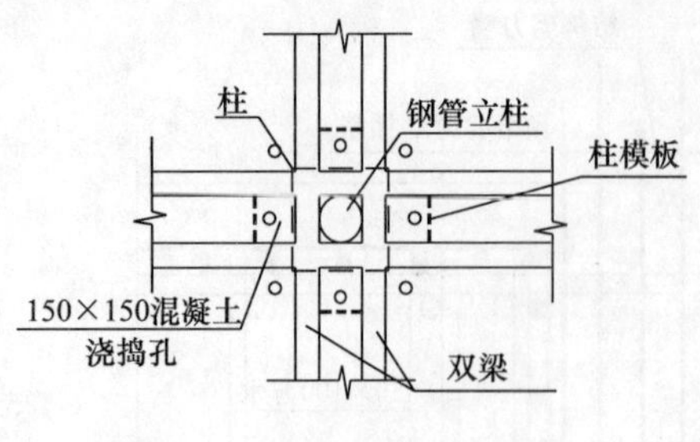

图 4-207 双梁处浇筑孔布置图

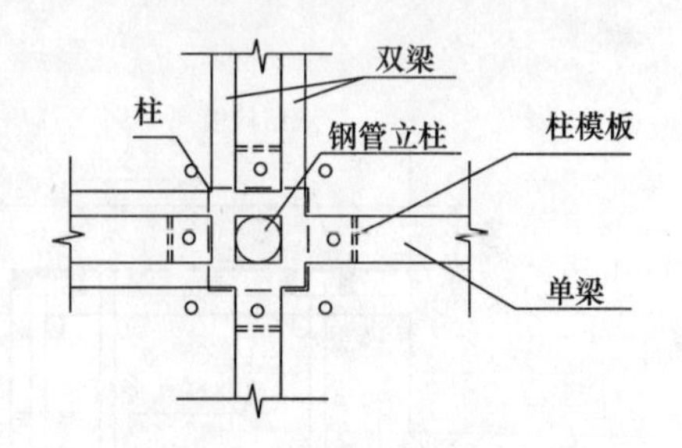

图 4-208 单双梁变换处浇筑孔布置图

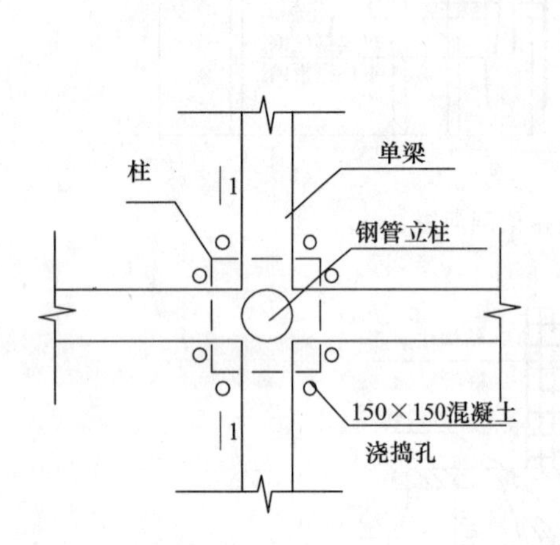

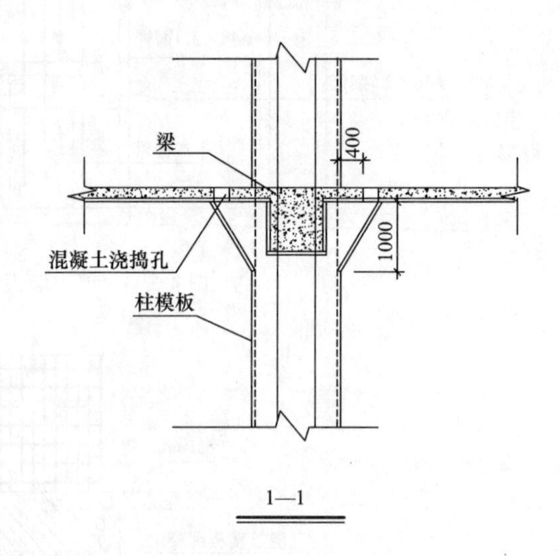

图 4-209 单梁处浇筑孔布置图

4.9.3.5 钢筋工程施工

1. 板、梁钢筋连接

直径小于 22mm 的钢筋接头采用搭接绑扎，直径 22mm 以上的钢筋采用直螺纹连接或电渣压力焊，地下部分竖向直径 22mm 以上的钢筋均采用焊接。在钢筋连接前先对下层插筋进行检查，清理并校正。柱、板墙的插筋要垂直，间距要均匀，上下层钢筋要交替布置。

2. 梁板与地下连续墙的连接

支护结构地下连续墙施工时在墙内预留了钢筋接驳器，待地下结构楼板施工时与楼板钢筋机械连接。因结构设计进行了调整，楼板内钢筋位置发生变化，地下连续墙内的钢筋接驳器位置与实施结构楼板钢筋位置不一致的，均采用植筋处理。

4.9.3.6 混凝土施工

本工程各层梁板混凝土分Ⅰ、Ⅱ、Ⅲ三个区进行浇筑，浇捣顺序按照挖土要求进行。基础底板不分区，整个底板一起浇捣。结构柱、梁、板混凝土强度为 C40，基础底板厚 3m、2m，混凝土强度等级为 C35，抗渗等级为 P8。

1. B0～B4 板混凝土施工

B0～B4，每层浇捣混凝土体积约为 800m^3。由于地下室楼板节点较多，钢筋较密，因此在浇筑地下室楼板及柱梁节点时，在预留插筋的位置布置密目铁丝网，同时派专人负责浇捣，确保浇捣的密实度，避免发生漏浆等现象。

Ⅰ、Ⅱ区混凝土浇筑时各采用 2 台固定泵配硬管，Ⅲ区混凝土浇筑时采用 1 台固定泵配硬管。泵均布置在基地内新昌路一侧的施工便道上。混凝土运输车分别由新昌路 2 个大门进出现场，分别负责混凝土供给。图 4-210 为 B0～B4 混凝土浇筑平面布置图。

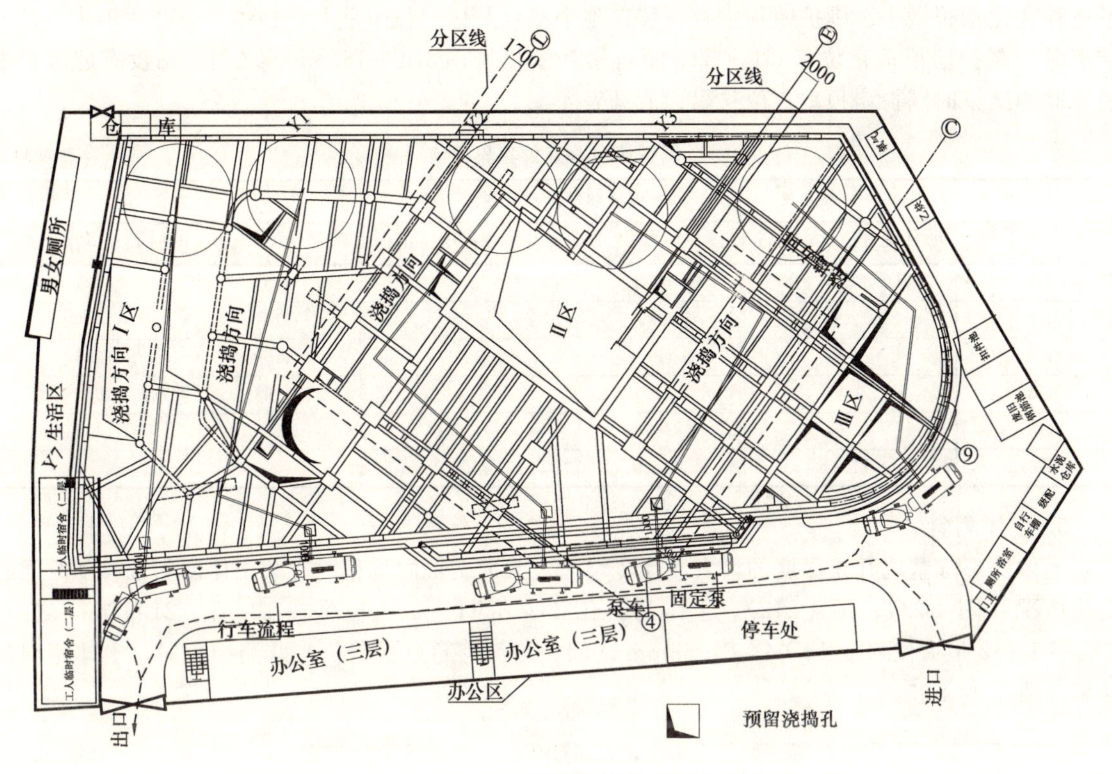

图 4-210 B0～B4 混凝土浇筑平面布置图

2. 支撑混凝土施工

地下室基础底板混凝土体积约为 10000m^3，基础底板内有一道板内支撑，为了保证支撑下混凝土浇捣的密实度，需要在支撑部位预留振捣孔。

4.9.4 实际效果

4.9.4.1 环境保护指标

1. 围护墙体水平位移监测（墙体测斜）

围护墙体水平位移随基坑开挖深度的增大而逐步增大，为向基坑内位移。有关围护墙体测斜水平位移随时间的变化情况见图 4-211。监测结束时，围护墙体测斜孔 C1～C14 最大位移在 20.01～34.59mm 之间，均没有超过报警值，围护墙水平位移累计值见表 4-33。

围护墙水平位移累计值 表 4-33

围护墙测斜位移监测值					
孔号	累计最大位移（mm）	孔号	累计最大位移（mm）	孔号	累计最大位移（mm）
C1	31.01	C6	27.39	C11	25.86
C2	21.64	C7	28.74	C12	33.63
C3	21.36	C8	26.92	C13	20.01
C4	23.76	C9	29.42	C14	26.36
C5	23.83	C10	34.59		

2. 围护墙顶垂直、水平位移监测

由于本基坑为逆作法施工，首先做首层板，用永久性结构的楼板作水平支撑。故围护墙顶水平位移变化量很微小。围护墙顶垂直位移在整个基坑开挖过程中呈上升趋势，但变化不大。监测结束时，围护墙顶垂直位移 G1～G17 测点累计变化量在 6.1～15.4mm 之间，均没有超过报警值。监测结束时围护墙顶垂直位移累计值见表 4-34。

围护墙顶垂直位移累计值 **表 4-34**

围护墙顶位移监测值					
点号	累计垂直位移（mm）	点号	累计垂直位移（mm）	点号	累计垂直位移（mm）
G1	13.7	G7	10.0	G13	14.1
G2	12.9	G8	6.1	G14	14.0
G3	9.5	G9	8.1	G15	12.6
G4	9.5	G10	9.1	G16	15.4
G5	4.6	G11	12.7	G17	14.7
G6	11.5	G12	14.8		

3. 土体测斜

土体变形随基坑开挖深度的增大而逐步增大，为向基坑内位移。有关土体测斜位移随时间的变化情况（图 4-211、图 4-212）。土体测斜孔 TC1～TC3 最大位移在 18.84～21.65mm 之间，TX1～TX12 最大位移在 16.04～21.58mm 之间，均没有超过报警值。监测结束时，土体侧向位移累计值见表 4-35。

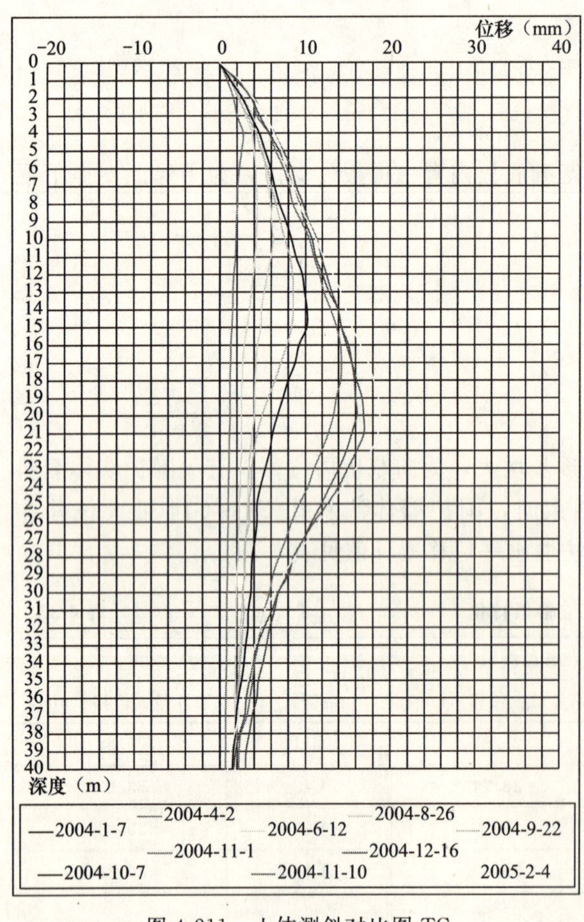

图 4-211 土体测斜对比图 TC

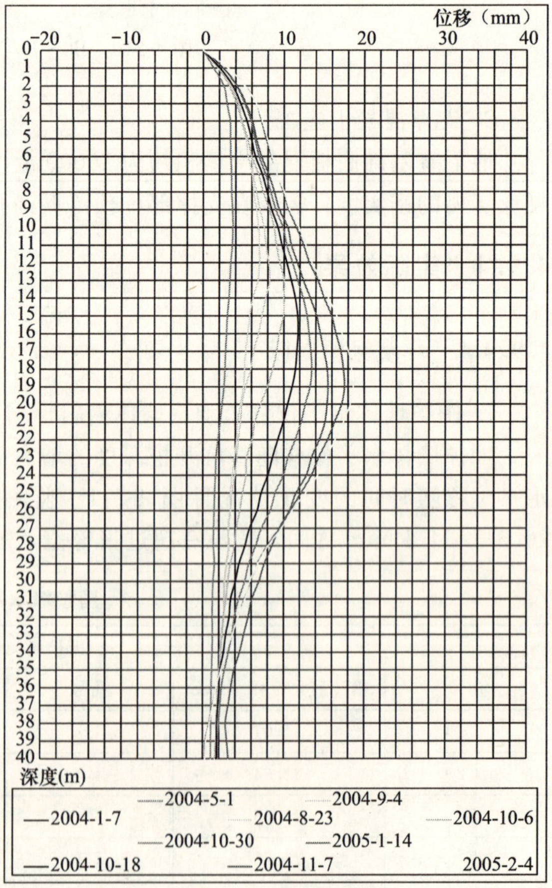

图 4-212 土体测斜对比图 TX

土体测斜位移累计值 表 4-35

测斜位移监测值					
孔号	累计最大位移（mm）	孔号	累计最大位移（mm）	孔号	累计最大位移（mm）
TC1	18.84	TX3	21.12	TX8	16.04
TC2	21.65	TX4	18.69	TX9	16.28
TC3	20.53	TX5	19.21	TX10	18.04
TX1	18.64	TX6	18.48	TX11	21.58
TX2	19.69	TX7	16.44	TX12	20.17

4. 土体垂直位移

土体垂直位移即坑内不同深度的土体沉降。土体垂直位移在基坑开挖过程中变化量较小，均小于报警值。土体垂直位移累计值见表 4-36。

土体垂直位移累计值 表 4-36

土体垂直位移			
磁环埋设深度（m）	累计沉降（mm）		
	孔号：TC1	孔号：TC2	孔号：TC3
−4.5	1.4	1.6	1.9
−8.0	1.4	2.0	2.0
−12.0	2.2	2.5	2.1
−15.0	2.1	2.5	2.6
−18.0	2.4	2.4	2.0
−21.0	1.9	2.1	1.8
−23.0	1.4	1.8	2.0
−26.0	1.7	1.3	1.7
−29.0	1.5	1.6	1.5

5. 支撑轴力和楼板应力监测

在整个监测过程中支撑轴力、楼板应力变化均在设计允许范围内。各支撑轴力在 86～392kN 之间变化。各楼板应力在 201～5414kN 之间。监测结束时，支撑轴力、楼板应力在施工阶段的最大值见表 4-37。

支撑轴力、楼板应力最大值 表 4-37

支撑轴力（Z）、楼板应力（ZR）			
点号	最大支撑轴力（kN）	点号	最大楼板应力（kPa）
Z1-1	365	ZR1-1	3986
Z1-2	349	ZR1-2	5414
Z1-3	334	ZR1-3	821
Z1-4	335	ZR1-4	414
Z1-5	310	ZR1-5	923
Z1-6	291	ZR2-1	3366
Z2-1	149	ZR2-2	2627
Z2-2	186	ZR2-3	438
Z2-3	374	ZR2-4	485
Z2-4	315	ZR2-5	445
Z2-5	344	ZR3-4	367
Z2-6	191	ZR3-5	434
Z3-4	233	ZR4-4	746
Z3-5	392	ZR4-5	224
Z3-6	86	ZR5-4	538
Z4-4	109	ZR5-5	201

续表

支撑轴力（Z）、楼板应力（ZR）			
点号	最大支撑轴力（kN）	点号	最大楼板应力（kPa）
Z4-6	213	ZR6-5	559
Z5-6	255	ZR7-5	393
Z6-6	126	ZR8-5	650
Z7-6	215	ZR9-5	487
Z8-6	172	ZR10-5	447
Z9-6	138		
Z10-6	141		
Z11-6	129		
Z12-6	116		

6. 地下水位监测

在基坑开挖及井点降水过程中，由于地下连续墙部分区域存在渗水，水位观测孔的地下水位一度下降超过报警值，由于及时堵漏，水位又回升到正常范围。有关地下水位随时间的变化情况见图 4-213。施工过程中地下水位 SW1～SW10 水位变化量在－0.76～0.52m 之间，均没有超过报警值。地下水位最大值见表 4-38。

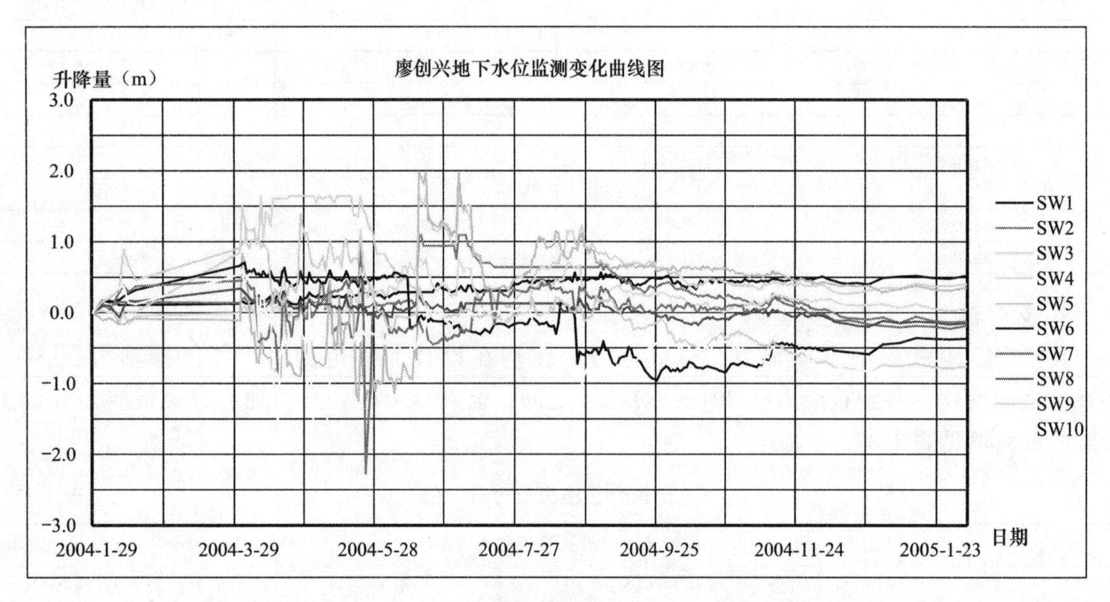

图 4-213 地下水位监测随时间的变化曲线图

地下水位最大变化值 **表 4-38**

地下水位监测（SW）					
孔号	最大水位变化（m）	孔号	最大水位变化（m）	孔号	最大水位变化（m）
SW1	0.52	SW5	0.35	SW9	－0.76
SW2	－0.13	SW6	－0.37	SW10	－0.69
SW3	0.05	SW7	－0.19		
SW4	0.40	SW8	－0.15		

7. 立柱沉降监测

基坑开挖过程中，立柱沉降变化为上升趋势，部分监测点超过报警值。但监测结束时，BZ1～BZ15 测点的立柱沉降累计变化量在 13.5～29.9mm 之间，均没有超过报警值。有关立柱沉降随时间的变化情况见图 4-214。监测结束时立柱沉降累计值见表 4-39。

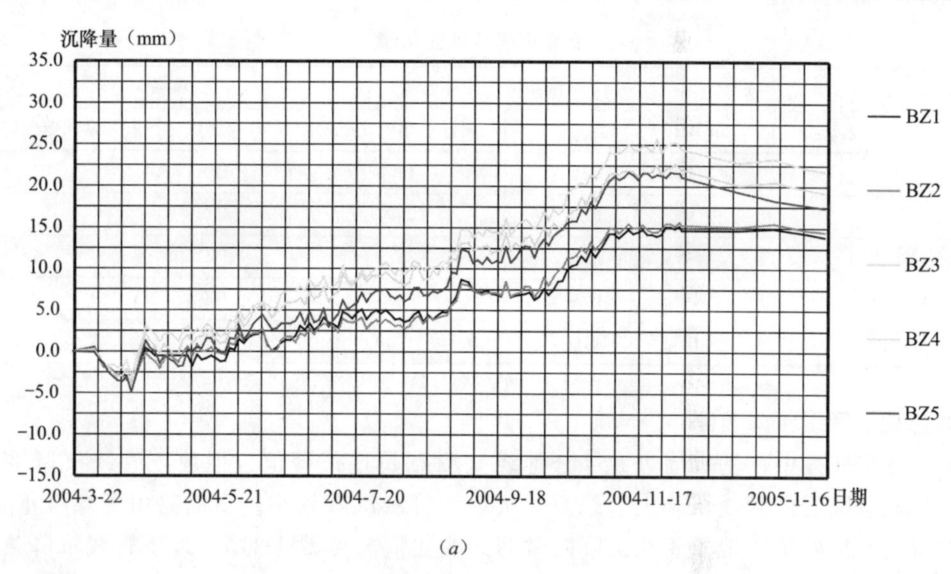

(*a*)

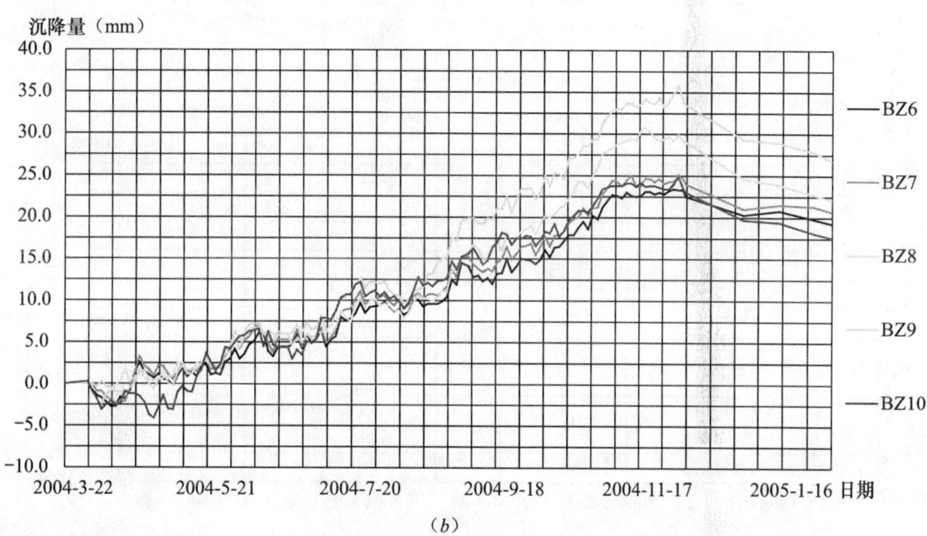

(*b*)

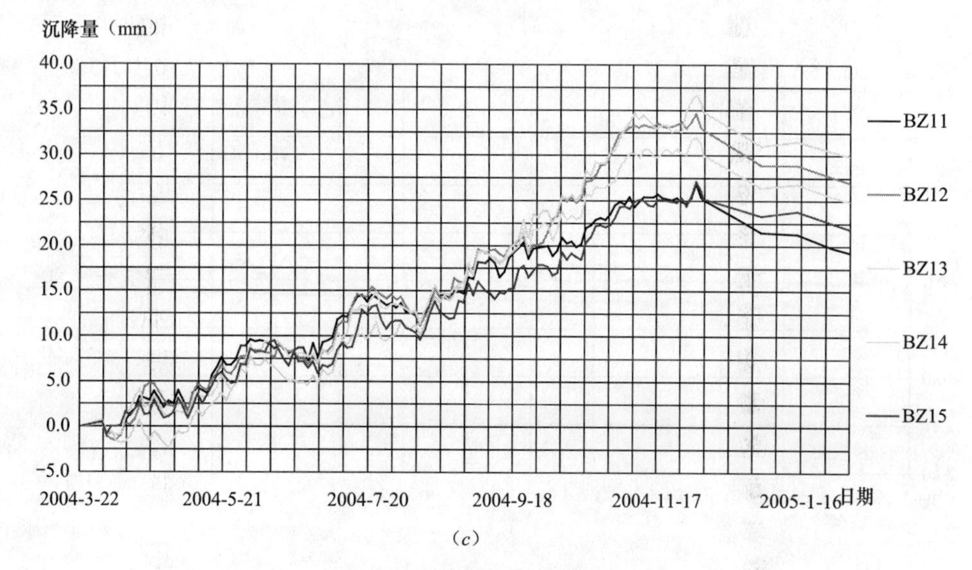

(*c*)

图 4-214 立柱监测沉降曲线图

(*a*) 廖创兴立柱监测沉降曲线图（BZ1～BZ5）；(*b*) 廖创兴立柱监测沉降曲线图（BZ6～BZ10）；
(*c*) 廖创兴立柱监测沉降曲线图（BZ11～BZ15）

立柱沉降累计变化值 表 4-39

围护墙顶位移监测					
点号	累计变化值（mm）	点号	累计变化值（mm）	点号	累计变化值（mm）
BZ1	13.9	BZ6	19.3	BZ11	19.3
BZ2	14.5	BZ7	20.7	BZ12	27.0
BZ3	21.8	BZ8	22.1	BZ13	24.9
BZ4	19.2	BZ9	26.8	BZ14	29.9
BZ5	17.4	BZ10	17.6	BZ15	21.9

8. 周边地下管线沉降监测

在基坑开挖过程中，基坑周边大部分管线监测点超过报警值，但地下管线沉降变化为下降趋势。距离基坑近的管线沉降大，距离基坑远的管线沉降较小。新昌路由于煤气重新排管，监测时重新读取初始值。地下管线沉降随时间的变化情况见图 4-215。地下管线沉降累计值见表 4-40。

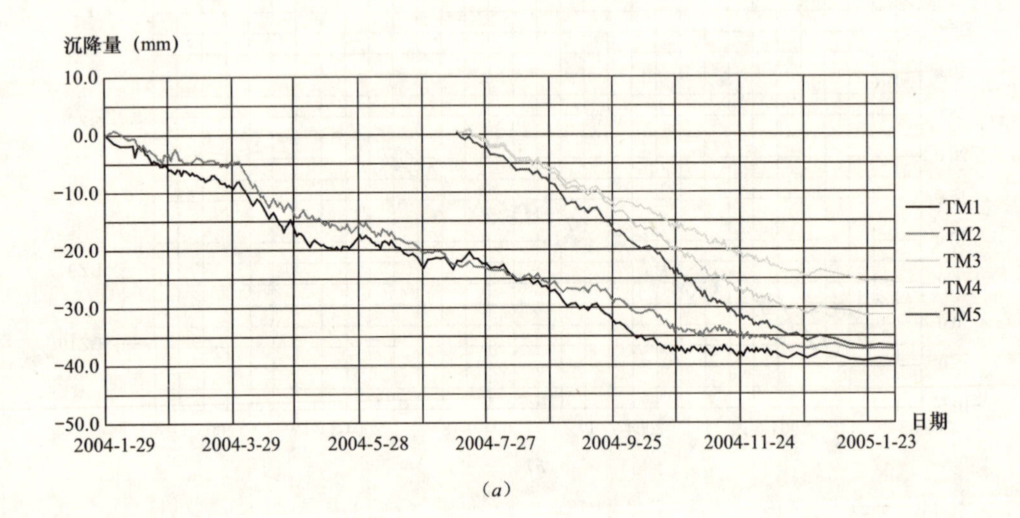

(*a*)

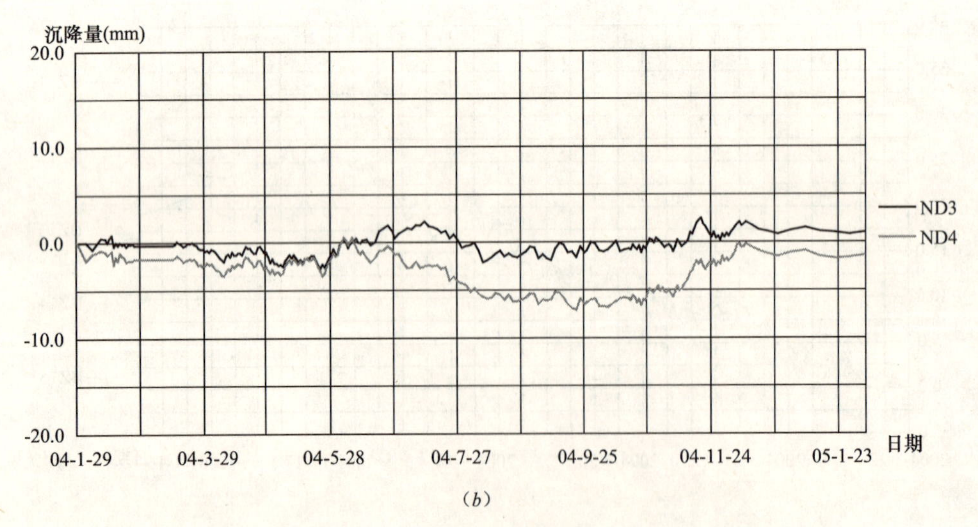

(*b*)

图 4-215 基坑东侧、南京西路、新昌路管线监测曲线图（一）

(*a*) 廖创兴管线监测沉降曲线图（TM1～TM5）；(*b*) 廖创兴管线监测沉降曲线图（ND3～ND4）

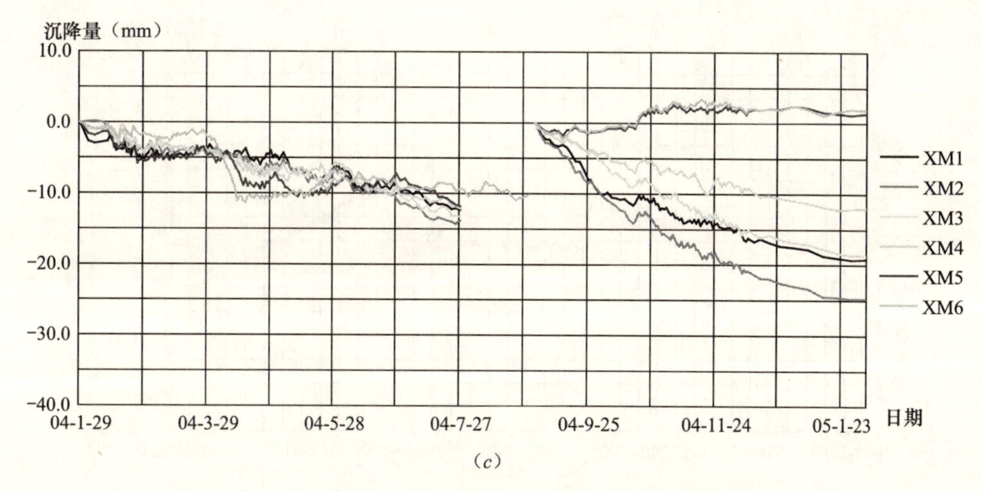

(*c*)

图 4-215 基坑东侧、南京西路、新昌路管线监测曲线图（二）

(*c*) 廖创兴管线监测沉降曲线图（XM1～XM6）

注：XM1～XM6 管线监测点由于在监测过程中，煤气公司重新排管，从 2004 年 8 月 31 日重新布点取初始值，继续监测，故曲线图不连续。

地下管线沉降累计值 **表 4-40**

地下管线沉降监测					
新昌路管线		南京路管线		基坑东侧管线	
点号	累计变化值（mm）	点号	累计变化值（mm）	点号	累计变化值（mm）
XM1	－19.2	ND3	1.0	TD1	－40.1
XM2	－24.8	ND4	－1.4	TD2	－66.7
XM3	－18.7	NS1	－26.6	TD3	－37.3
XM4	－12.0	NS2	－22.4	TD4	－36.1
XM5	1.4	NS3	－29.0	TD5	－42.1
XM6	1.9	NS4	－6.1	TD6	－41.2
XS1	－29.5	NH1	－27.2	TD7	－35.2
XS2	－16.6	NH2	－2.0	TD8	－35.2
XH1	－12.9	NH3	－23.7	TD9	－35.5
XH2	－29.0	NH4	－3.4	TD10	－34.9
XH3	－4.2	NM1	0.5	TD11	－29.3
XY1	－25.2	NM2	1.0	TD12	－26.8
XY2	－12.2			TD13	－27.3
XW1	－26.3			TD14	－25.7
XW2	－10.7			TS1	－46.3
XD1	－14.4			TS2	－35.8
XD2	－1.1			TM1	－39.2
				TM2	－37.3
				TM3	－25.5
				TM4	－31.3
				TM5	－36.8

9. 周边建筑物沉降监测

在基坑开挖施工过程中，部分建筑物监测点超过报警值，但基坑周边建筑物沉降变化为下降趋势。一般距离基坑近的建筑物沉降大，距离基坑远的建筑物沉降小。有关建筑物沉降随时间的变化情况见图 4-216。监测结束时建筑物沉降累计值见表 4-41。

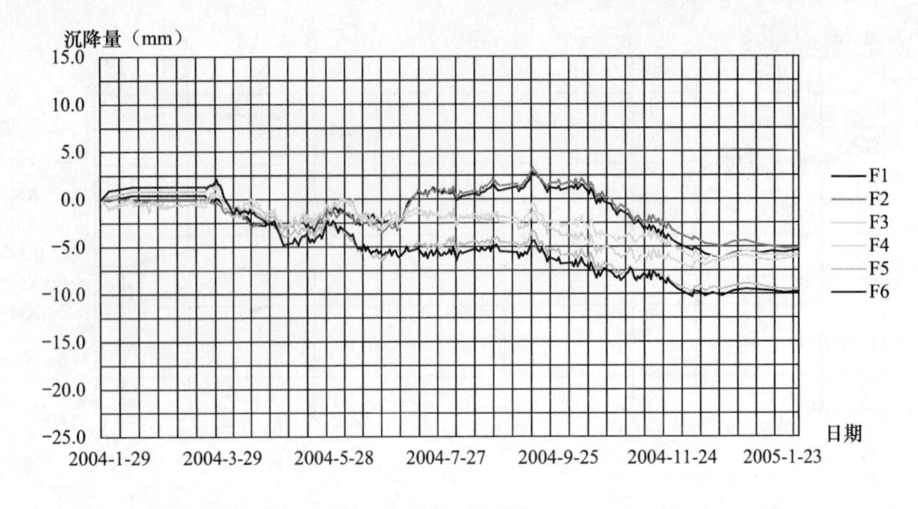

(*a*)

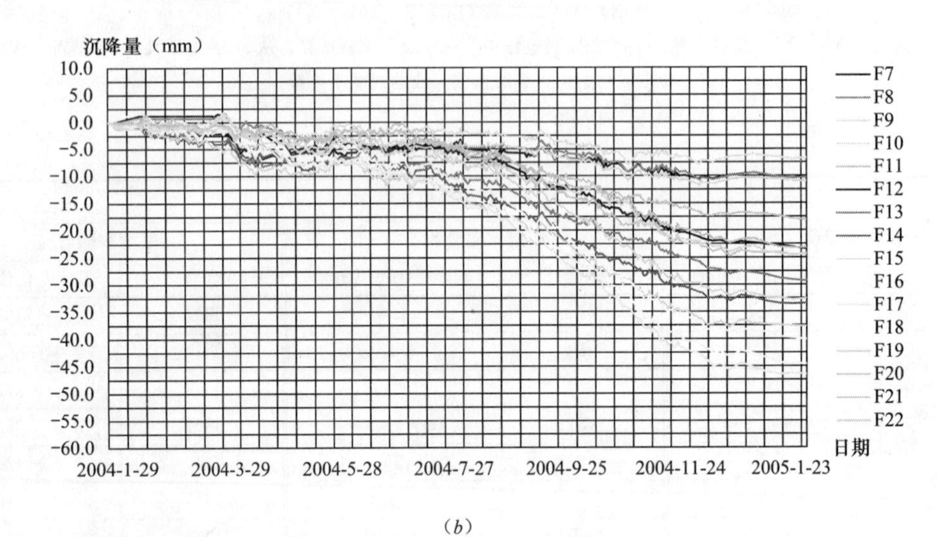

(*b*)

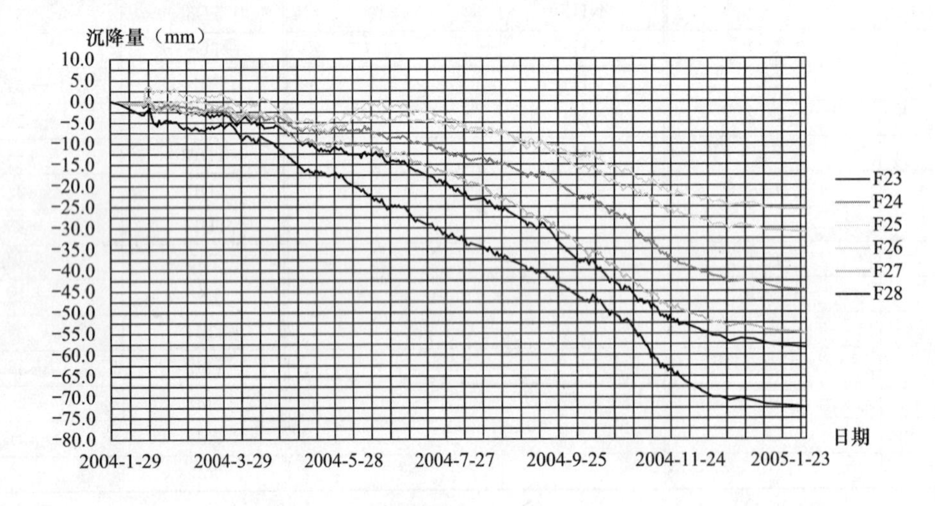

(*c*)

图 4-216 建筑物沉降监测曲线图（一）

(*a*) 廖创兴建筑物监测沉降曲线图（F1～F6）；(*b*) 廖创兴建筑物监测沉降曲线图（F7～F22）；
(*c*) 廖创兴建筑物监测沉降曲线图（F23～F28）

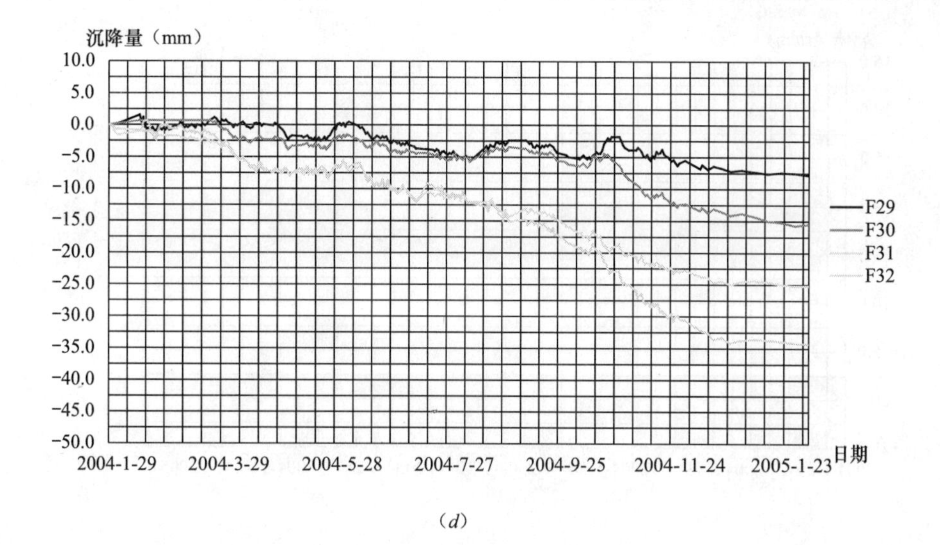

(*d*)

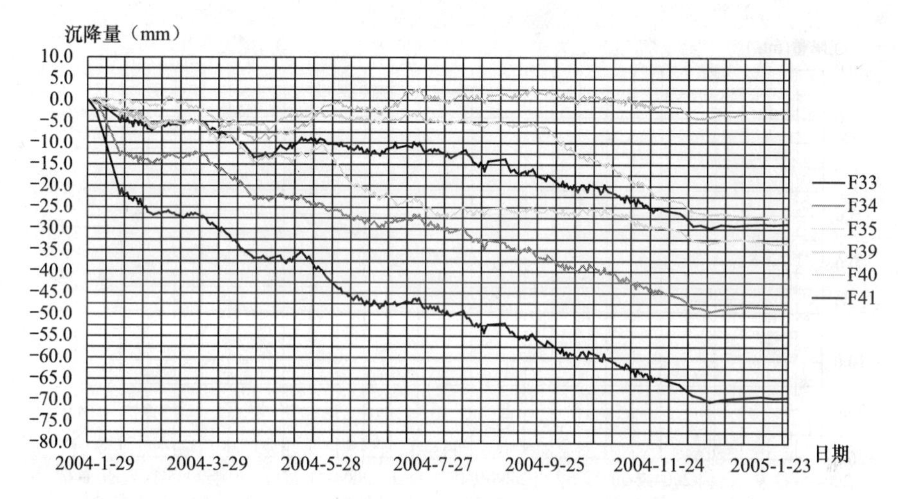

(*e*)

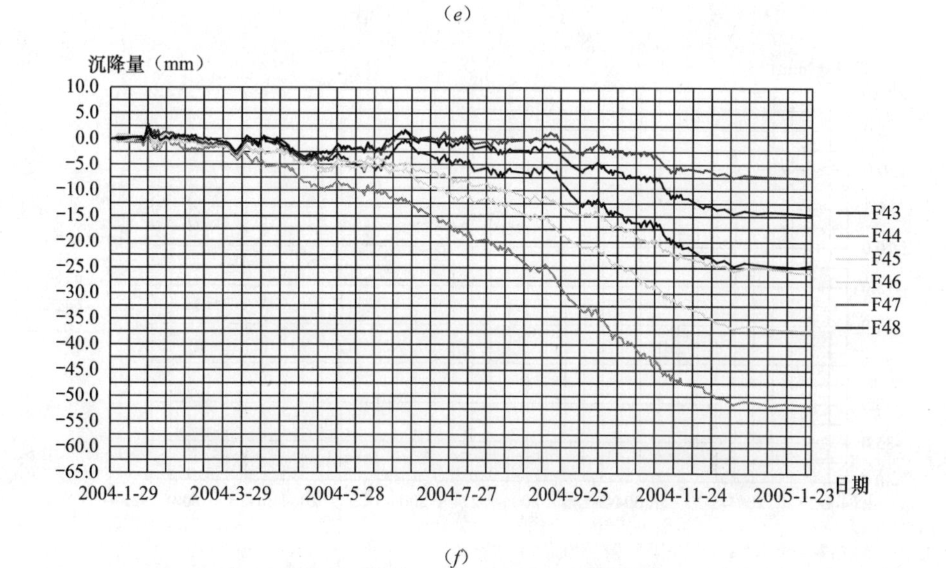

(*f*)

图 4-216 建筑物沉降监测曲线图（二）

(*d*) 廖创兴建筑物监测沉降曲线图（F29～F32）；(*e*) 廖创兴建筑物监测沉降曲线图（F33～F35、F39～F41）；(*f*) 廖创兴建筑物监测沉降曲线图（F43～F48）

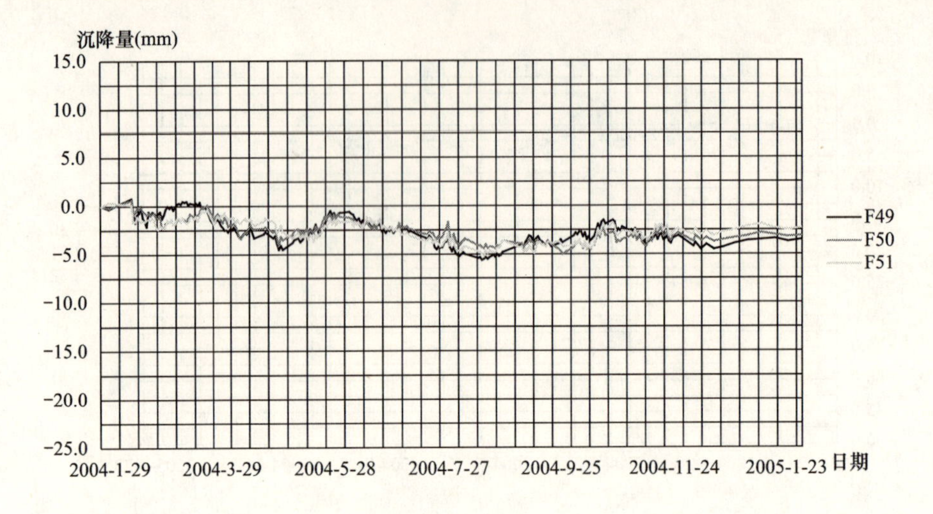

(*g*)

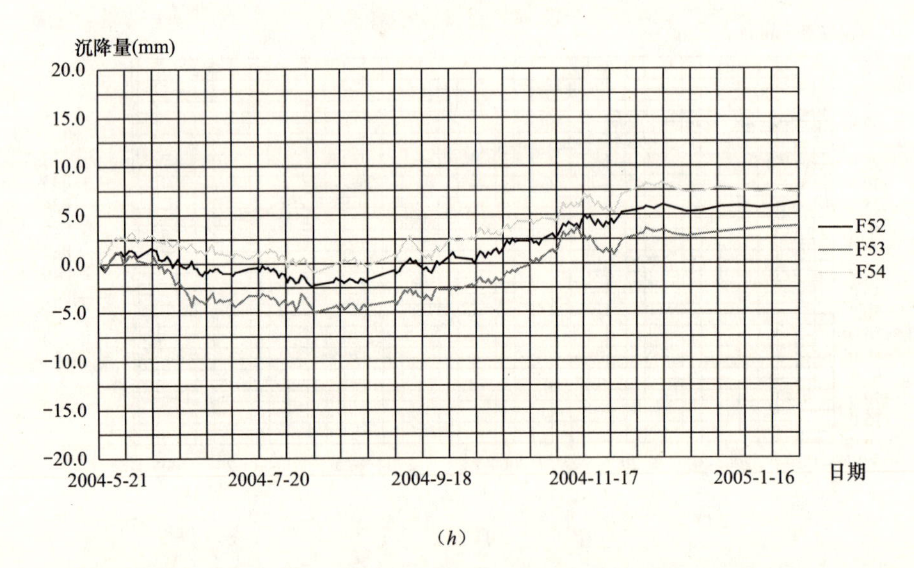

(*h*)

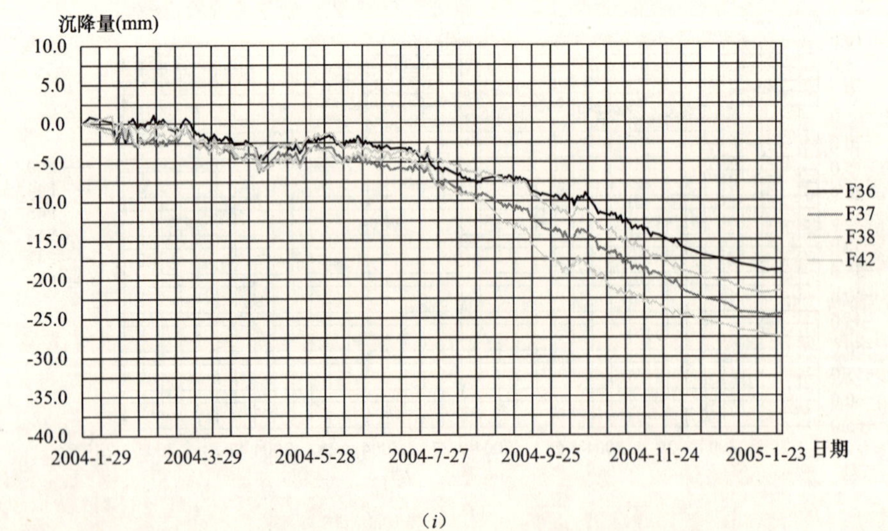

(*i*)

图 4-216　建筑物沉降监测曲线图（三）

（*g*）廖创兴建筑物监测沉降曲线图（F49～F51）；（*h*）廖创兴建筑物监测沉降曲线图（F52～F54）；

（*i*）廖创兴建筑物监测沉降曲线图（F36～F38、F42）

建筑物沉降累计值 **表 4-41**

建筑物沉降监测（F）

点号	累计变化值（mm）	点号	累计变化值（mm）	点号	累计变化值（mm）
F1	−5.4	F19	−32.6	F37	−24.5
F2	−5.1	F20	−24.4	F38	−27.4
F3	−5.8	F21	−23.2	F39	−27.3
F4	−6.1	F22	−24.3	F40	−2.7
F5	−9.5	F23	−58.3	F41	−69.2
F6	−9.8	F24	−44.8	F42	−21.5
F7	−10.1	F25	−25.5	F43	−24.5
F8	−10.3	F26	−31.1	F44	−51.7
F9	−6.7	F27	−54.9	F45	−37.2
F10	−11.0	F28	−72.4	F46	−26.0
F11	−18.1	F29	−7.8	F47	−7.5
F12	−23.4	F30	−15.5	F48	−14.6
F13	−29.3	F31	−25.2	F49	−3.5
F14	−33.5	F32	−34.3	F50	−3.1
F15	−37.7	F33	−28.7	F51	−2.3
F16	−40.1	F34	−48.5	F52	6.2
F17	−46.5	F35	−33.2	F53	3.8
F18	−44.6	F36	−18.9	F54	7.2

10. 结论

根据监测数据显示，在本基坑围护施工过程中，变形量比同类基坑要小，特别是围护墙的水平位移及土体位移量较小。表明逆作法施工对保护周围建筑物、地下管线的安全起到了很大的作用。

4.9.4.2 技术经济分析

凭借以往的逆作法施工经验和实践，在本工程中实施精细的组织管理，成功完成了地下5层超深基坑施工，并形成了系列逆作法施工技术，包括节点处理技术、劲性钢柱逆作施工等，为今后逆作法施工提供有力的技术支持和借鉴。

本工程通过各种技术措施节省了大量施工费用，主要有：

(1) 原基坑内土体采用满堂搅拌桩加固，需加固费用1300万元，改成有针对性的旋喷桩加固方案，节省费用约700万元。

(2) 由先施工B1板调整为先施工B0板，省去了B0板位置的一道钢支撑，钢支撑重约450t，节约费用约180万元。

(3) 实施劲性钢柱分段施工，吊装机械采用TOPKIT FO/23C塔吊代替大型M440D塔吊，节省租赁费用约300万元。

(4) 底板板内支撑采用混凝土支撑，并妥善解决了板内支撑和底板的施工技术，节省了底板外的450t钢支撑，节省费用约180万。

(5) 采用合理的节点处理方法，解决梁柱、柱墙偏位问题，节省了因临时立柱偏位而需补桩的费用。

随着城市建设的发展，地下空间的开发利用不断拓展，基坑的深度越来越深，因此，经济安全的逆作法施工技术将越来越得到人们的关注，将成为地下深基础施工的一项强硬技术。

4.10 上海世博500kV输变电工程

上海世博500kV输变电工程是目前国内采用逆作法施工工艺开挖深度最深的基坑工程，挖深达34m，局部达38m。该变电站是我国目前城际供电网中最大的地下变电站，其建设规模居同类工程之首，也是世界上第二座500kV大容量全地下变电站。国际上仅有日本新丰洲变电所（直径144m、埋深29m，500kV）能与之媲美。如此规模的工程给逆作法施工带来了很多难题，诸如超深地下连续墙和超深逆作法立柱桩垂直度控制的施工工艺、超深桩侧注浆抗拔桩施工工艺、超深基坑土方工程和环境保护技术等都在该工程中得到了极大的挑战和提升。

4.10.1 工程概况

4.10.1.1 地理环境

500kV世博输变电工程是上海世博会的重要配套工程，位于上海市静安区成都北路、北京西路、山海关路和大田路围成的区域之中，地处城市CBD地带，占地面积约4.5万m^2（图4-217）。工程可用地块南北方向长约220m、东西方向宽约200m。地下结构的外墙边在山海关路退界10m，在成都北路一侧地下结构退界20m。大田路和北京西路距离本工程较远，大田路一侧用地红线距离本工程地下结构边界约为46m，北京西路侧用地红线距离本工程地下结构边界约为76m（图4-218）。

图4-217 施工工地全景

4.10.1.2 结构概况

该工程主体结构采用框架-剪力墙结构体系的全地下4层圆筒形结构，其中主体结构外墙与内部风井隔墙构成剪力墙体系，其余部分的内部为框架结构。基础结构采用桩筏基础，底板下设置抗拔桩。

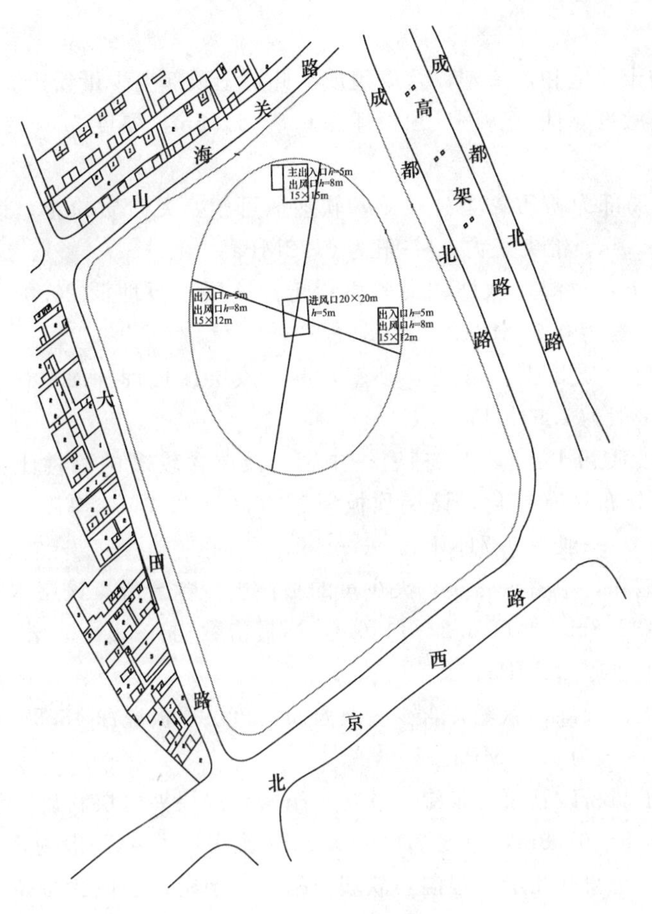

图4-218 工地红线

地下结构外墙外壁直径130m，基坑面积13273m^2，周长408m，基坑开挖深度为34.00m，局部落深达38.00m。本基坑工程属于一级基坑。基坑围护墙为地下连续墙，1200mm宽，墙顶标高－3.500，墙底标高－57.500，墙底采用注浆加固，墙外接头处采用高压旋喷桩止水。

抗拔工程桩采用ϕ800钻孔灌注桩，有效桩长48.6m，桩底标高为－82.000，桩身混凝土强度为C30，共651根，采用侧壁注浆施工工艺。逆作支撑柱下桩为一柱一桩和临时立柱桩两种形式。一柱一桩直径ϕ950钻孔灌注桩，有效桩长55.8m，桩底标高为－89.200，桩身混凝土强度为C35，共197根，采用桩端后注浆施工工艺；临时立柱桩采用ϕ800钻孔灌注桩，有效桩长48.6m，桩底标高为－82.000，桩身混凝土强度为C30，共38根，采用侧壁注浆施工工艺。

梁板结构的混凝土采用C30，内墙、柱混凝土为C40，钢管柱内混凝土采用C60。

4.10.1.3 工程地质概况

根据工程岩土工程勘测报告，本工程场地内地基土的构成与分布特征：

①$_1$人工填土：多为建筑地基，由碎砖、木桩、混凝土基础和一部分塘泥组成，松散。填土厚度在1.0～3.0m深度范围内。

②灰黄色粉质黏土：很湿～饱和，可塑，局部夹少量薄层粉土。含少量铁锰结核。该层顶板埋深1.0～3.0m，厚度0.4～2.4m，局部因建筑基础（或地基）埋藏较深而厚度较小，锥尖阻力q_c一般为0.66MPa。

③灰色淤泥质粉质黏土：饱和，流塑，含腐殖质。此层土夹粉土、粉砂。本层土是上海地区典型的软土层，为高灵敏度黏性土。该层顶板埋深2.7～3.7m，厚度4.0～8.6m，锥尖压力q_c

一般为 0.55MPa。

④灰色淤泥质黏土：饱和，流塑，含腐殖质。此层土顶部夹少量粉土。本层土是上海地区典型的软土层，为高灵敏度黏性土。该层顶板埋深 6.8～11.5m，厚度 5.3～9.0m，锥尖压力 q_c 一般为 0.53MPa。

⑤1-1 灰色黏土：局部为粉质黏土。很湿，软塑～可塑，夹砂质粉土。该层顶板埋深 15.8～18.5m，厚度 2.7～5.9m，锥尖压力 q_c 一般为 0.72MPa。

⑤1-2 灰色粉质黏土：很湿，软塑，夹砂质粉土。该层顶板埋深 20.0～23.0m，厚度 3.6～7.1m，锥尖压力 q_c 一般为 0.98MPa。

⑥1 暗绿～草黄色粉质黏土：可塑～硬塑，湿。该层顶板埋深 25.8～27.5m，厚度 2.7～5.0m，锥尖压力 q_c 一般为 1.94MPa。

⑦1 草黄～灰色砂质粉土：饱和，稍密～中密，浅层含较多的黏性土薄层、层底夹大量粉砂。该层水平和垂直分布稍有变化，该层顶板埋深 30.0～32.0m，厚度 4.5～8.2m，标贯击数 36～38 击，锥尖压力 q_c 一般为 9.71MPa。

⑦2 灰色粉砂：饱和，中密～密实，夹少量的黏性土，含云母。该层水平和垂直分布变化较大，顶板埋深 34.5～38.8m，厚度 6.2～11.6m，标贯击数均在 36～66 击，大部分位置大于 50 击，锥尖压力 q_c 一般为 19.28MPa。

⑧1 灰色粉质黏土：很湿，软塑，含少量腐殖质。该层顶板埋深 43.5～46.6m，厚度 12.9～16.5m，锥尖压力 q_c 一般为 1.41MPa。

⑧2 灰色粉质黏土与粉砂互层：很湿，软塑，稍密，浅层夹薄层粉砂，层底夹多量薄层粉细砂。该层顶板埋深 58.5～61.8m，厚度 7.4～15.5m，锥尖压力 q_c 一般为 2.35MPa。

⑧3 灰色粉质黏土与粉砂互层：很湿，软塑，稍密～中密，层底含多量厚层细砂。该层顶板埋深埋深 69.2～76.0m，厚度 2.2～6.7m，锥尖压力 q_c 一般为 6.00MPa。

⑨1 灰色中砂：饱和，中密～密实，夹砾砂和少量黏性土，含云母。该层水平和垂直分布变化较大，该层顶板埋深 74.8～79.2m，厚度 8.0～9.7m，标贯击数均在 50 以上。

⑨2 灰色粗砂：饱和，密实，夹砾砂和细砂，含云母，含块石。该层水平和垂直分布变化较大，可见厚度 23.80m，标贯击数均在 50 击以上。

⑩青灰色黏质粉土：中密，夹杂色条纹，可见加核硬块，部分为砂质粉土。

工程土层的三维模型效果见图 4-219。

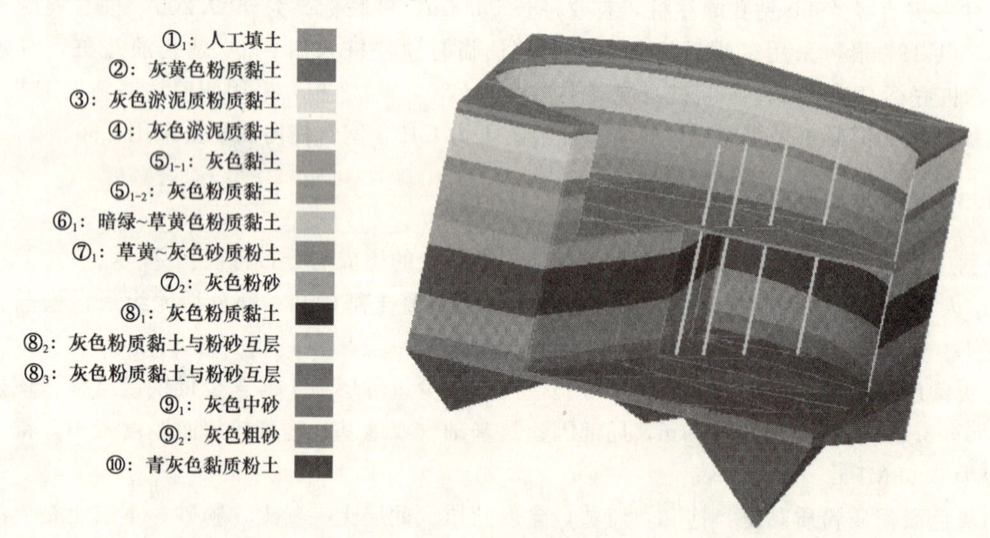

图 4-219 工程土层三维模型效果图

本场地区域内地质为典型的上海软土地质，但是基坑开挖深度深，开挖面在俗称“铁板砂”层的第⑦$_2$层土，标准贯入度超过50次，给地下连续墙成槽和土方工程带来非常大的困难。

4.10.1.4　水文地质概况

根据勘察报告和以往的工程经验，本工程场地的地下水主要分为潜水和承压水，以第⑥层土为隔水层。而承压水由于⑧$_1$、⑧$_2$层的隔离分为第一承压含水层和第二承压含水层。两层承压含水层可能存在一定的水力联系。

1. 潜水

本场地浅层地下水属于潜水类型，补给来源主要为大气降水、地表径流、水位动态为气象型。目前已有勘探孔静止地下水埋深一般为0.5～1.0m。

2. 承压水

本场地承压水分布于⑦$_1$砂质粉土（含粉砂）、⑦$_2$粉砂层、⑧$_3$灰色粉质黏土与粉砂互层和⑨层砂性土中。由于目前抽水注水试验报告还未提供，根据上海市承压水的一般情况，⑦层和⑨层的承压水有部分水力联系，承压水水头为6～7m。

本工程第⑦层承压水被支护结构隔断，但针对第二承压含水层应进行开挖后坑内地基土抗承压水头的稳定性验算，确定基坑突涌的可能性。

3. 地下水腐蚀性判别

根据水质分析结果，本场地地下水对混凝土无腐蚀性，对钢结构有中等腐蚀性。

4.10.1.5　周边管线情况

本基坑周边众多市政管线虽然与基坑尚有一段距离，但因本基坑开挖深度大，开挖影响范围广。各种管线的保护要求不同，特别是成都北路侧的合流管线，据以往的经验，合流管道为箱涵结构，对土体变形较为敏感，需要对其进行专门的监测和采取针对性保护措施。工程周边管线情况见表4-42。

工程周边管线情况　　表4-42

道路	项目									
山海关路	管线类型	供电	供电	供电	煤气	污水	雨水	煤气	配水	电车
	离基坑距离（m）	16.6	17.7	18.8	19.6	20.3	21.1	21.6	23.1	25.3
成都北路	管线类型	供电	信息	煤气	配水	雨水	合流	雨水	雨水	煤气
	离基坑距离（m）	23.0	24.6	26.5	28.9	31.3	35.2	44.9	54.5	57.0
	管线类型	信息	煤气	配水	配水	电力				
	离基坑距离（m）	58.8	60.7	62.2	63.2	66.8				
大田路	管线类型	供电	供电	污水	雨水	配水	煤气	信息	供电	供电
	离基坑距离	最近的一条供电线路距离基坑边缘的距离超过58m								
北京西路	管线类型	信息	电车	配水	供电	煤气	煤气	供电	雨水	供电
	离基坑距离	最近的信息关系距离将近150m								

4.10.2　工程特点及施工难点分析

本工程是当时国内开挖深度最深的逆作法工程，也是上海地区开挖最深的工程。因此无论从地下连续墙的垂直度控制，超深钻孔灌注桩（桩侧注浆）抗拔桩的质量、超深钻孔灌注桩（桩底注浆）一柱一桩的质量控制、机械设备选择、逆作法施工组织等众多方面都是超常规的。而且，工程又建在市中心位置，如有意外，其经济、社会影响都无法估量。因此，必须确保工程在进度、质量、安全等方面万无一失。

该工程逆作法施工具有以下几个特点：

1. 超深地下连续墙施工质量控制

设计要求57.5m深的地下连续墙垂直度控制在1/600以内，墙底沉渣控制在100mm以内，而且地下连续墙成槽需要穿越第7层土（俗称“铁板砂”的灰色粉砂层）。

2. 超深逆作法钢立柱和立柱桩的施工

立柱桩采用ϕ950mm，长82.7m，钢立柱为ϕ550mm钢管混凝土立柱，长38m，插入立柱桩内2.5m。桩垂直度偏差要求控制在1/300以内，钢管垂直度偏差要求在1/600以内，可见垂直度控制要求非常严格。

3. 逆作法超深基坑开挖

本基坑逆作暗挖深度达34m，且需要挖除第7层土，给工程土方开挖及运输设备的选择带来了极大的挑战。逆作法挖土设备的选择直接影响土方开挖速度。

4. 超深逆作法施工的作业环境

超深逆作法施工不论是工人的工作舒适度，还是施工环境和施工安全度方面都需要采取特殊的控制措施。

5. 大面积的清水混凝土逆作法施工

由于输变电站结构不允许粉饰，因此设计要求楼板、内衬墙、内隔墙、柱等均要达到清水混凝土的标准。工程有两层层高达到10m，给清水混凝土施工带来了极大的困难。这些要求都给逆作法模板体系的设计带来了极大的挑战。

6. 闹市区大型超深施工对周边环境影响的控制

采用逆作法确保了基坑变形相对较小，而且下部结构施工是在顶板封闭后进行的，工程施工噪声、光污染、扬尘污染等对周边居民的影响相对比较小，但仍存在一定污染，因此必须采取相应的施工措施。

7. 软土地基条件下侧壁注浆钻孔灌注桩

为了节约投资，减少抗拔桩的有效长度和数量，工程抗拔桩采用了侧壁注浆的施工工艺，这在上海软土地区为首次采用。抗拔桩的长度大，侧壁注浆的控制、注浆器的设计都需要通过试验确定。

8. 控制圆形结构的土压力平衡

本主体工程为全地下圆筒形结构，在使用状态其受力是非常合理的，但是圆形结构给逆作法施工过程的坑内土方开挖提出了更高的要求，土方开挖阶段土压力平衡至关重要。为此工程利用时空效应、对称开挖、平衡加撑原理控制圆形结构的土压力，采用MIDAS软件分析各挖土工况下的结构受力和位移情况与实际监测数据相结合的方法，进行实时动态调整挖土施工流程、细化挖土分区。

4.10.3 主要施工方法

4.10.3.1 桩基施工

500kV世博输变电工程桩均采用钻孔灌注桩，其中，钢管柱一柱一桩采用桩底后注浆施工技术，抗拔桩和格构柱逆作法支撑柱桩采用桩侧后注浆施工技术。

一柱一桩钢管柱的垂直度偏差要求不大于1/600，远大于规范要求的1/100，且由于钢管长度大（最长达33.045m），由于运输原因，需要分两段到现场焊接成型，如何保证焊接过程及吊装过程的质量，如何对地面以下的钢管进行有效的垂直度检测和调整，提高施工精度，保证桩位正确，本工程在钢管拼接和垂直度校正方面采取了一系列技术措施，特别是采用了自主研发的上部定位校正架，下部调垂装置和无线红外感应自动调垂监控系统。

1. 钢管拼接

钢管柱总长33.045m、32.545m两种（不含4m工具管长度），钢管构件组装采用了工作平台胎模，以确保对接（焊接）的准确性与垂直度（图4-220）。

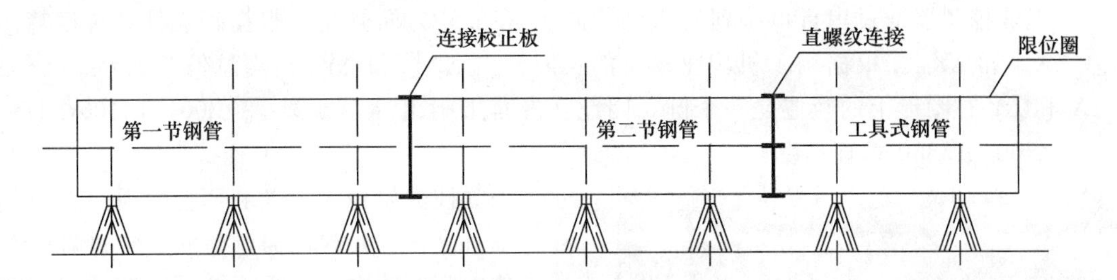

图4-220 钢管拼接工作平台示意图

2. 垂直度调整及监测

钢管柱垂直度控制系统分为垂直度监测系统和垂直度调整系统两部分。

本工程采用了无线传导钢立柱调垂监测系统（图4-221），其垂直度精度可达到1/800，完全能满足本工程的要求。该监测系统由两部分组成，一部分为由传感器和转换电路构成，外壳为全

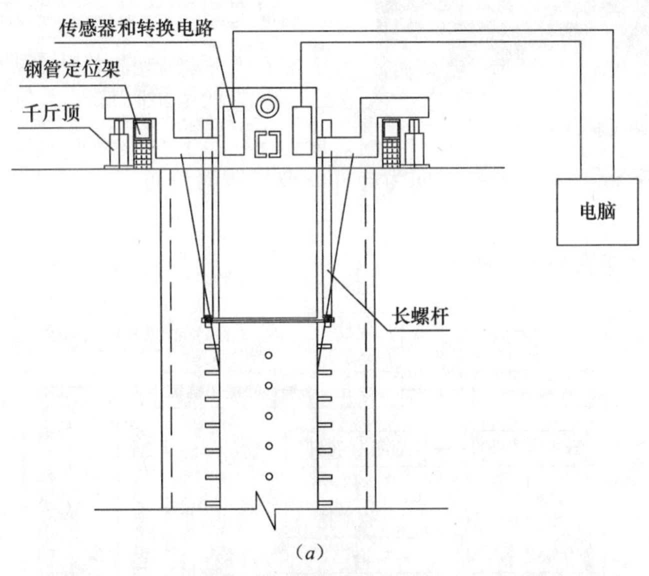

(*a*)

(*b*)

图4-221 无线传导钢立柱调垂监测系统

封闭金属盒，调试时直接固定在钢管柱上端。转换电路由微处理器 AT89C2051 及其周边电路组成，传感器将测量结果保存在其内部的寄存器中，微处理器通过专用通信协议读取角度原始信息，在内部进行换算处理，再经由 RS232 接口传递给工业控制机进行加工处理和显示。另一部分为工业控制器，工业控制器通过串行口接到的 X 轴方向倾角和 Y 方向倾角，根据钢立柱的长度算出端部偏差 $\Delta X_{端}$ 和 $\Delta Y_{端}$。根据调垂机构驱动点的长度算出 $\Delta X_{支}$ 和 $\Delta Y_{支}$，当总偏差 $\Delta=\Delta X^2+\Delta Y^2$ 时，ΔX 和 ΔY 在图形上的轨迹是一个圆，因此在屏幕上画出等偏差圆：1/300，1/400，1/500，1/600，1/700，1/800 垂直刻度。

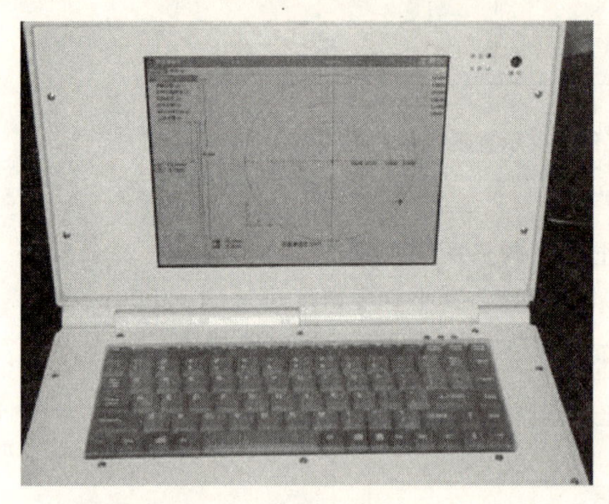

图 4-222 调垂原理示意

钢立柱就位稳定后，利用监测系统监测钢立柱的垂直度，并反映出需调整的方向和调整值。

传感器设置在⑥1 层暗绿～草黄色粉质黏土中，该层顶埋深 25.8～27.5m，厚度 2.7～5.0m，垂直度调整器设置标高根据孔径测试曲线图而定。调整器采用机械式连杆调节扩张形式（图 4-222），调节连杆延长至调直平台，调整器共对称设置 4 只，可以分别调节纵横两个方向。

根据测得的数据，利用钢立柱刚性好的特点，采用垂直度调节杆双向调节柱身的平面位置，以达到调整柱底平面位置和垂直度的目的。

调直完毕后，对钢立柱进行固定。固定装置共有两道，一道位于平台上部，另一道即为连杆调节扩张器位置。

3. 施工流程

钢管柱调垂的流程如图 4-223 所示。

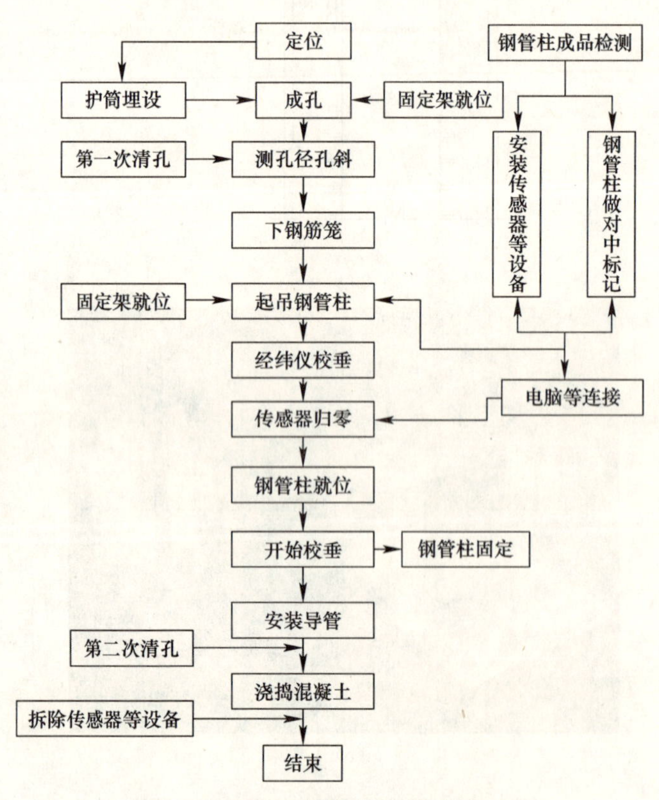

图 4-223 调垂流程示意图

4. 钢管柱吊放

钢管柱最长为37m，重量约8t，采用双机三点吊放的施工方法，主辅吊机均选用KOBELCO-7055型55t的履带式起重机（图4-224）。

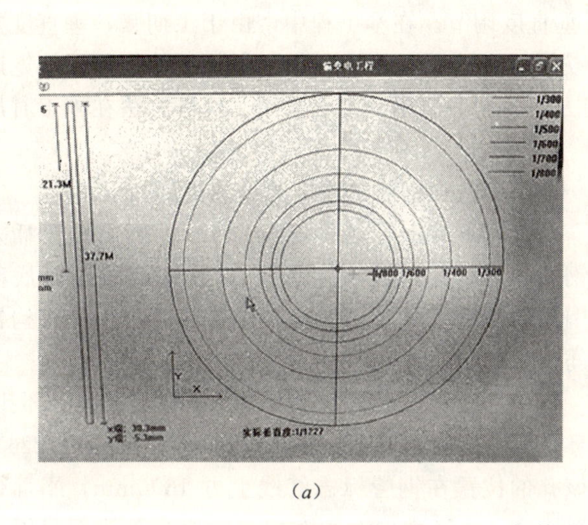

(*a*)

(*b*)

图4-224 钢管柱吊放示意图

5. 桩和柱不同强度等级的混凝土浇筑（图4-225）

（1）本工程的立柱桩水下浇筑混凝土（C35混凝土）至标高－37.7m时，控制导管下口标高－40.7m（考虑埋管深度为3.0m），开始灌注钢管柱C60混凝土；

（2）开始灌注钢管柱C60混凝土，使立柱桩低强度等级（C35）的混凝土灌注面上升至标高－30.00m，使之全部达到桩顶标高以上，混凝土全部置换完毕；

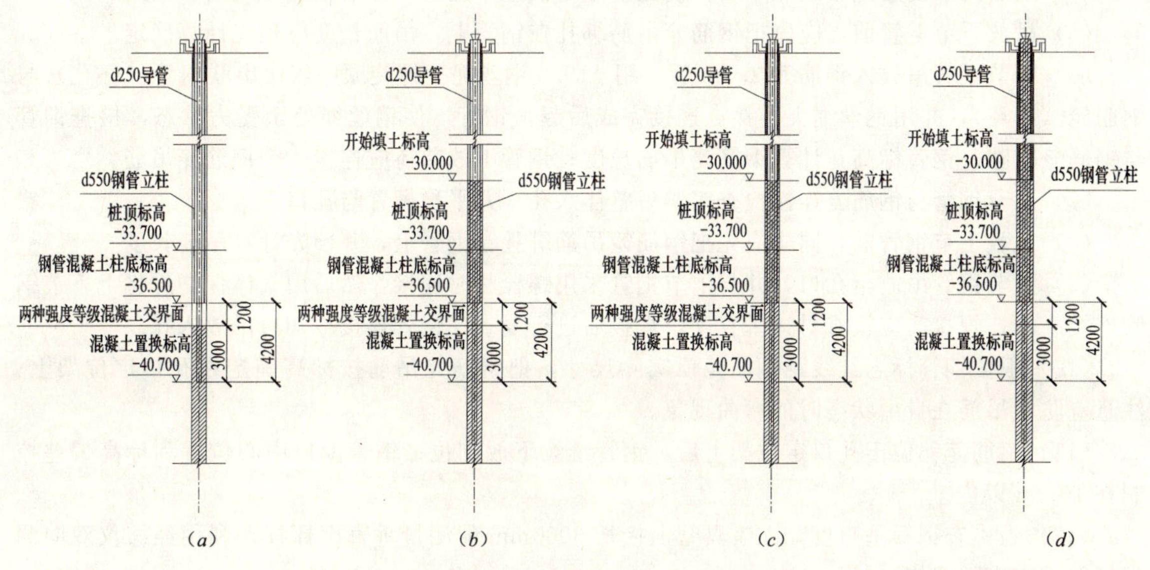

图4-225 不同强度等级的混凝土浇筑

(*a*) 高强度等级混凝土置换开始；(*b*) 高强度等级混凝土置换至回填；(*c*) 碎石、砂回填；(*d*) 高强度等级混凝土浇筑结束

(3) 混凝土灌注面标高达到－30.00m时，沿钢管外圈回填碎石、砂等，防止管外混凝土上升；

(4) 继续灌注钢管柱高强度等级混凝土，直至钢管立柱内混凝土排出为止；

(5) 在桩孔内钢管的外侧对称回填5～40mm的石子，为防止石子在回填过程中掉入钢管内，设计了专用的回填挡板将钢管口封密。

6. 钢管柱和钢筋笼的连接

常规钢管立柱或格构立柱安装方式有两种：当垂直度要求不高时，钢管立柱或格构柱采用与钢筋笼电焊连接的方式，当垂直度要求较高时，钢管立柱或格构柱采用插入钢筋笼的方式，即利用钢管柱或格构柱与钢筋笼之间的间隙，进行垂直度调节。在本工程中，由于工期紧，垂直度要求高，钢管柱数量多，为此首次采用上述两种方法相结合的技术。用钢丝绳把钢管柱与钢筋笼连接，但形成铰接的形式。该方法的优点是安装方便、调节简单。由于采用了这种方法在施工时加快了进度，取得良好效果。

图 4-226 柱与钢筋笼连接图

钢管柱和钢筋笼连接的具体措施如下：

(1) 下节钢管在距管底4.1m处画出钢管插入钢筋笼内标志红线（标高线）；标志红线至管底范围内的栓钉竖向用ϕ12钢筋连接，以防止栓钉钩钢筋笼。

(2) 在钢管上设置4个钢筋笼与钢管铰接环孔，环孔用ϕ20圆钢或16～20mm钢板制成（图4-226），该孔的位置在钢管标志红线上方1000mm，平面位置则在X、Y方向对称布置（钢管顶部设置横梁中心线）。

(3) 在钢筋笼顶部设置双拼ϕ16加强箍，加强箍与主筋焊接，并设置4个吊环与主筋、加强筋焊接；吊环采用ϕ20钢筋，该4个吊环与钢管上4个环孔错位45°，吊环在孔口焊接。

(4) 最后一节钢筋笼吊放完成后，使笼顶平稳搁置于孔口，并沿轴线45°方向焊接吊环。

(5) 吊放下节钢管前，应先把钢筋笼吊筋绑扎在钢管上，吊筋长度应预先计算确定。

(6) 下节钢管吊放入钢筋笼3.9m后，用ϕ19.5钢丝绳按螺旋顺序依次串联钢管（环孔）与钢筋笼（吊环），并用钢丝绳夹连接。连接完成后起吊钢管，使钢丝绳处于受力状态，检查钢管与钢筋笼间隙、钢管标高，计算钢筋笼吊筋长度；钢管下放前还应连接4个钢筋笼吊筋。

(7) 下节钢管与钢筋笼连接检查完毕后整体入孔，并平稳搁置与孔口。

(8) 吊放上节钢管前，同样应先把钢筋笼吊筋绑扎在钢管上，并预先计算吊筋长度。

(9) 上节钢管吊放至孔口，并与下节钢管采用螺栓临时连接，然后用气体保护焊将上下节钢管连接一体；焊接前应检查对接垂直度，焊接后进行复查；钢管连接冷却后吊放入孔。

(10) 根据钢管标志红线距钢筋笼顶实际尺寸，把钢筋笼吊筋按标高固定在孔口定位架上；注意应防止吊筋在自由状态时的弯曲现象。

(11) 钢筋笼就位于孔口定位架上后，钢管继续下放到位；钢管上口中心位置和标高偏差控制在10mm以内。

(12) 为检查钢管垂直度，在工具管上接长3000mm的测量垂直度标杆，利用经纬仪双向测得钢管垂直度偏差值。

4.10.3.2　地下连续墙施工

本工程超深地下连续墙施工有着别于其他工程的特点和难度，首先是土层对成槽的影响，根据其他工程经验，地下连续墙（57.5m）成槽需要穿过上海第⑦层土，基本都采用“二钻一抓”的施工工艺，但“二钻一抓”施工工艺工效比较低，一般5d以上才能完成1幅地下连续墙，成槽垂直度比较差，一般在1/300左右，很难达到本工程的要求。为此工程开发了“抓铣结合”的地下连续墙成槽施工工艺，经工程实践，证明此工艺对于穿越“铁板砂”层非常有效，实际工效3d完成1幅地下连续墙，垂直度偏差均小于1/600。

本工程地下连续墙施工的特点在于以下几个方面：

1. 成槽工艺

根据多方意见，地下连续墙成槽采用“抓铣结合”的施工工艺，即：对于上部在$⑦_1$层土前的土层，用CCH500-3D真砂抓斗成槽机直接抓取，进入$⑦_1$层土层后，用液压铣槽机铣削，直至终孔。因铣槽机机体较大，机体重量对控制成槽的垂直精度非常有利。同时采用铣槽机可对槽壁进行垂直度修正。

“抓铣结合”成槽工艺见图4-227。

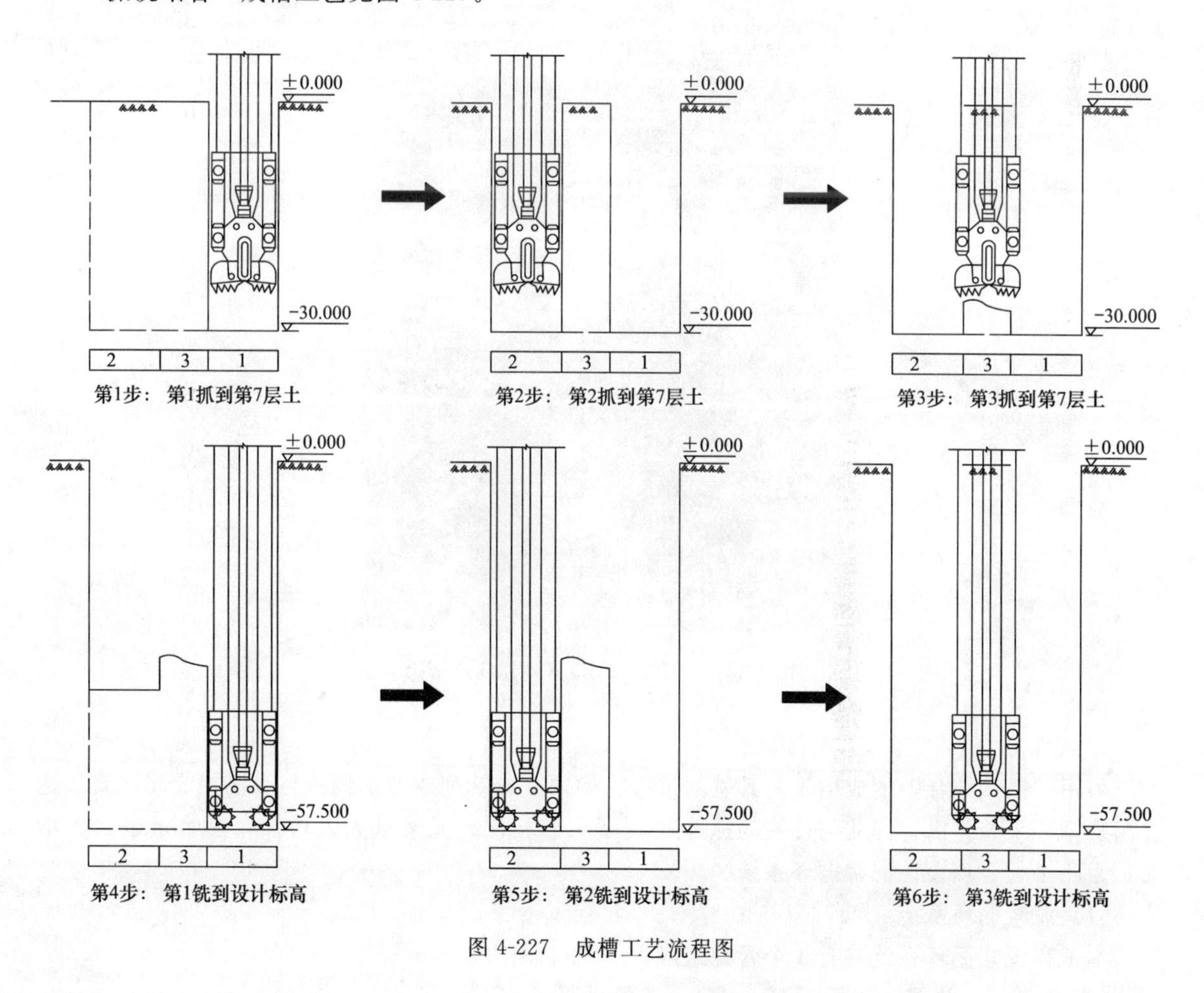

图4-227　成槽工艺流程图

本工程地下连续墙的成墙施工工程中，采用MBC30液压铣槽机［图4-228（*a*）］、BC40液压铣槽机［图4-228（*b*）］和CCH500-3D真砂抓斗成槽机（图4-229）各1台，配套进行地下连续墙成墙施工。

(*a*)

(*b*)

图 4-228 本工程使用的铣槽机

(*a*) MBC30 液压铣槽机；(*b*) BC40 液压铣槽机

图 4-229 CCH500-3D 真砂抓斗成槽机

2. 泥浆系统

采用“抓铣结合”的成槽工艺其铣削过程将槽内土方铣削成细小颗粒与水搅拌成泥浆直接通过泥浆循环系统排出，因此与传统的抓斗式成槽工艺相比，泥浆量大大增加，废浆量也大大增加，为此必须合理设计泥浆循环系统。

(1) 泥浆循环系统

本工程泥浆循环系统共有 4 个管路组成：

1 号管路——供浆：采用 4″泵＋4″管，沉槽供浆时使用；

2 号管路——供浆：采用 6″泵＋6″管，铣槽供浆及清槽、换浆时使用；

3 号管路——回浆：采用 6″泵＋6″管，铣槽回浆及清槽、换浆时使用；

4 号管路——回浆：采用 4″泵＋4″管，浇筑混凝土回浆时使用。

图4-230为本工程泥浆池平面图。

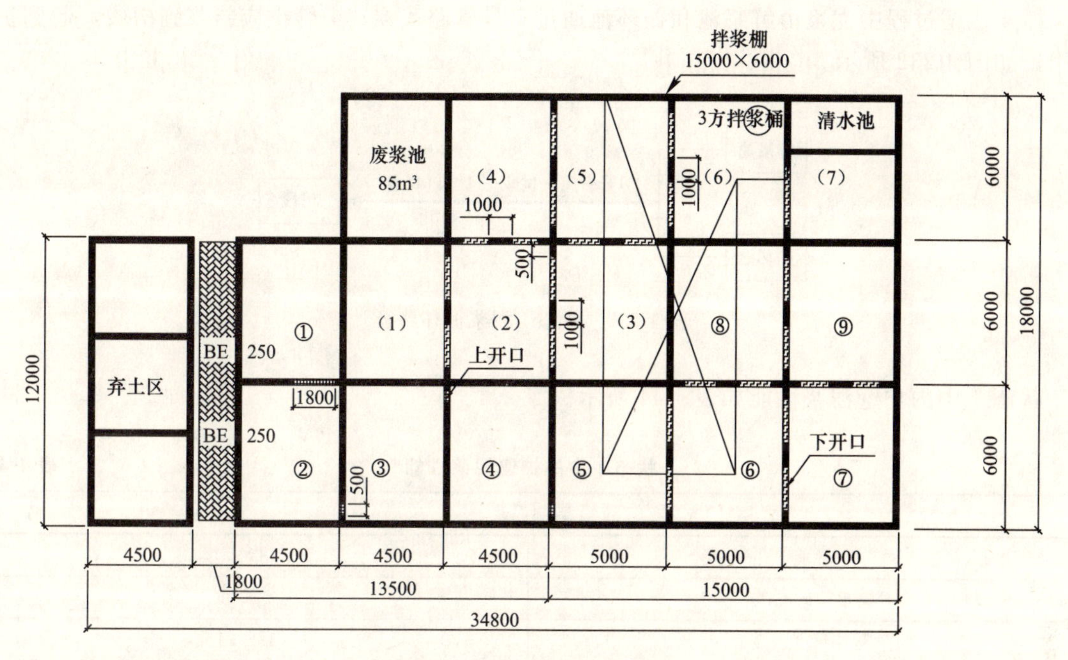

图4-230 泥浆池平面图

图4-231为泥浆循环系统的总管路图。

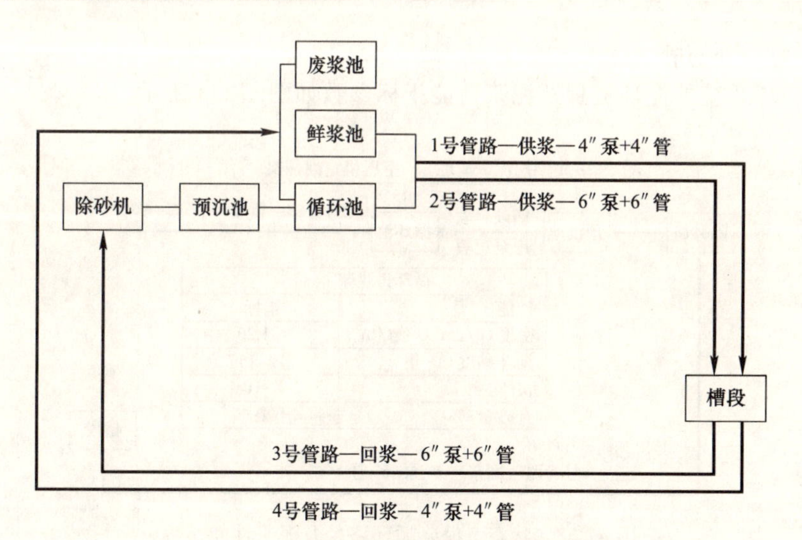

图4-231 泥浆循环系统的总管路图

本工程中泥浆系统的4个管路应用的施工状态各不相同，泥浆性能也各异。各管路应用的状态见表4-43。

各管路应用状态表 **表4-43**

状 态	内 容	启动管路
1	沉槽	1
2	铣槽	2、3
3	清槽、换浆	2、3
4	浇混凝土	4

1）沉槽泥浆循环系统（状态 1）

抓斗成槽过程中泥浆由鲜浆池和循环池通过 1 号管路 4″泵＋4″管供应新浆到槽段，起到护壁作用，如图 4-232 所示。

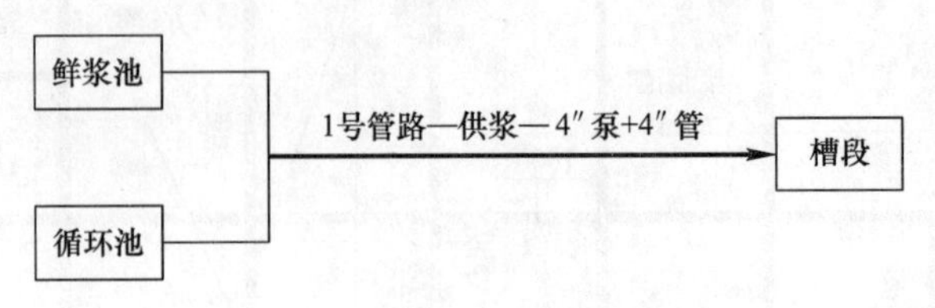

图 4-232 状态 1 泥浆循环路径

状态 1 中的护壁泥浆性能如表 4-44 所示。

状态 1 中的护壁泥浆性能 **表 4-44**

新制泥浆	
性能	指标
密度（g/cm^3）	≤1.06
漏斗黏度（s）	19～21
pH 值	8～9
含砂量（%）	不要求

2）铣槽泥浆循环系统（状态 2）

铣槽泥浆循环系统的循环流程及泥浆性能指标参数如图 4-233 所示。

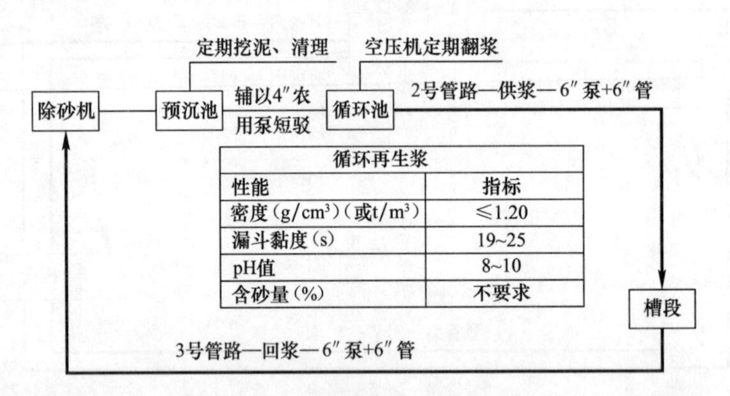

图 4-233 状态 2 泥浆循环路径及泥浆性能参数

3）清槽、换浆泥浆循环系统（状态 3）

清槽、换浆过程中泥浆循环流程及泥浆性能指标参数如图 4-234 所示。

4）混凝土浇筑泥浆循环系统（状态 4）

混凝土浇筑施工时，泥浆循环流程如图 4-235 所示。

（2）泥浆系统、固壁泥浆

1）泥浆系统

根据实践经验，泥浆池容量应能满足 2～3 个槽段的浆液。考虑到废浆的存放，在现场施工 1535m^3 的泥浆池用于地下连续墙施工。泥浆系统由集中制浆站和供送与回收管路组成，并安装供浆泵和回收浆泵。

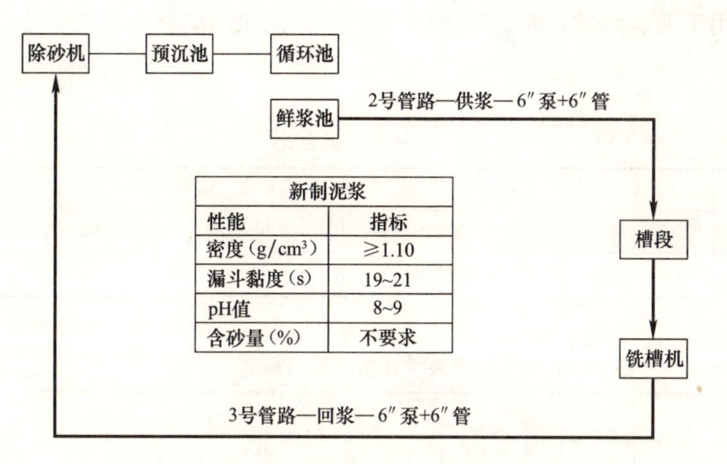

图4-234　状态3泥浆循环路径及泥浆性能参数

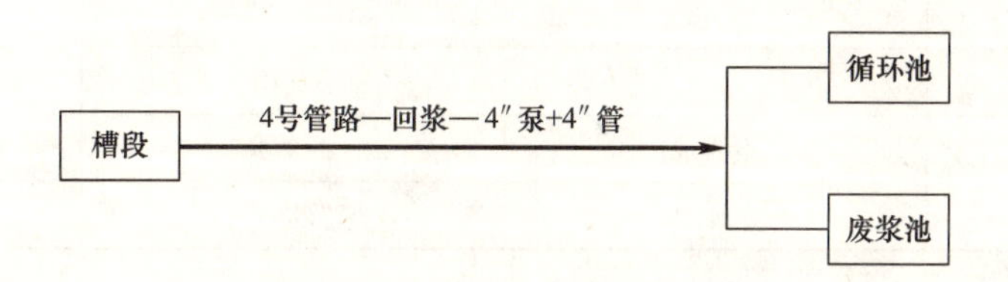

图4-235　状态4泥浆循环路径

由制浆站至施工槽段，铺设ϕ150mm钢管用于输送泥浆，送浆管与分别设置在循环池和鲜浆池的同型号潜浆泵相连。铣槽机至除砂机，铺设ϕ150mm钢管用于回收泥浆，回浆管与设置在铣槽机上的泥浆泵相连，另按浇筑槽孔的位置铺设可移动的ϕ100mm管路用于槽段浇筑时回收浆液，管路始端安设相应的泥浆泵。

泥浆池小格内根据输浆的需要设置3″、4″的泥浆泵4～5只。

图4-236为本工程的泥浆循环池照片。

图4-236　泥浆循环池

2）固壁泥浆

地下连续墙槽段在施工时，全部采用优质膨润土泥浆进行护壁。采用200目钙基膨润土制备泥浆。分散剂选用工业碳酸钠，并适当添加入 CMC。泥浆的配合比和性能指标分别见表 4-45 及表 4-46。

新制泥浆配合比 **表 4-45**

膨润土品名	材料用量（kg）				
	水	膨润土	CMC（M）	$NaHCO_3$	其他外加剂
钙土	1000	60～80	0～0.6	2.5～4	适量

泥浆性能指标控制标准 **表 4-46**

性 能	阶段		
	新制泥浆	循环再生泥浆	混凝土浇筑前槽内泥浆
密度（g/cm^3）	≤1.07	≤1.20	≤1.18
漏斗黏度（s）	19～21	19～25	19～25
pH 值	8～9	8～10	8～10
含砂量（%）	不要求	不要求	≤8
检测频次	2 次/d	2 次/d	2 次/槽段

（3）泥浆的循环使用与回收处理

铣削成槽时，置于铣削头中的 6″泥浆泵抽吸孔底泥浆并经 6″输浆管路送至地面的泥浆净化系统进行除砂处理，微小的颗粒则需要通过高速离心机进行分离。处理后的泥浆经循环池循环，用供浆泵返回槽孔中。

经较长时间使用，如泥浆黏度指标降低，适当掺加新浆进行调整；如黏度升高，可加入分散剂，经处理后仍达不到标准的必须废弃。

浇筑混凝土时，自孔口流出的泥浆一般均直接用泵输送至回收鲜浆池中，作为其他槽孔换浆用泥浆。混凝土顶面以上 1m 左右的泥浆会被污染而造成劣化，应予以废弃处理。

（4）清孔换浆（图 4-237）

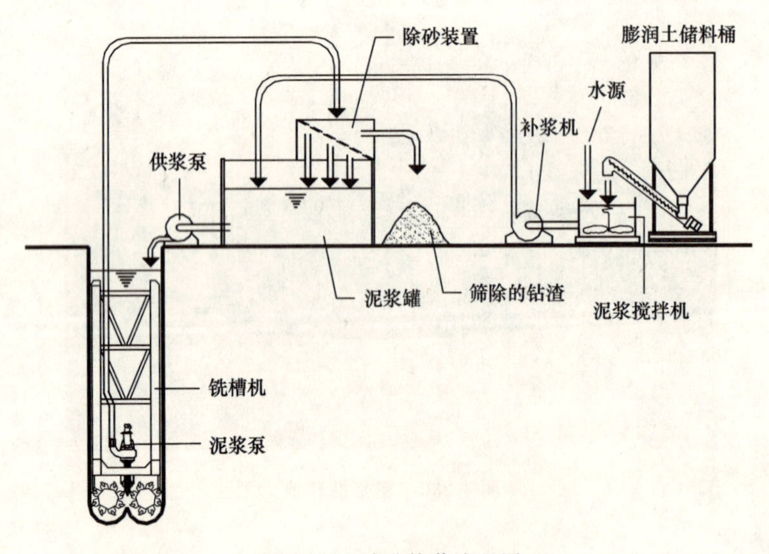

图 4-237 清孔换浆流程图

槽孔终孔并验收合格后，即采用液压铣槽机进行泵吸法清孔换浆。将铣削头置入孔底并保持铣轮旋转，铣头中的泥浆泵将孔底的泥浆输送至地面上的泥浆净化机，由振动筛除去大颗粒钻渣后，进入旋流器分离泥浆中的粉细砂，然后进入预沉池、循环池，进入槽内用于换浆的泥浆均从鲜浆池供应，直至整个槽段充满新浆，回浆达到“混凝土浇筑前槽内泥浆”的标准。

3. 防混凝土绕流的措施

本工程地下连续墙接头形式采用H型钢接头，从以往施工经验看，H型钢接头在防混凝土浇渗方面易出现一些问题，尤其是接头位置出现较大面积塌方时，混凝土从H型钢侧面或底部绕过去，充填缝隙，固结后接头部位强度增高，造成后续槽段成槽困难。

地下连续墙浇筑混凝土过程中，混凝土可能会从H型钢底部或顶部绕流到相邻槽段，也可能通过坍塌的槽壁绕流到相邻槽段，下面结合本工程采取的防绕流措施进行分析。

(1) H型钢底部防绕流的措施

原设计钢筋笼底距槽底500mm，而H型钢插至槽底。由于成槽深度可能超深，H型钢与槽底就将存在间隙。在混凝土浇筑时，混凝土将从H型钢底部流入相邻槽段。由于57.5m的混凝土浇筑高度产生的压力，流向邻近槽段的混凝土面将与混凝土浇筑高度同步上升，其后果将非常严重。

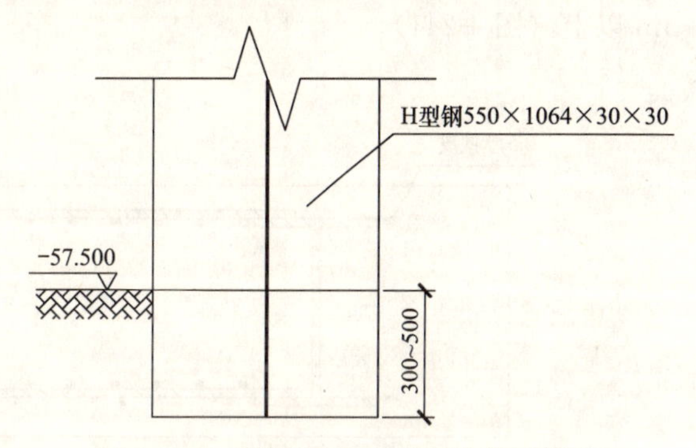

图4-238 槽段底部加长型钢防绕流措施

本工程将H型钢底端加长300～500mm，以阻挡混凝土从槽底流向相邻槽段（图4-238）。

(2) 顶部防混凝土向两侧溢出的措施

原设计H型钢比钢筋笼顶低1200mm，在浇筑混凝土时为确保墙顶有效混凝土强度必须有翻浆300～500mm的高度，因此，混凝土翻浆将从槽顶两侧溢出，如不采取措施，则会造成相邻槽段施工困难。针对以上情况将采取以下措施：

1) 把先施工的槽段两侧H型钢以变截面形式接长至导墙面−1.0m处，这样就可以阻挡混凝土翻浆向两侧溢出（图4-239）。

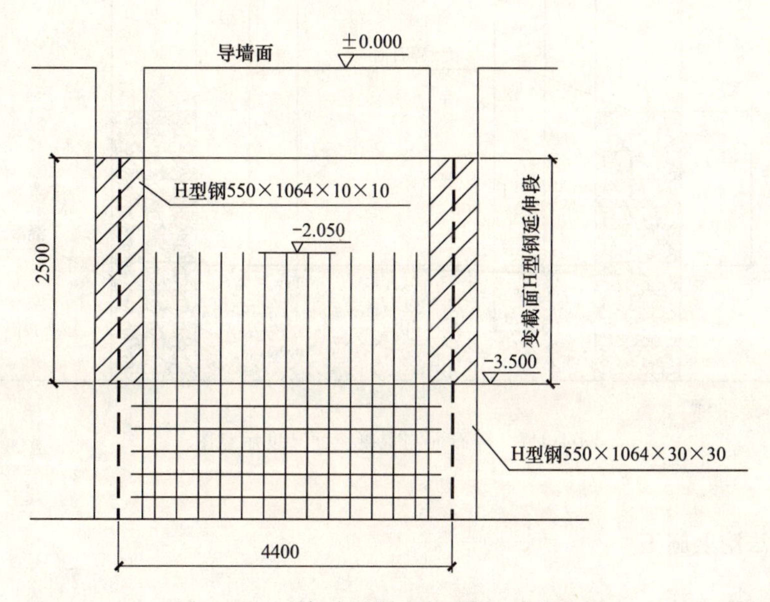

图4-239 顶部防混凝土向两侧溢出措施图

2）导墙面至－1.0m处范围采用可拆式挡板。

以上措施将H型钢顶端延伸至导墙，其目的是由于地下连续墙墙顶落底，导墙与翻浆有1.5m的高差，如果不及时回填土则导墙会产生下沉变形，直接影响以后相邻槽段的成槽施工。

(3) 由于塌方引起的混凝土侧向绕流措施

地下连续墙厚度为1200mm，成槽厚度较大，而且接头形式采用工字钢，进行混凝土浇筑时，易发生混凝土绕流现象，给后续槽段的施工带来比较大的难度，采取了以下措施（图4-240～图4-242），解决了混凝土绕流问题，具体分两步进行：

第一步：制作钢筋笼，在H型钢上焊接300mm镀锌薄钢板（图4-240）。

第二步：成槽后吊放钢筋笼，在空腔内填碎石，然后浇筑混凝土，碎石面始终高于混凝土面5m以上（图4-241）。

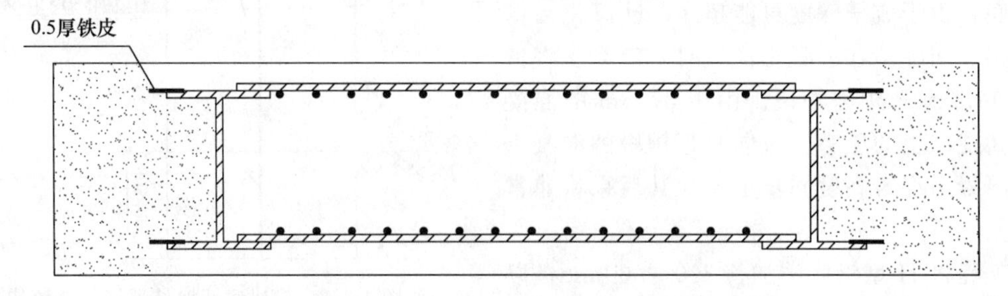

图4-240　混凝土侧向绕流预防措施

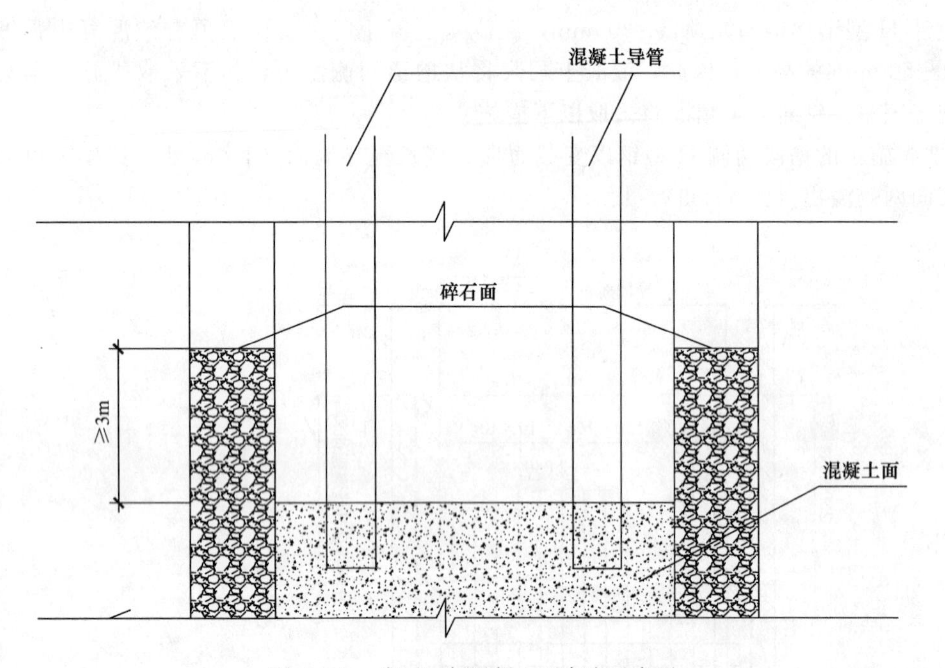

图4-241　碎石面与混凝土面高度示意图

4.10.3.3　逆作法挖土施工

工程基坑开挖面积约13300m²，开挖深度为34m，土方开挖的总方量约43.1万m³。根据本

图 4-242 防绕流外包铁皮

工程土方开挖的特点，施工中采取了安全快速出土方案，遵循了“开挖与结构流水交叉施工”的原则，确保开挖与结构施工同步连续流水施工，最大限度缩短基坑无支撑暴露时间，从时空效应减少基坑变形。并按分区流水的原则，利用结构孔洞，分区独立形成取土口。

逆作法流水交叉施工分为垂直和水平流程，垂直方向上主要是施工工况流程，水平方向上是施工段的划分。

1. 水平各层分段

由于第一层土开挖是采用盆式大开挖，挖土速度比较快，基坑暴露时间较短，同时根据结构分区的要求（中心区域为预应力区域），为此将顶板的分区为五个区。中心区域面积为 $3600m^2$ 左右，其他四区各 $2300m^2$ 左右。同时根据对称加卸载原则，将周边四个区分为 2 个施工段，每个施工段的面积约为 $4600m^2$。暗挖阶段的分区为 A、B、C、D、E、F、G 七个区：A 区面积为 $3600m^2$，B、D 区面积为 $1100m^2$，C、E 区面积为 $1200m^2$，F、G 区面积为 $1600m^2$，同时 B～G 六个区划分为对称的三个施工段。

2. 逆作取土开挖流程

根据工程实际情况本工程土方开挖共分 8 个阶段。

第一阶段：主要施工内容为第一层土开挖和 B0 板施工。

第二阶段：主要施工内容为第二层土开挖、单环支撑及夹层施工。

第三阶段：主要施工内容为第三层土开挖和 B1 板施工。

第四阶段：主要施工内容为第四层土开挖、B2 板及 B1 板以上内衬墙施工。

第五阶段：主要施工内容为第五层土开挖、第一道双环支撑、夹层及 B2 板以上内衬墙施工。

第六阶段：主要施工内容为第六层土开挖和 B3 板施工。

第七阶段：主要施工内容为第七层土开挖、第二道双环支撑及 B3 板以上内衬墙施工。

第八阶段：主要施工内容为第八层土开挖和基础底板施工。

根据楼层和环形支撑的施工需要，每个阶段分七个层区进行开挖，具体开挖流程为：A 区→F、G 区→D、E 区→B、C 区。

3. 垂直各工况划分

(1) 第一工况

A 区进行井点降水，降至开挖深度以下 1m，即 −6.400m；B0 板 A 区挖土采用 4 台 1.6m³ 及 4 台 0.6m³ 挖土机进行挖土，由中心向四周破顶退挖，按工作量共分为 16 个分块，4 次挖完（图 4-243）。

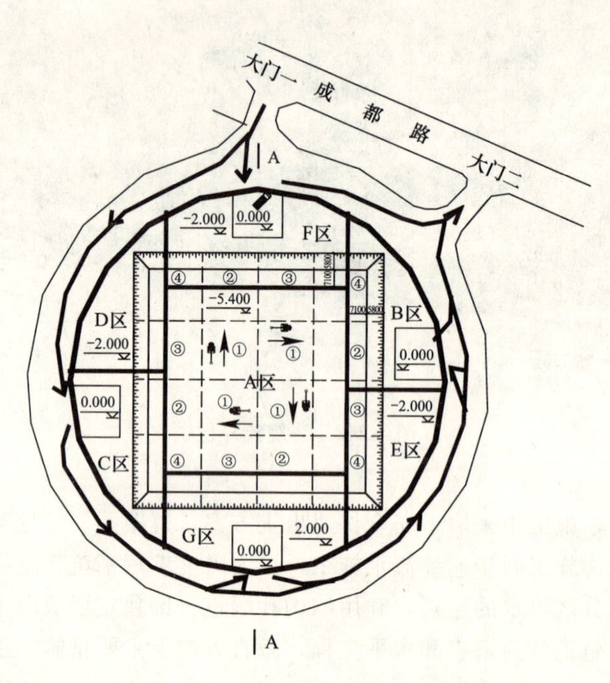

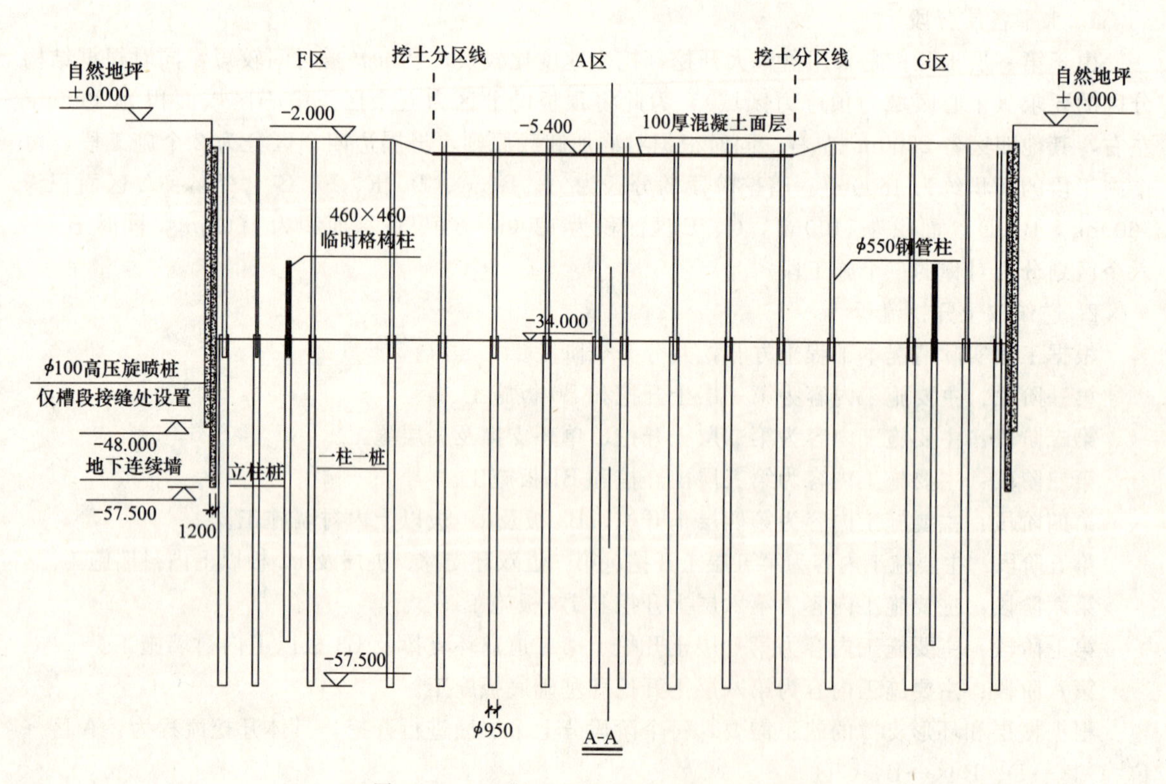

图 4-243 B0 板 A 区开挖平面图、剖面图

（2）第二工况

分F、G区井点降水降至开挖深度以下1m，即－6.400m；A区结构施工，B、C区挖土采用4台1.6m³及4台0.6m³挖土机进行挖土，由两边向中间退挖，按工作量共分为10个分块，3次挖完。待F、G区地下连续墙区域挖土完成后，立即凿除该区域地下连续墙－3.500m以上部分的混凝土；A区施工－2.000m结构层（搭设排架支设模板及绑扎钢筋，浇捣混凝土）并养护；钢筋绑扎时及时铺设预应力筋、套管及锚具（图4-244）。

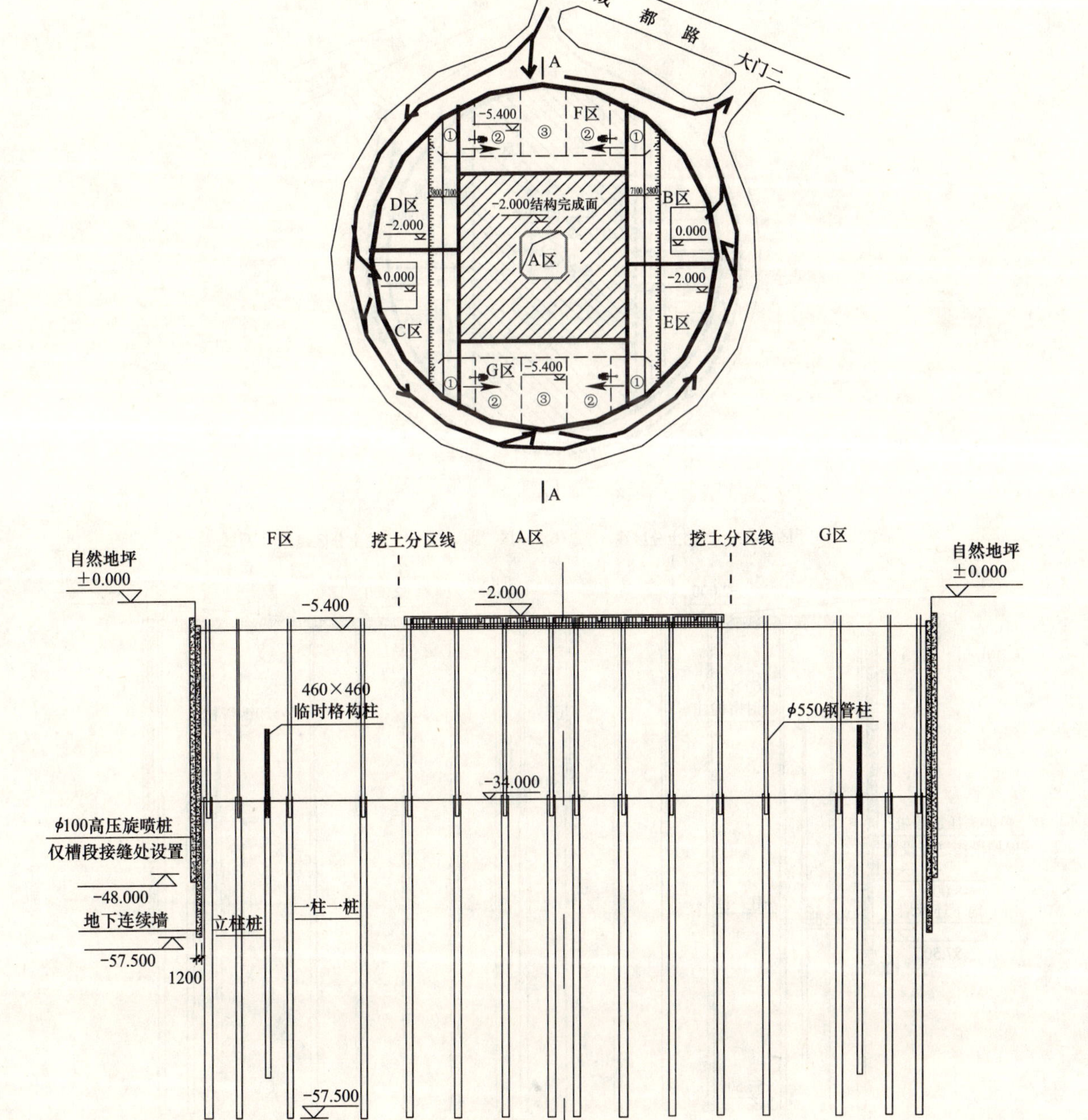

图4-244 B0板F、G区开挖平面图、剖面图

(3) 第三工况

A区预应力筋张拉，注浆，养护；F、G区结构施工；D、E区挖土采用4台1.6m³及4台0.6m³挖土机进行挖土，由与B、C两区坡底线处向与F、G区坡顶处退挖，按工作量共分为6个分块，3次挖完。待D、E区地下连续墙区域挖土完成后，立即凿除该区域地下连续墙－3.500m以上部分的混凝土；F、G区施工地下连续墙压顶圈梁及－2.000m结构层搭设排架支设模板及绑扎钢筋浇捣混凝土并养护（图4-245）。

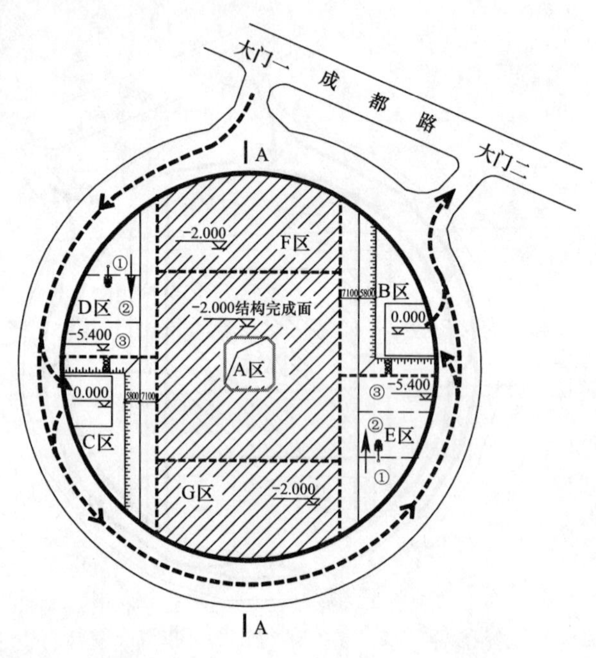

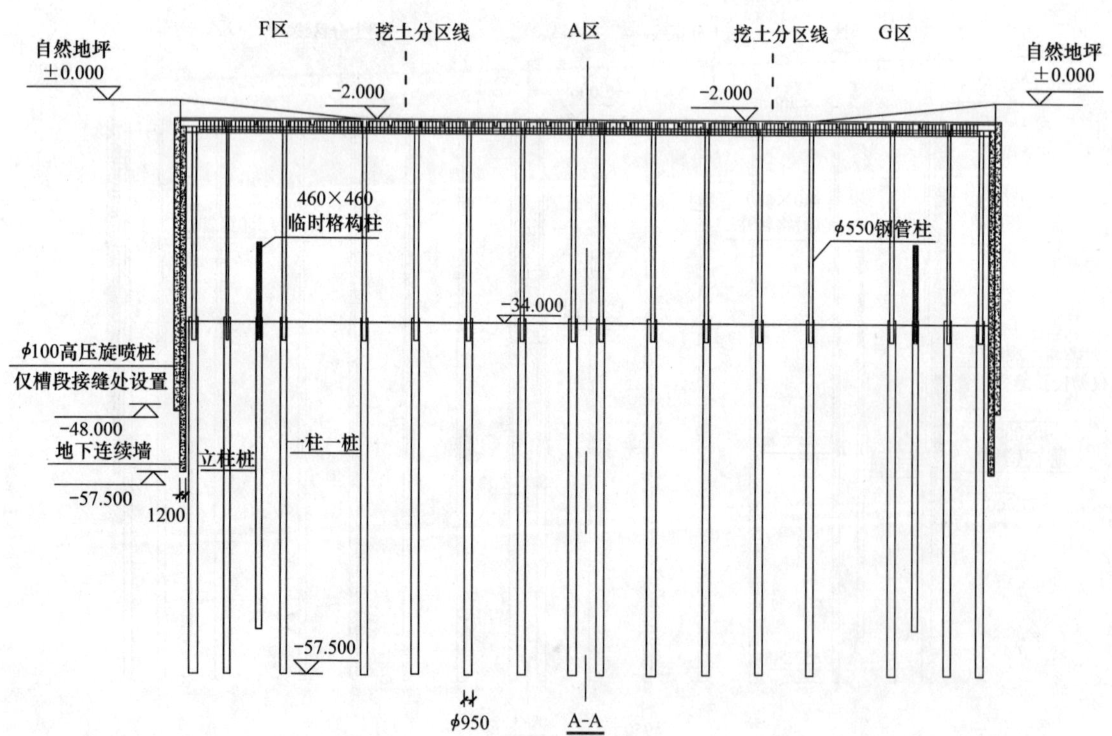

图4-245 B0板D、E区开挖平面图、剖面图

（4）第四工况

B、C区井点降水降至开挖深度以下1m，即－6.400m；D、E区结构施工，F、G区栈桥施工；F、G区挖土采用4台1.6m³及4台0.6m³挖土机进行挖土，由B、C区两侧向中间退挖，按工作量共分为6个分块，3次挖完。待B、C区地下连续墙区域挖土完成后，立即凿除该区域地下连续墙－3.500m以上部分的混凝土；D、E区施工地下连续墙压顶圈梁及－2.000m结构层搭设排架支设模板及绑扎钢筋。D、E区施工结构层浇捣混凝土并养护（图4-246）。

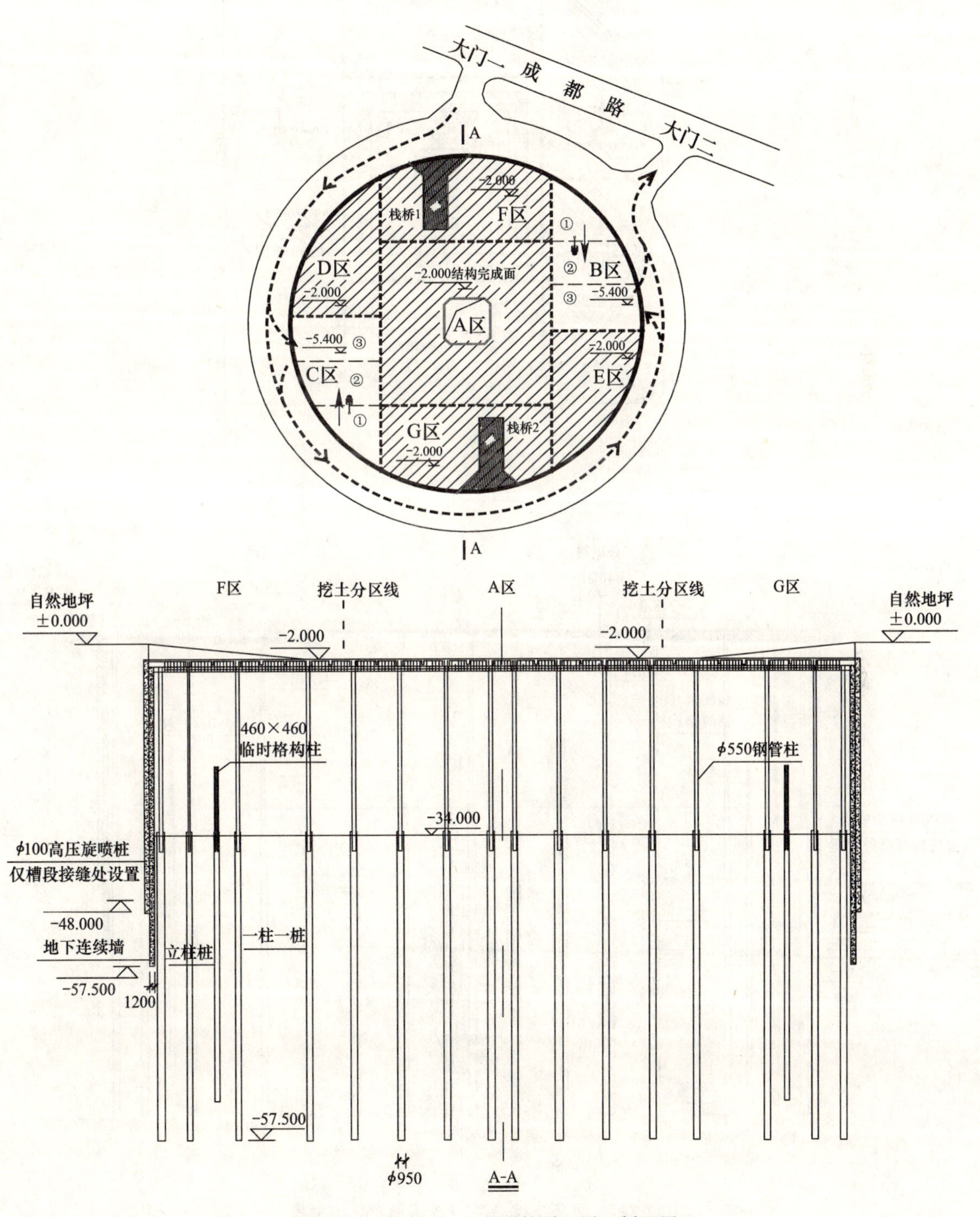

图4-246 B0板B、C区开挖平面图、剖面图

（5）第五工况

A 区进行井点降水，降至开挖深度以下 1m，即－10.500m；A 区开挖至－9.500m，挖深为 4.1m；接长柱身纵向钢筋（图 4-247）。

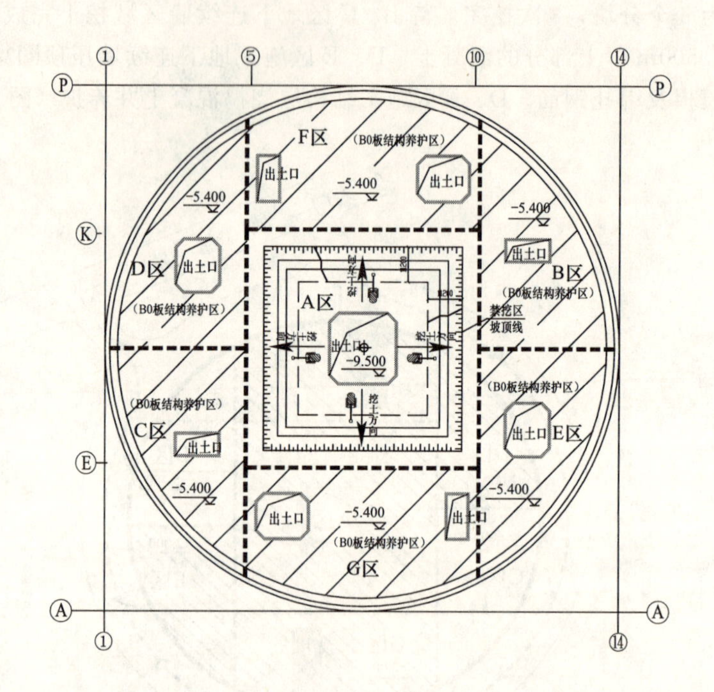

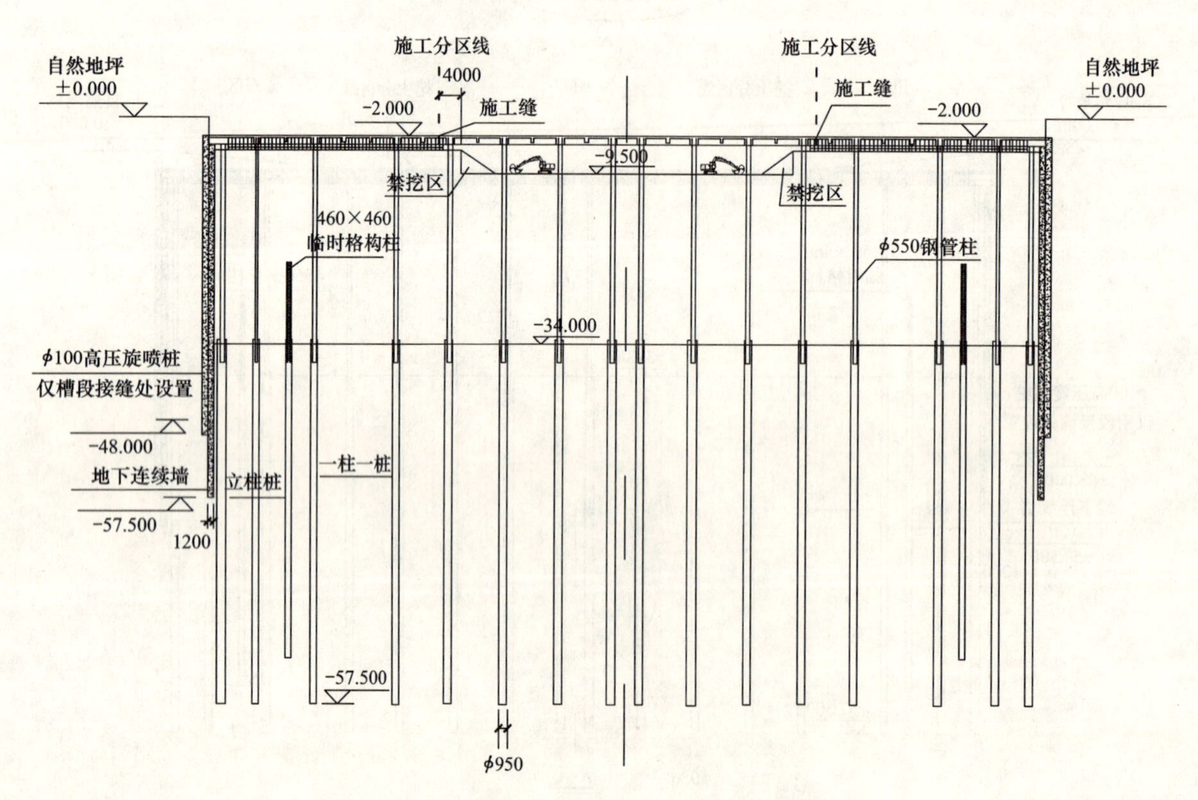

图 4-247 单环支撑 A 区开挖平面图、剖面图

（6）第六工况

B、C、D、E、F、G区井点降水降至开挖深度以下1m，即为－10.500m；B0板拆模后即可开始开挖，挖至－9.500m，挖深为4.1m，接长柱身纵向钢筋，单环撑模板排架范围（约5m宽）挖至－9.200m，并且随挖随浇100mm厚C20垫层；A区待B、C、D、E、F、G区B0板拆模后，禁挖区取消，可继续挖土（图4-248）。

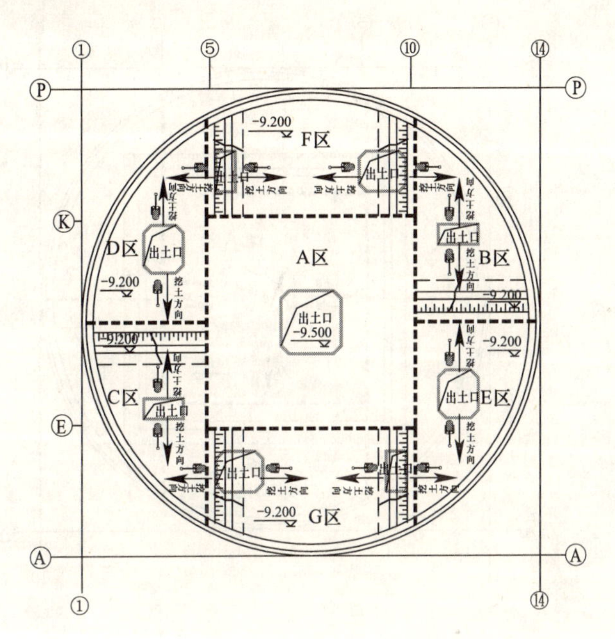

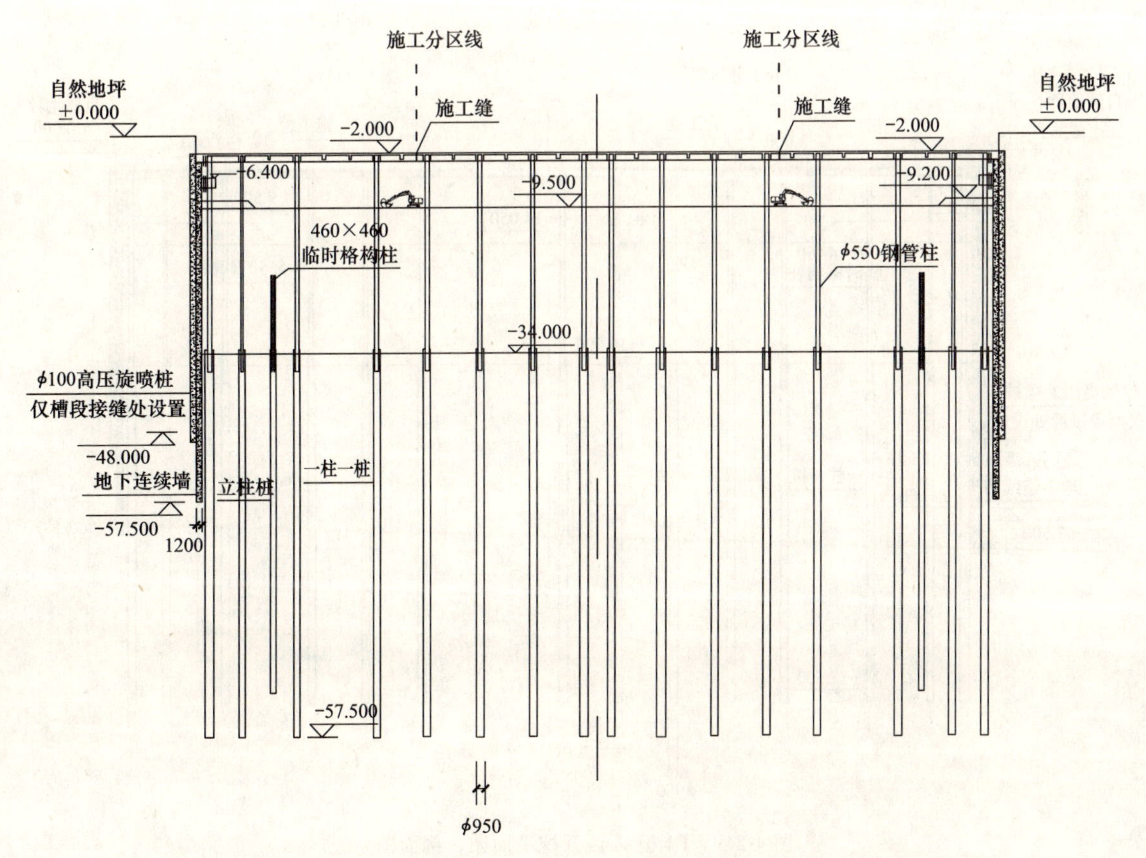

图4-248　单环支撑B、C、D、E、F、G区开挖平面图、剖面图

（7）第七工况

A 区进行井点降水，降至－15.050m；A 区继续挖土至－14.050m，开挖深度为 4.55m，随挖随浇 100mm 厚 C20 垫层；B、C、D、E、F、G 区施工－7.000m 单环支撑结构（搭设排架支设模板及绑扎钢筋，浇捣混凝土）并养护（图 4-249）。

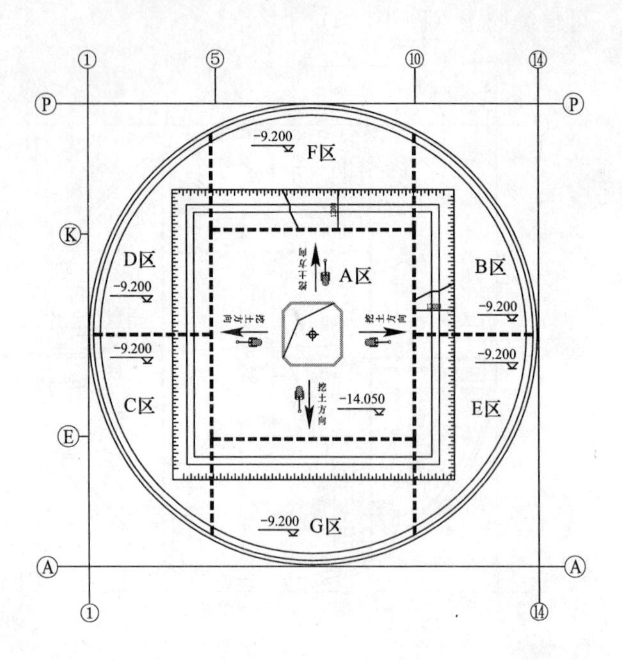

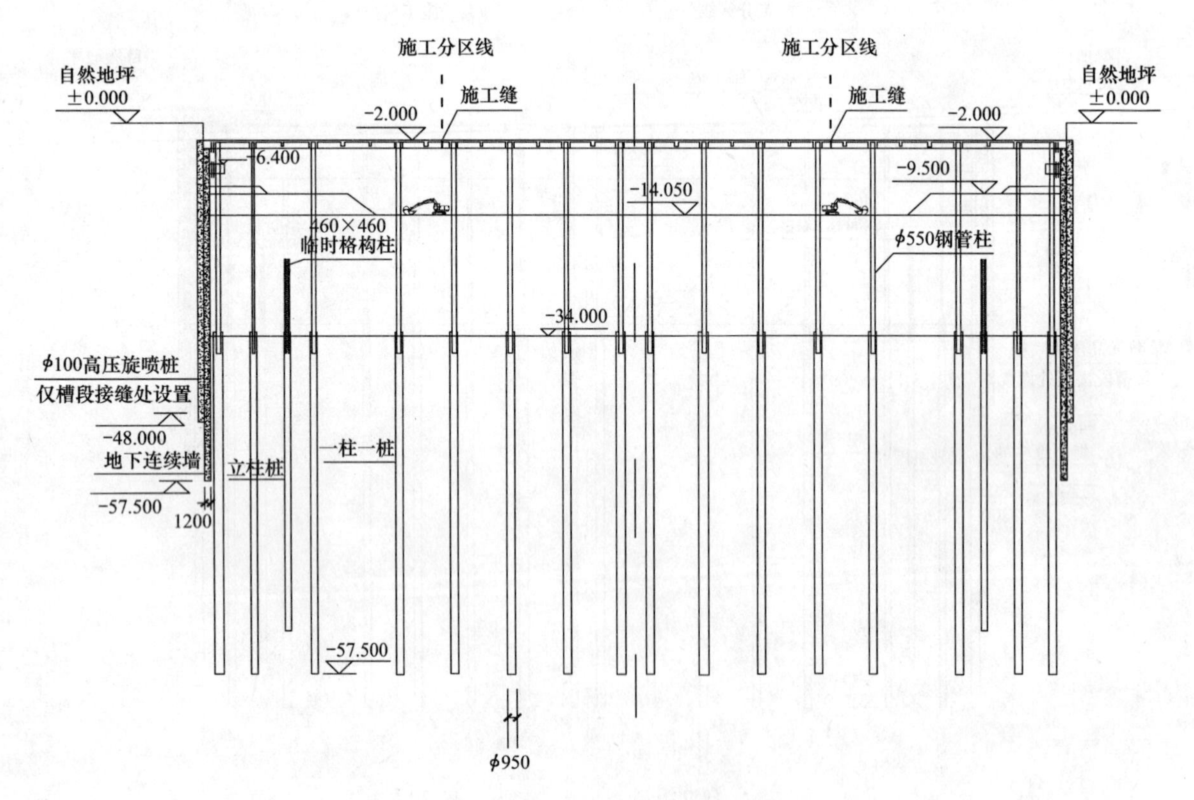

图 4-249 B1 板 A 区开挖平面图、剖面图

（8）第八工况

B、C、D、E、F、G区井点降水降至－15.050m，待单环支撑拆模后，继续开挖至－14.050m，开挖深度为4.55m，随挖随浇100mm厚C20混凝土垫层；A区进行B1板结构层施工并养护（图4-250）。

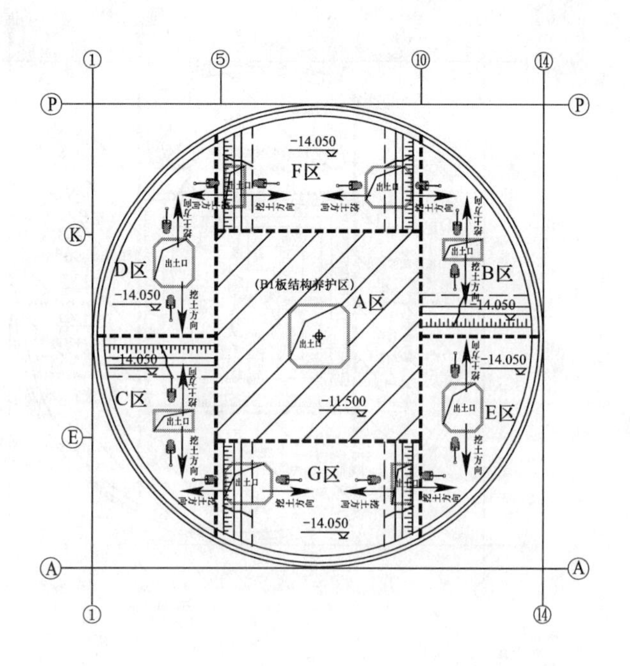

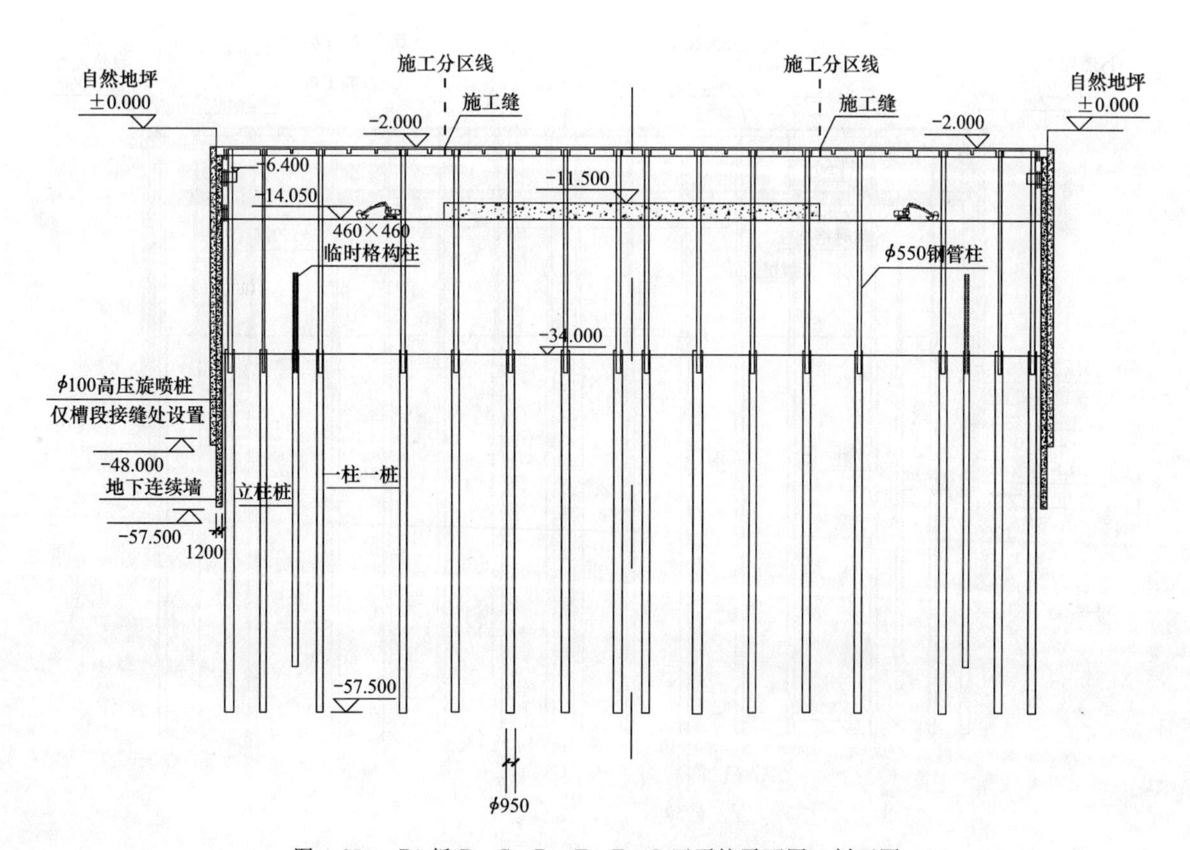

图4-250 B1板B、C、D、E、F、G区开挖平面图、剖面图

（9）第九工况

A区井点降水降至－20.050m，待B1板结构层拆模后继续开挖至－19.050m，开挖深度5m，随挖随浇100mm厚C20垫层；B、C、D、E、F、G区进行B1板结构层施工并养护（图4-251）。

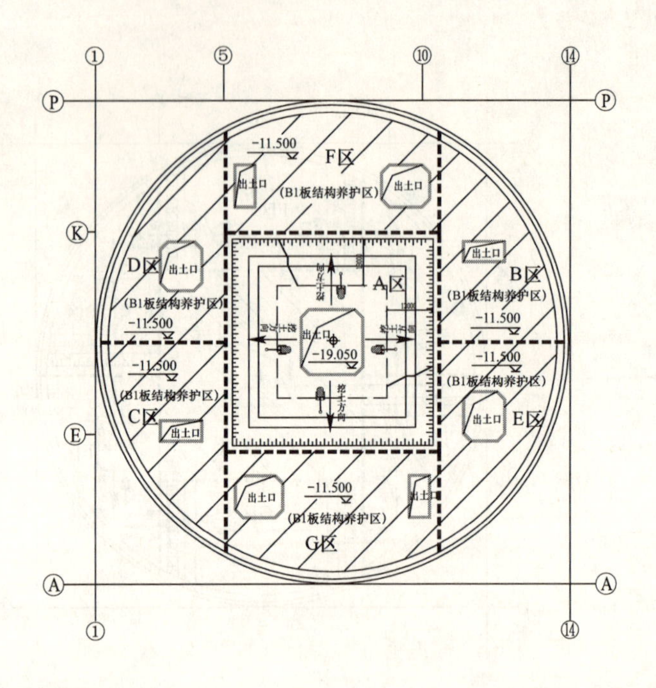

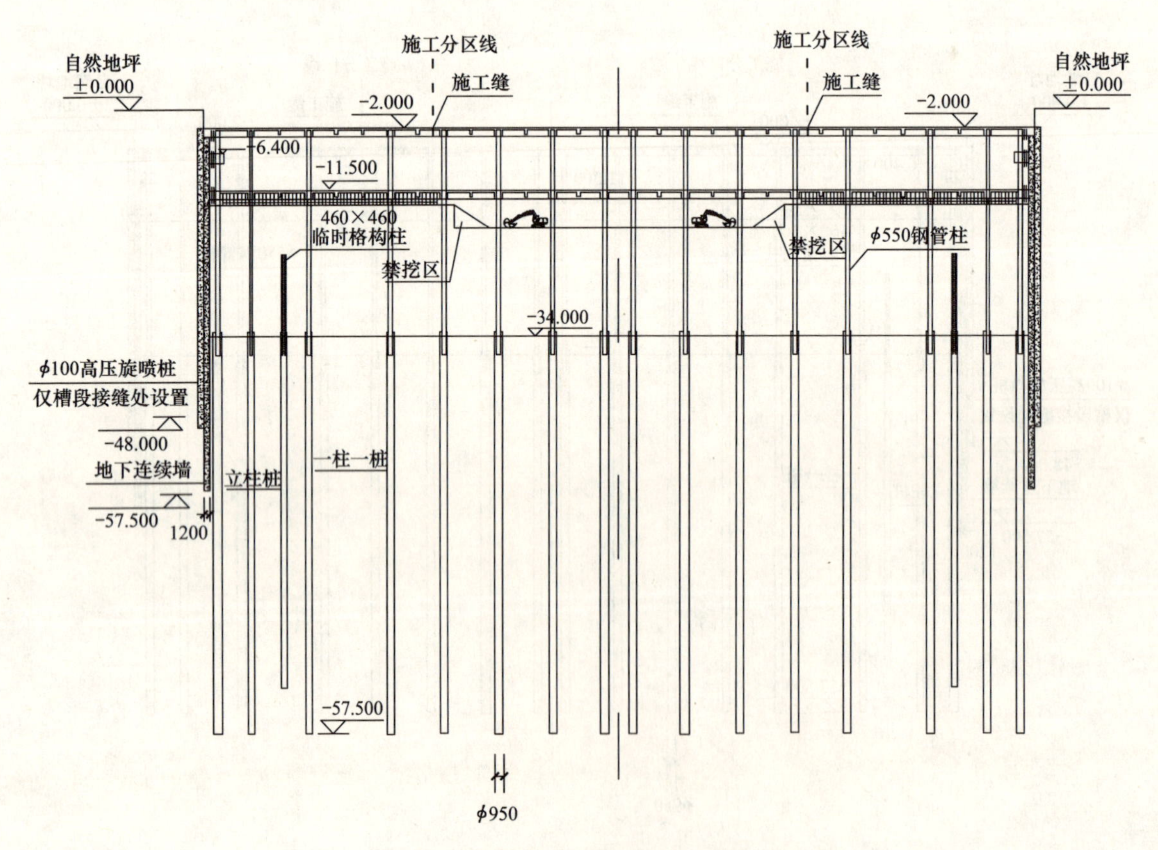

图4-251 B2板A区开挖平面图、剖面图

（10）第十工况

B、C、D、E、F、G区井点降水降至－20.050m，待B1板结构层拆模后继续开挖至－19.050m，开挖深度5m，随挖随浇100mm厚C20垫层；A区进行B2板结构层施工并养护；B1层内衬墙结构开始施工（图4-252）。

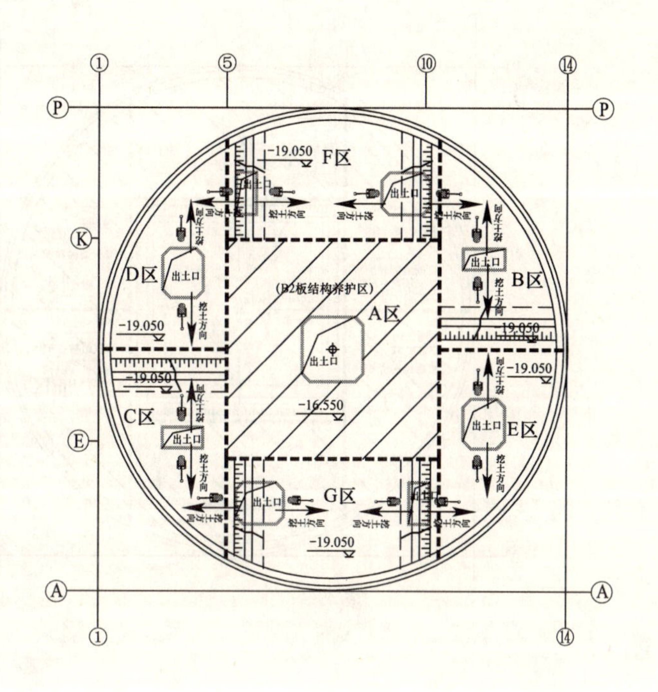

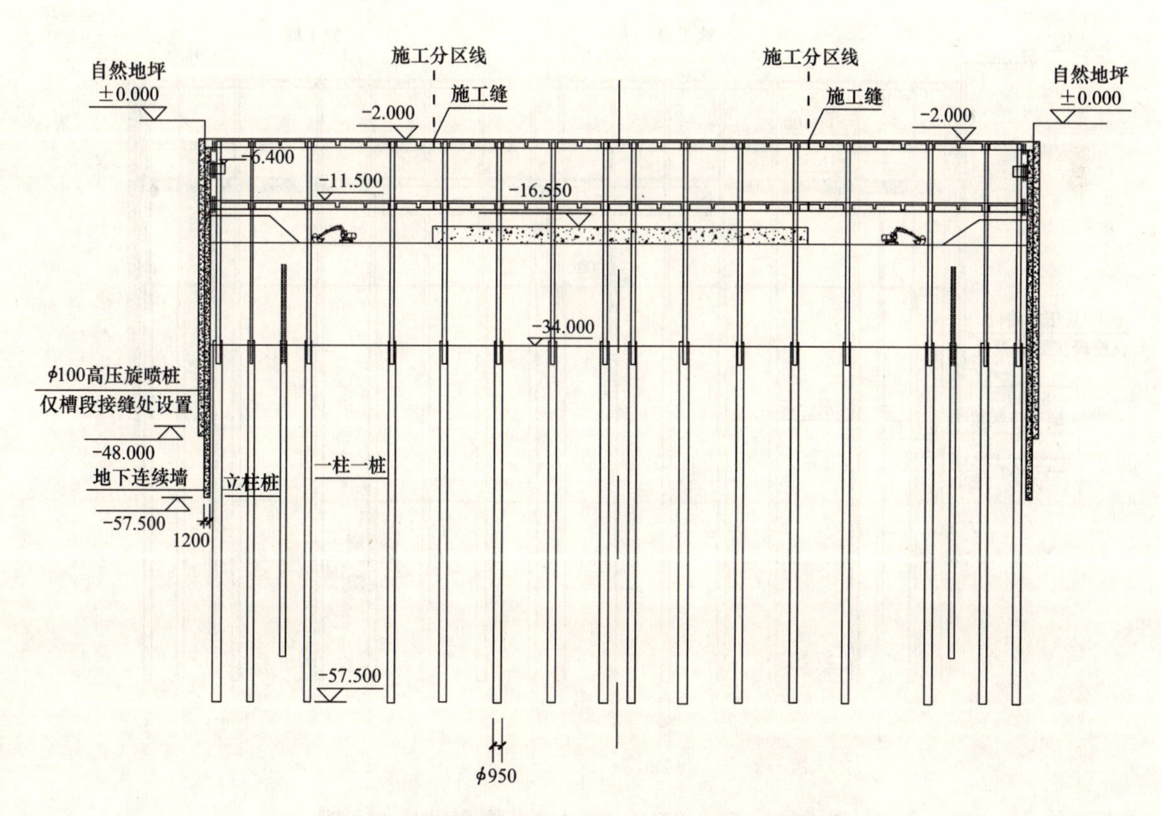

图4-252 B2板B、C、D、E、F、G区开挖平面图、剖面图

（11）第十一工况

A 区井点降水降至－23.100m，待 B1 板结构层拆模后继续开挖至－22.300m，开挖深度 3.15m；B、C、D、E、F、G 区进行 B2 板结构层施工并养护；B1 层外包柱开始施工（图 4-253）。

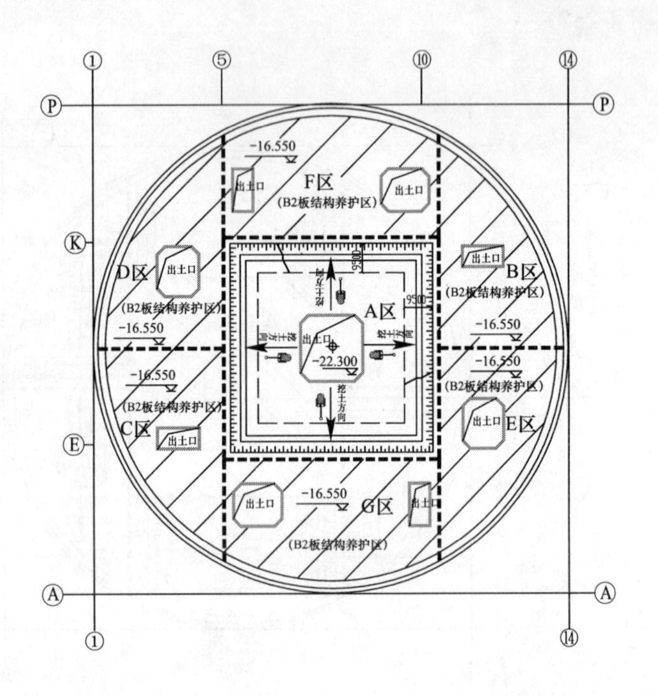

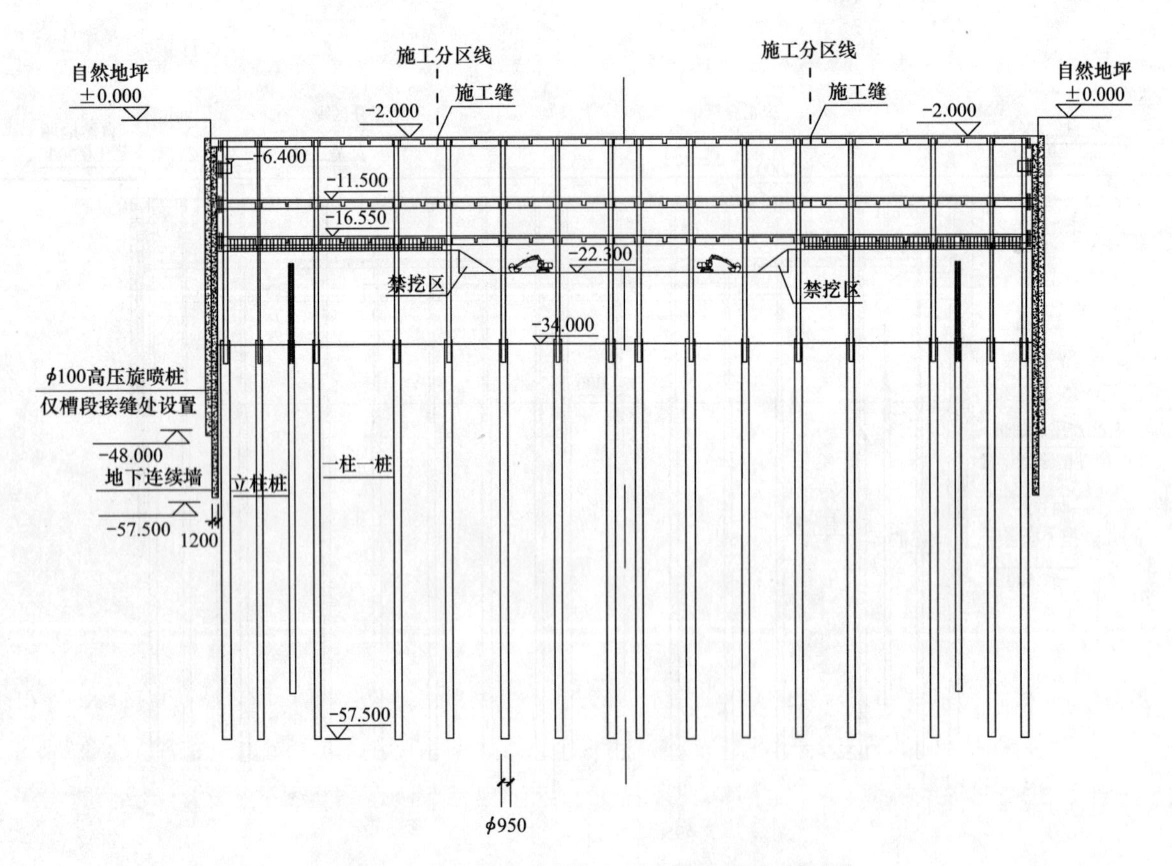

图 4-253　第一道双环支撑 A 区开挖平面图、剖面图

(12) 第十二工况

B、C、D、E、F、G区井点降水降至－25.150m，待B2板结构层拆模后，继续开挖至－24.150m，开挖深度5.1m，第一道双环支撑模板排架范围随挖随浇100mm厚C20垫层；A区施工柱间连系杆支撑结构并养护；B2层内衬墙结构开始施工（图4-254）。

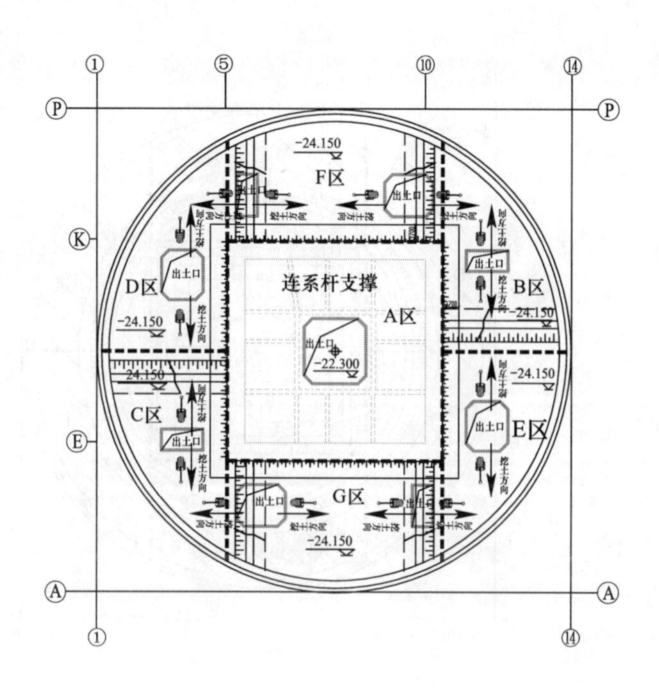

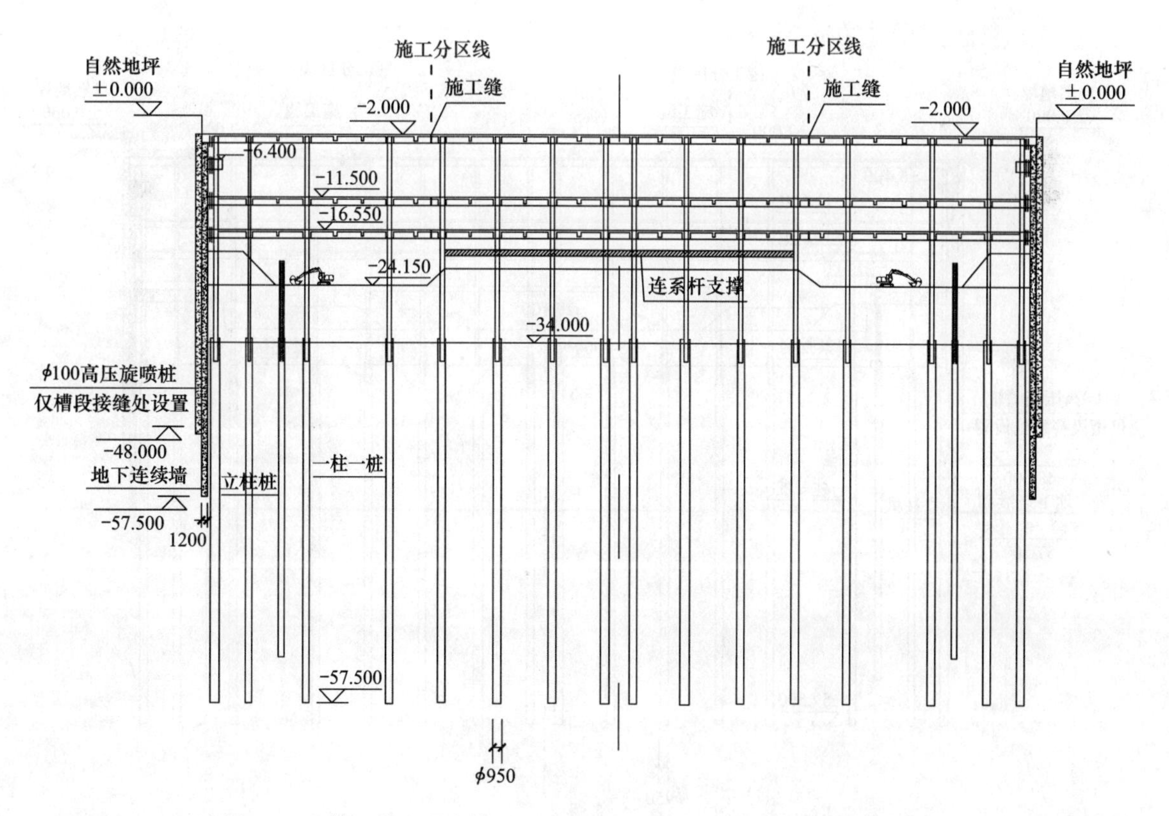

图4-254 第一道双环支撑B、C、D、E、F、G区开挖平面图、剖面图

(13) 第十三工况

A 区井点降水降至－30.100m，待柱间连系杆支撑结构完成后继续开挖至－29.100m，开挖深度 6.8m，随挖随浇 100mm 厚 C20 垫层；B、C、D、E、F、G 区进行第一道双环支撑施工并养护；B2 层外包柱结构开始施工（图 4-255）。

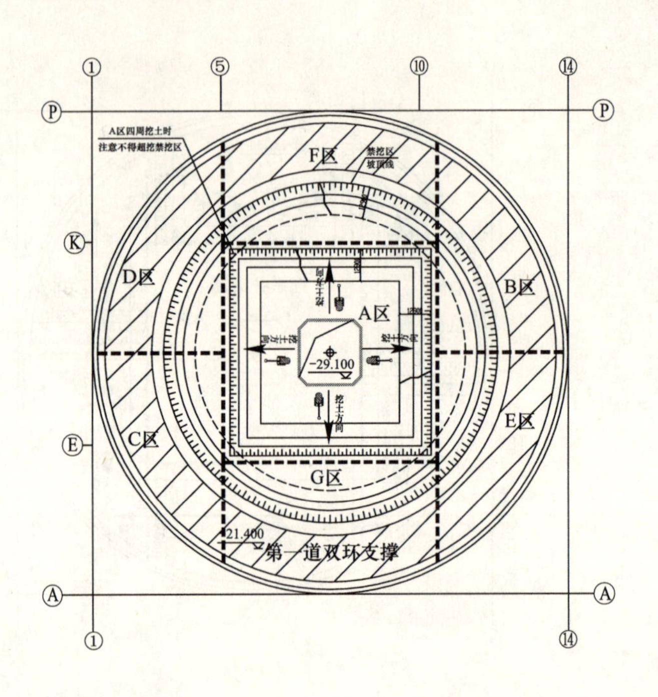

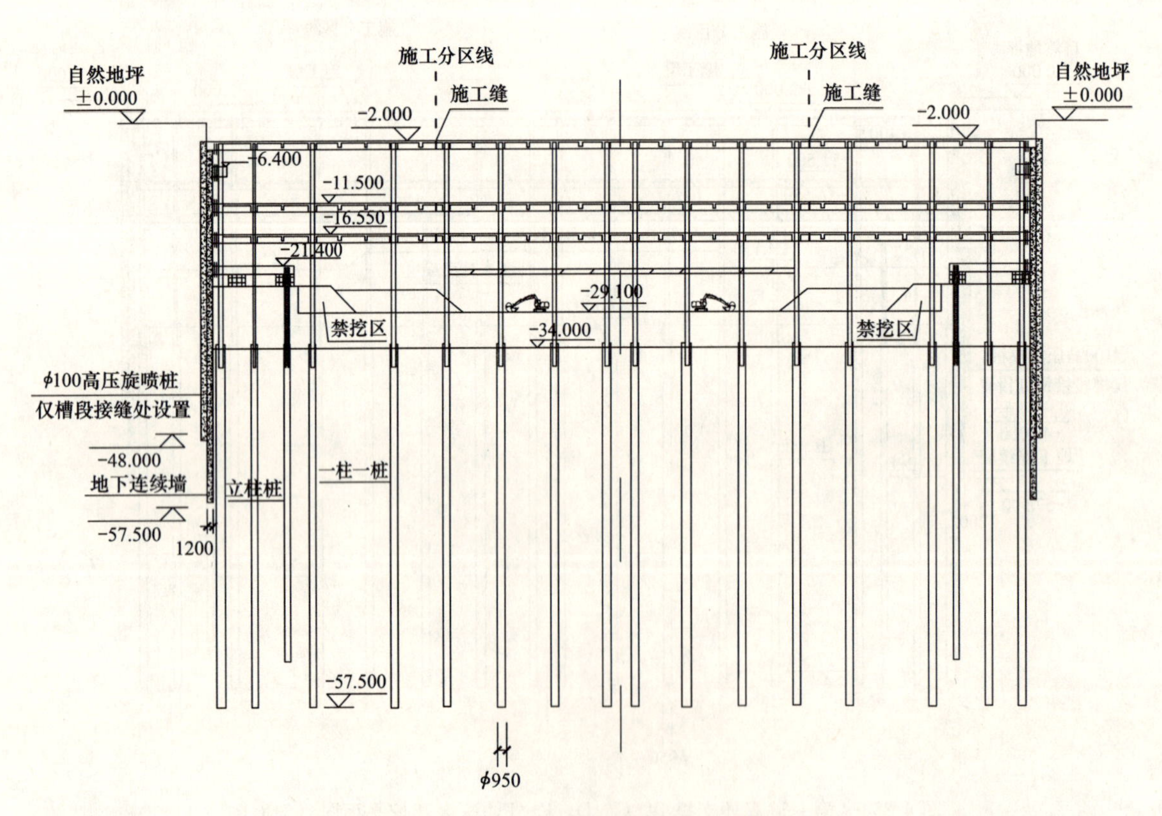

图 4-255　B3 板 A 区开挖平面图、剖面图

（14）第十四工况

B、C、D、E、F、G区井点降水降至－30.100m，待第一道双环支撑拆模后继续开挖至－29.100m，开挖深度4.95m，随挖随浇100mm厚C20垫层；A区进行B3板结构层施工并养护（图4-256）。

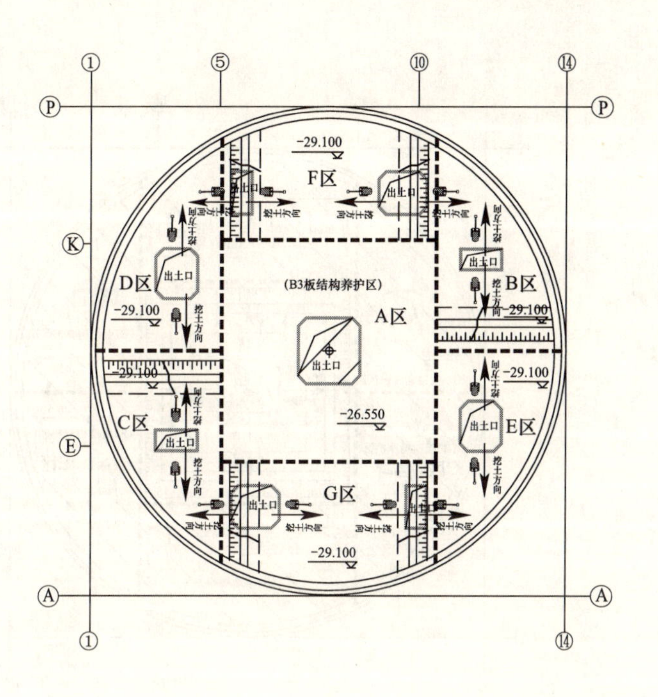

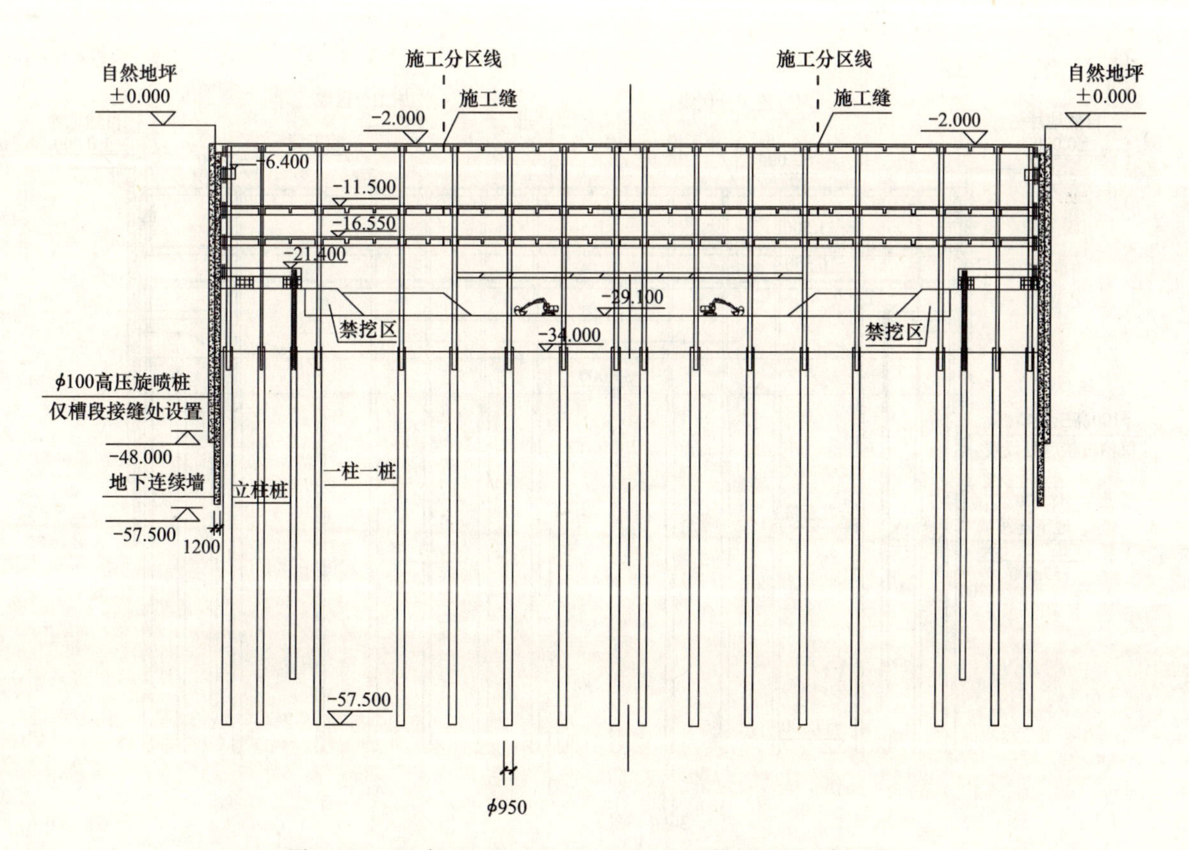

图4-256　B3板B、C、D、E、F、G区开挖平面图、剖面图

(15) 第十五工况

A 区井点降水降至－35.000m，待 B3 板结构层拆模后继续开挖至－34.000m，开挖深度 4.9m，随挖随浇 200mm 厚 C20 垫层；B、C、D、E、F、G 区进行 B3 板结构层施工并养护（图 4-257）。

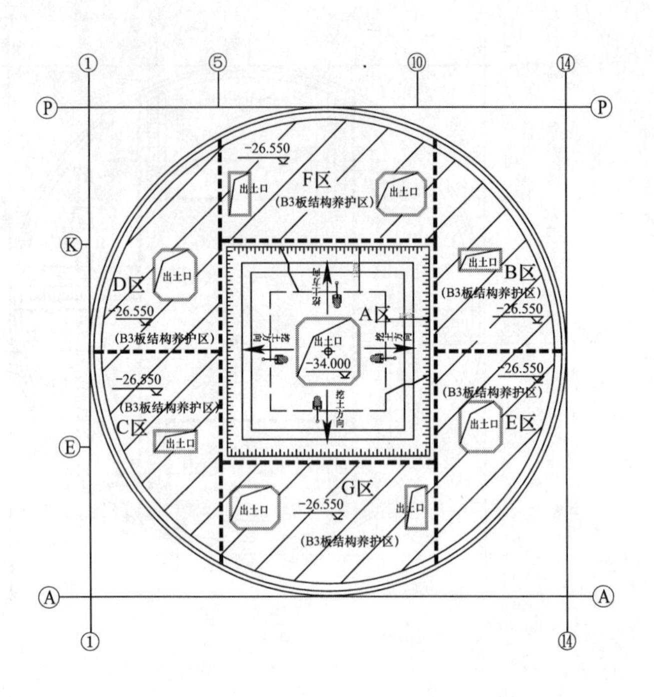

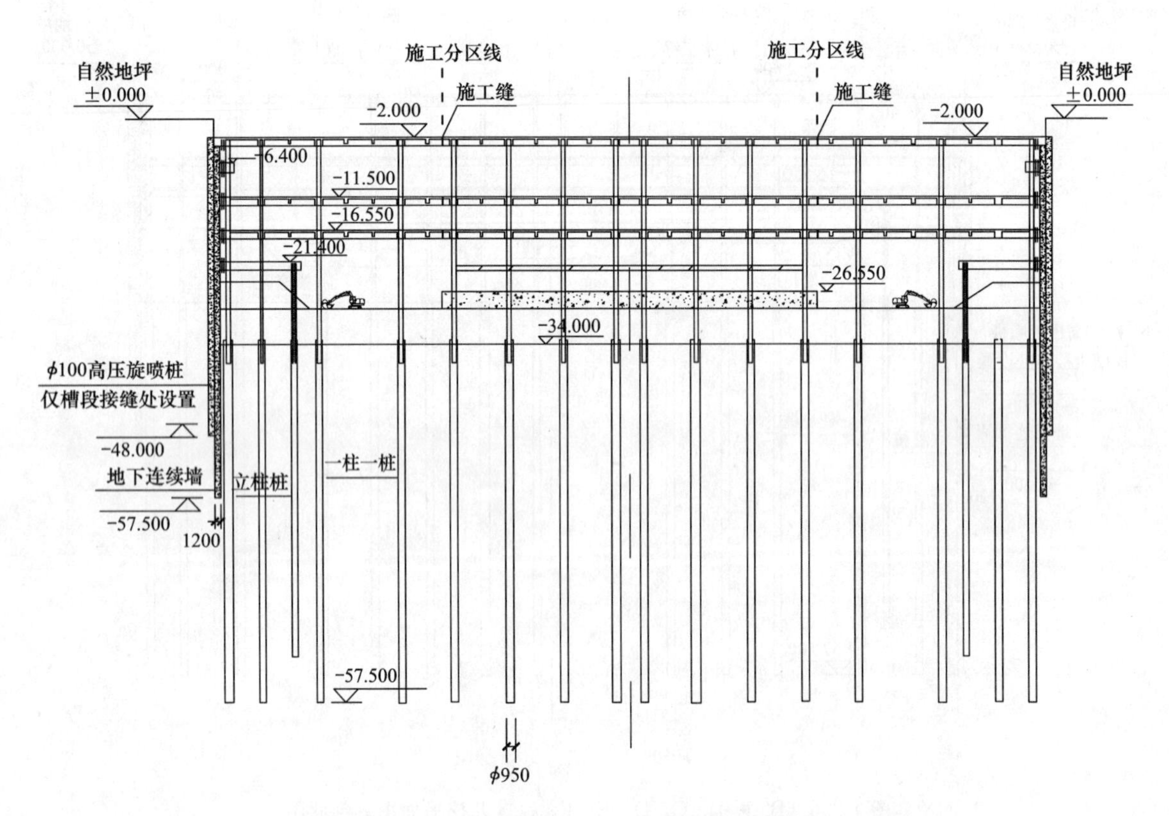

图 4-257 基础底板 A 区开挖平面图、剖面图

（16）第十六工况

B、C、D、E、F、G区井点降水降至－33.400m，待B3板结构层拆模后继续开挖至－32.400m，开挖深度3.1m，第二道双环支撑模板排架范围随挖随浇100mm厚C20垫层；A区挖除禁挖区土方，浇捣基础底板垫层，铺设基础底板底排钢筋（图4-258）。

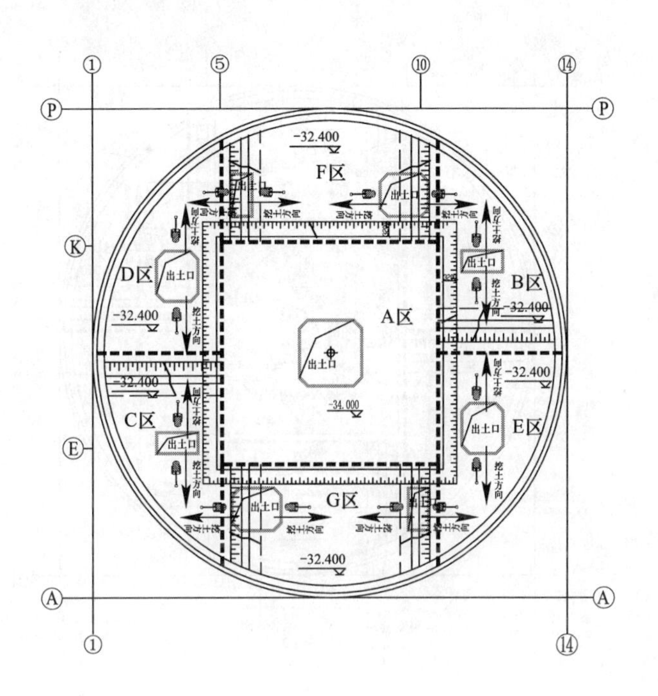

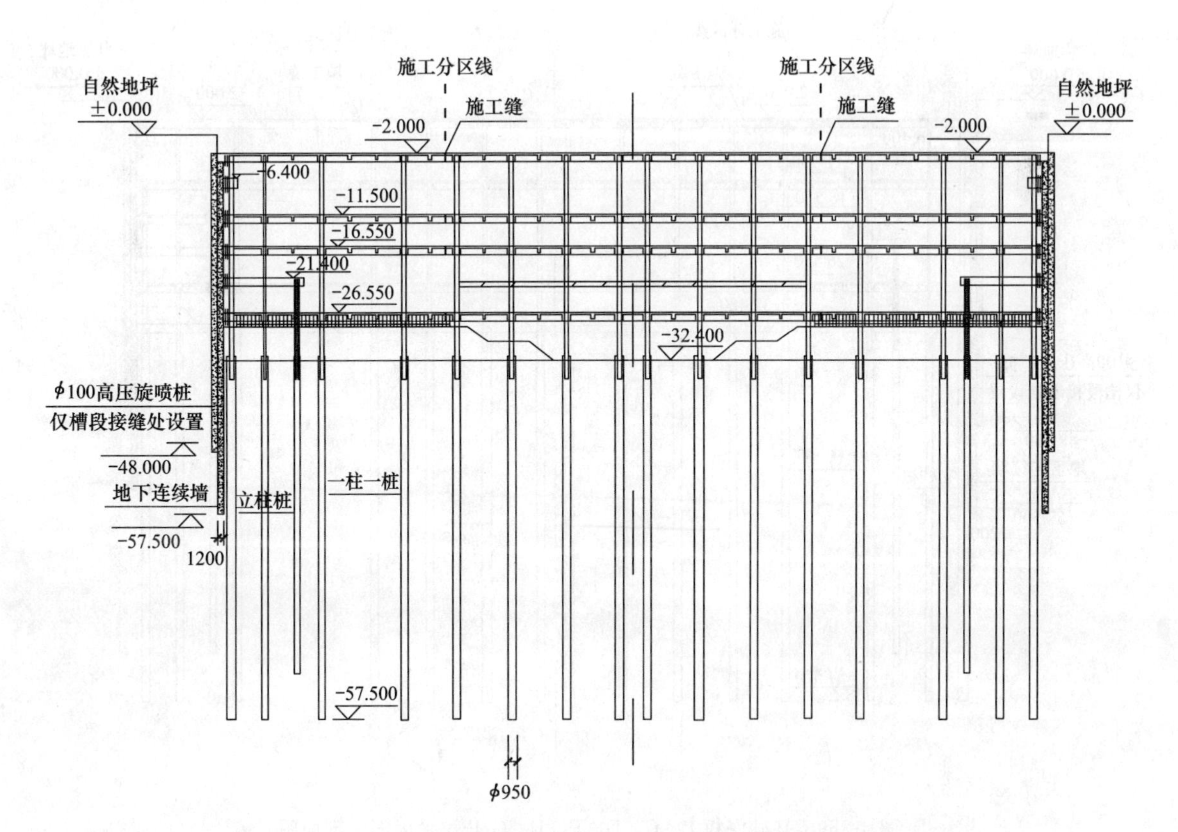

图4-258　第二道双环支撑B、C、D、E、F、G区开挖平面图、剖面图

(17) 第十七工况

A 区基础底板结构钢筋绑扎，模板安装，混凝土浇捣并养护；B、C、D、E、F、G 区井点降水降至－36.000m，待第二道双环支撑拆模后继续开挖至－34.000m，开挖深度 1.6m，随挖随浇 200mm 厚 C20 垫层（图 4-259）。

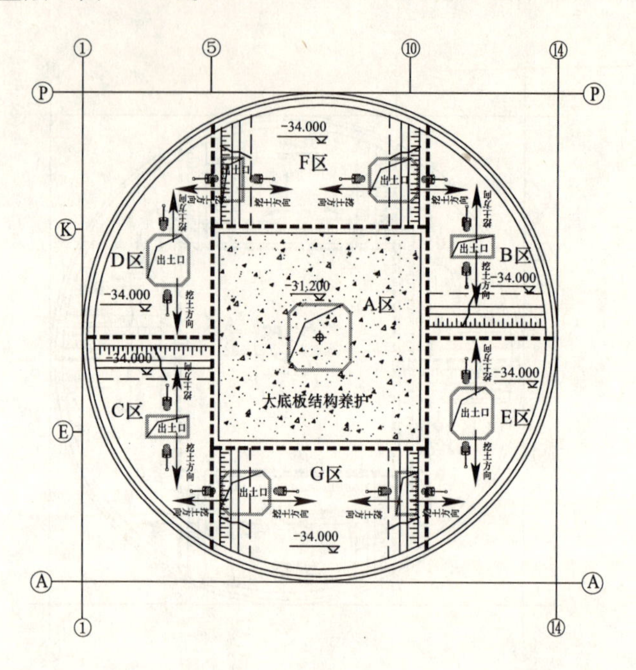

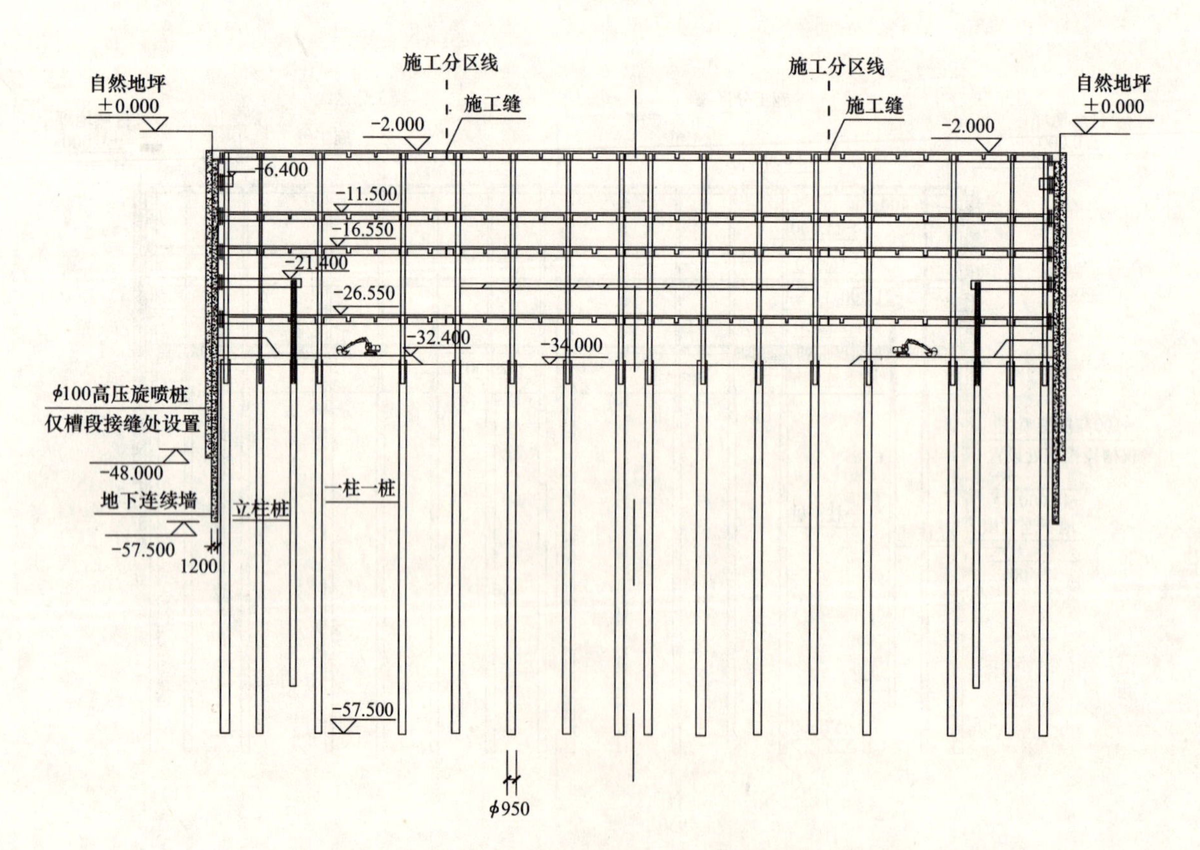

图 4-259 基础底板 B、C、D、E、F、G 开挖平面图、剖面图

4. 逆作法取土设备的选择

根据工程的特点，本工程第一层（0～5m）土方开挖采用1.6m^3和0.6m^3挖土机相配合按分区流程进行明开挖；第二、三层（5～14m）土方开挖采用加长臂挖土机和0.6m^3挖土机相配合按分区流程进行暗开挖；第四、五层（14～22m）土方开挖采用伸缩臂挖掘机和0.6m^3挖土机相配合按分区流程进行暗开挖；第六～八层（22～35m）土方开挖采用履带抓斗吊和0.6m^3挖土机相配合按分区流程进行暗开挖。逆作开挖施工机械配置见表4-47。

逆作开挖施工机械配置　　表4-47

序　号	机械设备名称	规格型号	生产能力	单功率（kW）	数　量	备　注
1	1.2m^3挖掘机	SH200	50m^3/h	/	12	首层土方开挖
2	0.6m^3挖掘机	SH120	30m^3/h	/	12	逆作开挖面挖土机
3	履带抓斗吊	W-1001	20m^3/h	/	4	开挖22m以下
4	伸缩臂挖掘机	SH280	25m^3/h	/	4	开挖22m以上
5	加长臂挖土机	EX220	30m^3/h	/	4	开挖14m以上

4.10.3.4　逆作法结构施工

500kV世博输变电工程为全地下4层结构，采用逆作法施工，由于局部层高达到了9m以上，因此在施工过程中层高较高的3个层面各增加了一道环形支撑。本工程地下室结构梁板施工和地下连续墙内衬墙施工与土方开挖是交替进行，而永久性结构柱、楼梯、剪力墙及挖土预留施工洞口均在逆作法施工完成后，采用顺作法进行施工。

1. 水平结构施工

水平结构与地下连续墙的连接采用以下方法：

（1）地下室顶板与地下连续墙的连接通过地下连续墙墙顶落低，墙顶钢筋伸入到压顶梁中，压顶梁与顶层结构梁板一起浇筑的方法。

（2）地下室各层梁板与地下连续墙的连接通过地下连续墙内的预留插筋和剪力槽与地下室各层环梁进行有效连接，环梁与各层梁板进行连接（图4-260）。

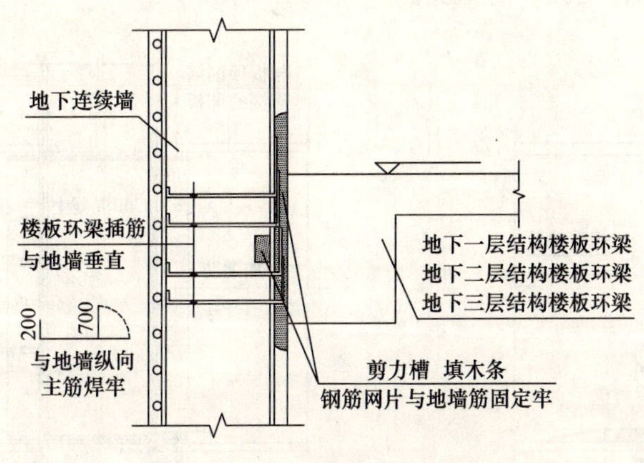

图4-260　楼板环梁预埋件

（3）基础底板与地下连续墙的连接通过预留的钢筋接驳器与底板上下的钢筋连接，通过预留插筋和剪力槽与底板环梁进行有效连接（图4-261）。

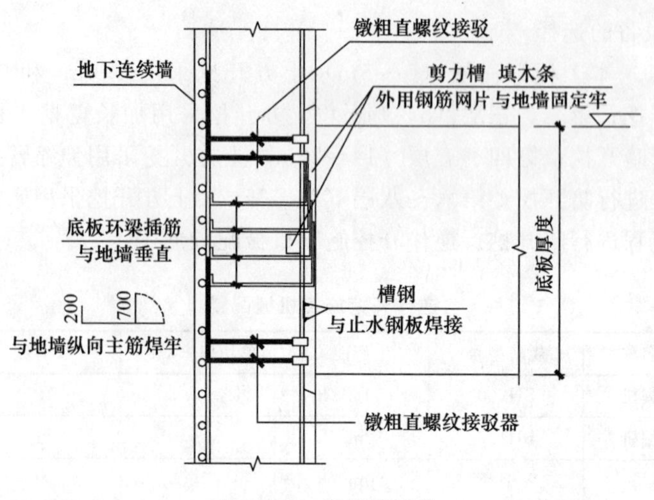

图 4-261　底板预埋件

500kV 世博输变电工程顶板板厚为 300mm，主梁截面主要为 1400mm×2000mm，次梁截面为 400mm×1500mm。B1 板板厚 250mm，主梁截面为 1200mm×1500mm，次梁截面为 400mm×1100mm。B3、B4 板板厚 200mm，主梁截面为 1000mm×1500mm，次梁截面为 400mm×1100mm。

梁、板、墙、柱身模板均采用 18mm 厚夹板，板面尺寸为 900mm×1800mm。板搁栅采用 50mm×100mm 方木。排架采用 ϕ48×3.5 钢管，结构楼板立杆柱距均为 800mm×800mm。模板支撑系统采用素 100mm 厚 C20 素混凝土垫层（深梁下垫层为 150mm 厚），深梁下模板的支撑系统采用 5mm×15mm 双向垫板，其他模板支撑系统下采用 5mm×15mm 单向垫板。

由于工程采用盆式开挖的方法，中心 A 区的结构梁底排架钢管长度与盆边排架钢管长度不同，挖土盆顶梁底采用 900mm 长钢管，盆底采用 3900mm 长钢管。

2. 竖向结构柱的施工

钢管立柱在永久使用阶段外包混凝土作为主体结构的框架柱内芯，钢管穿越框架梁交点，因此钢管立柱与框架梁的连接是保证结构性能的关键之一。本工程采用“外加强环”节点处理方法，在结构梁标高处钢管设置外环形加劲板和抗剪栓钉，框架梁与底板主筋遇钢管阻挡处钢筋断开并与加劲环焊接。见图 4-262～图 4-266。

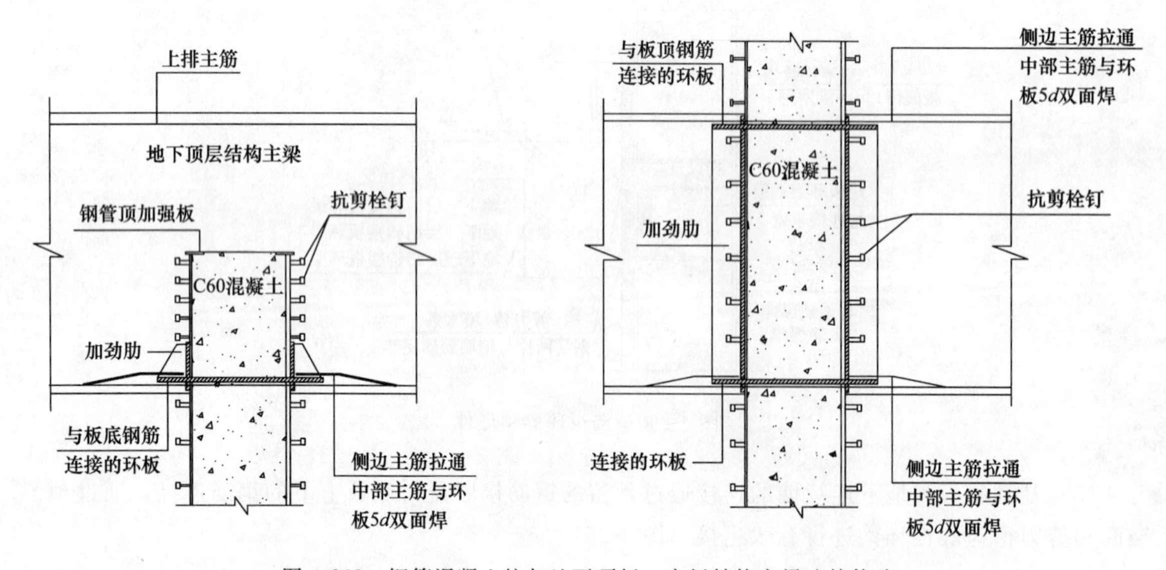

图 4-262　钢管混凝土柱与地下顶板、中板结构主梁连接构造

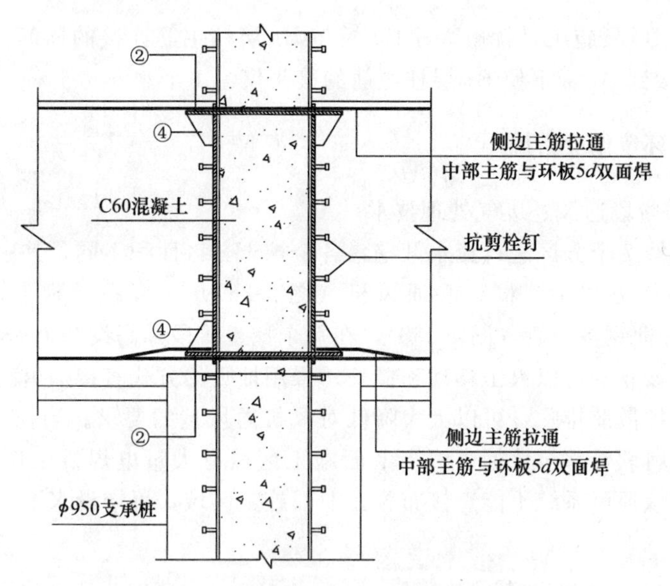

图 4-263 钢管混凝土柱与底板连接构造

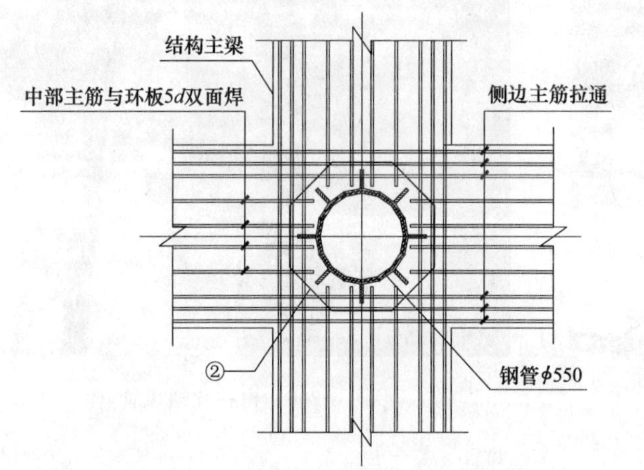

图 4-264 框架梁主筋穿钢管柱构造

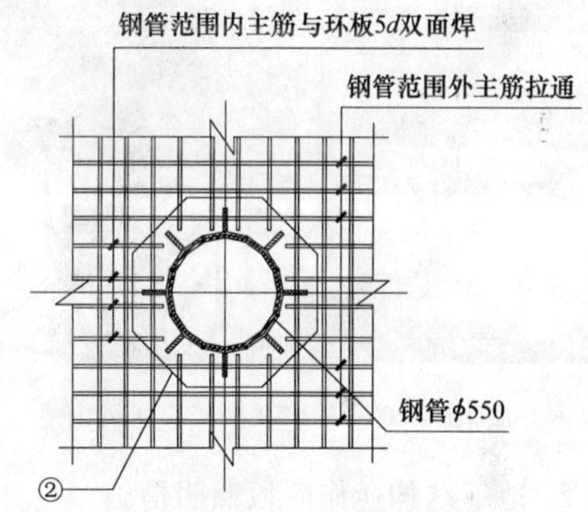

图 4-265 底板主筋穿钢管柱构造

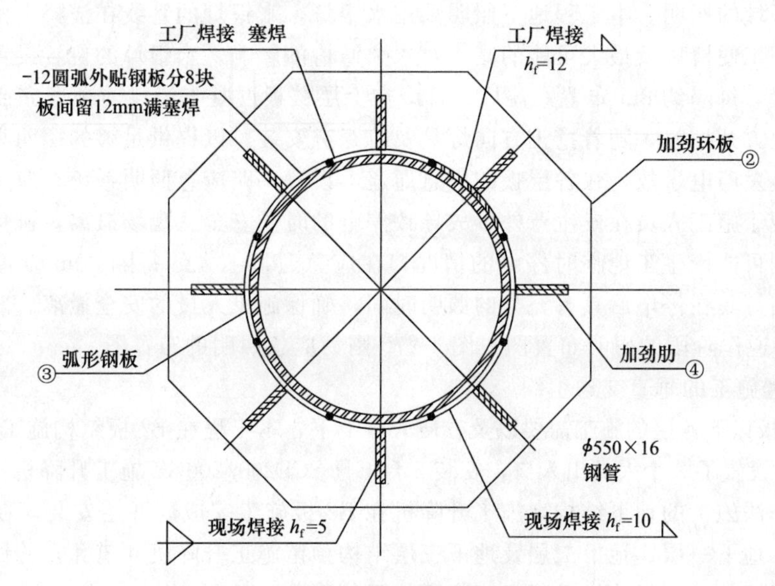

图 4-266 加劲环板设置详图

结构柱的主筋在B0板施工时就预留好B0板与B1层柱主筋连接的插筋，当施工B1层板时将B0板插筋直接连接到B1板下使B1层柱主筋的接头仅为1个。

4.10.3.5 逆作施工环境作业措施

1. 地下结构逆作阶段通风、废气处理技术

本基坑土方工程按7个分区进行流水开挖，各个挖土分区面积不同，其中F、G区的面积较大。工程中采用的通风方式为：将离心通风机（图4-267）布置在顶板上，竖向通风管道为800mm×800mm镀锌薄钢板方管（图4-268），在每个挖土阶段标高设2个ϕ300风口，接出内配螺旋筋的塑料软管，该软管可以人工移动和接长。采用抽吸的方式直接抽出废气排放集中区的污浊空气，尽快在废气扩散前排除，可以大大降低对风机通风量的要求。当挖土到下一层标高时，上面的风口封闭，塑料软管移至该标高。当上面施工区域有大量电焊机工作，可打开该标高风口，作临时通风，因该通风系统不能直接布置在上部施工区域，可增设水平向小功率通风机，以满足通风需要。

图4-267 T4-72型离心通风机

图4-268 白铁皮通风管

2. 地下结构逆作阶段照明措施

当基坑开挖深度较大，在逆作法施工中如仅仅依靠取土口采光不能满足逆作法施工要求，因此需加强施工区域的照明。本工程地下照明采用水银灯，水银灯的管线在浇捣上一层楼板的时候预埋。考虑到施工便捷以及最大可能的减小对永久结构的影响，水银灯的位置设置在板底，一般位于板中心位置，每隔约8m布置一盏灯。管线在上层楼板混凝土浇捣前预埋完成，然后浇捣混凝土。在下层土方开挖时，随着挖土方向灯具及时跟进安装，以提供足够的照明亮度。

为了防止突发停电事故，在各层板的应急通道上设置一路应急照明系统。应急照明需采用单独的线路，以便于施工人员在发生意外事故导致停电的时候安全从现场撤离，避免人员伤亡事故的发生。考虑到可能产生工地临时停电的情况，在应急通道上大约每隔20m设置一盏应急照明灯具，应急照明灯具在停电后具有充分的照明时间，确保施工人员的安全撤离。

图4-269为逆作阶段的照明布置图，图4-270则为应急照明的布置图。

3. 地下工程施工的垂直交通组织

为满足B2板以下各层的施工需要以及方便人员上下，本工程在B2板结构施工完成以后在南、北两侧预留孔中设置了2个人员出入口，安装2台GJJ SCD200/200GZ施工升降机（图4-271）。由于本工程为逆作法施工的地下结构，施工升降机在B2板施工完成后开始安装。在地下结构施工时在结构顶板、地下一层、地下二层及地下三层结构预留施工升降机井道孔，并做好升降机基础梁、附墙及围栏埋件，确保施工升降机正常安装及使用。

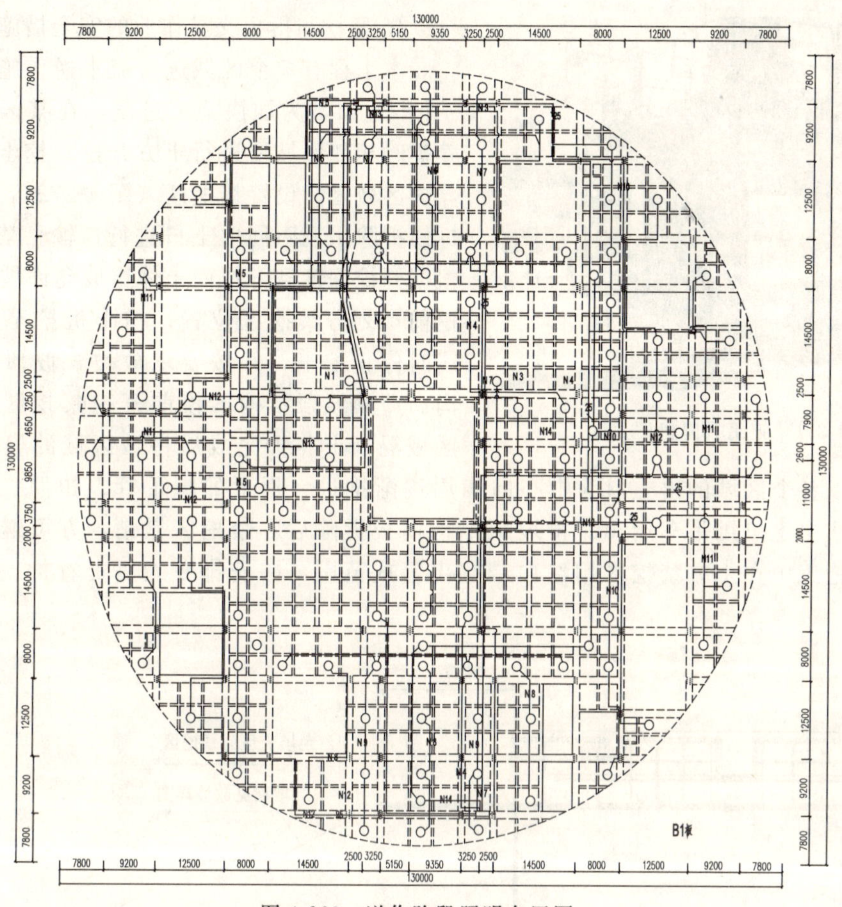

图 4-269 逆作阶段照明布置图

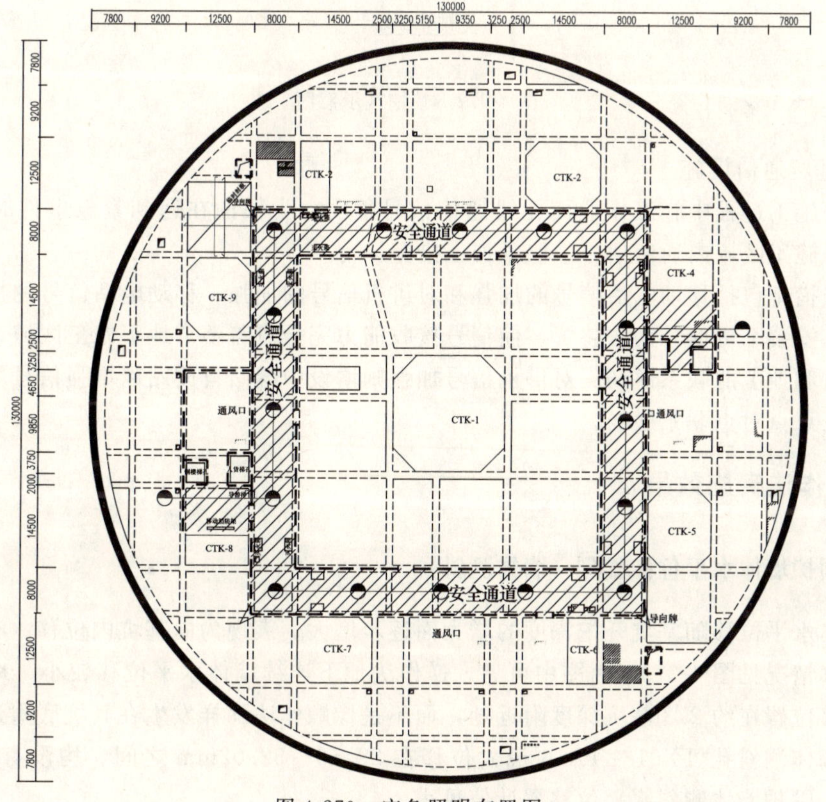

图 4-270 应急照明布置图

图 4-271 施工升降机照片

4. 开挖与拆模交叉作业的安全措施

本工程有7个区域进行流水逆作施工，设置了9个取土口，为加快施工进度，在某区域进行结构养护时相邻区域要进行土方开挖。挖土区域和结构养护区域之间设置禁挖区（图 4-272），土方开挖与拆模拆除采用不同取土口进行运输。禁挖区的范围根据开挖深度和开挖面土体留坡允许坡度决定。开挖前，划分禁挖区位置，挖土机挖至禁挖区坡底线时停止挖土，并按要求放坡，坡顶设置排水明沟。严禁坡顶结构拆模前开挖禁挖区。结构养护区域混凝土养护完成后将该区域的模板及排架拆除，拆模时以各个区域的出土口为中心向四周逐渐推进，拆下的脚手管、扣件、对拉螺栓和模板等材料从出土口用吊车运出。待坡顶结构模板拆除后，禁挖区撤销，方可继续该区域的土方开挖。施工中在土方禁挖区用红白带拉出警戒范围，并安排专人负责看护，防止意外事故的发生。

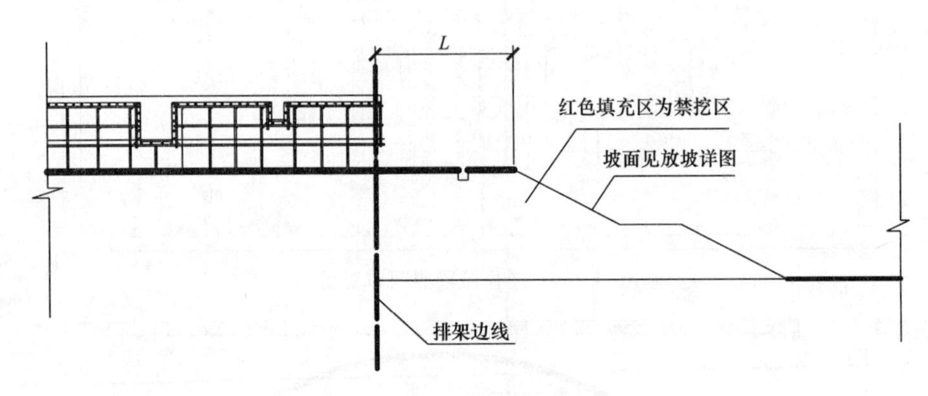

图 4-272 禁挖区示意图

5. 超深基坑通信设施

在逆作法施工过程中施工作业面无线通信信号很弱，为保证在遇到紧急事件时对外通信畅通，对本工程施工区域内通信信号采取了加强措施。

信号加强措施包括移动电话信号的加强和对讲机信号的加强。移动电话信号的加强通过联系电信运营商，安装手机信号接收装置，使信号接收能力完全覆盖整个地下施工区域，保证地下每一个施工人员和地上的联系通畅。对讲机信号加强则增设中继站自放站以增强信号覆盖范围，保证地上地下任意点对点联系通畅。

4.10.4 逆作法实施效果

4.10.4.1 围护墙体水平位移监测（墙体测斜）

围护墙体水平位移随基坑开挖深度的增大而逐步增大，表现为向基坑内位移。有关围护墙体测斜水平位移情况见图 4-273。由图中可见，逆作法地下连续墙体水平位移较小，地下连续墙体最大水平位移位置在约 2/3 基坑深度附近处，而不是像顺作法那样发生在其坑底附近处。监测结束时，围护墙体测斜孔 TX01～TX16 最大位移在 29.56～52.02mm 之间，均没有超过报警值，监测结束时，围护墙体测斜水平位移累计值见表 4-48。

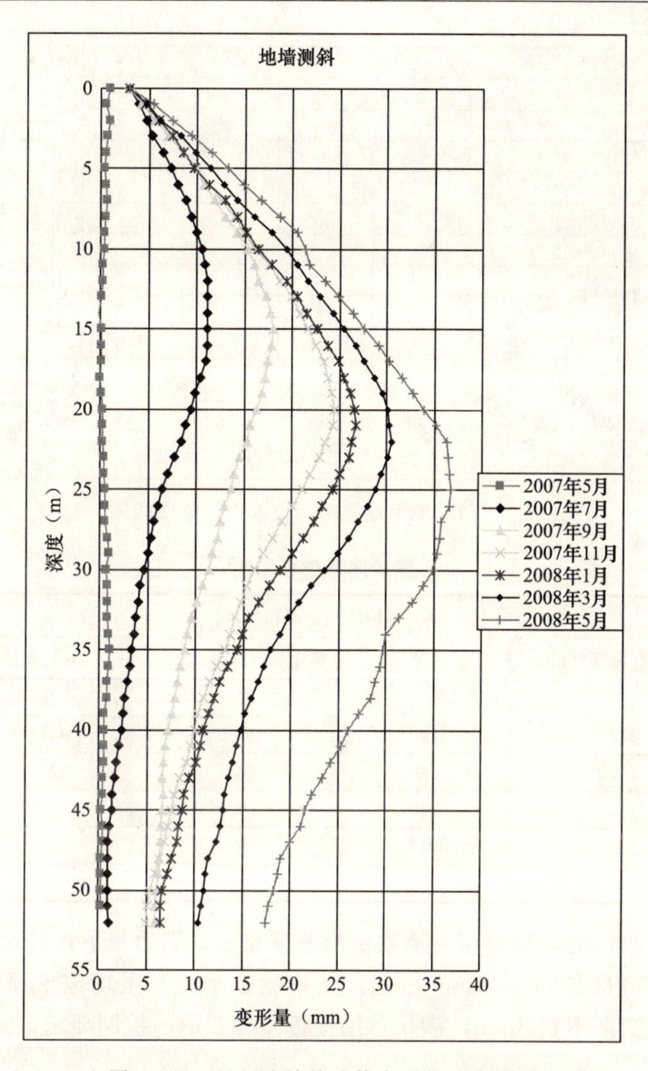

图 4-273 地下连续墙墙体水平位移曲线图

围护墙体测斜位移监测结果 **表 4-48**

围护墙体测斜累计最大位移					
孔号	累计最大位移（mm）	孔号	累计最大位移（mm）	孔号	累计最大位移（mm）
TX01	45.01	TX07	35.66	TX13	34.93
TX02	44.42	TX08	46.62	TX14	35.24
TX03	41.36	TX09	30.46	TX15	48.22
TX04	43.64	TX10	36.40	TX16	52.02
TX05	29.56	TX11	38.56		
TX06	35.62	TX12	35.70		

4.10.4.2 围护墙顶垂直、水平位移监测

由于本基坑为逆作法施工，用永久性结构的楼板作水平支撑，故围护墙顶水平位移变化量很小。围护墙顶垂直位移在整个基坑开挖过程中变化不大，随时间的变化为上升趋势。监测结束时，围护墙顶垂直位移 Q1～Q16 测点累计值在 11.5～18.9mm 之间，均没有超过报警值。有关围护墙顶垂直位移随时间的变化情况参见图 4-274。监测结束时围护墙顶垂直位移累计值见表 4-49。

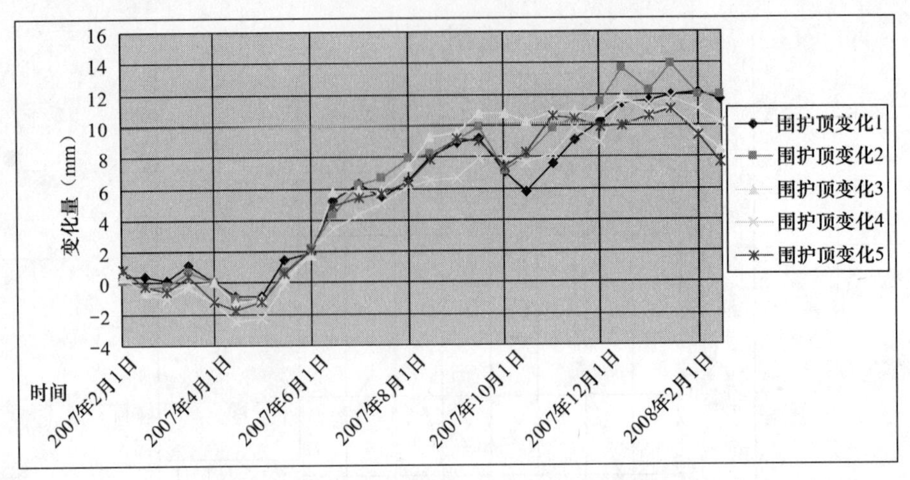

图 4-274 地下连续墙墙顶垂直位移曲线图

围护墙顶位移监测 表 4-49

围护墙顶位移监测					
点号	累计垂直位移（mm）	点号	累计垂直位移（mm）	点号	累计垂直位移（mm）
Q1	16.6	Q7	12.9	Q13	18.9
Q2	13.3	Q8	11.5	Q14	18.8
Q3	15.2	Q9	12.2	Q15	13.7
Q4	13.9	Q10	16.9	Q16	15.2
Q5	13.4	Q11	18.2		
Q6	13.8	Q12	17.0		

墙顶变形测点与测斜测点相对应，墙顶变形监测显示，周边地下连续墙均呈上抬趋势，基坑开挖到基底时墙顶上抬量在 11～19mm 之间。上抬量较小的测点均位于顶层楼板车道进出口位置，相邻点最大差异变形不到 6mm，满足首层楼板差异变形的控制要求。

4.10.4.3 周边地下管线沉降监测

在基坑开挖施工过程中，基坑周边地下管线沉降为下降趋势，部分管线监测点超过报警值。距离基坑近的管线沉降大，距离基坑远的管线沉降小。有关地下管线沉降随时间的变化情况见图 4-275，从沉降图来看，在基坑开挖期间管线变形均为沉降，管线变形基本上都是中部沉降较大，边上的变形相对较小。管线的实际使用情况良好。监测结束时地下管线沉降累计值见表 4-50。

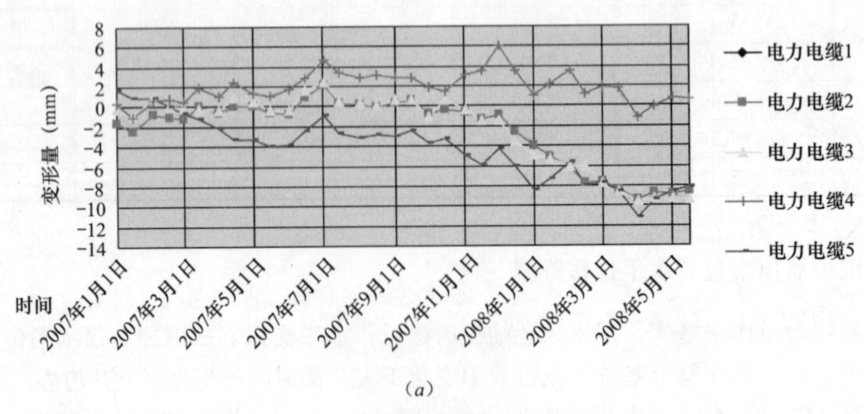

(*a*)

图 4-275 周边管线沉降曲线图（一）

(*a*) 电力电缆变形量

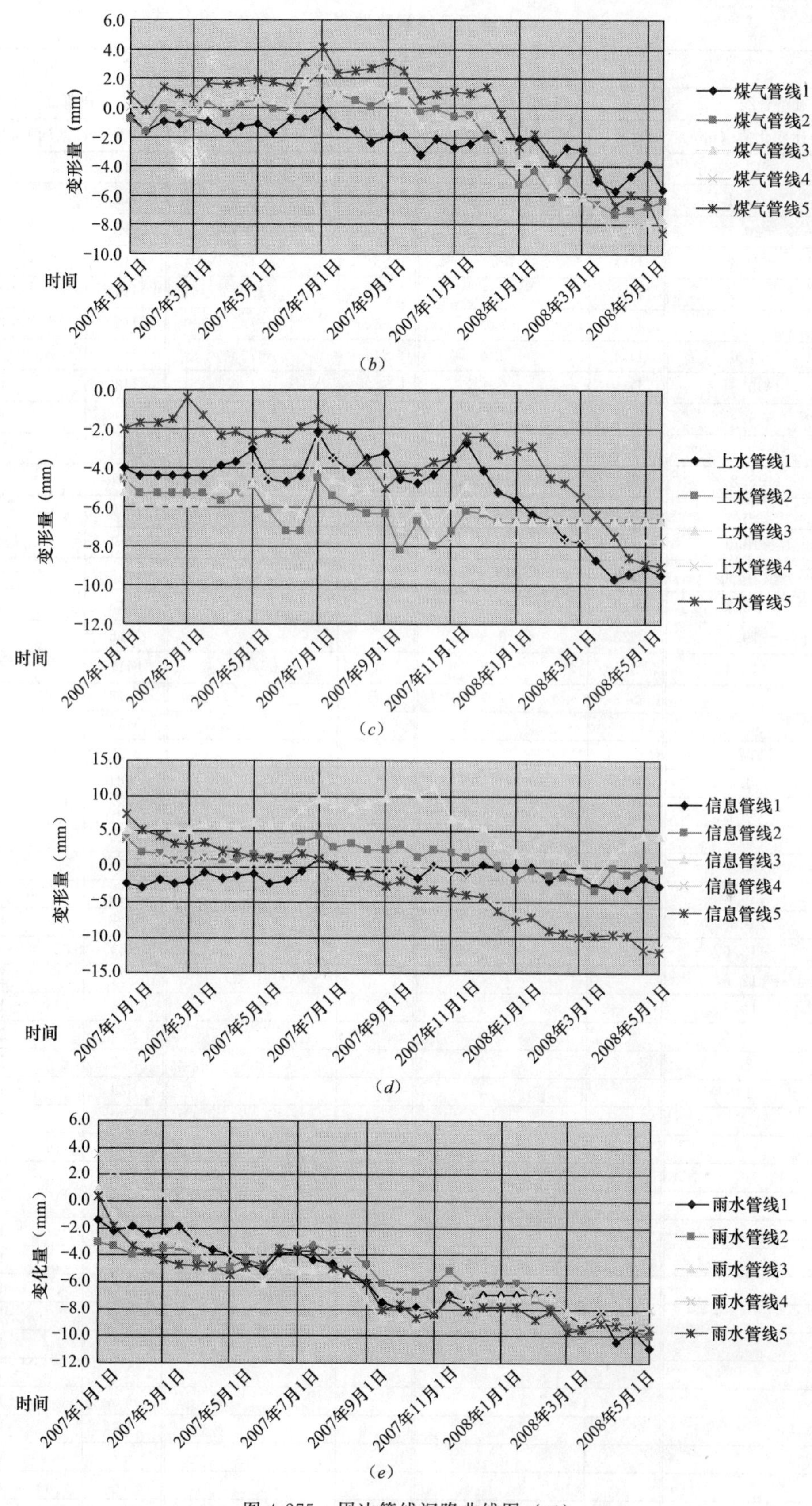

图 4-275 周边管线沉降曲线图（二）

(*b*) 煤气管线变形量；(*c*) 上水管线变形量；(*d*) 信息管线变形量；(*e*) 雨水管线变化量

地下管线沉降监测 **表 4-50**

地下管线沉降监测							
三海冠路管线		大田路管线		北京西路管线		成都北路管线	
点号	累计变化值（mm）	点号	累计变化值（mm）	点号	累计变化值（mm）	点号	累计变化值（mm）
D1	−10.6	D8	−5.7	S35	−4.5	H1	2.7
D2	−12.1	D9	−4.2	S36	−3.8	H2	−4.2
D3	−20.7	D10	−5.6	S37	−4.9	H3	−2.1
D4	−23.2	D11	1.5	S38	−1.5	H4	0.9
D5	−20.2	D12	−7.4	S39	1.0	H5	−2.5
D6	−1.1	D13	−7.0	S40	−7.5	H6	−14.1
D7	−7.6	D14	−5.4	S41	−7.5	H7	−11.0
M1	−6.6	D15	−0.1	S42	−4.8	H8	−13.0
M2	−6.3	D16	2.6	S43	−3.7	H9	−11.6
M3	−9.1	S14	−17.1			H10	−10.3
M4	−8.8	S15	−11.2			H11	−0.7
M5	−9.6	S16	−12.1			H12	−3.0
M6	−18.0	S17	−8.5			H13	−7.3
M7	−10.9	S18	−11.9			H14	−21.1
M8	−13.2	S19	−18.2			M15	−3.8
M9	−19.9	S20	−6.8			M16	−5.7
M10	−11.4	S21	−6.7			M17	−33.4
M11	−3.0	S22	−7.7			M18	−21.7
M12	0.5					M19	−14.9
M13	2.2					M20	−16.7
M14	−0.4					M21	−29.2
S1	−3.4					M22	−14.8
S2	−3.5					M23	−14.7
S3	−6.0					M24	−16.1
S4	−8.9					M25	−18.9
S5	−9.7					M26	−13.2
S6	−13.6					S23	−2.9
S7	−12.6					S24	−14.6
S8	−12.8					S25	−18.7
S9	−19.6					S26	−27.2
S10	−8.3					S27	−21.2
S11	−1.5					S28	−19.3
S12	1.7					S29	−14.7
S13	2.4					S30	−29.2
						S31	−18.4
						S32	−12.3
						S33	−16.3
						S34	−11.3
						Y1	−14.0
						Y2	−13.0
						Y3	−12.8
						Y4	−12.0
						Y5	−12.4
						Y6	−15.7
						Y7	−12.6
						Y8	−12.1
						Y9	−11.2
						Y10	−9.7

4.10.4.4 周边建筑物沉降监测

在基坑开挖施工过程中，基坑周边建筑物沉降随时间的变化为下降趋势，建筑物监测点均没有超过报警值。一般距离基坑近的建筑物沉降大，距离基坑远的建筑物沉降小。有关建筑物沉降随时间的变化情况图 4-276。监测结束时建筑物沉降累计变化数据见表 4-51。

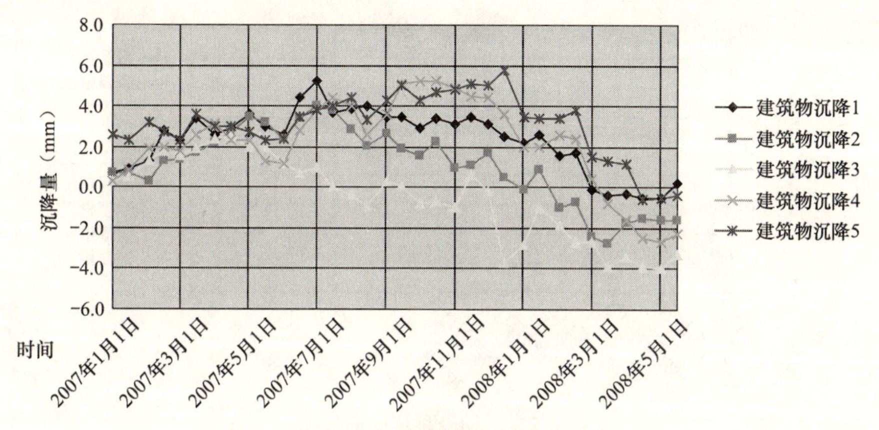

图 4-276 建筑物沉降曲线图

建筑物沉降监测 **表 4-51**

建筑物沉降监测					
点号	累计变化量（mm）	点号	累计变化量（mm）	点号	累计变化量（mm）
F1	−0.9	F23	0.7	F45	1.7
F2	−2.0	F24	1.5	F46	2.4
F3	−3.6	F25	1.2	F47	0.9
F4	−4.2	F26	2.6	F48	1.6
F5	−2.1	F27	2.2	F49	−7.9
F6	−1.9	F28	−7.6	F50	−0.2
F7	−2.7	F29	−6.4	F51	1.0
F8	0.0	F30	−6.7	F52	3.6
F9	1.4	F31	0.5	F53	1.4
F10	−1.9	F32	1.9	F54	−0.5
F11	1.8	F33	1.6	F55	1.9
F12	1.1	F34	0.8	F56	1.6
F13	−0.5	F35	0.8	F57	1.8
F14	0.9	F36	1.9	F58	−1.6
F15	0.0	F37	−3.2	F59	0.1
F16	−2.4	F38	−7.5	F60	1.2
F17	−6.9	F39	−8.5	F61	2.9
F18	−0.5	F40	0.0	F62	1.4
F19	−1.6	F41	−0.3	F63	2.6
F20	0.2	F42	−1.5	F64	−1.5
F21	0.3	F43	−1.3	F65	1.7
F22	0.5	F44	1.8	F66	3.0

本表所示的监测点一侧均为低矮的老房子，因此对于距离基坑在 2 倍开挖深度范围内的建筑物都进行了角点沉降监测（对于边长较大的房子，布置了多个测点），建筑物的变形趋势基本相同。桩基和地下连续墙施工阶段建筑物变形比较稳定，无较大的起伏。基坑开挖前期，建筑物均呈现出少量上抬的变形，开挖到第二道圆环以下的土方以后，方开始出现下沉的趋势。而且可以看出，中部的建筑物（距离基坑较近）的沉降量较两侧的略大；距离基坑近的房子变形比较远的房子较大。总体来看，建筑物的最大变形也都在 10mm 以内，没有影响老建筑的正常使用。

4.10.4.5　钢立柱沉降监测

钢立柱在整个基坑开挖过程中的隆起，随时间的变化趋势为上升趋势，监测点均未超过报警值。监测结束时，钢立柱 GLZ1～GLZ98 测点累计隆起累计值在 27.0～71.9mm 之间，均没有超过报警值。有关立柱沉降随时间的变化情况见图 4-277。监测结束时立柱沉降累计值见表 4-52。

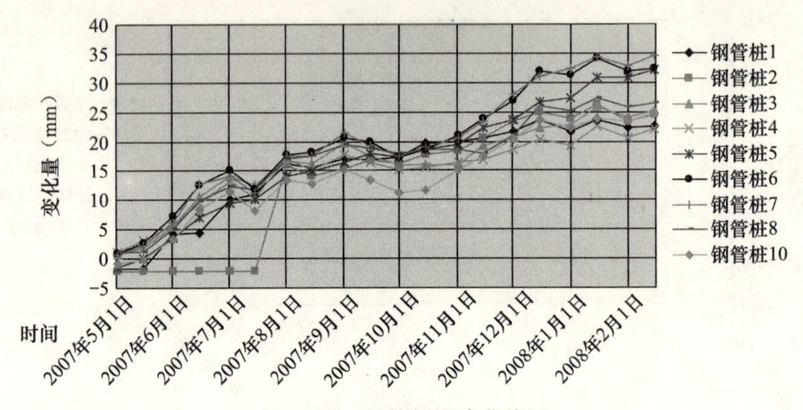

图 4-277　钢管桩沉降曲线图

钢立柱沉降监测　　　　表 4-52

钢立柱沉降监测					
点号	累计变化量（mm）	点号	累计变化量（mm）	点号	累计变化量（mm）
GLZ1	33.8	GLZ34	60.2	GLZ67	46.0
GLZ2	34.6	GLZ35	61.4	GLZ68	49.9
GLZ3	35.9	GLZ36	66.7	GLZ69	48.8
GLZ4	33.2	GLZ37	66.5	GLZ70	56.7
GLZ5	45.8	GLZ38	54.2	GLZ71	60.1
GLZ6	48.6	GLZ39	34.5	GLZ72	59.1
GLZ7	50.1	GLZ40	34.6	GLZ73	61.5
GLZ8	47.4	GLZ41	49.1	GLZ74	58.6
GLZ9	46.2	GLZ42	34.6	GLZ75	66.3
GLZ10	36.2	GLZ43	27.0	GLZ76	65.1
GLZ11	45.3	GLZ44	38.9	GLZ77	52.6
GLZ12	48.9	GLZ45	42.7	GLZ78	49.4
GLZ13	48.1	GLZ46	64.8	GLZ79	47.2
GLZ14	48.2	GLZ47	48.1	GLZ80	50.3
GLZ15	49.4	GLZ48	35.7	GLZ81	52.2
GLZ16	57.6	GLZ49	31.3	GLZ82	65.8
GLZ17	63.2	GLZ50	36.4	GLZ83	64.4
GLZ18	65.5	GLZ51	34.7	GLZ84	56.8
GLZ19	58.7	GLZ52	−3.4	GLZ85	49.1
GLZ20	50.8	GLZ53	45.9	GLZ86	52.1
GLZ21	46.2	GLZ54	64.5	GLZ87	46.5
GLZ22	37.5	GLZ55	42.1	GLZ88	41.3
GLZ23	49.7	GLZ56	36.3	GLZ89	45.2
GLZ24	53.2	GLZ57	67.8	GLZ90	−2.6
GLZ25	53.4	GLZ58	68.8	GLZ91	44.0
GLZ26	52.3	GLZ59	69.3	GLZ92	46.7
GLZ27	60.1	GLZ60	68.2	GLZ93	47.9
GLZ28	66.2	GLZ61	70.0	GLZ94	47.8
GLZ29	56.2	GLZ62	63.1	GLZ95	41.7
GLZ30	48.5	GLZ63	66.2	GLZ96	29.3
GLZ31	47.4	GLZ64	63.7	GLZ97	29.2
GLZ32	34.1	GLZ65	52.9	GLZ98	32.1
GLZ33	50.9	GLZ66	48.2		

表4-53为500kV世博输变电基坑工程各项监测的统计表，从该表可见，在本工程施工阶段，由于采取了多项技术措施，使基坑的变形得到控制，达到周边环境保护的要求。

500kV世博输变电基坑工程各项监测统计表 **表4-53**

监测类别	监测项目		监测值	备注
支护结构变形和受力	地下连续墙的变形	墙体水平位移	29.56～52.02mm	向坑内变形
		墙顶水平变形	4.00mm	向坑内变形
		墙顶竖向变形	18.9mm	隆起
	主动侧水土压力	水压力	0.3512MPa	-55m深
		土压力	0.4642MPa	-55m深
	地下连续墙钢筋应力	环向钢筋应力	165.75MPa	-45m深
		竖向钢筋应力	54.47MPa	-35m深
内部支护体系受力和变形	结构梁钢筋应力	B0板	196.07MPa	
		B1板	142.46MPa	
		B2板	161.53MPa	
	支撑轴力	一单环	7042kN	
		一双环	外环：13296kN 内环：21729kN	
		二双环	外环：10349kN 内环：16913kN	
	立柱桩隆沉		71.9mm	隆起
周边环境	基坑外周边土体变形	地表沉降	-86.9mm（车道） -40.5mm（其他）	下沉距坑边10m位置
		土体水平位移	34.48～49.92mm	向坑内变形
		土体分层沉降	-30mm	-3m深，下沉
	基坑外侧地下水位	潜水水位	-20mm	
		第一承压水	-280mm	
		第二承压水	-240mm	
	市政管线变形	山海关路侧	-22.3mm	
		大田路侧	-18.2mm	
		成都北路侧	-34.1mm	
		北京西路侧	-15.1mm	
	周边建筑物		-8.9mm	
	高架桥墩		3.8mm	上抬

注：除支护结构和周边土体测斜为监测范围外，其余均为监测最大值。

4.11 上海外滩源33公共绿地及地下空间利用工程

4.11.1 工程概况

本项目为外滩源33项目，系上海外滩源综合改造开发项目一期工程的主要项目之一，建设场地北临苏州河，西至圆明园路，东邻中山东一路，南面与半岛酒店地界相接，总用地面积22654m²。

项目在基地内沿圆明园路建造三层地下空间，基坑开挖深度为17m，其建筑面积约为12000m²。新建地下空间西侧沿圆明园路红线，东侧距离保护建筑外墙3m，南侧与原英国领事馆主楼南山墙齐平，北侧沿南苏州路红线。地下空间车库入口退基地南边界1.5m。

本项目建设基地内现有4栋保护保留建筑：原英国领事馆和原英国领事馆官邸，（上海市优秀历史建筑，建于1873年，二层砖木结构，采用纵横墙承重的结构体系，各层楼板为木结构，外立面为文艺复兴风格，保护等级为二类）；原联合教堂和原教会公寓（建筑风貌具有历史保留价值）。该4幢建筑将在本项目施工中进行保护性修缮，地上总建筑面积约6000m^2。

工程用地范围内有众多古树，在需要加以重点保护，特别是地下空间上部的150年古银杏树，施工时无法移植，所以本工程须将一个地下空间分成两个部分，两个地下空间通过位于地下二层的通道相连接的方式对古银杏树进行重点保护。

地下空间南块827m^2，北块3049m^2，总占地面积约为3873m^2，两地下室间距为21.4m，南块地下室有汽车坡道通向地面。该项目主体结构由地下室和北侧局部上部为重建的联合教堂。地下室顶板以上为1.5m的填土绿化。

本工程地下空间为地下3层，基础形式为桩筏基础，桩基为ϕ900灌注桩，ϕ700抗拔桩。地下结构内部采用框架结构，各层楼板为双向交叉梁体系。本工程共三层，板标高分别为－2.460、－7.960、－12.160及－15.860，基础底板厚1000mm。

基坑面积约4000m^2，开挖深度为17.01m。地下工程采用逆作法施工，1000mm厚、35.6m地下连续墙作为围护墙；ϕ900灌注桩内插ϕ580×16钢管立柱。

在基坑南侧设置一条20m长，10m宽车道连通地面和地下一层。车道埋深－9.160～－0.800，其围护体系采用三轴搅拌桩ϕ850@600插入型钢H700×300×13×24@1200及12m深Ⅲ号拉森钢板，支撑为400H型钢支撑。

4.11.2 工程特点和对策

4.11.2.1 周边环境复杂、变形控制要求高

本工程新建地下室在圆明园路西侧离地下室15m处有8幢历史保护保留建筑，基地内的原英国领事馆主楼及官邸距离地下连续墙只有3.2m。

采取的技术措施主要有：

（1）对原英国领事馆保护建筑采用ϕ219静压锚杆桩进行基础托换；

（2）地下连续墙进行三轴搅拌桩槽壁加固，地下连续墙槽段分幅减小、跳仓成槽施工地下连续墙；

（3）工程采用逆作法施工，逆作法施工过程中，随挖随施工垫层，加快楼板支撑体系的形成；

（4）加强对保护建筑的沉降、倾斜及裂缝的监测，并对周边各类管线的变形监测。

4.11.2.2 新建地下室场地狭小，工期紧张

新建地下室呈狭长形，又被保护建筑和古树名木包围，地下室边线已贴近红线位置，施工场地非常狭小，而施工工期又十分紧张。

针对这一困难，采用合理安排桩基和地下连续墙围护施工顺序，通过逆作法合理利用有限的施工场地等措施。

4.11.2.3 建筑保护性修缮工作繁多

原英国领事馆主楼及官邸楼保护要求为二类，改造要求为“建筑原有的立面、结构体系、基本平面布局和有特色的内部装饰不得改变”，仅可对建筑内部其他部分作改变，修缮改建后结构形式基本维持不变。这一修缮工程涉及基础整体托换技术和上部结构的加固，所有的施工过程都必须在原有结构的内部空间内完成，给加固工作的开展带来了很大的困难。为此，施工中认真研究了各幢建筑的修缮内容，对症下药，合理安排加固施工的作业顺序。

4.11.2.4 古树名木保护

本基地内有大量的古树名木，有的距离基坑支护结构非常近，其中有一棵银杏还坐落在新建的地下室上方。众多的古树名木给基坑施工带来了新的课题，即如何在不污染周边土体的基础上建造地下空间。

施工中采取了以下措施：

（1）古树名木树冠外5m范围内禁止施工；

（2）采用“管幕法”这一无污染的施工技术，完成银杏下的地下通道的施工，降低其四周围护墙的顶标高，确保新建地下室上银杏树下的土体与周边土体贯通；

（3）对古树名木都采取搭设围栏的隔离措施，防止施工期间人员、机器、材料等碰撞损害树木；

（4）在施工期间对古树名木进行营养液注射，保证树木的正常生长；

（5）保护古树名木边的槽壁加固前，在槽壁外侧施工拉森钢板桩，防止水泥浆污染周边土壤。

4.11.2.5 逆作钢管立柱桩垂直度控制

本工程采用逆作法施工，要求逆作钢管立柱桩垂直度偏差控制1/500以内，且钢管顶标高低于地面1.8m，钢管立柱桩施工难度较大。为此，设计了可拆卸工具式钢管结合工具式调垂架进行钢管立柱桩的施工。

4.11.2.6 逆作法施工中结构差异沉降的控制

按照逆作法施工的特性，在逆作法施工基础底板浇捣之前，其全部结构施工荷载由一柱一桩及周边地下连续墙承担。随着地下室开挖深度逐步增加，土体卸载，立柱桩和地下连续墙的侧摩擦力损失，梁板结构自重及一柱一桩受力时不均衡，都会使逆作过程不同阶段的结构产生差异沉降，施工中需将差异沉降控制在一定程度内，保证结构不产生裂缝与破坏。为此将从一柱一桩及地下连续墙的受力的均衡性作为质量控制要点、采用均衡开挖的流程及局部一柱一桩的应急加荷（卸荷）的措施，确保相邻一柱一桩差异沉降控制在设计要求的范围内。

均衡开挖的流程及局部一柱一桩的应急加荷（卸荷）的具体措施为：遵循“分层、对称、平衡、限时”的挖土原则进行土方开挖，严格控制顶板施工荷载以及动态监控一柱一桩的沉降、及时调整挖土施工流程等。

4.11.2.7 管幕法施工

需保护的银杏古树的地下根系发达，施工时必须尽最大可能减少对其影响。管幕法施工所用的工作井和接受井是地下室的一部分，其施工工况相当复杂。连通道采用现浇结构，水平旋喷加固、支撑和结构施工等都有相当大的难度，以往没有类似工程可以借鉴。

采用的针对性措施有：

（1）应用小直径管幕法施工，在工程需要的位置形成一个临时抵抗上部地面荷载和土层重量的超前支护结构，并起到止水帷幕的作用，达到防止上部土层沉降，确保地面交通、结构及树木安全的需要。

（2）采用带有自动纠偏设备的管幕钢管施工方法，做好管幕位置的控制，以利管幕钢管之间的有效锁接。

（3）管幕法施工与两个地下室同步施工，确定严格的施工工况。

（4）采用水平旋喷加固、支撑和结构施工方法。

（5）施工中实行信息化施工，在管幕内及地表布设监测点进行施工监测，根据监测结果反馈设计与施工，调整施工顺序与过程，确保周边环境安全。

4.11.3 逆作法施工

4.11.3.1 逆作法分块流水施工概况

本项目基坑开挖面积约 $4000m^2$，开挖深度约为 17.01m，土方开挖的总方量约 6.68 万 m^3。根据本工程地处闹市区，环境复杂，因此对逆作法施工安全快速出土提出了新的要求。鉴于此本工程开挖以“基坑开挖与结构流水交叉施工”为原则，确保开挖与结构施工同步连续流水施工，最大限度缩短基坑无支撑暴露时间，运用“时空效应”原理减少基坑变形。并按分区流水的原则，利用结构孔洞，分区独立形成取土口，保证每天出土量达到 $600m^3$。每区分层开挖，各阶段的土方开挖完成后，取土口作为吊物口使用，保证结构材料的运输。根据主体结构图纸以及取土口的分布，采取了分 3 区，2 个流水施工工作的方法进行流水施工。每个层次挖土和土建施工流程均为：B、C 区→A 区。

4.11.3.2 逆作法出土口的布置

取土口布置及施工分区如图 4-278 所示。A 区布置 1 个取土口，在其四周设置 4 台抓斗式挖土机，B 区和 C 区设置 2 个取土口（其中一个供管幕法施工使用），在其四周设置 4 台抓斗式挖土机，D 区为管幕法施工区域。各区的土方面积大致为：A 区 $1400m^2$、B 区 $1600m^2$、C 区 $800m^2$、D 区 $210m^2$。

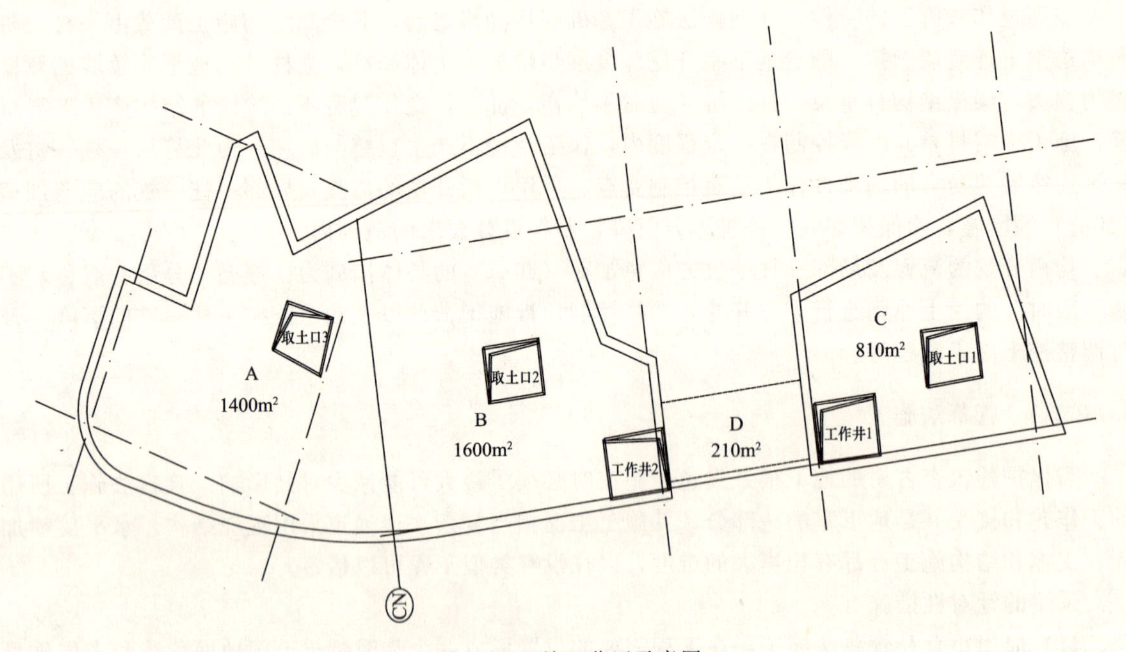

图 4-278 施工分区示意图

4.11.3.3 逆作法取土设备的选择

根据工程的特点，第一层土体（0～5m）土方开挖采用 $1.6m^3$ 和 $0.6m^3$ 挖土机相配合按分区流程进行明开挖；第二、三层土体（5～14m）土方开挖采用加长臂挖土机和 $0.6m^3$ 挖土机相配合按分区流程进行暗开挖；第四层土体（14～18m）土方开挖采用伸缩臂挖掘机（图 4-279）、履带抓斗吊（图 4-280）和 $0.6m^3$ 挖土机相配合按分区流程进行暗开挖。

图 4-279　伸缩臂挖掘机

图 4-280　履带抓斗机

逆作开挖施工机械配置如表 4-54。

逆作开挖施工机械配置　　表 4-54

序　号	机械设备名称	规格型号	本工程生产能力	来　源	单功率（kW）	数　量	备　注
1	1.6m³ 挖土机	SH200	50m³/h	自有	/	3	首层土方开挖
2	0.6m³ 挖土机	SH120	30m³/h	自有	/	4	逆作开挖面挖土机
3	履带抓斗吊	W-1001	20m³/h	自有	/	2	开挖 14m 以下
4	伸缩臂挖土机	SH280	25m³/h	自有	/	2	开挖 14m 以上
5	加长臂挖土机	EX220	30m³/h	/	/	2	开挖 5m 以上

4.11.3.4　逆作法取土工况

挖土工况

（1）工况一：挖土准备

场地平整、施工混凝土地坪、地下连续墙、工程桩、一柱一桩和井点管等施工。图 4-281 和 4-282 是该工程地下连续墙和一柱一桩施工的照片。

图 4-281　地下连续墙成槽

图 4-282　一柱一桩

（2）工况二：B、C 区第一层土方开挖

基坑降水至－5.81m，B、C 区土方开挖至－4.81m（图 4-283）。

图 4-283 B、C 区第一层土方开挖

(3) 工况三：A 区第一层土方开挖

A 区土方开挖至－4.81m，同时 B、C 区施工－2.46m 结构（图 4-284）。

图 4-284 B、C 区 B0 板钢筋绑扎

(4) 工况四：B、C 区第二层土方开挖

基坑降水至－11.21m，B、C 区土方开挖至－10.21m，此时 A 区施工－2.46m 结构。

(5) 工况五：A 区第二层土方开挖

A 区土方开挖至－10.21m，同时 B、C 区施工－7.96m 结构。

(6) 工况六：B、C 区第三层土方开挖

基坑降水至－15.41m，B、C 区土方开挖至－14.41m（图 4-285），并进行 A 区－7.96m 结构施工（图 4-286）。

图 4-285 B、C 区 B2 板土方开挖

图 4-286 A 区 B1 板支模

(7) 工况七：A区第三层土方开挖

这一阶段A区土方开挖至－14.41m，并在B、C区施工－12.16m结构，

(8) 工况八：B、C区第四层土方开挖

将地下水降至－19.61m，进行B、C区土方开挖，开挖至底板底标高－17.01m，同时A区施工－12.16结构。

(9) 工况九：A区第四层土方开挖

A区土方开挖至－17.01m，B、C区施工－15.86m底板结构。

(10) 工况十：A区施工－15.86m底板结构

图4-287为该工况钢筋绑扎实况照片。

图4-287 A区基础底板钢筋绑扎

(11) 工况十一：竖向结构及楼板结构补缺板施工

4.11.3.5 禁挖区的设置及挖土原则

本工程因七个区交替逆作施工，挖土区域和结构养护未拆模区域之间必须设置禁挖区，以防止挖土与拆模两个不同作业之间发生冲突而造成安全事故。禁挖区的范围根据开挖深度和土体性质确定。开挖前，放出禁挖区坡底线位置，挖土机挖至禁挖区坡底线时停止挖土，并按要求放坡。禁挖区边坡采用放坡方式，坡顶设置排水明沟，坡脚采取防护措施。严禁坡顶的结构拆模前开挖禁挖区土方。禁挖区的土方应待坡顶结构拆模后，方可继续开挖。

本工程逆作法取土控制要点：

(1) 因基坑临周边有众多管线、道路及建筑等需要保护，故应严格控制挖土施工中基坑的变形，避免因基坑变形过大而威胁到周边环境的安全。

(2) 土体具有时空效应：土体开挖形式和空间分布形式与基坑变形有密不可分的联系。土体作为一种弹塑性体，受荷达到一定程度后会产生流塑变形，即使在受力不变情况下，土体的变形随时间增长而不断增长。土体流塑变形的速度与受荷大小有关，一般在坑内被动区土体未达到被动土压力前，流塑变形的速度比较小，待达到被动土压力以后变形速度增长比较明显。土体的时间效应和空间效应也有密切关系，合理的土方开挖方式，坑内局部留土的合理分布可以有效增大被动区的被动土压力，减少土体流塑变形和变形的速度。因此，在施工时应以土体的时间、空间效应理论指导挖土施工。本工程挖土施工时在基坑内部留有足够宽度的盆边土，用此部分土体产生的被动土压力平衡基坑外部的主动土压力；按照设计的流程，在限定的时间内进行土体开挖以及混凝土垫层的施工，以此确保基坑的变形在规定的范围之内，避免因基坑的变形而威胁周边建

筑物、管线的安全。

(3) 本工程分七个区交替逆作施工，中央 A 区进行盆式开挖时，盆边 6 个区陆续进行结构施工，挖土时按“分层、分区、分块”的原则，利用土体“时空效应”的原理，限时、对称、平行开挖。

(4) 挖土时应注意严禁单边掏空立柱，避免立柱承受不均匀的侧向压力。土方开挖应在降水达到要求后进行，挖土操作应分层分段，坑底应保留 200mm 厚基土用人工挖除平整，防止坑底土扰动。垫层应随挖随浇，且必须在开挖底 24h 内浇完，垫层面积控制在 $200m^2$ 以内。

(5) 基坑边严禁大量堆载，围护体四周 4m 范围内地面荷载控制在 $10kN/m^2$ 以内。

(6) 挖土机械的通道、挖土顺序、土方驳运，土方堆载等都应避免引起对支护结构、工程桩、支撑立柱和周围环境的不良影响。

(7) 严禁挖土机械碰撞支护结构、监测元件、支承立柱和井点。

4.11.3.6　逆作法通风方案

在 B0 板混凝土达到设计强度开始暗挖地下二层土方时，立即安装地下一层排风设备，以保证施工中的通风要求。

4.11.3.7　逆作法照明方案

在 B0 板混凝土达到设计强度开始暗挖地下一层土方时，立即安装地下一层的照明设备，以保证施工中的照明要求。地下照明采用防暴，防潮，亮度大的照明灯具，每隔 8～10m 布置一个灯，遇见有结构或者施工预留孔洞的地方应做适当的减少。电线采用主体结构的管线，如不够则另行预留暗管。管线预埋由专业人员负责实施，考虑坑底人工挖土需要足够的亮度，照明度达不到要求的地方可以在立柱桩上补充安装照明设施。形成地下室结构后可拆除挖土时所用的吸顶灯，在混凝土结构柱及外墙内侧 2.5m 高度范围内布置排灯，随着挖土方向及时跟进安装灯具。另外，地下挖土和其他后期施工时必须安装一路低压 36V 应急照明线路，以防电路发生故障熄灭而造成地下无法施工和操作人员无法行走，并且低压灯必须安装在上下扶梯通道处。

4.11.4　实施效果

4.11.4.1　监测结果

1. 邻近建筑物沉降监测

本工程在基坑开挖施工过程中，基坑周边建筑物沉降随时间的变化为下降趋势，建筑物监测点均没有超过报警值。一般测点数据表明，距离基坑较近的建筑物沉降较大，距离基坑远的建筑物沉降较小。有关建筑物沉降随时间的变化情况见图 4-288。监测结束时建筑物沉降累计值见表 4-55。总体来看，建筑物的变形都没有影响老房子的正常使用，最大变形也都在 15mm 以内。

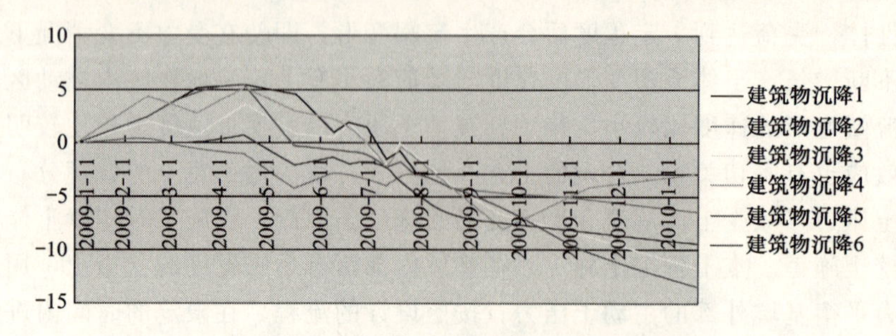

图 4-288　邻近建筑物沉降随时间的变化曲线

建筑物沉降随时间的变化 表4-55

邻近建筑物沉降监测					
孔号	累计沉降量（mm）	孔号	累计沉降量（mm）	孔号	累计沉降量（mm）
F1	－2.9	F2	－13.4	F3	－2.8
F4	－11.7	F5	－6.4	F6	－9.4

2. 坑外水位监测路面沉降监测

有关地下水位随时间的变化情况见图4-289，监测结束时，地下水位Sw1～Sw3水位变化量在－0.26～－0.58m之间，均没有超过报警值，监测结束时，地下水位最大变化值见表4-56。

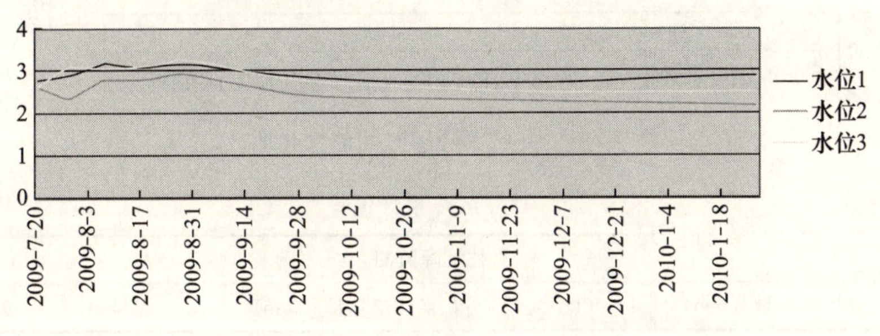

图4-289 地下水位随时间的变化曲线

地下水位最大变化值 表4-56

地下水位监测					
孔号	水位变化量（mm）	孔号	水位变化量（mm）	孔号	水位变化量（mm）
Sw1	－260	Sw2	－580	Sw3	－470

3. 围护墙顶部的垂直及水平位移监测

由于本基坑为逆作法施工，用永久性结构的楼板作水平支撑。故围护墙顶水平位移变化量很微小，测量仪器观测不到其微小变化。围护墙顶垂直位移在整个基坑开挖过程中变化不大，随时间的变化为上升趋势。监测结束时，围护墙顶垂直位移W1～W6测点累计变化量在0.6～－5.2mm之间，均没有超过报警值。有关围护墙顶垂直位移随时间的变化见图4-290。监测结束时围护墙顶垂直位移累计值见表4-57。

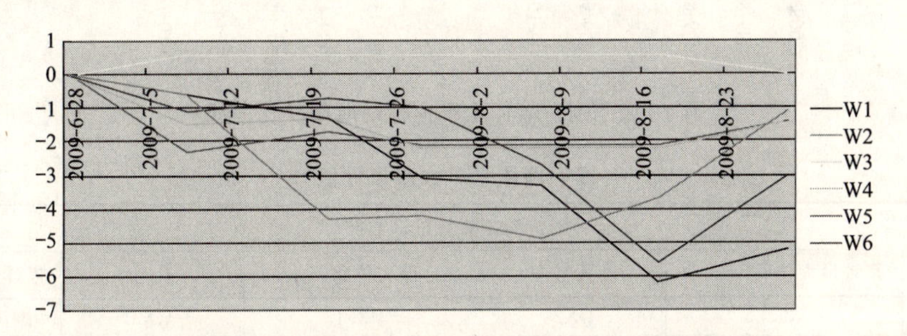

图4-290 围护墙顶垂直位移随时间的变化曲线

围护墙顶垂直位移累计值 表4-57

围护墙顶位移监测					
点号	累计垂直位移（mm）	点号	累计垂直位移（mm）	点号	累计垂直位移（mm）
W1	－5.2	W2	－1.1	W3	0.6
W4	－1.4	W5	－1.4	W4	－3

4. 立柱沉降监测

立柱在整个基坑开挖过程中，立柱沉降随时间的变化为上升趋势。监测点超均未超过报警值。监测结束时，立柱 LZ1～LZ6 测点累计隆起变化量在 6.2～10mm 之间，均没有超过报警值。有关立柱沉降随时间的变化情况见图 4-291。监测结束时立柱沉降累计值见表 4-58。

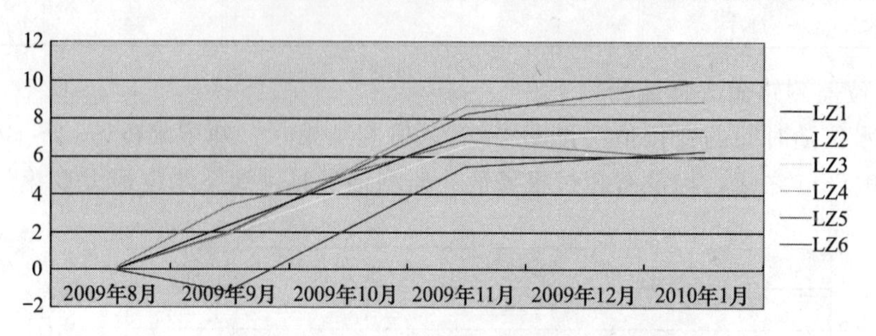

图 4-291 立柱沉降随时间的变化曲线

立柱沉降累计值 **表 4-58**

立柱沉降监测					
点号	累计变化量（mm）	点号	累计变化量（mm）	点号	累计变化量（mm）
LZ1	7.4	LZ2	5.9	LZ3	7.7
LZ4	8.9	LZ5	10	LZ6	6.2

5. 围护墙墙体侧向位移监测

围护墙体水平位移随基坑开挖深度的增大而逐步增大，变化趋势为向基坑内发展。逆作法地下连续墙体水平位移小，逆作法地下连续墙体最大水平位移深度发生在约 4/5 基坑深度附近处，而不像顺作法那样发生在其坑底附近处。有关围护墙体水平位移随时间的变化情况见图 4-292。监测结束时围护墙体水平位移累计值见表 4-59。

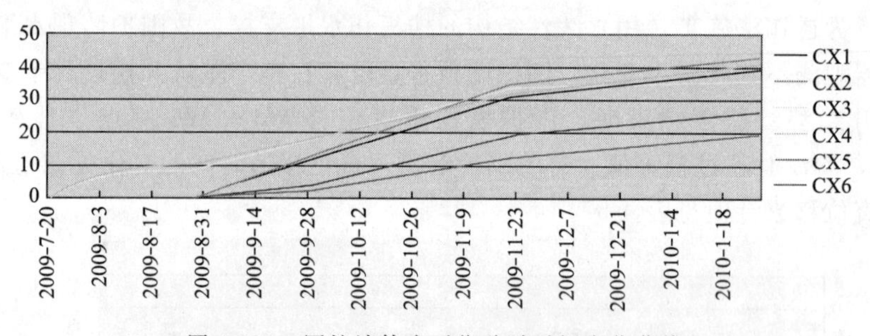

图 4-292 围护墙体水平位移随时间变化曲线

围护墙体水平位移累计值 **表 4-59**

围护墙体测斜位移监测					
孔号	累计最大位移（mm）	孔号	累计最大位移（mm）	孔号	累计最大位移（mm）
CX1	－39.25	CX2	－43.15	CX3	－35.91
CX4	－40.99	CX5	－19.03	CX6	－26.3

4.11.4.2 监测小结

信息化施工监测表明，在本基坑围护施工过程中，变形量比同类基坑要小很多，特别是围护墙体水平位移及土体位移变化量较小，逆作法施工对保护周围建筑物、地下管线的安全起到了很大的作用。

基坑工程的全过程都在可控状态下，整个支护体系是安全的，并且完全满足周边环境的保护要求。

4.12 铁路上海站北广场综合交通枢纽工程

上海新客站北广场综合交通及配套路网工程，位于闸北区上海新客站北广场，处于内环线以内苏州河以北，东至南北高架，距离南京路市级商业街和人民广场仅约 2km。它也是闸北不夜城地区的重要组成部分。工程为地下两层结构，地下室埋置深度为 11.38m，属于地下交通转换公共设施。工程紧邻地铁 1 号线及轨道交通 3、4 号线，且在基坑周边有火车站出站地道以及过街地道、北广场大酒店、中祥宾馆、上海长途汽车客运总站等，基坑周边环境的保护十分重要。

本工程最初设计为顺作法施工工艺进行，但根据新客站 2009 年春运开通首层板的重大施工节点要求，工程技术路线改为逆作法。基坑采用 800mm 厚地下连续墙作为围护墙体采用“两墙合一”的形式，布置了钢立柱竖向承载体系，利用结构梁板作为水平支撑系统，同时对坑内土体进行搅拌桩加固，增强土体的抵抗力。

工程采用专用的立柱桩调垂架进行立柱桩垂直度控制，解决了逆作法施工地下立柱桩垂直度及定位精准的施工难点。

作为逆作法施工，地下空间逆作挖土地效率是关系到工程整体效率的主要因素之一。本工程逆作法挖土由于其结构形式无地上结构部分，故设置了相当数量的出土口（每 3 跨一个），大大提高了出土效率，将常规逆作法出土效率提高了 150%。作为一个例子证明了逆作法施工在类似地下广场的工程施工中除能确保环境安全外还解决了出土效率对工期影响的限制，体现了更广阔的适用性。

作为在建工程，新客站北广场工程的周边监测表明，在工程施工期间有关控制指标都保持在良好的范围内，确保了周边的建筑、地铁、地下管线的安全。

4.12.1 工程概况

4.12.1.1 建筑概况

上海新客站北广场综合交通及配套路网工程的周边环境见图 4-293。

图 4-293 地形鸟瞰图

拟建工程为地下两层结构，地下一层层高 5.4m，地下两层层高 4.5m。占地面积约 35600m^2。现浇钢筋混凝土框架及板柱结构，主体结构采用桩筏基础，桩基采用钻孔灌注桩，底板厚度 1000mm，结构埋深 11.38m。基坑采用地下连续墙围护墙，逆作法施工，东、南侧靠近地铁 17m 范围采用顺作法。

本工程±0.000 相当于绝对标高＋3.200，自然地面的绝对标高为＋3.170～＋3.680。基础底板面绝对标高均为－6.700，考虑基底设置 200mm 厚度垫层，基坑开挖深度 11.38m。

4.12.1.2 现场条件

本工程位于老城区，经过多次改造，现为道路、客流集散广场，北部为拆迁后场地。拟建场地北侧现有北广场大酒店、中祥宾馆，南侧邻近上海新客站铁路公寓、检票厅等，西侧邻近上海长途客运总站，东侧邻近地铁 1 号线。地下管线及周边地下构筑物复杂。西侧距苏州河 360m 左右。

拟建工程周边核心区域内，现状主要为交通用地，有铁路上海站北广场、长途客运总站，轨道交通 3、4 号线上海站，并形成了以铁路上海站为主的大型公交枢纽。

4.12.1.3 地质条件

（1）本场地地貌类型属滨海平原相地貌单元，场地地形相对较平坦，地面标高一般在＋3.170～＋3.680 之间。

（2）本基地地下水属潜水类型，②$_3$ 层为浅部主要含水层，主要补给来源为大气降水及附近河道。地下水静止水位深度为 0.30～1.50m。本场地地下水和地基土对Ⅲ类环境中的混凝土无侵蚀性。

（3）本工程施工范围未发现沼气溢出现象，填土较厚，成分复杂，有混凝土层、碎石块等，局部有下水道及废弃建筑物基础等杂物，本次未发现暗浜土分布等不良地质现象。拟建场地为液化场地，液化等级为轻微～中等液化，液化深度自地下 3.5～8.0m。

基坑开挖深度范围以②$_3$ 灰色砂质粉土为主（图 4-294），该层土为近现代沉积层，经人类活动外载的影响，土层已有一定的排水固结。基坑支护结构设计土层参数见表 4-60。

天然地基设计参数一览表 **表 4-60**

土层名称	固结快剪峰值平均值		$E_{s0.1\sim0.2}$（MPa）	P_s 平均值（MPa）	地基承载力设计值 f_d(kPa)	地基承载力特征值 f_{ak}(kPa)
	c(kPa)	φ(°)				
②$_3$ 灰色砂质粉土	6	29.5	7.63	2.45	120	100
⑤$_{1-1}$灰色粉质黏土	15	13.0	3.18	0.72	90	70
⑤$_{1-2}$灰色黏土	16	14.5	3.75	0.84	100	80

注：表中 f_d、f_{ak}仅供评价土性之用，设计使用时应根据实际基础尺寸、埋深进行计算。

（4）基坑坑底土为②$_3$ 层下部，该土层富含地下水，基坑开挖时易发生涌水流砂问题，需采取坑内降水措施，尤其应注意支护结构的隔水效果。由于基坑范围大，开挖深度较大，基坑开挖各种工况下，坑底土体会有一定的回弹，应注意土体回弹对基坑支护结构产生不利影响，特别是对支撑立柱产生负摩擦力，应做好基坑回弹量的监测。

4.12.1.4 管线情况

基地周围的管线较多，在南侧临近铁路公寓、上海站北站屋、眼镜市场等建筑物以及上海站

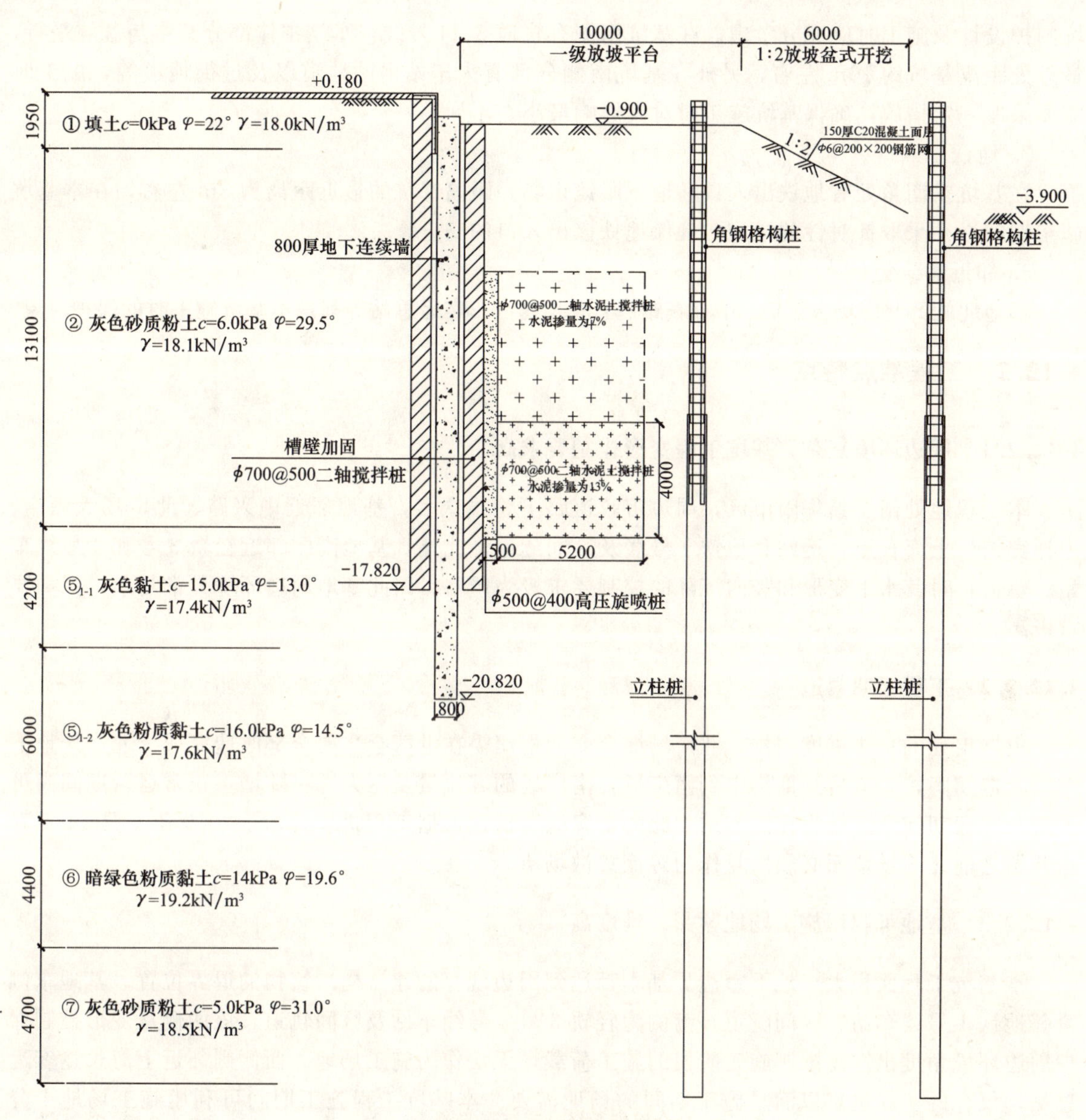

图 4-294 围护剖面图

站台等设施，管线分布有：埋深 0.94m 的 18 孔电信管，埋深 0.46m 的电信管，埋深 0.5m 的电力管，埋深 1.52m 的 ϕ300 混凝土雨水管、埋深 0.77m 的 ϕ230 混凝土污水管，埋深 0.68m 的 ϕ150 混凝土雨水管，埋深 1.25m 的 ϕ300 铸铁给水管以及埋深 2.96m 的不明管线等综合管线。

在基坑北侧邻近建筑物有北广场大酒店和中祥宾馆，在北侧中兴路上主要管线有埋深 0.57m、0.73m 的电力铜线，埋深 0.7m 的 ϕ150 铸铁给水管，埋深 0.8m、0.83m 的 ϕ200 煤气管等综合管线。这些管线对在施工过程中均要求加强保护。

在基地西侧为汽车北站和孔家木桥路，东侧距基坑 10m 有地铁 1 号线，均分布有较多的电力、给水、燃气、污水、雨水管线。

4.12.1.5 本工程基坑施工中重点保护对象

1. 地铁的区间隧道

本基坑东侧的地铁 1 号线呈西北走向，车站主体部分基本与基坑平行，距基坑约 11.7m，基坑围护设计及施工时应充分考虑。在基坑南侧有轨道3、4号线，车站主体部分基本与基坑平行，最近处距离基坑约10m左右，另外在基坑南侧分部有火车站出站地道以及过街地道等，施工时需要采取一定措施，确保基坑施工时对其影响最小。

2. 地铁出入口

在基坑东南角处有地铁出入口和地下眼镜市场，距离基坑的最近距离为3m左右，在本基坑施工期间必须采取针对性的措施，确保地铁该出入口的安全。

3. 邻近建筑物

场地北侧的北广场大酒店、中祥宾馆、上海长途汽车客运总站等都是本基坑施工时的保护对象。

4.12.2 工程难点特点

4.12.2.1 周边环境复杂，基坑工程变形控制要求高

本工程地处闸北繁华闹市区，周边市政道路下管线众多，基地邻近中兴路、北广场大酒店、中祥宾馆、上海长途客运站和地铁1号线及区间隧道。此外，基地南侧邻近轻轨3号和4号线车站、轨道，对其水平变形和竖向沉降的控制要求极为严格。因此基地周边环境异常复杂，保护要求极高。

4.12.2.2 工程工期紧迫

根据工程的总体进度安排，北广场综合交通枢纽需在世博会之前全部改造完成。北广场地下空间改造期间，客流将全部集中到南广场，南广场的客流量及压力都将陡增，正常运营期间尚可承受，春运期间南广场将无法容纳如此大量客流。根据根据工程进度要求，2009年1月14日春运开始之前北广场地面必须恢复作为客流集散场所。

4.12.2.3 基地可利用施工场地紧张、难度高

本基坑工程面积大，地下室边界基本都达到周边现存的建（构）筑物的退界位置。基地东侧紧邻地铁1号线车站、区间隧道，南侧为轻轨3号4号线车站及区间轨道，该两侧从变形控制保护周边环境角度出发需限制施工阶段的施工荷载，无法作为施工场地。西侧则邻近上海长途客运总站，仅存的空间也难以满足施工期间的场地需要。本基坑工程施工期间可利用施工场地十分紧张。

根据基地的实际情况，基坑施工期间的主要出土流向主要为北侧除北广场大酒店以及中祥宾馆以外区域。

4.12.2.4 逆作立柱桩施工，垂直度控制要求高

本工程拟采用逆作法施工，立柱桩垂直度要求1/400，本工程立柱桩较深，因此对立柱桩的定位、垂直度控制要求都非常高。

4.12.3 逆作法施工

4.12.3.1 围护施工

1. 方案总体介绍

本工程基坑面积约为35000m^2，基坑平面尺寸比较复杂，呈不规则形状。基坑开挖深度为11.2m，属超大型深基坑工程。基坑设计、施工必须考虑上述有利与不利因素的影响，综合考虑

基坑施工难度、工期及工程造价等因素，结合已有大量深基坑工程施工经验，拟在本基坑工程中结构混凝土柱、板采用逆作施工，采用地下连续墙作基坑围护墙，同时也作永久地下结构的外墙，即“两墙合一”。由上至下施工地下各层结构柱、板，使其在基坑开挖过程中形成基坑的水平支撑构件。在楼板适当位置开洞作为取土孔及材料运输口。顶板的行车位置及开洞边缘采取加固措施，确保挖土机械作业及土方车辆行走的安全。土方开挖采用盆式加抽条开挖方式，按照“时空效应”理论，做到“分层，分块，对称，平衡，限时”开挖，随挖随浇垫层。11.38m深坑土体可以分4次土方开挖，每次分层土体原则上控制在2.5m以内，挖土放坡坡度1：2，所留盆边反压土宽度第一次开挖为10m。

为确保地铁安全，在靠近地铁一侧距地下连续墙17m的坑内再打设一排ϕ1000@1100的钻孔灌注桩，并设置两排ϕ700@500搅拌桩土体加固，施工时以围护钻孔灌注桩为界，基坑分为逆作与顺作两个区域。靠地铁一侧顺作区域待逆作区基础底板完成后，方能进行基坑开挖。

由于基坑地下结构采用逆作法施工，利用主体结构板作为水平支撑构件，可节省大量的临时支撑构件。

2. 坑内加固

本基坑地处市区，为了有效探明影响地下连续墙施工的障碍物，严格控制围护墙体的变位，进一步减小开挖对周围环境的影响，在非地铁侧地下连续墙两侧采用ϕ700@500双轴水泥土搅拌桩进行土体加固桩顶标高+0.180，桩底标高−17.820。地铁一侧地下连续墙两边则设置ϕ850@600三轴水泥土搅拌桩进行土体加固，顶标高为+0.180，桩底标高为−26.82m，水泥掺量为20%。另外在坑壁内侧采用ϕ700@500双轴水泥土搅拌桩进行地基加固，分两层加固。具体措施如下：①靠近地铁1号线侧满堂加固，第一层为地面下、坑底以上范围，加固宽度为6.05m，加固体水泥掺量为10%；第二层为坑底以下，加固深度4.0m，宽度为6m，加固体水泥掺量为20%；②非地铁侧的地下连续墙加固采用墩式加固，第一层为B0板下、坑底以上范围，宽度为5.2m，加固体水泥掺量为7%；第二层为坑底以下，加固深度4.0m，宽度为5.2m，加固体水泥掺量为13%。

3. 地下连续墙

由于基坑地下连续墙范围有灰色砂质粉土，为防止槽段稳定，确保地下连续墙施工质量，施工前在地下连续墙两侧采用ϕ700@500双轴水泥土搅拌桩进行土体加固桩顶标高+0.180，桩底标高−17.820。地铁侧设置ϕ850@600三轴水泥土搅拌桩进行土体加固，顶标高为+0.180，桩底标高为−26.820。

（1）墙体形式

围护墙体采用地下连续墙结构，并利用其作为地下主体结构的外墙，地下室内设排水沟及衬墙。

地下连续墙墙体厚800mm，标准槽段宽6m，墙顶标高0.180，非地铁侧墙深21m，靠近地铁车站一侧深度27m。地下连续墙作为地下室外墙结构的一部分，采用自防水混凝土，槽段之间采用锁口管柔性接头，槽段接缝后侧及墙趾注浆。结构接头采用地下连续墙内预留钢筋接驳器和预埋钢筋的方法与地下各层圈梁及壁柱连接。

由于工程工期紧，进场后先施工地下连续墙，根据工期要求合理按排成槽机械，布置了真砂DHC成槽机3台，每台每天施工3幅，共约200幅地下连续墙需23d，考虑进场准备时间，地下连续墙施工工期30d。

（2）地下连续墙施工流程

地下连续墙施工流程见图4-295。

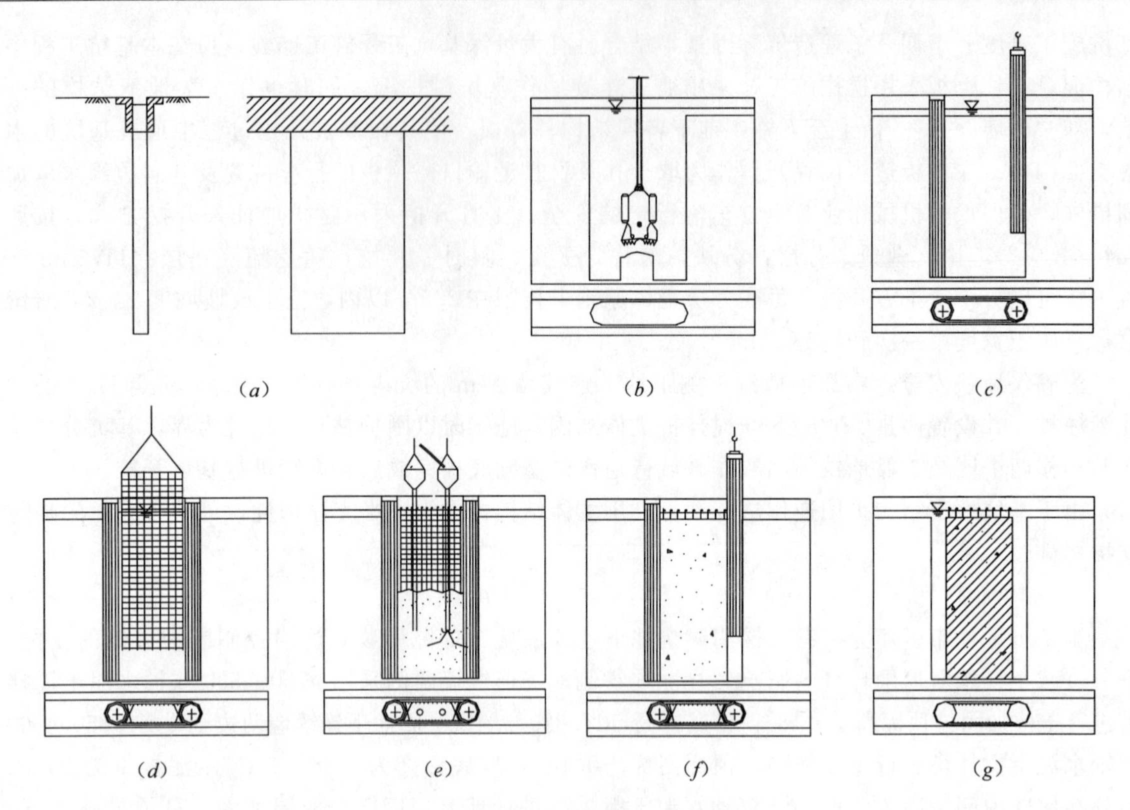

图 4-295 地下连续墙施工流程图

(a) 准备开挖的地下连续墙沟槽；(b) 用液压成槽机进行沟槽开挖；(c) 安放锁口管；(d) 吊放钢筋笼；(e) 水下混凝土浇筑；(f) 拔除锁口管；(g) 已完工的槽段

4. 逆作法一柱一桩

(1) 逆作施工竖向支撑构件采用一柱一桩（即钢立柱和立柱下钻孔灌注桩）的结构形式（图4-296）。一柱一桩在未外包混凝土前承受地地下二层结构自重及施工荷载，按 8.5m×8.5m 结构跨度布置，计算一柱一桩的单桩承载力设计值需达到 2000kN。根据试桩静载试验检测报告，采用 ϕ1000、ϕ1200 的钻孔灌注桩，桩长度 29m，持力层位于第⑦$_2$ 层时单桩抗压承载力设计值为 2680kN，满足逆作期间的承载力要求。

(2) 格构柱断面尺寸 460mm×460mm，采用 4∟180×180×18 角钢拼接，钢材 Q345B，缀板为－390×250×14。柱底进入灌注桩 3m，格构柱长 14m；格构柱分 2 段工厂制作，现场进行焊接连接。立柱布置位于结构柱内，在结构板内预留插筋，底板施工完成后，绑扎柱筋施工结构柱。部分柱下无工程桩，则将承台下工程桩布置进行调整，使调整后的工程桩对应立柱位置。

(3) 一柱一桩施工措施

根据工程格构柱平面布置以及基坑挖深等特点，在格构柱施工时，现场以钢格构柱校正架为主要调垂工具，充分发挥其直观实用、简单经济以及操作速度快等特点。

同时，为了保证格构柱的施工质量，现场每 10 根格构柱即随机抽选 1 根用电脑调直仪器进行垂直度检验。

格构柱拼接完成起吊后，把格构柱悬空至自然垂直状态，当两个不同的方向的经纬仪分别观测到格构柱达到悬垂状态时，电脑调直仪器将格构柱的垂直状态归零，然后把格构柱缓慢插入调直架中，并用水平仪控制标高，直至格构柱到达设计标高。校正过程中，调直仪将滚动显示出格构柱当前底垂直度情况，调直操作员根据调直仪的数据调整调直架螺栓，直至格构柱达到垂直状态。

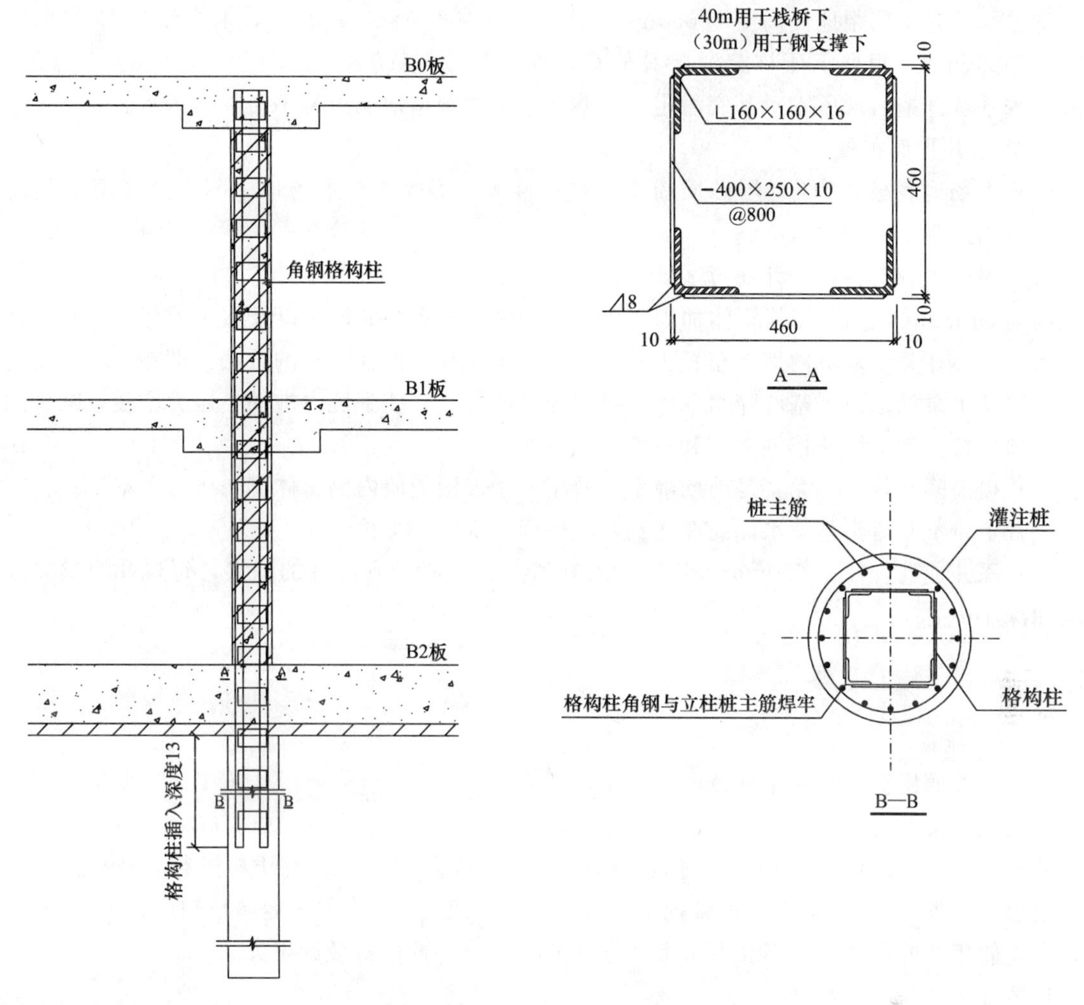

图 4-296 一柱一桩剖面示意图

4.12.3.2 降水施工

1. 水文地质情况

根据本次勘察资料，场地地基土在55.0m深度范围内主要由饱和黏性土和粉性土、砂性土组成。场地土层从上至下依次为①$_1$ 填土、②$_3$ 砂质粉土、⑤$_{1\text{-}1}$ 黏土、⑤$_{1\text{-}2}$ 粉质黏土、⑥粉质黏土、⑦$_1$ 砂质粉土、⑦$_2$ 粉砂层、⑧$_1$ 粉质黏土。

场地浅部地下水属潜水类型，②$_3$ 层为浅部主要含水层，取潜水位为地表下0.5m。主要补给来源为大气降水及附近河道。地基深部主要分布有⑦层承压含水层，⑦层为本地区第一承压含水层。需要考虑地下水对基坑开挖施工的影响，从采取必要的降水措施。

2. 降水目的与要求

根据本工程的基坑开挖、基础底板结构施工的要求以及地质情况，本次降水的目的与要求：

(1) 通过降水及时疏干开挖范围内土层的地下水，使其得以压缩固结，以提高土层的水平抗力，有利于控制开挖面的土体隆起。

(2) 在基坑开挖施工时做到及时降低基坑中的地下水位，保证基坑开挖施工的顺利进行。本工程地基深部主要分布有⑦层承压含水层，⑦层为本地区第一承压含水层。据上海区域水文地质资料，承压水头年呈周期性变化，承压水位埋深一般为3～11m，设计承压水位埋深应按最不利状态3m考虑。

⑦层承压含水层距地面高度29650mm，距基底面高度$h=18450$mm，水头深度$H=29650-3000=26650$mm，根据承压抗突涌验算验算，安全系数$(1.8\times18.45)/(1\times26.65)=1.246>1.05$，故基坑开挖后承压水对基底稳定无影响。本工程根据地质报告不需降承压水。

3. 降水井平面布置

(1) 本场地底板处为$②_3$层砂质粉土，渗透性大，因此，在本场地中降水井全部采用疏干井，以达到控制土中的含水率。

(2) 根据工程资料，预计在每200～250m^{2}中需设置一口降水井，本次取250m^2。施工现场面积约为31582m^2，扣除可能土体加固位置，并考虑到降水井的损耗以及在布置降水井时需避开洞口和立柱，在整个基坑内拟定布置109口深井，采用真空深井降水的方法，即在深井中用真空聚水，深井水泵抽水达到基坑降水和土体排水固结的目的，使基坑内被动土压力增强，减少围护墙的根部位移，为基坑开挖创造有利条件。

(3) 提高降水效率，尤其是前期降水的效率，增加围护墙内侧土体侧向压力，本工程特在井管上设置上、下双滤头，降水标高在达到基坑底标高0.5m以下。

(4) 深井成孔直径在650mm，井管直径为273mm。考虑到沉渣的因素，每口井的凿井深度相应加深1m左右。

4.12.3.3 挖土施工方案

1. 施工流程

本工程按照围护钻孔灌注桩分界分为逆作施工区和地铁及轻轨侧顺作施工区。采用逆作法进行施工区域，按B0、B1、B2施工顺序分为3次挖土。土方开挖分层、分块进行。地面第一层土采用明挖的形式，选用1m^{3}挖土机进行；B0板以下开挖采用0.6m^{3}挖土机进行大开挖，将土方驳运至出土口处，由B0板上的长臂挖土机直接装车，通过15t土方车运输至卸点。挖“盆边土”时，则应使用斗容量0.4m^{3}的液压正铲挖土机挖土，1m^{3}挖土机驳运土方。

具体施工流程如下：

(1) 开始首层土方明开挖，盆边留10m宽反压土，标高为−0.900，中心区域按1∶2放坡至盆底−3.900m位置（图4-297）。

图4-297 第一层明挖后施工垫层铺设B0板支撑垫板

(2) 铺设垫层施工结构±0.000板，A1～A19共分为19块区域流水施工，完成B0板，形成第一道水平支撑。

(3) 待B0板混凝土达到设计要求强度80%后开始第二次盆式开挖，盆边留10m宽反压土，标高为－6.400，按1∶2放坡至标高－9.400盆底面位置，浇筑垫层，并设置模板支架施工B1板。图4-298为B1板钢筋绑扎施工场景。

图4-298 B1板钢筋绑扎施工场景

(4) 待B1板混凝土达到设计要求强度80%后，拆除支模排架，施工中部区域底板。

(5) 开始第三次盆式开挖，盆心区域挖至－11.20标高，施工中部底板。

(6) 靠地铁一侧设置分块、对称、抽条挖除盆边土，随挖随浇捣垫层，对称施工周边基础底板，每块土挖除时间小于16h，最终完成基础底板结构施工。

(7) 逆作区底板施工完毕，围护灌注桩至地铁一侧留出7m一级放坡平台，1∶1.5放坡开挖至标高－6.400，凿除挖土面以上围护灌注桩，在B1板标高施工钢筋混凝土围檩，大面积挖土至标高－6.400，并架设ϕ609钢管支撑。

(8) 继续在围护灌注桩至地铁一侧留出7m一级放坡平台，1∶1.5放坡开挖至标高－11.200，凿除挖土面以上围护灌注桩，搭设双拼ϕ609钢管抛撑，随后按顺序分区挖土至标高－11.200。

(9) 分区进行底板结构施工。

(10) 结构完成，待混凝土结构达到设计强度后，搭设排架，拆除B1板位置的钢管支撑，并施工B1板结构。

(11) 待B1板混凝土结构达到设计强度后，拆除基础底板上的抛撑。

(12) 配合逆作法施工技术要求，采用信息化施工技术在施工过程中监测控制支护结构、逆作支撑桩、工程桩、地铁出入口及周边管线等的变形值并指导施工。

2. 土方开挖前准备工作

(1) 土方开挖前召开相关单位做好技术交底。从逆作法施工技术、施工协调、施工安全、文明施工、施工进度等方面进行交底和协调，明确各方职责，特别对逆作特殊开挖要求进行交底，确保方案有效实施。

(2) 对挖土单位挖土时的盆式挖土底标高及放坡坡度的控制等作认真部署，同时对标高的控制，挖土方法、施工流程及一柱一桩、格构柱、管线等的保护等作进一步明确。

(3) 确保开挖前降水至开挖面以下 0.5～1m。

(4) 完成定位、放线、基准点引测工作。

(5) 配备与开挖有关的资源，确保工程顺利进行。

(6) 检查施工道路是否符合挖土条件。

(7) 确保场地排水系统畅通完善。

(8) 做好挖土令的签证工作。

(9) 落实卸土点和运输路线。

(10) 做好坑内各项监测项目及临近的管线、建筑物等的监测准备工作。

(11) 协调当地政府职能部门的要求，以确保土方开挖顺利进行和工程进度。

3. 施工工况

(1) 逆作区挖土及土建施工工况

第一工况：场地平整。

施工硬地坪后进行桩基施工，包括一柱一桩的立柱桩和钢立柱的施工。

施工内容包括围护灌注桩、搅拌桩及压顶圈梁、土体加固、深井降水等；其后基坑内在标高 −0.900 位置设置不小于 10m 宽度的一级平台，按 1∶2 的坡度盆式开挖至标高 −3.900，随即进行 150mm 厚垫层施工。

基坑周边的坡体需要加固，边坡、坡顶 2m 宽度范围及坡脚 2m 宽度范围采用 ϕ6@200 双向钢筋网和 150mm 厚 C20 混凝土面层进行护坡，搭设 B0 板的排架模板，周边 10m 反压区直接在垫层上进行底模铺设。

其中地铁侧顺作区全部开挖至标高 −0.900 位置。

第二工况：浇筑首层 B0 板结构。

B0 结构板块浇筑顺序以施工分块的开挖先后而依次浇筑，施工顺序：A1、A2、A3、A7、A14、A17、A18、A19→A4、A8、A15→A9、A16→A6、A5、A10→A11、A12→A13，结合总体施工组织安排在首层结构梁板适当区域预留出土口。基坑周边的结构梁板地下连续墙连接后，形成基坑内的第一道水平支撑系统，顺作区与逆作区 B0 板均全部浇筑，板中预留取土洞口。

第三工况：第二层土方开挖。

待 B0 板结构达到设计强度拆模后进行第二层土方的开挖。基坑四周留设不小于 10m 的边坡土由 −0.900m 降至 −6.400m，再根据 1∶2 坡度盆式开挖至 −9.400m。该层土采取 0.6m^3 与 1m^3 挖土机进行开挖，B0 板上出土口由挖土机进行掏土，直接装车运出场外。随即进行 200mm 厚垫层施工，基坑周边的坡体需要加固，边坡、坡顶 2m 宽度范围及坡脚 2m 宽度范围采用 ϕ6@200 双向钢筋网和 150mm 厚 C20 混凝土面层进行护坡，搭设 B1 板的排架模板，周边反压区直接在垫层上进行底模铺设与低排架的施工。

第四工况：浇筑 B1 板结构。

B1 板的浇筑顺序以施工分块的开挖先后而依次浇筑，施工顺序：B1、B2、B3、B4、B5、B6→B7→B8→B9→B10、B11→B12、B13→B14、B15，基坑周边的结构梁板与地下连续墙连接，并形成基坑内的第二道水平支撑系统。

第五工况：待 B1 板达到设计强度后进行第三层土的开挖，中心区域由 −9.400m 开挖至基坑底，进行垫层施工，浇筑中部基础底板。

第六工况：分块、抽条、对称开挖周边留土。

抽条开挖后随即浇筑垫层，然后浇筑基坑周边已开挖至基底区域的基础底板，挖除余土，浇筑形成整个基础底板，顺作永久结构的竖向支承系统。

挖土工况详见图 4-299。

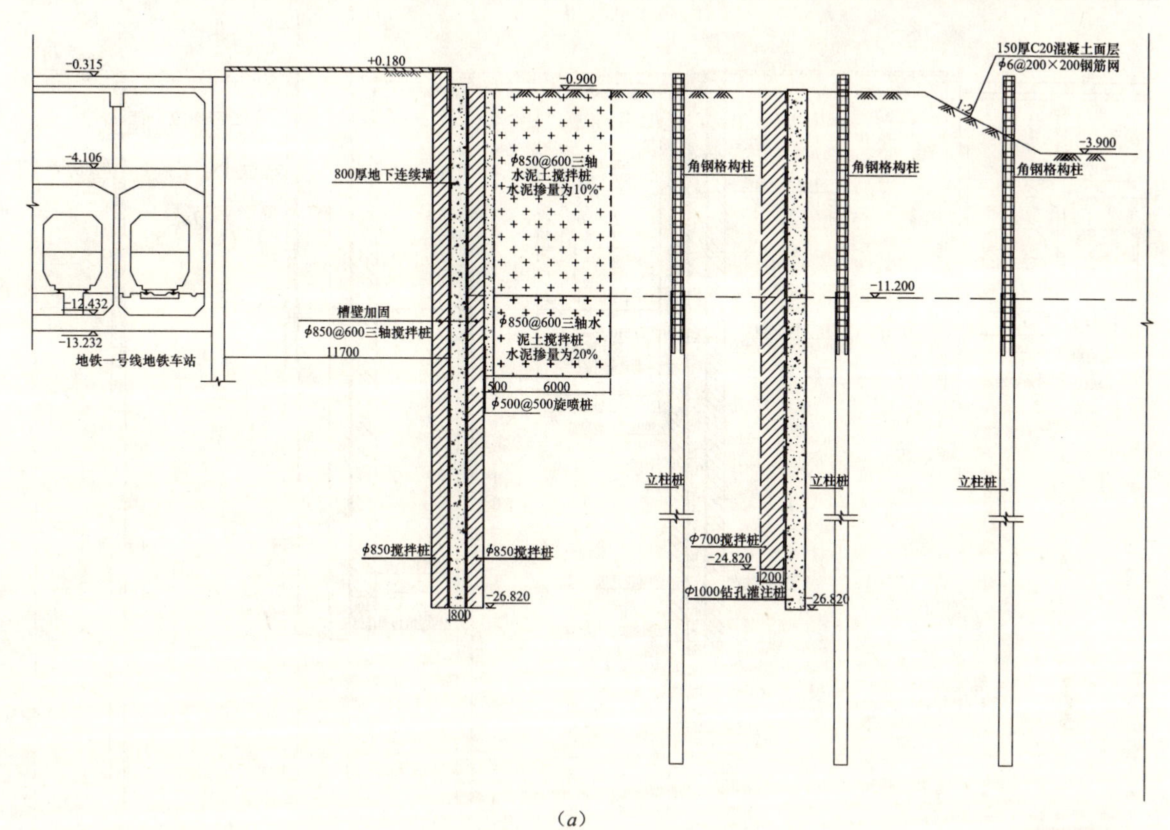

(a)

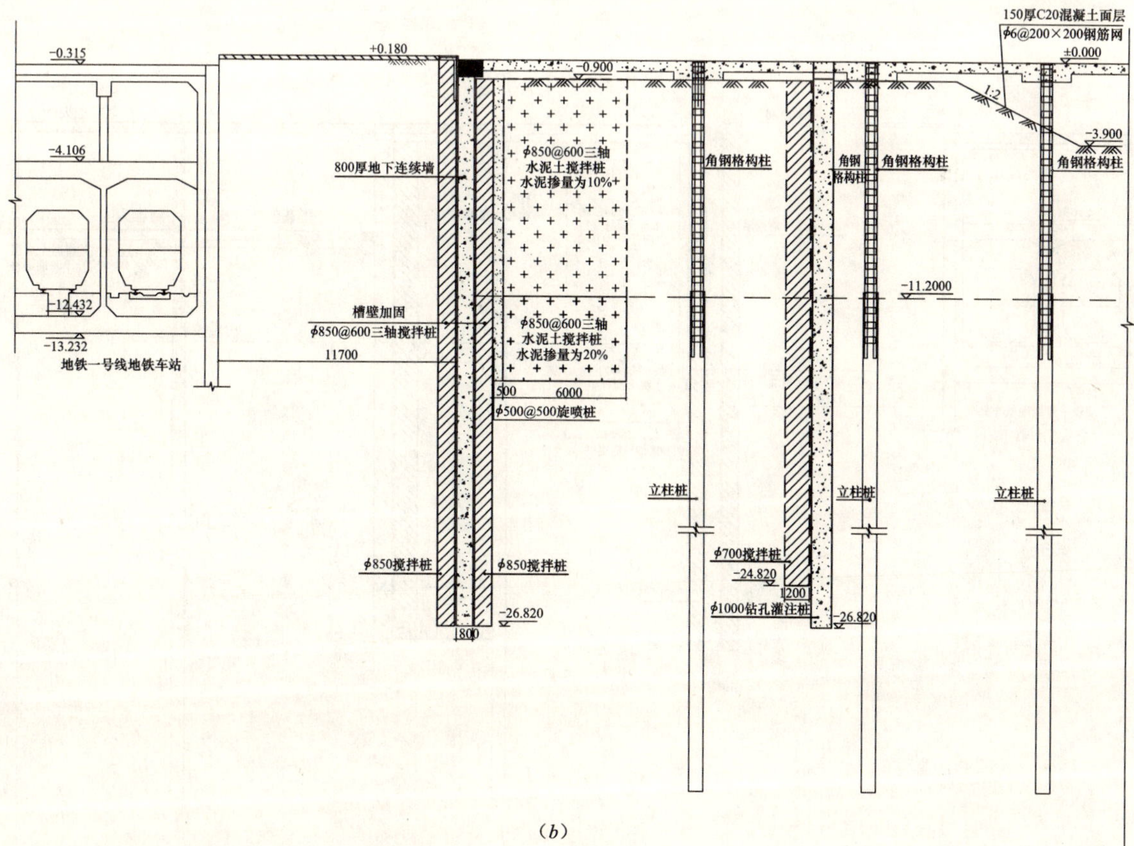

(b)

图 4-299 挖土工况图（一）

(a) 挖土工况一；(b) 挖土工况二

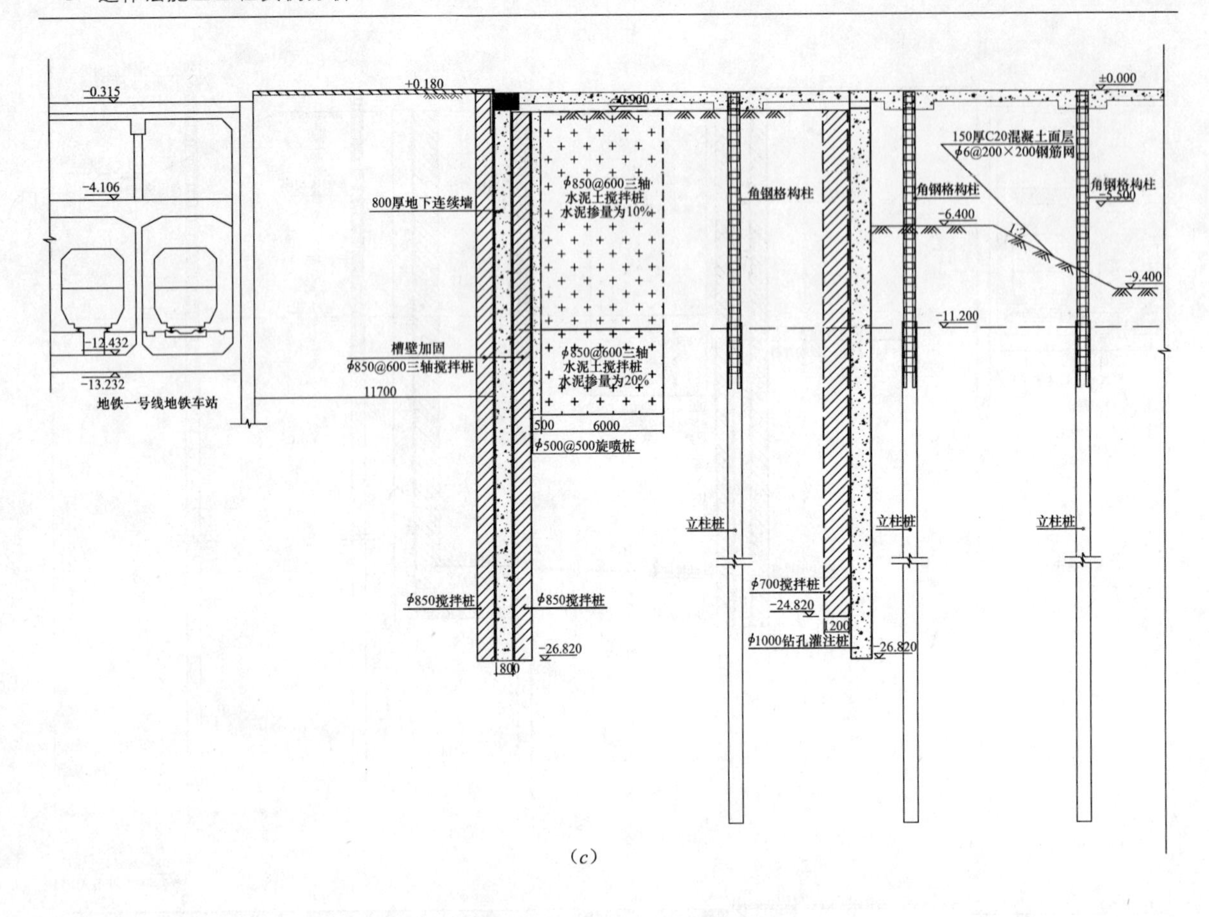

(*c*)

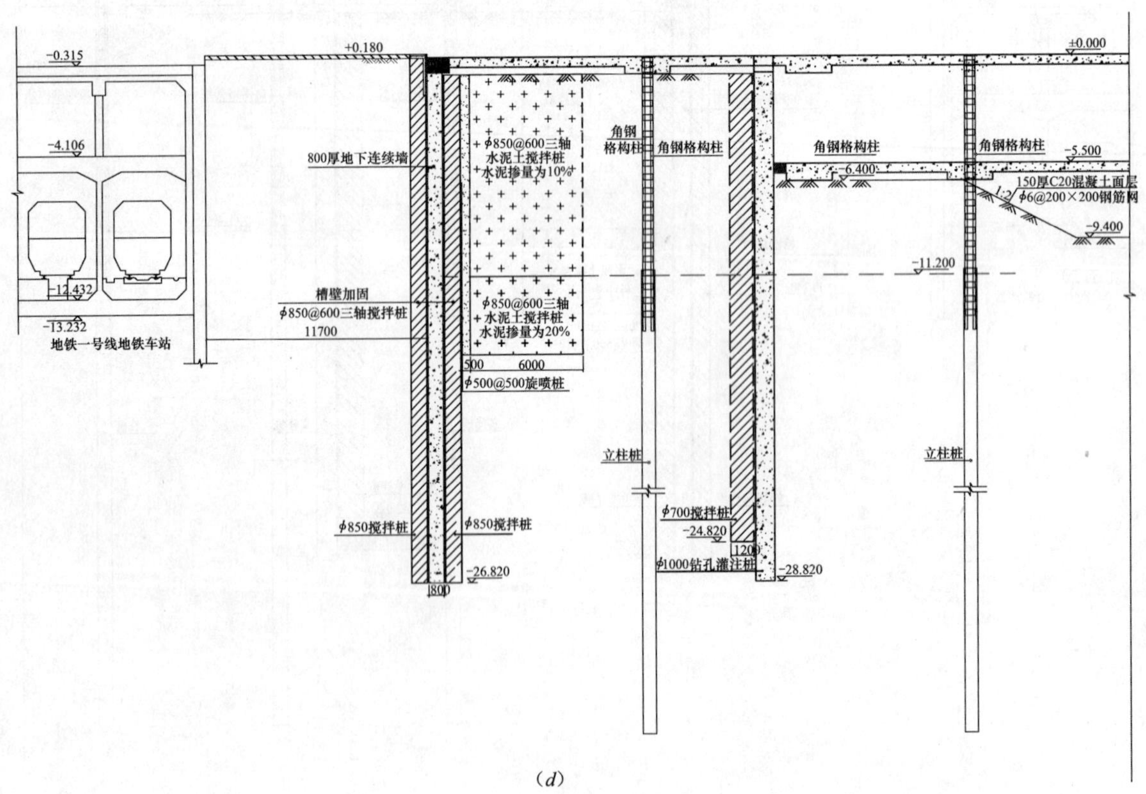

(*d*)

图 4-299　挖土工况图（二）

（*c*）挖土工况三；（*d*）挖土工况四

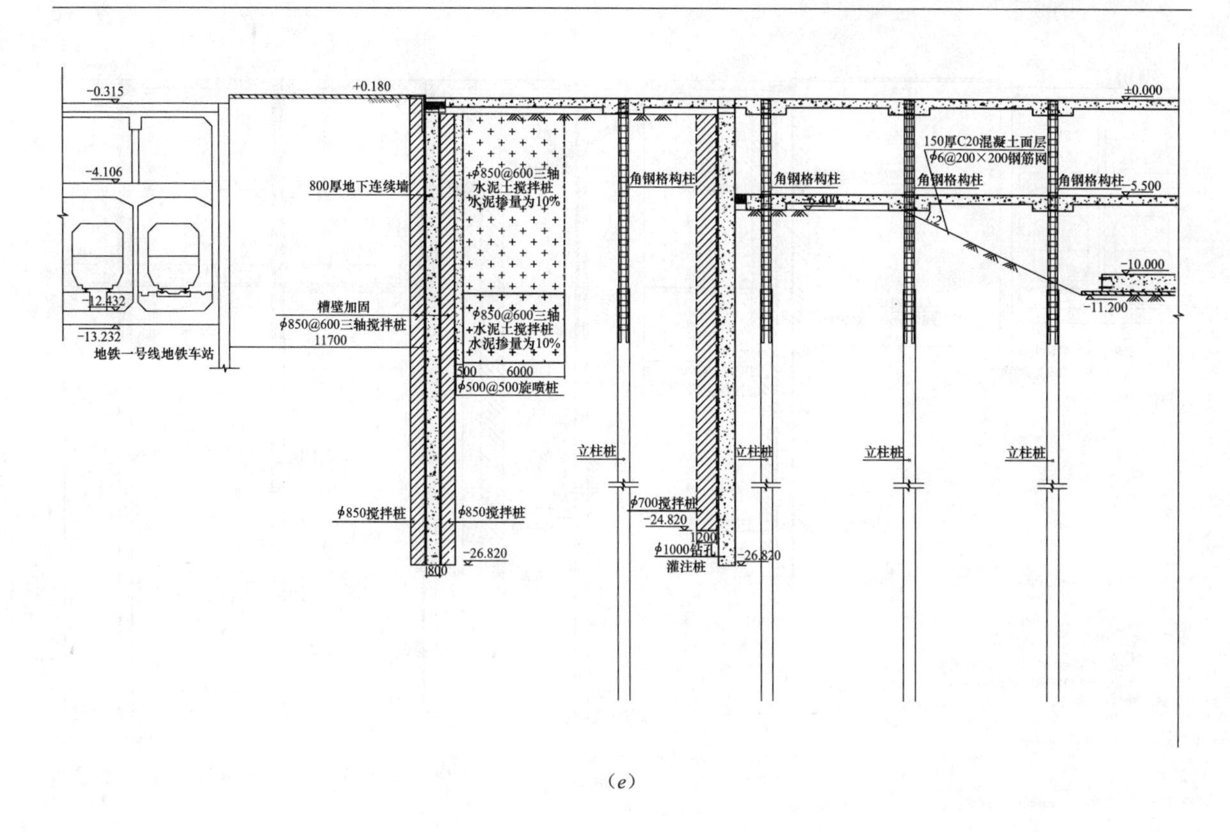

(*e*)

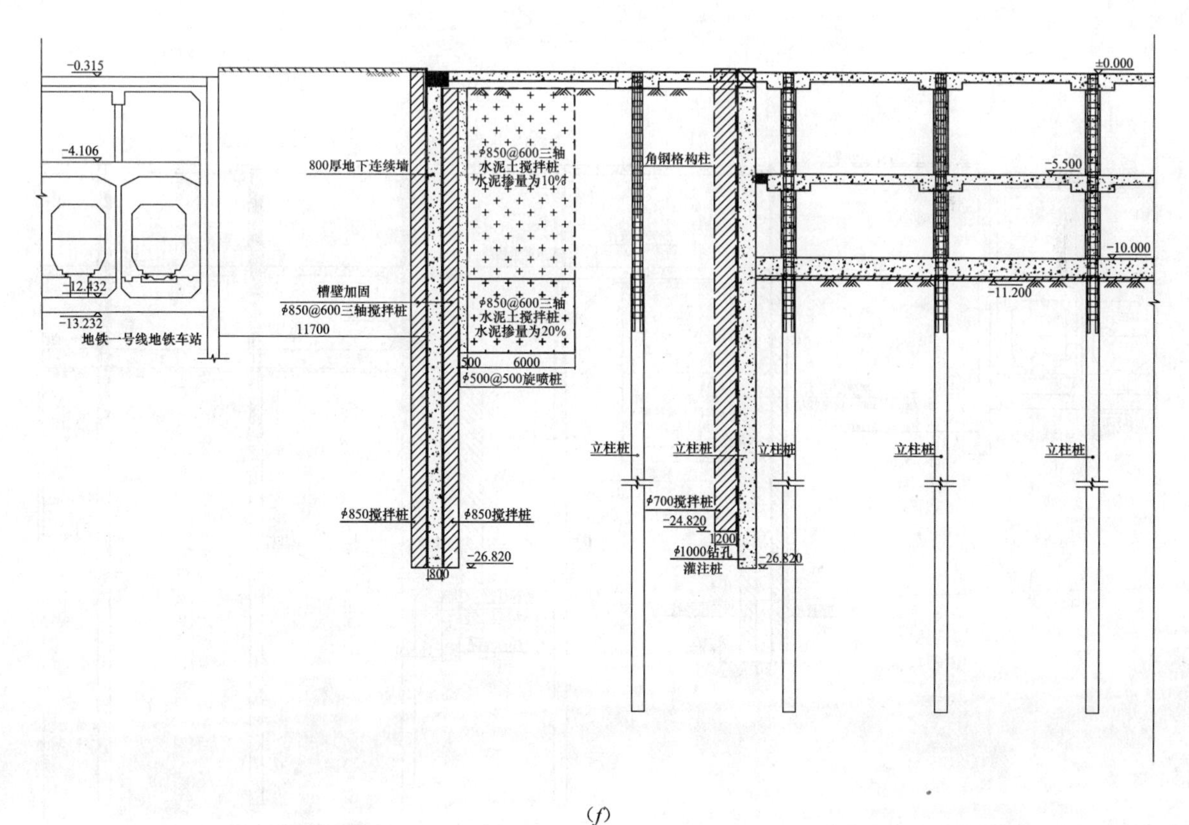

(*f*)

图 4-299 挖土工况图（三）

(*e*) 挖土工况五；(*f*) 挖土工况六

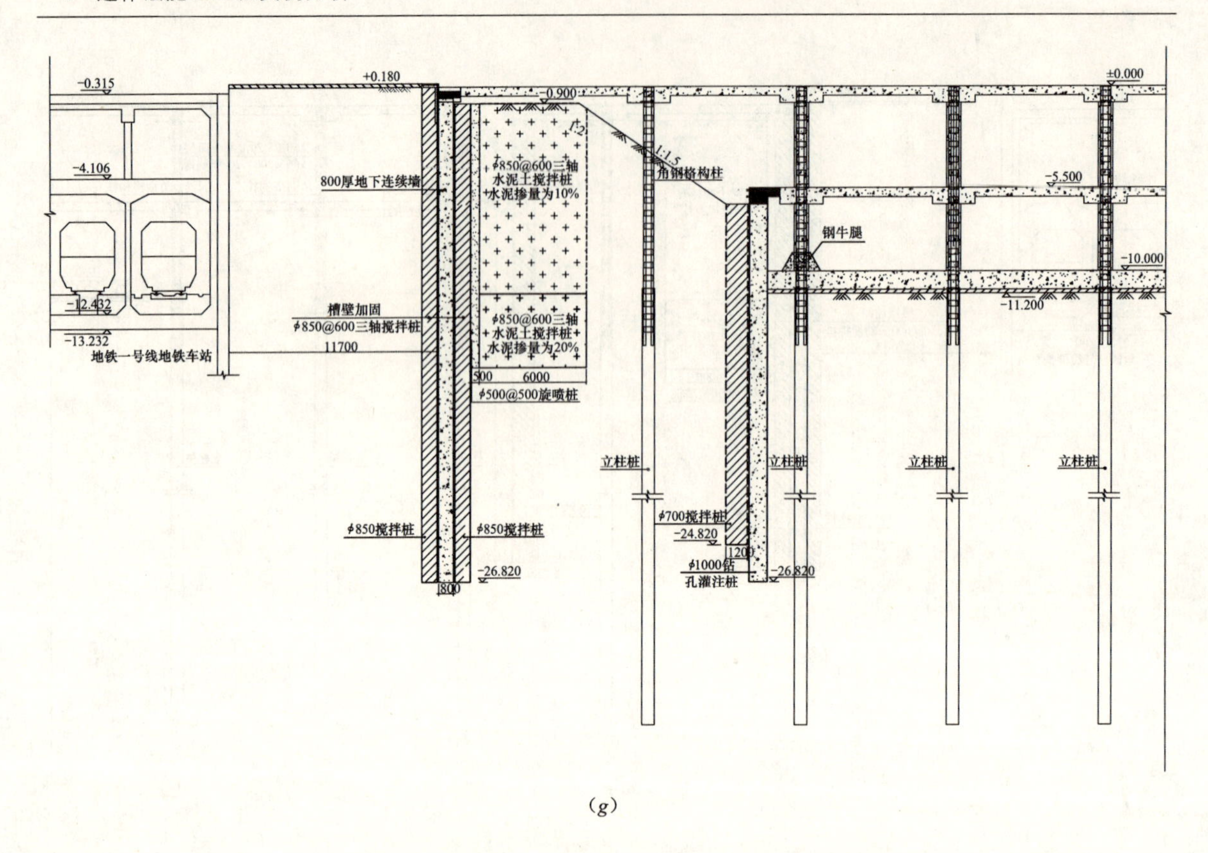

(*g*)

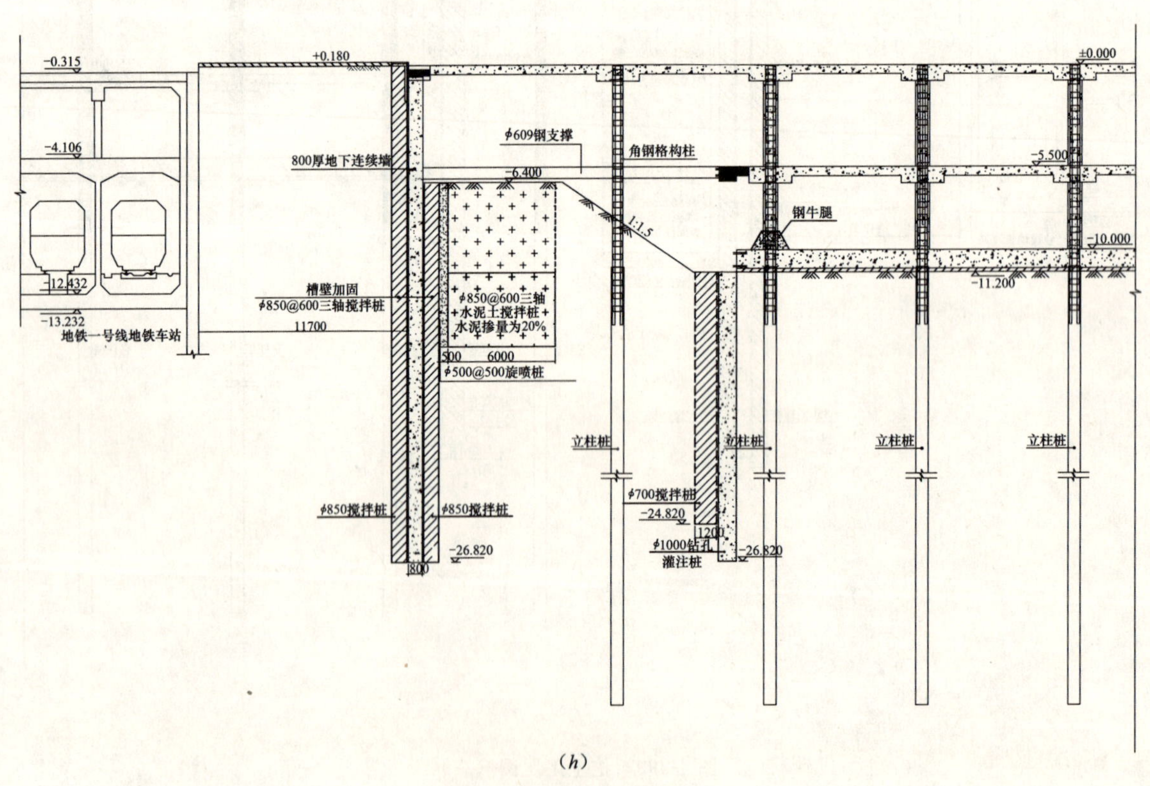

(*h*)

图 4-299　挖土工况图（四）

（*g*）挖土工况七；（*h*）挖土工况八

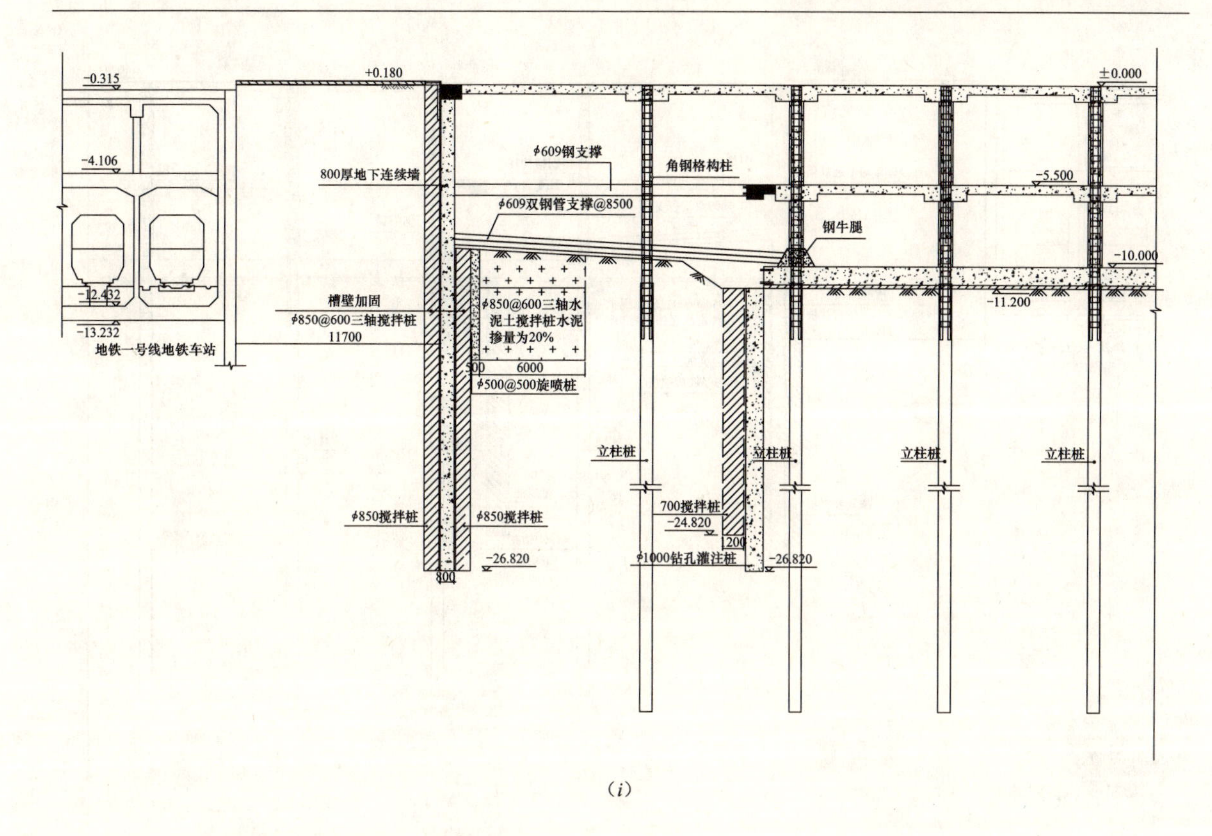

(*i*)

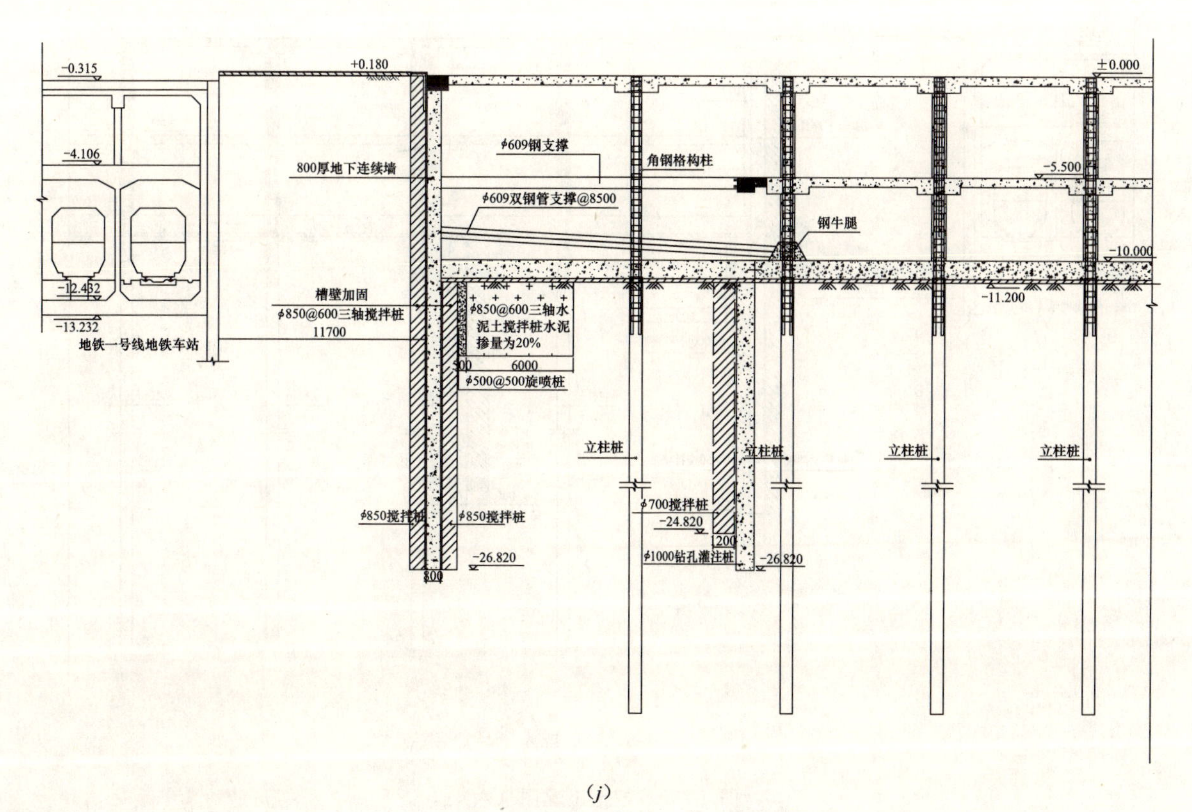

(*j*)

图 4-299 挖土工况图（五）

(*i*) 挖土工况九；(*j*) 挖土工况十

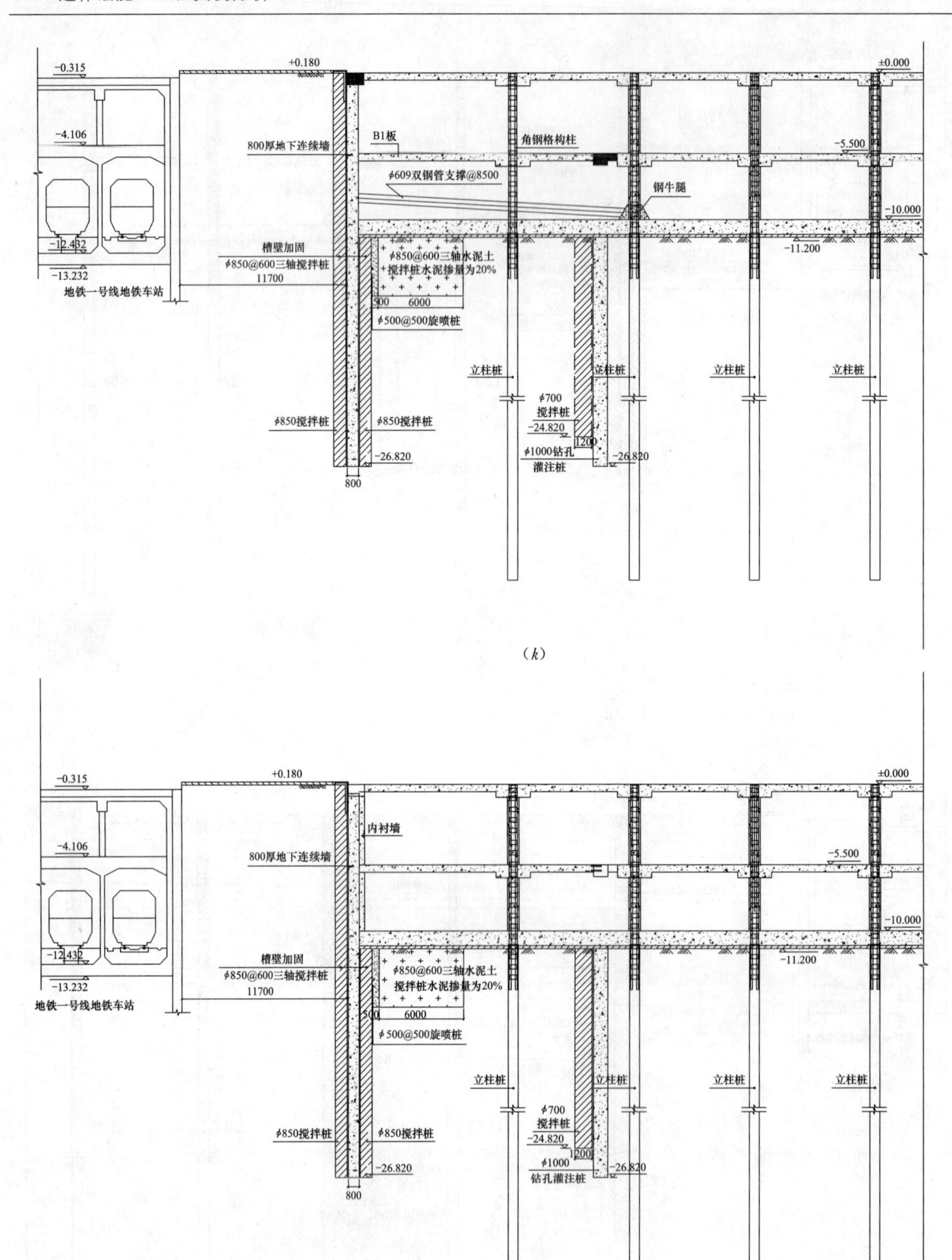

图 4-299 挖土工况图（六）

(k) 挖土工况十一；(l) 挖土工况十二

(2) 基坑靠地铁（轻轨）一侧的工况

工况一到工况六与其他作业面相同。

第七工况：盆式开挖第一层土方。

在地铁侧顺作区靠地下连续墙留置7m宽一级放坡平台，放坡1∶1.5挖至标高－6.400，凿除挖土面以上的围护钻孔灌注桩，留出锚固钢筋，施工钢筋混凝土围檩并养护，分块跳仓开挖基坑至标高－6.400。

第八工况：设置第一道钢支撑。

分块开挖护坡土方至标高－6.400，随挖随挖槽架设斜撑和ϕ609钢管支撑。

第九工况：盆式开挖第二层土方，设置第二道支撑。

支撑架设完毕，在地铁侧顺作区靠地下连续墙留置7m宽一级放坡平台，放坡1∶1.5挖至标高－11.200，凿除挖土面以上的围护钻孔灌注桩，留出锚固钢筋，搭设双拼ϕ609钢管抛撑。

第十工况：分块开挖余土并施工基础底板。

分块跳仓大面积开挖基坑至标高－11.200，施工基础底板。

第十一工况：第二道支撑换撑，施工B1板。

底板传力带养护达到设计要求的强度，拆除B1板位置钢管支撑，并搭设排架，施工B1板结构。钢管抛撑的拆除在结构完成后。

分块开挖的时间控制必须满足从开挖到加撑（或混凝土垫层结束）基坑暴露时间不大于16h。

4. 土方开挖施工要点

土体具有时空效应的特点：土体开挖形式和空间分布形式与基坑变形有密不可分的联系；土体作为一种弹塑性体，受荷达到一定程度后会产生流塑变形，即使在受力不变情况下，土体的变形随时间增长而不断增长，土体流塑变形的速度与受荷大小有关，一般在坑内被动区土体未达到被动土压力前，流塑变形的速度比较小，待达到被动土压力以后变形速度增长比较明显，土体的时间效应和空间效应也有密切关系，合理的土方开挖方式，坑内局部留土的合理分布可以有效增大被动区的被动土压力，减少土体流塑变形和变形的速度。因此，在施工时应以土体的时间、空间效应理论指导挖土施工。本工程在挖土施工时在基坑内部留有足够宽度的盆边土，用此部分土体产生的被动土压力来平衡基坑外部的主动土压力；按照设计的流程，在限定的时间内进行土体开挖以及混凝土垫层的施工，以此确保基坑的变形在规定的范围之内，避免因基坑的变形而威胁周边建筑物、管线的安全。

挖土时应按“分层、分区、分块”的原则，利用土体“时空效应”的原理，限时、对称、平行开挖。

挖土时应注意防止单边掏空立柱，避免立柱承受不均匀的侧向压力。土方开挖应在降水达到要求后进行，挖土操作应分层分段，坑底应保留200mm厚基土用人工挖除平整，防止坑底土扰动。垫层随挖随浇，且必须在开挖后24h内浇完，垫层面积控制在200m^{2}以内。地铁及轻轨侧则以16h控制。

基坑边严禁大量堆载，围护体四周4m范围内地面荷载控制在10kN/m^{2}以内。

挖土机械的通道、挖土顺序、土方驳运，土方堆载等都应避免引起对支护结构、工程桩、支撑立柱和周围环境的不良影响。

严禁挖土机械碰撞支护结构、监测元件、支承立柱和井点管。

5. 人工修土与截桩

在开挖至土方开挖各工况设计标高时，需留200mm厚土体进行人工修土；该部分土体严禁机械扰动，机械挖土的标高只允许正偏差，严禁负偏差。

工程施工范围内所有的深井管、立柱桩、监测元件，其四周1m范围内的土体均采用人工挖除，严禁机械碰撞。施工前，应对修土人员作专项技术交底和安全交底，确保施工质量及安全。

抗拔桩截除采用人工与空压机相配合，分段截除、破碎的方法进行，场内拟配置20台空压机。

所有截下的桩体混凝土在基坑内就地分节破碎，直接装车运出。

截桩工作紧跟挖土流水进行，由于截桩工作进度将直接影响到挖土进度，因此在土方开挖前，应组织好足够的截桩力量，以保证整个挖土工作的顺利进行。

6. 土方开挖阶段基坑排水措施

本工程所采用的逆作暗挖土方法其挖土时间较常规明挖稍长，因此，除在基坑周边采用排水沟排水，杜绝地面水流入基坑内，还必须在土方开挖阶段进一步加强基坑内的排水措施，确保不因积水而影响土方施工或开挖安全。在逆作挖土阶段，在取土口处设置300mm×200mm排水沟，间距20～30m设置集水井，进行基坑的集水、排（抽）水工作。

7. 土方开挖方法

(1) 放坡方式

本工程以1：2斜率放坡，如果开挖深度大于3m，则在坡高1/2处增加一个3m宽的平台，以降低土坡滑移可能。

(2) 开挖方式

B0板以下采用分层开挖，由坑底挖土机从出土口中心向四个方向对称进展，土方驳运到出土口处，由B0板上的加长臂挖土机、0.6m^3伸缩臂挖土机及1m^3履带抓斗吊将土方运至B0板以上。挖土至放坡底线时，按要求自坡底向坡顶放坡。

8. 土方开挖时管线保护措施

(1) 监测元件

1) 对管线监测元件布置的部位进行交底，并以书面形式发放各单位；

2) 开工前与监测单位协调，了解元件布置的走向，做到集中排放，中央控制；

3) 对需保护的部位，现场设置警示标志，并设专人监护；

4) 制定专项管理措施，明确各方职责。

(2) 深井管、格构柱及一柱一桩的保护

1) 土方开挖前将深井管、格构柱及一柱一桩位置告知土方开挖单位；

2) 柱、井管处严禁单侧开挖，两侧高差不超过1m，避免柱、井管的侧向变形；

3) 柱、井管四周500mm范围内禁止用机械开挖，采用人工开挖形式；

4) 开挖过程中设专人进行现场指挥，严禁挖土机械盲目施工，伤及柱、井管；

5) 井管与结构板采取固定措施。

4.12.3.4 模板施工方案

1. 模板工程概况

本工程为有梁楼板其中B0板厚250mm、B1板厚250mm、基础底板厚1000mm，楼板模板采用18mm厚木夹板，模板下支撑系统分为垫层上直接支撑梁、板底模和排架系统两种形式。排架的立柱间距800mm×800mm。柱采用定型钢柱帽与18mm厚木夹板作为柱的主要模板形式。圆柱则采用定型钢模施工。本工程内衬墙模板均采用18mm厚木夹板，围檩采用槽钢与木方结合的形式。

2. 垫层施工

由于本工程B0板与B1板模板支撑系统一部分直接采用垫层上铺设垫板及模板的方式，故垫层处设置200mm厚C20素混凝土垫层，5mm×15mm双向垫板。基础底板混凝土到地下连续墙边有位置局部开挖深度，在落深地区域的斜坡处设置砖胎模，再浇筑斜坡垫层。

3. 模板施工流程

模板施工流程为：弹线→板底模板铺设→板钢筋安装→检查验收→浇混凝土。

4. 模板的支设方式

(1) 楼板模板的支设方式

B1板板厚为250mm，模板采用18mm厚木夹板，50mm×100mm木方间距为300mm，搁置在横向横楞上，横向横楞为ϕ48×3.5mm钢管。施工中先搭设支撑排架，排架立杆的纵距0.80m，立杆的横距0.80m，立杆的步距1.50m，纵向或横向水平杆与立杆连接时采用单扣件进行连接。

(2) 柱子及柱帽的支设方式

柱帽采用定型钢模，柱子模板根据柱子的形式，方柱或矩形柱采用多层夹板，围檩采用方木与槽钢相结合的形式，采用ϕ16对拉螺栓；如柱采用圆柱形式则建议采用双拼定型圆柱钢模的形式，定性钢模间采用螺栓固定。

(3) 内衬墙模板的支设方式

内衬墙每隔20m左右设置一条施工缝，为了加快施工进度，施工时采用跳仓施工的方法。施工时内衬墙侧模模板面板采用普通胶合板，内龙骨布置6道，间距200mm、500mm、500mm、600mm、600mm、800mm，内龙骨采用50mm×100mm木方，间距200mm，对拉螺栓纵向间距600mm，外龙骨采用ϕ48×3.5mm双钢管。

内衬墙模板施工时应先将地下连续墙的表面冲洗干净。内衬墙在施工时划分成8幅，每幅长度在50m左右，间隔施工。

4.12.3.5　钢筋施工方案

1. 钢筋工程概况

本工程钢筋加工采用工厂加工成和现场加工相结合的形式，并根据施工进度及要求分批进行，场内运输由塔吊和吊车完成。

2. 钢筋连接形式

本工程B0板以下梁钢筋主要采用接驳器连接，在地下连续墙处的最后一根钢筋连接可采用焊接形式。板钢筋采用接驳器、搭接与焊接相结合的方式连接。立柱竖向钢筋的连接通过接驳器连接，局部采用焊接形式。当楼层层高较高时墙和立柱的竖向钢筋设置2个接头，分别位于上层楼板的板底和本层中间处，其他情况每层设置1个钢筋接头，位于上层楼板的板底。图4-300为该工程墙的竖向钢筋连接的照片，图4-301为柱的竖向钢筋连接图。

3. 立柱筋预留形式

4.12.3.6　混凝土施工方案

1. 混凝土程概况

本工程B0板以下混凝土设计强度等级：梁、板、柱（外包部分）和剪力墙采用C40，内衬墙及基础底板为C35，内隔墙及室外地面以上结构梁、板、柱均为C30，基础垫层为200mm厚的C20混凝土垫层。

2. 混凝土施工

由于本工程各层板面积大（约35000m^2），每层板分为若干个区，采用分区流水作业。B0板以下混凝土浇捣采用固定泵加硬管的方式进行浇捣。

图 4-300 采用接驳器连接的竖向钢筋

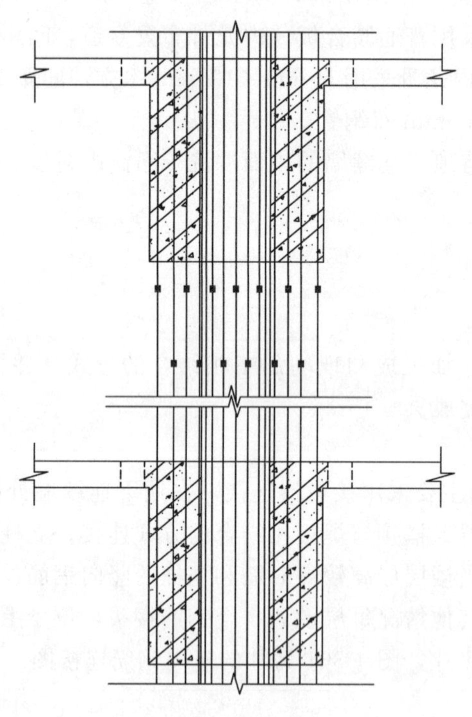

图 4-301 立柱钢筋预留

3. 混凝土养护

楼板混凝土浇捣时，自然温度较低，使得表层混凝土热量损失较快，温度较低，从而加大内外温差，所以要做好混凝土的保温保湿工作，防止混凝土产生温差应力缝和收水裂缝。混凝土浇筑完毕后，在 8h 内采用楼板混凝土表面覆盖不透水、气的聚乙烯薄膜，并加盖麻袋的方式进行养护，养护时保持薄膜内有凝结水，养护时间不少于 14d。

附录　本书作者逆作法设计和施工项目一览表（1992～2011年）

项目名称	建设时间	总建筑面积（m²）	地下层数	地下建筑面积（m²）	开挖深度（m）	围护墙形式	设计单位	施工单位	与邻近地铁或轻轨的关系
上海轨交1号线陕西南路站	1992.02～1994.11	18000	2层	18000	14.5	地下连续墙	北京城建设计研究院	上海市第二建筑有限公司	本工程为地铁车站
上海恒积大厦	1995.06～1997.12	56600	4层	14000	14.0	地下连续墙	上海爱建建筑设计研究院	上海市第二建筑有限公司	—
上海明天广场	1996.12～2003.06	120000	3层	30000	15.0	地下连续墙	华东建筑设计研究院	上海市第二建筑有限公司	距地铁1号线隧道14m
上海住业京沙大厦	1997.07～1999.07	51210	2层	6500	11.0	地下连续墙	河北省建筑设计研究院	上海市第二建筑有限公司	—
上海轨交2号线南京东路站	1997.12～2000.09	20000	2层	18000	16.0	地下连续墙	华东建筑设计研究院	上海市第二建筑有限公司	本工程为地铁车站
上海城市规划展示馆	1998.04～1999.09	18070	2层	6000	7.0	树根桩＋高压旋喷桩防水帷幕	华东建筑设计研究院	上海市第二建筑有限公司	离地铁最近处4m
上海四明里城市绿地	1999.08～2000.01	3000	1层	3000	8.0	地下连续墙	徐汇区建筑设计院	上海市第二建筑有限公司	—
上海机场城市航站楼	2000.05～2001.12	22960	2层	6110	11.2	地下连续墙	华东建筑设计研究院	上海市第二建筑有限公司	地下室与地铁车站共墙
上海瑞嘉花园	2002.03～2005.09	250000	2层	40000	9.0	灌注桩＋搅拌桩	华东建筑设计研究院	上海市第二建筑有限公司	—
上海长峰商城	2002.09～2007.02	308000	4层	88000	24.0/17.6	地下连续墙	上海建筑设计研究院有限公司	上海市第二建筑有限公司	距地铁2号线5m，接通距地铁3号线35m
上海长峰大酒店	2002.12～2005.04	110000	3层	7000	12.0/13.7	地下连续墙主楼顺作裙楼逆作	华东建筑设计研究院	上海市第一建筑有限公司	—
上海铁路南站北广场	2003.02～2005.12	72200	2层	40000	12.5	地下连续墙	华东建筑设计研究院	上海市第七建筑有限公司	与改线前地铁1号线距离7.5m
上海廖创兴金融中心大厦	2003.11～2008.04	72800	5层	22500	22.7/26.5	地下连续墙	冯庆延建筑师事务所（香港）有限公司上海建筑设计研究院有限公司	上海市第二建筑有限公司	距地铁2号线隧道15m
上海杨浦大学城一期工程	2004.05～2005.03		2层	27200	10.0	地下连续墙	华东建筑设计研究院	上海市第一建筑有限公司	—
上海仲盛商业中心	2004.12～2006.05	280000	3层	50000	13.3	地下连续墙周边逆作中心岛顺作	华东建筑设计研究院	中国建筑一局（集团）有限公司	—

续表

项目名称	建设时间	总建筑面积（m^2）	地下层数	地下建筑面积（m^2）	开挖深度（m）	围护墙形式	设计单位	施工单位	与邻近地铁或轻轨的关系
上海由由国际广场	2004.12～2007.03	210000	2层	58600	10.5/12.1	钻孔灌注桩	华东建筑设计研究院	上海市第二建筑有限公司	距地铁4号线车站2m
曹安商贸C-1，C-2地块	2005.02～2005.10	92000	2层	15000	11.0	钻孔灌注桩	华东建筑设计研究院	宝钢工程建设总公司	—
上海浦东国际机场二期交通中心	2005.06～2007.06	170000	2层	63800	7.3	地下连续墙	华东建筑设计研究院	上海建工集团股份有限公司	—
上海500千伏世博地下输变电站	2005.12～2010.09	80000	4层	53000	34.0	地下连续墙	华东电力设计院华东建筑设计研究院	上海市第二建筑有限公司	—
上海轨交4号线东安路站	2007.02～2009.11	12260	3层	12257	15.0	地下连续墙	上海城市设计研究院	上海市第二建筑有限公司	本工程为地铁车站
南昌大学第二附属医院医疗中心大楼	2007.06～2009.04	77000	2层	7000	12.9/13.5	钻孔灌注桩	华东建筑设计研究院	浙江勤业建工集团有限公司	—
上海轨交7号线零陵路站	2007.06～2009.09	9360	2层/3层	9360	20.0/23.0	地下连续墙	市政工程设计研究总院	上海市第二建筑有限公司	本工程为地铁车站
上海华敏帝豪大厦	2007.06～2010.12	18000	4层	17400	17.1/19.4	地下连续墙主楼顺作裙楼逆作	华东建筑设计研究院	南通第四建筑安装工程有限公司	—
上海兴业大厦	2007.11～2010.06	74670	3层	18900	12.4/14.4	地下连续墙	华东建筑设计研究院	上海市第二建筑有限公司	—
南京德基广场二期	2008.01～2009.10	160000	4层	16000	21.5	地下连续墙	华东建筑设计研究院	北京城建集团有限责任公司	距地铁1号线距离16m
铁路上海站北广场改造	2008.06～2010.07	71200	2层	70000	12.1	地下连续墙	上海市城市建设设计研究院	上海市第二建筑有限公司	距地铁1号线车站10m
上海海光大厦	2008.07开工	70000	4层	23000	24.0	地下连续墙	华东建筑设计研究院	上海市第二建筑有限公司	—
上海海光大厦	2008.08～2009.11	50000	4层	5300	18.0	地下连续墙主楼顺作裙楼逆作	华东建筑设计研究院	上海市第二建筑有限公司	—
上海联谊大厦二期	2008.10～2011.02	48420	5层	20000	18.4/19.2	地下连续墙	上海现代建筑所设计（集团）有限公司	上海市第二建筑有限公司	—
上海外滩公共服务中心	2008.12开工	11720	2层	3540	9.2/0.9	地下连续墙	同济大学建筑设计研究院	上海市第二建筑有限公司	—
上海外滩源33号公共绿地及地下空间利用项目	2009.01～2010.12	4000	3层	4000	17.0	地下连续墙	上海现代建筑设计（集团）有限公司	上海市第二建筑有限公司	—
上海静安交通枢纽及商业开发项目	2009.02～2010.04	120000	3层	16000	14.5	地下连续墙	华东建筑设计研究院	浙江宝业建设集团有限公司	与地铁7号线最近距离约8.6m
无锡火车站北广场综合交通枢纽	2009.03开工	260000	2层	80000	13.0/22.0	地下连续墙	华东建筑设计研究院	中国建筑股份有限公司	与地铁1号线和3号线车站共建

续表

项目名称	建设时间	总建筑面积（m^2）	地下层数	地下建筑面积（m^2）	开挖深度（m）	围护墙形式	设计单位	施工单位	与邻近地铁或轻轨的关系
上海白玉兰广场	2009.04开工	410000	4层	40000	21.0	地下连续墙主楼顺作裙楼逆作	华东建筑设计研究院	上海市第一建筑有限公司	紧贴地铁12号线车站
上海月星环球商业中心	2009.07开工	427080	3层	168300	18.0	地下连续墙	中船第九设计研究院工程有限公司	上海市第二建筑有限公司	地下室与地铁车站共墙
青岛东海路地下商业街	2009.09～2011.05	35000	2层	17000	11	钻孔灌注桩	同济大学建筑设计研究院	青岛建工集团有限公司	—
上海西站地下空间改造	2009.09开工	27000	2层	27000	13.3	地下连续墙	上海市城市建设设计研究院	上海市第二建筑有限公司	地下室与地铁车站共墙
武汉协和医院门急诊医技大楼	2010.05～2011.05	86000	3层	8750	14.3/17.9	地下连续墙	华东建筑设计研究院	中天建设集团有限公司	与地铁车站外墙最近距离约5.6m
浙江宁波慈溪财富中心	2010.08开工	197860	3层	54000	14.2	钻孔灌注桩	同济大学建筑设计研究院	上海市第二建筑有限公司	—
上海徐家汇156地块	2011.02开工	450000	2层	30000	10	钻孔灌注桩主楼顺作裙楼逆作	同济大学建筑设计研究院	浙江宝业建设集团有限公司	—
上海长风7A地块	2011.03开工	350000	3层	30000	16	钻孔灌注桩盖挖法	同济大学建筑设计研究院	中天建设集团有限公司	紧贴地铁13号线车站
南京华新丽华	2011.03开工	500000	3层	91800	14.0	地下连续墙	华东建筑设计研究院	—	与地铁1号线距离50m
上海丁香路778号商业办公楼	2011.04开工	197860	4层	51400	24.4	地下连续墙	上海现代建筑设计（集团）有限公司	上海市第二建筑有限公司	—
武汉永清综合开发项目	2011.04开工	400000	3层	39000	15.0	地下连续墙	华东建筑设计研究院	中国建筑第八工程局有限公司	与轻轨1号线车站距离17.5m
南京金润国际广场	2011.05开工	100000	4层	26000	20.9	地下连续墙	华东建筑设计研究院	中建三局建设工程股份有限公司	—
上海万科铜山街商住楼项目	2011.06开工	403760	2层	120000	10.3	钻孔灌注桩	中建国际（深圳）设计顾问有限公司	上海市第二建筑有限公司	距地铁18号线车站15m距地铁14号线车站25m
武汉天丰广场	2011.08开工	11000	4层	11000	19.1	—	华东建筑设计研究院	广西建工集团第五建筑工程有限责任公司	—
南京金鹰三期项目	2011.08开工	78000	5层	12000	22.4	地下连续墙主楼顺作裙楼逆作	华东建筑设计研究院	中国核工业华兴建设有限公司	与地铁2号线区间隧道距离12m

参考文献

[1] 上海市建设和管理委员会．基坑工程设计规程（DBJ08-61-97）［S］．上海，2005．
[2] 刘建航，侯学渊．基坑工程手册［M］．北京：中国建筑工业出版社，1997．
[3] 刘建航，刘国彬，范益群．软土基坑工程中时空效应理论与实践［J］．地下工程与隧道．1999（3）：7-12．
[4] 赵志缙．高层建筑施工手册（第二版）［M］．上海：同济大学出版社，2001．
[5] 王卫东，王建华．深基坑支护结构与主体结构相结合的设计、分析与实例［M］．北京：中国建筑工业出版社，2007．
[6] 徐至钧，赵锡宏编．逆作法设计与施工［M］．北京：机械工业出版社，2002．
[7] 赵志缙，应惠清编．简明深基坑工程设计施工手册［M］．北京：中国建筑工业出版社，2000．
[8] 黄强，惠水宁．深基坑支护工程实例集［M］．北京：中国建筑工业出版社，1998．
[9] 黄熙龄．高层建筑地下结构及基坑支护［M］．北京：中国宇航出版社，1994．
[10] 龚晓南，高有潮．深基础工程设计施工手册［M］．北京：中国建筑工业出版社，1998．
[11] 王汉林，王有才，周松青，王兆强．深基坑施工信息化管理，21世纪高层建筑基础工程［M］．北京：中国建筑工业出版社，2004．
[12] 徐至钧．深基坑工程逆作法施工［J］．住宅科技．2000（12）．
[13] 徐至钧．不用地下连续墙的深基础逆作法施工［J］．建筑施工．1993（3）．
[14] 徐至钧．高层建筑深基础新逆作法的工程设计与施工［J］．建筑结构．1994（8）．
[15] 董树恩，杜峰．逆作法施工工艺在北京王府井大厦工程中的应用［J］．建筑技术．2000（5）．
[16] 钟显奇，唐杰康，谢沃林．广州市新中国大厦地下室“逆作法”施工技术［J］．建筑技术专利．1998．
[17] 张维正．逆作法在深基坑开挖工程的应用［M］．北京：中国宇航出版社，1994．
[18] 孔莉莉．逆作法施工条件下土压力的分布及其对地下连续墙的影响［J］．建筑施工．1998（4）．
[19] 刘建国．百汇广场深基坑地下盖挖逆作法施工技术［J］．施工技术，1997（7）．
[20] 黄酒华．上海市城市规划展示馆一柱一桩逆作法概述，兼述7.7m深无支撑挖土技术［J］．建筑施工，1999（3）．
[21] 康忠．逆作法施工中一柱一桩的施工方法及技术保证措施［J］．建筑施工．1999（3）．
[22] 施祖元，刘兴旺，益德清．杭州凯悦大酒店逆作法设计与分析［J］．建筑结构．2001（1）．
[23] 赵锡宏，陈志明，胡中雄等．高层建筑深基坑围护工程实践与分析［M］．上海：同济大学出版社，1996．
[24] 叶可明等．上海高层建筑逆作法施工技术［J］．建筑施工．1998．
[25] 汤永净．逆作法施工时结构共同作用形状分析［J］．上海铁道大学学报．1998（8）．
[26] 汤永净．高层建筑逆作法施工的测试与分析［J］．工程力学．1998．
[27] 邓文龙，蒋曙杰，席金虎．闹市区深基坑逆作法施工的环境控制［J］．建筑施工．2003（6）．
[28] 沈咏．逆作法施工中桩上支承柱的调垂技术研究［J］．建筑施工．2005（5）．
[29] 卢廷浩等．高等土力学［M］．北京：机械工业出版社，2006．
[30] 廖红建等．岩土工程数值分析［M］．北京：机械工业出版社，2006．
[31] 廖红建等．岩土工程测试［M］．北京：机械工业出版社，2007．
[32] 贡金鑫等．工程结构可靠性设计原理［M］．北京：机械工业出版社，2007．